U0198113

普通高等教育“十一五”国家级规划教材
普通高等教育“十二五”规划教材

电子技术

（非电类）

第3版

主　编　荣雅君
副主编　杨丽君
参　编　杨秋霞　王云静　董　杰

机械工业出版社

本书作者对高等院校电工电子系列课程内容和课程体系进行了研究和实践，针对普通高等院校非电类专业特点，编写了“电子技术”教材。本书被列为普通高等教育“十一五”国家级规划教材。

本书主要内容包括：绪论、半导体器件、放大电路基础、集成运算放大器、放大电路中的反馈、直流稳压电源、逻辑门电路及组合逻辑电路、触发器和时序逻辑电路、电子技术仿真软件 EWB 及其应用等，主要适用于机械设计、机械制造、机械电子工程、汽车与交通等机械工程学科的各个专业方向，也适用于材料、化工、过程装备等其他非电类专业，同时也是上述学科及其他相关学科工程技术人员很好的实用参考书。

本书配有免费电子课件，欢迎选用本书作教材的老师登录 www. cmpedu. com 注册、下载，或发邮件至 jinacmp@ 163. com 索取。

图书在版编目（CIP）数据

电子技术：非电类/荣雅君主编. —3 版 .—北京：机械工业出版社，2015.1（2019.1 重印）

普通高等教育“十一五”国家级规划教材　普通高等教育“十二五”规划教材

ISBN 978-7-111-49400-3

Ⅰ.①电…　Ⅱ.①荣…　Ⅲ.①电子技术 - 高等学校 - 教材　Ⅳ.①TN

中国版本图书馆 CIP 数据核字（2015）第 033680 号

机械工业出版社（北京市百万庄大街 22 号　邮政编码 100037）

策划编辑：贡克勤　责任编辑：贡克勤　徐　凡　吉　玲

版式设计：赵颖喆　责任校对：张晓蓉

封面设计：张　静　责任印制：李　洋

三河市国英印务有限公司印刷

2019 年 1 月第 3 版第 3 次印刷

184mm × 260mm · 19. 5 印张 · 480 千字

标准书号：ISBN 978-7-111-49400-3

定价：39. 50 元

凡购本书，如有缺页、倒页、脱页，由本社发行部调换

电话服务　　　　　　　　　网络服务

服务咨询热线：010 - 88379833　机 工 官 网：www. cmpbook. com

读者购书热线：010 - 88379649　机 工 官 博：weibo. com/cmp1952

教育服务网：www. cmpedu. com

金 书 网：www. golden - book. com

前　言

在现代化机械设计与制造中，机器的品质与性能几乎无一例外地与电气电子学相关。机械学与电子学贯通交叉的程度往往代表着机械工程师的设计水平。与以往不同，当今的机械工程师对电子学或电工学掌握的程度，已经不再是仅仅停留在能够使用某些专用电气设备，或泛泛地了解一些电子学一般常识的水平上了。一个优秀的机械工程师必须具备这样的条件：不仅能够向电气工程师提出具体的可实现的电气设计技术指标，而且也能够自行设计出基本满足工程需要的电气图。为了获得这样的综合素质，就需要有一本能够完成这种任务的电子学教科书，本书的编写就是以此为宗旨的。

对于许多机械设计者来说，学习电子学似乎存在着一些难题：电，手摸不到，眼看不着，耳听不见，难以理解等。事实上确有一些教科书存在理论过深、解说太浅的毛病。本书在此方面做了大胆的尝试。为了扫除学习障碍，书中尽量避免深奥的理论论述，力求使用浅显易懂的科普语言形象地解说重要的基本电路原理，使学习者在定性地了解电子电路原理的基础上，能够深入地加以定量地研究，并且于机械设计中灵活地使用现成的电子器件。本书为设计者提供了简单易学的电子电路仿真软件 EWB 的详细应用说明，为设计电路提供了强有力的基础实践手段。本书共分 9 章，主要内容包括半导体器件、放大电路基础、集成运算放大器、放大电路中的反馈、直流稳压电源、逻辑门电路及组合逻辑电路、触发器和时序逻辑电路、电子技术仿真软件 EWB 及其应用等。为便于自学和工程应用，各章选择了一些电子电路的应用实例，每章后均附有相应的习题，并附有部分习题参考答案。以使读者加深对教材内容的理解。书中加 * 的内容可以根据实际需要删减。

本书的第 1、2、3、9 章由荣雅君老师编写，第 4、7 章由杨丽君老师编写，第 5 章由杨秋霞老师编写，第 6 章由董杰老师编写，第 8 章由王云静老师编写。殷桂梁、王珺、杨秋霞老师参加了电子课件的制作工作。全书由荣雅君任主编，完成统稿，杨丽君任副主编。在本书的编写过程中，得到了燕山大学电力工程系全体同仁的帮助，也得到兄弟院校同行的大力支持，在此表示衷心的感谢。由于编者水平有限，缺点和错误在所难免，敬请读者批评指正。

编　者

目　录

第1章　绪　　论

电子科学技术的飞速发展，把人类带进了一个奇妙的电的世界。它使整个科学技术插上了翅膀，有力地加快了世界前进的步伐。就像离不开水和空气一样，人们在生活和工作中已经离不开电。目前，世界已进入信息化时代，大量的电子电路、电子系统被应用于电力、通信、控制、测量、计算机等领域，都已经达到令人鼓舞的先进水平，给人类的发展带来了深远影响，电子制造业已经成为当今世界最具有发展前途的产业。本章主要内容是回顾电子技术的发展历程，使读者了解电子技术对人类的影响，了解课程的研究对象及主要内容，并简要介绍该课程的学习方法。

1.1　电子技术的发展史

19世纪中后期，著名的科学家麦克斯韦、赫兹和汤姆生相继发现了电磁波和电子，使得科学技术领域出现了一个极具生命力的新兴分支——电子技术。

电子技术的发展是与电子器件的发展紧密结合的，随着电子元器件的不断更新换代，现代电子技术的发展可分为电子管阶段和晶体管阶段，而晶体管阶段又可分为分立元件阶段和集成电路（小规模集成电路、大规模集成电路、超大特大规模集成电路）阶段。

1.1.1　电子管阶段

19世纪中后期和20世纪初期，麦克斯韦预言了电磁波的存在，赫兹用实验证实了电磁波的存在，汤姆生用实验找出了电子。1904年，世界上第一只电子管在英国物理学家弗莱明的手下诞生了。

电子管是一种在气密性封闭容器（一般为玻璃管）中产生电流传导，利用电场对真空中电子流的作用以获得信号放大或振荡的电子器件（见图1-1）。电子管早期应用于电视机、收音机、扩音机等电子产品中，近年来逐渐被晶体管和集成电路所取代，但目前在一些高保真音响器材中，仍然使用电子管作为音频功率放大器件，图1-2为豪华版现代电子管功率放大器。

图1-1　真空电子管

图1-2　现代电子管功放

图 1-3　第一台电子管计算机 ENIAC

在 20 世纪前期，电子管电路在军事、通信、交通等社会领域中独领风骚。1915 年阿诺德和朗缪尔研制出高真空电子管；1920 年美国建成了世界上第一座无线电台，定时广播娱乐节目；1925 年，英国人贝尔德发明了电视机；1946 年，在美国诞生了第一台电子管电子计算机，取名为 ENIAC，如图 1-3 所示。这台计算机使用了 18800 个电子管，占地 $170m^2$、重达 30t、耗电 140kW、价格 40 多万美元。由于它采用电子线路来执行算术运算、逻辑运算和存储信息，从而大大提高了运算速度。

ENIAC 每秒可进行 5000 次加法和减法运算，把计算一条弹道的时间缩短为 30s。它最初被专门用于弹道运算，后来经过多次改进而成为能进行各种科学计算的通用电子计算机，从 1946 年 2 月交付使用，到 1955 年 10 月最后切断电源，ENIAC 服役长达 9 年。

1.1.2　晶体管阶段

1947 年，贝尔实验室的肖克莱、巴丁和布拉顿在研究半导体材料锗的表面态过程中，“偶然”地发现了“晶体管效应”，并发明了第一个点接触型晶体管，其各种性能显然远远超过了真空玻璃管，但性能不稳定。晶体管的诞生标志了一个新时代的开始，晶体管的发展速度日新月异，它使电子技术有了根本性的技术突破。1948 年年初，肖克莱提出了结型管理论，并于 1950 年成功地创造出结型晶体管。与点接触型晶体管相比，结型晶体管具有结构简单、性能好、可靠性高等优点，特别适合于大批量生产，很快得到广泛应用。1953 年研制出表面势垒晶体管，1955 年日本生产了第一台晶体管收音机，如图 1-4 所示。图 1-5 为国产红旗 703 三波段七管晶体管收音机；1954 年贝尔实验室研制太阳能电池和单晶硅；1955 年研制出扩散基区晶体管；1959 年 12 月第一台晶体管计算机——IBM7090 由美国国际商业机器公司制造成功，这就是第二代计算机——晶体管计算机，如图 1-6 所示。与第一代电子管计算机相比，晶体管计算机体积小、耗电少、成本低、逻辑功能强、使用方便、可靠

图 1-4　日本第一台晶体管收音机

图 1-5　国产红旗 703 三波段七管晶体管收音机

图 1-6　第一台晶体管计算机——IBM7090

性高。1957 年前苏联采用晶体管自动控制设备，发射第一颗人造地球卫星，晶体管也使电视接收技术更加成熟实用；1958 年美国研制出第一块集成电路。至此，半导体技术的发展由分立元件时代步入集成电路时代，这一发展趋势是始料未及的。

Intel 于 2011 年 5 月 6 日宣布研制成功了 3D 三维晶体管，如图 1-7 所示。相比于 32nm（3D 三维晶体管 22nm）平面晶体管可带来最多 37% 的性能提升，而且同等性能下的功耗减少一半，这意味着它们更加适合用于小型掌上设备。3 - DTri - Gate 使用一个薄得不可思议的三维硅鳍片取代了传统二维晶体管上的平面栅极。由于这些硅鳍片都是垂直的，晶体管可以更加紧密地靠在一起，从而大大提高了晶体管密度。

图 1-7　3D 三维晶体管

1.1.3　集成电路阶段

1958 年美国得克萨斯公司的杰克·基尔比发明了世界上第一块集成电路，他因集成电路的发明，于 2000 年获诺贝尔物理学奖。集成电路（integrated circuit，IC）是一种微型电子器件或部件。它是采用一定的工艺，把一个电路中所需的晶体管、二极管、电阻、电容和电感等元器件及布线互连在一起，制作在一块半导体单晶片（例如硅或砷化镓）或绝缘基片上，然后封装在一个管壳内，能完成特定功能或者系统功能的电路集合。集成电路使得整个电路的体积大大缩小，引出线和焊接点的数目也大为减少，从而使电子元器件向着微小型化、低功耗和高可靠性方面迈进了一大步。

按不同标准，集成电路有以下几种分类：

1. 按功能结构分类

集成电路按其功能、结构的不同，可以分为模拟集成电路、数字集成电路和数/模混合集成电路三大类。

模拟集成电路又称线性电路，用来产生、放大和处理各种模拟信号（指幅度随时间变化的信号，例如半导体收音机的音频信号、录放机的磁带信号等），其输入信号和输出信号成比例关系。而数字集成电路用来产生、放大和处理各种数字信号（指在时间上和幅度上离散取值的信号，例如 VCD、DVD 播放的音频信号和视频信号）。

2. 按集成度高低分类

集成电路按集成度高低的不同可分为小规模集成电路（Small Scale Integrated circuits，SSI，集成度为 10^1 ~ 10^2）、中规模集成电路 MSI（Medium Scale Integrated circuits ，集成度为 10^2 ~ 10^3）、大规模集成电路（Large Scale Integrated circuits，LSI，集成度为 10^3 ~ 10^5）、超大规模集成电路（Very Large Scale Integrated circuits，VLSI，集成度为 10^5 ~ 10^7）、特大规模集成电路（Ultra Large Scale Integrated circuits，ULSI，集成度为 10^7 ~ 10^9）和巨大规模集成电路（Giga Scale Integration，GSI，集成度为 10^9 ~ 10^{11}）。

3. 按导电类型不同分类

集成电路按导电类型可分为双极型集成电路和单极型集成电路，它们都是数字集成电路。

双极型集成电路的制作工艺复杂，功耗较大，代表集成电路有 TTL、ECL、HTL、LST－TL、STTL 等类型。单极型集成电路的制作工艺简单，功耗也较低，易于制成大规模集成电路，代表集成电路有 CMOS、NMOS、PMOS 等类型。

4. 按用途分类

集成电路按用途可分为电视机用集成电路、音响用集成电路、影碟机用集成电路、录像机用集成电路、计算机（微机）用集成电路、电子琴用集成电路、通信用集成电路、照相机用集成电路、遥控集成电路、语言集成电路、报警器用集成电路及各种专用集成电路。

5. 按应用领域分类

集成电路按应用领域可分为标准通用集成电路和专用集成电路。

6. 按外形分类

集成电路按外形可分为圆形（金属外壳晶体管封装型，一般适合用于大功率）、扁平型（稳定性好、体积小）、双列直插型和贴片式，如图 1-8 所示为各种封装形式的集成电路。

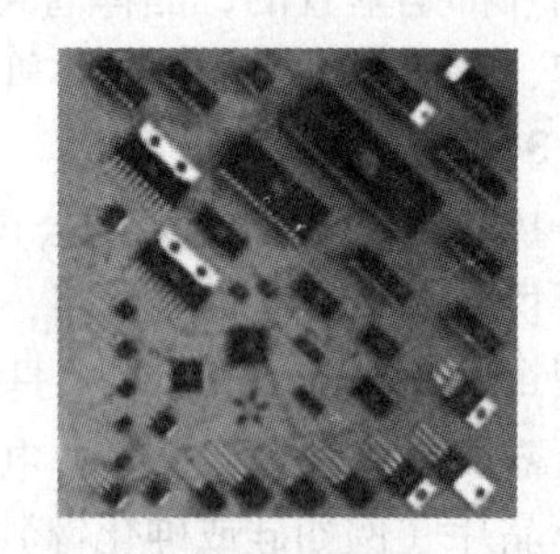
图 1-8　不同封装形式的集成电路

如图 1-9 所示，它是第一台由集成电路实现的第三代电子计算机，它使计算机的功能、体积、速度、成本都有了重大突破。由于计算机的心脏都集成在一块小小的硅片上，使得电子计算机发生了深刻的变化，这标志着大规模集成电路时代的到来。

可见，电子管的发展为晶体管的发明提供了技术手段，而晶体管的发明又成为集成电路发展的基础与前提；集成电路的发展推动了电子计算机的发展，而电子计算机的发展又反过来推动了集成电路的发展，从而形成了良性发展循环。

图 1-9　集成电路计算机

1.2　电子系统

所谓电子系统，通常是指由若干相互连接、相互作用的基本电路单元组成的具有特定功能的电路整体。如图 1-10 所示为计算机控制系统框图。该系统由计算机、信号变换电路、被控对象（执行器）、传感器和变送器等环节组成。这些环节在整个系统中是相互依存、相互作用的统一体，缺少哪一部分都不能完成控制功能。因此，它们是计算机控制系统的基本单元，称为子系统。

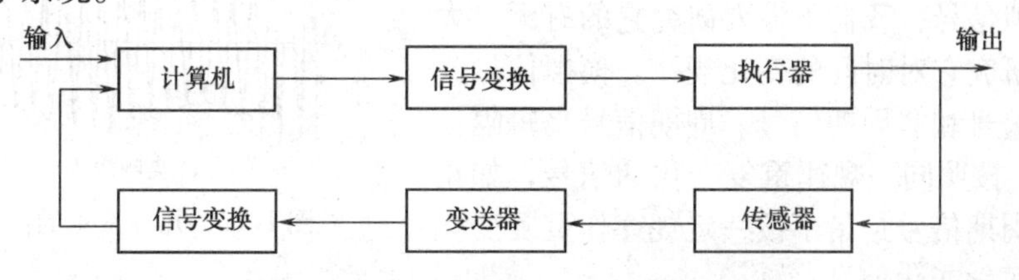

图 1-10　计算机控制系统框图

电子系统的种类繁多，如通信系统、自动控制系统、计算机系统等。但一个完善而复杂的电子系统往往是由多个子系统所构成。电子系统的规模可大可小，例如单独考虑一台计算机时，计算机本身自成一个较复杂的系统，它由微处理器、存储器、输入/输出接口电路、外围设备等几个子系统构成，其框图如图 1-11 所示。然而，当考虑图 1-10 所示的计算机控制系统时，计算机就变成了这个系统的子系统。需要强调的是，由于大规模集成电路和模拟－数字混合集成电路的大量出现，在单个芯片上可能集成许多种不同类型的电路，从而自成一个系统；电子系统设计者往往把这种芯片作为子系统，然后根据其外特性实现其与一些电路或芯片的互连，从而形成更为复杂和完善的电子系统。

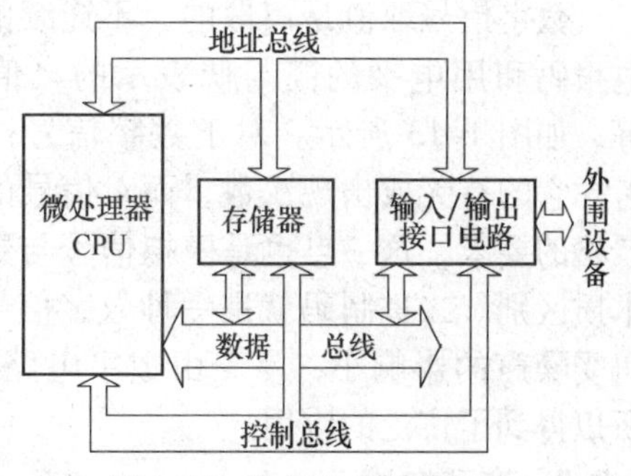

图 1-11　计算机系统框图

1.3 信号

电子技术主要是把电子运动产生的电流和电磁波等物理量作为一种信息来进行传输和处理的，而携带信息的载体，就称之为信号，例如电压变量和电流变量，这些信号都是时间的函数。

电子系统中的信号，通常可分为模拟信号和数字信号两大类。

1.3.1 模拟信号

所谓模拟信号，是指“模拟”物理量的变化（如声音、温度等的变化）所得出的电流或电压信号，这种信号在时间上和幅度上均具有连续性，在一定动态范围内可能取任意值。常见的几种模拟信号如图1-12所示。如压力、温度及转速等物理量都是时间连续、数值连续的变量，而且通过相应的传感器都可转换为模拟信号并在电子系统中传输；例如，在录音机的录音电路中，人们通过驻极传声器把声音高低强弱的变化转换成相应的电压的变化，从而得到可被电子系统所使用的电压信号；在有些家庭影院的放音电子系统中，人们通过功率放大电路把反映声音变化规律的电流信号送到扬声器，驱动其发出清晰、保真、洪亮的声音。

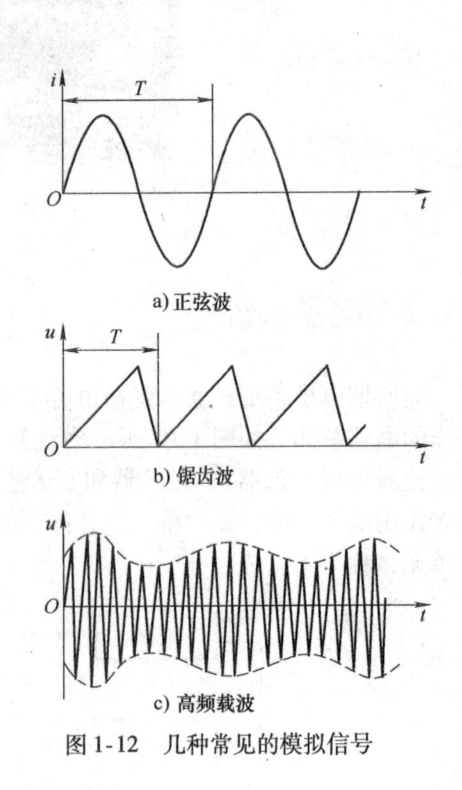

图1-12 几种常见的模拟信号

对于模拟信号，我们不但要研究它的有无、大小，而且要研究它对时间的变化规律。模拟信号又可分为周期信号和非周期信号。周期信号是每隔一定的时间 T，按照同一规律重复变化的信号，如正弦信号；非周期信号是指不按一定规律作重复变化的信号，如温度变化信号。

1.3.2 数字信号

数字信号取值是离散的、不连续的信号，如电报码和用电平的高与低表示的二值逻辑信号等，如图1-13所示。对于数字信号，我们只能考虑它的有无或出现次数，而对信号的大小并无严格的要求，这一点也是模拟信号与数字信号的本质区别。二进制码就是一种数字信号。二进制码受噪声的影响小，易于由数字电路进行处理，所以得到了广泛的应用。

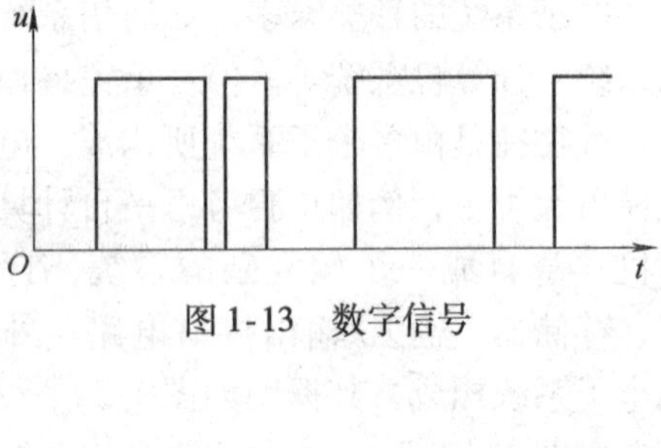

图1-13 数字信号

1.3.3 电子电路

按照所处理信号形式的不同，通常可将电子电路分为模拟电路和数字电路两大类。用于传递和处理模拟信号的电子电路称为模拟电路；对数字信号进行传递、处理的电子电路称为数字电路。

模拟电路通常注重的是信号的放大、信噪比、工作频率等问题。常见的有放大器电路、滤波电路、变压电路等。如收音机、电视机、电话机、变压器等电路。

数字电路被广泛地应用于数字电子计算机、数字通信系统、数字式仪表、数字控制装置及工业逻辑系统等领域，能够实现对数字信号的传输、逻辑运算、计数、寄存、显示及脉冲信号的产生和转换等功能。

模拟电路和数字电路的结合越来越广泛，在技术上正趋向于把模拟信号数字化，以获取更好的效果，如数码相机、数码电视机等。

1.4 课程的学习方法

首先树立正确的学习目的，端正学习态度。以求实、创新的精神投入到学习中。选用本教材的大部分是非电类专业的学生或工程技术人员，对电学、电子学的知识了解不多。因此，对学习中的几个环节提出几点注意事项，仅供参考。

（1）在校大学生应以课堂教学为主，这是获得知识最快、最有效和最便捷的手段。要求学生务必认真听课，主动学习。学习时要抓住主要的物理概念、基本的分析方法、工作原理和计算方法；要知其然，还要知其所以然，能够举一反三；要注意各部分内容之间的联系，前后是如何衔接的；应注重理解，而不是死记硬背，能够灵活地运用各种分析方法去解决问题；应重点掌握元器件的外部特性和应用背景，从电路的整体上去分析其工作原理、电路特征和注意事项，而不是孤立的看待某一具体元件。认真对待每节后的思考题，所提问题均为本节的基本概念和基本的注意事项。

（2）电子技术是技术基础课程，除了要认真听课、看书外，认真做习题也是学习和掌握知识的重要途径，通过独立完成习题的解答，能够培养发现问题、分析问题和解决问题的能力。本书各章的习题基本上是按顺序编排的，学习到那部分内容，即可完成相应的习题。做题前要注意审题，首先要读懂题目，并知道该用哪方面的理论去指导解题。图要画得清晰，标明各变量的参考方向，结果要标明单位。

（3）电子技术是理论和实际并重的技术，实验是必不可少的实践性教学环节，通过实验验证和巩固所学理论知识，培养严谨的科学态度和实际动手能力。要求实验前要做好充分准备，做好预习，事先了解实验步骤；实验中要积极主动，勤于思考，多动手，并注意安全；学会正确使用常用的电子仪器、测量仪表及电子元件等；能够正确的连接电路和读取数据，在出现读数错误时能够找出错误所在；通过验证性实验，培养设计简单实验的能力；实验后应注意整理实验数据、表格、曲线和误差分析，认真撰写实验报告。

（4）在学习过程中，注意培养发现问题和解决问题的能力，要勇于创新，能够根据已有的知识提出或设计出新颖的实用电子电路，并付诸实践。

本书从理论与实际相结合的角度出发，以典型电路为例，阐述模拟电子电路和数字电子电路的基本工作原理和分析方法，通过例题使读者对理论知识的运用有一个更深的理解。给出典型的模拟集成电路的应用实例；对数字电路中常用的集成电路芯片的功能作了简单介绍，并分析了数字电子系统的典型应用。

思 考 题

1. 电子元器件的发展经历了哪几个时代？各时代的典型器件是什么？
2. 什么是模拟信号？什么是数字信号？各自有何特点？
3. 模拟电子电路和数字电子电路有何区别？有何特点？

第 2 章　半导体器件

本章提要：半导体二极管和晶体管是常用的半导体器件。它们的基本结构、工作原理、特性曲线和主要参数是学习电子技术和分析电子电路的基础。PN 结是构成各种半导体器件的基础。因此，本章重点讨论以下几个问题：

1）半导体的导电特性。

2）PN 结的形成及其导电特性。

3）半导体二极管的工作原理及其特性曲线、主要参数及应用。

4）特殊二极管。

5）晶体管的结构、工作原理、特性曲线和主要参数。

作为了解的内容，介绍：

1）场效应晶体管的结构、工作原理、特性曲线和主要参数。

2）晶闸管的结构、工作原理、特性曲线和主要参数及应用。

学习的重点是半导体器件的工作原理、特性曲线、主要参数及其应用。

2.1　半导体二极管

2.1.1　半导体的导电特性

1. 半导体的特点

自然界的物质按照导电能力可以分为导体、半导体和绝缘体三类。电阻率小于 $10^{-6}\Omega\cdot m$的物质称为导体，如常见的金、银、铜、铝等金属，是良好的导体。电阻率大于 $10^{10}\Omega\cdot m$ 的物质，几乎不导电，称为绝缘体，它们很难导电，如塑料、橡胶、陶瓷等。将导电能力介于导体和绝缘体之间，电阻率为 $10^{-4}\sim10^{7}\Omega\cdot m$ 的物质，称为半导体，常用的半导体材料有锗、硅和砷化镓等。

半导体之所以被用来制造电子元器件，不是在于它的导电能力处于导体和绝缘体之间，而是它的导电能力在外界某种因素作用下会发生显著的变化。这种特点主要表现如下：

1）半导体的导电率可以因加入杂质而发生显著的变化。例如在纯硅中掺入百万分之一的硼（杂质，称掺杂）后，其电阻率从大约 $2\times10^{3}\Omega\cdot m$ 减小到约 $4\times10^{-3}\Omega\cdot m$，导电能力增加了数十万倍，各种半导体器件的制作，正是利用了掺杂以改变和控制半导体的导电率。

2）温度的变化也会使半导体的导电能力发生显著的变化，如钴、锰、镍等的氧化物，在环境温度增高时，它们的导电能力要增强很多。人们利用这种热敏效应制作出了热敏元件。但另一方面，热敏效应会使半导体元器件的热稳定性下降。

3）光照不仅可以改变半导体的电导率，而且可以产生电动势，这就是半导体的光电效应。利用光电效应可以制成光电晶体管、光耦合器和光电池等。

2. 本征半导体

没有杂质而且晶体结构完整的半导体，称为本征半导体。

(1) 硅和锗晶体的共价键结构

在实际应用中，必须将半导体提炼成单晶体，使其原子整齐地排列成晶体结构。

由原子理论得知，当原子的最外层有 8 个电子时才处于稳定状态。硅和锗都是四价元素，每个原子只有 4 个最外层电子，称为价电子，因此在组成单晶时，每个原子都要从四周相邻原子取得 4 个价电子，以组成稳定状态。这样，每两个原子都共用一对价电子，形成共有电子对，这种结构称为共价键结构。图 2-1 为单晶硅中的共价键结构示意图。

(2) 半导体中的两种载流子——自由电子和空穴

共价键内的两个电子称为束缚电子。在温度为绝对零度和无外界其他因素激发时，价电子全部束缚在共价键内，原子处于稳定状态。但是共价键中的电子不像绝缘体中的价电子被束缚得那样紧，当有外部激发，如温度逐渐升高或在一定强度的光照下，本征硅或锗中的一些价电子获得了足够的能量，挣脱共价键的束缚而成为自由电子。同时，在原来的共价键位置上留下相当于带有一个电子电量的正电荷的空位，称为空穴（将载有电荷的粒子——自由电子和空穴称为载流子）。这种现象，叫做本征激发。在本征激发中，带负电的自由电子和带正电的空穴总是成对出现的，所以称为自由电子—空穴对，如图 2-2 所示。空穴又很容易被附近从另一共价键挣脱出来的电子填充，于是电子与空穴又成对消失，叫做复合。本征激发和复合总是同时存在、同时进行的，这是半导体内部进行的一对矛盾运动，在温度一定的情况下，本征激发和复合达到动态平衡，在整块半导体内，自由电子和空穴的数目保持一定。温度越高，载流子数目越多，导电性能也就越好。所以，温度对半导体器件性能的影响很大。

若为本征半导体加电场，则有空穴的原子会吸引相邻原子中的价电子，填补这个空穴。

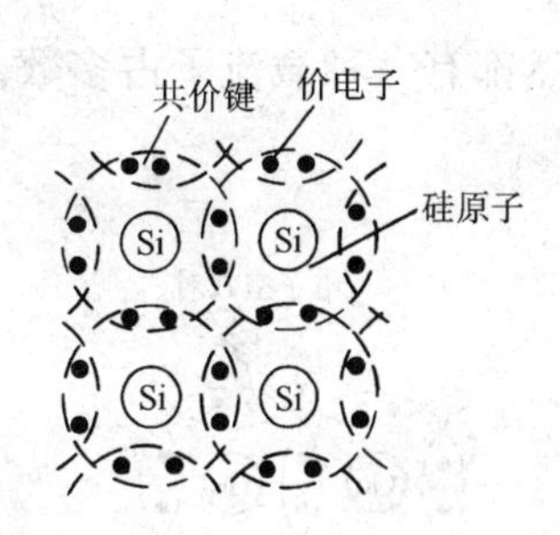

图 2-1　单晶硅中的共价键结构

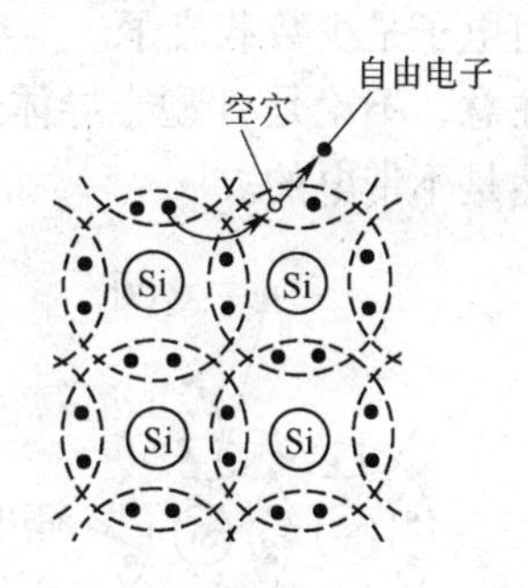

图 2-2　半导体中的自由电子—空穴对

同时，在失去了一个价电子的相邻原子的共价键中又出现了一个新的空穴，它也可以由相邻原子中的价电子来递补，而在该原子中又会出现一个空穴。如此继续下去，就好像空穴在运动。而空穴运动的方向与价电子运动的方向相反，因此空穴运动相当于正电荷的运动。

自由电子和空穴都是载运电流的粒子，统称为载流子。因此，当半导体两端加上外电压时，半导体中将出现两部分电流：一是自由电子作定向运动所形成的电子电流；二是仍被原子核束缚的价电子（注意，不是自由电子）递补空穴所形成的空穴电流。在半导体中，同时存在着电子导电和空穴导电，这是半导体导电方式的最大特点，也是半导体和金属导体在导电原理上的本质差别。以后将自由电子移动形成的导电现象简称电子导电，而将价电子填补空穴形成电流的导电现象称为空穴导电。

3. 杂质半导体

掺入杂质的半导体称作杂质半导体。根据掺入杂质性质的不同，可分为电子型（N 型）半导体和空穴型（P 型）半导体。

（1）N 型半导体

在本征半导体中掺入少量的五价元素，使每一个五价元素取代一个四价元素在晶体中的位置，可以形成 N 型半导体。如在硅或锗的晶体中掺入磷（或其他五价元素）。磷原子的最外层有五个价电子。由于掺入硅晶体的磷原子数比硅原子数少得多，因此整个晶体结构基本上不变。磷原子参加共价键结构只需 4 个价电子，多余的第五个价电子很容易挣脱磷原子核的束缚而成为自由电子（见图 2-3）。于是半导体中的自由电子数目大量增加，自由电子导电成为这种半导体的主要导电方式，故称其为电子型半导体或 N 型半导体。例如在室温 27℃时，每立方厘米纯净的硅晶体中约有自由电子或空穴 1.5×10^{10} 个，掺杂后成为 N 型半导体，其自由电子数目可增加几十万倍。由于自由电子增多而增加了复合的机会，空穴数目便减少到每立方厘米 2.3×10^{5} 个以下。故在 N 型半导体中，自由电子是多数载流子，有时也称多子，空穴是少数载流子有时也称少子。

（2）P 型半导体

在本征半导体中掺入少量三价元素，可以形成 P 型半导体，常用于掺杂的三价元素有硼、铝和铟。如图 2-4 为在锗晶体中掺入硼元素的结构示意图。每个硼原子只有 3 个价电子，故在构成共价键结构时，将因缺少一个电子而产生一个空位。邻近锗原子的价电子，在接受较小能量的条件下，就可以过来填补这个空位，而在该相邻原子中便出现一个空穴（见图 2-4）。每一个硼原子都能提供一个空穴，于是在半导体中就形成了大量空穴。这种以空穴导电作为主要导电方式的半导体称为空穴半导体或 P 型半导体，其中空穴是多数载流子，自由电子是少数载流子。

应注意，不论是 N 型半导体还是 P 型半导体，虽然都有一种载流子占多数，但是整个晶体仍然是不带电的。

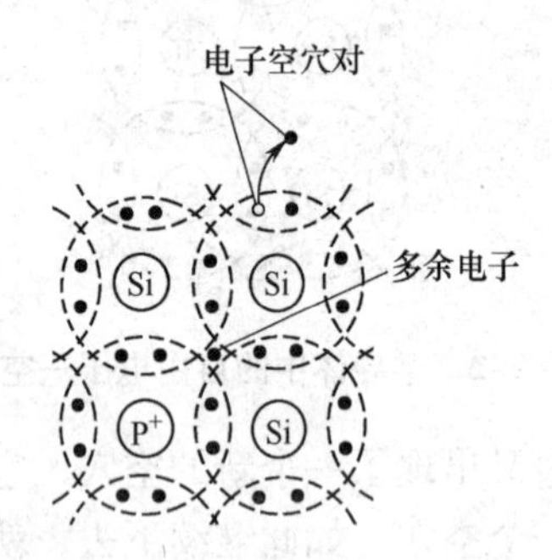

图 2-3　N 型半导体结构示意图

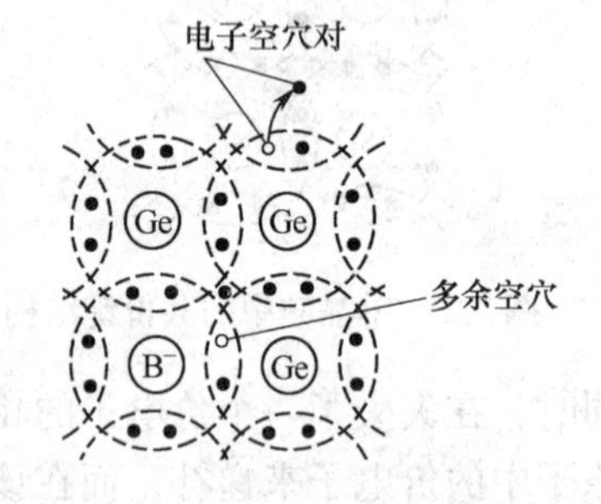

图 2-4　P 型半导体结构示意图

2.1.2　PN 结

1. PN 结的形成

通过一定的工艺，在一块晶体内部掺杂成 P 型和 N 型半导体。由于 P 型半导体（P 区）中的空穴浓度高于 N 型半导体（N 区），而 N 区的自由电子的浓度高于 P 区，这样在交界面的两侧，出现了载流子的“浓度差”。在这种浓度差的作用下，P 区的多数载流子空穴、N

区的多数载流子自由电子要分别向对侧扩散（见图2-5a），扩散的结果破坏了P区和N区原来的电中性，P区一边失去空穴，留下不能移动的带负电的离子；N区一边失去自由电子，留下带正电的离子。于是在交界面的两侧分别形成不能移动的带负、正电荷的区域，称为空间电荷区，如图2-5b所示。这个空间电荷区就是PN结。随着交界面两侧正负电荷区的出现，它所产生的电位差U_0（称为势垒电位差或接触电位差）使N区的电位高于P区电位（一般小于1V）称为内电场。

内电场将阻碍双方多数载流子的互相扩散，而加速了双方少数载流子的移动，即推动了P区内少数载流子（自由电子）越过PN结进入N区；同时推动N区内少数载流子（空穴）越过PN结进入P区（见图2-5b）。这种少数载流子在电场力作用下的定向运动称为漂移。

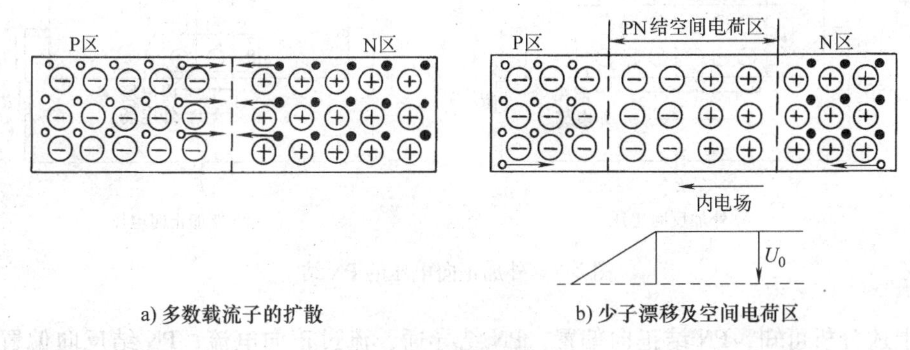

a) 多数载流子的扩散　　b) 少子漂移及空间电荷区

图2-5　PN结的形成

在开始形成空间电荷区时，多数载流子的扩散运动占优势，但在扩散运动进行过程中，空间电荷区逐渐加宽，内电场逐渐增强，于是在一定条件下（如温度恒定），多数载流子的扩散运动逐步减弱，而少数载流子的漂移则逐渐加强。最终，扩散与漂移运动达到动态平衡，此时空间电荷区的宽度基本稳定下来，PN结处于相对稳定状态，其厚度一般为十几微米。在这个区域内，由于多数载流子已扩散到对方区域，且因复合而消耗掉，内部载流子数目极少，所以这个区域也称为耗尽层，又称阻挡层。

因为多数载流子的扩散电流与少数载流子漂移电流在动态平衡时大小相等、方向相反，相互抵消，外部宏观不显示电流现象。即没有外加电场或其他激发因素作用时，PN结没有电流通过。

2. PN结的单向导电特性

图2-6所示为无外加电压的PN结示意图。

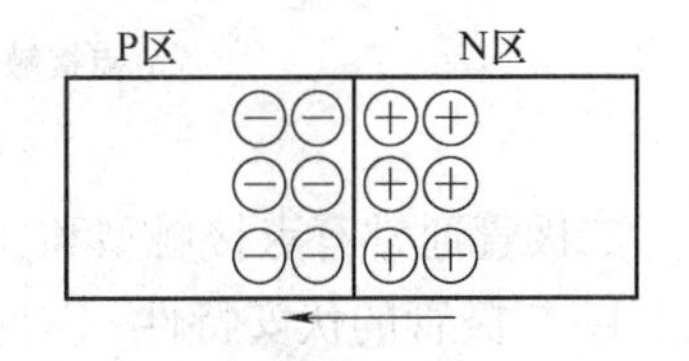

图2-6　无外加电压的PN结示意图

（1）外加反向电压

电源的正极接N区，负极接P区，PN结为反向偏置，如图2-7a所示。这时外加电场方向与PN结的内建电场方向相同，见图中箭头方向，使空间电荷区增加，PN结变宽，多数载流子的扩散运动被进一步阻碍，扩散电流明显减弱，几乎趋于零，而有利于少数载流子的漂移。但由于少数载流子的浓度只决定于温度，当外加反向电压不是过大，温度又不变时，少数载流子的浓度基本不变，因此漂移电流基本不变，其大小与反向电压基本无关，方向由N区流入P区，称为反向饱和电流，其值较小。PN结在反向偏置时，电阻率极大，电流很小呈现不导通状态，通常称为PN结反向截止。

反偏电压几乎全部降落在PN结上。

(2) 外加正向电压

电源的正极接P区，负极接N区，PN结为正向偏置，如图2-7b所示。这时外电场方向与PN结的内建电场方向相反，PN结空间电荷区变窄，有利于多数载流子扩散，于是多数载流子的扩散电流大增，远远超过少数载流子的漂移电流。通过PN结的电流主要是扩散电流，该电流随外加正向电压的增加显著增加，电流方向由P区流向N区。此时，PN结电阻率很小，称做PN结正向导通。

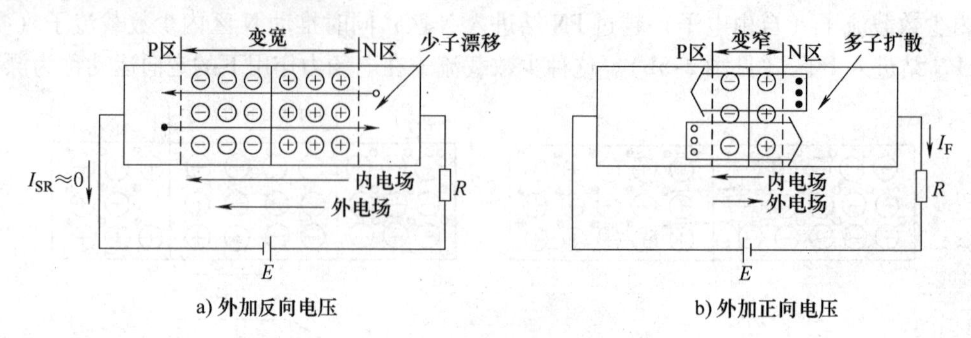

图2-7 外加正向电压的PN结

由上述分析可知，PN结正向偏置，PN结导通，流过正向电流；PN结反向偏置，则截止，反向电流几乎为零。这就是PN结的单向导电特性。

2.1.3 半导体二极管

将PN结加上相应的电极引线和管壳封装，就成为半导体二极管（简称二极管）。二极管的结构及图形符号如图2-8所示。接在P区的引出线称为阳极A，接在N区的引出线称为阴极K。二极管文字符号为VD，图形符号如图2-8c所示。箭头方向表示正向电流方向。

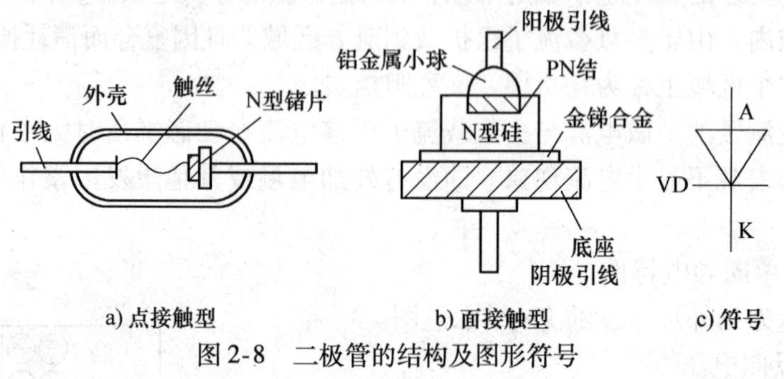

图2-8 二极管的结构及图形符号

二极管通常有点接触型和面接触型两种（见图2-8）。

1. 二极管的伏安特性

二极管的电流 i 与其管压降 u 的关系（$i=f(u)$）曲线，叫做二极管的伏安特性曲线，可用实验方法测得，或用图示仪测之。在直角坐标系中，横坐标轴表示二极管管压降 u，纵坐标轴表示其电流 i，如图2-9所示。图2-9a为硅二极管2CP10的伏安特性，图2-9b为锗二极管2AP15的伏安特性。

从伏安特性曲线上可得出如下规律：

(1) 正向特性

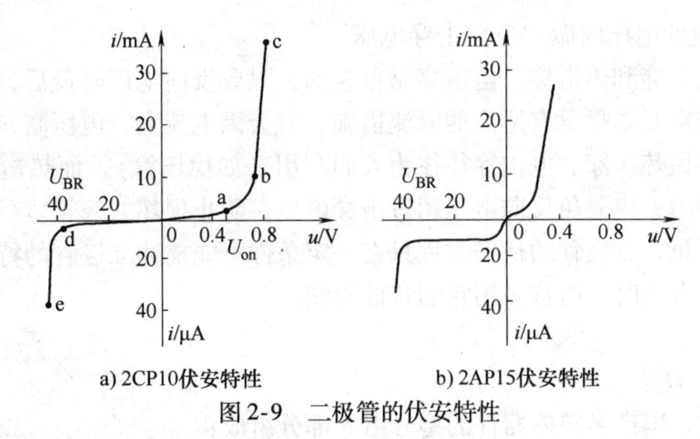

a) 2CP10伏安特性　　b) 2AP15伏安特性

图 2-9　二极管的伏安特性

二极管正向偏置，曲线位于第一象限。它又可分为三段：从坐标原点 0 到 a 点为第一段，二极管外加正向电压较小，外部电场不足以克服内建电场对多数载流子扩散运动造成的阻力，此时正向电流很小，呈现电阻较大。这段区域称为“死区”。对应 a 点的阈值电压 U_{on}称为“死区电压”，其数值大小随二极管的结构材料不同而异，并受环境温度影响。一般来说，硅二极管的“死区电压”约为 0.5V，锗二极管的约为 0.1V。

正向电压超过阈值电压 U_{on}后，随着正向电压的增加，内电场大大削弱，有利于多子的扩散，电流基本满足伏安方程式（2-1），按指数规律迅速增长。

$$i = I_{SR}[\exp(u/U_T) - 1] \tag{2-1}$$

式中，U_T 为温度电压当量，在常温（300K）情况下，$U_T = 26\text{mV}$；I_{SR}为反向饱和电流；i 为流过二极管的电流（mA）；u 为加在二极管两端的电压（V）。

若二极管承受正向偏压，通常 $u \gg 26\text{mV}$，有 $\exp(u/U_T) \gg 1$，则

$$i \approx I_{SR}\exp(u/U_T) \tag{2-2}$$

这就是二极管电流随正向偏压按指数上升的规律，对应于曲线中的 ab 段，称为非线性区；当加在二极管两端的电压进一步增加时，多子的扩散进一步增强，正向电流增大，几乎呈线性规律上升，如曲线的 bc 段，常称为线性区。在线性区，二极管的正向电压在小范围内变化时，其电流变化很大，呈现很小的正向电阻或者说二极管工作在该区域时，其端电压几乎不变。通常硅管压降变化为 0.6 ~ 0.8V；锗管为 0.2 ~ 0.3V。当环境温度变化时，在室温附近，温度每升高 1℃，二极管的正向压降减小 2 ~ 2.5mV。

由于二极管正向导通电阻极小，所以在使用时必须外加限流电阻，以免增加正向电压 u 时，i_D 急剧增大而烧坏管子。

（2）反向特性

二极管反向偏置，曲线位于第三象限。此时，漂移运动起主要作用，当反向电压在一定范围内变化时，反向电流几乎不变，所以又称为反向饱和电流，即曲线的 0d 段。

在式（2-1）中，u 为负值，若 $|u| \gg 26\text{mV}$，则有 $\exp(u/U_T) \approx 0$，

则

$$i \approx -I_{SR} \tag{2-3}$$

式（2-3）中，I_{SR}就是反向饱和电流值，前面的负号表明二极管的电流为反向。典型值硅管约为纳安（nA 即 10^{-9}A）量级；锗管为微安（μA 即 10^{-6}A）量级。并且随着温度升高，反向饱和电流明显增加。

当反向电压超过一定数值后（如 d 点电压 U_{BR}），反向电流急剧增大，这时二极管被

“反向击穿”，对应的电压叫做“反向击穿电压”。

反向击穿分电击穿和热击穿。电击穿是可逆的，只要反向电压降低后，二极管仍可恢复正常。但是，电击穿时如果没有适当的限流措施，就会因电流大、电压高，使管子过热造成永久性损坏，这叫做热击穿。电击穿往往为人们利用（如稳压管），而热击穿必须避免。因此，在使用二极管时，应避免反向电压超过击穿电压，防止损坏二极管。

由上述分析可见，二极管的伏安方程只在一定条件下能描述二极管的特性。因此，在分析由二极管组成的电路时，通常采用它的特性曲线。

2. 二极管的使用

（1）二极管的型号

国家标准规定，国产半导体器件的型号由5部分组成：

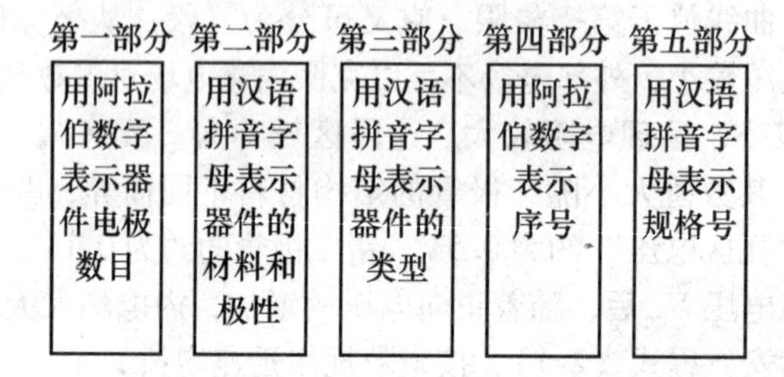

如普通硅二极管2CP10

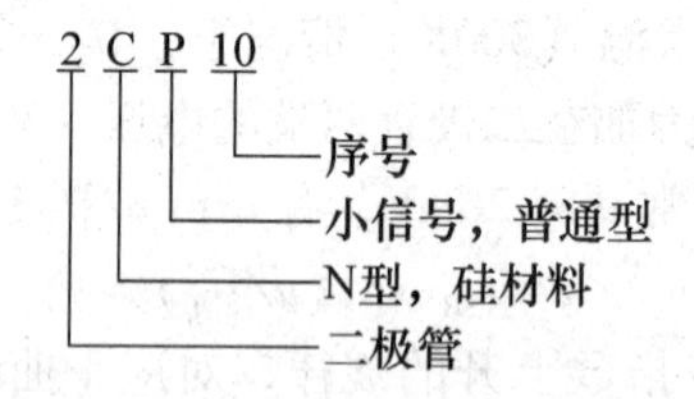

（2）二极管的主要参数

二极管的特性还可以用一些数据来说明，这些数据就是二极管的参数。主要参数有下面几个。

1）最大整流电流 I_{FM}　指管子长期工作时，允许通过的最大正向平均电流。当电流超过允许值时，将由于PN结的过热（热击穿）而使管子损坏。

2）反向电流 I_{SR}　又称为反向饱和电流。指在一定环境温度条件下，二极管承受反向工作电压、又没有反向击穿时，其反向电流的值。它的值越小，表明管子的单向导电特性越好。温度对反向电流影响较大，经验值是，温度每升高10℃，反向电流约增大一倍。使用时应加注意。

3）反向工作峰值电压 U_{RM}　指管子运行时允许承受的最大反向电压。通常取反向击穿电压 U_{BR} 的二分之一至三分之二。

（3）二极管的选择

无论是设计电路，还是修理电子设备，都会面临一个如何选择二极管的问题。根据上面的介绍，可以得到选择二极管必须注意的几点：

1）设计电路时，根据电路对二极管的要求查阅半导体器件手册，从而确定选用的二极管型号。确定选用管子型号时，选用的二极管极限参数 I_{FM}、U_{RM} 应分别大于电路对二极管相应参数的要求，并应注意：要求导通电压低时选锗管，要求反向电流小时选硅管，要求反向击穿电压高时选硅管，要求工作频率高时选点接触型管，要求工作环境温度高时选硅管。

2）在修理电子设备时，如果发现二极管损坏，则用同一型号的管子来替换。如果找不到同一型号的管子而改用其他型号二极管来替代时，则替代管子的极限参数 I_{FM}、U_{RM}应不低于原管，且替代管子的材料类型（硅管或锗管）一般应和原管相同。

（4）二极管应用举例

二极管的应用范围很广，主要是利用它的单向导电特性来进行整流、检波、限幅、钳位、元器件保护及在数字电路中作为开关元件等。

1）理想二极管　由图2-9二极管的伏安特性曲线可见，由于二极管正向导通时电压变化很小，而反向截止时，电流很小。对于所分析的电路来说，将它们忽略时，产生的误差很小。故通常可用理想二极管的特性代替二极管的伏安特性，如图2-10所示。所谓理想二极管可表示为：正偏时，$i>0$，$u=0$，相当于短路；反偏时，$u<0$，$i=0$，相当于开路。

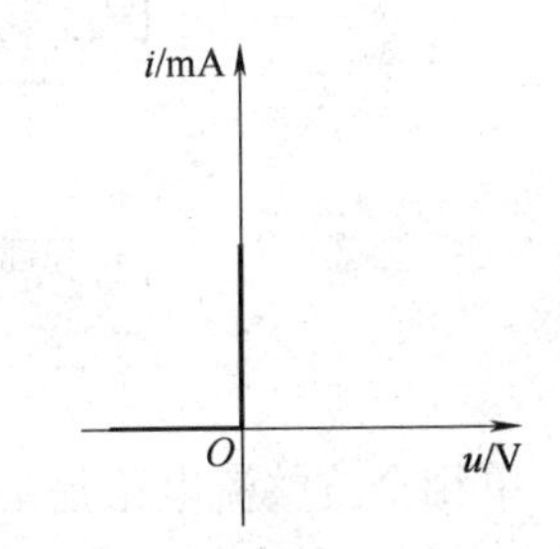

图2-10　理想二极管的特性曲线

2）应用举例

整流电路：利用半导体的单向导电性，可以将大小和方向都变化的正弦交流电变成单向脉动的直流电，称为整流，完成整流功能的电路称为整流电路。

图2-11所示为单相半波整流电路，假设二极管为理想模型，u_i 为正弦交流电。如图2-11b所示，当 u_i 为正半周时，二极管导通，电流由上至下流过 R，因为二极管采用理想模型，正向导通电压为0，所以在 R 上获得的电压波形和输入一致；当 u_i 为负半周时，二极管反向截止，表现为无穷大电阻，流过 R 中的电流为0。利用二极管的单向导电性，将交流电转化为单向脉动的直流电，这种方法简单、经济，在日常生活及电子电路中经常采用。根据这个原理，还可以构成整流效果更好的单相全波、单相桥式等整流电路（具体内容将在第6章详细介绍）。

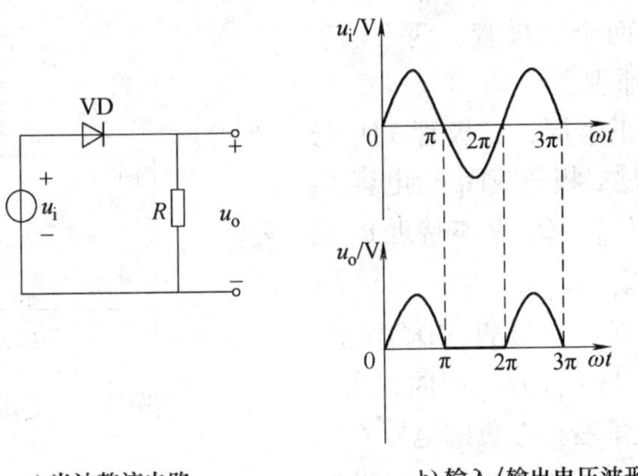

a) 半波整流电路　　b) 输入/输出电压波形

图2-11　单相半波整流电路

例2-1　单相全波整流电路如图2-12a所示。分析其工作原理，当输入为图2-12b所示的正弦交流电压时，画出输出电压的波形。

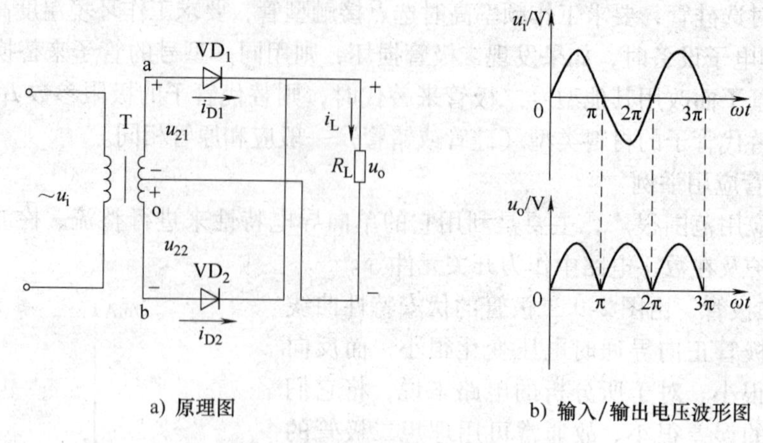

图 2-12　全波整流电路

解　单相全波整流电路是由两个单相半波整流电路组成的，变压器的二次绕组的中心抽头把 u_2 分成两个大小相等方向相反的 u_{21} 和 u_{22}。

工作原理：在正弦交流电源的正半周（a 点正，b 点负），VD_1 正向导通，VD_2 反向截止，电流通路为：a→VD_1→负载电阻 R_L→变压器中心抽头 o 点，负载上得到半波整流电压和电流，方向如图 2-12b 所示。

同理，在电源的负半周（b 点正，a 点负），VD_2 导通，VD_1 截止。电流通路为：b→VD_2→负载电阻 R_L→变压器中心抽头 o 点，负载 R_L 上得到与前半个周期方向相同的半波电压和电流，如图 2-12b 所示。

这样，在负载电阻 R_L 上得到如图 2-12b 所示的全波整流电压波形。

在实际应用中，当需要高电压、小电流的直流电源时，多采用倍压整流电路。倍压整流电路可以在不增加变压器二次绕组匝数和二极管反向峰值电压的条件下，通过多次倍压得到较高的直流电压输出。

例 2-2　如图 2-13 所示电路为二倍压整流电路，由电源变压器和两个二极管、两个电容器组成，试分析其工作原理。

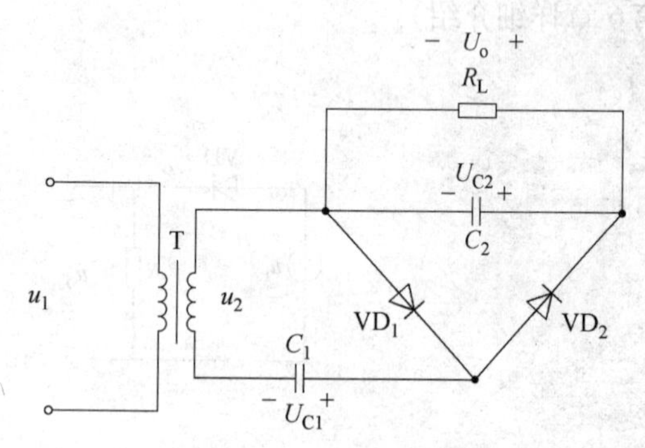

图 2-13　二倍压整流电路

解　（1）在 u_2 的正半周，二极管 VD_1 导通，VD_2 截止，电流通过二极管 VD_1 给电容 C_1 充上了右正左负的电压 U_{C1}，U_{C1} 基本接近 u_2 的峰值电压，即 $U_{C1}\approx\sqrt{2}U_2$。

（2）在 u_2 的负半周，二极管 VD_2 导通，VD_1 截止。由于此时 u_2 与 U_{C1} 方向相同，所以它们串联起来给 C_2 充上了右正左负的电压 U_{C2}，使 C_2 两端的电压近似等于 $2\sqrt{2}U_2$。

经过多个周期的充电，即可使 C_2 两端的电压等于 $2\sqrt{2}U_2$。

通过分析可以看出，在二倍压整流电路中，每个二极管所承受的最大反向电压均为

$2\sqrt{2}U_2$；电容 C_1 两端的电压为$\sqrt{2}U_2$；电容 C_2 两端的电压为 $2\sqrt{2}U_2$。这样，在负载 R_L 两端即可得

$$U_o = 2\sqrt{2}U_2$$

图中电容的容量应选得大些，范围可在 1000～2200μF 之间，负载电阻选得大些。

根据上述道理，用 n 只二极管和 n 个电容器即可组成 n 倍压整流电路（见习题 2-12）。

另外，还必须注意的是，在多倍压整流电路中，负载电阻一定要大，负载电流一定要小，只有这样才能有稳定的输出电压。

限幅电路：在电子电路中，为了降低信号的幅度以满足电路工作的需要，或为了保护某些器件不受大的信号电压作用而损坏，往往利用二极管来限制信号的幅度，称为限幅。

例 2-3 在图 2-14a 所示电路中，二极管为理想二极管。设输入信号为 $u_i = 10\sin\omega t$ V，$E = 5$V。试画出输出信号 u_o 的波形。

解 当 $u_i > E$ 时，二极管 VD 处于正向偏置而导通，相当于短路，输出电压 $u_o = E = 5$V；当 $u_i < E$ 时，二极管处于反向偏置而截止，相当于开路，输出电压等于输入电压 $u_o = u_i$。输入/输出电压波形如图 2-14b所示。由图可见，输出波形被限制在 E 值以下。称这种电路为限幅电路。

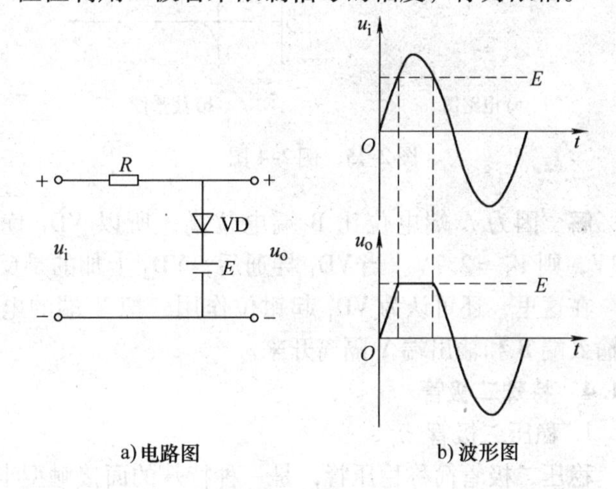

图 2-14　例 2-3 图

利用这个简单的限幅电路，可以把输入电压的幅度加以限制，所以限幅电路又称为削波电路。将电路稍加变化，还可以得到双向限幅等各种不同的限幅应用（见习题 2-3、2-4）。

检波电路　检波电路的构成和工作原理与整流电路相似（整流电路也可作为检波电路），即可提取输入信号中的某一部分，如单相半波整流电路，提取了波形中为正的部分。

例 2-4　图 2-15a 中的 R 和 C 构成一微分电路。当输入电压 u_i 如图 2-15b 中所示时，试画出输出电压 u_o 的波形。设 $u_C(0) = 0$。

解　在 $t = 0$ 瞬间，输入电压由 0 跃变为 U，而电容电压不能跃变，故 u_R 跃变为 U。随后电容很快被充电至 U，极性如图中所示，u_R 也随之下降到 0，即 u_R 为一正尖脉冲，二极管截止，这时 u_o 为零。

在 t_1 瞬间，u_i 由 U 下降到零，电容电压不能跃变，它经 R 和 R_L 分两路放电，二极管 VD 导通，u_R 和 u_o 均为负尖脉冲。在 t_2 瞬间，u_i 由零上升到 U，只经过 R 对电容充电，u_R 为一正尖脉冲；这时二极管截止，u_o 为零。输出电压 u_o 的波形如图 2-15b 所示。

在这里，二极管起检波作用，除去正尖脉冲。

开关电路　在数字电路中经常将二极管作为开关元件来使用，因为二极管具有单向导电性，可将二极管处于导通状态看成是开关闭合，二极管处于截止状态看成是开关断开，这在数字电路中得到广泛应用。

例 2-5 在图2-16中，输入端 A 的电位 $V_A = +3V$，B 的电位 $V_B = 0V$，求输出端 Y 的电位 V_Y。电阻 R 接负电源 $-12V$。

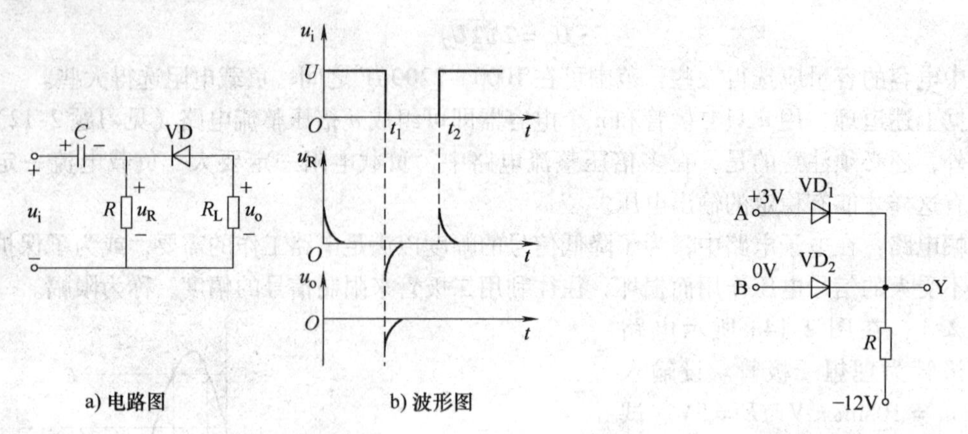

图 2-15 例 2-4 图

图 2-16 例 2-5 图

解 因为 A 端电位比 B 端电位高，所以 VD_1 优先导通。如果二极管的正向压降是 0.3V，则 $V_Y = 2.7V$。当 VD_1 导通后，VD_2 上加的是反向电压，因而截止。

在这里，还可认为 VD_1 起钳位作用，把 Y 端的电位钳制在 +2.7V；VD_2 起隔离作用，把输入端 B 和输出端 Y 隔离开来。

2.1.4 特殊二极管

1. 稳压二极管

稳压二极管简称稳压管，是一种特殊的面接触型半导体硅二极管。由于它在电路中与适当数值的电阻配合后能起稳定电压的作用，故称为稳压管，其表示符号如图 2-17a 所示。

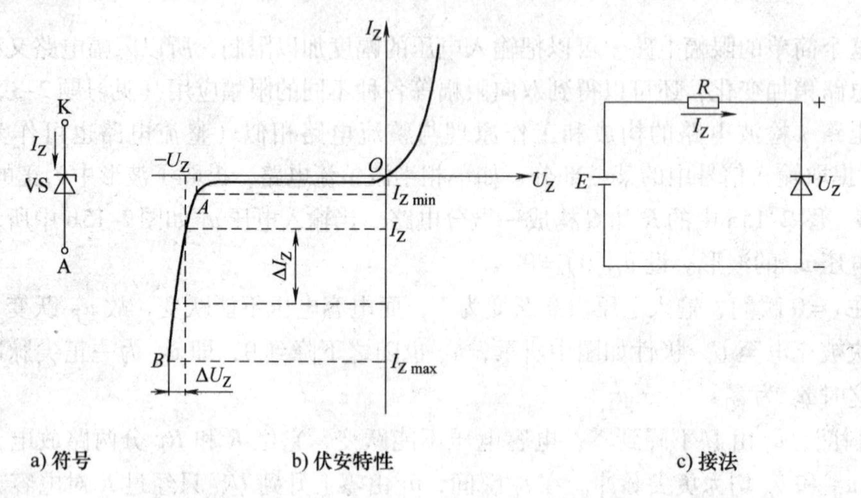

图 2-17 稳压管的伏安特性曲线

稳压管的伏安特性曲线与普通二极管的类似，如图 2-17b 所示。正向偏置时，其特性与普通二极管相同。二者的差异是稳压管的反向特性曲线比较陡，稳压管工作于反向击穿区。从反向特性曲线上可以看出，反向电压在一定范围内变化时，反向电流很小。当反向电压增高到击穿电压时，反向电流突然剧增（见图 2-17b），稳压管反向击穿。此后，电流虽然在很大范围内变化，但稳压管两端的电压变化很小。利用这一特性，稳压管在电路中能起稳定电压的作用。

由于稳压管工作在反向击穿状态，因此，外接的电源电压的极性应保证管子反偏，且其大小应不低于反向击穿电压。此外，稳压管的电流变化范围有一定的限制。如果电流太小则稳压效果较差，例如，若稳压管电流 I_Z 小于图 2-17b 中 A 点的电流 I_{Zmin}时，管子将失去稳压作用而处于反向截止；如果电流太大超过图中 B 点的电流 I_{Zmax}时，管子将发生热击穿而烧坏。因此，稳压管电流的变化应控制在 $I_{Zmin} \sim I_{Zmax}$范围内。稳压管在电路中的接法应如图 2-17c 所示。其中与稳压管串联的限流电阻 R 的大小要保证稳压管电流 I_Z 在 $I_{Zmin} \sim I_{Zmax}$之间。稳压管的反向击穿是可逆的，当去掉反向电压之后，稳压管又恢复正常（见参考文献[15]）。

稳压管的主要参数

（1）稳定电压 U_Z

稳定电压是指稳压管在正常工作下管子两端的电压，一般 3～25V，高的可达 200V。由于工艺方面和其他原因，即使是同一型号的稳压管，稳压值也有一定的分散性。使用时应注意。

（2）电压温度系数

是说明稳压值受温度变化影响的系数。例如 2CW18 稳压管的电压温度系数是 0.095%/℃，就是说温度每增加 1℃，它的稳压值将升高 0.095%，假如在 20℃时的稳压值是 11V，那么在 50℃时的稳压值将是

$$11\text{V} + \frac{0.095}{100}(50-20) \times 11\text{V} \approx 11.3\text{V}$$

一般来说，低于 4V 的稳压管，它的电压温度系数是负的；高于 7V 的稳压管，电压温度系数是正的；而在 6V 左右的管子，稳压值受温度的影响比较小。因此，选用稳定电压为 6V 左右的稳压管，可得到较好的温度稳定性。

（3）动态电阻 r_Z

动态电阻是指稳压管端电压的变化量与相应的电流变化量的比值，即

$$r_Z = \frac{\Delta U_Z}{\Delta I_Z} \tag{2-4}$$

稳压管的反向伏安特性曲线愈陡，则动态电阻愈小，稳压性能愈好。

（4）稳定电流 I_Z

指稳压管正常工作时的参考电流。开始稳压时对应的电流叫做最小稳定电流 I_{Zmin}；对应额定功耗时的稳压电流叫做最大稳定电流 I_{Zmax}。正常工作电流 I_Z 取 $I_{Zmin} \sim I_{Zmax}$间的某个值。

（5）最大允许耗散功率 P_{ZM}

管子不致发生热击穿的最大功率损耗 $P_{ZM} = U_Z I_{Zmax}$。即为稳压管的额定功耗。

稳压管主要用来构成稳压电路，如图 2-18 所示。U_i 是不稳定的可变直流电压，需要得到稳定的电压 U_o，在二者之间加稳压电路，由限流电阻 R 和稳压管 VS 构成，R_L 是负载电阻。

例 2-6 在图2-19中，已知稳压管的 $U_Z = 6.3\text{V}$，当 $U_i = \pm 20\text{V}$，$R = 1\text{k}\Omega$ 时，求 U_o。已

知稳压管的正向压降 $U_D = 0.7V$。

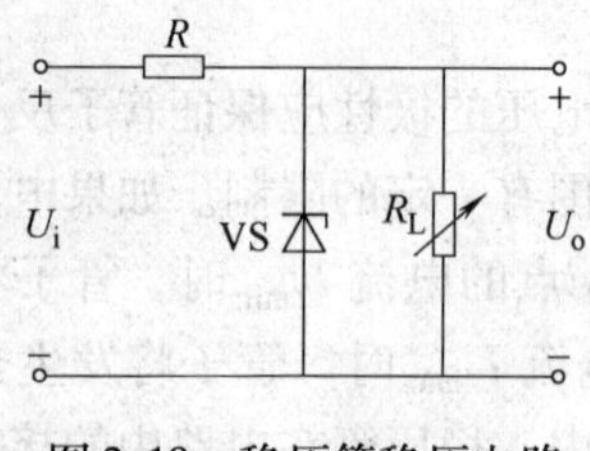

图 2-18　稳压管稳压电路

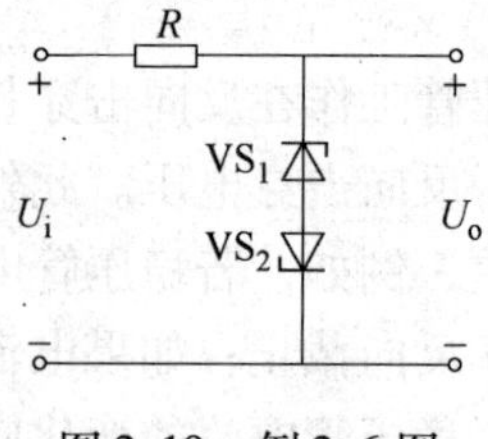

图 2-19　例 2-6 图

解　当 $U_i = +20V$ 时，VS_1 反向击穿，其稳压值 $U_{Z1} = 6.3V$，VS_2 正向导通，$U_{D2} = 0.7V$，则 $U_o = +7V$；同理 $U_i = -20V$ 时，$U_o = -7V$。

2. 光敏二极管

光敏二极管也称光电二极管，是一种将光信号转换为电信号的特殊二极管。其基本结构与普通二极管相似，管壳上装有玻璃窗口，用来接受光照。光敏二极管工作于反向偏置状态，无光照时，反向电流很小，称为暗电流。有光照时，电流会急剧增加，称为光电流。如图 2-20 所示。

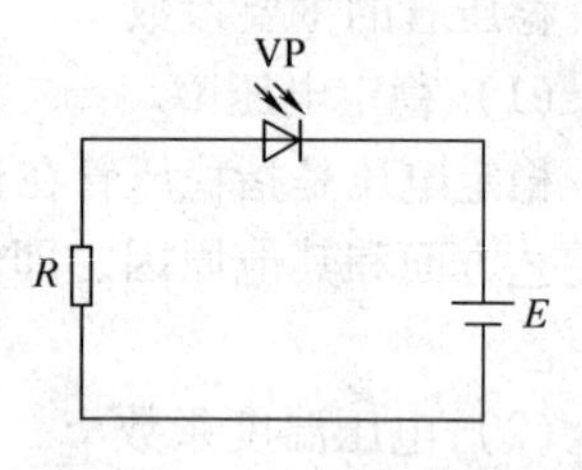

图 2-20　光敏二极管电路

3. 发光二极管

发光二极管通常是用元素周期表中Ⅲ、Ⅴ族元素的化合物，如砷化镓、磷化镓等所制成的。当这种管子有电流流过时就发光，这是由于电子与空穴直接复合而放出能量的结果。光谱范围是比较窄的，其波长由所使用的基本材料而定。图 2-21 表示发光二极管的符号。发光二极管有红、黄、绿、白等各种颜色，常用来作为显示器件，除单个使用外，也常做成七段式或矩阵式器件，工作电流一般为几毫安至十几毫安之间。

发光二极管的另一种重要用途是将电信号变为光信号，通过光缆传输，然后再用光敏二极管接收，再现电信号。图 2-22 表示发光二极管发射电路通过光缆驱动光敏二极管电路。在发射端，一个 0 ~5V 的脉冲信号通过 500Ω 的电阻作用于发光二极管，这个驱动电路可使发光二极管产生一数字光信号，并作用于光缆。由发光二极管发出的光约有 20% 耦合到光缆。在接收端传送的光中，约有 80% 耦合到光敏二极管，以致在接收电路的输出端复原为 0 ~5V 电平的数字信号。

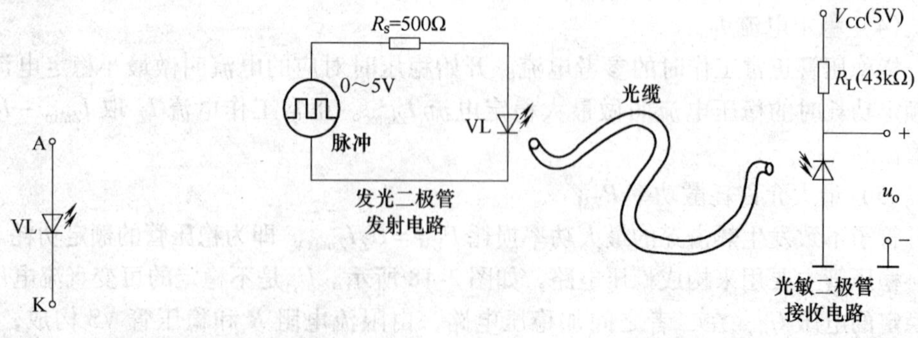

图 2-21　发光二极管的符号

图 2-22　光电传输系统

*4. 光耦合器

光耦合器又称光电隔离器，简称光耦。它是发光器件和受光器件的组合体。图 2-23 是光耦的一种，其发光器件采用发光二极管，受光器件采用光敏二极管，二者封装在同一外壳内，由透明的绝缘材料隔开。

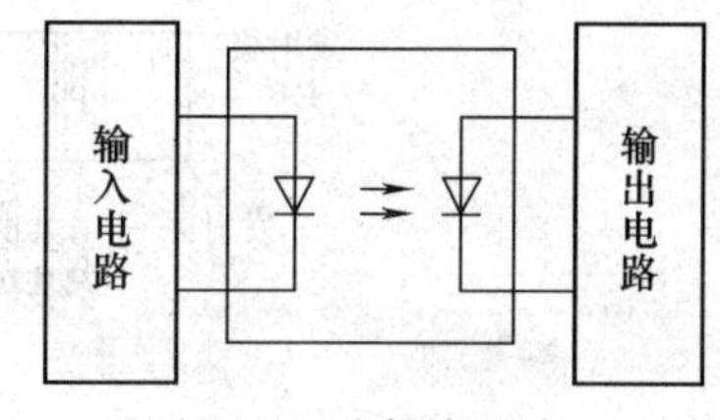

图 2-23　光耦合电路

工作时，发光二极管将输入的电信号转换为光信号，光敏二极管再将光信号转换成电信号输出。这样，输出电路与输入电路之间没有直接的电的联系，可以实现两个电路之间的电气隔离，两电路之间不会相互影响，从而使系统具有良好的抗干扰性。同时，被隔离的两部分电路，可以采用电压等级相差很大的电压供电，例如，一部分电路是低电压的电子系统，另一部分电路是连接到市电电网的高电压系统，有效地实现了对低压电路的保护。

[思考题]

1. 理解本征半导体、杂质半导体形成机理，回答下述问题；

（1）本征半导体内的电子、空穴载流子为什么是成对出现的？

（2）N 型半导体和 P 型半导体中的多数载流子和少数载流子各是什么极性的载流子？

（3）本征半导体和杂质半导体为什么呈现电中性？当用一根导线连接两端后，导线中是否有电流流经外接导线？

2. N 型半导体中的多数载流子是电子，P 型半导体中的多数载流子是空穴，能否说 N 型半导体带负电，P 型半导体带正电？为什么？

3. 扩散电流是由什么载流子运动而形成的？漂移电流又是由什么载流子在何种作用下而形成的？

4. PN 结的最主要电特性是什么？PN 结正向偏置和反向偏置是什么含义？

2.2　晶体管

晶体管（也称晶体三极管，简称三极管）是一种双极型半导体器件，所谓双极型器件是其内部参与导电的有两种极性的载流子——带负电的自由电子和带正电的空穴。它的电流放大作用和开关作用促使电子技术飞跃发展。

2.2.1　基本结构

双极型晶体管（BJT），是将不同掺杂类型（P 型和 N 型）的半导体材料，交叉配置在同一块晶片上制作而成的一种三层两个 PN 结的半导体器件。它有两种基本结构，PNP 型和 NPN 型，其简化示意图及相应的电路符号如图 2-24 所示。NPN 和 PNP 型晶体管的工作原理相同，只是在使用时电源极性连接不同而已。

由图 2-24 可见，3 层半导体分别称为发射区、基区和集电区，发射区和基区间的 PN 结称为发射结；集电区和基区间的 PN 结称为集电结；由发射区、基区和集电区引出的电极分别为发射极 E 或 e，基极 B 或 b，集电极 C 或 c。在制造工艺上，3 层半导体材料的几何尺寸和掺杂程度都有很大的差异。基区厚度最薄（一般约 1μm ~ 几微米），且掺杂浓度很低，因而多数载流子较少；发射区掺杂浓度最高，多数载流子浓度也大；而集电区的厚度最大，掺杂浓度低于发射区而高于基区。由于目前硅晶体管应用较多，下面就以 NPN 型硅晶体管为例进行讨论。

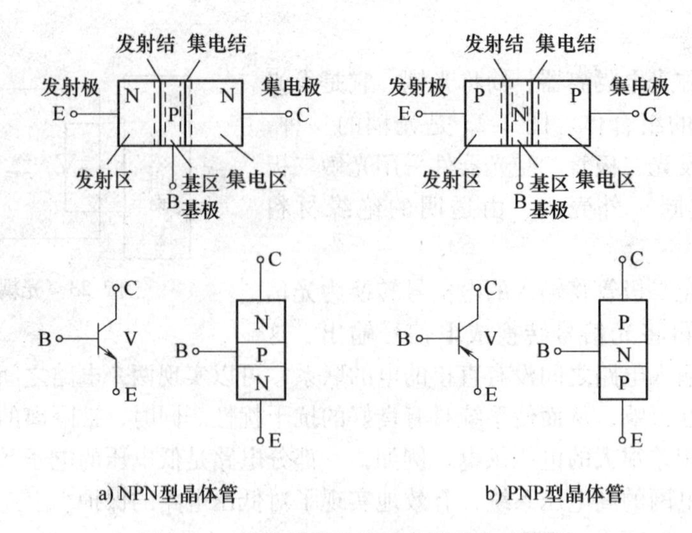

a) NPN型晶体管　　b) PNP型晶体管

图 2-24　晶体管的结构示意图和表示符号

2.2.2　电流放大原理

晶体管必须满足一定的偏置条件，才能有电流放大作用。图 2-25 电路是以 NPN 型硅晶体管接成共射形式（基极回路和集电极回路以发射极作为公共端）的示意图。

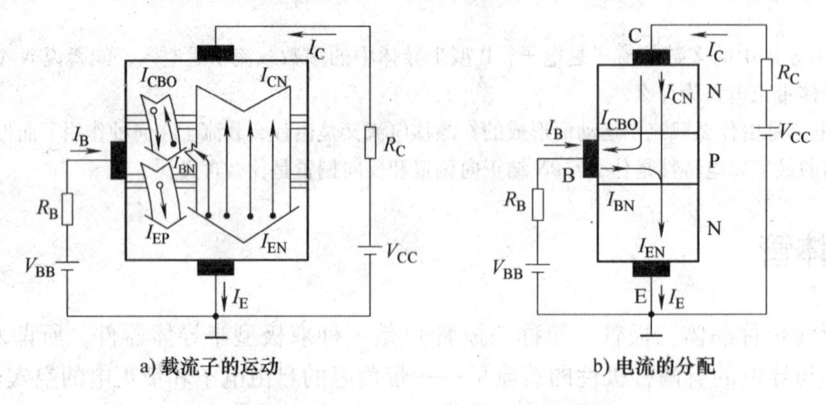

a) 载流子的运动　　b) 电流的分配

图 2-25　NPN 晶体管共射电路示意图

由图可见，晶体管的外部偏置条件是：电压源 V_{BB}通过电阻 R_B 提供给发射结正向偏置电压；而电压源 V_{CC}通过电阻 R_C 加到集电极，使集电结处于反向偏置。在这种外部条件下，晶体管内的载流子在外电场作用下产生定向运动，形成图中箭头方向所示的基极电流 I_B，集电极电流 I_C 和发射极电流 I_E。

1. 发射区向基区注入电子

由于发射结正向偏置，基区掺杂浓度低，发射区掺杂浓度高，载流子浓度差别很大，于是发射区的多数载流子——自由电子在正向偏压作用下，向基区扩散，或者说发射区向基区注入大量自由电子，并不断地由电源向发射区补充电子，形成发射极电子电流的主流部分 I_{EN}，其方向由发射极流出。同时，基区的多子 - 空穴也会向发射区扩散，形成空穴电流 I_{EP}，但是，由于基区的掺杂浓度低，空穴数目很少，所以 I_{EP}很小，一般可以忽略，即发射极电流 $I_E = I_{EN}$。

2. 电子在基区的复合与扩散

扩散到基区的自由电子，在基区将发生复合和继续扩散。由于基区做得很薄，掺杂浓度低，所以从发射区注入过来的自由电子仅有少量与基区的空穴复合，形成基极电流 I_B 的主要部分 I_{BN}，其方向由基极流入，同时电源 V_{BB} 不断向基区补充空穴，其余绝大多数电子继续扩散到集电结附近。

3. 集电区收集电子

由于集电结反向偏置，有利于电子的漂移（自由电子在 P 区为少数载流子），所以，基区中扩散到集电结边缘的电子，几乎全部漂移过集电结，到达集电区，形成集电极电流 I_C 的主要部分 I_{CN}，其方向由集电极流入。

4. 少数载流子的反向漂移

与此同时，基区内的少数载流子电子和集电区内的少数载流子空穴，也将在集电结反偏电压的作用下分别向对方区域漂移，从而形成集电结的反向饱和电流 I_{CBO}。该电流是由热激发的少数载流子形成的，构成集电极电流 I_C 和基极电流 I_B 的一小部分，其数值很小，通常可以忽略，但受温度影响很大，容易使管子工作不稳定。因此，$I_B=I_{BN}-I_{CBO}$，$I_C=I_{CN}+I_{CBO}$。

由上述分析可见，基极电流 I_B、集电极电流 I_C 及发射极电流 I_E 之间的关系为

$$I_E=I_{BN}+I_{CN}=(I_B+I_{CBO})+(I_C-I_{CBO})=I_B+I_C \tag{2-5}$$

由上述可知，晶体管在发射结正向偏置，集电结反向偏置时，发射区注入到基区的载流子，只有极少部分在基区复合形成基极电流，绝大部分被集电区收集，形成集电极电流。也就是，发射极电流 I_E 的两部分中，基极电流 I_B 只占很小的比例，而集电极电流占的比例很大，用 $\bar{\beta}$ 表示这个比例关系为

$$\bar{\beta}=\frac{I_{CN}}{I_{BN}}=\frac{I_C-I_{CBO}}{I_B+I_{CBO}}\approx\frac{I_C}{I_B} \tag{2-6}$$

则

$$I_C=\bar{\beta}I_B+(1+\bar{\beta})I_{CBO}=\bar{\beta}I_B+I_{CEO}$$

其中

$$I_{CEO}=(1+\bar{\beta})I_{CBO} \tag{2-7}$$

I_{CEO} 为集电极—发射极间的反向饱和电流，它是在基极开路（$I_B=0$）、集电结反偏发射结正偏时的集电极电流。该电流从集电区穿过基区流入发射区，所以又称为穿透电流。

如果将基极电流 I_B 作为输入电流，集电极电流 I_C 作为输出电流，$\bar{\beta}$ 表示了晶体管的电流放大作用，称为电流放大系数。

对于 PNP 型晶体管，外部电压源极性相反，注入载流子为空穴，实际电流方向相反，分析方法与 NPN 型的相似。

2.2.3 晶体管的伏安特性曲线

为了较为全面地反映晶体管的特性，可以用它的外部各电极电流和极间电压之间的关系曲线来表示。这种曲线称为晶体管的伏安特性曲线。从使用者的角度来看，了解晶体管的外部特性比了解它的内部载流子分配规律显得更为重要，因为在分析晶体管电路时，只需知道其外部特性而不涉及其内部结构。

晶体管有 3 个电极，可以组成两个回路，如图 2-26 所示为共射电路。晶体管的特性曲线可通过晶体管图示仪测得或通过实验测绘。

1. 输入伏安特性曲线

当集电极与发射极间的电压 u_{CE} 为某一常数值时，晶体管的基极电流 i_B 与基极 - 发射极间电压 u_{BE} 的关系特性曲线，叫做输入特性曲线。

$$i_B = f(u_{BE})\,|U_{CE} \tag{2-8}$$

不同型号的晶体管或同型号晶体管参数有分散性，输入特性曲线不同，但基本形状相似。图 2-27 所示为 NPN 型晶体管 3DG6 的输入特性曲线。

从输入特性曲线上看到

1）晶体管的输入特性与二极管的正向特性相似。但由于存在集电极与发射极间电压 u_{CE} 的影响，输入特性曲线往往不是一条。当 $U_{CE}=0V$ 时，相当于 c、e 极短路，此时发射结与集电结并联，因此 $U_{CE}=0V$ 的输入特性与二极管伏安特性相似。随着 U_{CE} 的增大，曲线逐渐右移。当 $u_{CE}\geqslant 1V$ 时，集电结已反向偏置，并且内电场已足够大，而基区又很簿，可以把从发射区扩散到基区的电子中的绝大部分拉入集电区。所以，在 u_{BE} 相同的情况下，i_B 较 $U_{CE}=0V$ 时减小了，特性曲线相应地右移。此后，u_{CE} 对 i_B 没有明显的影响。就是说，$u_{CE}\geqslant 1V$ 后的输入特性曲线基本上是重合的。所以，通常只画出 $u_{CE}\geqslant 1V$ 的一条输入特性曲线。

2）由图 2-27 可见，和二极管的伏安特性一样，晶体管输入特性也有一段死区。只有在发射结外加电压大于死区电压时，晶体管才会出现基极电流 i_B。硅管的死区电压约为 0.5V，锗管的死区电压约为 0.1V。

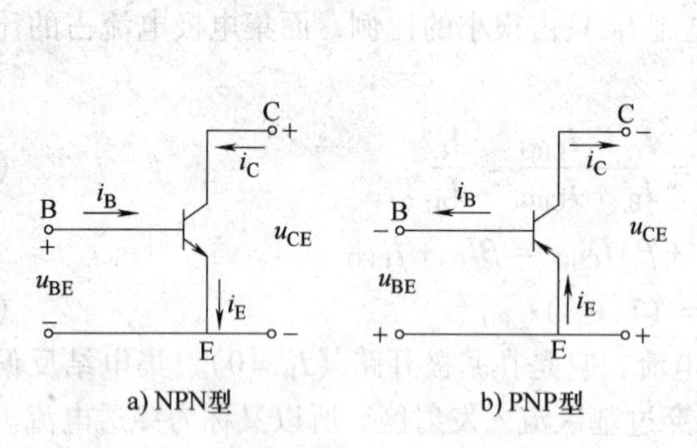

图 2-26　NPN 和 PNP 晶体管两端口电路

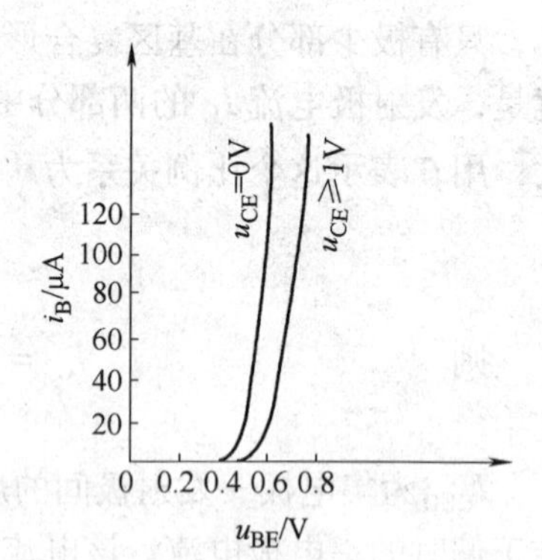

图 2-27　NPN 型晶体管 3DG6 的输入特性曲线

晶体管工作在线性区时，U_{BE} 的变化范围很小，NPN 型硅管的发射结电压 $U_{BE}=0.6\sim0.7V$，PNP 型锗管的 $U_{BE}=0.2\sim0.3V$。为便于应用，本书规定，计算时硅管取 $U_{BE}=0.7V$，锗管取 $U_{BE}=0.3V$。

2. 输出特性曲线

输出特性曲线是指当基极电流 i_B 为常数时，晶体管的集电极电流 i_C 与集—射极电压 u_{CE} 之间的关系曲线。

$$i_C = f\,(u_{CE})\,|_{i_B} \tag{2-9}$$

在不同的 i_B 下，可得出不同的曲线，所以晶体管的输出特性曲线是一簇曲线，如图 2-28所示。

当 i_B 一定时，从发射区扩散到基区的电子数大致是一定的。在 u_{CE} 超过一定数值（约 1V）以后，这些电子的绝大部分被拉入集电区而形成 i_C，以致当 u_{CE} 继续增高时，i_C 也不再有明显的增加，具有恒流特性。

当 i_B 增大时，相应的 i_C 也增大，曲线上移，而且 i_C 比 i_B 增加很多倍，这就是晶体管的电流放大作用。

通常把晶体管的输出特性曲线分为 3 个工作区（见图 2-28）

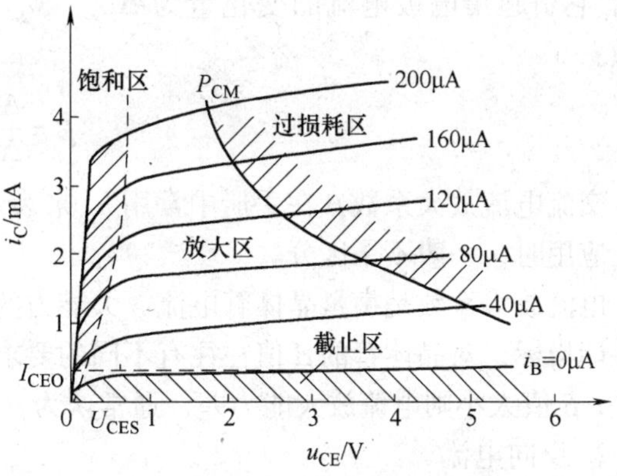

图 2-28　3DG6 的输出特性曲线

（1）放大区

输出特性曲线近于水平的部分是放大区。晶体管工作于放大状态的外部偏置条件是发射结正偏，集电结反偏，对 NPN 型晶体管而言，应使 $u_{BE}>0$，$u_{BC}<0$。在放大区，$i_C=\beta i_B$，与 u_{CE} 的关系不大，具有恒流特性。由于 i_C 和 i_B 成正比的关系，故放大区也称为线性区。晶体管工作于放大区的外部特征为：电流放大——$i_C=\beta i_B$；电流控制——i_B 控制 i_C；恒流特性——曲线平坦。

可见，晶体管是电流控制型器件（基极电流控制集电极电流）。

（2）截止区

$i_B=0$ 的曲线以下的区域称为截止区。晶体管工作于截止状态的外部偏置条件是发射结零偏或反偏，集电结反偏。对 NPN 型硅管而言，当 $u_{BE}<0.5\text{V}$ 时，即已开始截止，但是为了截止可靠，常使 $u_{BE}<0\text{V}$。晶体管截止时的外部特征为：$i_B=0$，$i_C=I_{CEO}\approx 0$，$u_{CE}\approx V_{CC}$。

（3）饱和区

当 $u_{CE}<u_{BE}$ 时，集电结处于正向偏置，晶体管工作于饱和状态，即晶体管工作于饱和状态的外部偏置条件是发射结和集电结均正偏。对于 NPN 型晶体管来说，$u_{BE}>0$，$u_{BC}>0$。在饱和区，不同 i_B 值的各条特性曲线几乎重叠在一起，i_C 随 u_{CE} 的增加几乎是直线上升的。也就是说，晶体管的集电极电流 i_C 基本上不随基极电流 i_B 变化。此时晶体管失去了放大作用，不能再用放大区的 $i_C=\beta i_B$ 来描述两者间的关系。晶体管饱和时的外部特征为：$u_{CE}=U_{CES}$（饱和管压降），对于硅管 $U_{CES}=0.3\text{V}$，锗管 $U_{CES}=0.1\text{V}$；$i_B>i_C/\beta$。

2.2.4　主要参数

晶体管的参数可用来表征管子性能的优劣和适用范围，也是设计电路、选用晶体管的主要依据。

1. 电流放大系数 $\overline{\beta}$、β

直流电流放大系数 $\overline{\beta}$：当晶体管接成共发射极电路时，在静态（无输入信号）时集电极电流 I_C（输出电流）与基极电流 I_B（输入电流）的比值称为共发射极直流（静态）电流放大系数：

$$\overline{\beta}=\frac{I_C}{I_B} \tag{2-10}$$

交流电流放大系数 β：当晶体管工作在动态（有输入信号）时，基极电流的变化量为

Δi_B，它引起集电极电流的变化量为 Δi_C。Δi_C 与 Δi_B 的比值称为交流（动态）电流放大系数：

$$\beta = \frac{\Delta i_C}{\Delta i_B} \tag{2-11}$$

交流电流放大系数 β 在手册中常用 h_{fe} 来表示。在数值上直流 $\bar{\beta}$ 与交流 β 相差不大，因此在应用时，一般不予区分。

电流放大系数是衡量晶体管电流放大能力的重要指标，在具体的放大电路中，根据不同的性能指标，对晶体管的 β 值往往有不同的要求。一般来说，在工程应用中 β 值太大则稳定性差；β 值太小则电流放大能力差，通常认为 β 在 40 ~ 100 之间是较合适的。

2. 反向电流

晶体管的极间反向电流是反映管子质量的指标，极间反向电流越小，管子质量越高。因反向电流直接影响着电子线路工作的稳定性和高温下的工作性能，所以在工程应用中需要考虑以下两个反向电流。

（1）集电极—基极间反向饱和电流 I_{CBO}

是指在发射极开路（$i_E = 0$）时，集电区和基区的少数载流子，在集电结反偏电压作用下漂移而形成的反向电流。它与二极管中的反向饱和电流在本质上是相同的。I_{CBO} 的值很小，在室温下，小功率硅管约几微安，锗管约为几十微安。但受温度影响很大，是晶体管工作不稳定的主要因素。通过图 2-29 的电路，可以测得 I_{CBO}。

（2）集电极—发射极间穿透电流 I_{CEO}

是指基极开路（$i_B = 0$）时，集电极与发射极之间的反向电流，用 I_{CEO} 表示，如图 2-30 所示。

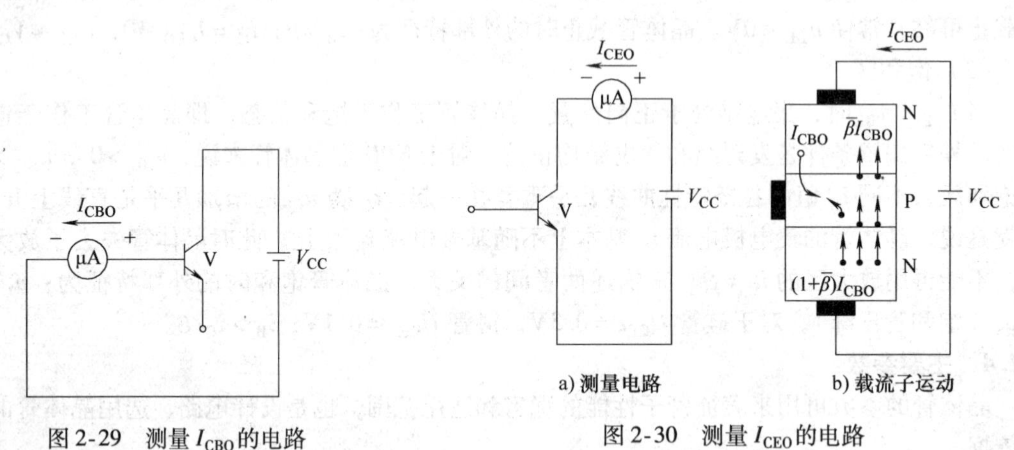

图 2-29　测量 I_{CBO} 的电路

图 2-30　测量 I_{CEO} 的电路

根据晶体管电流分配的比例关系，发射区每向基区提供 1 个复合的载流子，就要向集电区提供 β 个载流子（见图 2-30b），穿透电流 I_{CEO} 与反向饱和电流 I_{CBO} 的关系见式（2-7）。

可见 I_{CEO} 受温度影响更严重，因而对晶体管的工作影响更大。

3. 极限参数

所谓极限参数，就是晶体管正常工作时，其工作电压、工作电流和耗散功率的最大允许值。在使用时，必须保证其工作状态不要超过这些极限参数的规定范围。

（1）集电极最大允许电流 I_{CM}

当晶体管的集电极电流 I_C 增加到一定数值时，晶体管的电流放大系数 β 值将显著下降，一般把 β 值下降到正常数值的 2/3 时的集电极电流，称为集电极最大允许电流 I_{CM}。

（2）反向击穿电压

在应用中有三个反向击穿电压需要注意：

1）$U_{(BR)EBO}$是指集电极开路时，发射极—基极间的反向击穿电压。这是发射结所允许的最大反向电压，超过这一参数，管子的发射结有可能被击穿。

2）$U_{(BR)CBO}$是指发射极开路时，集电极—基极间的反向击穿电压。这是集电结所允许的最大反向电压，超过这一参数，管子的集电结有可能被击穿。

3）$U_{(BR)CEO}$是指基极开路时，集电极—发射极间的反向击穿电压。这个电压的大小与穿透电流 I_{CEO} 直接联系，当 U_{CE} 增加，使得 I_{CEO} 明显增加时，会导致集电结出现雪崩击穿。

（3）集电极最大允许耗散功率 P_{CM}

由于集电极电流流过集电结时会消耗功率而产生热量，使晶体管的结温升高，从而会引起管子参数变化。当晶体管因受热引起的参数变化不超过允许值时，集电极所消耗的最大功率，称为集电极最大允许耗散功率 P_{CM}。

P_{CM}主要是受结温的限制，因此它与环境温度有关，环境温度低、散热条件好时，其允许的最大集电极功耗可得到较大的提高。

通常锗管允许结温 70～90℃，硅管约为 150℃。

根据管子的 P_{CM}值，由

$$P_{CM}=I_C U_{CE}$$

可在晶体管的输出特性曲线上作出 P_{CM}曲线，见图 2-28，P_{CM}曲线以下区域为安全工作区。对于大功率晶体管，在使用中必须加装散热片，以防止过热而烧毁。

2.2.5 晶体管电极的判别

如何用万用表判断一个晶体管是 NPN 管或 PNP 管，并分辨出 3 个电极，是实际工作中经常遇到的问题。首先要明确以下几点：

（1）指针式万用表量程置于欧姆档时，“+”端——红表笔输出电压的极性为负极，而“-”端——黑表笔输出电压的极性为正极。数字式万用表的电压极性与之相反。

（2）基极可以视为发射结和集电结两个 PN 结的公共电极。以基极固定于某一测试表笔，而将另一表笔分别和另两个电极相连。当测得电阻阻值很低时，表示两个结均被加上正向电压，反之，被加上反向电压。

（3）晶体管处于放大状态的 β 值，远比处于倒置（C、E 极互换）状态的 β 值大。

晶体管的两个 PN 结可以用两个二极管等效，如图 2-31 所示。根据上述 1、2 两条原理，可以将红表笔和黑表笔先后固定到晶体管的某条引脚。若（指针式表用 ×1k 档，数字式表用测二极管档）测得该引脚和另两引脚之间有低欧姆电阻，即 PN 结导通，则该引脚即为基极，如果连基极的表笔为红色（数字式表为黑色），则该管为 PNP 管，若为黑色（数字式表为红色），则该管为 NPN 管。然后根据上述 1、3 两条原理区分余下两个引脚哪个是发射极，哪个是集电极。

以指针式万用表测量为例（数字式万用表的红黑表笔对调）。对 NPN 管在已判明的基极

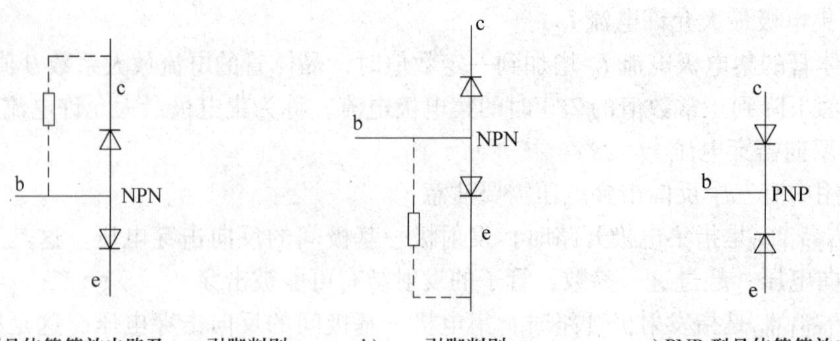

a) NPN 型晶体管等效电路及c、e引脚判别　　b) c、e引脚判别　　c) PNP 型晶体管等效电路

图 2-31　晶体管等效电路及 c、e 引脚判别

与其中任一电极间接一个 2 ~ 10kΩ 的电阻，如图 2-31a 所示。用欧姆档测量待判别电极的欧姆值，调换所接电阻的引脚和红黑表笔再次测量，如图 2-31b 所示。两次测量中，电表指示欧姆值小的一次，则黑表笔所接电极为集电极。

对 PNP 型管，方法与上述相似，只是红黑表笔对调。

目前，数字式万用表均设有专用的测试晶体管 β 的接口，只要将晶体管的 3 个电极插入相应测试孔中，即可测得 β 值，同时可判定 3 个电极。

例 2-7　某电路中的晶体管型号已经模糊不清，试通过测得的 3 个电极的电位（如图 2-32 所示，$V_1 = 12\text{V}$，$V_2 = 11.7\text{V}$，$V_3 = 6\text{V}$），判断该晶体管是 PNP 型还是 NPN 型？是硅管还是锗管？并指出 3 个电极。

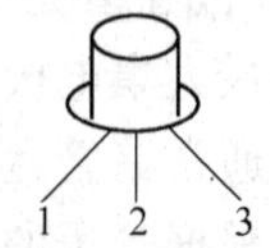

图 2-32　例 2-7 图

解　首先找到两个电位相差 0.7V 或 0.3V 的两个电极，它们分别是基极和发射极；如果相差 0.7V 则为硅管，否则为锗管。第三个电极即为集电极；如果集电极电位最高，则为 NPN 型，其基极电位高于发射极电位。若集电极电位最低，则为 PNP 型，其基极电位低于发射极电位。

该题中，引脚 1 和引脚 2 之间相差 0.3V，可知该管为锗管，引脚 3 为集电极，由于其电位最低，故该管为 PNP 型；引脚 1 电位最高，为发射极，2 脚为基极。

2.2.6　场效应晶体管简介

场效应晶体管也是一种具有 PN 结的半导体器件，它出现在 20 世纪 60 年代初期，由于它是利用电场的效应来控制电流的，因此而命名。与上节所介绍的晶体管相比，除了具有输入端基本上不取用电流（即输入电阻极大）的特点外，还有受温度等影响较小以及便于集成化等优点。因此在微弱信号放大、仪器仪表和数字集成电路等方面得到了广泛的应用。

场效应晶体管按其结构的不同分为绝缘栅型和结型两大类。它们都是依靠半导体中的多数载流子来实现导电的器件，因此场效应晶体管又常称为单极型晶体管。由于绝缘栅场效应晶体管的输入电阻高达 $10^6 \sim 10^{15}\Omega$，集成化也更容易，所以它是目前发展很快的一种器件。本节仅介绍一种由金属、氧化物、半导体所组成的绝缘栅场效应晶体管（通常简称为 MOS 管）的结构、工作原理、特性和主要参数。

1. MOS 管的基本结构及工作原理

MOS 管按其工作状态分为增强型和耗尽型；按其导电沟道类型分为 N 型沟道（电子型沟道）和 P 型沟道（空穴型沟道）。有 4 种基本类型分别为增强型 NMOS 管、增强型 PMOS

管、耗尽型 NMOS 管、耗尽型 PMOS 管。这里将以增强型 NMOS 管为主，介绍其工作原理，并简要介绍耗尽型 NMOS 管。

图 2-33 是增强型 NMOS 管的结构示意图及图形符号。它以一块杂质浓度较低的 P 型薄硅片作为衬底（基片），通过光刻、扩散等方法在衬底上制作两个杂质浓度较高的 N 型区（图中以 N^+ 表示），由两个 N^+ 型区各引出一个电极，分别称为源极 S 和漏极 D。在两个 N^+ 型之间的硅表面上用高温氧化的方法生成一薄层二氧化硅绝缘层，再在其上制作一个金属电极，称为栅极 G。这样便构成了一个 NMOS 管。由于这种管子的栅极与其他电极和衬底之间是绝缘的（由 SiO_2 绝缘层隔开），故称为绝缘栅型场效应晶体管。采用同样的方法也可以制作增强型 PMOS 管，只是用 N 型硅片作衬底，在其上面制作两个 P^+ 区，并分别引出源极 S 和漏极 D，而栅极 G 也是以 SiO_2 绝缘层与 S、D 极和衬底隔开。

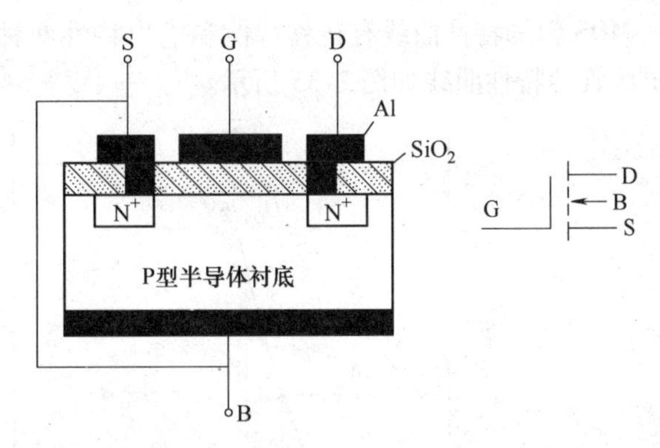

图 2-33　增强型 NMOS 管结构示意图

由图 2-33 可见，两个 N^+ 区之间被 P 型衬底隔开，形成了两个“背靠背”串联的 PN 结，当 $U_{GS}=0$ 时，即使在 D、S 极间加正向（或反向）电压 U_{DS}，也总有一个 PN 结是反偏的，此时流过管子的漏极电流 I_D 很小。如果在 G、S 极间加上正向电压 U_{GS}，如图 2-34 所示，因为 G 极与衬底之间有二氧化硅绝缘层隔开，便相当于一个电容器，在 U_{GS}作用下，就会产生垂直于衬底表面的电场。在电场力的作用下，P 型衬底中的电子将被吸引到达表面层，并填补原有的空穴而形成负离子耗尽层，当 U_{GS} 较小时，还不能形成导电沟道。若继续增大 U_{GS}，则使表面层积累较多的电子，便形成一个电子层（即 N 型层），它沟通了两个 N^+ 区，这是一个能导电的薄层，即所谓导电沟道。开始形成导电沟道时的 U_{GS}，称为开启电压，记为 $U_{GS(th)}$。显然，当 $U_{GS}>U_{GS(th)}$ 后，随着 U_{GS} 的增大，电场越强，使导电沟道越宽，沟道电阻越小，因此，在相同的 U_{DS}作用下，形成的漏极电流 I_D 就越大。所以，它能够通过栅源电压 U_{GS}的变化（即电场的强弱变化）实现控制漏极电流 I_D 的作用。

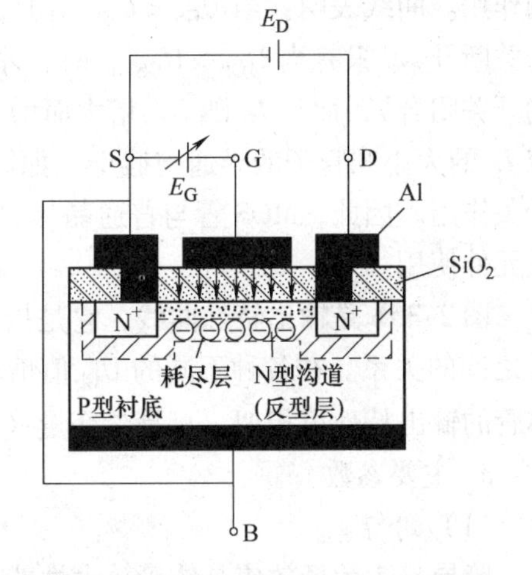

图 2-34　增强型 NMOS 管工作原理

由以上分析可见，这种管子在 $U_{GS}=0$ 或 $U_{GS}<U_{GS(th)}$ 时，均不存在导电沟道，必须在 $U_{GS}>U_{GS(th)}$ 后，亦即栅极与衬底之间的电场增强到一定程度后，才能形成导电沟通，因此这种管子称为增强型 NMOS 管。同理，若为 N 型衬底，则形成的导电沟道便是 P 型（空穴型）沟道，称为增强型 PMOS 管。

显然，对 PMOS 管所加的电源电压 U_{GS} 和 U_{DS} 的极性，恰好与 NMOS 管电源电压极性相反。

2. MOS 管的特性曲线

MOS 管的特性曲线有转移特性和输出特性两种，它们都可以通过实验来测得。增强型 NMOS 管的特性曲线如图 2-35 所示。

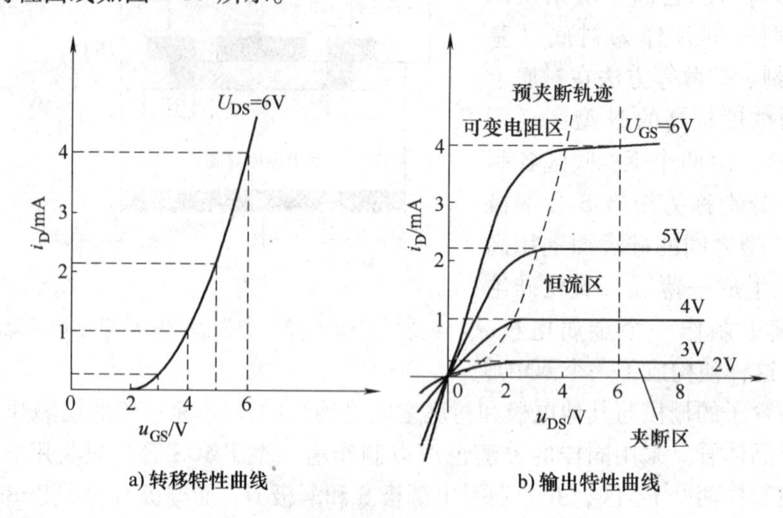

图 2-35　增强型 NMOS 管的特性曲线

图 2-35a 是转移特性曲线，它表示在 U_{DS}为一定值时，栅源电压 u_{GS}对漏极电流 i_D 的控制作用。曲线表明：当 $U_{GS} < U_{GS(th)}$时，$I_D = 0$，管子处于截止状态（即 D 与 S 极之间如同开关断开），只有当 $U_{GS} > U_{GS(th)}$时，才有电流 I_D，管子处于导通状态（即 D 与 S 极之间如同开关闭合），而且 I_D 随 U_{GS}增大而增大。由此可见，改变栅源电压 U_{GS}就可以控制漏极电流 I_D 的大小和管子的导通与截止（如同开关的闭合与断开），这就体现了 MOS 管的放大和开关作用。因此，MOS 管与普通晶体管一样，不仅能作为放大元件使用，而且还能作为开关元件使用。

图 2-35b 是输出特性曲线，它是指当栅源电压 U_{GS}为常数时，漏源电压 u_{DS}和漏极电流 i_D 之间的关系。在各种不同的 U_{GS}值情况下，可得出一簇$i_D = f(u_{DS})\big|_{U_{GS}}$曲线，它和普通晶体管的输出特性很相似，只是参变量（控制量）不是基极电流 I_B，而是栅源电压 U_{GS}。

3. 主要参数

（1）跨导 g_m

跨导是表示场效应晶体管放大性能的重要参数，它的定义为

$$g_m = \frac{\Delta i_D}{\Delta u_{GS}}\bigg|_{U_{DS}}$$

跨导 g_m 反映了栅源电压 u_{GS}对漏极电流 i_D 的控制能力，常以栅源电压变化 1V 时，漏极电流变化多少微安或毫安来表示，其单位为 μA/V（也写为 μS，S 是电导单位）或 mA/V（也写为 mS）。由于转移特性不是一条直线，故 g_m 值随工作点而异。

（2）开启电压 $U_{GS(th)}$

$U_{GS(th)}$是指在 U_{DS}为某一固定值时，形成 I_D 所需要的最小 $|U_{GS}|$ 值。它是增强型 MOS 管的参数。

（3）击穿电压 BU_{DS}、BU_{GS}

击穿电压是指管子工作时，漏源极间和栅源极间所允许加的最高电压值。例如增强型 NMOS 管 3D06，$BU_{DS}=20V$，$BU_{GS}=20V$。

（4）输入电阻 R_{GS}

R_{GS}是指漏源极之间短路条件下（即 $U_{DS}=0$），栅源极之间加一定电压时（通常 $U_{GS}=10V$）的栅源极间的直流电阻值。因 MOS 管的栅源极之间有绝缘层，其输入电阻是很高的，例如 3D06 管，$R_{GS}>10^9\Omega$。

需要指出，MOS 管的输入电阻很高，这是它的一个主要优点，但是却容易在外界电场作用下造成栅极感应电压过高，而使绝缘层击穿，将管子损坏。为了防止这种事故发生，关键是不能让栅极悬空，在保存或焊接 MOS 管时，应先将各引脚短接起来，而在电路中使用 MOS 管时，应保证栅源极间有直流通路（最简单的方法就是在栅源极间加保护稳压管）。

耗尽型 N 沟道或 P 沟道 MOS 管，在结构上和增强型 N 沟道或 P 沟道 MOS 管相同，只是在制作中采用了适当的方法，使它们在栅源电压 $U_{GS}=0$ 时就有导电沟道（N 型或 P 型）存在。图 2-36 是耗尽型 NMOS 管的结构示意图。显然，这种管子由于在 $U_{GS}=0$ 时就已存在 N 型导电沟道，因此若在 D、S 极间加正电压 U_{DS}时，就有 I_D 流通。当栅源极间加负电压时，则由于导电沟道中感应出的是正电荷，增加了沟道中电子的复合，使导电沟道电阻增高，I_D 随之减小。而且 U_{GS}越负，I_D 也越小。当 U_{GS}负到一定程度，致使导电沟道中的电子因复合而耗尽，沟道被夹断，$I_D=0$，管子也就处于截止状态，此时的 U_{GS}称为夹断电压，用 $U_{GS(off)}$表示。耗尽型 NMOS 管也能在栅源极间为正电压下工作，此时由于在导电沟道中感应出来的是负电荷，使沟道电阻减小，I_D 增大。耗尽型 PMOS 管的工作原理与上述完全对应，只是需加的电压极性相反。

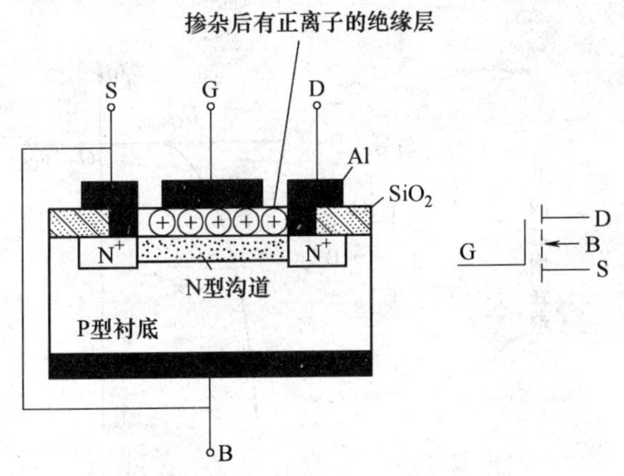

图 2-36 耗尽型 NMOS 管的结构示意图

图 2-37 是 4 种类型 MOS 管的符号和特性曲线。

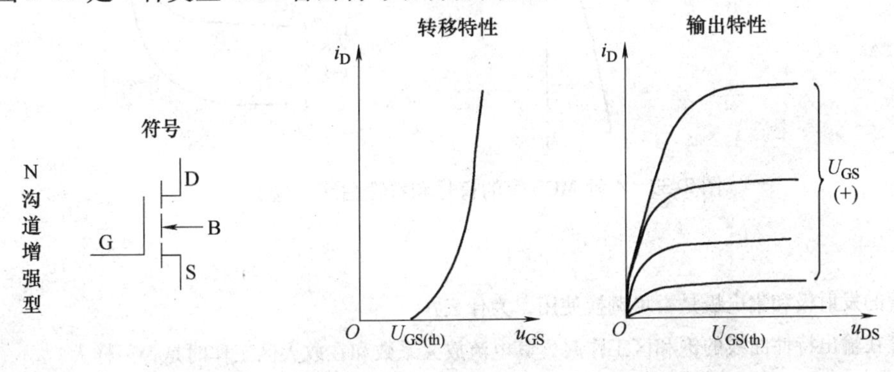

图 2-37 4 种 MOS 管的符号和特性曲线

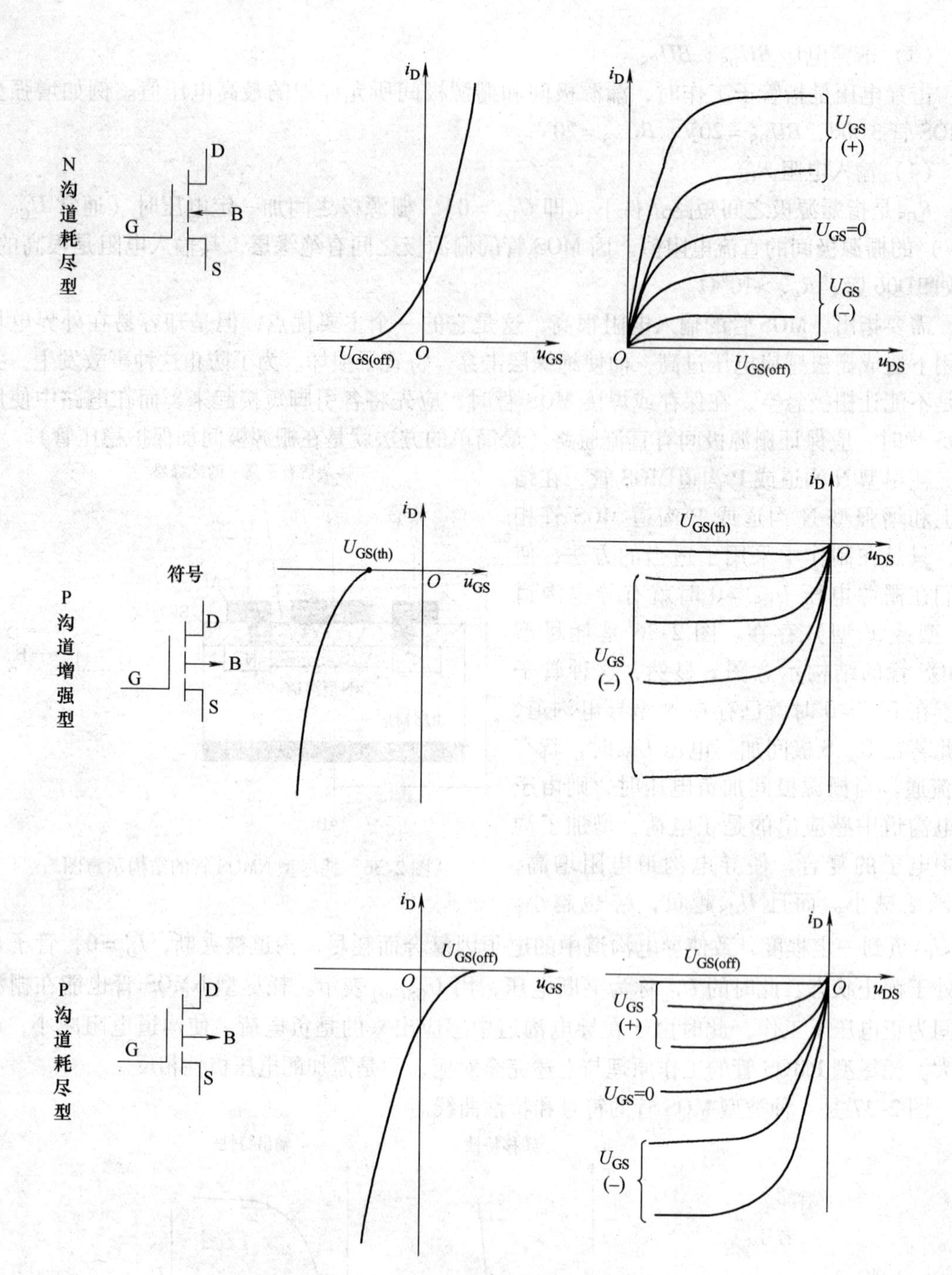

图 2-37　4 种 MOS 管的符号和特性曲线（续）

[思考题]

1. 晶体管的发射极和集电极是否可调换使用，为什么？
2. 晶体管在输出特性曲线的饱和区工作时，其电流放大系数和在放大区工作时是否一样大？
3. 晶体管工作在电流放大状态时，其外部条件和外部特征各是什么？
4. 为什么晶体管基区掺杂浓度小而且做得很薄？

5. 将一 PNP 型晶体管接成共发射极电路，要使它具有电流放大作用，V_{CC}和 V_{BB}的正、负极应如何联接，为什么？画出电路。

6. 有两个晶体管，一个管子 $\beta=50$，$I_{CBO}=0.5\mu A$；另一个管子 $\beta=150$，$I_{CBO}=2\mu A$。如果其他参数一样，选用哪个管子较好？为什么？

7. 使用晶体管时，只要（1）集电极电流超过 I_{CM}值；（2）耗散功率超过 P_{CM}值；（3）集一射极电压超过 $U_{(BR)CEO}$值，晶体管就必然损坏。上述几种说法是否都是对的？

2.3 晶闸管

2.3.1 基本结构

晶闸管是在晶体管的基础上发展起来的一种大功率半导体器件，其基本结构如图 2-38 所示。由四层半导体 P_1、N_1、P_2、N_2 制成，形成三个 PN 结 J_1、J_2、J_3。由最外层 P_1 引出的电极为阳极 A，最外层 N_2 引出的电极为阴极 K，由中间的 P_2 层引出的电极为门极 G（也叫控制极），然后用外壳封装起来，图 2-38b 为等效图，图 2-38c 是晶闸管的图形符号。

普通型晶闸管有螺栓式和平板式两种。图 2-39a 是螺栓式晶闸管，图中带有螺栓的是阳极引出端，同时可以利用它固定散热片，另一端较粗的一根是阴极引出线，另一根较细的是门极引出线。图 2-39b 是平板式晶闸管，中间金属环是门极，用一根导线引出，靠近门极的平面是阴极，另一面则为阳极。

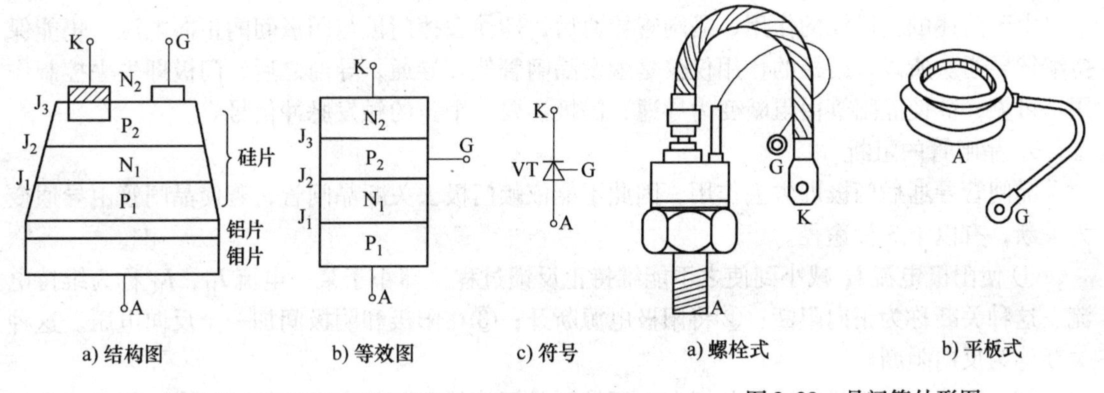

a) 结构图　b) 等效图　c) 符号

图 2-38　晶闸管的基本结构

a) 螺栓式　b) 平板式

图 2-39　晶闸管外形图

2.3.2 工作原理

为了说明晶闸管的工作原理，把晶闸管看成由一个 NPN 型的晶体管 V_1 和一个 PNP 型晶体管 V_2 连接而成。阴极 K 相当于 V_1 的发射极，阳极 A 相当于 V_2 的发射极，中间的 P_2 层和 N_1 层为两管共用，每一个晶体管的基极与另一个晶体管的集电极相连接，如图 2-40 所示。

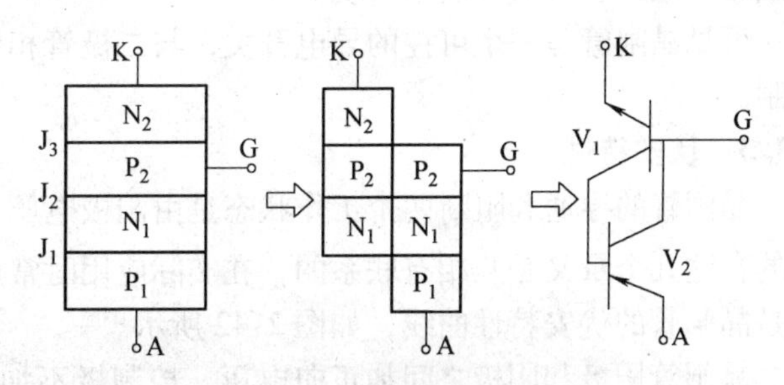

图 2-40　晶闸管的等效示意图

1. 控制极不加电压（开路）

当阳极 A 和阴极 K 之间加正向电压（A 为高电位，K 为低电位）时，由图 2-40 可知，PN 结 J_1 和 J_3 处于正向偏置，J_2 处于反向偏置，且 $I_G=0$，故 V_1 不能导通，晶闸管处于截止状态（称阻断状态）；如果阳极 A 和阴极 K 之间加反向电压，则 J_2 处于正向偏置，而 J_1 和 J_3 处于反向偏置，V_1 仍不能导通，故晶闸管还是处于阻断状态。可见，当门极不加电压时，无论阳极和阴极之间所加电压极性如何，晶闸管都处于阻断状态。

2. 门极 G 和阴极 K 之间加正向电压（G 为高电位，K 为低电位）

阳极 A 和阴极 K 之间加正向电压时，如图 2-41 所示，当门极电流 I_G 达到一定数值时晶闸管导通。晶闸管导通过程如下：在门极正向电压作用下，产生门极电流 I_G，就是 V_1 的基极电流 I_{B1}，经 V_1 放大，V_1 集电极电流 $I_{C1}=\beta_1 I_{B1}=\beta_1 I_G$，它又是 V_2 的基极电流 I_{B2}，再经 V_2 放大，V_2 的集电极电流 $I_{C2}=\beta_2 I_{B2}=\beta_1\beta_2 I_G$，此电流又作为 V_1 的基极电流再进行放大，如此循环下去，形成强烈的正反馈，使两个晶体管 V_1 和 V_2 很快达到饱和导通，这就是晶闸管的导通过程，这个过程一般只有几微秒。晶闸管导通后，阳极和阴极间的压降很小，一般只有 1V 左右，电源电压几乎全部加在负载上，晶闸管中流过的电流与负载电流相同。

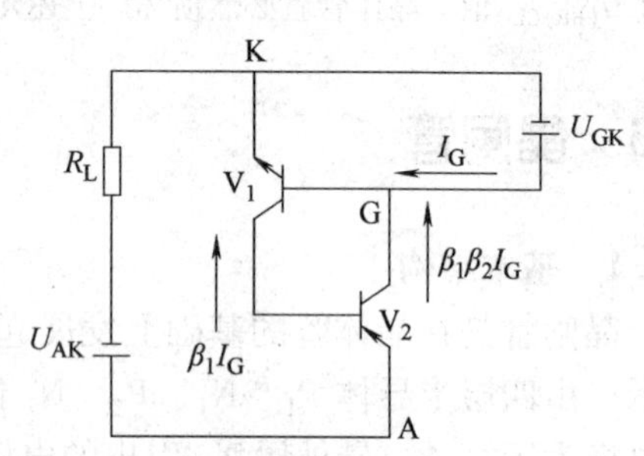

图 2-41　晶闸管工作原理示意电路

由于前述的正反馈的作用，晶闸管导通后，即使去掉门极与阴极间的正向电压，仍能保持继续导通。所以，门极的作用仅仅是触发晶闸管使其导通，导通之后，门极即失去控制作用。可见，欲使晶闸管由阻断变为导通，门极需要一个正的触发脉冲信号。

3. 晶闸管的阻断

晶闸管导通后门极即失去作用，因此不能依赖门极去关断晶闸管，若使晶闸管由导通变为关断，有以下 3 种途径。

① 使阳极电流 I_A 减小到使之不能维持正反馈过程，即小于某一电流 I_H，I_H 称为维持电流。这种关断称为正向阻断；②将阳极电源断开；③在阳极和阴极间加一个反向电压。这种关断称为反向阻断。

综上所述，门极只能通过加正向电压控制晶闸管从阻断状态变为导通状态；要想使晶闸管从导通状态变为阻断状态，门极电压就不起作用了，必须通过减小阳极电流或改变阳极和阴极之间电压极性的方法来实现。

可见晶闸管是一个可控的导电开关，与二极管相比，不同之处是其正向导通受门极电流控制。

2.3.3　伏安特性

晶闸管的导通和阻断两个工作状态是由阳极电压 U_{AK}、阳极电流 I_A 及控制极电流 I_G 决定的，这几个量又是互相有联系的，在实际应用时常用实验曲线来表示它们之间的关系，这就是晶闸管的伏安特性曲线，如图 2-42 所示。

晶闸管阳极和阴极之间加正向电压，控制极不加电压 $I_G=0$，图 2-40 中的 J_1、J_3 处于正向偏置，J_2 处于反向偏置，其中只流过很小的正向漏电流。这时，晶闸管阳极和阴极之间呈现很大电阻，处于正向阻断状态，如图 2-42 中特性曲线的 OA 段。当正向电压增大到

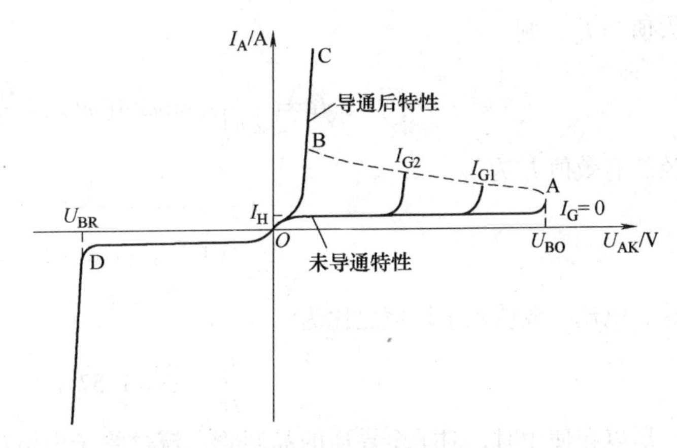

图 2-42　晶闸管的伏安特性曲线

某一数值时，J_2 被击穿，漏电流突然增大，晶闸管由阻断状态突然转变为导通状态。特性曲线由 A 点突跳到 B 点。晶闸管由阻断状态转变为导通状态所对应的电压称为正向转折电压 U_{BO}。导通后的正向特性与一般二极管的正向特性相似，特性曲线靠近纵轴且陡直，流过晶闸管的电流很大，而它本身的管压降只有 1V 左右，如图 2-42 中的 BC 段所示。晶闸管导通后，若减小正向电压或增大负载电阻，当阳极电流减小到小于维持电流 I_H 时，晶闸管由导通状态又转变为阻断状态。

当晶闸管的阳极和阴极之间加反向电压。门极仍不加电压，J_1 和 J_3 处于反向偏置，J_2 处于正向偏置，晶闸管处于阻断状态，其中只流过很小的反向漏电流，其伏安特性与二极管反向特性类似，如图 2-42 中的 OD 段。如果再增加反向电压，反向漏电流急剧增大，使晶闸管反向导通，此时所对应的电压称反向击穿（转折）电压 U_{BR}。

门极不加电压迫使晶闸管由阻断转变为导通，这种正、反向击穿导通，很容易造成晶闸管的不可恢复性击穿而使元件损坏，在正常工作时是不采用的。正常工作时，晶闸管的门极必须加正向电压，门极电路就有电流 I_G，晶闸管的导通受门极电流大小的控制。门极电流愈大，正向转折电压愈低，特性曲线左移，如图 2-42 所示。

2.3.4　主要参数

为了正确地选择和使用晶闸管，还必须了解它的电压、电流等主要参数的意义。主要参数有以下几项。

1. 正向断态重复峰值电压 U_{FRM}

在控制极开路、元件额定结温、晶闸管正向阻断的条件下，可以重复加在晶闸管两端的正向峰值电压（允许每秒重复 50 次，每次持续时间不大于 10ms），此电压为正向转折电压 U_{BO}的 80%。

2. 反向重复峰值电压 U_{RRM}

在门极开路、元件额定结温条件下，阳极和阴极间允许重复加的反向峰值电压，此电压为反向击穿电压 U_{BR}的 80%。

一般将 U_{FRM}和 U_{RRM}中数值较小的定为晶闸管的额定电压。选择晶闸管额定电压时，考虑瞬间过电压可能会损坏晶闸管，因此，额定电压一般为晶闸管工作峰值电压的 2～3 倍。

3. 正向平均电流 I_F

在规定的环境温度，标准散热及全导通的条件下，晶闸管允许连续通过的工频正弦半波电流在一个周期内的平均值，称为正向平均电流 I_F。通常所说多少安的晶闸管就是指这个电流，有时也称为额定通态平均电流。然而，这个电流值不是固定不变的，它要受冷却条件、环境温度、元件导通角、元件每个周期的导电次数等因素的影响。如果正弦半波电流的

最大值为 I_m，则

$$I_F = \frac{1}{2\pi}\int_0^{\pi} I_m \sin\omega t \mathrm{d}(\omega t) = \frac{I_m}{\pi} \tag{2-12}$$

电流的有效值 I_t 为

$$I_t = \sqrt{\frac{1}{2\pi}\int_0^{\pi} (I_m \sin\omega t)^2 \mathrm{d}(\omega t)} = \frac{I_m}{2} \tag{2-13}$$

因此，电流有效值和平均值之比为

$$\frac{I_t}{I_F} = \frac{\pi}{2} = 1.57 \tag{2-14}$$

所以在使用时，对于全导通的晶闸管，流过管子电流的有效值 I_t 应不超过正向平均电流的 1.57 倍。选择晶闸管时，留有一定的安全余量，一般情况

$$I_F = (1.5 \sim 2)\ I_t/1.57 \tag{2-15}$$

4. 通态平均电压 U_F

在规定条件下当通过正弦半波额定通态平均电流时，元件阳极和阴极间电压降的平均值。其数值一般为 0.6～1V。

通态平均电压与通态平均电流的乘积称为正向损耗，它是造成元件发热的主要原因。

5. 维持电流 I_H

在规定的环境温度和控制极开路时，维持晶闸管继续导通的最小电流。当晶闸管的正向电流小于这个电流时，将自动关断。

6. 门极触发电压 U_G 和触发电流 I_G

在规定的环境温度，晶闸管阳极与阴极之间加 6V 正向直流电压的条件下，使晶闸管由阻断状态转变为导通状态的门极最小直流电压和电流，称为触发电压和触发电流。由于制造工艺上的问题，同一型号的晶闸管的触发电压和触发电流也不尽相同。如果触发电压太低，则晶闸管容易受干扰电压的作用而造成误触发；如果触发电压过高，又会造成触发电路设计上的困难。因此，规定了在常温下各种规格的晶闸管的触发电压和触发电流的范围。

目前我国生产的晶闸管的型号及其含义如下：

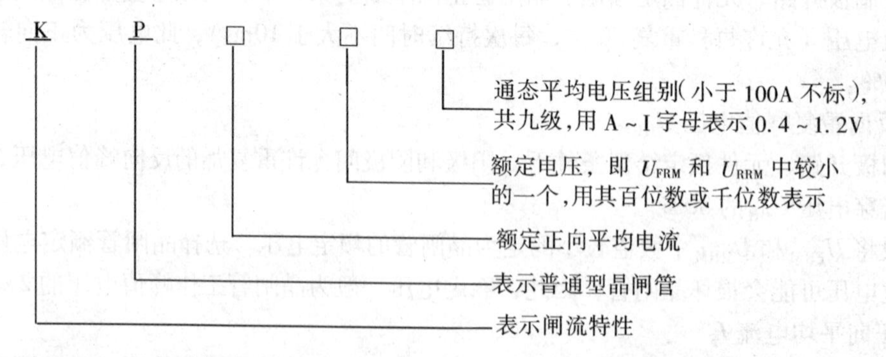

例如：KP30-12 表示额定正向平均电流为 30A、正反向重复峰值电压为 1200V、普通型晶闸管。

目前我国晶闸管生产技术有了很大提高，已制造出电流在千安以上、电压达到万伏的晶闸管，使用频率也已高达几十千赫。

例 2-8 电路如图2-43所示，设输入电压 $u_i = 12\sin\omega t$V，门极触发电压如图 2-44b 所示。试画出输出电压 u_o 的波形。

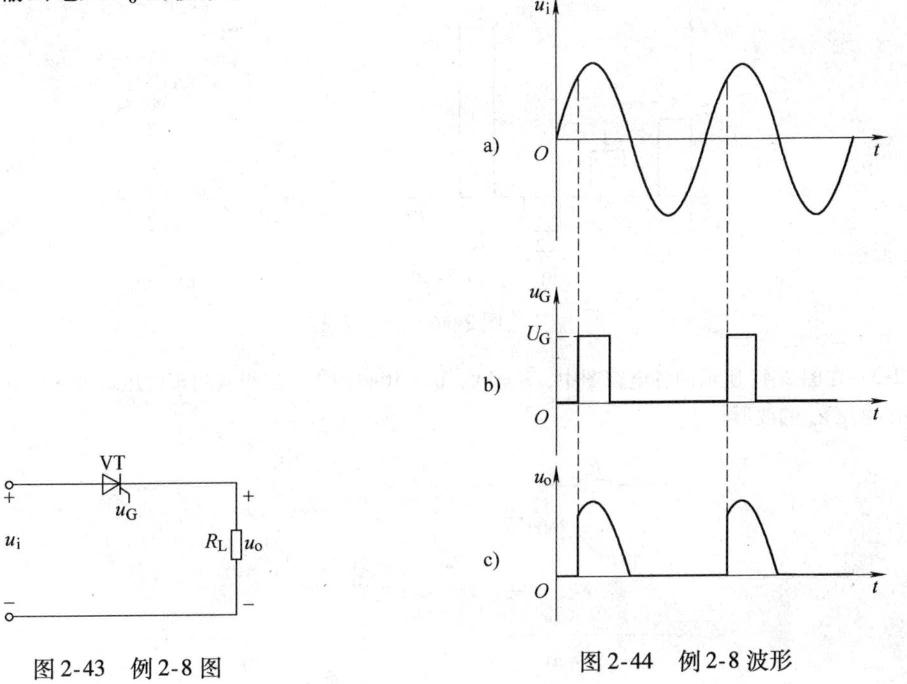

图 2-43 例 2-8 图

图 2-44 例 2-8 波形

解 当 $u_i < 0$ 时，由于晶闸管阳极与阴极之间承受反向电压，无论 u_G 为何值，晶闸管均不导通，输出电压 $u_o = 0$。

当 $u_i > 0$，门极不加触发电压 $u_G = 0$ 时，图 2-40 中的 J_1 和 J_3 正偏，J_2 反偏，故晶闸管不能导通，输出电压 $u_o = 0$。

当 $u_i > 0$ 且门极加触发电压 u_G 时，晶闸管导通，导通后，门极电压即失去作用，因此门极只加一定幅度、一定宽度的脉冲信号即可，如图 b 所示。若忽略管子导通时的管压降，则 $u_o \approx u_i$；当 u_i 下降使阳极电流减小到小于维持电流时，管子自行关断。可以近似认为当 u_i 下降到零时，管子关断。输出波形如图 2-44c 所示。

[思考题]

1. 晶闸管导通的条件是什么？导通时，流过它的电流由什么决定？阻断时，承受的电压大小由什么决定？

2. 晶闸管导通后，为什么门极就失去控制作用？在什么条件下晶闸管才能由导通转变为截止？

习 题

2-1 把一个 PN 结接成图 2-45 所示的电路，试说明图中 3 种情况下电流表的读数有什么不同？为什么？

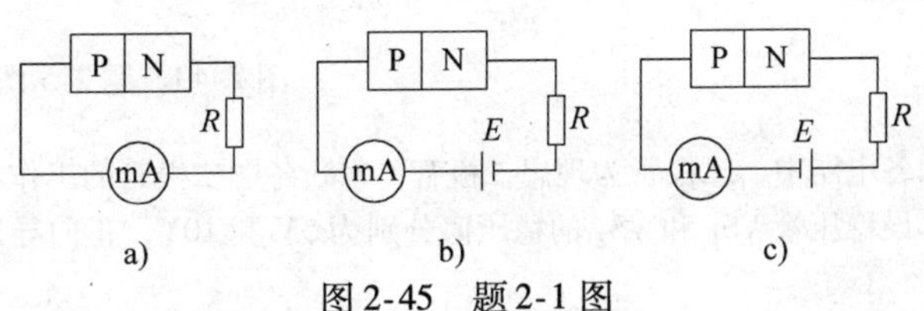

图 2-45 题 2-1 图

2-2　图2-46a是图b输入电压u_I的波形。试画出对应于u_I的输出电压u_O，电阻R上电压u_R和二极管VD上电压u_D的波形，并用基尔霍夫电压定律检验各电压之间的关系。二极管的正向压降可忽略不计。

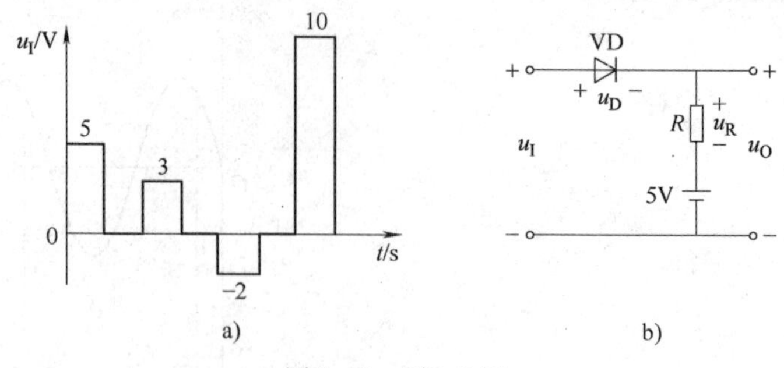

图2-46　题2-2图

2-3　在图2-47所示的各电路图中，$E=5V$，$u_i=10\sin\omega t$ V，二极管的正向压降可忽略不计，试分别画出输出电压u_o的波形。

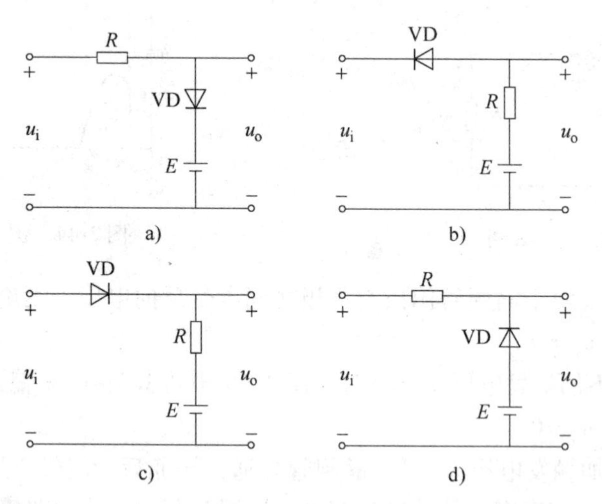

图2-47　题2-3图

2-4　在图2-48的电路图中，$E_1=E_2=5V$，$u_i=10\sin\omega t$ V，二极管的正向压降可忽略不计，试画出输出电压u_o的波形。

2-5　在图2-49所示的两个电路中，已知$u_i=30\sin\omega t$ V，二极管的正向压降可忽略不计，试分别画出输出电压u_o的波形。

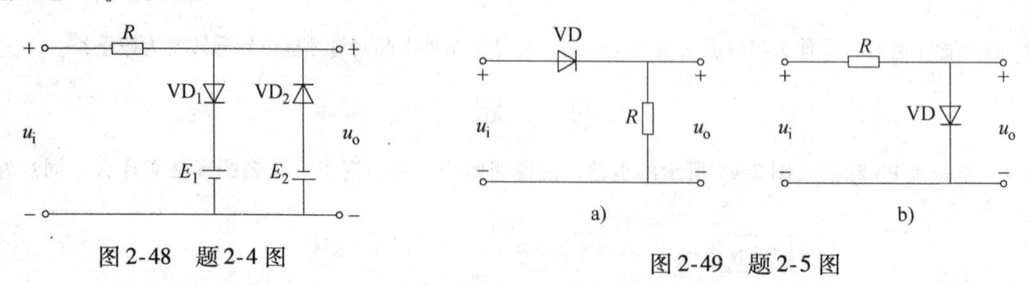

图2-48　题2-4图

图2-49　题2-5图

2-6　在图2-50所示各电路中，二极管为理想二极管，判断各图二极管的工作状态，并求u_o。

2-7　在图2-51中，设稳压管VS_1和VS_2的稳压值分别为5V和10V，正向导通电压为0.7V，求各电路的输出电压。

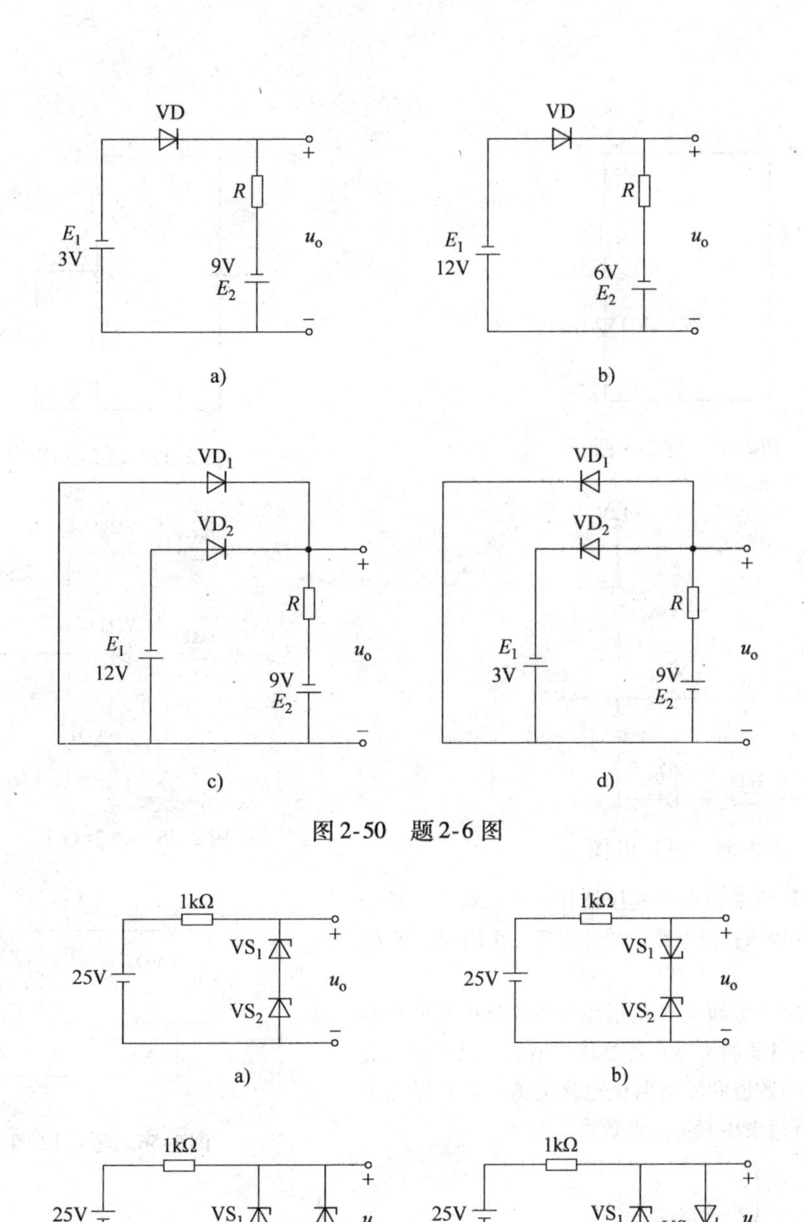

图 2-50　题 2-6 图

图 2-51　题 2-7 图

2-8　在图 2-52 所示电路中，$E=10\text{V}$，$e=30\sin\omega t$ V。试用波形图表示二极管上的电压 u_D。

2-9　在图 2-53 所示电路中，$E=20\text{V}$，$R_1=900\Omega$，$R_2=1.1\text{k}\Omega$，稳压管的稳定电压 $U_Z=10\text{V}$，最大稳定电流 $I_{ZM}=8\text{mA}$。试求稳压管中通过的电流 I_Z，是否超过 I_{ZM}？如果超过怎么办？

2-10　在图 2-54 中，试求下列几种情况下输出端 Y 的电位 V_Y 及各元器件（R、VD_A、VD_B）中通过的电流：(1) $V_A=V_B=0\text{V}$；(2) $V_A=+3\text{V}$，$V_B=0\text{V}$；(3) $V_A=V_B=+3\text{V}$。二极管的正向压降可忽略不计。

2-11　在图 2-55 中，试求下列几种情况下输出端电位 V_Y 及各元器件中通过的电流：(1) $V_A=+10\text{V}$，$V_B=0\text{V}$。(2) $V_A=+6\text{V}$，$V_B=+5.8\text{V}$；(3) $V_A=V_B=+5\text{V}$。设二极管的正向电阻为零，反向电阻为无

穷大。

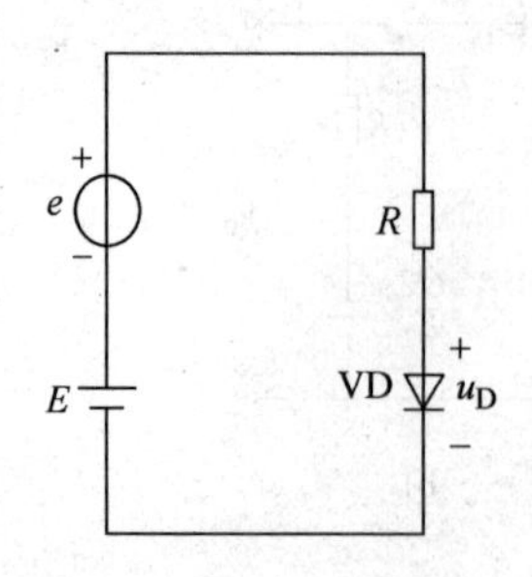

图 2-52　题 2-8 图

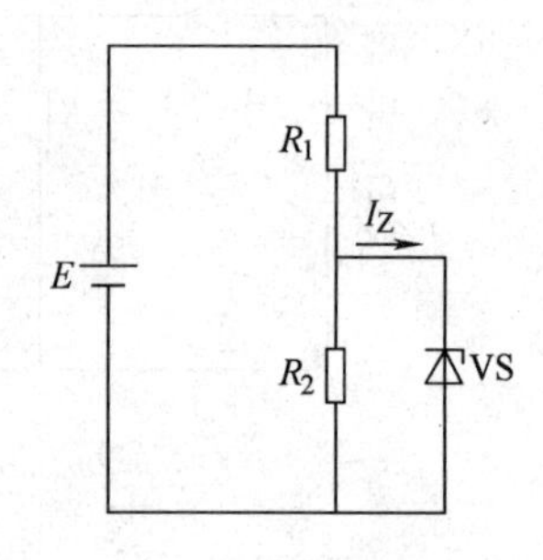

图 2-53　题 2-9 图

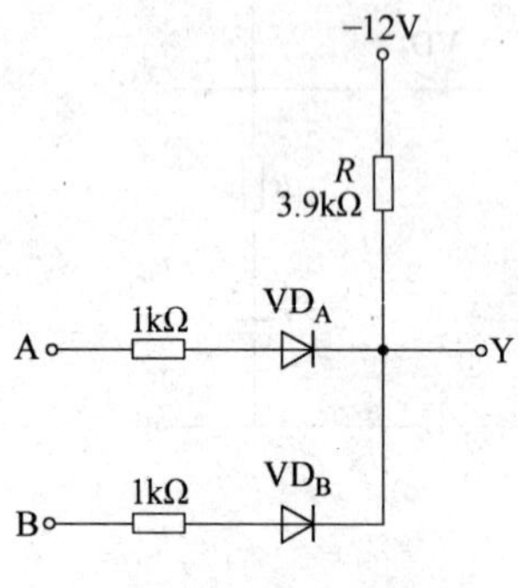

图 2-54　题 2-10 图

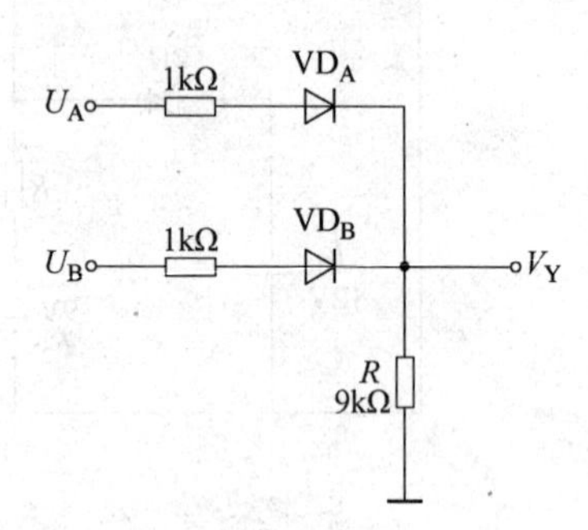

图 2-55　题 2-11 图

2-12　图 2-56 是由电源变压器和三个二极管、两个电容器组成的 3 倍压整流电路，试分析其工作原理，求 U_o 的表达式。

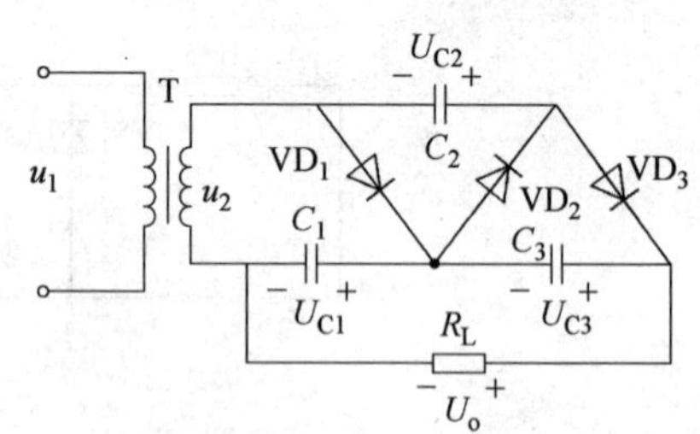

图 2-56　题 2-12 图

2-13　图 2-57 为两个 N 沟道场效应晶体管的输出特性曲线。试指出管子的类型；若是耗尽型的，试指出其夹断电压 $U_{GS(off)}$ 的数值和原始漏极电流的值；若是增强型的，试指出其开启电压 $U_{GS(th)}$ 的数值。

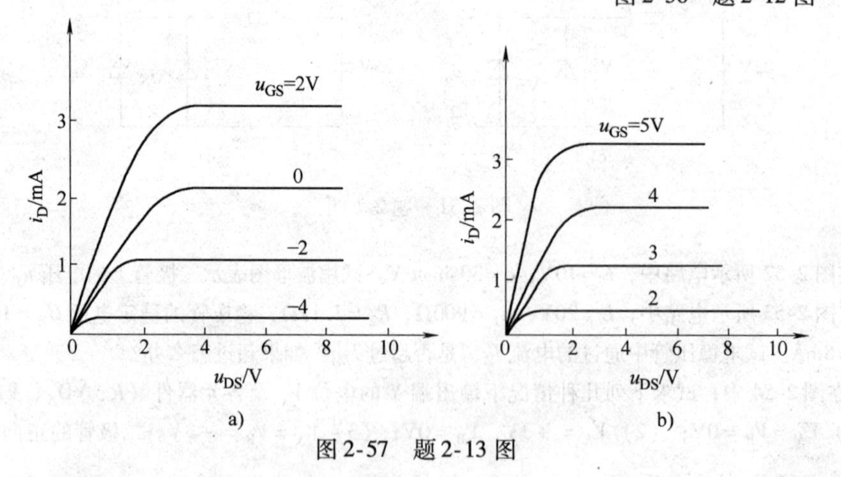

图 2-57　题 2-13 图

2-14　测得工作在放大电路中的几个晶体管的 3 个电极对地电位为 V_1、V_2、V_3，对应数值分别为

(1) $V_1=3.5V$，$V_2=2.8V$，$V_3=12V$；

（2）$V_1=3\text{V}$，$V_2=2.8\text{V}$，$V_3=6\text{V}$；

（3）$V_1=6\text{V}$，$V_2=11.3\text{V}$，$V_3=12\text{V}$；

（4）$V_1=6\text{V}$，$V_2=11.8\text{V}$，$V_3=12\text{V}$。

判断它们是 PNP 型还是 NPN 型？是硅管还是锗管？同时确定 3 个电极 E、B、C。

2-15　测量某硅晶体管各电极对地的电压值如下，试判别管子工作在什么区域。

（1）$U_C=6\text{V}$，$U_B=0.7\text{V}$，$U_E=0$；

（2）$U_C=6\text{V}$，$U_B=2\text{V}$，$U_E=1.3\text{V}$；

（3）$U_C=6\text{V}$，$U_B=6.4\text{V}$，$U_E=5.7\text{V}$；

（4）$U_C=6\text{V}$，$U_B=4\text{V}$，$U_E=5.6\text{V}$；

（5）$U_C=3.6\text{V}$，$U_B=4\text{V}$，$U_E=3.4\text{V}$。

2-16　在如图 2-58 所示电路中，VD_1、VD_2、VD_3 均为理想二极管，A、B 两端的等效电阻 R_{AB} 应为多少？

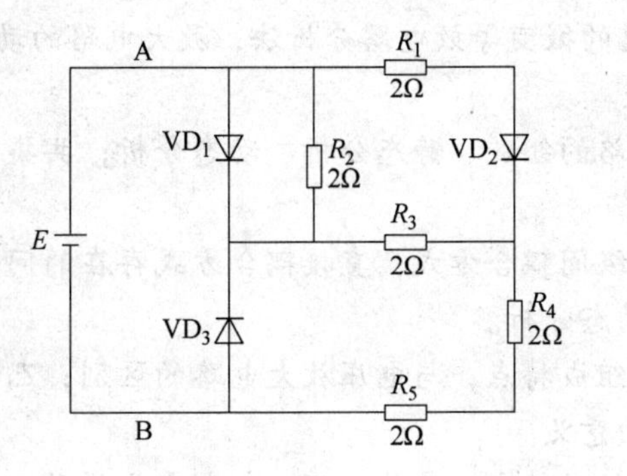

图 2-58　题 2-16 图

第3章　放大电路基础

本章提要： 在电子仪器、仪表及设备中，经常要把微弱的电信号放大后去推动执行元件。而晶体管的主要用途之一是利用其电流放大作用组成各种放大电路。由于放大电路是电子设备中最普遍的一种基本单元电路，其应用十分广泛，对其研究是分析其他复杂电子电路的基础。本章主要讨论以下几个问题：

1）放大电路的基本概念；放大电路的组态及其性能指标。

2）共射极放大电路的组成、各元件的作用；电路的静态工作点及其物理意义；晶体管的小信号模型及放大电路的微变等效电路分析法；放大电路的动态参数及其对电路工作性能的影响。

3）共集电极放大电路的组成、静态分析、动态分析；共集电极放大电路的特点及应用领域。

4）多级放大电路的级间耦合方式；直接耦合方式存在的问题及解决的办法；阻容耦合多级放大电路的静态、动态分析。

5）功率放大电路的组成特点，与电压放大电路的区别；乙类和甲乙类功率放大电路的分析、参数计算及参数的意义。

6）差分放大电路的组成特点，为什么可以抑制零点漂移；电路的静态、动态分析；差分放大电路的输入输出方式。

作为了解的内容，介绍放大电路的频率特性及其意义。

重点掌握放大电路静态工作点的意义及计算方法；晶体管的小信号模型及放大电路的微变等效电路分析法；掌握电路的动态参数计算方法及其意义。

3.1　放大电路的组态及其性能指标

3.1.1　放大电路的基本概念

在电子技术中，“放大”的本质首先是能量的控制和转换，即用能量比较小的输入信号来控制另一个能量，使输出端的负载得到能量比较大的信号。因此，放大的基本特征是功率放大，即负载上总是获得比输入信号大得多的电压（电压放大）或电流（电流放大），有时兼而有之（功率放大）。能够控制能量的元件称为有源元件，因而在放大电路中必须存在有源元件。

另外，放大作用是针对变化量而言的。所谓放大，是指当输入信号有一个比较小的变化量时，在输出端的负载上得到一个比较大的变化量。而放大电路的放大倍数也是输出信号和输入信号的变化量之比。由此可见，放大的对象是变化量。

放大的前提是不失真，只有在不失真的前提下，放大才有意义。晶体管是放大电路的核心元件，只有它工作在合适的区域（如放大区），才能使输出量和输入量始终保持线性关系，电路才不会失真，即输出信号与输入信号相似。

3.1.2 放大电路的组态

晶体管有 3 个电极，是 3 端子元件，如果以其中一个端子作为公共端子，另两个端子分别作为输入端子和输出端子，构成两个回路：输入回路和输出回路，则可以组成 3 种组态的连接方式。以发射极作为公共端子，基极作为输入端子，集电极作为输出端子，称为共发射极接法（简称共射极），如图 3-1a 所示，基—射极构成输入回路，集—射极构成输出回路。同理，若以集电极作为公共端子，基极作为输入端子，发射极作为输出端子，则称为共集电极接法，如图 3-1b 所示，基—集极构成输入回路，射—集极构成输出回路。若以基极作为公共端子，发射极作为输入端子，集电极作为输出端子，称为共基极接法，如图 3-1c 所示，射—基极构成输入回路，集—基极构成输出回路。

所谓放大电路的组态，即为晶体管的不同连接方式所组成的放大电路，分别为共射极放大电路、共集电极放大电路和共基极放大电路。

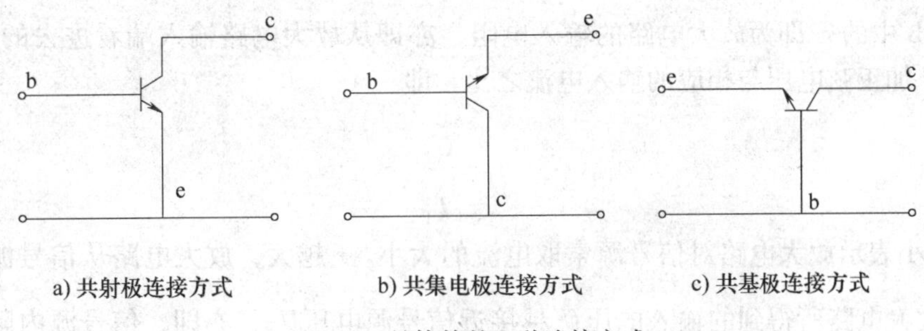

图 3-1 晶体管的 3 种连接方式

3.1.3 放大电路的性能指标

图 3-2a 所示为扩音机电路示意图，其中传声器作为放大电路的信号源，将声音信号转换为幅值较小的电信号，可用电压源（R_s，$\dot{U}_s$）表示；通过放大电路放大为能够驱动扬声器（负载）发声的较大幅值的电信号，对于输入信号源来说，放大电路相当于它的负载，可用等效电阻 r_i表示；对于负载来说，放大电路相当于其信号源，用电阻 r_o和恒压源$\dot{U}'_o$串联表示；扬声器将电信号还原为声音信号，用等效电阻 R_L表示，放大电路的等效示意图如图 3-2b 所示。

放大电路的性能指标用以定量地描述电路的有关技术性能。

1. 放大倍数

放大倍数是衡量放大电路放大电信号能力的重要指标。

电压放大倍数是输出电压的变化量和输入电压的变化量之比；当输入一个正弦测试电压时，也可用输出电压和输入电压的正弦相量来表示：

$$\dot{A}_u = \frac{\dot{U}_o}{\dot{U}_i} \tag{3-1}$$

电流放大倍数是输出电流的变化量和输入电流的变化量之比，用输出电流和输入电流的正弦相量表示为

$$\dot{A}_i = \frac{\dot{I}_o}{\dot{I}_i} \tag{3-2}$$

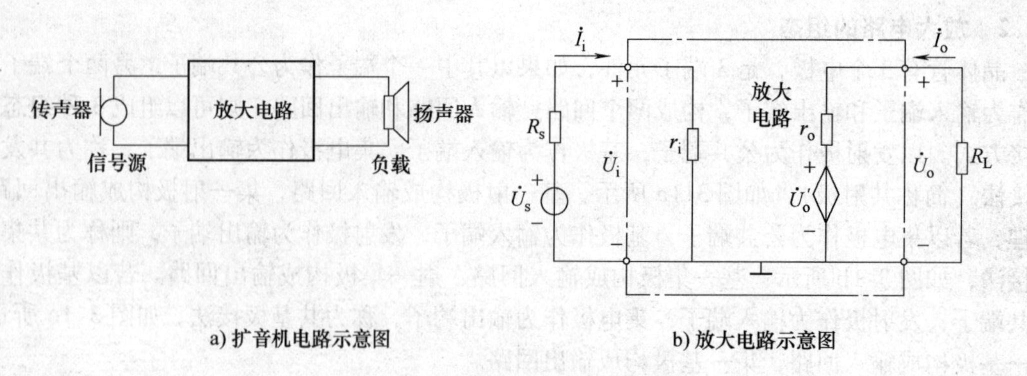

a) 扩音机电路示意图　　b) 放大电路示意图

图 3-2　放大电路的等效示意图

2. 输入电阻

图 3-2b 中的 r_i 即为放大电路的输入电阻，亦即从放大电路输入端看进去的等效电阻，其定义为外加正弦电压与相应的输入电流之比，即

$$r_i = \frac{\dot{U}_i}{\dot{I}_i} \tag{3-3}$$

r_i的大小表示放大电路对信号源索取电流的大小。r_i越大，放大电路从信号源索取的电流越小，放大电路所得到的输入电压$\dot{U}_i$越接近信号源电压$\dot{U}_s$，亦即，信号源内阻上压降越小，信号电压损失越小。图 3-2 中放大电路的实际输入电压为

$$\dot{U}_i = \frac{r_i}{R_s + r_i}\dot{U}_s \tag{3-4}$$

可见放大电路的输入电阻 r_i 是衡量放大电路性能的指标之一。

3. 输出电阻

图 3-2b 中的 r_o 即为放大电路的输出电阻，等效信号源电压$\dot{U}'_o$即为放大电路的开路电压。放大电路的输出电阻 r_o 定义为

$$r_o = \left.\frac{\dot{U}_o}{\dot{I}_o}\right|_{\substack{R_L=\infty \\ U_s=0}} \tag{3-5}$$

即在信号源短路（$\dot{U}_s=0$）、内阻（R_s）保留和输出端开路（$R_L=\infty$）的条件下，输出电压的变化量与输出电流的变化量之比（用有效值相量表示）。若图 3-2b 中 R_L已知，测得空载时输出电压的有效值为 U'_o，带负载后输出电压的有效值为 U_o，则输出电阻可用式(3-6) 求得

$$r_o = \left(\frac{U'_o}{U_o} - 1\right)R_L \tag{3-6}$$

式中，r_o 表示放大电路带负载的能力。当外接负载电阻 R_L 后，负载两端实际得到的电压有效值为

$$U_o = \frac{R_L}{r_o + R_L}U'_o \tag{3-7}$$

如果放大电路的输出电阻较大（相当于信号源的内阻较大），当负载变化时，输出电压的变化也较大，也就是放大电路带负载的能力较差，通常希望放大电路的 r_o 越小越好。r_o 越小，说明放大电路带负载能力越强，即在负载变化时，输出电压保持基本不变。

4. 最大不失真输出电压

最大不失真输出电压是指在输出波形不失真的情况下，放大电路可提供给负载的最大输出电压，用有效值 U_{om} 表示。

[思考题]

1. 什么是放大电路的组态?
2. 为什么当输入信号源为电压源时，希望输入电阻大，输出电阻小?

3.2 共射极放大电路

共射极放大电路是以晶体管的发射极作为输入回路和输出回路的公共端构成的单级放大电路。

3.2.1 电路的组成及各元件的作用

图 3-3 所示为共发射极交流放大电路。输入端接交流信号源（通常可用一个恒压源 u_s 与电阻 R_s 串联的电压源等效表示），输入电压为 u_i；输出端接负载电阻 R_L，输出电压为 u_o。电路中各元件分别起如下作用：

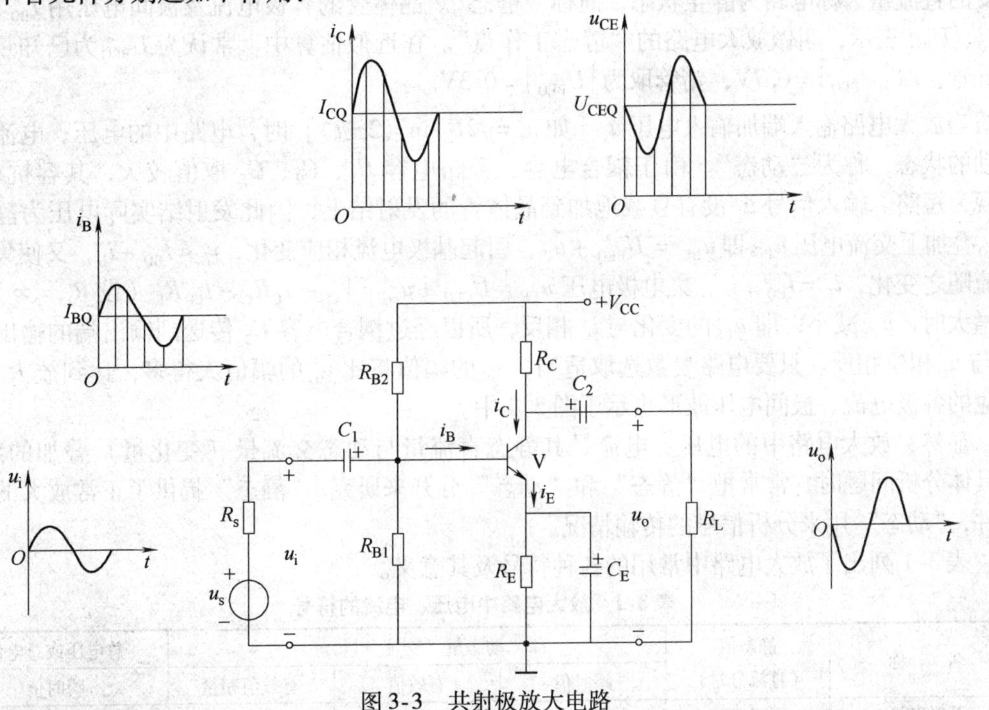

图 3-3 共射极放大电路

晶体管 V：晶体管是放大电路中的电流放大元件，利用它的基极电流对集电极电流的控制作用，在集电极获得受输入信号控制的、被放大了的电流。

集电极电源 V_{CC}：直流电源 V_{CC} 除为输出信号提供能量外，它还保证集电结处于反向偏置、发射结处于正向偏置，使晶体管工作在放大状态。V_{CC}一般为几伏到几十伏。

集电极直流负载电阻 R_C：集电极直流负载电阻简称集电极电阻，其主要是将集电极电流的变化变换为电压的变化，以实现电压放大。R_C 的阻值一般为几千欧到几十千欧。

基极电阻 R_{B1} 和 R_{B2}：它们的作用是为基极提供合适的静态基极电流 I_B，以使放大电路获得合适的静态工作点。另一方面，通过 R_{B1} 和 R_{B2} 的分压，使晶体管基极电位固定不变，达到稳定静态工作点的目的。R_{B1}、R_{B2}的阻值一般为几十千欧到几百千欧。

发射极偏置电阻 R_E：又称为电流负反馈电阻。它主要起稳定静态工作点的作用。

耦合电容 C_1 和 C_2：它们起到隔直流通交流的作用，用来隔断放大电路与信号源之间（C_1）、放大电路与负载之间（C_2）的直流通路，使三者之间无直流联系，互不影响。另一方面又起到交流耦合的作用，保证交流信号顺利通过放大电路，沟通信号源、放大电路和负载三者之间的交流通路。通常要求耦合电容的容抗很小，在动态分析中可以忽略不计，即对交流信号可视为短路。因此电容值一般取得较大，为几微法到几十微法，常采用的是有极性电容器，连接时要注意其极性。

射极旁路电容 C_E：为消除 R_E 对交流信号的影响，通常加旁路电容 C_E。要求它的容抗很小，对交流信号相当于短路。

图 3-3 所示电路称为分压式射极偏置电路或稳定静态工作点的共射极典型放大电路。

3.2.2 电路的静态与动态

当放大电路没有输入电压，即 $u_i=0$ 时，电路中的电压、电流都是由直流电源 V_{CC}提供的不变的直流量，称电路为静止状态，简称“静态”。晶体管的各极电流及极间电压用 I_{BQ}、I_{CQ}、U_{CEQ}、U_{BEQ}表示，叫做放大电路的“静态工作点”。在近似估算中，常认为 U_{BEQ}为已知量，对于硅管，取$|U_{BEQ}|=0.7V$，锗管取为$|U_{BEQ}|=0.3V$。

当放大电路输入端加输入电压 u_i ［如 $u_i=\sqrt{2}U_i\sin(2\pi ft)$］时，电路中的电压、电流随之变动的状态，称为“动态”。由于耦合电容、旁路电容 C_1、C_2、C_E 取值较大，其容抗很小，可视为短路。输入信号 u_i 没有衰减地加到晶体管的发射结上，因此发射结实际电压为静态值 U_{BEQ}叠加上交流电压u_i，即$u_{BE}=U_{BEQ}+u_i$，引起基极电流相应变化，$i_B=I_{BQ}+i_b$，又使集电极电流随之变化，$i_C=I_{CQ}+i_c$。集电极电压 $u_{CE}=U_{CEQ}+u_{ce}=V_{CC}-i_CR_C-I_{CQ}R_E$（设 $R_L=\infty$），当 i_C 增大时，u_{CE}减小，即 u_{CE}的变化与 i_C 相反，所以经过耦合电容 C_2 传送到输出端的输出电压 u_o 与 u_i 相位相反。只要电路参数选取适当，u_o 的幅值将比 u_i 的幅值大得多，达到放大目的。对应的各极电流、极间电压波形也示于图 3-3 中。

显然，放大电路中的电压、电流是其静态直流量与动态交流量（变化量）叠加的结果。在具体分析问题时，常常把“静态”和“动态”分开来研究。“静态”提供了正常放大的必备条件，“动态”用来分析信号的传输情况。

表 3-1 列出了放大电路中常用的各种符号及其意义。

表 3-1 放大电路中电压、电流的符号

名　称	静态值（直流分量）	动态量（交流分量）			总电压或总电流
		瞬时值	有效值	有效值相量	瞬时值
基极电流	I_B	i_b	I_b	$\dot{I}_b$	$i_B=i_b+I_B$
集电极电流	I_C	i_c	I_c	$\dot{I}_c$	$i_C=i_c+I_C$
发射极电流	I_E	i_e	I_e	$\dot{I}_e$	$i_E=i_e+I_E$
集—射极电压	U_{CE}	u_{ce}	U_{ce}	$\dot{U}_{ce}$	$u_{CE}=u_{ce}+U_{CE}$
基—射极电压	U_{BE}	u_{be}	U_{be}	$\dot{U}_{be}$	$u_{BE}=u_{be}+U_{BE}$

3.2.3 放大电路的静态分析

1. 静态工作点的确定及其重要作用

（1）静态工作点的计算

实际上，静态分析的目的就是要求出在静态时晶体管各极电流和极间电压 I_{BQ}、I_{CQ}、U_{CEQ}，从而判断晶体管是否工作在放大区。

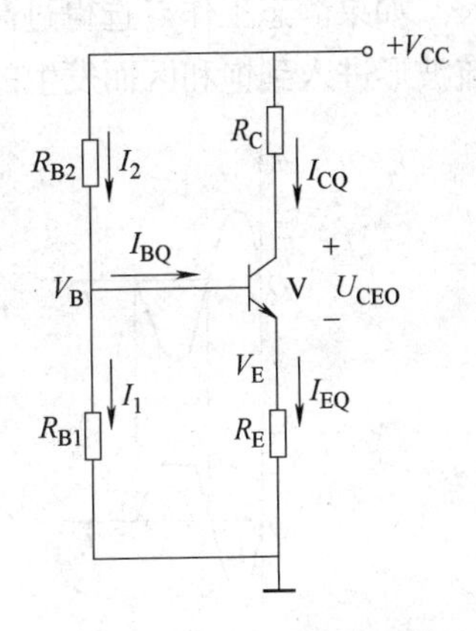

图 3-4　图 3-3 的直流通路

常用的方法是直流通路法和图解法，本节只介绍直流通路法。对直流量来说，耦合电容、旁路电容 C_1、C_2、C_E 相当于开路，且令 $u_i=0$，则对应图 3-3 的直流通路如图 3-4 所示。

由图 3-4，基极采用分压式偏置，在参数选择上，使分压电阻 R_{B1}、R_{B2}中的电流近似相等且远大于 I_{BQ}（R_{B1}和 R_{B2}相当于串联），$I_1 \approx I_2 \gg I_{BQ}$，则可保持静态时基极电位 V_B 固定不变，即

$$V_B = \frac{R_{B1}}{R_{B1}+R_{B2}} V_{CC} \tag{3-8}$$

当 $V_B \gg U_{BEQ}$时有

$$I_{EQ} = \frac{V_B - U_{BEQ}}{R_E} \approx \frac{V_B}{R_E} \tag{3-9}$$

$$I_{CQ} \approx I_{EQ}$$

$$I_{BQ} = \frac{I_{CQ}}{\beta} \tag{3-10}$$

由集电极回路可得

$$U_{CEQ} \approx V_{CC} - I_{CQ}\ (R_C + R_E) \tag{3-11}$$

例 3-1　在图 3-3 中，已知 $V_{CC}=12V$，$R_s=600\Omega$，$R_C=3k\Omega$，$R_{B1}=20k\Omega$，$R_{B2}=47k\Omega$，$R_E=1.5k\Omega$，$R_L=6k\Omega$，$\beta=80$，$U_{BEQ}=0.7V$，求静态工作点值 I_{BQ}、I_{CQ}、U_{CEQ}。讨论晶体管是否工作在放大区？如换成$\beta=200$ 的晶体管，工作点是否发生变化？

解　放大电路的直流通路如图 3-4 所示。由式（3-8）~式（3-11）得：

$$V_B = \frac{R_{B1}}{R_{B1}+R_{B2}} V_{CC} = \frac{20}{20+47} \times 12V = 3.58V$$

$$I_{EQ} = \frac{V_B - U_{BEQ}}{R_E} = \frac{3.58-0.7}{1.5\times10^3} mA = 1.92mA \approx I_{CQ}$$

$$I_{BQ} = \frac{I_{CQ}}{\beta} = \frac{1.92}{80} mA = 0.024mA = 24\mu A$$

$$U_{CEQ} = V_{CC} - I_{CQ}\ (R_C + R_E)\ =\ [12 - 1.92 \times\ (3+1.5)]\ V = 3.36V$$

因为 $0.3V < U_{CEQ} < V_{CC}$，故晶体管静态时处于放大区。

如果β 改为 200，由上述分析可见，只有 I_{BQ}减小，静态工作点基本不变。

（2）静态工作点的作用

静态工作点设置得是否合适，直接关系到放大电路的工作状态。由图 3-3 的各点波形可见，如果静态工作点设置得过低，则叠加在其上的交流波形就要进入到截止区，使输出波形与输入波形不相似，发生了失真。这种由于静态工作点选得过低使交流波形进入到截止区而发生的失真，称为截止失真。对于 NPN 型晶体管的单级放大电路，截止失真的波形如图 3-5 所示。

如果静态工作点选得过高，同样会发生失真。这时的失真波形如图 3-6 所示。这是由于交流波形进入到饱和区而发生的失真，称为饱和失真。

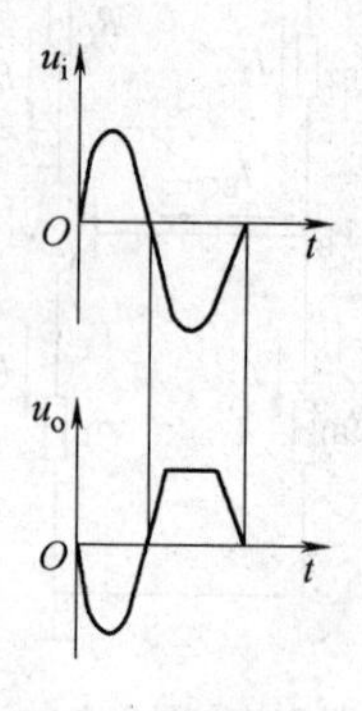

图 3-5　截止失真

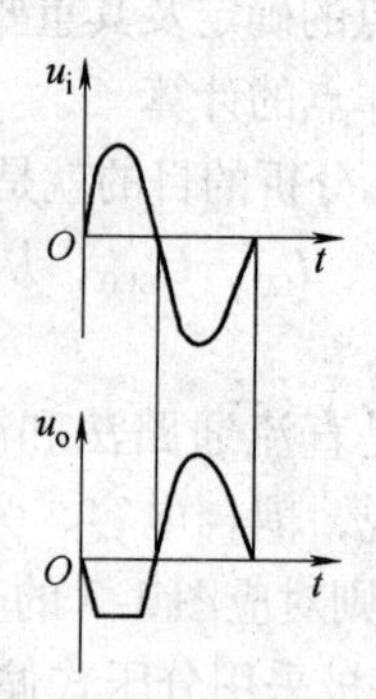

图 3-6　饱和失真

截止失真和饱和失真都是由于晶体管的非线性特性引起的，故都属于非线性失真。

对于放大电路的基本要求，一是不失真地传递信号，二是能够放大。如果输出波形严重失真，放大就毫无意义了。只有在信号的整个周期内，晶体管始终工作在放大状态，输出信号才不会产生失真。因此，有必要设置合适的静态工作点，以保证放大电路不产生失真。

例 3-2　某放大电路的直流通路如图 3-7 所示，$V_{CC}=12V$，$U_{BE}=0.7V$，$R_C=1.5k\Omega$，$\beta=40$，$R_B=50k\Omega$。求静态工作点，并判断晶体管的工作状态。

解

$$I_{BQ}=\frac{V_{CC}-U_{BEQ}}{R_B}=\frac{12-0.7}{50\times10^3}A=0.226mA$$

$$I_C=\beta I_B=(40\times0.226)mA=9.04mA$$

$$U_{CEQ}=V_{CC}-I_{CQ}R_C=(12-9.04\times1.5)V<0$$

$U_{CEQ}\leqslant0.3V$ 晶体管即处于饱和状态，$I_B>\dfrac{I_C}{\beta}$。由于上述计算仍按照放大状态计算（$I_{CQ}=\beta I_{BQ}$），U_{CEQ}为负值，说明晶体管已处于饱和状态。

例 3-3　某放大电路的直流通路如图 3-8 所示，判断晶体管的工作状态。

解　图 3-8 中，晶体管为 NPN 型，基极所接电源电压为“－5V”，使得发射结反偏，则晶体管工作在截止状态。

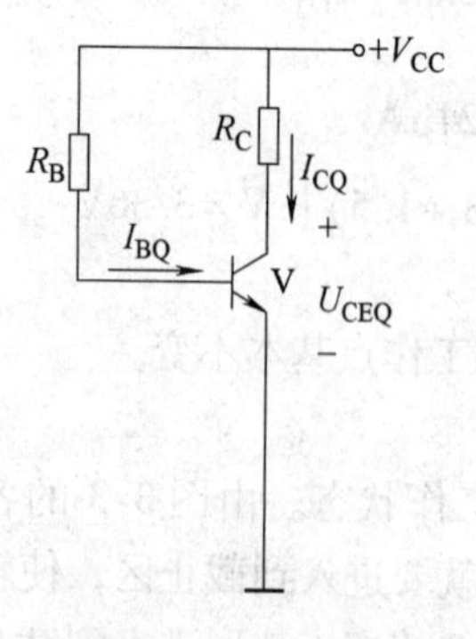

图 3-7　例 3-2 图

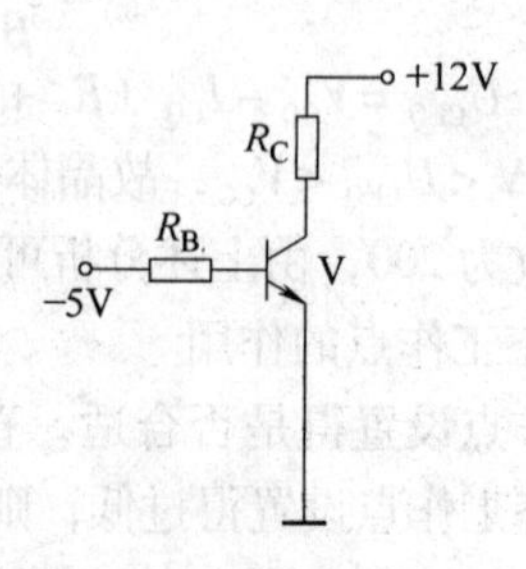

图 3-8　例 3-3 图

2. 静态工作点的稳定

由上述分析可知，静态工作点的设置，直接关系到放大电路能否正常工作（放大信号），因此静态工作点的稳定就显得十分重要。

由晶体管的工作原理知，当环境温度发生变化（$-30 \sim +50℃$）时，晶体管的参数（I_{CBO}，U_{BE}，β）要发生变化，或者更换参数不同的管子时，都会使放大电路的静态工作点发生变化，使晶体管偏离放大区而产生非线性失真。在图3-3所示的分压式射极偏置电路中，由于在选择电路参数时，使 $I_1 \approx I_2 \gg I_B$，且 V_E（发射极电位）正比于 I_C，$V_E \approx I_C R_E$，则由于环境温度升高可有如下的静态工作点的稳定过程：

$$\text{温度升高}\begin{cases}\beta\uparrow \\ I_{CBO}\uparrow \\ |U_{BE}|\downarrow\end{cases} \rightarrow I_C\uparrow \rightarrow I_E\uparrow \rightarrow V_E\uparrow \xrightarrow{V_B\text{ 固定不变}} U_{BE}\ (=V_B - V_E)\downarrow$$

$$U_{BE}\downarrow \rightarrow I_B\downarrow \rightarrow I_C\downarrow$$

即当晶体管的参数因外界因素的影响（例如温度的升降，或者更换晶体管）发生变化时，引起 I_C 增加，随之 V_E 也增加，而基极电位 V_B 固定不变，则 U_{BE}减小，使 I_B 减小，结果 I_C 也减小，如果电路参数选得合适，可使 I_C 基本不变，达到稳定 I_C 的目的。很明显，R_E 愈大，I_C 的变化引起 V_E 的变化也大，稳定静态工作点的效果就愈好。但是，R_E 也不能取得过大，因为电源 V_{CC}选定以后，R_E 愈大，U_{CEQ}会愈小，限制了晶体管的动态工作范围。一般选取

$$V_B = (5 \sim 10)\ U_{BE}$$

具体地

$$V_B = (3 \sim 7)\ \mathrm{V} \qquad \text{（硅晶体管）}$$

$$V_B = (1 \sim 3)\ \mathrm{V} \qquad \text{（锗晶体管）}$$

静态时流过 R_{B1}、R_{B2}的电流 $I_1 \approx I_2$，一般取值

$$I_1 = (5 \sim 10)\ I_B \qquad \text{（硅晶体管）}$$

$$I_1 = (10 \sim 20)\ I_B \qquad \text{（锗晶体管）}$$

由例3-1可见，若将晶体管的β值由原来的80改为200，只有 I_B 发生变化，I_C 和 U_{CE}基本不变，即静态工作点是稳定的。

3.2.4 放大电路的动态分析

当放大电路有输入信号时，晶体管的各个电流和电压都含有直流分量和交流分量。直流分量一般即为静态值，由上面所述的静态分析来确定。动态分析是在静态值确定后分析信号的传输情况，考虑的只是电流和电压的交流分量（信号分量）。微变等效电路法和图解法是动态分析的两种基本方法，这里只介绍微变等效电路法。

所谓放大电路的微变等效电路，就是把非线性元件晶体管线性化，使放大电路等效为一个线性电路。这样，就可像处理线性电路那样来处理晶体管放大电路。线性化的条件，就是晶体管在小信号（微变量）情况下工作。由晶体管的特性曲线可见，在静态工作点 Q 附近的小范围内，曲线近似为直线段，如果晶体管工作在小信号情况下，则可用直线段近似地代替晶体管的特性曲线，这样，可将晶体管看成线性元件。

1. 晶体管的微变等效电路

将晶体管线性化，就是用一个等效电路（也称为线性模型）来代替。下面从共发射极接法晶体管的输入特性和输出特性两方面来讨论线性化方法。

图3-9a是晶体管的输入特性曲线，当输入信号很小时，在静态工作点 Q 附近的工作段可

认为是直线。当 u_{CE} 为常数时，Δu_{BE} 与 Δi_B 之比

$$r_{be}=\frac{\Delta u_{BE}}{\Delta i_B}\Big|_{U_{CE}}=\frac{u_{be}}{i_b}\Big|_{U_{CE}}^{\ominus} \tag{3-12}$$

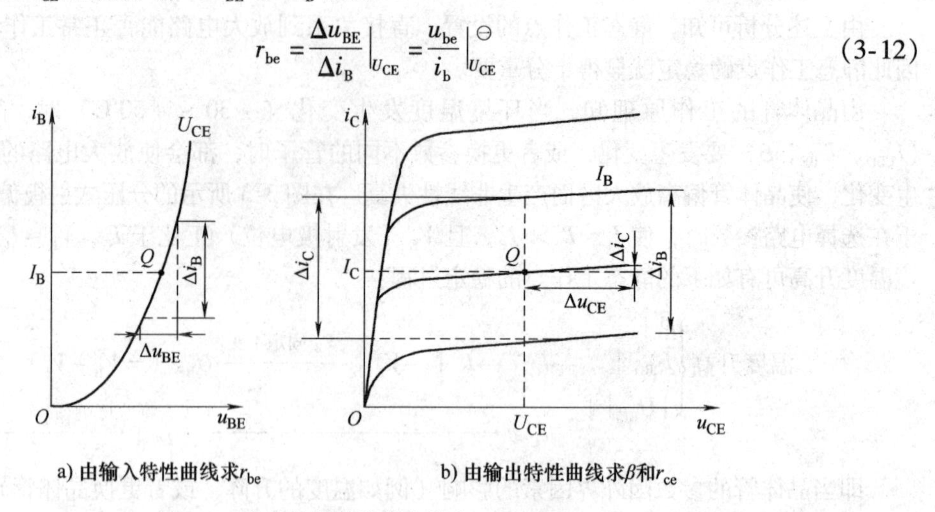

a) 由输入特性曲线求 r_{be}　　b) 由输出特性曲线求 β 和 r_{ce}

图 3-9　由晶体管的特性曲线求 r_{be}、β 和 r_{ce}

称为晶体管的动态输入电阻，表示晶体管的输入特性。在小信号的情况下，r_{be} 是一常数，由它确定 u_{be} 和 i_b 之间的关系。因此，晶体管的输入电路可用 r_{be} 等效代替（见图 3-10b）。

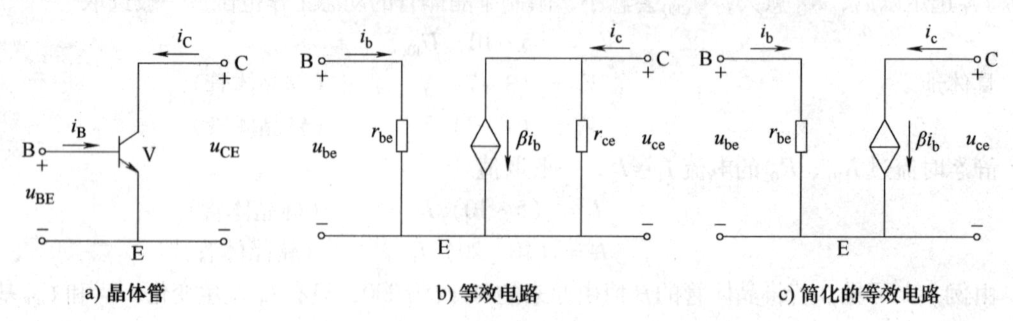

a) 晶体管　　b) 等效电路　　c) 简化的等效电路

图 3-10　晶体管及其微变等效电路

低频小功率晶体管的输入电阻常用下式估算：

$$r_{be}=r_{bb'}+(1+\beta)\frac{26\text{mV}}{I_{EQ}(\text{mA})} \tag{3-13}$$

式中，I_{EQ} 是发射极电流的静态值；$r_{bb'}$ 为基区体电阻，常取 100～300Ω；r_{be} 一般为几百欧到几千欧，是对交流而言的一个动态电阻，在手册中常用 h_{ie} 表示。

图 3-9b 是晶体管的输出特性曲线，在线性工作区 i_C 近似为一恒定值，曲线近似为等距离的平行直线，几乎与 u_{CE} 值无关。Δi_C 与 Δi_B 之比

$$\beta=\frac{\Delta i_C}{\Delta i_B}\Big|_{U_{CE}}=\frac{i_c}{i_b}\Big|_{U_{CE}} \tag{3-14}$$

即晶体管的电流放大系数，在小信号的条件下为常数，由 β 确定 i_c 受 i_b 控制的关系。因此，晶体管的输出电路可用一等效恒流源 $i_c=\beta i_b$ 代替，以表示晶体管的电流控制作用。当 $i_b=0$ 时，βi_b 也为零，所以它不是一个独立电源，而是受输入电流 i_b 控制的受控电源。β 取值一般

⊖ 若是小信号微变量，可用电压和电流的交流分量来代替，即 $u_{be}=\Delta u_{BE}$，$i_b=\Delta i_B$，$u_{ce}=\Delta u_{CE}$，$i_c=\Delta i_C$。

在 20 ~200 之间，在手册中常用 h_{fe}表示。

此外，在图 3-9b 中还可见到，晶体管的输出特性曲线不完全与横轴平行，当 i_B 为常数时，Δu_{CE}与 Δi_C 之比

$$r_{ce}=\frac{\Delta u_{CE}}{\Delta i_C}\Big|_{I_B}=\frac{u_{ce}}{i_c}\Big|_{I_B} \tag{3-15}$$

称为晶体管的输出电阻。如果把晶体管的输出电路看作电流源，r_{ce}就是电流源的内阻，故在等效电路中与恒流源 βi_b 并联，如图 3-10b 所示。由于 r_{ce}的阻值很高（曲线越平坦，r_{ce}越大），约为几十千欧到几百千欧，所以在微变等效电路中常将其忽略不计，而用简化的晶体管线性化模型表示，如图 3-10c 所示。

2. 放大电路的微变等效电路分析法

放大电路的微变等效电路可用来分析放大电路的动态工作情况，也就是求电路的动态参数——电压放大倍数，输入、输出电阻等。因此可通过放大电路的交流通路得到其微变等效电路。

由前面分析可知，耦合电容对于交流量的容抗很小，在中频段（见 3.7 节）可忽略不计，即电容对于交流量相当于短路（只考虑交流）。另外一般直流电源的内阻很小，可忽略不计，所以对交流量来说，直流电源也可视为短路。这样可得对应图 3-3 共射放大电路的交流通路如图 3-11a 所示。用晶体管的微变等效电路代替晶体管，就得到放大电路的微变等效电路，如图 3-11b 所示。

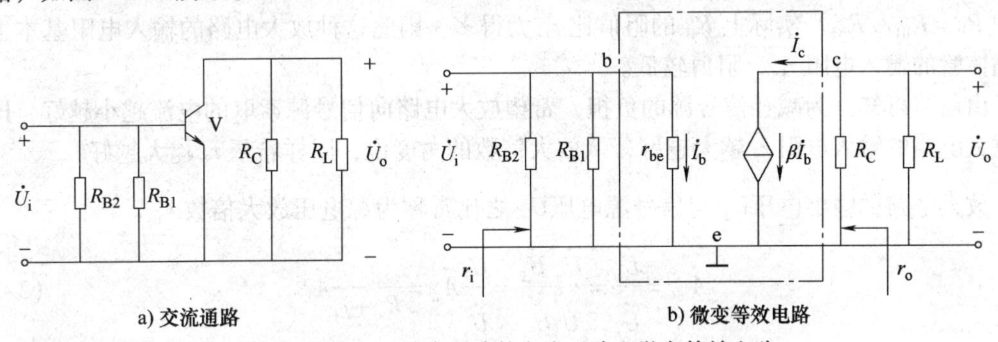

a) 交流通路　　b) 微变等效电路

图 3-11　图 3-3 放大电路的交流通路和微变等效电路

（1）电压放大倍数 A_u

当输入正弦电压时，由式（3-1）有

$$\dot{A}_u=\frac{\dot{U}_o}{\dot{U}_i}$$

由图 3-11b 知

$$\dot{U}_i=\dot{I}_b r_{be}$$

$$\dot{U}_o=-\dot{I}_c R'_L=-\beta\dot{I}_b R'_L$$

故

$$\dot{A}_u=-\frac{\beta R'_L}{r_{be}} \tag{3-16}$$

式中“－”号表示输出电压与输入电压相位相反，与图 3-3 波形的相位情况是一致的。这说明共射极单管放大电路具有倒相的作用；$R'_L=R_C /\!/ R_L$ 为等效负载电阻。当外接负载开

路，即 $R_L=\infty$ 时

$$\dot{A}_u=\dot{A}_{u0}=-\frac{\beta R_C}{r_{be}}$$

为空载电压放大倍数，比有载时的电压放大倍数大。可见 R_L 越小，电压放大倍数越低。

$\dot{A}_u$ 除了与 R'_L 有关外，还与 β 和 r_{be} 有关。晶体管的电流放大系数 β 增大时，$|\dot{A}_u|$ 也增大，但同时晶体管本身的输入电阻 r_{be} 也增大，当 β 增大到一定程度时有

$$\dot{A}_u=-\frac{\beta R'_L}{300+(1+\beta)\dfrac{26}{I_{EQ}}}\approx-\frac{\beta R'_L}{(1+\beta)\dfrac{26}{I_{EQ}}}\approx-\frac{R'_L I_{EQ}}{26} \tag{3-17}$$

可见当 β 足够大时，电压放大倍数几乎与 β 无关。而在 β 一定时，只要增大静态发射极（或集电极）电流 I_{EQ}（或 I_{CQ}），$|\dot{A}_u|$ 就可明显增加。

值得注意的是，电压放大倍数只能在不失真的前提下求得。

（2）放大电路的输入电阻 r_i

由式（3-3）及图 3-11b 输入回路可得

$$r_i=\frac{\dot{U}_i}{\dot{I}_i}=\frac{\dot{U}_i}{\dfrac{\dot{U}_i}{R_B}+\dfrac{\dot{U}_i}{r_{be}}}=\frac{1}{\dfrac{1}{R_B}+\dfrac{1}{r_{be}}}=R_B//r_{be} \tag{3-18}$$

其中 $R_B=R_{B1}//R_{B2}$。实际上 R_B 的阻值比 r_{be} 大得多，因此这种放大电路的输入电阻基本上等于晶体管的输入电阻 r_{be}，阻值较低。

由前节可知，为减轻信号源的负担，希望放大电路向信号源索取的电流越小越好，即希望放大电路的输入电阻 r_i 越大越好，从放大倍数的角度说，同样希望 r_i 越大越好。

放大电路的输出电压 $\dot{U}_o$ 与信号源电压 $\dot{U}_s$ 之比常称为源电压放大倍数 $\dot{A}_{us}$。

$$\dot{A}_{us}=\frac{\dot{U}_o}{\dot{U}_s}=\frac{\dot{U}_o\dot{U}_i}{\dot{U}_i\dot{U}_s}=\frac{\dot{U}_i}{\dot{U}_s}\dot{A}_u=\frac{r_i}{R_s+r_i}\dot{A}_u \tag{3-19}$$

可见，若 r_i 小，则源电压放大倍数 $\dot{A}_{us}$ 比电压放大倍数 $\dot{A}_u$ 减小很多，即信号源的利用率低。

综上所述，如果放大电路的输入电阻较小，第一，将从信号源取用较大的电流，从而增加信号源的负担；第二，经过信号源内阻 R_s 和 r_i 的分压，使实际加到放大电路的输入电压 $|\dot{U}_i|$ 减小，从而减小输出电压；第三，后级放大电路的输入电阻，就是前级放大电路的负载电阻，从而将会降低前级放大电路的电压放大倍数。

（3）放大电路的输出电阻 r_o

由输出电阻的定义可知，求输出电阻的等效电路如图 3-12 所示。当 $\dot{U}_s=0$，$\dot{I}_b=0$ 时，$\beta\dot{I}_b=0$，在原放大电路的输出端外加一恒压源 $\dot{U}_o$，其输出电流为 $\dot{I}_o$，则由式（3-5）有

$$r_o=\left.\frac{\dot{U}_o}{\dot{I}_o}\right|_{\substack{R_L=\infty\\ \dot{U}_s=0}}\approx R_C \tag{3-20}$$

R_C 一般为几千欧，因此共发射极放大电路的输出电阻较高。

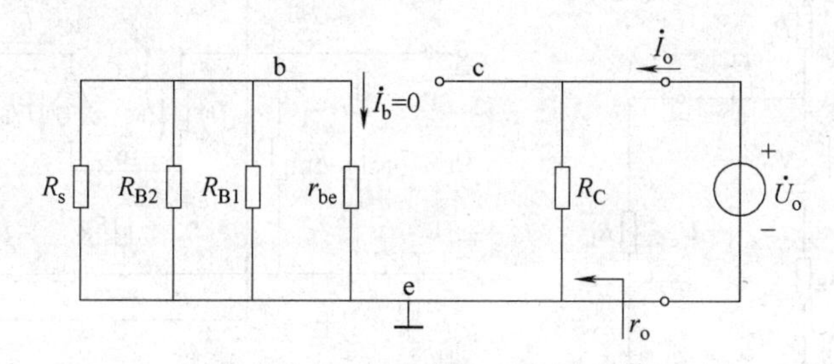

图 3-12　求输出电阻的等效电路

例 3-4　有一放大电路（见图 3-3），测得其输出端开路电压的有效值 $U'_o=4V$，当接上负载电阻 $R_L=6k\Omega$ 时，输出电压下降为 $U_o=3V$，试求该放大电路的输出电阻。

解　放大电路对负载来说，是一个信号源，可用等效电压源 $\dot{U}_s$ 和内阻 r_o 表示，如图 3-13 所示。等效电源的内阻即为放大电路的输出电阻。

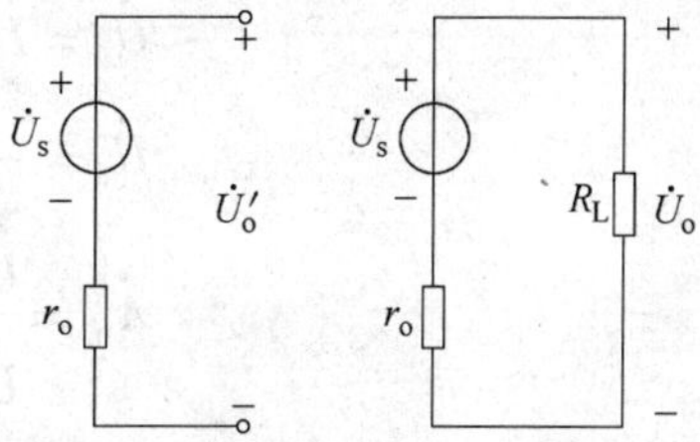

a) 空载　　b) 有载

图 3-13　例 3-4 图

输出端开路时（见图 3-13a）

$$\dot{U}'_o=\dot{U}_s$$

输出端接上负载电阻 R_L 时（见图 3-13b）

$$\dot{U}_o=\frac{\dot{U}_s R_L}{r_o+R_L}=\frac{\dot{U}_o R_L}{r_o+R_L}$$

由于 r_o 是纯电阻，故电压可用有效值表示，则

$$r_o=\left(\frac{U'_o}{U_o}-1\right)R_L=\left(\frac{4V}{3V}-1\right)\times 6k\Omega=2k\Omega$$

例 3-5　1）求例 3-1 电路的 $\dot{A}_u$、r_i、r_o、$\dot{A}_{us}$；

2）如果去掉射极旁路电容 C_E，再计算 $\dot{A}_u$、r_i、r_o、$\dot{A}_{us}$。

解　1）根据放大电路的微变等效电路（见图 3-11b）

$$r_{be}=300\Omega+(1+\beta)\frac{26mV}{I_{EQ}}=\left[300+(1+80)\times\frac{26}{1.92}\right]\Omega=1.4k\Omega$$

$$R'_L=R_C /\!/ R_L=(3/\!/6)\ k\Omega=2k\Omega$$

$$A_u=-\frac{\beta R'_L}{r_{be}}=-\frac{80\times 2}{1.4}=-114$$

$$r_i=R_{B1}/\!/R_{B2}/\!/r_{be}=(20/\!/47/\!/1.4)\ k\Omega=1.3k\Omega$$

$$\dot{A}_{us}=\frac{r_i}{R_s+r_i}\dot{A}_u=\frac{1.3}{0.6+1.3}\times(-114)=-78$$

$$r_o\approx R_C=3k\Omega$$

2）如果去掉旁路电容 C_E，放大电路和微变等效电路如图 3-14 所示。显然对静态工作点无任何影响。而

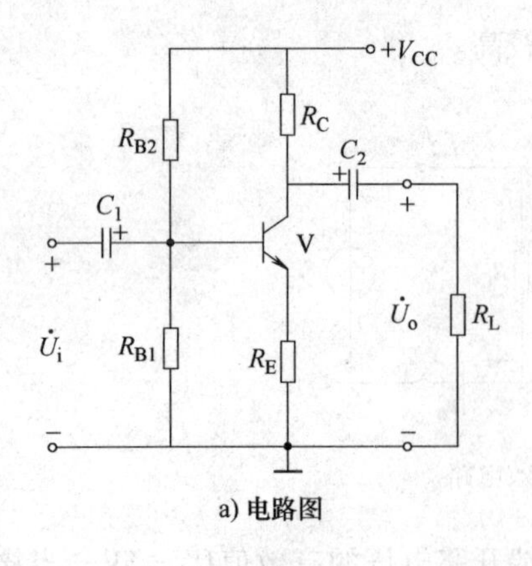

a) 电路图

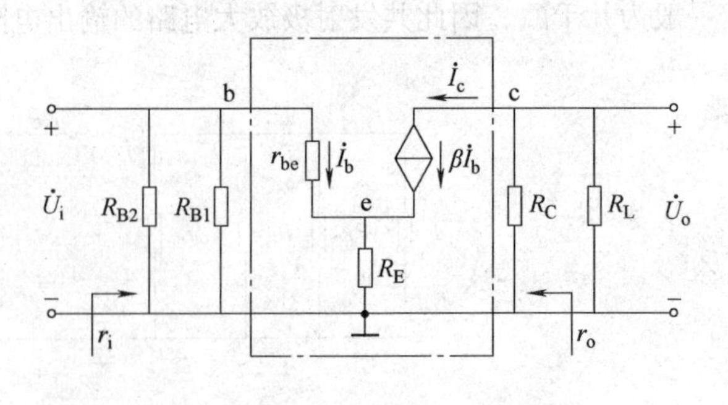

b) 微变等效电路

图 3-14 例 3-5 图

$$\dot{U}_i = \dot{I}_b r_{be} + \dot{I}_e R_E = \dot{I}_b [r_{be} + (1+\beta) R_E]$$

$$\dot{U}_o = -\beta \dot{I}_b (R_C /\!/ R_L)$$

$$\dot{A}_u = \frac{\dot{U}_o}{\dot{U}_i} = -\frac{\beta (R_C /\!/ R_L)}{r_{be} + (1+\beta) R_E}$$

$$= -\frac{80 \times 2}{1.4 + 81 \times 1.5} = -1.3$$

可见由于 R_E 的存在，使电压放大倍数减小很多。

$$r_i = R_{B1} /\!/ R_{B2} /\!/ [r_{be} + (1+\beta) R_E]$$
$$= 20 /\!/ 47 /\!/ (1.4 + 81 \times 1.5)\ \text{k}\Omega = 12.6\text{k}\Omega$$

$$\dot{A}_{us} = \frac{r_i}{R_s + r_i} A_u = \frac{12.6}{0.6 + 12.6}(-1.3) = -1.24$$

$$r_o \approx R_C = 3\text{k}\Omega$$

结果表明，R_E 会使放大倍数下降，但却使输入电阻显著增加，克服了有 C_E 时 r_i 小的缺点，且 R_s 对$\dot{A}_{us}$的影响也减小了（$\dot{A}_{us} \approx \dot{A}_u$）。因此，为了提高放大电路的输入电阻又不至于使放大倍数下降太多，常用 C_E 将大部分电阻旁路，而保留一个小阻值电阻不被旁路，（见图 3-54）。

[思考题]

1. 在图 3-7 所示的电路中，如何调节 R_B 使晶体管脱离饱和区？R_B 增大或减小，I_C、U_{CE}及集电极电位 V_C 将如何变化？

2. 画出用 PNP 型晶体管组成的放大电路，其中晶体管工作于放大状态。

3.3 共集电极放大电路

3.3.1 共集电极放大电路的组成

共集电极放大电路及其交流通路如图 3-15 所示。图中各元件的功能与共射放大电路相同。从图 3-15b 的交流通路可见，输入信号$\dot{U}_i$ 加在基极—集电极之间；输出信号$\dot{U}_o$ 从发射极—集电极之间取出，即集电极是输入回路和输出回路的公共端。由于输出信号是从发射极取出的，又叫做“射极输出器”。

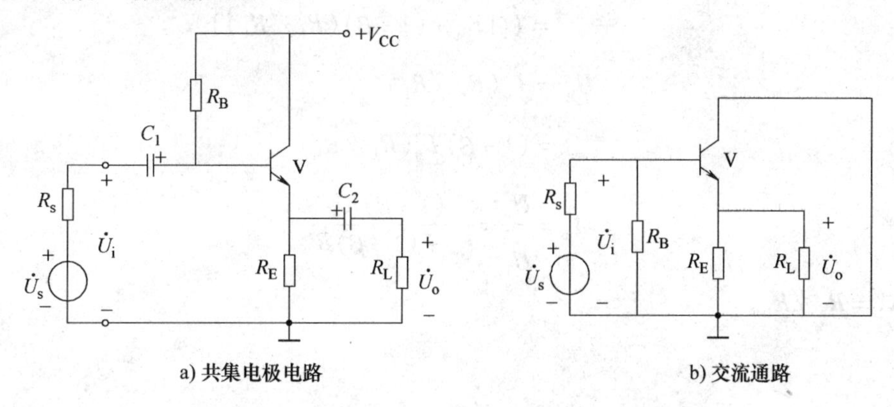

图 3-15　共集电极放大电路及其交流通路

3.3.2　共集电极放大电路分析

与共射放大电路分析过程相似，分为静态分析和动态分析。

1. 静态分析

静态分析的主要任务就是计算静态工作点，首先画出对应图 3-15a 的直流通路，如图 3-16所示，由直流通路可得

$$\left.\begin{aligned} I_{BQ} &= \frac{V_{CC} - U_{BE}}{R_B + (1+\beta)R_E} \\ I_{CQ} &= \beta I_{BQ} \approx I_{EQ} \\ U_{CEQ} &= V_{CC} - I_{EQ} R_E \end{aligned}\right\} \tag{3-21}$$

2. 动态分析与计算

在图 3-15b 所示交流通路中，用晶体管的微变等效电路代替晶体管，即得放大电路的微变等效电路，如图 3-17 所示。

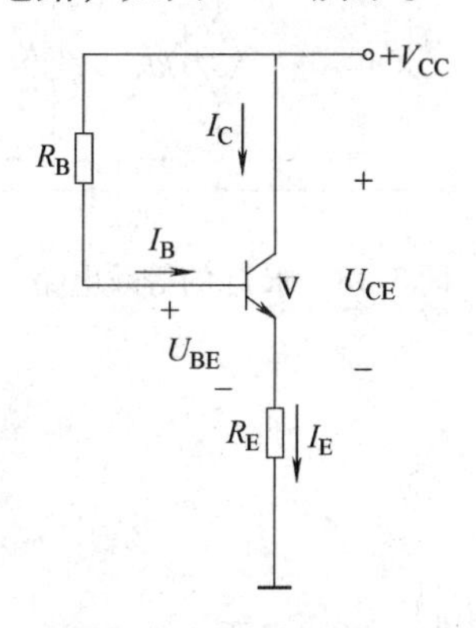

图 3-16　共集电极电路的直流通路

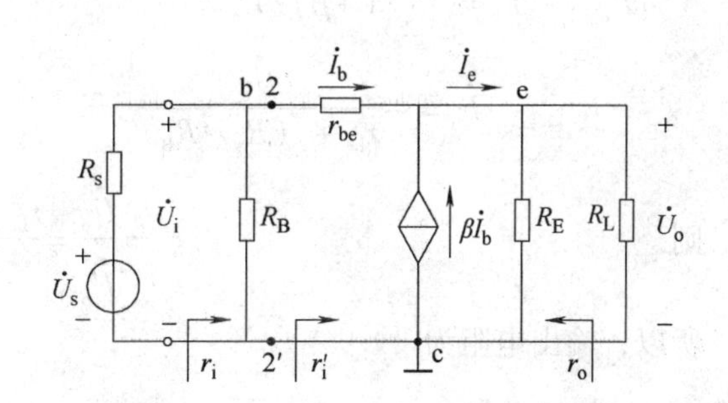

图 3-17　共集电极电路的微变等效电路

（1）电压放大倍数$\dot{A}_u$

由图 3-17 可得

$$\dot{U}_i = \dot{I}_b r_{be} + \dot{I}_e (R_E /\!/ R_L)$$
$$= \dot{I}_b [r_{be} + (1+\beta)(R_E /\!/ R_L)]$$
$$\dot{U}_o = \dot{I}_e (R_E /\!/ R_L)$$
$$= (1+\beta)\dot{I}_b (R_E /\!/ R_L)$$
$$\dot{A}_u = \frac{\dot{U}_o}{\dot{U}_i} = \frac{(1+\beta)R'_L}{r_{be}+(1+\beta)R'_L} \tag{3-22}$$

式中，$R'_L = R_E /\!/ R_L$。
同理有

$$\dot{A}_{us} = \frac{\dot{U}_o}{\dot{U}_s} = \frac{r_i}{R_s + r_i}\dot{A}_u \tag{3-22'}$$

由式（3-22）可见，$0<\dot{A}_u\leqslant 1$，表明输出电压$\dot{U}_o$与输入电压$\dot{U}_i$同相位，且大小近似相等，电路没有电压放大能力。通常将这种输出电压跟随输入电压变化的电路叫做“跟随器”。

（2）输入电阻 r_i　由微变等效电路（见图3-17）的2-2′端看进去的等效电阻为

$$r'_i = \frac{\dot{U}_i}{\dot{I}_b} = \frac{\dot{I}_b r_{be} + (1+\beta)\dot{I}_b (R_E /\!/ R_L)}{\dot{I}_b} = r_{be} + (1+\beta) R_E /\!/ R_L$$

因此，输入电阻为

$$r_i = R_B /\!/ r'_i = R_B /\!/ [r_{be} + (1+\beta) R'_L] \tag{3-23}$$

（3）输出电阻 r_o

根据输出电阻的定义和求解方法，可得如图3-18所示的等效电路。先求从1-1′端看进去的等效电阻 r'_o：

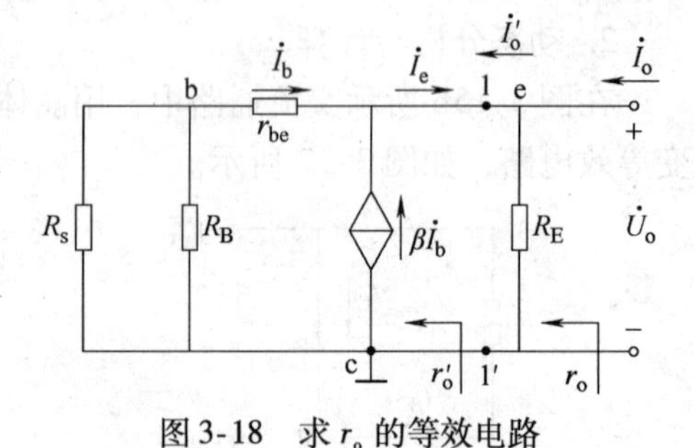

图3-18　求 r_o 的等效电路

$$\dot{I}'_o = -\dot{I}_e = -(1+\beta)\dot{I}_b$$
$$\dot{I}_b = -\frac{\dot{U}_o}{r_{be} + (R_s /\!/ R_B)}$$

则
$$r'_o = \frac{\dot{U}_o}{\dot{I}'_o} = \frac{r_{be} + (R_s /\!/ R_B)}{1+\beta}$$

所以，输出电阻为

$$r_o = R_E /\!/ r'_o = R_E /\!/ \frac{r_{be} + (R_s /\!/ R_B)}{1+\beta} \tag{3-24}$$

3. 共集电极放大电路的特点

1）电压放大倍数$\dot{A}_u\leqslant 1$，表示输出电压$\dot{U}_o$与输入电压$\dot{U}_i$同相位，并且值近似相等，即输出电压跟随输入电压。

2）输入电阻 r_i 很大，同时与负载电阻 R_L 有关。

3）输出电阻 r_o 很小，与信号源内阻 R_s 有关。

4）虽然它没有电压放大能力，却有电流放大能力。其电流放大倍数为

$$\dot{A}_i = \frac{\dot{I}_o}{\dot{I}_i} = (1+\beta)\frac{R_E}{R_E + R_L}$$

所以有功率放大能力。

例 3-6 在图 3-15 电路中，已知 $V_{CC}=12V$，$R_B=300k\Omega$，$R_E=5k\Omega$，$R_L=0.5k\Omega$，$R_s=1k\Omega$，$\beta=80$，C_1、C_2 容抗可略去，试计算：

1）静态工作点。

2）输入电阻 r_i，输出电阻 r_o。

3）电压放大倍数 $\dot{A}_u$。

4）如果信号源电压 $\dot{U}_s=2V$，求输出电压 $\dot{U}_o=?$

解 1）静态工作点

由式（3-21）得

$$I_{BQ} = \frac{V_{CC}-U_{BE}}{R_B+(1+\beta)R_E} = \left[\frac{12-0.7}{300+(1+80)\times 5}\right]mA = 0.016mA$$

$$I_{EQ} = (1+\beta)I_{BQ} = [(1+80)\times 0.016]mA = 1.3mA \approx I_{CQ}$$

$$U_{CEQ} = V_{CC} - I_{EQ}R_E = (12-1.3\times 5)V = 5.5V$$

2）输入电阻 r_i 和输出电阻 r_o。

$$r_{be} = \left[300+(1+\beta)\frac{26}{I_{EQ}}\right]\Omega = \left[300+(1+80)\times\frac{26}{1.3}\right]\Omega = 1.92k\Omega$$

由式（3-23）得

$$r_i = R_B /\!/ [r_{be}+(1+\beta)(R_E /\!/ R_L)]$$
$$= 300k\Omega /\!/ [1.92+(1+80)\times(5 /\!/ 0.5)]k\Omega = 34.3k\Omega$$

由式（3-24）得

$$r_o = R_E /\!/ \frac{r_{be}+(R_s /\!/ R_B)}{1+\beta} = \left[5 /\!/ \frac{1.92+(1 /\!/ 300)}{1+80}\right]k\Omega = 36\Omega$$

3）电压放大倍数 $\dot{A}_u$

由式（3-22）有

$$\dot{A}_u = \frac{(1+\beta)(R_E /\!/ R_L)}{r_{be}+(1+\beta)(R_E /\!/ R_L)} = \frac{(1+80)\times(5 /\!/ 0.5)}{1.92+(1+80)(5 /\!/ 0.5)} = 0.950$$

当考虑 R_s 时

$$\dot{A}_{us} = \frac{r_i}{R_s+r_i}\dot{A}_u = \frac{34.3}{1+34.3}\times 0.950 = 0.923$$

同理，当空载 $R_L=\infty$ 时，可得

$$\dot{A}_{u0} = 0.995,\ \dot{A}_{us0} = 0.989$$

结果表明：负载电阻 $R_L=\infty \to R_L=0.5\text{k}\Omega$ 变化很大，但 $\dot{A}_{u0}=0.995\to \dot{A}_u=0.950$ 变化较小，放大倍数比较稳定。有无 R_s 时，$\dot{A}_{us}=0.923\to \dot{A}_u=0.950$ 变化也较小，这是该电路的输入电阻很大，接受信号能力强的反映。

4）输出电压 $\dot{U}_o$。

$$\dot{U}_o=\dot{U}_s\dot{A}_{us}=(2\times 0.923)\text{V}=1.85\text{V}$$

表明输出电压 $\dot{U}_o$ 跟随输入电压 $\dot{U}_s$。

3.3.3　共集电极电路的应用

共集电极电路具有输入电阻高，输出电阻低的特点，在与共射极电路组合起来构成多级放大电路时，它可以用作输入级、中间级或输出级，借以提高放大电路的性能。

1. 用作输入级

由于共集电路的输入电阻很高，用作多级放大电路的输入级时，可以提高整个放大电路的输入电阻，使输入电流很小，减轻了信号源的负担。在测量仪器中应用，可提高其测量精度，见例3-7。

2. 用作输出级

因其输出电阻很小，用作多级放大电路的输出级时，可以减小整个放大电路的输出电阻，大大提高多级放大电路带负载的能力，见例3-7。

3. 用作中间级

在多级放大电路中，有时前后两级间的阻抗匹配不当，影响了放大倍数的提高。如在两级之间加入一级共集电路，它能够起到阻抗变换的作用，即：前一级放大电路的外接负载电阻正是共集电路的输入电阻，这样前级的等效负载电阻提高了，从而使前一级电压放大倍数提高；共集电路的输出却是后级的信号源，由于输出电阻很小，使后一级接受信号能力提高，即源电压放大倍数增加，从而提高了整个放大电路的电压放大倍数。

如图3-19所示为3级放大电路的等效示意图，第1级和第3级为共射放大电路，中间级为共集放大电路，其中 r_{i2} 为共集放大电路的输入电阻，很大，可提高第1级的电压放大倍数，r_{o2} 为共集放大电路的输出电阻，很小，作为第3级的信号源内阻，使其接受信号的能力增强。同时，由于 r_{o1} 较大，与较大的 r_{i2} 相匹配；r_{i3} 较小，与较小的 r_{o2} 相匹配，可提高整个放大电路的性能。

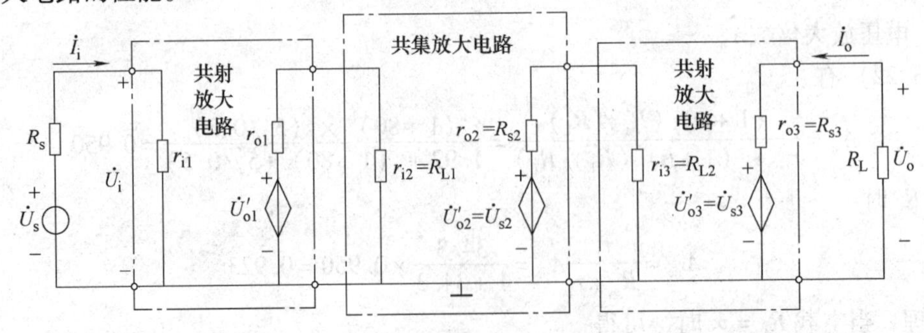

图3-19　共集放大电路做中间级的3级放大电路等效示意图

[思考题]

1. 何谓共集电极电路？如何看出射极输出器是共集电极电路。
2. 射极输出器有何特点，有何用途？
3. 为什么射极输出器又称为射极跟随器，跟随什么？

3.4　多级放大电路

在实际应用放大电路的场合，其输入信号都很微弱，一般为毫伏或微伏级，输入功率常在 1mW 以下。为推动负载工作，必须由多级放大电路对微弱信号进行连续放大，方可在输出端获得必要的电压幅值或足够的功率。

3.4.1　多级放大电路的级间耦合方式

在多级放大电路中，每两个单级放大电路之间的连接方式称为耦合方式。常见的耦合方式有阻容耦合、变压器耦合、直接耦合和光电耦合等。

1. 阻容耦合

所谓阻容耦合方式是指信号源与放大电路之间、多级放大电路的各级之间及放大电路与负载之间由电阻、电容连接的方式。前面讨论的两种基本电路都是阻容耦合方式。其特点是：①各级静态工作点相互独立；②只能放大交流信号。这种耦合方式在分立元件电路中被普遍采用。

2. 直接耦合方式

前后级间直接连接，各级的静态工作点相互有影响；它不仅能放大交流信号，还能放大直流和缓慢变化的电信号；在集成电路中普遍使用。

3. 变压器耦合方式

前后级间采用变压器连接，各级的静态工作点彼此独立计算；改变变压器匝数比，可进行最佳阻抗匹配，得到最大输出功率。常用在功率放大的场合，或者需要电压隔离的场合，例如功率放大器，晶闸管触发电路等。在集成功率放大电路出现之前，几乎所有的功率放大电路都采用变压器耦合方式。

4. 光电耦合

前后级间或信号源与放大电路之间、放大电路与负载之间可采用光耦合器连接，光电耦合是以光信号为媒介来实现电信号的耦合和传递的。常用的光耦合器如图 3-20 所示，它将光能转换为电能，实现了两部分电路的电气隔离，从而有效地抑制电干扰，因此得到越来越广泛的应用。

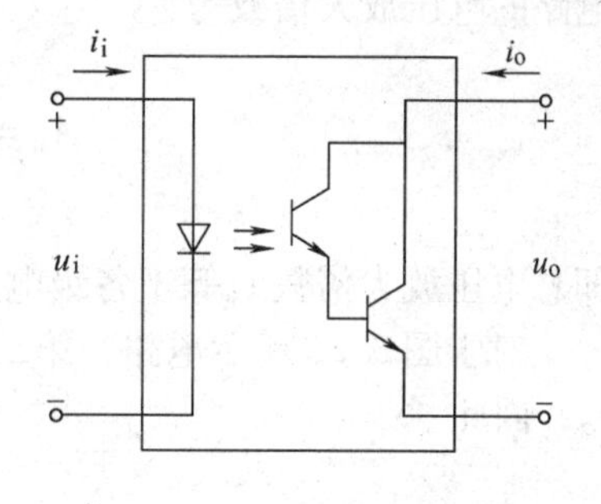

图 3-20　光耦合器

3.4.2　阻容耦合多级放大电路的分析

由两级共射放大电路采用阻容耦合方式组成的两级放大电路如图 3-21 所示。

1. 静态工作分析

由于级间采用阻容耦合方式，所以各级的静态工作点互不影响，彼此独立计算，与单级放大电路的静态计算相同（见 3.2.3）。

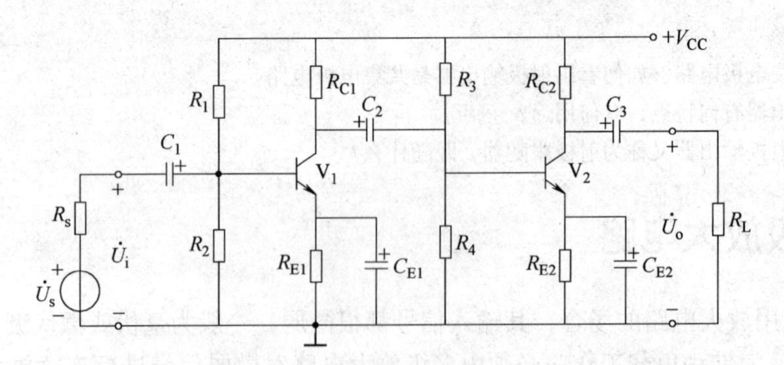

图 3-21　两级阻容耦合放大电路

2. 动态工作分析

在小信号范围内，晶体管用微变等效电路替代，可得如图 3-22 所示的放大电路的微变等效电路。

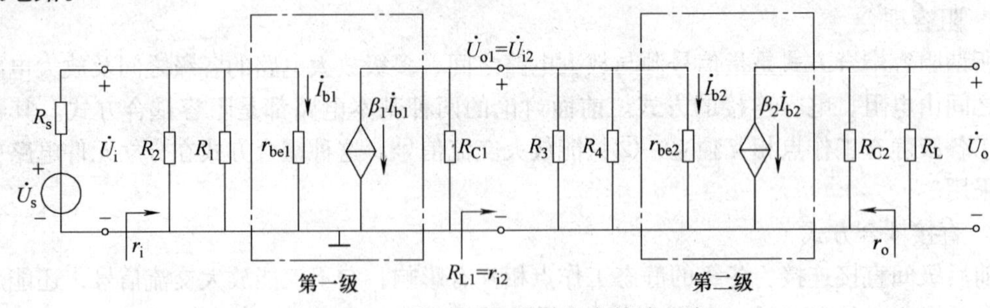

图 3-22　两级放大电路的微变等效电路

（1）电压放大倍数$\dot{A}_u$

如图 3-22 所示，第 1 级的输出电压为第 2 级的输入电压$\dot{U}_{o1}=\dot{U}_{i2}$，则两级阻容耦合放大电路的电压放大倍数为

$$\dot{A}_u=\frac{\dot{U}_o}{\dot{U}_i}=\frac{\dot{U}_{o1}}{\dot{U}_i}\frac{\dot{U}_o}{\dot{U}_{o1}}=\frac{\dot{U}_{o1}}{\dot{U}_{i1}}\ \frac{\dot{U}_{o2}}{\dot{U}_{i2}}=\dot{A}_{u1}\dot{A}_{u2} \tag{3-25}$$

即总电压放大倍数$\dot{A}_u$等于各级电压放大倍数$\dot{A}_{u1}\dot{A}_{u2}$连乘积，可推广到 n 级。

对于图 3-22 所示电路，第二级的输入电阻 r_{i2} 相当于前级的外接负载电阻 R_{L1}，即 $R_{L1}=r_{i2}$，因此

$$\dot{A}_{u1}=\frac{\dot{U}_{o1}}{\dot{U}_i}=-\frac{\beta_1\ (R_{C1}/\!/r_{i2})}{r_{be1}}$$

式中

$$r_{i2}=R_3/\!/R_4/\!/r_{be2}$$

同理

$$\dot{A}_{u2}=\frac{\dot{U}_o}{\dot{U}_{i2}}=-\frac{\beta_2\ (R_{C2}/\!/R_L)}{r_{be2}}$$

所以

$$\begin{aligned}\dot{A}_{u} &= \dot{A}_{u1} \cdot \dot{A}_{u2} \\ &= \left[-\frac{\beta_1\ (R_{C1}//r_{i2})}{r_{be1}}\right]\left[-\frac{\beta_2\ (R_{C2}//R_L)}{r_{be2}}\right] \\ &= \frac{\beta_1\beta_2\ (R_{C1}//r_{i2})\ (R_{C2}//R_L)}{r_{be1}r_{be2}}\end{aligned}$$

显然，总的电压放大倍数$\dot{A}_u$ 等于各级电压放大倍数$\dot{A}_{u1}\dot{A}_{u2}$…连乘积。

当考虑信号源内阻 R_s 时，则有

$$\dot{A}_{us} = \frac{r_i}{R_s + r_i}\dot{A}_u = \frac{r_i}{R_s + r_i}\dot{A}_{u1}\dot{A}_{u2} = \dot{A}_{us1}\dot{A}_{u2} \tag{3-26}$$

（2）多级放大电路的输入电阻 r_i

如图 3-22 所示，多级放大电路的输入电阻 r_i，就是第一级放大电路的输入电阻 r_{i1}，即

$$r_i = r_{i1} = R_1 /\!/ R_2 /\!/ r_{be1} \tag{3-27}$$

（3）多级放大电路的输出电阻 r_o

从图 3-22 看出，多级放大电路的输出电阻 r_o，就是最末级电路的输出电阻 r_{oN}。在两级放大电路中即为

$$r_o = r_{o2} \approx R_{C2} \tag{3-28}$$

例 3-7 图 3-23 是两级阻容耦合放大电路。如果信号源内阻 $R_s = 5\text{k}\Omega$，外接负载电阻 $R_L = 0.5\text{k}\Omega$，$V_{CC} = 12\text{V}$，$R_B = 300\text{k}\Omega$，$R_{B1} = 20\text{k}\Omega$，$R_{B2} = 47\text{k}\Omega$，$R_{C1} = 3\text{k}\Omega$，$R_{E1} = 1.5\text{k}\Omega$，$R_{E2} = 5\text{k}\Omega$，晶体管的 $\beta_1 = \beta_2 = \beta = 80$，电容的容抗可忽略不计。

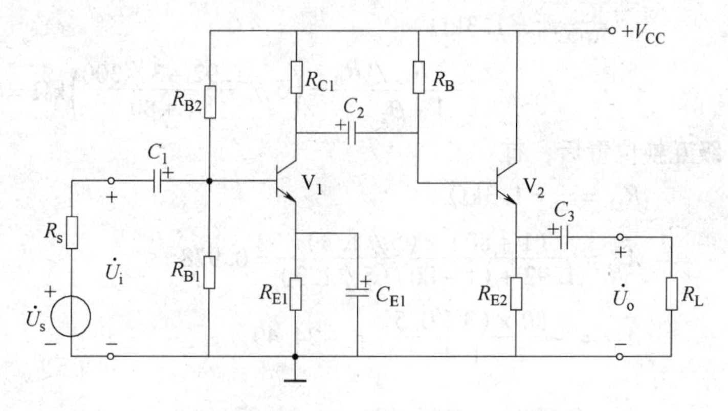

图 3-23 例 3-7 图

1）画出微变等效电路，计算$\dot{A}_u$、$\dot{A}_{us}$、r_i、r_o。

2）假若把 1、2 级互换位置，再计算$\dot{A}_u$、$\dot{A}_{us}$、r_i、r_o。

解 1）微变等效电路如图 3-24 所示。

根据前面计算已知：$r_{be1} = 1.4\text{k}\Omega$，$r_{be2} = 1.92\text{k}\Omega$，则

$$\dot{A}_{u1} = -\frac{\beta_1\ (R_{C1} /\!/ r_{i2})}{r_{be1}}$$

其中

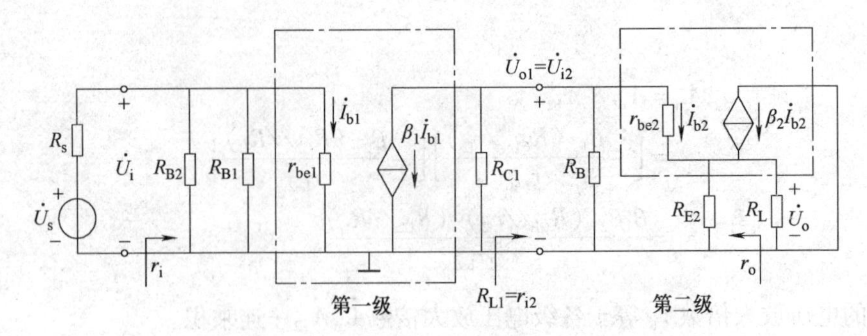

图 3-24　图 3-23 的微变等效电路

$$r_{i2}=R_B//[r_{be2}+(1+\beta_2)(R_{E2}//R_L)]$$

代入数值得

$$r_{i2}=300//[1.92+(1+80)\times(5//0.5)]\text{k}\Omega=34.3\text{k}\Omega$$

$$\dot{A}_{u1}=-\frac{80\times(3//34.3)}{1.4}=-157.6$$

$$\dot{A}_{u2}=\frac{(1+\beta_2)(R_{E2}//R_L)}{r_{be2}+(1+\beta_2)(R_{E2}//R_L)}=\frac{(1+80)\times(5//0.5)}{1.92+(1+80)(5//0.5)}=0.95$$

所以

$$\dot{A}_u=\dot{A}_{u1}\dot{A}_{u2}=(-157.6)\times0.95=-149.72$$

$$\dot{A}_{us}=\frac{r_i}{R_s+r_i}\dot{A}_u=\frac{1.3}{5+1.3}\times(-149.72)=-30.89$$

$$r_i=r_{i1}=1.3\text{k}\Omega$$

$$r_o=R_{E2}//\frac{r_{be2}+R_{C1}//R_B}{1+\beta_2}=\left(5//\frac{1.92+3//300}{1+80}\right)\text{k}\Omega=60\Omega$$

2）将 1、2 级互换位置后，有

$$R_{L1}=r_{i2}=1.3\text{k}\Omega$$

$$\dot{A}_{u1}=\frac{(1+80)\times(5//1.3)}{1.92+(1+80)(5//1.3)}=0.978$$

$$\dot{A}_{u2}=-\frac{80\times(3//0.5)}{1.4}=-24.49$$

$$\dot{A}_u=0.978\times(-24.49)=-23.95$$

$$\dot{A}_{us}=\frac{66.53}{5+66.53}\times(-23.95)=-22.28$$

$$r_i=r_{i1}=300//[1.92+(1+80)(5//1.3)]\text{k}\Omega=66.53\text{k}\Omega$$

$$r_o\approx R_{C1}=3\text{k}\Omega$$

上述计算结果表明：①共集电极电路的电压放大倍数，在两个位置上相差很小。②共射放大电路的电压放大倍数在两个位置上电压放大倍数相差较大。原因是前者的外接负载是共集电路的输入电阻 34.3kΩ，后者的外接负载是 $R_L=0.5\text{k}\Omega$，与电阻 3kΩ 并联后，等效负载 R'_L 明显比前者小得多。③因为信号源内阻 $R_s=5\text{k}\Omega$，前者输入电阻只有 1.3kΩ，而后者输入电阻是共集电路的输入电阻66.53kΩ，显然衰减系数$\left(\frac{r_i}{r_i+R_s}\right)$差别较大。从而看到共集电路的作用。

3.4.3 直接耦合放大电路及其存在的问题

直接耦合放大器能够放大频率很低（包括直流）的信号。在实际生产和科学技术领域中，直接耦合放大器有着广泛的应用。如在温度、压力、位移等非电量的测量过程中，通过传感器变换过来的信号，往往是变化较缓慢的直流信号，这些信号一般是毫伏级的微弱信号，需要经过放大之后，才能进行测量或推动执行机构。能放大上述变化缓慢信号或恒定不变信号的放大器，称为直流放大器。

由于电容器对变化极为缓慢的信号不能进行传递，所以阻容耦合放大器不能放大直流信号。把阻容耦合放大器的电容去掉，如图3-25所示的电路是直接耦合电路。这种电路虽然使直流信号能够传递，但作为直流放大器还存在两个问题：一个是各级静态工作点的配置问题；另一个是所谓零点漂移问题。

1. 直接耦合电路级间静态工作点的配置问题

图3-25电路中，V_2管的基极直接与V_1管的集电极相连，若V_2管处在放大状态，则V_1管的集电极电位V_{C1}只有0.7V左右，这时V_1管已处于饱和的边缘，要使电路能起到放大作用，输入信号必须很小。若要求V_1管有较大的输出范围，就必须提高V_{C1}，而V_{C1}受U_{BE2}的限制又不能提高，因此，图3-25的电路静态工作点的配置是不合适的。

为了使前后级的静态工作点配置合适，可采取如下措施：

（1）提高V_2管发射极的静态电位

①在V_2管的发射极串接电阻R_{E2}，利用R_{E2}上的静态压降提高V_2管发射极的电位，进而可提高V_1管的集电极电位，使V_1管的输出范围增大；②在V_2管的发射极串接二极管，利用二极管的正向压降提高V_2管的发射极电位；③在V_2管的发射极串接稳压管，利用稳压管的稳定电压也可提高V_2管的发射极电位。这样都可以使前后级静态工作点的配置比较合适。

（2）NPN型管和PNP型管直接耦合

电路如图3-26所示。利用两个管子要求不同偏置极性的特点，可把前级较高的集射极间的电压转移到后级管子和负载上去，使前后级静态工作点有较适当的配合，使输出有较大的范围。

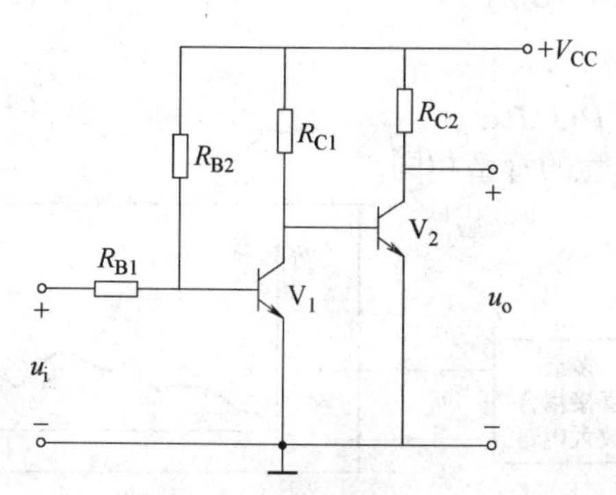

图3-25 直接耦合电路

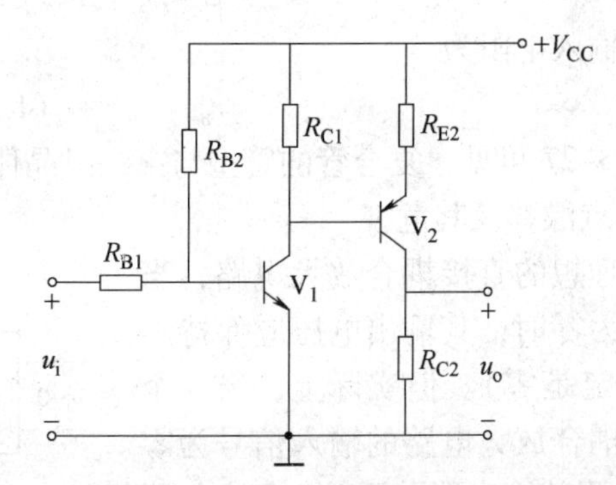

图3-26 NPN型管和PNP型管直接耦合电路

(3) 采用复合管电路

当需要晶体管有较高的电流放大系数时，可以把两个晶体管直接耦合起来等效成一个晶体管，称为复合管（又称达林顿管）。复合管应用很广泛。用两个晶体管通过组合可以构成四种有用的复合管形式，如图 3-27 所示。

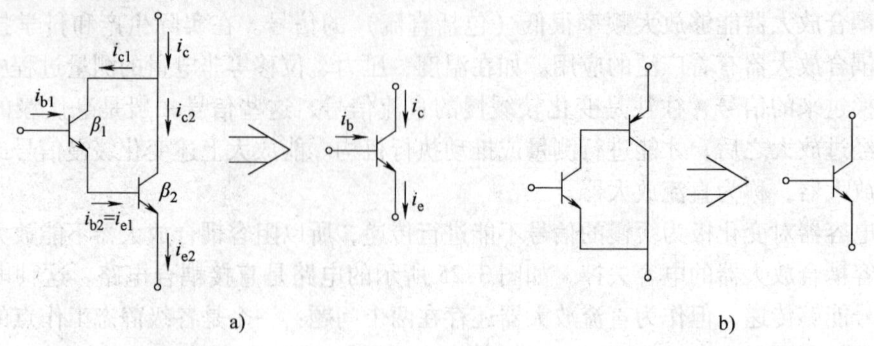

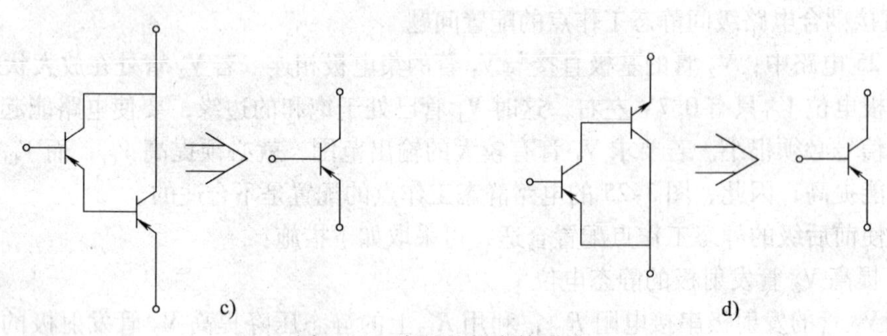

图 3-27　常见的复合管形式

对图 3-27a 的复合管进行的分析，所得结论适用于其他复合管。复合管的各极电流为

$$i_b = i_{b1}$$

$$i_e = i_{e2}$$

$$\begin{aligned} i_c &= i_{c1} + i_{c2} = \beta_1 i_{b1} + \beta_2 i_{b2} = \beta_1 i_{b1} + \beta_2 (1+\beta_1) i_{b1} \\ &= \beta_1 i_{b1} + \beta_2 i_{b1} + \beta_1\beta_2 i_{b1} = (\beta_1 + \beta_2 + \beta_1\beta_2) i_{b1} = \beta i_b \end{aligned}$$

可见，复合管的电流放大系数为

$$\beta = \beta_1 + \beta_2 + \beta_1\beta_2 \approx \beta_1\beta_2 \tag{3-29}$$

复合管的输入电阻为

$$r_{be} = r_{be1} + (1+\beta_1) r_{be2} \tag{3-30}$$

由图 3-27 可见，复合管的管型与第一只晶体管的管型相同。

2. 零点漂移及其危害

一个理想的直接耦合放大电路，当输入信号为零时，其输出电压应保持不变（不一定是零）。但实际上，当一个多级直接耦合放大电路的输入信号为零（$u_i=0$），测其输出端电压时，却有如图 3-28 中记录仪所显示的波形，它并不保

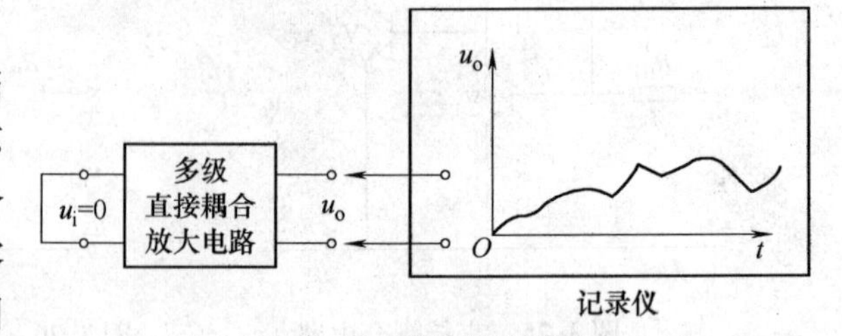

图 3-28　零点漂移现象

持恒值，而是在缓慢地、无规则地变化着，这种现象就称为零点漂移（简称零漂）。由于零漂引起了输出信号的变化，看上去像有输出信号，但这是在没有输入信号情况下的输出，因此它是个“假信号”。

当放大电路加入输入信号后，这种漂移就与有用信号共存于放大电路中，当零漂较严重时，就难于分辨真伪，使放大电路不能正常工作。因此，必须查明产生漂移的原因，并采取相应措施抑制漂移。

引起零点漂移的原因很多，如晶体管参数（I_{CBO}，U_{BE}，β）随温度的变化，电源电压的波动，电路元件参数的变化等，其中温度的影响是主要因素。在多级放大电路的各级零漂中，第一级零漂的影响最为严重。这是由于直接耦合，第一级的零漂被逐级放大，以致影响到整个放大电路的工作。所以，抑制零漂要着重于第一级。

能否用放大电路的绝对输出来衡量零点漂移的严重程度呢？举例来看。有甲、乙两个直流放大器，它们的各项参数列于表 3-2 中。

表 3-2　两个放大器的参数比较

参数 \ 放大电路	甲	乙
电压放大倍数	1000	100
$u_i=0$ 时的 u_o（零漂）/V	0.5	0.5
输入信号/mV	4	4
真实输出/V	4	0.4
实际输出/V	4.5	0.9

可见，虽然两个放大电路的漂移电压相同，但甲放大器输出端的真信号电压为 4V，比零漂电压（假信号）0.5V 大得多。而乙放大器输出端的真信号电压为 0.4V，比零漂电压 0.5V 还小。在乙放大器输出端电压的总变化量中，就很难分辨出哪一部分是与真信号有关，哪一部分是属于漂移信号了。显然，乙放大器的零漂比甲放大器严重。因此，衡量一个放大器零漂指标的好坏，不能仅看输出端的漂移量，而是要与放大器的灵敏度结合起来考虑。即把输出端的零漂电压折合到输入端

$$\Delta U'_i=\left|\frac{\Delta U'_o}{\dot{A}_u}\right| \tag{3-31}$$

式中，$\Delta U'_i$ 为输入端等效漂移电压；$\dot{A}_u$ 为电压放大倍数；$\Delta U'_o$ 为输出端漂移电压。

既然温度漂移是放大电路中的主要漂移成分，通常将对应于温度每变化 1℃ 在输出端的漂移电压折合到输入端的量作为一项衡量指标，称为温漂指标。较差的直接耦合放大电路的温度漂移约为每度几毫伏，较好的约为每度几微伏。

如果某放大电路的电压放大倍数 $\dot{A}_u=100$，当温度变化了 $\Delta T=10℃$ 时，其输出电压变化了 $\Delta U'_o=0.5V$，则该放大电路的温度漂移为

$$\Delta U'_{i(T)}=\left|\frac{\Delta U'_o}{\dot{A}_u\Delta T}\right|=\left(\frac{0.5\times1000}{100\times10}\right)mV/℃=0.5mV/℃$$

解决零漂的办法，除了选用高质量的晶体管和高质量的其他电路元件之外，主要采用以下两种措施：

1）补偿措施可以利用热敏电阻进行温度补偿；可以利用二极管的正向压降或晶体管的发射结正向压降随温度的变化来补偿晶体管的 U_{BE} 随温度的变化。

利用两个特性相同的晶体管组成对称电路，称为差分放大电路，可以进行更好的补偿。这种电路将在下节详细讨论。

2）调制和解调技术构成调制型直流放大器，可以达到微零漂的要求。这一部分内容可参考相关资料。

[思考题]

1. 各种多级放大电路的级间耦合方式分别适用于何种放大电路？

2. 何谓零点漂移？产生零点漂移的因素有哪些？零点漂移有什么危害？如何评价？

3.5 差分放大电路

如前节所述，解决直接耦合放大电路中存在的两个问题，最有效的电路结构形式就是差分放大电路。由于目前应用的直流放大器，绝大多数是集成电路放大器，而这种放大器大多是直接耦合的，为抑制零漂，其前置级广泛采用差分放大电路。

3.5.1 典型差分放大电路的工作原理

典型的差分放大电路如图 3-29 所示。由两个特性完全相同的晶体管 V_1、V_2 组成对称电路，电路的其他参数也对称，即 $R_{C1}=R_{C2}=R_C$，两管的基极接同样阻值的电阻 R_{B1}，有两个极性相反的电源 $+V_{CC}$ 和 $-V_{EE}$，两管的发射极通过电位器 RP 和电阻 R_E 接负电源。该电路有两个输入端，分别通过电阻 R_{B1} 接两管的基极；有两个输出端，分别从两管的集电极取出信号。

1. 静态分析及零点漂移的抑制

当输入电压为零（$u_{i1}=u_{i2}=0$）时，图 3-29 的静态电流通路如图 3-30a 所示。由于电路完全对称，两侧的集电极电流、集电极电位相等，即

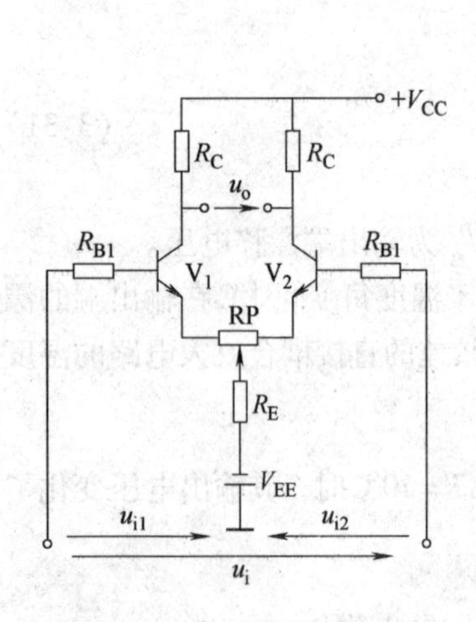

图 3-29　典型差分放大电路

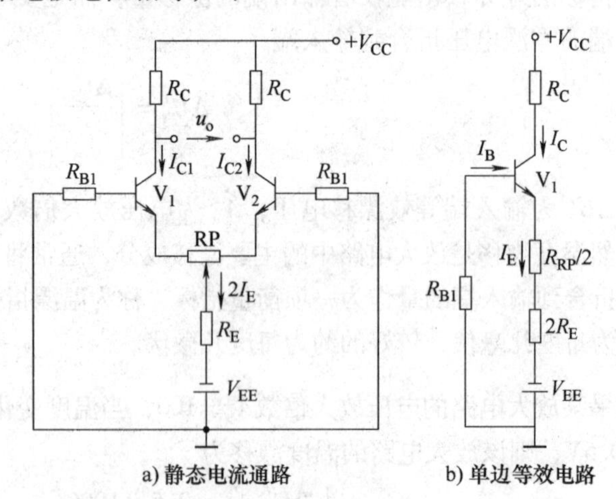

图 3-30　典型差分放大电路的静态电流通路

$$I_{C1}=I_{C2}=I_C,\ V_{C1}=V_{C2}=V_C$$

输出电压为

$$u_o=V_{C1}-V_{C2}=0$$

可见，输入电压为零时，输出电压也为零。

当温度升高时，两管的集电极电流都增大，集电极电位都降低，但是由于它们的变化量相同，即 $\Delta I_{C1}=\Delta I_{C2}$，$\Delta V_{C1}=\Delta V_{C2}$，又由于输出电压取自两管的集电极之间，则 $u_o=(V_{C1}+\Delta V_{C1})-(V_{C2}+\Delta V_{C2})=0$。说明完全对称的差分电路在两个管子集电极之间取输出信号时，对两管产生的同向漂移具有完全的抑制作用。即图 3-29 所示电路在理想情况下能使零漂为零。

实际的电路完全对称是不可能的，所以零漂不能完全依靠电路的对称性来抑制。而且，若从单边取输出信号，零漂又如何抑制呢？

在图 3-29 所示电路中，R_E 的作用是稳定它本身的电流，抑制每个管子的漂移，从而更好的抑制整个电路的零漂。例如，当温度升高时，抑制零漂的过程可以描述如下：

$I_{C1}\downarrow \leftarrow$（由 $I_{B1}\downarrow$ 反馈）

温度升高 $\begin{cases} I_{C1}\uparrow \searrow \\ I_{C2}\uparrow \nearrow \end{cases} I_E\uparrow \rightarrow V_E\uparrow \begin{cases} \nearrow U_{BE1}\downarrow \rightarrow I_{B1}\downarrow \\ \searrow U_{BE2}\downarrow \rightarrow I_{B2}\downarrow \end{cases}$

$I_{C2}\downarrow \leftarrow$（由 $I_{B2}\downarrow$ 反馈）

R_E 能够抑制零漂是靠它的电流负反馈作用（负反馈将在第 5 章中介绍）。显然，R_E 的阻值越大，抑制零漂的效果越显著。只要两管的集电极电流、集电极电位产生同向漂移，R_E 都具有电流负反馈作用。可见 R_E 的电流负反馈作用进一步增强了差分电路抑制零漂的能力。

由于电路对称，在计算静态工作点时，只需计算一侧的 I_{BQ}、I_{CQ} 和 U_{CEQ}，另一侧与它相等。由图 3-30a 可见，静态时，R_E 中流过两倍的发射极电流：$I_{E1}+I_{E2}=2I_E$。因此单边的静态电流通路如图 3-30b 所示。由图可得（RP 是调零电位器，其值很小，可忽略不计）

$$I_BR_{B1}+U_{BE}+2R_E(1+\beta)I_B=V_{EE}$$

解得

$$I_B=\frac{V_{EE}-U_{BE}}{R_{B1}+2R_E(1+\beta)} \tag{3-32}$$

$$I_C=\beta I_B\approx I_E \tag{3-33}$$

由集电极—发射极回路可得

$$I_CR_C+U_{CE}+2I_ER_E=V_{CC}+V_{EE}$$

解得

$$U_{CE}\approx V_{CC}+V_{EE}-I_C(R_C+2R_E) \tag{3-34}$$

2. 电路的动态分析

差分放大电路有两个输入端，当有信号输入时，有 3 种工作情况。

（1）共模输入

两个输入电压大小相等、极性相同，即 $u_{i1}=u_{i2}=u_{ic}$，这样的输入信号称为共模输入信号，共模输入方式如图 3-31 所示。从放大电路的两个输入端来看，输入电压为 $u_i=u_{i1}-u_{i2}=0$。在完全对称的差分放大电路中，有共模信号输入时，由于两管的基极电位变化相同，两管的集电极电位变化也相同，因此输出电压为零，即对共模信号无放大作用，也就是说，完全对称的差分放大电路共模放大倍数 $A_c=0$。

由前面的分析可知，共模输入电压相当于折合到输入端的等效漂移电压，即是使两管的集电极电流同时向同一个方向变化的电压（包括两个输入电压中含有共模分量或50Hz交流的共模干扰信号等）。因此电路抑制共模信号的能力就是抑制零漂的能力，图3-29中的电阻 R_E 又称为共模反馈电阻。

（2）差模输入

两个输入电压大小相等、极性相反，即 $u_{i2}=-u_{i1}$，这样的输入信号称为差模输入信号。从两个输入端来看，输入电压 $u_i=u_{i1}-u_{i2}=2u_{i1}$。若令 u_{i1} 为正，u_{i2} 为负，则 u_{i1} 使 V_1 管的集电极电流增大 Δi_{C1}，集电极电位下降 Δv_{C1}；u_{i2} 使 V_2 管的集电极电流减小 Δi_{C2}，集电极电位升高 Δv_{C2}，即差模信号使两个晶体管的电流异向变化，只要电路的对称性足够好，两管的电流一增一减，且其变化量相等，即 $\Delta i_{C1}=\Delta i_{C2}$，流过 R_E 上的电流近似不变，R_E 两端无差模信号压降，所以 R_E 对差模信号无影响，相当于短路，差模等效电路如图3-32所示。

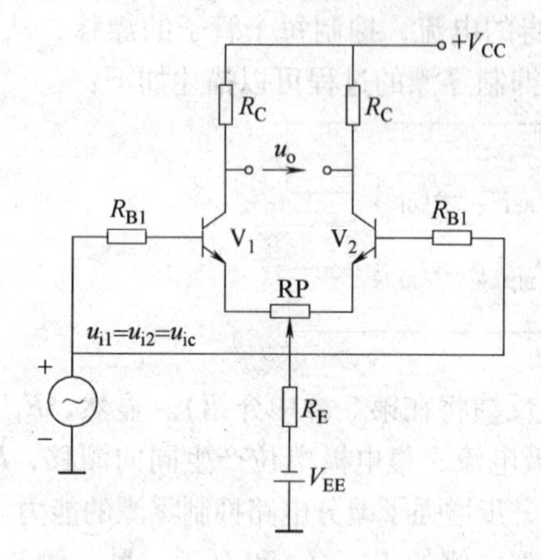

图3-31　共模输入方式

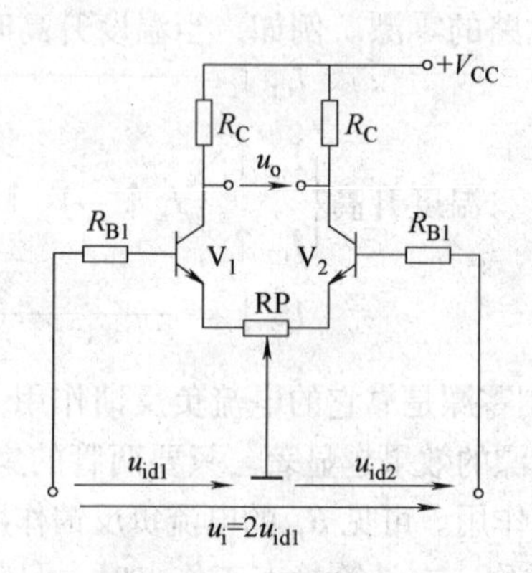

图3-32　差模输入方式

由于静态时 $V_{C1}=V_{C2}$，加上差模输入信号后，V_1 管的集电极电位减小和 V_2 管的集电极电位增高在数值上是相同的，即 $|\Delta v_{C1}|=|\Delta v_{C2}|$。根据图3-29所标的正方向，输出电压 $u_o=(V_{C1}-\Delta v_{C1})-(V_{C2}+\Delta v_{C2})=-2\Delta v_{C1}$。说明在图3-29的电路中，由差模输入电压所产生的输出电压的变化量为每个管子集电极电位变化量的两倍。

由图3-32可得单边电压放大倍数为（忽略RP的影响）

$$A_{d1}=\frac{-\Delta v_{C1}}{u_{i1}}=\frac{-\beta R_C}{R_{B1}+r_{be}}$$

$$A_{d2}=\frac{-\Delta v_{C2}}{u_{i2}}=\frac{-\beta R_C}{R_{B1}+r_{be}}$$

电路的差模电压放大倍数为

$$A_{d0}=\frac{u_o}{u_i}=\frac{-2\Delta v_{C1}}{2u_{i1}}=A_{d1}=A_{d2}=\frac{-\beta R_C}{R_{B1}+r_{be}} \tag{3-35}$$

A_{d0} 为空载差模电压放大倍数。

图3-29的电路称为双端输入、双端输出的典型差分放大电路。式（3-35）表明，双端输出的差分放大电路的差模电压放大倍数与单管基本放大电路的电压放大倍数相同。由式（3-35）可见，R_E 对差模信号无影响，所以该电路的电压放大倍数较大。也就是说 R_E 既能够抑制零漂和共模信号，又对差模信号无影响。该电路给出了解决直接耦合放大器既要提高

灵敏度，又要抑制零漂的有效办法和途径。

若在图3-29的两管集电极间接负载电阻 R_L，则差模电压放大倍数为

$$A_d = -\frac{\beta R'_L}{R_{B1} + r_{be}} \tag{3-36}$$

由于电路完全对称，两个管子的集电极电位一增一减，且变化量相等，在 $R_L/2$ 处必然是信号的零电位点，所以式（3-36）中的 $R'_L = R_C /\!/ (R_L/2)$。

当加上差模输入信号时，从两个输入端看进去的等效电阻为差模输入电阻，用 r_{id} 表示。则

$$r_{id} = 2\left[R_{B1} + r_{be} + (1+\beta)\frac{R_P}{2}\right] \tag{3-37}$$

忽略RP的影响时

$$r_{id} \approx 2(R_{B1} + r_{be}) \tag{3-38}$$

电路的输出电阻为

$$r_o \approx 2R_C \tag{3-39}$$

（3）既有差模输入又有共模输入

若 u_{i1} 和 u_{i2} 的大小和极性都是任意的，通常称为混合输入信号。这样的输入信号可以把它等效地分解为差模输入和共模输入信号。若两个输入端之间的信号差用 $u_{i1} - u_{i2} = u_{id} = u_i$ 表示，两边得到的差模输入信号分别为 u_{id1} 和 u_{id2}，则 $u_{id1} = -u_{id2} = u_{id}/2 = u_i/2$。设共模输入信号用 u_{ic} 表示，两边的共模输入信号分别为 u_{ic1} 和 u_{ic2}，则 $u_{ic1} = u_{ic2} = u_{ic}$。根据图3-29所标的正方向有

$$u_{i1} = u_{ic1} + u_{id1} = u_{ic} + \frac{1}{2}u_{id} \tag{3-40}$$

$$u_{i2} = u_{ic2} - u_{id2} = u_{ic} - \frac{1}{2}u_{id} \tag{3-41}$$

联立解上两式得

$$u_{id} = u_{i1} - u_{i2} \tag{3-42}$$

$$u_{ic} = \frac{1}{2}(u_{i1} + u_{i2}) \tag{3-43}$$

放大电路输出端的电压变化总量应为差模输出电压与共模输出电压的代数和，即

$$u_o = u_{od} + u_{oc} = A_d u_{id} + A_c u_{ic} \tag{3-44}$$

式（3-44）中的 u_{od} 和 u_{oc} 分别为差模输出电压和共模输出电压。对于图3-29所示电路，如果电路完全对称，又是在两个集电极端取输出信号，其共模放大倍数 $A_c = 0$，则这时电路只有差模信号输出。若电路不完全对称，$A_c \neq 0$，则电路既有差模信号输出，又有共模信号输出。式（3-44）是放大电路输出电压和输入电压关系的一般表达式。

由上面的分析可以看出，u_{i1} 和 u_{i2} 的大小和极性是任意时，根据 u_{i1} 和 u_{i2} 可以确定输出电压的大小和极性。这种输入方式又称为比较输入。比较放大器在测量和自动控制系统中应用广泛。

例3-8 电路如图3-29所示。（1）若已知 $u_{i1} = 10\text{mV}$，$u_{i2} = 6\text{mV}$，试求 u_{id1} 和 u_{ic}。（2）若已知 $u_{id} = 8\text{mV}$，$u_{ic} = 2\text{mV}$，试求 u_{i1} 和 u_{i2}。

解 （1）根据式（3-42）

$$u_{id} = u_{i1} - u_{i2} = (10-6)\ \text{mV} = 4\text{mV}$$

$$u_{id1} = \frac{1}{2}u_{id} = 2\text{mV}$$

根据式（3-43）有

$$u_{ic} = \frac{1}{2}(u_{i1} + u_{i2}) = \frac{1}{2} \times (10+6)\ \text{mV} = 8\text{mV}$$

（2）根据式（3-40）和式（3-41）有

$$u_{i1} = u_{ic} + \frac{1}{2}u_{id} = (2 + \frac{1}{2} \times 8)\ \text{mV} = 6\text{mV}$$

$$u_{i2} = u_{ic} - \frac{1}{2}u_{id} = (2 - \frac{1}{2} \times 8)\ \text{mV} = -2\text{mV}$$

3. 共模抑制比

一个实际的差分放大电路，对差模信号和共模信号都有放大作用。我们希望有用的差模信号放大倍数较大，而共模信号放大倍数越小越好。为全面衡量差分放大电路放大差模信号和抑制共模信号的能力，引出了共模抑制比（K_{CMRR}），定义为：放大电路差模放大倍数 A_d 与共模放大倍数 A_c 之比，即

$$K_{CMRR} = \left|\frac{A_d}{A_c}\right| = \rho \tag{3-45}$$

通常用对数表示为

$$K_{CMR} = 20\lg\left|\frac{A_d}{A_c}\right| \quad (\text{dB}) \tag{3-46}$$

图 3-29 的电路是双端输入、双端输出的差分放大电路，当电路完全对称时，$A_c = 0$，$\rho = \infty$。由于完全对称的差分放大电路实际上是不存在的，所以 ρ 不可能是无穷大。

考虑到式（3-45）后，式（3-44）可以写成

$$u_o = A_d u_{id}\left(1 + \frac{1}{\rho}\frac{u_{ic}}{u_{id}}\right) \tag{3-47}$$

在实际应用当中，由非电量转换成的电信号，往往既包含有差模信号，又包含有共模信号。由式（3-44）或式（3-47）知，为了有效地放大有用的差模信号，而使无用的共模信号在放大器的输出端尽量小，应使共模抑制比尽量大些。

3.5.2 差分放大电路的输入输出方式

由于差分放大电路有两个输入端和两个输出端，就有四种不同的组合形式，分别为

1. 双端输入—双端输出的差分电路

前面讨论的图 3-29 的电路，是双端输入—双端输出的差分电路，在此不再重述。

2. 单端输入—单端输出的差分电路

单端输入、单端输出的差分电路如图 3-33 所示。图中受控电流源（恒流源）表示图 3-29 中 R_E 的电流恒定不变，也可表示晶体管恒流源电路。

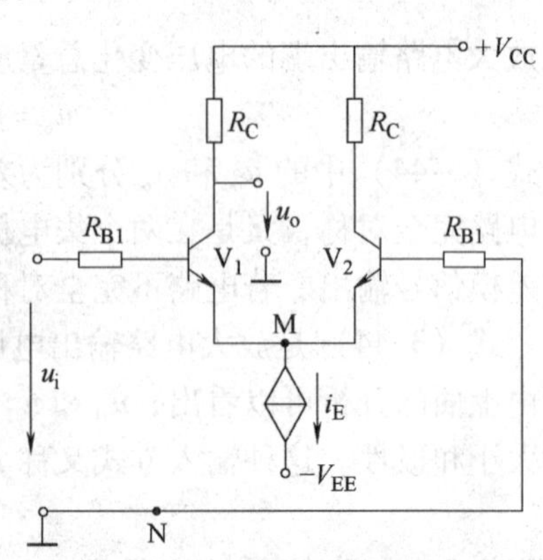

图 3-33 单端输入—单端输出的差分电路

由于是单端输入，$u_{i1} = u_i$，$u_{i2} = 0$，根据式（3-42）有

$$u_{id} = u_{i1} - u_{i2} = u_i$$

$$u_{id1} = \frac{1}{2}u_{id} = \frac{1}{2}u_i$$

$$u_{id2} = -\frac{1}{2}u_{id} = -\frac{1}{2}u_i$$

这说明，电路相当于在 V_1 管一边电路的输入端加上 $u_i/2$ 的输入信号，而在 V_2 一边电路的输入端加上 $-u_i/2$ 的输入信号，这样单端输入就转换成了双端输入。实际上，只要恒流源支路的动态电阻远大于（$R_{B1}+r_{be}$）/（$1+\beta$）（是 V_2 管基极回路的电阻折合到 MN 两点间的等效电阻），输入回路的信号通路可以看成是由输入→R_{B1}→V_1 管发射结→M 点→V_2 管发射结→R_{B1}→N 点→“地”点。可以看出，加到每一边电路输入端的差模信号近似为 $|u_i/2|$，则单端输入相当于差模输入。

单端输出的 u_o 只是一个管子集电极电位的变化量，是双端输出的一半，所以图 3-33 电路的差模电压放大倍数为

$$A_{d0} = -\frac{1}{2}\frac{\beta R_C}{R_{B1}+r_{be}} \tag{3-48}$$

当电路的输出端接上负载电阻 R_L 后，则

$$A_d = -\frac{1}{2}\frac{\beta R'_L}{R_{B1}+r_{be}} \tag{3-49}$$

式中，$R'_L = R_C /\!/ R_L$。

按图 3-33 所标出的正方向，输出电压取自 V_1 管的集电极与“地”之间时，u_o 与 u_i 是反相位关系。若输出电压取自 V_2 管的集电极与“地”之间，则 u_o 与 u_i 是同相位关系，即式（3-48）和式（3-49）中无负号。

差模输入电阻为

$$r_{id} = 2\ (R_{B1}+r_{be}) \tag{3-50}$$

输出电阻为

$$r_o \approx R_C \tag{3-51}$$

与单管放大电路相比较，由于单端输入—单端输出的差分放大电路可接入较大阻值的共模反馈电阻 R_E 或恒流源电路，所以其抑制零漂的能力比单管放大电路高得多。

3. 单端输入—双端输出的差分电路

单端输入—双端输出的差分电路如图 3-34 所示。由于单端输入相当于差模输入，所以，电路的差模电压放大倍数 A_d、差模输入电阻 r_{id}、输出电阻 r_o 的表达式，都与双端输入、双端输出的差分电路相同。

4. 双端输入—单端输出的差分电路

双端输入—单端输出的差分电路如图 3-35 所示。电路的差模电压放大倍数 A_d、差模输入电阻 r_{id}、输出电阻 r_o 的表达式，都与单端输入—单端输出的差分电路相同。当然这种电路的输出电压 u_o 也可以由 V_2 管的集电极取出。但要注意，此时输出电压与输入电压同相位。

对于单端输出的电路，当输入共模信号时，电路的共模电压放大倍数不为零。这两个信号在两个晶体管上所引起的两个发射极电流的增量，会同时同方向流经 R_E，可求得共模电

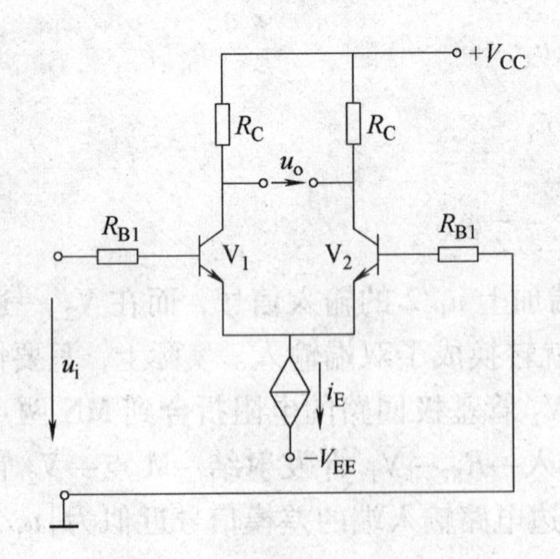

图 3-34 单端输入—双端输出的差分放大电路

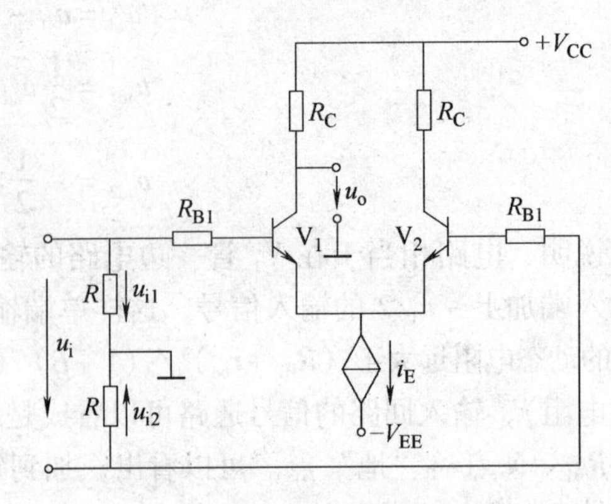

图 3-35 双端输入—单端输出的差分放大电路

压放大倍数为

$$A_c = \frac{u_o}{u_{ic}} = -\frac{\beta R'_L}{R_B + r_{be} + 2(1+\beta)R_E} \tag{3-52}$$

双端输入—单端输出的差分电路，能够将双端输入的信号转换为单端输出的信号，以便可以与后级放大电路处于共“地”状态。

差分放大电路的上述 4 种输入输出方式的性能比较，列于表 3-3 中，以供参考。

表 3-3 差分放大电路 4 种输入输出方式性能比较

输入输出方式	双端输入 双端输出	单端输入 双端输出	双端输入 单端输出	单端输入 单端输出
电路图				
差模电压放大倍数	$A_d = -\frac{\beta R'_L}{R_{B1}+r_{be}}$ $R'_L = R_C // \frac{R_L}{2}$	$A_d = -\frac{\beta R'_L}{R_{B1}+r_{be}}$ $R'_L = R_C // \frac{R_L}{2}$	$A_d = -\frac{1}{2}\frac{\beta R'_L}{R_{B1}+r_{be}}$ $R'_L = R_C // R_L$	$A_d = -\frac{1}{2}\frac{\beta R'_L}{R_{B1}+r_{be}}$ $R'_L = R_C // R_L$
差模输入电阻	$r_{id} = 2(R_{B1}+r_{be})$	$r_{id} = 2(R_{B1}+r_{be})$	$r_{id} = 2(R_{B1}+r_{be})$	$r_{id} = 2(R_{B1}+r_{be})$
输出电阻	$r_o \approx 2R_C$	$r_o \approx 2R_C$	$r_o \approx R_C$	$r_o \approx R_C$
用途	适用于对称输入、对称输出、输入输出不需要接地的场合	适用于单端输入变为双端输出的场合	适用于双端输入变为单端输出的场合	适用于输入输出都需要接地的场合

例 3-9 差分放大电路如图3-29，为双端输入方式。已知 $V_{CC}=12V$，$V_{EE}=12V$，$R_C=6.8k\Omega$，$R_E=6.8k\Omega$，$R_{B1}=1k\Omega$，$\beta_1=\beta_2=50$，$r_{be}=1.8k\Omega$。试计算：

（1）两管静态工作点。

（2）双端输出的差模电压放大倍数 A_d，输入电阻 r_{id} 和输出电阻 r_o。

（3）单端输出的差模和共模电压放大倍数 A_d、A_c，共模抑制比 ρ。

解 （1）因电路对称，故两管的静态工作点相同。根据式（3-32）~式（3-34）可得

$$I_B=I_{B1}=I_{B2}=\frac{V_{EE}-U_{BE}}{R_B+2(1+\beta)R_E}=\frac{12-0.7}{1+2\times51\times6.8}mA=16.3\times10^{-3}mA=16.3\mu A$$

$$I_C=I_{C1}=I_{C2}=\beta I_B=50\times16.3\times10^{-3}mA=0.81mA$$

$$U_{CE}=U_{CE1}=U_{CE2}=V_{CC}-I_C(R_C+2R_E)+V_{EE}$$
$$=[12-0.81\times(6.8+2\times6.8)+12]V=7.476V$$

（2）双端输出时，可根据式（3-35）、式（3-38）、式（3-39）求得

$$A_d=-\frac{\beta R_C}{R_B+r_{be}}=-\frac{50\times6.8}{1+1.8}=-121$$

$$r_{id}=2(R_B+r_{be})=2\times(1+1.8)k\Omega=5.6k\Omega$$

$$r_o=2R_C=2\times6.8k\Omega=13.6k\Omega$$

（3）单端输出时，可根据式（3-48）、式（3-52）和式（3-45）求得

$$A_d=-\frac{1}{2}\frac{\beta R_C}{R_B+r_{be}}=-\frac{1}{2}\times121=-60.5$$

$$A_c=\frac{u_o}{u_{ic}}=-\frac{\beta R_C}{R_B+r_{be}+2(1+\beta)R_E}=-\frac{50\times6.8}{1+1.8+2\times51\times6.8}=-0.49$$

$$r_{id}=2(R_B+r_{be})=2\times(1+1.8)k\Omega=5.6k\Omega$$

$$r_o=R_C=6.8k\Omega$$

$$\rho=\left|\frac{A_d}{A_c}\right|=\frac{60.5}{0.49}\approx124$$

计算结果表明，共模抑制比不大是由于 R_E 阻值太小的缘故。

[思考题]

1. 差分放大电路在结构上有何特点？
2. 什么是共模信号和差模信号，差分放大电路对这两种输入信号是如何区别对待的？
3. 为什么抑制共模信号的能力就是抑制零点漂移的能力？
4. 双端输入－双端输出差分放大电路为什么能抑制零点漂移？为什么共模抑制电阻 R_E 能提高抑制零点漂移的效果？是不是 R_E 越大越好，为什么 R_E 不影响差模信号的放大效果？

3.6 功率放大电路

前面几节讲述的电压放大电路，可以将输入的微弱电压信号放大，得到大的输出电压信号，但要驱动诸如扬声器、伺服电动机类的负载时，还必须有足够的功率。因此，实际应用的电子放大系统都是一个多级放大器，其前置级是电压放大级，最后一级是功率放大级，要有足够大的功率输出以带动负载工作。这类主要用于向负载提供功率的放大电路常称为功率放大电路。实际上，无论是用于放大电压的电压放大电路，还是用于放大电流的电流放大电

路，在负载上都同时存在输出电压、电流和功率，上述在称呼上的区别，只是强调的输出量不同。

3.6.1 功率放大电路的特点和要求

放大电路实质上都是能量转换电路。从能量控制的观点看，功率放大电路和电压放大电路没有本质的区别。但是，功率放大电路和电压放大电路所要完成的任务是不同的。电压放大电路的任务是把微弱的电压信号进行放大，一般输入和输出的电压、电流都较小，输出信号的功率很小，电路消耗能量少，信号失真小，整个电路是工作在小信号放大状态的。讨论的主要指标是电压放大倍数、输入电阻和输出电阻等。而功率放大电路不再单纯地考虑负载上的输出电流或输出电压，而是要考虑它们的乘积。也就是说，功率放大电路的任务是向负载提供足够大的功率。它的输入、输出电压、电流都要尽可能的大，才能使输出信号的功率大到足够驱动负载运转。功率放大电路消耗的能量大，信号也容易失真、整个电路是工作在大信号放大状态的。所以，与工作在小信号状态下的电压放大电路相比，功率放大电路在输出功率、效率、信号失真及晶体管的管耗和使用等问题方面存在着电压放大电路中没有出现过的特殊问题，同时对功率放大电路也提出了一些特殊要求。

1. 要有尽可能大的输出功率

为了输出最大功率，要求晶体管工作时输出电压和电流都有较大的幅度，即管子在接近极限运用状态下工作。

2. 效率要高

从能量转换观点，功率放大电路是将直流电源供给的能量转换成交流电能输送给负载。由于输出功率较大，在能量转换过程中，电源供给的直流功率仅有一部分转换成交流输出功率，而另一部分则被晶体管集电结和直流电源本身所损耗，此外还有一小部分消耗在晶体管偏置电路的电阻上。所谓功率放大电路的效率是负载得到的有用信号功率和电源提供的直流功率的比值。这个比值越大，效率就越高。

3. 非线性失真要小

功率放大电路是在大信号下工作的，输出电压和电流的幅值都很大，所以不可避免地会产生非线性失真，而且，输出功率越大，非线性失真越严重。这就使要求输出功率大和减小非线性失真成为一对主要矛盾。但在不同的场合，对非线性失真的要求也不同，例如，在测量系统和电声设备中，要求非线性失真要小，而在工业控制系统等场合，则以输出功率为主要目的，对非线性失真的要求降为次要问题。

4. 晶体管的散热和保护

在功率放大电路中，晶体管的集电结要消耗很大的功率使结温升高，为了充分利用允许的管耗而使管子输出足够大的功率，必须考虑晶体管的散热问题。另外，由于管子承受的电压高，通过的电流大，所以还必须考虑晶体管的保护问题。通常在功率晶体管上加装一定面积的散热片和电流保护环节。

3.6.2 功率放大电路提高效率的途径

根据静态工作点设置的不同，放大电路通常可有以下几种工作状态：

甲类：静态工作点设置得比较合适，在输入信号的整个周期内，都有电流流过晶体管，即晶体管的导通角为360°，这种工作状态，称为甲类工作状态。如图3-36a所示。

甲乙类：晶体管微偏置，在输入信号的大半个周期内有电流流过晶体管，其导通角大于

180°小于360°。如图3-36b所示。

乙类：晶体管零偏置，在输入信号的半个周期内有电流流过晶体管，其导通角为180°，如图3-36c所示。

晶体管工作在甲类状态时，由于在整个周期内晶体管都导通，电源不断地输送功率，在没有信号输入时，这些功率全部消耗在管子（和电阻）上。在有信号输入时，其中一部分转化为有用的输出功率，信号越大，输出的功率也越大。可以证明，工作在甲类状态的放大电路，效率最大只能达到50%。这主要是因为静态电流I_C太大，在没有信号输入时，电源照样要发出功率。可见，提高效率的办法是减小静态电流I_C。如图3-36b、c所示，将静态工作点下移，使管子工作在乙类或甲乙类状态，静态时I_C为零或很小，则当输入信号为零时，电源输出的功率也为零或很小，随着信号的增大，电源发出的功率也增大，这样，电源供给的功率及管子的损耗都随着输出功率的大小而变化。显然，比甲类放大时的效率提高了。但同时产生了波形的严重失真，为使失真尽量小，在电路结构上就出现了互补对称形式。

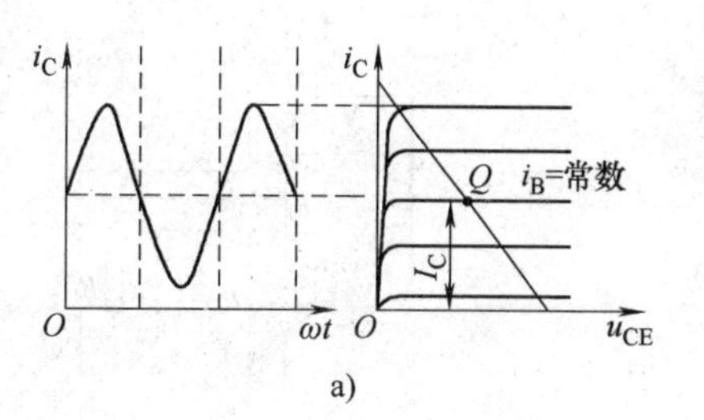

a)

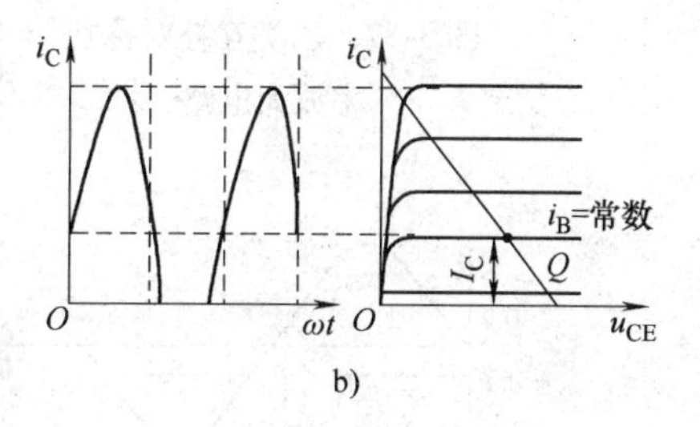

b)

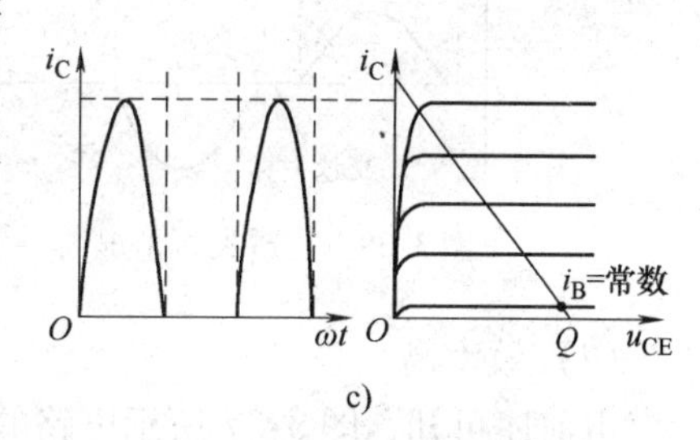

c)

图3-36　静态工作点下移对放大电路工作状态的影响

3.6.3　乙类互补对称功率放大电路

电路如图3-37所示，V_1和V_2分别为NPN型和PNP型晶体管，两管的基极和发射极互相连接，信号从基极输入，从发射极输出，R_L为负载电阻。实际上该电路是两个射极输出器的组合。

1. 工作原理

设输入电压为$u_i = U_{im}\sin\omega t$，忽略晶体管输入特性的死区，则在输入信号正半周时，V_1导通，V_2截止，有正半周电流i_{C1}流过负载电阻R_L；在输入信号负半周时，V_2导通，V_1截止，有负半周电流i_{C2}流过负载电阻R_L。这样可在R_L上得到完整的正弦波形，如图3-38所示。

由上述分析可见，这种放大电路实现了在静态时管子不取用电流，而在有信号时，两管轮流导通，互相补充对方在负载上的另一半周波形，因此称为互补对称电路。

2. 电路特点

（1）功率放大

图3-37所示电路的输入电压来自前置级的电压放大电路，有较大的电压幅度；而射极输出器具有电流放大能力，因此，该电路可以输出较大的功率。

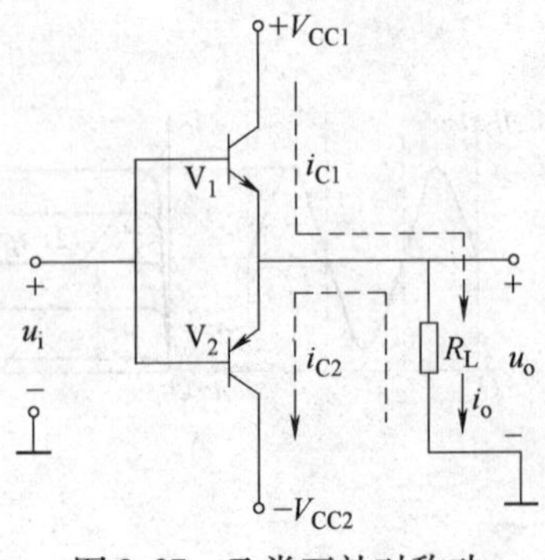

图 3-37 乙类互补对称功率放大电路

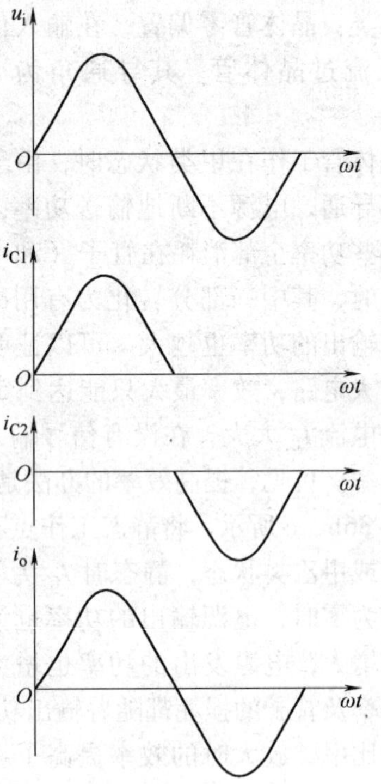

图 3-38 图 3-37 的工作波形

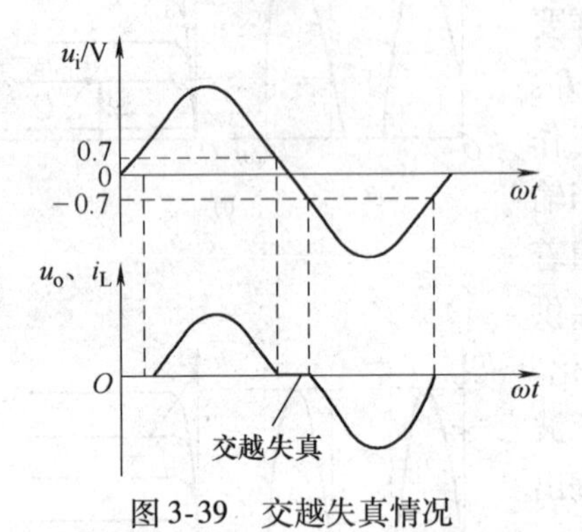

图 3-39 交越失真情况

(2) 效率高

由前述可知，图 3-37 所示电路的晶体管工作在乙类偏置，静态时电路不消耗功率，在有输入信号加入时，直流电源提供的功率，大部分转换为有用功率去驱动负载，因此，其效率可达 80% 左右。

(3) 交越失真

在前面的分析中，忽略了晶体管的死区特性，得到如图 3-38 所示的输出波形。若考虑晶体管在输入信号幅度较小时不能导通的特点，在两管交替导通时会产生失真，称为交越失真，如图 3-39 所示。交越失真是由于晶体管的非线性特性引起的，属于非线性失真。

3.6.4 甲乙类互补对称功率放大电路

为消除交越失真，通常使晶体管工作在甲乙类状态，如图 3-40a 所示。图中晶体管 V_1 为典型的甲类电压放大电路，作为推动级。在晶体管 V_1 的集电极即功率放大级晶体管 V_2、V_3 的基极之间加了两个二极管 VD_1、VD_2（或加电阻，或加电阻和二极管串联，或利用电阻、晶体管电路），利用 V_1 的静态工作电流在 VD_1、VD_2 上产生的正向压降，以供给 V_2、V_3 大于死区电压的基极偏置。静态时两管都处于微导通状态，这样在两管轮流导电时，交替得比较平滑，如图 3-40b 所示，消除了交越失真。

由于电路完全对称，静态时 V_2、V_3 管电流相等，负载 R_L 上没有静态电流流过，两管发射极电位为零。当有输入信号时，由于二极管的交流电阻比 V_1 集电极电阻 R_{C1} 小得多，因此可以认为 V_2、V_3 的基极交流电位基本相等，两管轮流工作在过零点附近。V_2、V_3 的导电时间都比半个周期长，即交替时有一定的重叠导通时间，图 3-40a 中，i_{C2} 和 i_{C3} 的虚线箭

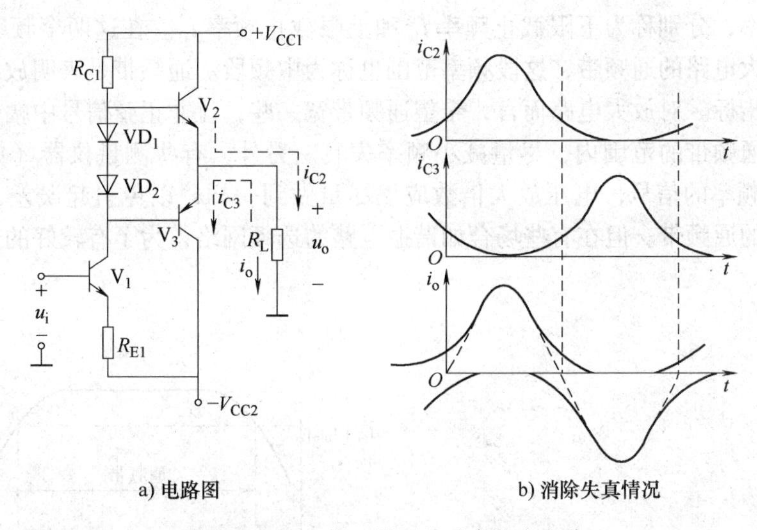

a) 电路图　　b) 消除失真情况

图 3-40　甲乙类互补对称功率放大电路

头方向对应于 V_2、V_3 正负半周导电时的真实方向。负载电流 i_o 是 i_{C2} 和 i_{C3} 之差，故合成的负载电流 i_o 的波形如图 3-40b 中虚线所示。为了克服交越失真，互补对称电路工作在甲乙类放大状态，但是为了提高工作效率，在设置偏置时，应尽可能接近乙类状态。

[思考题]

1. 从放大电路的甲类、甲乙类和乙类三种工作状态分析效率和失真。
2. 什么是交越失真？交越失真是如何产生的？如何消除？

3.7　放大电路的频率特性

前面讲到交流放大电路时，为了分析简便起见，设输入信号是单一频率的正弦信号。实际上，放大电路的输入信号往往是非正弦量。例如广播的语言和音乐信号、电视的图像和伴音信号以及非电量通过传感器变换所得的信号等，都含有基波和各种频率的谐波分量或缓慢变化的直流量。由于在放大电路中一般都有电容元件，如耦合电容、发射极交流旁路电容以及晶体管的极间电容和联线分布电容等，它们对不同频率的信号所呈现的容抗值是不相同的，如图 3-41 所示，随频率的增高容抗下降。所以，当放大电路输入不同频率的正弦波信号时，电路的放大倍数将不再是不变的常数，而成为频率的函数。这种函数关系称为放大电路的频率响应。放大电路对不同频率的信号在幅度上和相位上放大的效果不完全一样，输出信号不能重现输入信号的波形，这就产生了幅度失真和相位失真，统称频率失真。因此，有必要讨论放大电路的频率特性。

频率特性又分为幅频特性和相频特性。前者表示电压放大倍数的模 $|\dot{A}_u|$ 与频率 f 的关系；后者表示输出电压相对于输入电压的相位移 φ 与频率 f 的关系。图 3-42 是共发射极放大电路（见图 3-3）的频率特性。这说明，在放大电路的某一段频率范围内，电压放大倍数 $|\dot{A}_u| = |\dot{A}_{um}|$，它与频率无关，输出电压相对于输入电压的相位移为 180°。随着频率的升高或降低，电压放大倍数都要减小，相位移也要发生变化。当放大倍数下降到 $|\dot{A}_{um}|/\sqrt{2}$ 时所

对应的两个频率，分别称为下限截止频率f_L和上限截止频率f_H。在这两个频率之间的频率范围，称为放大电路的通频带，这段频率范围也称为中频段。通频带是表明放大电路频率特性的一个重要指标。对放大电路而言，希望通频带宽一些，让非正弦信号中幅值较大的各次谐波频率都在通频带的范围内，尽量减小频率失真。另外，有些测量仪器（如晶体管电压表）测量不同频率的信号，电压放大倍数应该尽量做到一样，以免引起误差，这也希望放大电路有较宽的通频带。但在有些场合如谐振电路的选频网络，为了有较好的选频性能，希望通频带窄些。

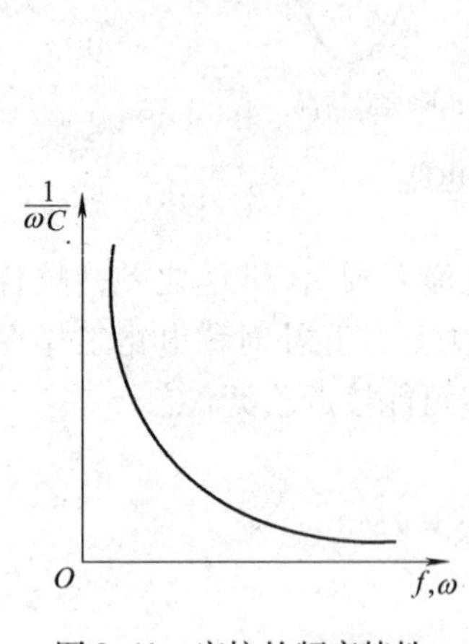

图 3-41　容抗的频率特性

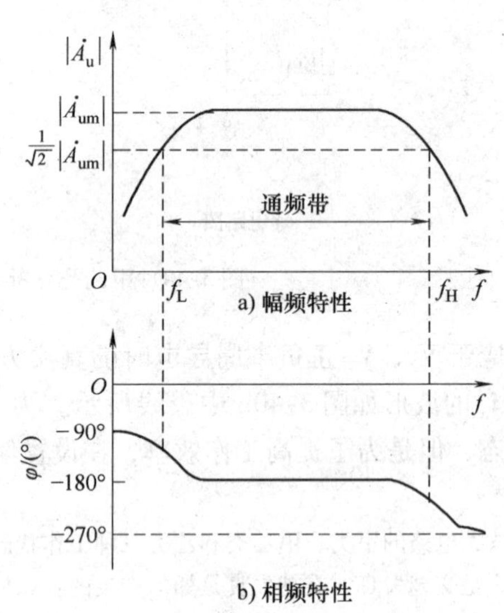

图 3-42　放大电路的频率特性

在工业电子技术中，最常用的是低频放大电路，其频率范围约为（$20 \sim 10\times10^3$）Hz。在分析放大电路的频率特性时，再将低频范围分为低、中、高 3 个频段。

将图 3-3 重画于图 3-43，其中，C_{cb}和C_{be}为晶体管的极间电容。在中频段，由于耦合电容和发射极旁路电容的容量较大，对中频段信号而言其容抗很小，可视作短路。而晶体管的极间电容和连线分布电容等都很小，约为几皮法到几百皮法，它们对中频段信号的容抗很大，可视作开路。所以，在中频段，可认为电容不影响交流信号的传送，放大电路的放大倍数与信号频率无关。

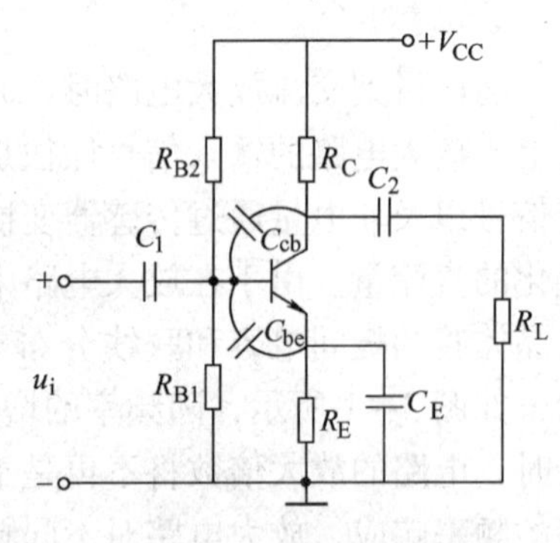

图 3-43　共射放大电路

在低频段，由于信号频率较低，耦合电容的容抗较大，其分压作用不能忽略，以致实际送到晶体管输入端的电压U_{be}比输入电压U_i要小，故放大倍数要降低。同样，发射极旁路电容的容抗不能忽略，也会使放大倍数降低。在低频段，C_{cb}和C_{be}的容抗比中频段更大，仍可视作开路。

在高频段，由于信号频率较高，耦合电容和发射极旁路电容的容抗比中频段更小，故皆可视作短路。C_{cb}和C_{be}的容抗将减小，引起分流作用，使输出端总阻抗减小，因而使输出电压减小，电压放大倍数降低。此外，在高频段电压放大倍数的降低，还由于高频时电流放大系数β下降之故。

可见只有在中频段，可以认为电压放大倍数与频率无关，并且单级放大电路的输出电压与输入电压相位相反。前面所讨论的，都是指放大电路工作在中频段的情况。在本书的习题和例题中计算交流放大电路的电压放大倍数，也都是指中频段的电压放大倍数。

[思考题]

1. 从放大电路的幅频特性上看，高频段和低频段放大倍数的下降主要因为受到了什么影响？
2. 通频带宽度由哪些因素决定？其宽窄说明了什么？

3.8 晶体管应用举例

电子电路不仅在现代生产与科研领域中广泛应用，就是日常生活也时刻离不开它，如收音机、电视机等家用电器，已经逐渐被人们所熟悉，它们以各自的独特功能，满足人们生活上的需要，给人们带来了方便，从而引起人们的极大兴趣，而且它有一个非常重要的特点，就是电子装置常常是用一些元器件组装的，具有一定功能的电路。这类装置很适合在业余条件下制作，这正是电子电路拥有广大爱好者的原因。

例3-10 直流电点燃荧光灯电路。

图3-44所示为用直流电点燃6～8W荧光灯的电路图。它是一个由晶体管V组成的共发射极间歇振荡器，通过变压器在二次侧感应出的间歇振荡波点燃荧光灯。

实际应用测试，当电源电压为直流12V时，灯管点燃后的持续电压为52V。如果电源电压改用6V直流电，则变压器二次绕组w_3的匝数应从450匝增加到1600匝。R_1和R_2可用1/4W或1/8W电阻，电容C可从0.1～1μF之间选用。改变C值，间歇振荡器的频率也改变。适当选择C值，可使电路效率最高。变压器用E型铁氧体较好。w_1、w_2的匝数均为40匝，线径为0.35mm；w_3的匝数为450匝，线径为0.121mm。

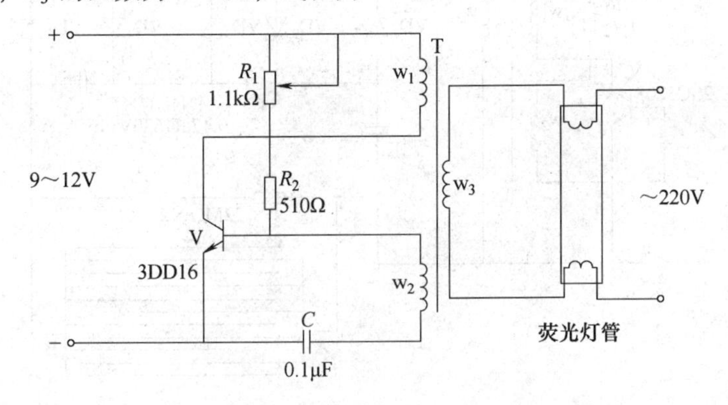

图3-44 直流电点燃荧光灯电路

例3-11 水满报警电路。

图3-45所示是一水满报警电路。电源变压器T、二极管VD_1～VD_4、电容C组成直流电源，为V_1、V_2、KA提供12V直流电压，工作时，将开关S_1、S_2闭合，向水箱注水，当水位达到一定位置时，两个感应片a、b通过水短路，使V_2、V_1组成的复合管的基极接通12V电压而饱和导通。中间继电器KA线圈有较大电流通过，其常开触点闭合，常闭触点断开，

绿色注水指示灯 HL_1 熄灭，红色报警灯 HL_2 点亮，同时蜂鸣器 HA 响起，提醒操作人员关闭注水阀。

整机可装入一个小塑料盒内，a、b 感应片应安装在水箱上口极限处，两片相距 2cm。

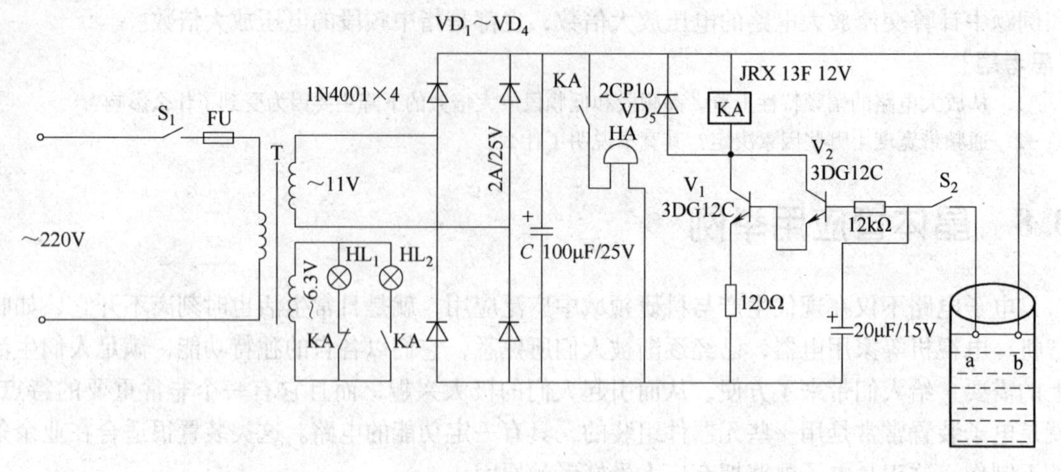

图 3-45　水满报警电路

例 3-12　电子蚊蝇拍电路。

如图 3-46 所示，晶体管 V 与变压器 T 的一次绕组 w_1、w_2 构成电感三点式振荡器，将 1.5V 的直流电变为交流电，由 T 升压，w_2 上得到的交流电压由二极管 VD_1 ~ VD_5、电容 C_1 ~ C_5构成的 5 倍压升压电路进一步升压为 1600V 的高压，经 A、B 送往放电网，由放电网上的高压电击杀蚊蝇。

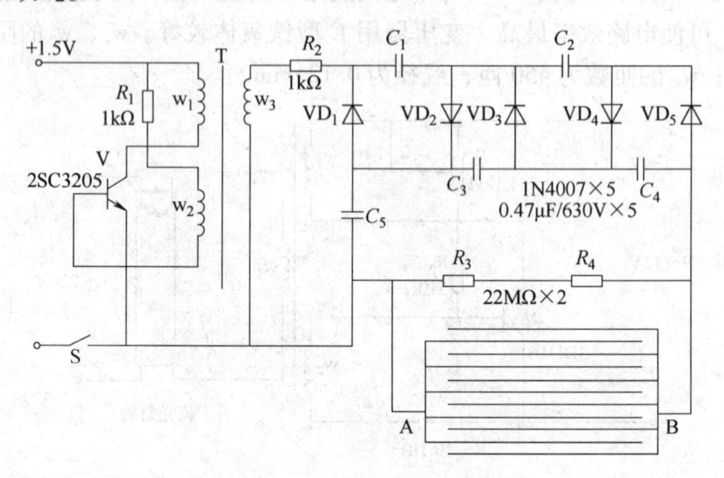

图 3-46　电子蚊蝇拍电路

R_1 为晶体管 V 的基极偏置电阻，选 1kΩ、1/8W 电阻，V 选用 2SC3205，T 用 EE13 铁氧体磁心，w_1 用 40.22mm 漆包线绕 8 圈，w_2 用 40.22mm 漆包线绕 22 圈，T_3 用 40.08mm 漆包线绕 1200 圈。VD_1 ~ VD_5用 1N4007，C_1' ~ C_5用 0.47μF 630V 金属化纸介电容。

放电网用羽毛球拍改造，用 40.5mm 的裸铜线每隔 8mm 拉一条，挂满整拍，作为 A 极。

再用同样的线距挂满另一拍作为B极。

为了避免因手误触网线而有触电感觉，A、B两组线不要在同一平面上。

例3-13 按键式音乐门铃。

图3-47的电子电路中，晶体管V_1是3AX，V_2是3DG（即V_1为锗管，V_2为硅管），电阻R为4.7kΩ，C为0.033μF，扬声器为8Ω，电池E用两节1.5V电池，R_1~R_4为待选电阻。

按键式音乐门铃的基本原理是：由两只晶体管组成音频振荡器，当开关S接通不同的电阻R_1~R_4时，可得到不同的振荡频率，也就是说可得到不同音调的音频信号。适当地选择这些电阻的阻值，可得到所喜欢的单音，当有节奏地按键时，就会奏出动听的曲子，这组电阻可多可少，依自己的情况取舍。电路简单，对元器件没有特殊的要求，只要连接正确，就能成功。

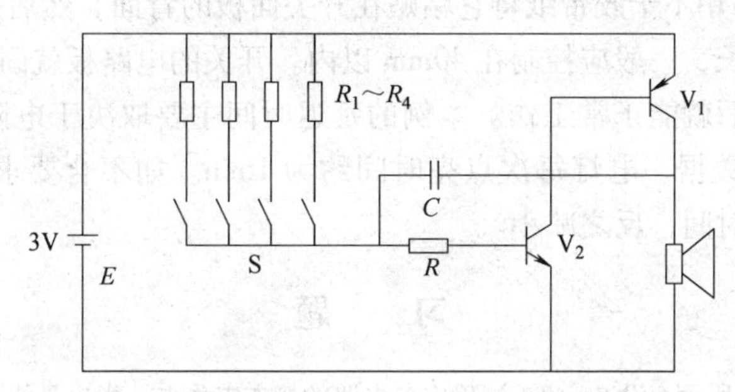

图3-47 按键式音乐门铃

例3-14 感应式触摸延时照明灯。

触摸式延时照明灯只要用手摸一下金属电极片，电灯就能点亮，延迟一段时间后，灯自动熄火。尽管触摸开关十分安全，但是某些胆小的人因害怕触电而不敢去触摸开关的金属片。本例介绍一种新颖的感应式触摸延时照明灯，其开关面板是全塑结构，无任何金属件，使用时只要用手摸一下塑料面板，电灯就能点亮，不但安全可靠，还富有神秘感和新颖感。

工作原理：感应式延迟触摸照明灯电路如图3-48a所示。图3-48a中点画线左部为普通照明线路，右部为感应式触摸延时开关电路，由图可见它也是单线进出，可以直接取代普通开关而不必更改室内原有布线。

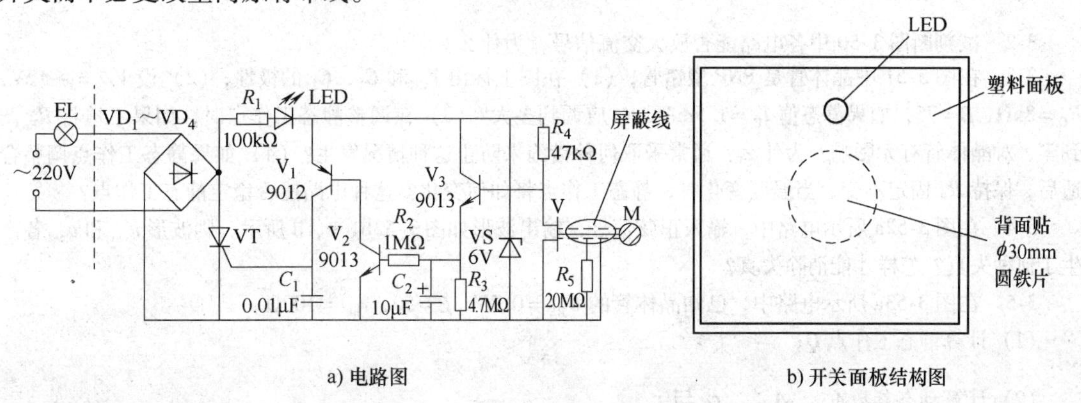

图3-48 感应式触摸延时照明灯

平时晶体管 $V_1 \sim V_3$ 均处于截止状态，晶闸管 VT 处于关断态，电灯 EL 不亮。此时发光二极管（LED）点亮发光，指示开关位置，便于夜间寻找开关。需开灯时，手指靠近电极片 M（实际上是隔着塑料面板模 M），人体感应的电压注入场效应晶体管 V 的栅极，使漏源极间电流减小，漏极电位即 V_3 的基极电位升高，V_3 导通，C_2 即被充电，当 V_2 因基极电位升高而导通，V_1 也随之导通时，晶闸管 VT 获得触发电流而导通，电灯即点亮发光。人手远离 M 后，场效应晶体管 V 的栅极恢复低电平，V_3 截止，此时 C_2 储存电荷将通过 R_2 向 V_2 发射结放电，维持 V_2 的导通状态，电灯仍被点亮。当 C_2 上的电压降到 0.7V 以下时，V_2、V_1 相继截止，VT 关断，电灯 EL 就熄火。

制作与调试：感应式触摸延时照明灯的开关面板结构如图 3-48b 所示，可采用 86 系列开关全塑面板，在上部适当位置开一小圆孔，以便嵌放发光二极管。电极片可用镀锡铁皮剪成 ϕ30mm 的圆片形，用不干胶带纸将它粘贴在开关面板的背面，然后用屏蔽线连接到 V 的栅极，屏蔽线不宜太长，一般应控制在 40mm 以内。开关的电路板就固定在面板的背后。此电路不用调试，通电后就能正常工作。本例的延迟时间主要取决于电阻器 R_2、R_3 及电容器 C_2 的数值，采用图示数据，电灯每次点亮时间约为 1min。如不合要求可更改它们的数值，加大数值则加长延迟时间，反之减小。

习　题

3-1　电路如图 3-49 所示，设 $\beta=40$，试确定各电路的静态工作点，指出晶体管工作于什么状态？

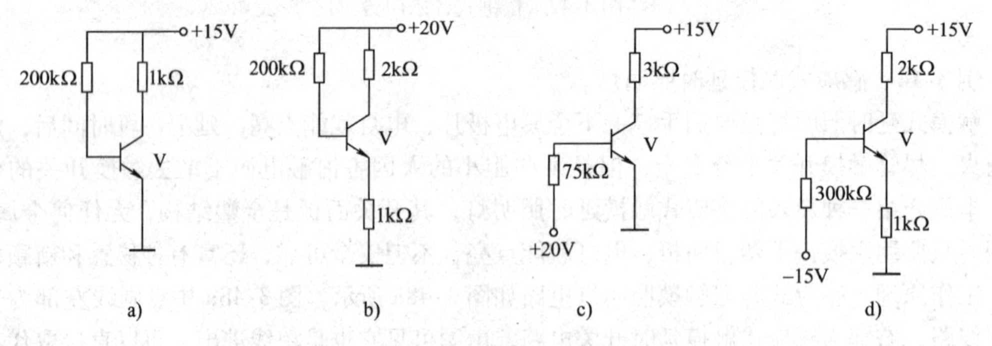

图 3-49　题 3-1 图

3-2　试判断图 3-50 中各电路能否放大交流信号，为什么？

3-3　在图 3-51 中晶体管是 PNP 型锗管，(1) 在图上标出 V_{CC} 和 C_1，C_2 的极性；(2) 设 $V_{CC}=-12V$，$R_C=3k\Omega$，$\beta=75$，如果静态值 $I_C=1.5mA$，R_P 应调到多大？(3) 在调整静态工作点时，如果不慎将 R_P 调到零，对晶体管有无影响？为什么？通常采取何种措施来防止这种情况发生？(4) 如果静态工作点调整合适后，保持 R_P 固定不变，当温度变化时，静态工作点将如何变化？这种电路能否稳定静态工作点？

3-4　在图 3-52a 所示电路中，输入正弦信号，输出波形如图 3-52b、c、d 所示，则波形 u_{ce1} 和 u_{ce2} 各产生了何种失真？怎样才能消除失真？

3-5　在图 3-53a 所示电路中，已知晶体管的 $U_{BE}=0.7V$，$\beta=50$，$r_{bb'}=100\Omega$。

(1) 计算静态工作点 Q；

(2) 计算动态参数 $\dot{A}_u$、$\dot{A}_{us}$、r_i 与 r_o；

(3) 若将图 3-53a 中晶体管射极电路改为图 3-53b 所示，则 (2) 中参数哪些会发生变化？并计算之。

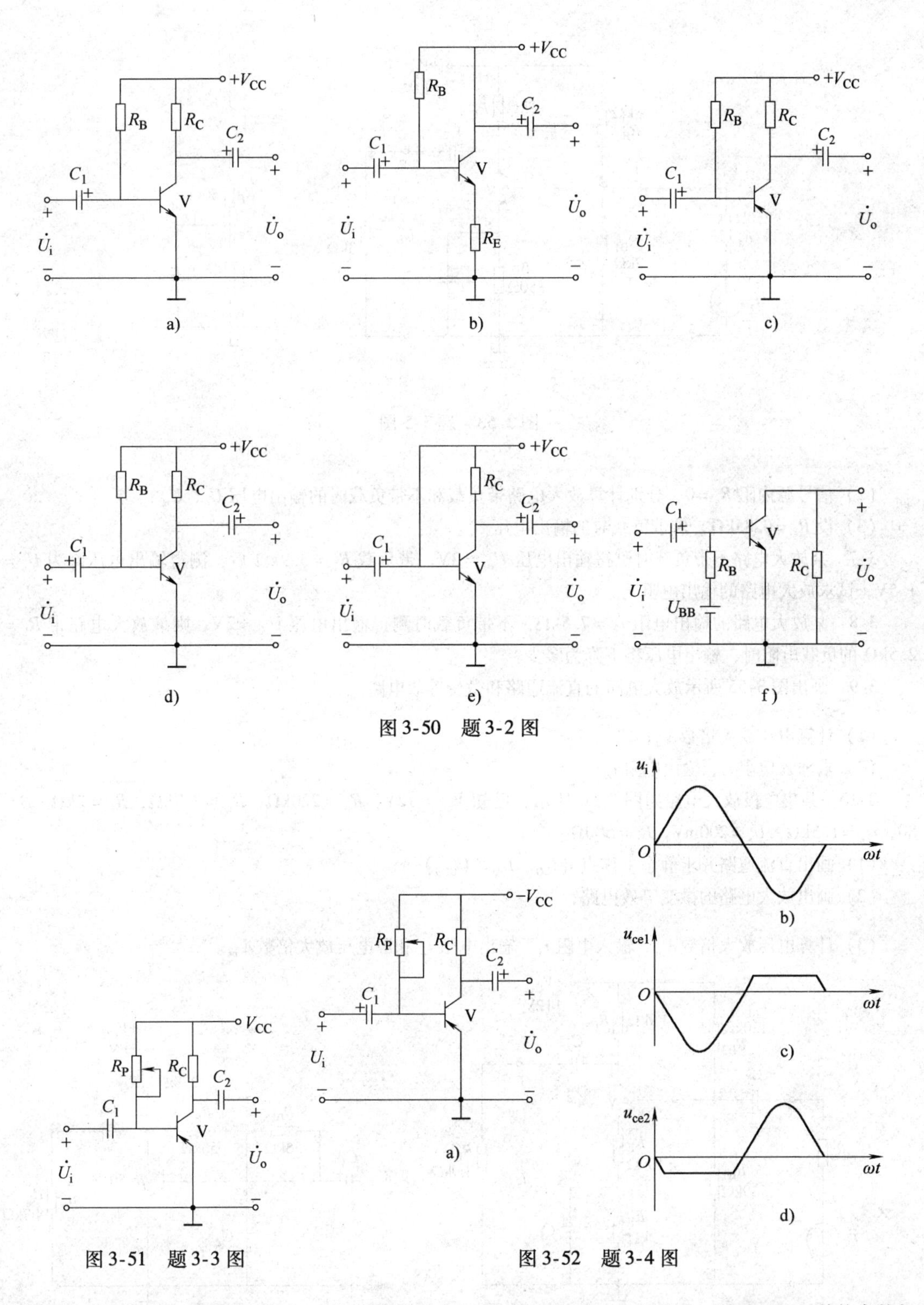

图3-50　题3-2图

图3-51　题3-3图

图3-52　题3-4图

3-6　放大电路如图3-54所示，已知晶体管的$\beta=60$，输入电阻$r_{be}=1.8\text{k}\Omega$，$U_i=15\text{mV}$，其他参数如图中所示。求：

（1）放大电路的输入电阻r_i、输出电阻r_o和电压放大倍数$\dot{A}_u$；

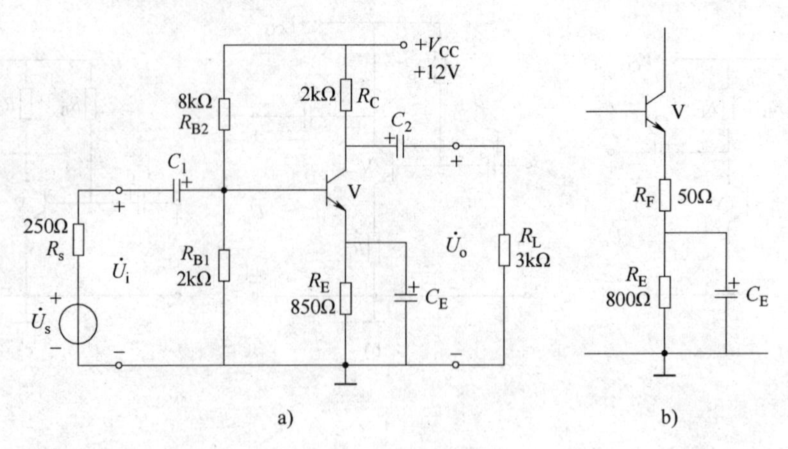

图 3-53 题 3-5 图

（2）信号源内阻 $R_s=0$，分别计算放大电路带负载和不带负载时的输出电压 U_o、U_{o0}；

（3）设 $R_s=0.85\text{k}\Omega$，求带负载时的输出电压 U_o。

3-7 某放大电路不带负载时测得输出电压 $U_{o0}=2\text{V}$，带负载 $R_L=3.9\text{k}\Omega$ 后，测得输出电压降为 $U_o=1.5\text{V}$，试求放大电路的输出电阻 r_o。

3-8 某放大电路的输出电阻 $r_o=7.5\text{k}\Omega$，不带负载时测得输出电压 $U_{o0}=2\text{V}$，则该放大电路带 $R_L=2.5\text{k}\Omega$ 的负载电阻时，输出电压将下降为多少？

3-9 画出图 3-55 所示放大电路的直流通路和微变等效电路。

（1）计算电压放大倍数 $\dot{A}_u$；

（2）求输入电阻 r_i、输出电阻 r_o。

3-10 共集电极放大电路如图 3-56 所示，已知 $V_{CC}=12\text{V}$，$R_B=220\text{k}\Omega$，$R_E=2.7\text{k}\Omega$，$R_L=2\text{k}\Omega$，$\beta=80$，$r_{be}=1.5\text{k}\Omega$，$U_s=200\text{mV}$，$R_s=500\Omega$。

（1）画出直流通路并求静态工作点（I_{BQ}、I_{CQ}、U_{CEQ}）；

（2）画出放大电路的微变等效电路；

（3）计算电压放大倍数 $\dot{A}_u$、输入电阻 r_i、输出电阻 r_o 和源电压放大倍数 $\dot{A}_{us}$。

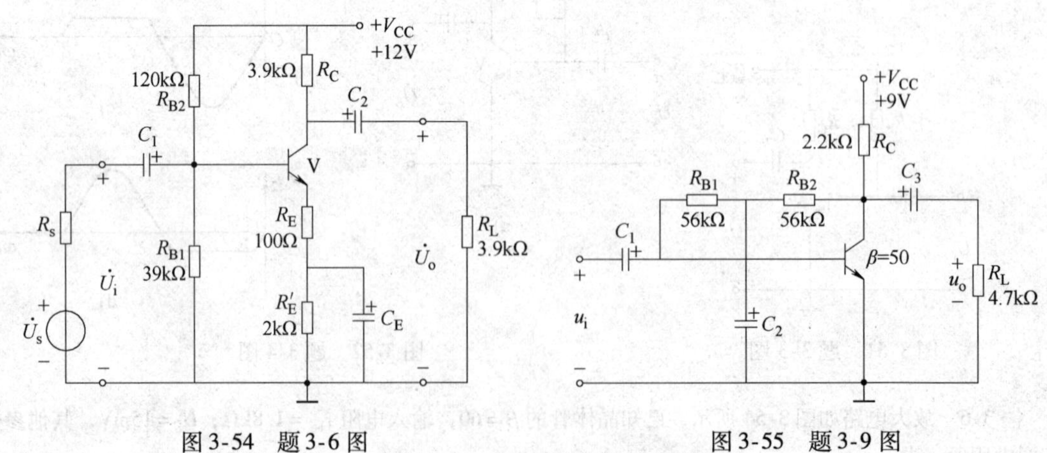

图 3-54 题 3-6 图　　图 3-55 题 3-9 图

3-11　放大电路如图 3-57 所示，已知晶体管的 $r_{bb'}=200\Omega$，$\beta=100$。试求：

（1）电路的静态工作点；

（2）两种输出情况下，放大电路的输入电阻 r_i；

（3）两种输出情况下的电压放大倍数 $\dot{A}_{u1}$ 和 $\dot{A}_{u2}$；

（4）两种输出情况下的输出电阻 r_{o1} 和 r_{o2}。

3-12　放大电路如图 3-58 所示，已知 $U_{BE}=0.6V$，$\beta=40$。求：

（1）静态工作点（I_{BQ}、I_{CQ}、U_{CEQ}）；

（2）电压放大倍数 $\dot{A}_u$；

（3）输入电阻 r_i，输出电阻 r_o。

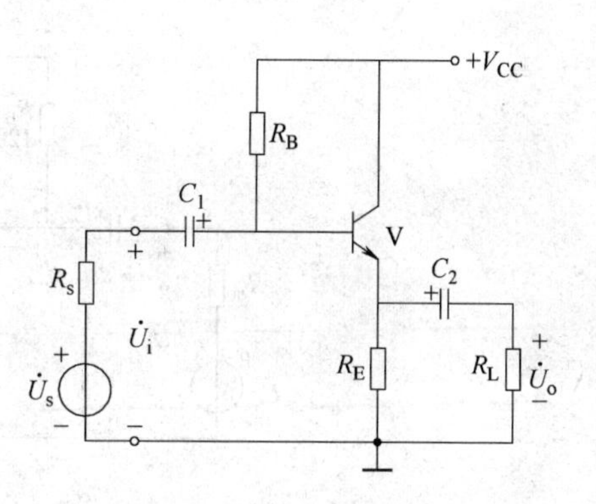

图 3-56　题 3-10 图

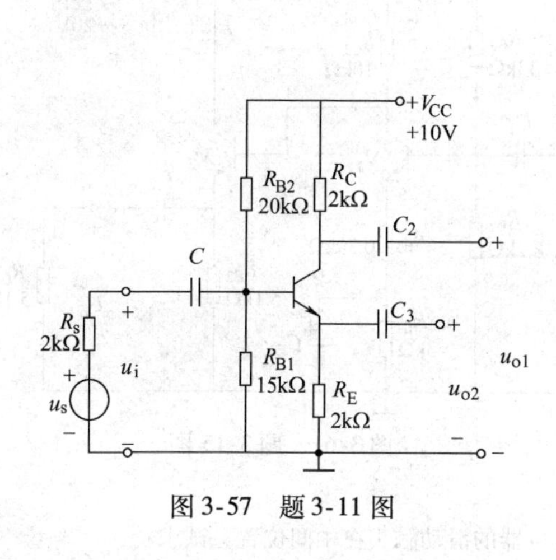

图 3-57　题 3-11 图

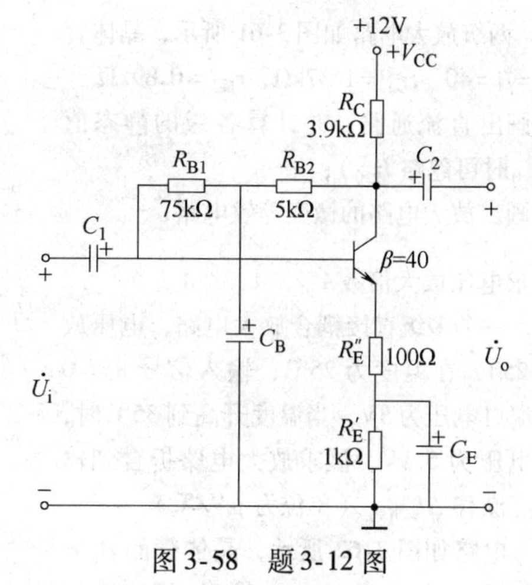

图 3-58　题 3-12 图

3-13　两级阻容耦合放大电路如图 3-59 所示，晶体管的 $\beta_1=\beta_2=\beta=100$，计算 r_i、r_o、$\dot{A}_u$。

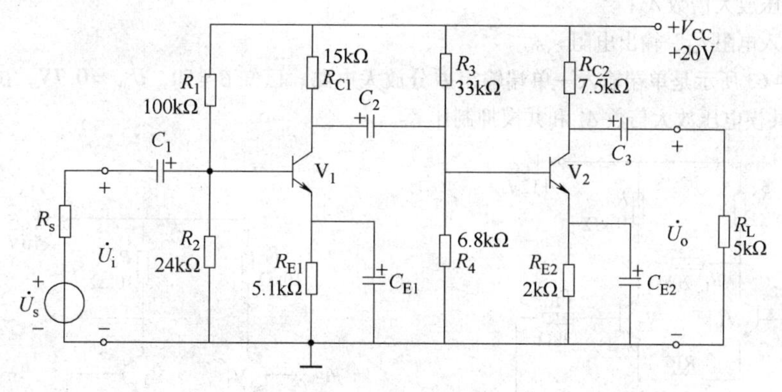

图 3-59　题 3-13 图

3-14　在如图 3-60 所示电路中，晶体管的 $r_{be1}=0.6k\Omega$，$r_{be2}=1.8k\Omega$。

（1）画出放大电路的微变等效电路；

（2）求电压放大倍数 $\dot{A}_u$；

（3）求输入电阻 r_i，输出电阻 r_o；

（4）如将两级对调，再求（2）、（3）项并比较两结果。

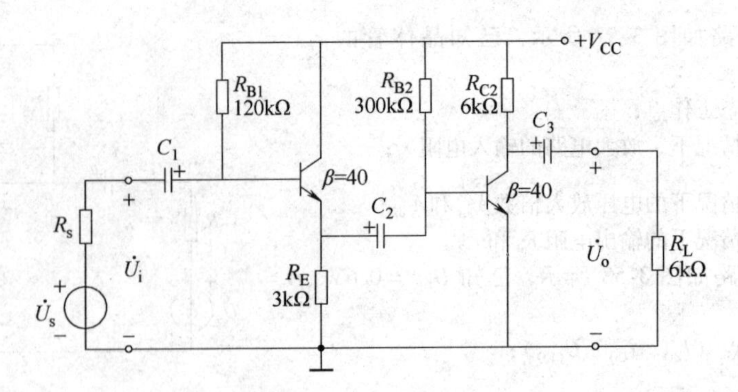

图 3-60　题 3-14 图

3-15　两级放大电路如图 3-61 所示，晶体管的 $\beta_1=\beta_2=\beta=40$，$r_{be1}=1.37\text{k}\Omega$，$r_{be2}=0.89\text{k}\Omega$。

（1）画出直流通路，并计算各级的静态值（计算 U_{CE1Q}时可忽略 I_{B2Q}）；

（2）画出放大电路的微变等效电路；

（3）求电压放大倍数$\dot{A}_{u1}$、$\dot{A}_{u2}$、$\dot{A}_u$。

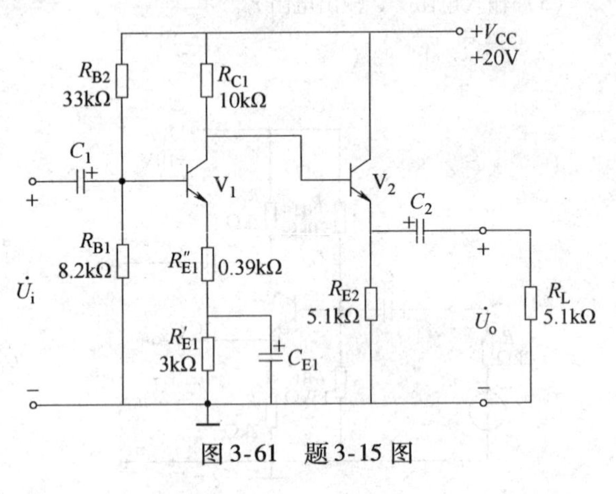

图 3-61　题 3-15 图

3-16　一个多级直接耦合放大电路，电压放大倍数为 250，在温度为 25℃，输入信号 $u_i=0$ 时，输出端口电压为 5V，当温度升高到 35℃时，输出端口电压为 5.1V。试求放大电路折合到输入端的温度漂移 $\Delta U'_{i(T)}$（单位为 μV/℃）。

3-17　电路如图 3-62 所示，晶体管的 $\beta_1=\beta_2=\beta=60$，输入电阻 $r_{be1}=r_{be2}=1\text{k}\Omega$，$U_{BE}=0.7\text{V}$，电位器的滑动触头在中间位置。试求：

1）静态工作点；

2）差模电压放大倍数 A_d；

3）差模输入电阻 r_{id}，输出电阻 r_o。

3-18　图 3-63 所示是单端输入—单端输出差分放大电路，已知 $\beta=50$，$U_{BE}=0.7\text{V}$，试计算差模电压放大倍数 A_d，共模电压放大倍数 A_c 和共模抑制比 K_{CMR}。

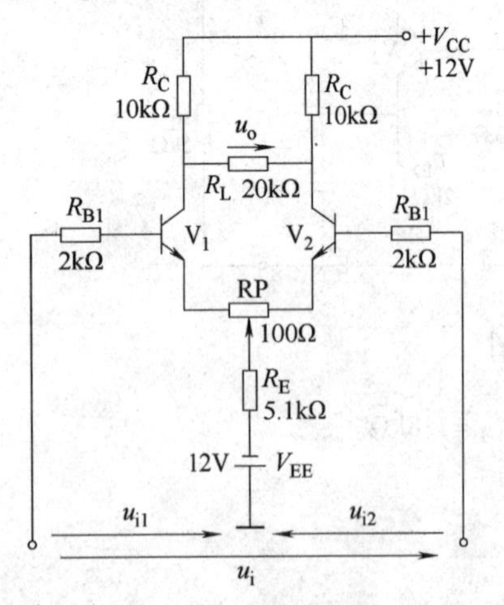

图 3-62　题 3-17 图

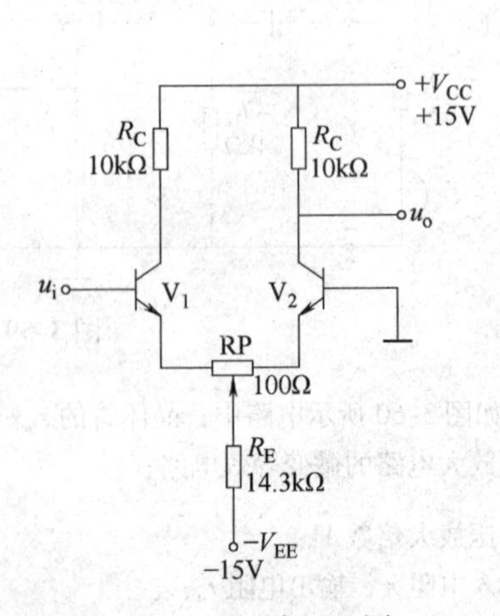

图 3-63　题 3-18 图

3-19　一个放大电路的$\dot{A}_{um}=-10^3$，$f_L=10Hz$，$f_H=1MHz$。试画出它的博德图（用折线表示的幅频特性曲线）。

3-20　已知放大电路的$\dot{A}_{um}=-10$，$f_L=50Hz$，$f_H=100kHz$。试画出对应图3-64所示输入电压u_{i1}和u_{i2}的幅度为1V时的输出电压u_o的波形（标出幅度）。

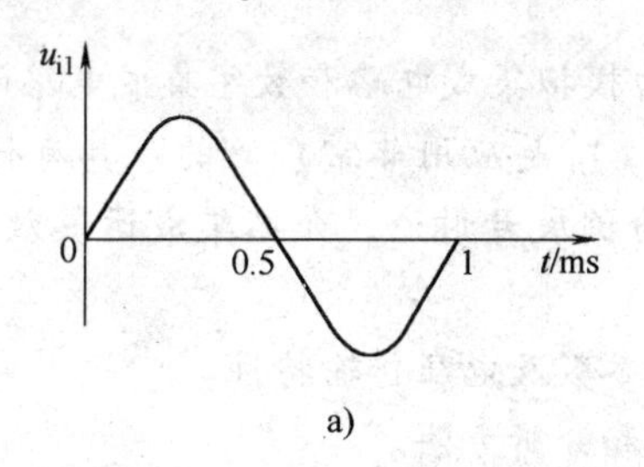

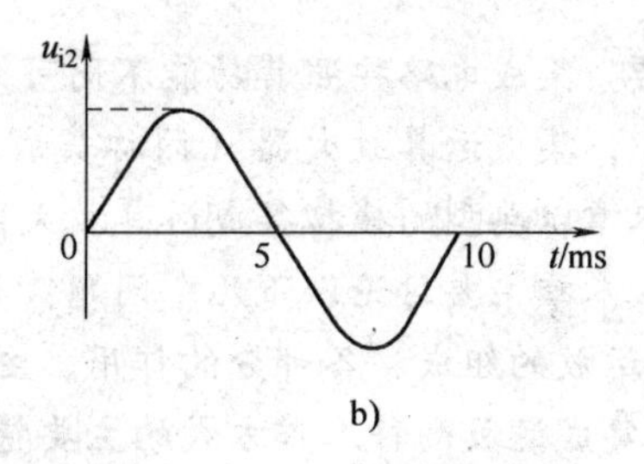

图3-64　题3-20图

3-21　已知两级放大电路的总幅频响应曲线如图3-65所示。由图确定f_L、f_H和A_{um}各为多少？

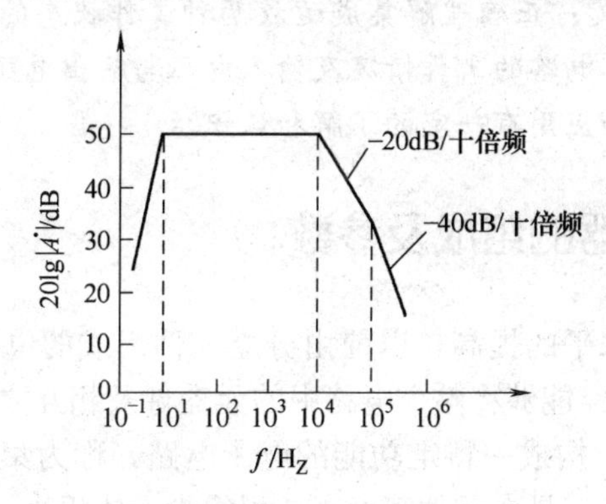

图3-65　题3-21图

第4章　集成运算放大器

本章提要　集成电路按照其功能不同可分为模拟集成电路和数字集成电路两大类。在模拟集成电路中，集成运算放大器（简称集成运放）是应用非常广泛的、具有代表性的模拟集成器件。本章以典型的模拟集成运算放大器为例展开讨论，介绍集成运算放大器的组成、特性及应用。本章主要讨论以下几个问题：

1）集成运放的组成、各部分的作用、主要参数及电压传输特性。

2）理想集成运放两种工作方式的主要特点和分析方法。

3）集成运放在信号运算、信号处理及信号产生方面的应用。

本章通过了解集成运放的组成和主要技术参数，掌握其电压传输特性，重点理解理想运放"虚短"、"虚断"的含义；正确理解集成运放两种工作状态的特点和分析方法，能够分析各种集成运放组成的运算电路的工作情况及输入电压与输出电压的关系；并对各种信号比较电路、发生电路的原理和应用有一定的了解和认识。

4.1　集成运算放大器的组成及参数

随着半导体制造工艺水平的提高，以前由分立元件组成的电子电路（即由单个元器件连接起来的电子电路），已经能够将整个电路中的元器件及相互之间的连接同时制造在一块硅基片（半导体芯片）上，构成一特定功能的电子电路，称为集成电路。集成电路实现了材料、元器件和电路的统一，具有元件密度高、引线少、体积小、功耗低等特点。因此具有分立电路所无法比拟的优势。采用集成电路的电子设备和系统大大提高了可靠性、灵活性，降低了生产成本。集成电路的问世，使电子技术进入了微电子时代，促进了各个科学技术领域先进技术的发展，使人类的生产和生活方式也随之发生了根本性的变革。

模拟集成电路种类繁多，有集成运算放大器、集成功率放大器、集成模/数和数/模转换器、集成稳压电源和音像设备中常用的其他专用模拟集成电路等。其中，集成运算放大器（简称集成运放）是应用极为广泛的一种，本章所介绍的即是集成运算放大器及其基本应用。

4.1.1　集成运算放大器电路的组成

运算放大器实际上是一种具有高开环放大倍数、高输入电阻、低输出电阻并具有深度负反馈的多级直接耦合放大器。早期主要应用于模拟电子计算机中作为基本运算单元，进行加、减、乘、除、微分、积分等数学运算，并由此得名。目前其应用已远远超出了模拟信号的数学运算范畴，在信号的产生、变换、处理和测量等方面起着非常重要的作用，且由于其在电路性能方面具有众多优点，因此被广泛应用于测试技术、自动控制系统、信号处理等各个领域。

集成运算放大器的种类很多，电路结构各不相同，但基本内部组成相似，用框图4-1表示，可分为输入级、中间级、输出级和偏置电路4个基本组成部分。

1. 输入级

输入级与信号源相连，它是决定运算放大器技术指标的关键部分。通常要求输入级具有很高的输入电阻。由于差分放大电路利用了半导体集成工艺，具有对称性好、输入电阻高、可以有效减小零点漂移、抑制干扰信号等优点，因此集成运放的输入级都采用差分放大电路。

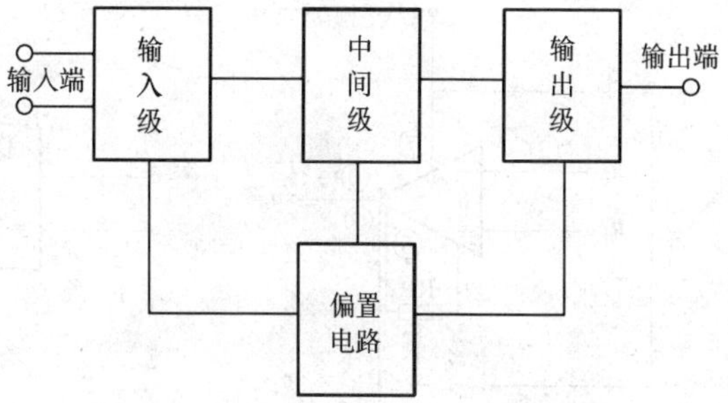

图 4-1　运算放大器的组成框图

2. 中间级

中间级的主要作用是完成电压放大，为整个电路提供足够大的电压放大倍数。一般采用一级或多级共射级放大电路，其中集电极电阻用晶体管恒流源代替，恒流源的动态电阻很大，可以获得较高的电压放大倍数。

3. 输出级

输出级与负载连接，主要作用是提供足够大的输出功率（即足够大的电流和电压）以驱动负载工作。要求其输出电阻低，带负载能力强。一般由射级输出器或互补对称电路构成。

4. 偏置电路

偏置电路为整个电路提供稳定的和合适的偏置电流，决定各级电路的静态工作点。偏置电路是由各种恒流源电路组成。

此外，还有一些辅助环节，如过载保护电路，可以防止输出电流过大时将集成运放烧坏。

4.1.2　集成运算放大器的引脚与符号

通用型模拟集成运放 μA741（对应国产型号 F007）的性能好，价格便宜，是目前使用最为普遍的集成运放之一。它的外形有圆壳式、双列直插式和贴片式几种封装形式，外引线排列图如图 4-2 所示，引线的顺序一般是从缺口或标记下边的引线按逆时针方向记数，依次为 1，2，3，…n。集成运放的引脚较多，实际应用中需按照不同的封装形式，集成运放各引脚的作用可查阅产品手册。

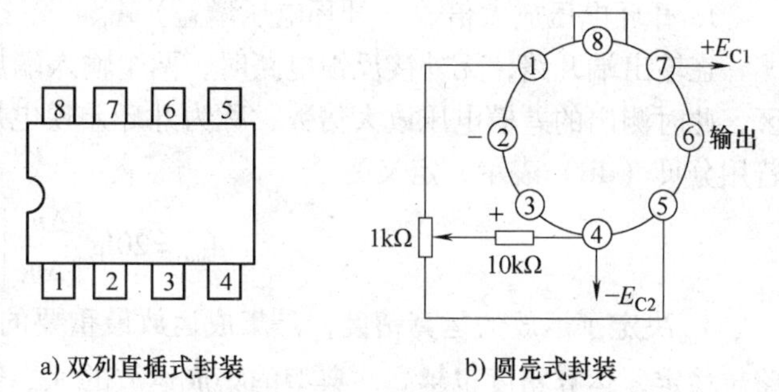

a) 双列直插式封装　　b) 圆壳式封装

图 4-2　μA741 集成运放的外引线排列图

图 4-3a 为 μA741 的外部引脚接线图。

μA741 的 8 个引脚中有 7 个与外电路相连，第 8 引脚为空脚。各引脚功能如下：

②为反相输入端，电压用 u_- 表示，该端加入输入信号时，输出信号与输入信号反相。

③为同相输入端，电压用 u_+ 表示，该端加入输入信号时，输出信号与输入信号同相。

⑥为输出端，信号由此端与地之间输出。

⑦为正电源端，一般接 15V 稳压电源的正极（负极接地）。

④为负电源端，一般接 15V 稳压电源的负极（正极接地）。

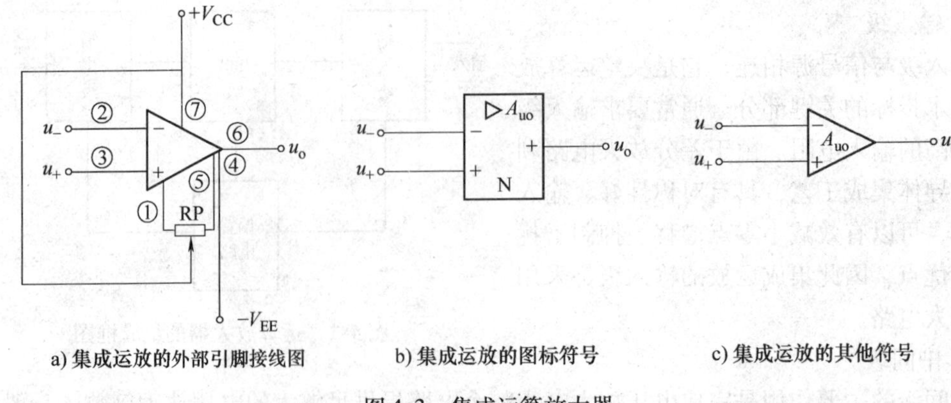

a) 集成运放的外部引脚接线图　　b) 集成运放的图标符号　　c) 集成运放的其他符号

图 4-3　集成运算放大器

①、⑤为外接调零电位器 RP 的两个接线端。

图 4-3b 为集成运放的国标符号。图中▷表示信号的传输方向，A_{uo}表示开环电压放大倍数。运算放大器在正常工作时，存在三种基本输入方式：同相端输入、反相端输入、同相反相端同时输入，当两输入端都有信号输入时，称为差分输入方式。不论采用何种输入方式，运算放大器放大的都是两个输入信号的差。

图 4-3c 为集成运放的其他表示符号，在集成运放组成的应用电路中也比较常见。

由于在使用集成运放时，一般应了解集成运放的主要参数，掌握各个引脚的功能、外接线方式以及使用方法。至于它的内部电路结构细节可不必过多详细了解。不同型号的集成运放各管脚的含义不尽相同，使用时可查阅产品说明书。

4.1.3　集成运算放大器的主要参数

要正确、合理地选择和使用集成运放，就要了解表征其性能的一些参数的意义和大小范围。集成运放的主要参数及其意义如下：

1. 开环电压放大倍数（开环电压增益）A_{uo}

在输出端开路，无外接反馈电路时，两个输入端加电压输入信号，集成运放工作在线性区，此时测出的差模电压放大倍数，称为开环差模电压放大倍数，简称开环电压放大倍数。若用分贝（dB）表示，定义为

$$A_{uo} = 20\lg\left|\frac{\Delta u_o}{\Delta u_i}\right|$$

A_{uo}决定了运放的运算精度，是集成运放最重要的参数之一。A_{uo}越高，所构成的运算电路越稳定，运算精度也越高。典型的集成运放的 $A_{uo}\approx10^5$，相当于 100dB，较高质量的集成运放的 A_{uo}可达 10^7 以上，即 140dB 以上。

2. 开环差模输入电阻 r_{id}

是指集成运放两个输入端加入差模信号时的等效电阻。r_{id}表征了输入级从信号源取用电流的大小。一般 r_{id}为 MΩ 级，目前较高的可达 $10^{12}\Omega$，由此可知引入到集成运放输入级的电流一般都很小，为 nA 级。

3. 开环输出电阻 r_o

是指没有外接反馈电路时，输出级的输出电阻。r_o 表征了集成运放带负载的能力，其阻值越小越好，一般在 600Ω 以下。

4. 输入失调电压 u_{i0}

理想的集成运放，当输入电压为零时，一般输出电压也应为零，但是实际的集成运放中，由于制造中元件的不对称等原因，当输入电压为零时，输出电压不等于零，这种现象称为静态失调。为使输出电压为零，须在输入端加一个补偿电压，该补偿电压就称为输入失调电压 u_{i0}。它表征了输入级差分对管 U_{BE}（或 U_{GS}）不对称的程度，相当于静态失调的输出电压折算到输入端的值，在一定程度上也反应了温漂的大小，一般在毫伏级。显然输入失调电压 u_{i0}越小越好。

5. 最大输出电压 U_{OM}

能使输出电压和输入电压保持不失真关系的最大输出电压，即在输出端接上额定负载与标定电源电压时，所能输出的不明显失真的最大电压，就称为最大输出电压。集成运放 μA741 的 U_{OM}约为 ±13V（略低于电源电压）。

6. 共模抑制比 K_{CMRR}

表示集成运放的差模电压放大倍数 A_d 和共模电压放大倍数 A_c 之比的绝对值，即

$$K_{CMRR}=\left|\frac{A_d}{A_c}\right|$$

或可以表示成分贝的形式

$$K_{CMR}=20\lg\left|\frac{A_d}{A_c}\right|$$

由此可知，K_{CMRR}越大，说明运算放大器抑制共模信号的性能越好。由于集成运放的输入级采用差分放大电路，有很高的共模抑制比，K_{CMRR}一般为 70～130dB。

7. 最大共模输入电压 U_{iCM}

U_{iCM}是指运放正常放大差模信号的条件下，所能承受的共模输入电压的最大值。也就是说，虽然运算放大器对共模信号具有抑制作用，但这个作用是在规定的共模电压 U_{iCM}范围内才具备。如超出这个电压范围，运算放大器共模抑制能力就大为下降，甚至造成器件的损坏。因此，U_{iCM}表示了集成运放输入端所能承受的最大共模电压。

其他参数如最大差模输入电压、最大输出电流、输入失调电流、温度漂移、静态功耗等的意义比较容易理解，可参阅相关资料。

总之，集成运放具有开环电压放大倍数高、输入电阻高、输出电阻低、零点漂移小、可靠性高、体积小等主要特点，它已经成为一种通用器件，广泛应用于各种技术领域中。在具体应用中选用集成运放的时候，要根据它的参数说明，确定合适的型号。

4.1.4 理想集成运放的技术指标及符号

由集成运放的参数可知，欲使集成运放工作在最佳状态，应选择开环电压放大倍数、开环差模输入电阻、共模抑制比尽量大些，而开环输出电阻尽量小些。在分析实际集成运放的各种应用电路时，常常将这些参数理想化。理想集成运放的主要条件为

开环电压放大倍数 $A_{uo}=\infty$；

开环差模输入电阻 $r_{id}=\infty$；

开环输出电阻 $r_o=0$；

共模抑制比 $K_{CMRR}=\infty$。

实际上完全理想的元件是不存在的，但随着集成运放制造工艺水平的不断提高，实际集成运放的上述主要性能指标越来越接近理想化条件，而且根据理想运放的条件对实际问题进

行分析、计算，所引起的误差在工程上是允许的。因此，一般对集成运放电路的分析都是根据它的理想化条件进行的。运用理想运放的概念，将有助于把握电路的本质，简化电路的分析过程。

理想集成运放的图形符号见图 4-4，图中的∞表示理想的开环电压放大倍数。

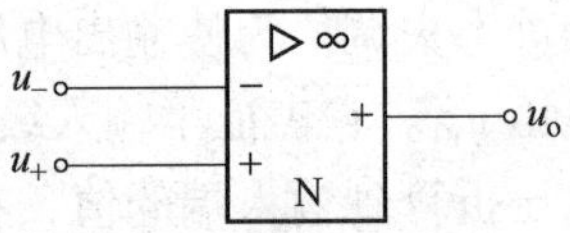

图 4-4　理想集成运放符号

4.1.5　集成运算放大器的电压传输特性和分析依据

1. 电压传输特性

表示了输出电压随输入电压（即两输入端之间的差值电压）变化的规律，即输出电压与输入电压之间关系的特性曲线，如图 4-5 所示。

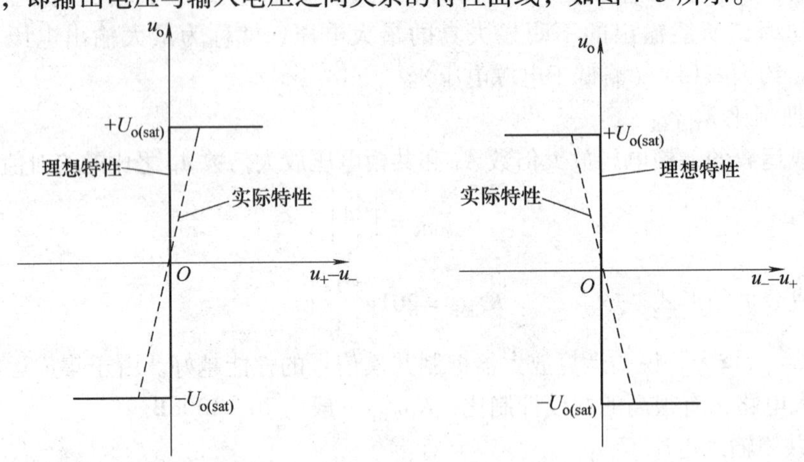

图 4-5　运算放大器的传输特性

以图 4-5a 为例，图中虚线表示了实际的电压传输特性，表明当输入电压在较小的范围内变化时，输出电压与输入电压之间呈线性关系。在此区域内，可得式（4-1）的关系式。

$$u_o = A_{uo}(u_+ - u_-) = A_{uo}u_{id} \tag{4-1}$$

当 $|u_{id}|$ 进一步增大时，由于半导体元件的非线性特性和较大的开环电压放大倍数 A_{uo}，输出电压不再线性增加，运放的输出电压达到了饱和，分别为正饱和值 $+U_{o(sat)}$ 和负饱和值 $-U_{o(sat)}$。因此，集成运放的电压传输特性有两个工作区——线性工作区和饱和区（也称为非线性工作区）。

输出饱和值的大小与电源电压以及运放输出级管子的饱和压降有关。若设 $A_{uo}=10^5$，电源电压为 ±12V，输出级管子的饱和压降小于 2V，这样，输出电压最大值 $\pm U_{o(sat)}$ 大约为 ±10V，输入电压 $\pm u_{id}$ 的最大值大约为 ±0.1mV，输入电压在此范围内，运放工作在线性状态；超出这个范围，运放就进入了正、负饱和状态了。可见实际集成运放的 A_{uo} 很大，线性区范围很小。

图 4-5 中实线表示了理想运放的电压传输特性。理想的集成运放的 $A_{uo}=\infty$，所以理想集成运放开环应用时不存在线性工作区。若无特殊说明，本书后续对运算放大器的分析，均认为集成运放是理想的。

2. 理想集成运放的分析依据

工作在线性区和非线性区时，集成运放所表现出的特点及分析的方法是不一样的。

(1) 集成运放线性工作的特点

当集成运放工作在线性区时，输出电压 u_o 与输入电压的差分形式（$u_- - u_+$）或（$u_+ - u_-$）呈线性放大关系，由式（4-1）或式（4-2）（对应图 4-5b 的电压传输特性）表示。

$$u_o = A_{uo}(u_- - u_+) = A_{uo}u_i \tag{4-2}$$

由于集成运放的开环电压放大倍数 A_{uo} 很高，理想时 A_{uo} 为∞，因此，集成运放的线性区范围非常窄，输入电压即使在小范围内波动，也会使输出在正、负饱和值之间来回翻转，也就是开环集成运放在线性区的抗干扰能力较弱。开环使用时，很难实现输出电压与输入电压之间的线性关系。因此，要使集成运放工作在线性区，通常要引入深度电压负反馈（详见第5章）。

如果集成运放工作在线性区，分析由它组成的电路时，有两条重要且普遍适用的结论：

1）“虚短”　集成运放两个输入端的电压近似相等，即 $u_+ \approx u_-$。

由于集成运放的开环放大倍数 A_{uo} 很高（理想时 A_{uo} 为∞），而输出电压 u_o 是一个有限值，故由式（4-1）或式（4-2）知

$$u_o = A_{uo} \mid (u_+ - u_-) \mid，即 \mid (u_+ - u_-) \mid \approx \frac{u_o}{A_{uo}} \approx 0$$

则

$$u_- \approx u_+$$

上式说明，集成运放同相输入端和反相输入端近似等电位，因此，两个输入端之间好像是短路，但又不是真正的短路，故这种现象称为“虚短”。理想集成运放工作在线性区时，“虚短”现象总是存在的，而且 A_{uo} 的值越大，将两输入端视为“短路”所带来的误差也越小。

如果集成运放反相端有信号输入时，同相输入端接“地”，即 $u_+ = 0$，由“虚短”现象可知，反相输入端的电位接近“地”电位，即反相输入端是一个不接“地”的“地”电位，通常称为“虚地”。

2）“虚断”　流进集成运放两个输入端的电流近似等于零，即 $i_+ = i_- \approx 0$。

由于集成运放开环差模输入电阻很高（理想时 $r_{id} = \infty$），输入回路相当于断路，故从两个输入端流入的电流可以忽略不计，如同这两端被断开一样，但实际并不是真的断开，这种现象称为“虚断”。理想的集成运放无论工作在线性区还是非线性区，“虚断”现象总是存在的。

运算放大器工作在线性区时，“虚短”和“虚断”是分析各种集成运放电路的重要依据，它简化了集成运放电路的分析和计算过程，因此须牢牢掌握。

(2) 集成运放非线性工作（饱和状态）的特点

由于集成运放线性区的范围很小，如果运放的工作电压超出了线性区的范围，则输出电压不再满足式（4-1）或式（4-2）。或者当集成运放处于开环或正反馈时，只要在输入端输入很小的电压变化量，输出电压即达到饱和，集成运放的工作状态进入到非线性工作区。

1）集成运放工作在非线性区的输出电压 u_o 只有两种可能的状态：

当 $u_+ > u_-$ 时，$u_o = +U_{o(sat)}$；

当 $u_+ < u_-$ 时，$u_o = -U_{o(sat)}$。

上式说明，工作在非线性区的集成运放，由于开环差模电压放大倍数A_{uo}很高，即使输入毫伏级以下的信号，也足以使输出电压达到饱和，其饱和值为$+U_{o(sat)}$或$-U_{o(sat)}$，接近正电源电压或负电源电压值。

2）集成运放两个输入端电压u_-与u_+不一定相等，即“虚短”的结论不一定成立。

3）集成运放输入电流仍等于零。尽管两个输入端电压不等，但因为理想运放的$r_{id}=\infty$，因此仍可认为此时的输入电流等于零，即“虚断”现象仍然存在。

总之，为了保证集成运放工作在线性区，一般情况下，须在电路中引入深度负反馈，以减小直接加在集成运放两个输入端的净输入电压。当集成运放处于开环或正反馈时，一般工作在非线性区。在分析集成运放的应用电路时，应首先判断其中集成运放的工作状态，然后依据线性区和非线性区的特点去分析具体电路的工作原理和输入输出关系。

[思考题]

1. 集成电路的主要特点是什么？
2. 什么叫“虚短”和“虚断”？
3. 理想运算放大器工作在线性区和非线性区各有何特点？分析方法有何不同？
4. 运算放大器理想化的主要条件是什么？要使运算放大器工作在线性区，为什么通常要引入深度电压负反馈？

4.2 模拟信号运算电路

集成运算放大器在测量技术、自动控制系统、无线电技术和工业生产等方面都有广泛的应用。本书主要介绍集成运放在模拟信号运算方面、信号产生方面和信号处理方面的具体应用。本节精选一些基本的、典型的电路，着重于应用概念、原理和分析方法对含集成运放的电路加以分析和讨论，为进一步学习和分析应用集成运算放大器打下基础。

运算放大器的应用基本上可分为两大类：线性应用和非线性应用。当集成运算放大器与外部电阻、电容、半导体元器件等一起构成闭环的信号传输电路时，可以使运放工作在线性区，能够实现对各种模拟信号的比例、加法、减法、微分与积分、对数与反对数等运算，这类电路就称为模拟信号运算电路。模拟信号运算电路中，通常引入深度电压负反馈，使运算放大器工作在线性区，因此运算放大器具有“虚短”和“虚断”的特点。同时由于输入电压和输出电压之间的关系只取决于外部电路的连接，而与运算放大器本身的参数没有直接的联系，因此可方便地组成各种运算电路。

4.2.1 比例运算电路

比例运算电路是最基本的运算电路，在此基础上，进行适当的演变就可以得到其他电路，如求和电路、积分和微分电路等。

1. 反相比例运算放大电路

图4-6所示为反相比例运算电路，它是反相输入运算电路中最基本的形式。输入电压u_i经输入电阻R_1引入到反相输入端，而同相输入端通过电阻R_P接“地”，电阻R_f跨接在输出端和输入端之间，形成深度电压负反馈，使电路工作在闭环状态，集成运放工作在线性区。

根据集成运放工作在线性区时的两条分析依据可知

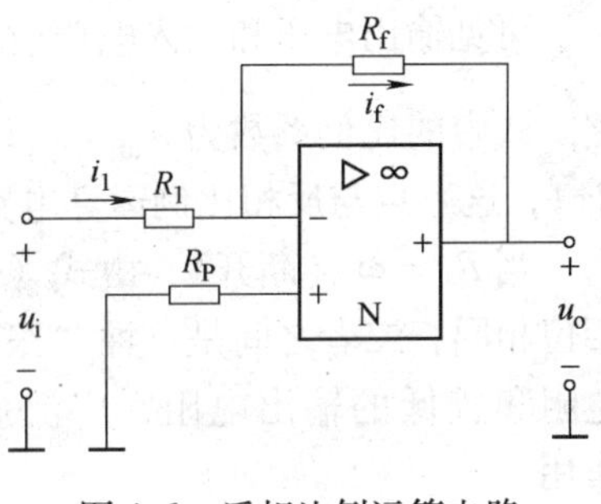

图 4-6　反相比例运算电路

$i_+ = i_- \approx 0$（虚断），R_P 上没有压降，故同相输入端 $u_+ = 0$，且 $u_- \approx u_+ = 0$（虚短—虚地）。由图可见反相输入端与输出端构成电流通路

$$i_1 = i_f$$

$$i_1 = \frac{u_i - u_-}{R_1} \approx \frac{u_i}{R_1}$$

$$i_f = \frac{u_- - u_o}{R_f} \approx -\frac{u_o}{R_f}$$

可得

$$\frac{u_i}{R_1} = -\frac{u_o}{R_f}$$

可知输出电压为

$$u_o = -\frac{R_f}{R_1} u_i \tag{4-3}$$

式（4-3）表明，输出电压和输入电压是比例运算关系，式中的比例系数 $\dot{A}_{uf} = -R_f/R_1$，称为闭环电压放大倍数，负号则表示输出电压和输入电压反相，反相比例运算电路也因此得名。式（4-3）还说明，输出电压 u_o 和输入电压 u_i 的关系与集成运放本身的参数无关，只取决于比值 R_f/R_1。只要电阻 R_f 和 R_1 的精度和稳定性足够高，就能保证反相比例运算的精度和稳定性。

当 $R_1 = R_f$ 时，由式（3-3）可知，$u_o = -u_i$，即 u_o 和 u_i 大小相等，相位相反，此时电路称为反相器或倒相器。

图中 $R_P = R_1 // R_f$，称为平衡电阻或补偿电阻，它的作用是保证集成运放的同相输入端和反相输入端的外接电阻相等，保持集成运放输入级电路的对称性，以消除静态基极电流对输出电压的影响。

2. 同相比例运算电路

如图 4-7 所示电路，输入电压 u_i 通过 R_P 加到集成运放的同相输入端，反相输入端经电阻 R_1 接地，电阻 R_f 跨接在输出端和反相输入端之间，起反馈作用，使电路工作在闭环状态，此电路称为同相比例运算电路，它是同相输入运算电路中最基本的电路形式。

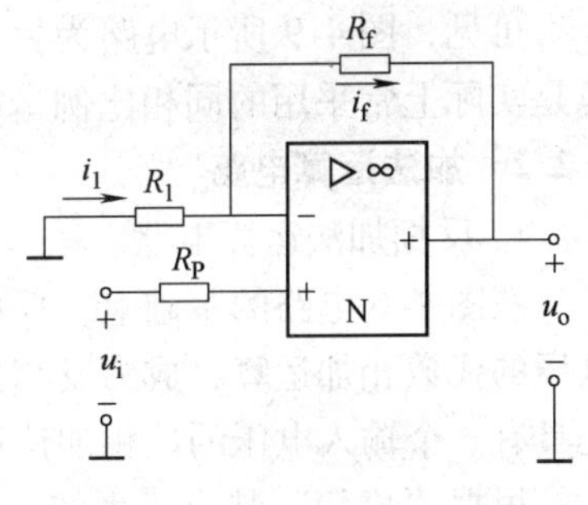

图 4-7　同相比例运算电路

根据理想运算放大器工作在线性区时的两条分析依据，即“虚断”和“虚短”的特点有

$$u_- \approx u_+ = u_i, \ i_1 \approx i_f$$

由图 4-7 可列出

$$i_1 = -\frac{u_-}{R_1} = -\frac{u_i}{R_1}, \ i_f = \frac{u_- - u_o}{R_f}$$

由此得出输出电压信号为

$$u_o = \left(1 + \frac{R_f}{R_1}\right) u_i \tag{4-4}$$

可见输出电压和输入电压成比例关系，且二者同相位，因此该电路称为同相比例运算电路。式中的比例系数为 $\dot{A}_{uf} = (1 + R_f/R_1)$，也是闭环电压放大倍数，该系数总是大于或等于1，这一点与反相比例运算电路不同。该电路也容易保证具有较高的精度和稳定性。

当 $R_1 = \infty$（断开），由式（4-4）知，u_o 等于 u_i，即输出电压与输入电压幅值相等，且相位相同，二者之间是一种“跟随关系”，故称为电压跟随器。电压跟随器具有极高的输入电阻和较低的输出电阻，广泛应用于电路中，起到良好的隔离作用。

假如再令 $R_P = R_f = 0$ 时，则电路就成为另一种形式的电压跟随器，如图4-8所示。这两种电压跟随器都有广泛的应用。

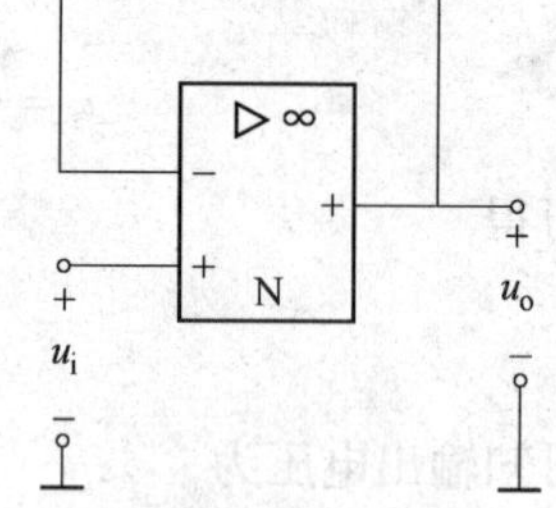

图4-8　电压跟随器

图4-7和图4-8的同相输入电路中都存在共模输入电压为

$$u_{iC} = \frac{1}{2}(u_+ + u_-) \approx u_i$$

在实际应用电路中，要注意使实际的共模输入电压不能超过集成运算放大器所允许的最大共模输入电压范围，否则，电路不能正常工作。

熟练掌握反相比例运算电路和同相比例运算电路的结构特征和输出电压与输入电压的关系是分析复杂运算电路的基础。

例4-1　电路如图4-9所示，求 u_o。

解　由于虚断，$i_+ = 0$，故 u_i 被 R_2 和 R_3 串联分压，同相端的实际输入电压为

$$u_+ = u_i \frac{R_3}{R_2 + R_3} \approx u_-$$

所以输出电压 $u_o = \left(1 + \frac{R_f}{R_1}\right) \frac{R_3}{R_2 + R_3} u_i$

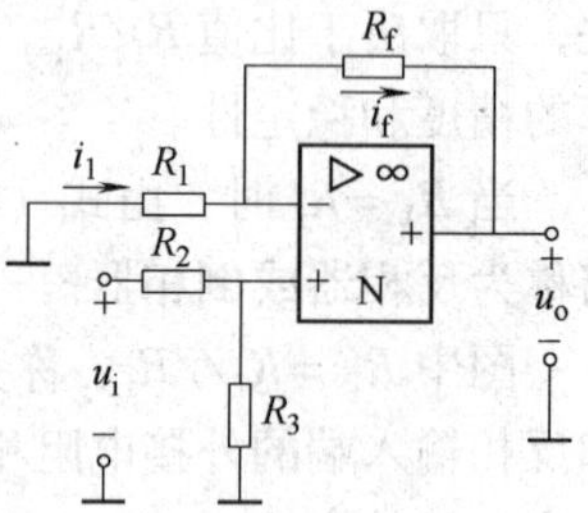

图4-9　例4-1图

可见，图4-9所示电路为另一种形式的同相比例运算电路，也是实际上常采用的同相比例运算电路。电路参数可按 $R_1 /\!/ R_f = R_2 /\!/ R_3$ 选取。

4.2.2　加法运算电路

1. 反相加法运算电路

在图4-6电路的基础上，反相输入端增加若干个输入回路，可以方便地实现对几个输入电压的代数相加运算，成为反相加法运算电路。图4-10是具有3个输入电压的反相加法运算电路。

根据“虚短”特点，由图可列出

$$u_- \approx u_+ = 0$$

在反相输入端可列出

$i_1 = \frac{u_{i1}}{R_1}$，$i_2 = \frac{u_{i2}}{R_2}$，$i_3 = \frac{u_{i3}}{R_3}$，$i_f = -\frac{u_o}{R_f}$，又由“虚断”的特点知

$$i_1 + i_2 + i_3 = i_f$$

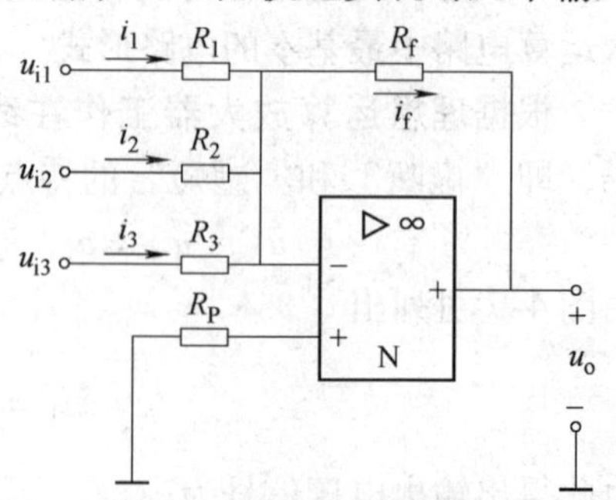

图4-10　反相加法运算电路

得输出电压为
$$u_o = -\left(\frac{R_f}{R_1}u_{i1} + \frac{R_f}{R_2}u_{i2} + \frac{R_f}{R_3}u_{i3}\right) \tag{4-5}$$

式（4-5）说明输出电压等于全部输入电压按比例相加，且极性相反，当 $R_1 = R_2 = R_3 = R$ 时，有 $u_o = -\frac{R_f}{R}(u_{i1} + u_{i2} + u_{i3})$。即输出电压与各输入电压之和成比例，可以实现“和放大”。

当 $R_1 = R_2 = R_3 = R_f$ 时，有 $u_o = -(u_{i1} + u_{i2} + u_{i3})$ (4-6)

式（4-6）表明，该电路能够实现多个输入信号的加法运算，故该电路称为反相加法运算电路。反相加法运算电路的实质是通过电流相加的方法来实现电压相加，该电路可以推广到有 n 个输入电压的求和运算。运算结果也表明，u_o 和 u_i 的关系与集成运放本身的参数没有关系，而只与外部连接电阻的方式和参数有关，只要电阻 R_1、R_2、R_3、R_f 足够精确，该电路就能保证反相加法运算的精确度和稳定性。

平衡电阻 $R_P = R_1//R_2//R_3//R_f$。

在反相输入的电路如图 4-6、图 4-10 中，由于有“虚地”现象存在，该电路中不存在共模输入信号，所以反相输入电路的共模抑制比较高。

例 4-2 一个测量系统的输出电压和某些非电量（经传感器转化为电压信号）的关系为 $u_o = -(8u_{i1} + 4u_{i2} + 2u_{i3})$，试设计反相加法运算电路，实现该运算。即选择图 4-10 中各输入电阻 R_1、R_2、R_3和平衡电阻 R_P 的值，设 $R_f = 100\text{k}\Omega$。

解 由已知条件参照式（4-5）可得

$$\frac{R_f}{R_1} = 8，则 R_1 = \frac{R_f}{8} = \frac{100}{8}\text{k}\Omega = 12.5\text{k}\Omega;$$

$$\frac{R_f}{R_2} = 4，则 R_2 = \frac{R_f}{4} = \frac{100}{4}\text{k}\Omega = 25\text{k}\Omega;$$

$$\frac{R_f}{R_3} = 2，则 R_3 = \frac{R_f}{2} = \frac{100}{2}\text{k}\Omega = 50\text{k}\Omega;$$

$$R_P = R_1//R_2//R_3//R_f = (12.5//25//50//100)\ \text{k}\Omega = 6.67\text{k}\Omega。$$

2. 同相加法运算电路

在图 4-7 的电路中，若在同相输入端增加若干个输入支路，可以实现对多个输入电压的代数相加运算，成为同相加法运算电路。图 4-11 所示电路是具有两个输入电压的同相加法运算电路。图中外部的元件参数应满足关系式 $R_2//R_3 = R_f//R_1$，以使电路能够补偿输入偏置电流、失调电流及其漂移的影响。

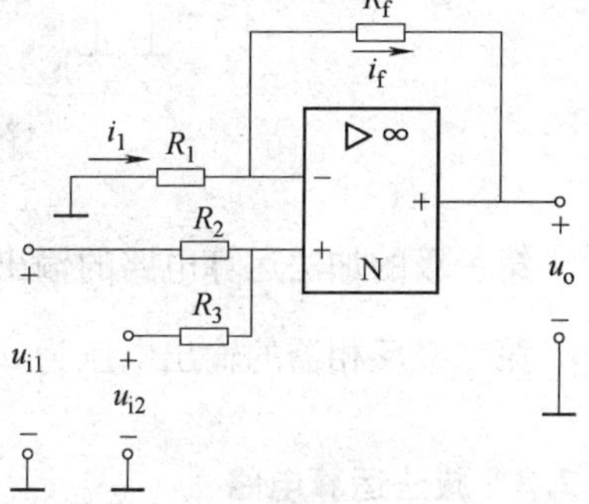

图 4-11 同相加法运算电路

应用叠加原理可知，u_+ 可由 u_{i1} 和 u_{i2} 两个电压源单独作用的叠加求出

u_{i1}单独作用时，令 $u_{i2} = 0$，$u'_+ = \left(\frac{R_3}{R_2 + R_3}\right)u_{i1}$

u_{i2}单独作用时，令 $u_{i1} = 0$，$u''_+ = \left(\frac{R_2}{R_2 + R_3}\right)u_{i2}$

两个电压源共同作用时，$u_+ = u'_+ + u''_+ = \left(\frac{R_3}{R_2 + R_3}\right)u_{i1} + \left(\frac{R_2}{R_2 + R_3}\right)u_{i2}$

根据“虚短”现象，$u_- \approx u_+$，由前述又有 $u_- = \frac{R_1}{R_1 + R_f} u_o$，所以输出电压为

$$u_o = \left(1 + \frac{R_f}{R_1}\right)\left(\frac{R_3}{R_2 + R_3} u_{i1} + \frac{R_2}{R_2 + R_3} u_{i2}\right) \tag{4-7}$$

若选取 $R_2 = R_3 = R_1 = R_f$，则式（4-7）可写成

$$u_o = (u_{i1} + u_{i2}) \tag{4-8}$$

本电路可以推广到同相输入端接有 n 个输入电压的加法运算电路。但是，由于同相加法运算关系要满足电阻平衡和比例系数的要求，其外接电阻的选择比较复杂，并且同相输入时集成运放的两个输入端承受共模电压，其大小不能超过集成运放的最大共模输入电压，因此同相输入的加法电路的设计比较麻烦，一般较少使用。若需要实现同相间的加法运算时，只需在反相加法电路后再增加一级反相器即可。

例 4-3 在图 4-7 所示的电路中，设集成运放为理想元件，将反馈电阻 R_f 换为负载电阻 R_L，试写出通过负载电阻 R_L 的电流 i_L 和输入电压 u_i 之间的关系式。

解 根据“虚断”的特点可写出关系式 $i_L = i_1 = -u_-/R_1$；再由“虚短”，即 $u_- \approx u_+ = u_i$ 得到

$$i_L = i_1 = -u_-/R_1 = -u_+/R_1 = -u_i/R_1$$

上式表明流过负载电阻的电流 i_L 与负载电阻 R_L 无关，只要 u_i 和 R_1 恒定，负载中的电流 i_L 就恒定。此电路称为负载浮地的电压 - 电流转换器电路。

例 4-4 两级运算放大器应用的实例。在图 4-12 所示电路中，已知 $u_{i1} = 1\text{V}$，$u_{i2} = 0.5\text{V}$，求输出电压 u_o。

解 本电路由两级运算电路串联而成，第一级为反相加法运算电路，第二级为反相器，其输入信号为前级运算电路的输出信号 u_{o1}。

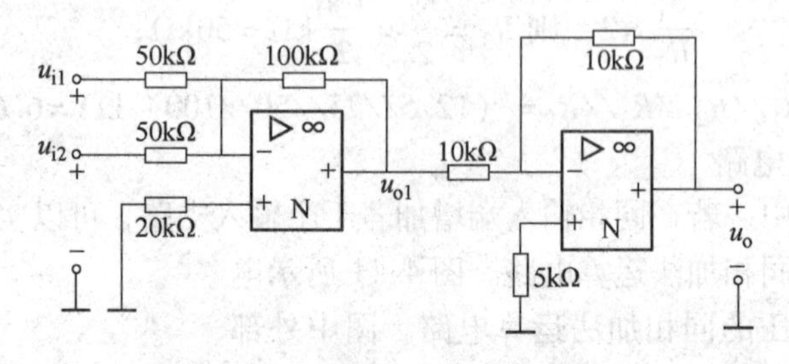

图 4-12 两级运算放大器电路

第一级的加法运算电路的输出电压为 $u_{o1} = -\frac{100}{50}(u_{i1} + u_{i2}) = -2(u_{i1} + u_{i2})$

第二级反相器的输出电压为 $u_o = -u_{o1} = 2(u_{i1} + u_{i2})$，代入 u_{i1} 和 u_{i2} 的值，得

$$u_o = 3\text{V}$$

4.2.3 减法运算电路

如果集成运放的两个输入端都有信号输入，则为差分输入。将几个输入信号采用差分输入方式，可以实现对若干个输入信号的加、减运算，称为差分输入和、差运算电路。差分运算在测量和控制系统中应用很多。减法运算电路是基本差分运算电路，如图 4-13 所示。输出电压与输入电压的关系可用两种方法导出。

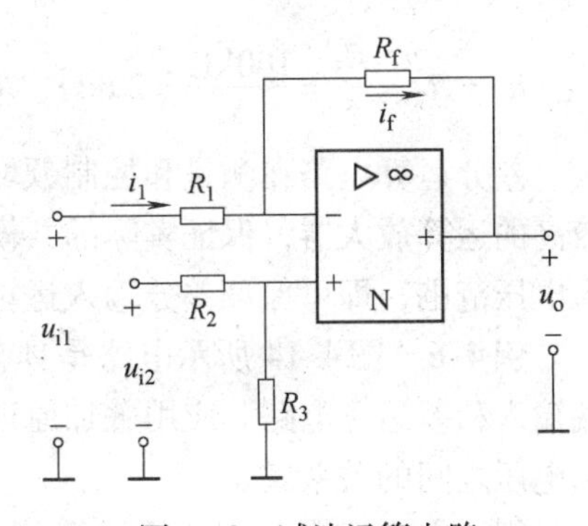

图 4-13　减法运算电路

1. 应用集成运放“虚短”和“虚断”的特点求解

$$u_- = u_{i1} - i_1 R_1 = u_{i1} - \frac{u_{i1} - u_o}{R_1 + R_f} R_1$$

$$u_+ = \frac{u_{i2}}{R_2 + R_3} R_3$$

由“虚短”的特点，$u_+ \approx u_-$，可从上两式得出

$$u_o = \left(1 + \frac{R_f}{R_1}\right)\frac{R_3}{R_2 + R_3} u_{i2} - \frac{R_f}{R_1} u_{i1} \tag{4-9}$$

当 $R_1 = R_2$ 和 $R_f = R_3$ 时，上式为

$$u_o = \frac{R_f}{R_1}(u_{i2} - u_{i1}) \tag{4-10}$$

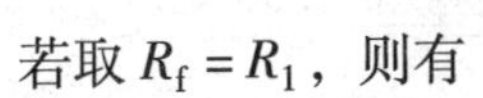
若取 $R_f = R_1$，则有

$$u_o = u_{i2} - u_{i1} \tag{4-11}$$

由上两式可见，输出电压与两个输入电压的差值成正比，所以该电路可以进行减法运算，故称为减法运算电路。

2. 应用叠加原理求解

1）先令 u_{i1} 单独作用，则 $u_{i2} = 0$，相当于接地。此时电路变成反相比例运算电路，设输出为 u'_o。根据式（4-3），可直接写出

$$u'_o = -\frac{R_f}{R_1} u_{i1}$$

2）再令 u_{i2} 单独作用，则 $u_{i1} = 0$，此时电路成为同相比例运算电路，设输出为 u''_o。根据式（4-4）可直接写出

$$u''_o = \left(1 + \frac{R_f}{R_1}\right)\frac{R_3}{R_2 + R_3} u_{i2}$$

3）根据叠加原理，电路总的输出电压 u_o 为

$$u_o = u'_o + u''_o$$

将 1）和 2）的结果带入，得

$$u_o = \left(1 + \frac{R_f}{R_1}\right)\frac{R_3}{R_2 + R_3} u_{i2} - \frac{R_f}{R_1} u_{i1}$$

显然，两种方法的运算结果相同。分析计算电路时，可根据电路情况采用具体解决方法。以上分析过程有一个共同点：运算放大器作线性应用时，可采用叠加原理，将复杂运算电路分解为反相比例运算电路或同相比例运算电路，然后利用已有结论求出相应结果再将结果叠加。因此，熟练掌握反相比例运算电路和同相比例运算电路的结构特征，以及输出电压与输入电压的关系是分析复杂电路的基础。

例 4-5　某一测量系统的输出电压和输入电压的关系为 $u_o = 5(u_{i2} - u_{i1})$。试画出能实现此运算关系的电路。设 $R_f = 100\text{k}\Omega$。

解　由输出电压和输入电压的关系表达式知，该电路应为减法运算电路。电路形式可参照图 4-13。其中的电阻计算如下：由 $u_o = \frac{R_f}{R_1}(u_{i2} - u_{i1})$，可知

$R_1 = R_2 = \frac{R_f}{5} = \frac{100\text{k}\Omega}{5} = 20\text{k}\Omega$，$R_3 = R_f = 100\text{k}\Omega$。

差分运算电路在测量和控制领域中应用广泛，在实际应用电路中，只要选用共模抑制比较高的运算放大器，保证实际的共模输入电压不能超过集成运算放大器所允许的最大共模输入电压范围，即可保证差分输入运算电路的运算精度。

例 4-6 图 4-14 所示电路是具有四个输入电压的双端输入和差运算电路。应用叠加原理求解输出电压和输入电压之间的关系式。

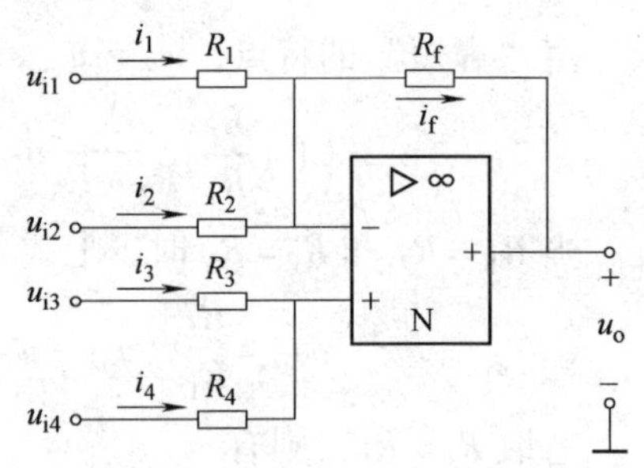

图 4-14 例 4-6 图

解 由于运算电路中的运算放大器工作在线性区，为线性放大元件，而外围电路均为线性电阻元件，因此整个电路为线性电路，可以应用叠加原理。

若令 $u_{i1} = u_{i2} = 0$，则该电路成为同相加法运算电路，其输出电压可由“虚断”和“虚短”的特点确定为［见式（4-7）］

$$u'_o = \left(1 + \frac{R_f}{R}\right)\left(\frac{R_4}{R_3 + R_4}u_{i3} + \frac{R_3}{R_3 + R_4}u_{i4}\right)$$

式中，$R = R_1 /\!/ R_2$。

若令 $u_{i3} = u_{i4} = 0$，则电路成为反相加法运算电路，其输出电压由式（4-5）可知

$$u''_o = -\left(\frac{R_f}{R_1}u_{i1} + \frac{R_f}{R_2}u_{i2}\right)$$

因此，图 4-14 所示电路的输出电压为

$$u_o = u'_o + u''_o$$

则
$$u_o = \left(1 + \frac{R_f}{R}\right)\left(\frac{R_4}{R_4 + R_3}u_{i3} + \frac{R_3}{R_4 + R_3}u_{i4}\right) - \left(\frac{R_f}{R_1}u_{i1} + \frac{R_f}{R_2}u_{i2}\right)$$

若令 $R_1 = R_2 = R_3 = R_4 = R_f$，则上式可简化为

$$u_o = 3/2(u_{i3} + u_{i4}) - (u_{i1} + u_{i2})$$

上式表明图 4-14 所示电路实现了对若干输入电压的和、差运算。

4.2.4 积分运算电路

与反相比例运算电路相比较，反馈元件用电容 C_f 代替 R_f，即构成积分运算电路，如图 4-15a 所示。由于采用反相输入，由“虚短”、“虚地”和“虚断”的特点，$u_- \approx u_+ = 0$，$i_1 = i_f$，则

$$u_o \approx -u_C = -\frac{1}{C_f}\int i_f \mathrm{d}t \approx -\frac{1}{C_f}\int i_1 \mathrm{d}t$$

而 $i_1 = u_i / R_1$，所以

$$u_o \approx -\frac{1}{R_1 C_f}\int u_i \mathrm{d}t \tag{4-12}$$

式（4-12）说明了输出电压 u_o 是输入电压 u_i 对时间的积分，故称为积分电路，负号表示二者的相位相反，积分时间常数为 $\tau_i = R_1 C_f$。

若设输入电压 u_i 为正阶跃电压，即在 $t < 0$ 时，$u_i = 0$，在 $t \geqslant 0$ 时，u_i 突然跃变到电压

U，且设电容事先未充电。

当阶跃电压突然作用的瞬间，由于储能元件电容上的电压不能跃变，故输出电压 $u_o=0$。此后，随着电容的逐渐充电，u_o 随时间近似按线性关系向负值方向增长，但不能无限增长下去。

当 $u_i=U$ 时，输出电压为 $u_o\approx-\frac{U}{R_1C_f}t$，即随着时间 t 的增加，u_o 向负值方向增大，直到达到负饱和值 $-U_{o(sat)}$ 为止，运算放大器进入饱和工作状态，u_o 保持不变，积分作用停止。积分时间常数 τ_i 越大，达到负饱和值 $-U_{o(sat)}$ 所需时间越长。u_o 随时间变化的波形如图 4-15b所示。在 $t=R_1C_f$ 时，$u_o\approx-U$。外接平衡电阻 $R_P=R_1$。

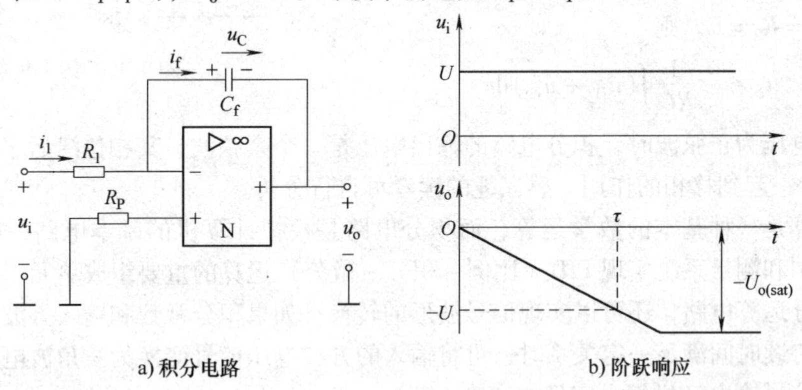

图 4-15　积分运算电路

例 4-7　已知 $u_o=-2\int u_i\mathrm{d}t$，$C_f=1\mu F$，试求积分运算中的 R_1、R_P。

解　由式（4-12）$u_o\approx-\frac{1}{R_1C_f}\int u_i\mathrm{d}t$ 知，$\frac{1}{R_1C_f}=2$，所以

$$R_1=\frac{1}{2C_f}=\frac{1}{2\times10^{-6}}\Omega=\frac{10^6}{2}\Omega=500k\Omega$$

故有 $R_P=R_1=500k\Omega$。

例 4-8　参照图 4-15a 所示的积分运算电路，当 $R_1=10k\Omega$，$C_f=1\mu F$，$u_i=-1V$ 时，求输出电压 u_o 由起始值 0（$t=0$ 时）到达 10V（设为此运放的最大输出电压）所需的时间是多少？超过这段时间后输出电压会呈现什么样的变化规律？若要把 u_o 与 u_i 保持积分运算关系的有效时间增长到 10 倍，应如何改变电路的参数值？

解　此电路为典型的积分运算电路。由于 $u_o=-\frac{1}{R_1C_f}\int u_i\mathrm{d}t$，代入数值计算得

$$u_o=100t$$

u_o 由 0 ~ 10V 所需的时间为

$$t=\frac{10}{100}s=0.1s$$

因此，当时间超过 0.1s 后，运放即已进入饱和工作状态，此后该运放保持最大输出电压 10V 不变。

由于 $u_i=-1V$，所以 $u_o=\frac{t}{R_1C}$，欲使 u_o 与 u_i 保持积分关系的有效时间增大到 1s，需使

积分时间常数增大 10 倍，即 $\tau = R_1C = 0.1\text{s}$。满足这一关系可有多种选择，例如使 $R_1 = 100\text{k}\Omega$，$C = 1\mu\text{F}$，或者 $R_1 = 10\text{k}\Omega$，$C = 10\mu\text{F}$。

例 4-9 图 4-16 所示电路是具有两个输入信号的求和积分运算电路。此电路是在基本积分电路基础上，再增加一个输入回路构成的。试分析其输入输出关系。

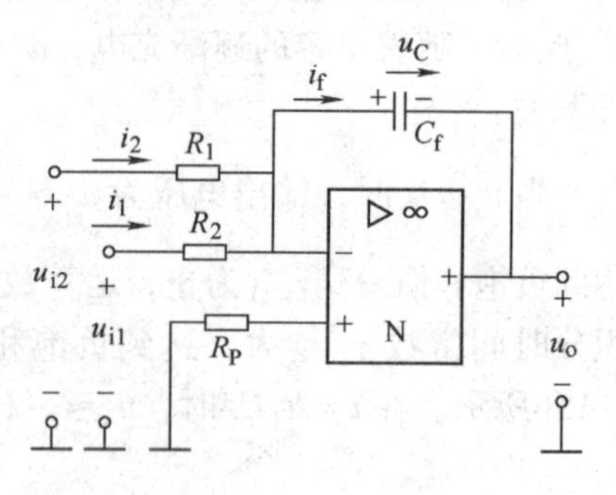

图 4-16　例 4-9 图

解　应用叠加原理和式（4-12），可写出电路的输入和输出关系式

$$u_o \approx \left(-\frac{1}{R_1C_f}\int u_{i1}\,dt\right) + \left(-\frac{1}{R_2C_f}\int u_{i2}\,dt\right)$$

若取 $R_1 = R_2 = R$，则

$$u_o \approx -\frac{1}{RC_f}\int (u_{i1} + u_{i2})\,dt$$

当输入电压为正弦波时，积分电路的输出电压是一个余弦波，其相位滞后于输入正弦电压的相位 90°，起到移相的作用。感兴趣的读者可自行分析。

积分运算是一种基本的数学运算，而积分电路是模拟计算机的基本电路，应用十分广泛。它是控制和测量系统实现 PID（比例－积分－微分）运算的重要组成单元。

利用积分运算电路，还可以实现信号波形的转换。如果积分常数和输入方波电压信号的正负半波的持续时间满足一定关系时，可将输入的方波电压信号变换为三角波电压信号或者锯齿波电压信号输出（详细内容见本章第 4 节）。

4.2.5　微分运算电路

微分运算是积分运算的逆运算，如果将图 4-15a 积分电路中电阻与电容的位置调换，就成为微分运算电路，如图 4-17a 所示。

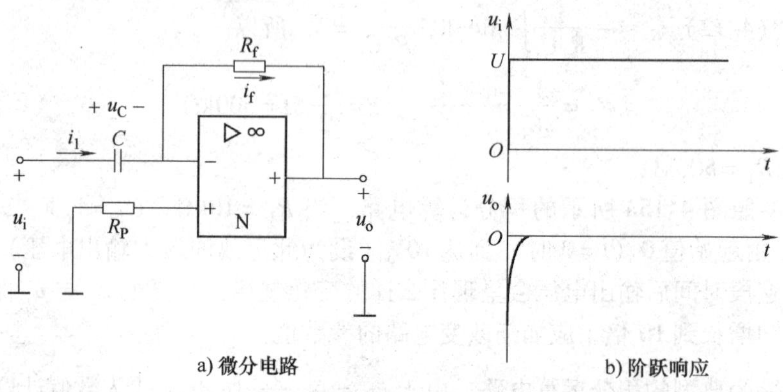

a) 微分电路　　b) 阶跃响应

图 4-17　微分运算电路

由 $u_- \approx u_+ = 0$，$i_1 = i_f$，$u_i = u_C$ 可得

$$i_1 = C\frac{du_i}{dt},\quad i_f = -\frac{u_o}{R_f}$$

所以输出电压为

$$u_o = -i_fR_f = -R_fC\frac{du_i}{dt} \tag{4-13}$$

式（4-13）表明了输出电压 u_o 与输入电压 u_i 的一次微分成正比，故称微分电路，比例

系数为 $\tau_d = R_f C$，称为微分时间常数。外接平衡电阻 $R_P = R_f$。

微分电路对阶跃信号的响应分析如下：设 u_i 为正阶跃电压，且初始状态时电容未充电，由于电容上的电压不能跃变，$t=0$ 时电容相当于短路，输出电压 $|u_o|$ 最大。随着电容 C 的不断充电，输出电压 $|u_o|$ 逐渐衰减，最后趋近于零。衰减的快慢决定于微分时间常数 $\tau_d = R_f C$ 的大小。阶跃输入时的输入输出电压波形见图 4-17b，可见，当微分电路输入阶跃电压时，u_o 为负尖脉冲电压。

微分电路可以实现波形变换，例如将矩形波变换为尖脉冲，此外，微分电路也可以实现移相作用，例如，当输入电压为正弦波时，微分电路输出电压的相位将比输入电压的相位超前 90°，实现移相作用。微分电路对于突变信号反应非常灵敏，在控制系统中常用来改善系统的灵敏性。

对比图 4-15a 和 4-17a 两电路，信号传输通路同为 RC 串联支路，输出电压由 R 端输出，则为微分电路；输出电压由 C 端输出，则为积分电路，主要的储能元件都是电容 C，利用电容电压具有不可跃变的特性，实现输出与输入之间的微分或积分运算。

上述的基本微分电路存在如下缺点：①输出端可能出现输出噪声淹没微分信号的现象；②由电路中的反馈网络构成的 $R_f C$ 滞后环节，它与集成运放的滞后环节合在一起，使电路的稳定储备减小，电路容易引起自激振荡；③突变的输入电压可能造成 u_o 超过集成运算放大器所允许的最大输出电压，以至于产生堵塞现象，造成自锁状态，使电路不能正常工作。

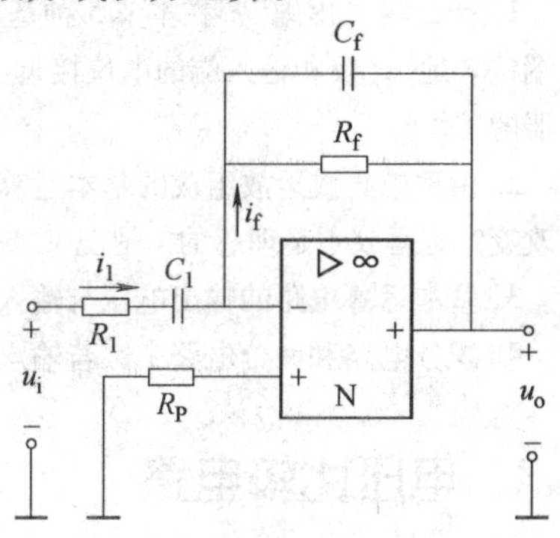

图 4-18　改进型的微分运算电路

因此基本微分电路需要改进才能有实用价值。

图 4-18 是一种改进型的微分运算电路。图中输入回路的小电阻 R_1 限制了噪声干扰和突变的输入信号。且由于 R_1 的引入，加强了电路中负反馈的作用。反馈支路引入小电容 C_f 和 R_f 的并联形式来进行相位补偿。适当选取电路参数能使电路稳定工作。

例 4-10　试求图 4-19 所示电路的 u_o 与 u_i 的关系式。

解　由图可列出

$$u_o = -i_f R_f$$

$$i_f = i_R + i_C = \frac{u_i}{R_1} + C_1 \frac{du_i}{dt}$$

$$u_o = -\left(\frac{R_f}{R_1}u_i + R_f C_1 \frac{du_i}{dt}\right)$$

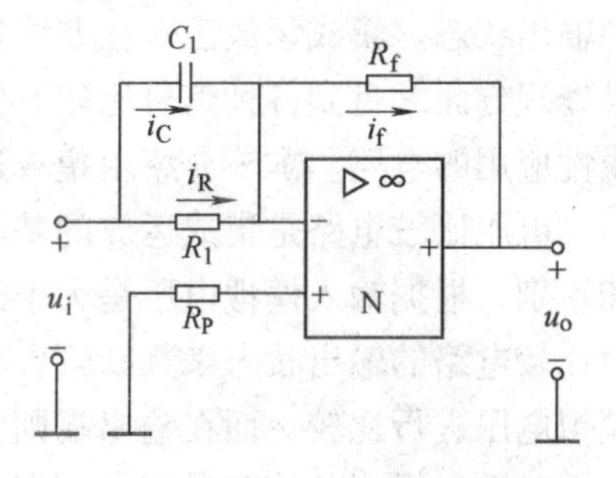

图 4-19　例 4-10 的图

由此可见，此电路是一个反相比例运算和微分运算相结合的电路，因此称为比例－微分调节器（简称 PD 调节器），用于控制系统中，使调节过程加速。

例 4-11　图 4-20 是测振仪的框图，它用来计算物体的振动速度、加速度和位移。测振仪由速度传感器、微分运算电路、积分运算电路、放大器、显示仪表、转换开关等组成。

解　速度传感器所产生的信号与物体振动速度 v 成正比。转换开关有 3 种位置，当开关在位置 1 时，用来测量速度 v；当开关在位置 2 时，速度传感器信号经微分运算后，测得的

是加速度 a。由物理学的知识可知，物体振动的加速度 a 为

$$a=\frac{\mathrm{d}v}{\mathrm{d}t}$$

当开关在位置 3 时，可测量振动物体的位移 x，因为

$$x=\int v\mathrm{d}t$$

即速度传感器的输出信号经积分运算后，测出的是振动物体的位移。由转换开关选择欲转换的物理量后，经放大器放大后的信号送到显示记录仪表进行显示，也可以送到示波器观察，以便对振动进行分析研究。

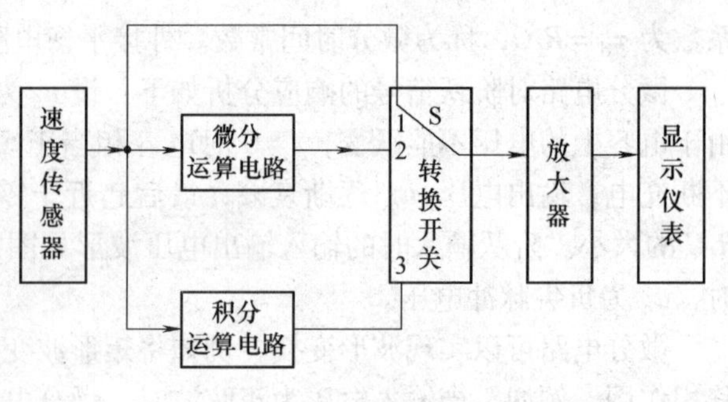

图 4-20 测振仪的框图

[思考题]

1. 什么叫“虚地”？在本节 5 种基本运算电路中，哪些电路存在虚地？如果集成运算放大器的同相输入端接“地”，反相输入端的电位接近“地”电位，那么将两个输入端直接连接起来，是否会影响运算放大器的工作？

2. 由理想集成运放组成的基本运算电路中，它们的输出电压与输入电压的关系是否会随着负载的不同而改变？若运放不是理想的，情况又如何？

3. 基本运算电路的输出电压与输入电压的关系式，是否输入电压无论多大都能成立？

4. 积分电路和微分电路中，若输入电压为一正弦交流电压信号，试分别画出输出电压的波形。

4.3 电压比较电路

4.2 节讨论的各种运算电路，都是通过外接反馈网络使集成运放工作在线性区。此时电路的输出电压与输入电压间的关系主要取决于外接网络的参数，与集成运放本身的参数无关。

当处于开环状态或者接成正反馈状态时，集成运放工作在非线性区，只存在正负饱和两种输出状态。集成运放工作在非线性状态的电路，在测量和自动控制系统中应用普遍。在信号处理方面常见到各种信号比较、信号采样保持、有源滤波等电路都属于典型的集成运放非线性应用的电路。本节介绍由集成运放组成的电压比较电路。

电压比较电路是集成运放的基本应用电路之一，其基本功能是对输入模拟电压进行比较和鉴别，根据输入模拟电压是大于还是小于给定的参考电压来决定电路的输出状态，也可以由比较电路的输出状态来判断输入电压的大小，故称为电压比较器。这种电路能在输入端对模拟电压进行比较，而在输出端则将比较结果转换成脉冲形式输出，即比较器的输出是以高电平或低电平（相当于数字信号的“1”或“0”）的形式来显示比较的结果。因此，它是一种模拟量到数字量的接口电路，故广泛应用于模/数转换和数/模转换的电路中。在自动控制及自动测量系统中，常常将比较器用于越限报警、波形变换等领域。

构成比较器的集成运放一般接成开环或正反馈状态，使其工作于非线性区。由于集成运放开环的电压放大倍数很高，两个输入端之间只要有很小的差值电压，集成运放就会工作在饱和区，输出电压分别接近正、负电源电压值（$+U_{(\mathrm{sat})}$ 或 $-U_{(\mathrm{sat})}$）。

根据比较电路的传输特性不同，常用的比较电路有：单门限电压比较电路、双门限电压比较电路。

4.3.1 单门限电压比较电路

1. 基本电压比较电路

图4-21a是一个反相输入的基本电压比较电路。u_i 加在反相输入端，同相输入端接固定参考电压 U_{REF}。当然也可以根据需要把参考电压 U_{REF}加在反相输入端，而输入信号电压 u_i 加在同相输入端，构成同相输入基本电压比较电路。这时 u_o 与 u_i 的关系曲线称为电压比较电路的电压传输特性。这里的集成运放处于开环工作状态，极易工作在饱和区。下面分析基本电压比较电路的工作情况。

由于反相输入的电压比较电路中，$u_i=u_-$，$u_+=u_{REF}$，则

当 $u_i>U_{REF}$时，$u_o=-U_{o(sat)}$；当 $u_i<U_{REF}$时，$u_o=+U_{o(sat)}$。电路的输出状态在 $u_i=U_{REF}$处发生转换。$+U_{o(sat)}$和 $-U_{o(sat)}$分别接近电路的正、负电源值。将比较器输出电压翻转时刻所对应的输入电压称为阈值电压或门限电压。反相输入的电压比较电路的电压传输特性如图4-21b所示。

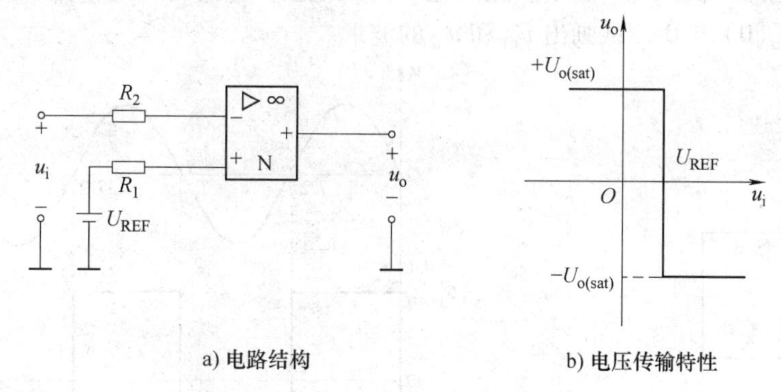

图4-21 反相输入的基本比较电路

图4-22a所示同相输入的基本电压比较电路中，$u_i=u_+$，$u_-=u_{REF}$，则

当 $u_i>U_{REF}$时，$u_o=+U_{o(sat)}$；当 $u_i<U_{REF}$时，$u_o=-U_{o(sat)}$。该电压比较电路的门限电压同样是 U_{REF}。电压传输特性如图4-22b所示。

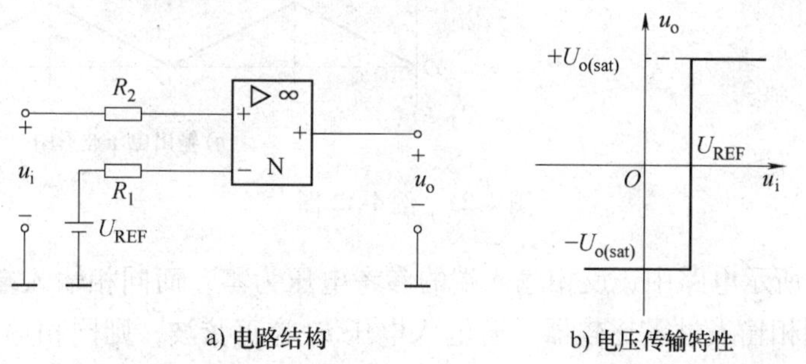

图4-22 同相输入的基本比较电路

当参考电压 $U_{REF}=0$ 时，图4-21a所示基本比较电路如图4-23a所示。其功能是将输入电压 u_i 与参考电压 $U_{REF}=0$ 进行比较。当 $u_i>0$ 时，$u_o=-U_{o(sat)}$；当输入信号 $u_i<0$ 时，则有 $u_o=+U_{o(sat)}$。

电压传输特性如图4-23b所示。当输入电压 u_i 由大于零向小于零（或相反）的方向变

化经过零电压时，输出电压则由负的饱和值向正的饱和值（或相反）跃变。这种比较器的门限电压为零，故称为过零比较电路。

输入电压也可以加在同相输入端，构成同相输入过零比较电路，请读者自行分析。

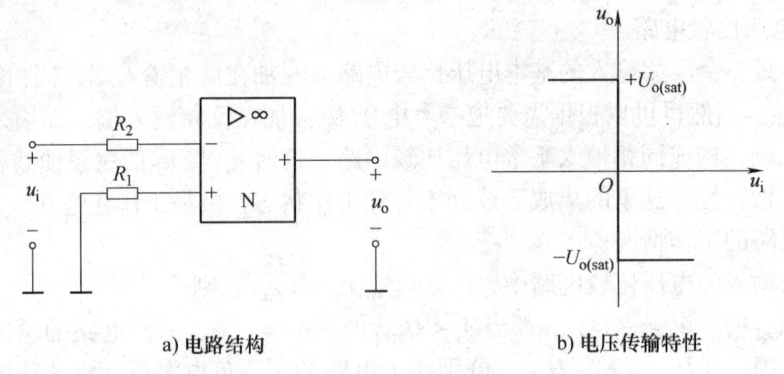

图 4-23　反相输入过零比较电路

例 4-12　电路如图 4-24a 所示，输入电压为正弦波，电路的时间常数 $\tau >> T$，T 是正弦波的周期，且 $u_o(0)=0$，试画出 u_{o1} 和 u_{o2} 的波形。

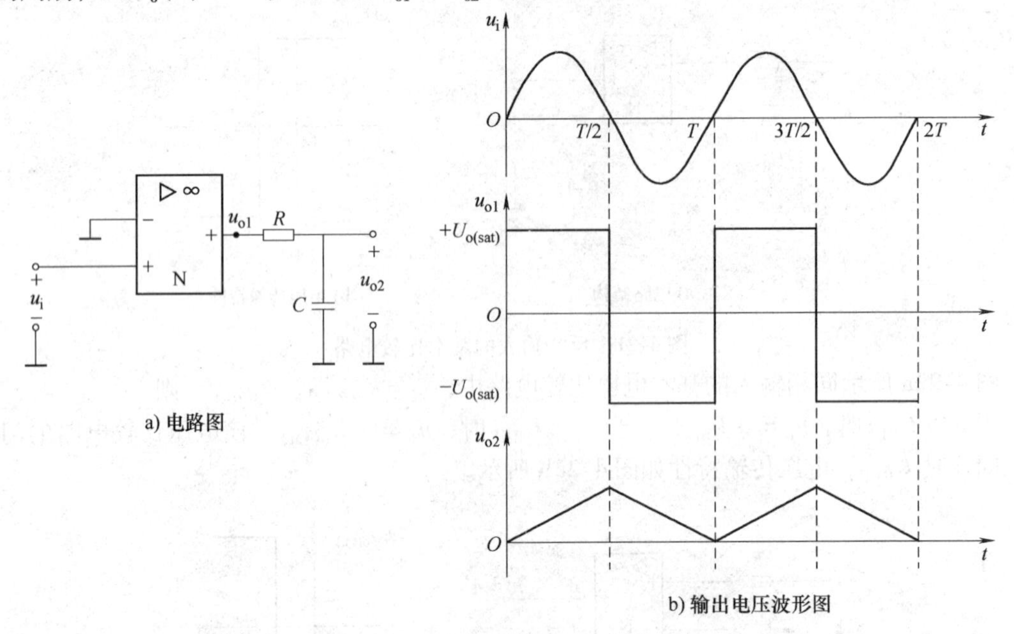

图 4-24　例 4-12 图

解　图 4-24a 所示电路中，反相输入端的参考电压为零，而同相输入端接输入电压 u_i，此时的电路为一同相输入过零比较器。若输入电压 u_i 为正弦波，则同相输入过零比较电路的输出电压 u_{o1} 为矩形波，并且其极性与输入电压 u_i 的极性相同。

由图可见，集成运算放大器的输出端接 RC 积分电路，由 RC 积分电路对输出电压 u_{o1} 进行积分，由于 RC 电路的时间常数很大，电容充放电的时间很长，所以 u_{o1} 经积分后的输出电压 u_{o2} 接近三角波，如图 4-24b 所示。

2. 具有限幅作用的电压比较电路

当电路需要与所连接的数字电路的电平配合时，要求比较器的输出电压限制在某一特定的数值上，就需要在比较器的输出端接上限幅电路。限幅电路是利用稳压管的稳压功能来实现的。如图4-25a所示，比较器的输出通过限流电阻 R 接在特性相同的稳压管 VS_1 和 VS_2 上。这种比较器的输出电压的幅度被稳压管限制，同时可以稳定输出电压。

比较器的状态转换及门限电压与前述分析一致。电路的门限电压为 $u_i = U_{REF}$。

$u_i > U_{REF}$时，则有 $u_o = -U_Z$；当 $u_i < U_{REF}$时，则 $u_o = U_Z$。其中 U_Z 为稳压对管的稳定输出电压，且 $U_Z < U_{o(sat)}$。电压传输特性见图4-25b。当输入电压 u_i 为正弦电压时，输出电压 u_o 为正、负半周宽度不等的矩形波，幅度被限制在 $-U_Z$ 和 $+U_Z$ 之间，如图4-25c所示。这种输出由双向稳压管限幅的电路称为双向限幅电路。

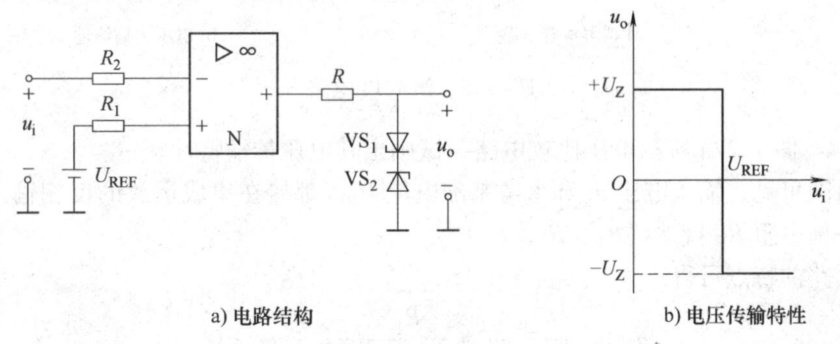

a) 电路结构　　b) 电压传输特性

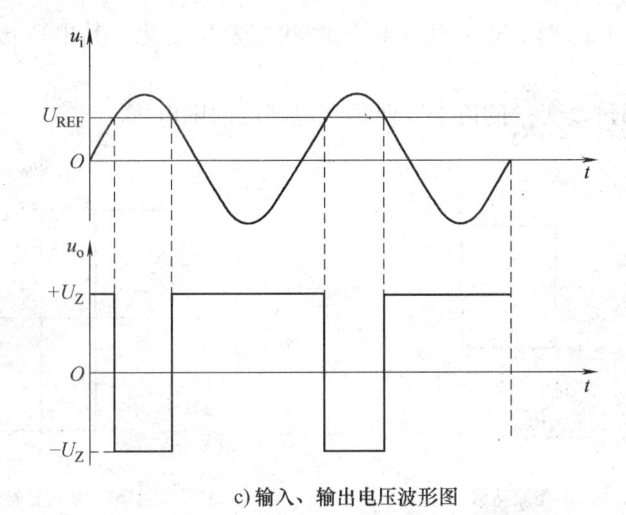

c) 输入、输出电压波形图

图4-25　具有限幅作用的电压比较电路

例4-13　电路如图4-26所示，分析电路的功能。

解　输入电压为从传感器取得的某一参数（如温度、压力等）信号，从同相输入端引入，参考电压加在反相输入端。当 $u_i > U_{REF}$时，该电路的比较器输出正向电压，使晶体管V饱和导通，报警信号灯亮，说明被监视的电压超过正常值；当 $u_i < U_{REF}$时，电路的比较器输出负向电压，晶体管V截止，指示灯不亮，表明被监视的电压信号未超过正常值，工作正常。二极管的作用是保护晶体管V，当比较器输出负向电压时，二极管反向导通，将反向电压限制在0.7V左右，防止晶体管V的发射结反向电压太高而导致的晶体管击穿。此电路

实际是一种反向限幅电路，电压传输特性见图 4-26b。能够实现正向限幅的电路，请读者自行分析。

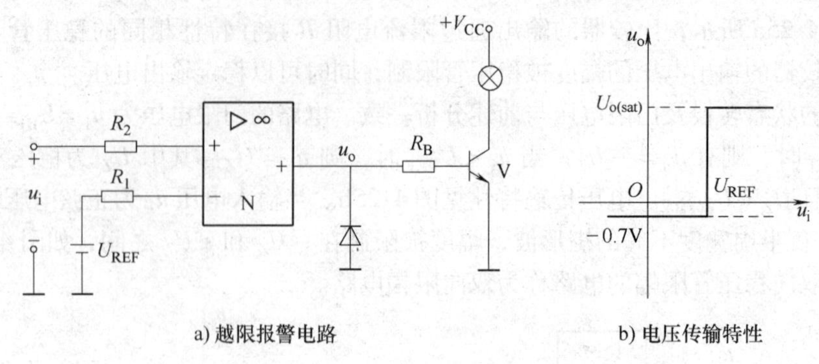

a) 越限报警电路　　b) 电压传输特性

图 4-26　例 4-13 电路

例 4-14　图 4-27a 所示电压比较电路，试画出其电压传输特性。

解　由图可见，输入电压 u_i 和参考基准电压 U_{REF} 都接在集成运放的反相输入端，同相输入端经平衡电阻 R_P 接地（$R_P = R_1 /\!/ R_2$）。

根据电路的特点可得

$$u_- = \frac{R_2}{R_1 + R_2}u_i + \frac{R_1}{R_1 + R_2}u_{REF}，u_+ = 0。$$

可知在 $u_i = -\frac{R_1}{R_2}U_{REF}$时，电路输出电压的状态发生变化，其电压传输特性如图 4-27b 所示。此电路可以通过改变$\frac{R_1}{R_2}$的值来方便调整电路的门限电压。

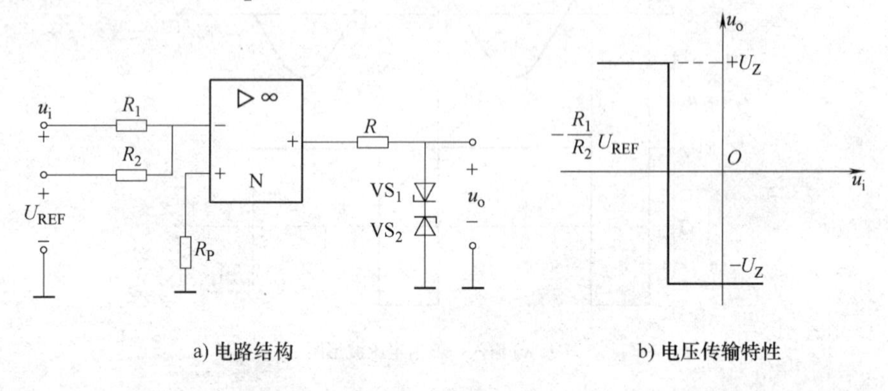

a) 电路结构　　b) 电压传输特性

图 4-27　例 4-14 图

4.3.2　双门限电压比较电路

单限比较器具有电路简单、灵敏度高的优点，但存在抗干扰能力差的缺点。如果输入电压受到干扰的影响，在门限电平上下波动，则输出电压将在高、低两个电平之间反复跳变。实际应用中，有时电路过分灵敏会对设备产生不利影响，甚至使之不能正常工作。例如，如果过零比较电路的输入电压 u_i 的大小恰好在零值附近时，则可能由于零点漂移或噪声等的影响，造成输出电压 u_o 不断发生跃变，比较器不能正常工作。如在控制系统中发生此情况，将对执行机构产生不利的影响。对于其他的开环比较器也是如此。因而，实用的电压比较电路有时需要一定的惯性，即在一定的输入电压范围内，输出电压保持原状态不变。双门限比较电路具有这一特点。为了提高比较器的抗干扰能力，可以在开环比较器的基础上增加由电阻构成的正反馈环节，称为施密特比较电路，又称施密特触发电路，如图4-28a所示。

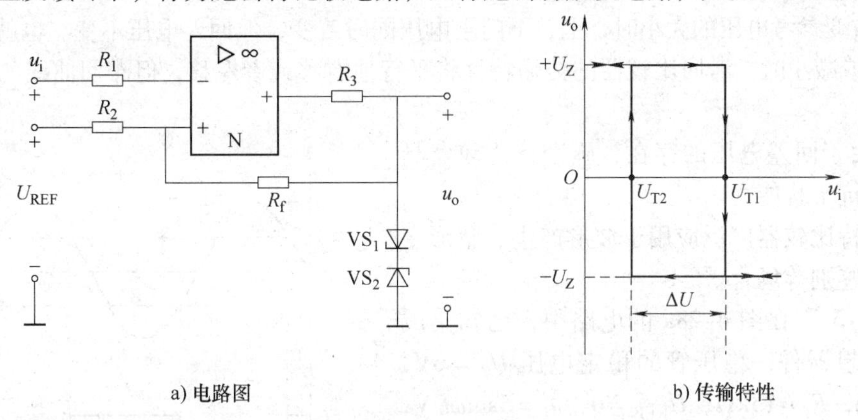

图4-28　施密特比较电路

在图4-28中，输入电压 u_i 经过电阻 R_1 接在集成运放的反相输入端，参考电压 U_{REF} 经电阻 R_2 接在同相输入端。u_o 从输出端通过电阻 R_f 引回至同相输入端，电阻 R_3 和稳压对管 VS_1、VS_2 构成限幅电路，将输出电压的幅度限制在 $\pm U_Z$。

由“虚断”的特点，知 $u_- = u_i$，而

$$u_+ = \frac{R_2}{R_2 + R_f}u_o + \frac{R_f}{R_2 + R_f}U_{REF} = U_T \tag{4-14}$$

可见，u_+ 是由参考电压及输出电压共同决定的。由于输出电压 $u_o = \pm U_Z$，故 u_+ 将随 u_o 取值的不同而相应取两个不同值。该电路的实质是对 u_+ 和 u_- 进行比较，当 $u_- > u_+$ 时，电路的输出为 $u_o = -U_Z$；当 $u_- < u_+$ 时，电路的输出为 $u_o = +U_Z$。因此，使输出电压由 $+U_Z$ 跳变到 $-U_Z$，以及由 $-U_Z$ 跳变到 $+U_Z$ 所需的输入电压 u_+ 是不同的，也就是这种比较器有两个不同的门限电平，即为双门限比较电路。

下面分析施密特比较电路两种输出状态的门限电平值。

设电路的初始状态为 $u_o = +U_Z$，此时集成运放同相输入端电位为

$$u'_+ = \frac{R_2}{R_2 + R_f}U_Z + \frac{R_f}{R_2 + R_f}U_{REF} = U_{T1} \tag{4-15}$$

由集成运放的特点“虚短”可得 $u_- \approx u_+ = U_{T1}$，并由前述分析可知，当某一瞬间，u_i 稍大于 U_{T1}，电路输出电压的状态就由 $+U_Z$ 转换到 $-U_Z$，由于电路中正反馈的作用，电路输出电压的状态转换非常迅速。同理，电路的输出状态转换成 $u_o = -U_Z$ 后，集成运放同相输入端的电压也变为

$$u''_+ = \frac{R_2}{R_2 + R_f}(-U_Z) + \frac{R_f}{R_2 + R_f}U_{REF} = U_{T2} \tag{4-16}$$

那么，当 u_i 减小到稍小于 U_{T2} 时，电路的输出电压就由 $-U_Z$ 转换到 $+U_Z$，整个转换过程传输特性如图4-28b所示。由特性曲线可见，施密特比较电路输出电压的转换是在输入电压 u_i 等于 U_{T1} 或 U_{T2} 这两处发生的，且由于 $U_{T1} > U_{T2}$，使得该比较器的传输特性与磁滞回线相类似，具有滞回特性，所以这种比较器又称为滞回比较器。其中 U_{T1} 称为上门限电压，

U_{T2}称为下门限电压。U_{T1}和U_{T2}之差$\Delta U = U_{T1} - U_{T2}$称为回差电压。

说明：由式（4-15）和式（4-16）知：

1）调节正反馈网络中的R_f、R_2，能够改变回差电压的大小；

2）改变参考电压的大小时，上、下门限电压同时改变，但回差电压不变。也就是说，当U_{REF}增大或减小时，滞回比较器的传输特性将平行地右移或者左移，但滞回曲线的宽度保持不变。

3）由于回差电压的存在，施密特比较器具有较强的抗干扰能力。

施密特比较器广泛应用于波形产生、整形变换和幅度鉴别等场合。

例 4-15 在图 4-28a 的电路中，已知集成运放为理想器件，稳压管的稳定电压$U_Z = 6V$，$R_2 = 10k\Omega$，$R_f = 15k\Omega$，$U_{REF} = 0$，$u_i = 5\sin\omega t$ V，波形如图 4-29 所示。试画出u_o的波形。

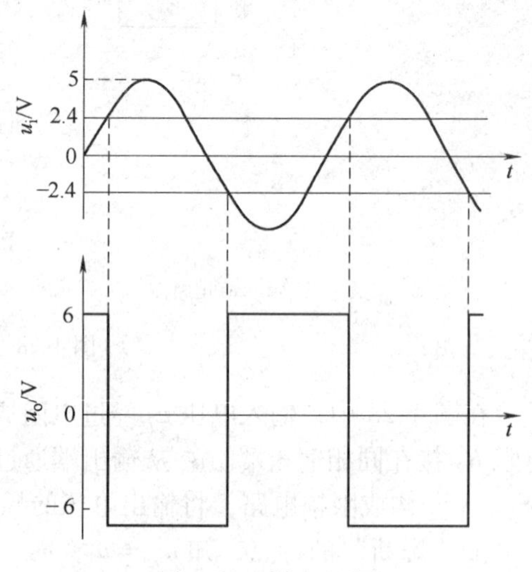

图 4-29 例 4-15 图

解 由式（4-15）可得上门限电压

$$U_{T1} = \frac{R_2}{R_2 + R_f}U_Z + \frac{R_f}{R_2 + R_f}U_{REF}$$

$$= \frac{R_2}{R_2 + R_f}U_Z = \frac{10}{10 + 15} \times 6V = 2.4V$$

同理再由式（4-16）得下门限电压

$$U_{T2} = \frac{R_2}{R_2 + R_f}(-U_Z) + \frac{R_f}{R_2 + R_f}U_{REF} = \frac{R_2}{R_2 + R_f}(-U_Z) = \frac{10}{10 + 15} \times (-6)V = -2.4V$$

输出电压波形如图 4-29 所示。

[思考题]

1. 电压比较器和基本运算电路中的集成运放的工作有何区别？分别工作在电压传输特性的哪个区？
2. 试分析同相输入的过零比较器的输出电压和输入电压关系，画出电压传输特性。
3. 试分析在$U_{REF} = 0$时，施密特比较电路的上、下门限电压，以及其电压传输特性。

*4.4 信号产生电路

在测量、自动控制和计算机等领域中广泛应用信号产生电路，用来产生常见的方波、矩形波、三角波和锯齿波等信号，本节将简要介绍各电路的工作原理。

4.4.1 方波产生电路

图 4-30a 是一个基本的方波产生电路，它是利用一个滞回比较器和一个 RC 充放电回路组成的自激振荡电路。与滞回比较器相比较，方波发生器去掉了反相输入端的信号而改接了电容 C，并增加了反馈电阻 R_{f2}。回顾前述内容可知：应用比较器可以产生方波，但比较器需要有输入信号时才能产生方波信号输出，而图 4-30a 所示的方波发生器不需要输入信号就能产生方波。

既然方波产生电路中没有输入信号，那么输出的方波信号从何而来呢？它是靠正反馈和

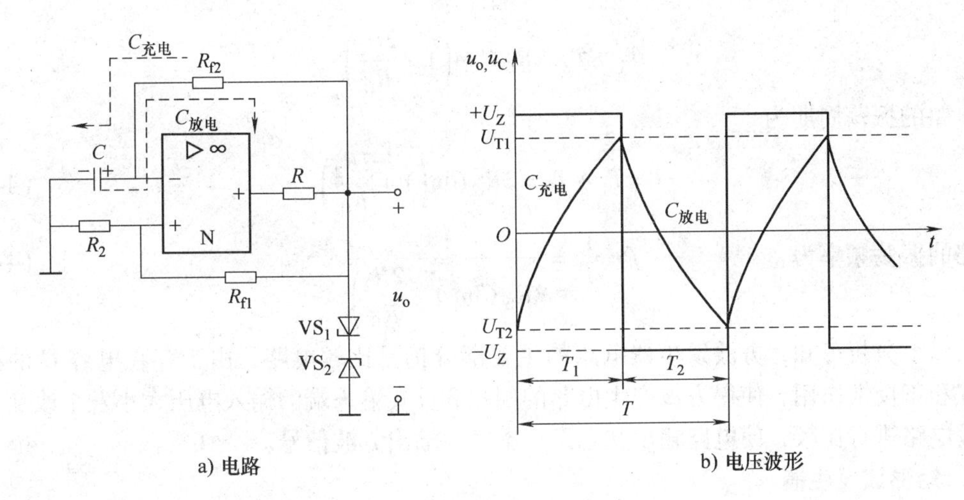

a) 电路　　b) 电压波形

图 4-30　方波发生器

电容 C 的充放电，在比较电路的基础上形成了一个自激振荡电路。

1. 工作原理

已知滞回比较器的输出有两种可能状态：高电平或低电平。此方波产生电路通过使 RC 电路反复充电和放电，来实现电路中滞回比较器输出的高低电平转换，最后在滞回比较器的输出端得到一个高低电平周期性交替的方波。

按图中参数，滞回比较器的两个门限电压分别是

$$U_{\mathrm{T1}}=\frac{R_2}{R_2+R_{\mathrm{f1}}}U_{\mathrm{Z}},\quad U_{\mathrm{T2}}=\frac{R_2}{R_2+R_{\mathrm{f1}}}(-U_{\mathrm{Z}})$$

设电路已正常工作，初始状态为 $u_{\mathrm{o}}=+U_{\mathrm{Z}}$，这时集成运放同相输入端的电压为上门限电压 U_{T1}

$$u'_{+}=\frac{R_2}{R_2+R_{\mathrm{f1}}}U_{\mathrm{Z}}=U_{\mathrm{T1}}$$

由于反相输入端电容 C 的电压不能跃变，在此期间输出电压 $u_{\mathrm{o}}=+U_{\mathrm{Z}}$ 通过反馈电阻 R_{f2} 向电容 C 充电，u_{C} 上升，当 u_{C} 上升到稍大于 U_{T1} 时，在正反馈的作用下，输出电压 u_{o} 将由 $+U_{\mathrm{Z}}$ 迅速转换为 $-U_{\mathrm{Z}}$，电容 C 充电的电压 u_{C} 达到最大值，这时集成运放的同相输入端的电压变为下门限电压

$$u''_{+}=\frac{R_2}{R_2+R_{\mathrm{f1}}}(-U_{\mathrm{Z}})=U_{\mathrm{T2}}$$

此时电容 C 又要通过电阻 R_{f2} 放电，u_{C} 开始下降，当 u_{C} 下降到稍小于 U_{T2} 时，输出电压 u_{o} 将由 $-U_{\mathrm{Z}}$ 迅速转换为 $+U_{\mathrm{Z}}$，然后又对电容充电，如此不断转换，反复循环，电路形成振荡，在输出端就得到了周期性的方波信号输出。而电容 C 的两端电压 u_{C} 为三角波，u_{C} 和 u_{o} 的波形见图4-30b。

2. 振荡周期和频率

由电容充放电的过渡过程，可以求出输出电压 u_{o} 的周期 T，也就是电路的振荡周期 T 和频率 f。电容 C 充电开始到输出电压状态由 $+U_{\mathrm{Z}}$ 转换为 $-U_{\mathrm{Z}}$ 的时间记为 T_1，而电容 C 放电开始到输出电压状态由 $-U_{\mathrm{Z}}$ 转换为 $+U_{\mathrm{Z}}$ 的时间记为 T_2，那么

$$T_1 = T_2 = R_{f2} C \ln\left(1 + \frac{2R_2}{R_{f1}}\right)$$

因此电路的振荡周期为

$$T = T_1 + T_2 = 2R_{f2} C\ln\left(1 + \frac{2R_2}{R_{f1}}\right) \tag{4-17}$$

而电路的振荡频率为

$$f = \frac{1}{T} = \frac{1}{2R_{f2} C\ln\left(1 + \frac{2R_2}{R_{f1}}\right)} \tag{4-18}$$

由以上分析可知，方波发生器电路的主要部分仍是比较电路，由于存在电容 C 的充放电过程和正反馈作用，使得方波产生电路的同相和反相输入端的输入电压大小发生改变，再由比较电路进行比较，使电路输出状态发生翻转，输出方波信号。

4.4.2 矩形波发生器

图 4-30a 所示的电路，当电容的充电时间常数等于其放电时间常数时，有 $T_1 = T_2$，此时输出电压形式为方波，即 u_o 等于高电平和低电平的时间各为 $T/2$，波形的占空比（正脉冲持续时间与波形的周期之比）等于50%。若希望占空比能够根据需要进行调节，则可通过使电容的充电时间与放电时间不等来实现，即使 $T_1 \neq T_2$，那么电路的输出电压形式就为矩形波。可以依据这一思想设计出矩形波产生电路，如图 4-31所示。

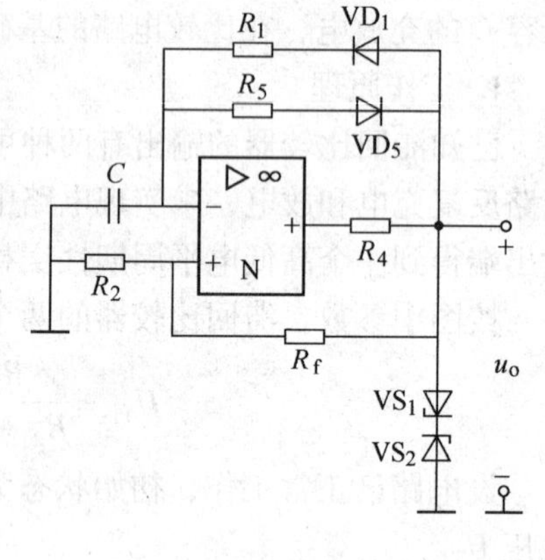

图 4-31 矩形波产生电路

图中电容 C 的充放电时间常数分别为

充电时间常数：$\tau_1 = (R_1 + R_D)C$

放电时间常数：$\tau_2 = (R_5 + R_D)C$

其中，R_D 为二极管正向电阻，从而可以导出矩形波的周期为

$$T = T_1 + T_2 = \tau_1 \ln\left(1 + \frac{2R_2}{R_f}\right) + \tau_2 \ln\left(1 + \frac{2R_2}{R_f}\right) \tag{4-19}$$

矩形波信号常用来做数字电路的信号源或模拟开关的控制信号，它也是其他非正弦波发生电路的信号基础。因为矩形波含有丰富的谐波成分，所以矩形波产生电路也称为多谐振荡器。

*4.4.3 三角波发生电路

图 4-30a 所示的电路，电容的电压是按照指数规律变化的，近似为三角形。当从电容上输出电压时，其波形与三角波形有一定的差别。若用恒流源代替电路中的电阻 R_{f2}，使电容 C 恒流充、放电，就可以形成较为理想的三角波发生器。因此图 4-30a 所示的方波电路经过改造可以同时产生一个三角波信号，如图 4-32a 所示电路即构成三角波发生器。它在由 N_1 构成的矩形波发生器的输出端接一积分电路，以替代 4-30a 中的 $R_{f2}C$ 电路，并将 R_2 的一端改接到 N_2 的输出端。

1. 工作原理

图 4-32a 所示的三角波产生电路，是由一个同相输入的滞回比较器 N_1 和反相积分器 N_2

组成的。滞回比较器 N_1 的同相输入端电压 u_+ 与 u_{o1} 和 u_o 有关，根据叠加原理，可得

$$u_+ = \frac{R_3}{R_2+R_3}u_o + \frac{R_2}{R_2+R_3}u_{o1} \quad 或 \; u_+ = \frac{R_3}{R_2+R_3}u_o \pm \frac{R_2}{R_2+R_3}U_Z$$

上式表明 u_+ 随着输出电压 u_o 的变化而变化。

假设初始时刻 $t=0$ 时，滞回比较器 N_1 的输出为低电平，即 $u_{o1}=-U_Z$，且假设初始时刻积分电容上的电压为零，即 $u_C=0$。则 N_1 同相输入端的电压为

$$u_+ = \frac{R_3}{R_2+R_3}u_o - \frac{R_2}{R_2+R_3}U_Z \tag{4-20}$$

此刻，$u_+<0$，积分电路的输出电压 u_o 随时间往正方向线性增长，u_+ 随之上升，当上升到 $u_+-u_-\geqslant 0$ 时，滞回比较器的输出端发生跳变，使 $u_{o1}=+U_Z$，同时 u_+ 将跳变成一个正值。此后，积分电路的输出电压将随着时间往负方向线性增长，u_+ 随之下降，当下降到 $u_+-u_-\leqslant 0$ 时，滞回比较器的输出端再次发生跳变，使 $u_{o1}=-U_Z$，同时，u_+ 也跳变成一个负值。如此重复上述过程，就可以在滞回比较器的输出端得到矩形波电压 u_{o1}，而在积分电路的输出端得到三角波电压 u_o，波形如图 4-32b 所示。

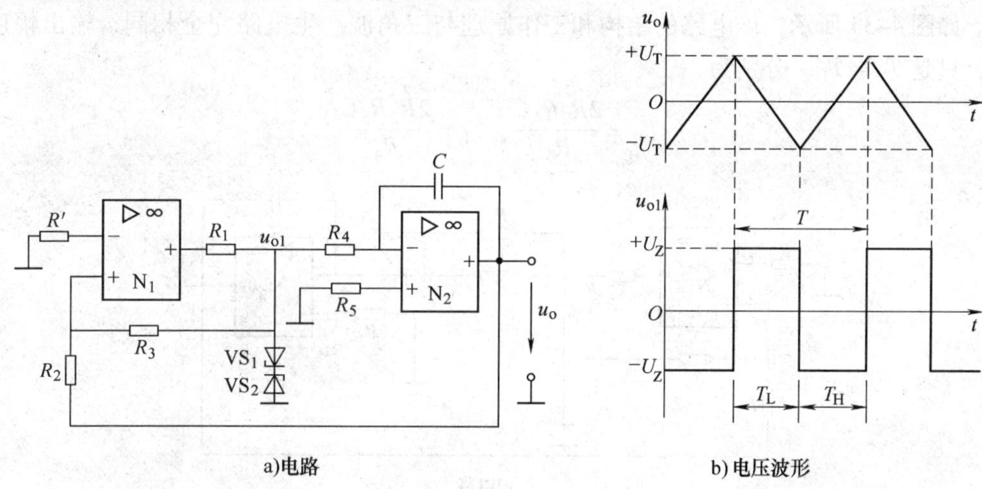

图 4-32　三角波发生电路

2. 三角波的幅值

分析三角波从 $-U_T$ 到 $+U_T$ 的过程，当 u_{o1} 发生跳变时，三角波的输出电压达到最大值 $+U_T$，使 u_{o1} 发生跳变的条件是：$u_+=u_-=0$，将 $u_+=0$ 和 $u_{o1}=-U_Z$ 代入式（4-20），可得

$$0 = \frac{R_3}{R_2+R_3}U_T + \frac{R_2}{R_2+R_3}(-U_Z)$$

得到三角波输出的幅度为

$$U_T = \frac{R_2}{R_3}U_Z \tag{4-21}$$

3. 振荡周期和频率

由图 4-32b 可见，当积分电路对输入电压 $-U_Z$ 进行积分时，在半个振荡周期的时间 T_H 内，输出电压 u_o 将从 $-U_T$ 上升至 $+U_T$，根据积分电路的输出、输入关系获得

$$2U_{\mathrm{T}} = \frac{1}{R_4 C}\int_0^{T_{\mathrm{H}}} U_{\mathrm{Z}}\mathrm{d}t$$

即

$$2\frac{R_2}{R_3}U_{\mathrm{Z}} = \frac{T_{\mathrm{H}}}{R_4 C}U_{\mathrm{Z}}$$

得

$$T_{\mathrm{H}} = 2\frac{R_2 R_4}{R_3}C$$

由于积分电路的正反向积分时间常数相等，所以 $T_{\mathrm{H}} = T_{\mathrm{L}}$，因此三角波的周期为

$$T = T_{\mathrm{H}} + T_{\mathrm{L}} = 2T_{\mathrm{H}} = \frac{4R_2 R_4 C}{R_3} \tag{4-22}$$

*4.4.4 锯齿波产生电路

在示波器的扫描电路及数字电压表等电路中，常常使用锯齿波信号。改变上述三角波产生电路的正反向积分时间常数，使正、反向积分常数大小不同，在输出端就可以得到锯齿波信号。如图4-33所示，该电路的结构和工作原理与三角波产生电路完全相同，输出幅度也相同，只是 $T_{\mathrm{H}} \neq T_{\mathrm{L}}$，分别为

$$T_{\mathrm{H}} = \frac{2R_2 R_4 C}{R_3},\quad T_{\mathrm{L}} = \frac{2R_2 R_5 C}{R_3}$$

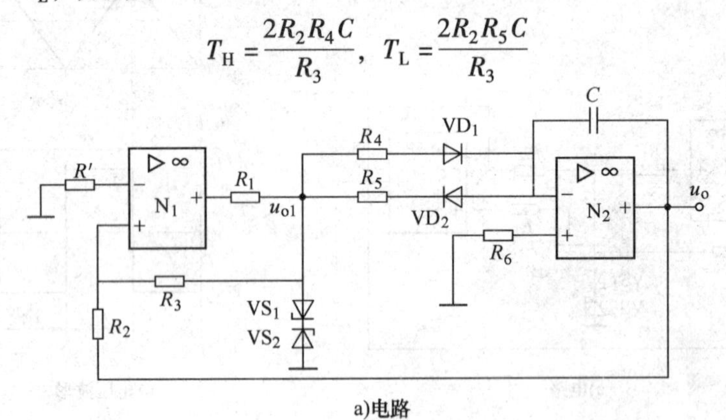

a)电路

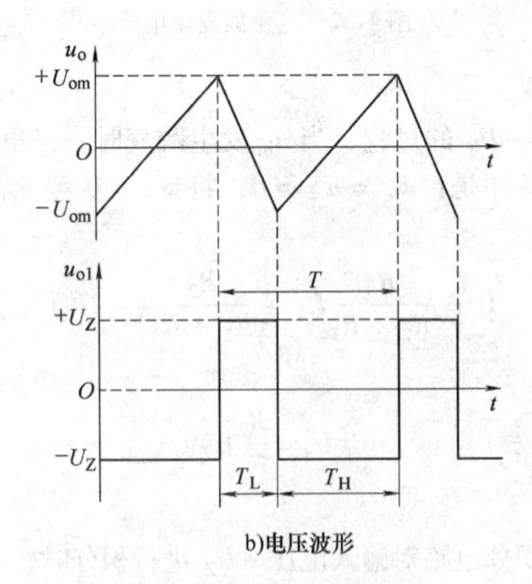

b)电压波形

图4-33 锯齿波产生电路

因此可求得振荡周期 $T=T_H+T_L$ 及振荡频率 $f=1/T$。

*4.5 集成运放的应用

模拟电子技术是一门实践性很强的课程，需要通过实践才能很好地掌握。以集成运放为例，目前国内外各厂家生产的集成运放种类非常多，性能各异，以集成运放为核心所组成的应用电路更是多种多样。本节介绍集成运放正确使用的一些注意事项、设计集成运放电路时的一些基本技巧，同时列举几个具体集成运放组成的应用电路，以供读者参考。

4.5.1 集成运放类型的选择

用集成运算放大器设计应用电路时，需要考虑一些使用问题，才能保证电路正常工作。

1. 集成运放类型的选择

运算放大器的品种很多，除了各种型号的通用运放，还有低漂类型、高输入阻抗型、宽带高速型等各种专用运放。专用运放在某些参数特性上有突出优势，但其他性能并不一定都很好，且价格相对较贵，有些特殊产品不易购买到，所以一定要根据实际的用途和需要来正确选择和使用集成运放，不要一味求新求高。

通过查阅有关集成电路手册，了解哪些型号运放的参数能满足电路要求。由于通用集成运放价格便宜，容易买到，因此一般首先考虑通用型，若通用型不能满足要求，才会根据需要选用相应的专用型运放。在具体参数选择时要注意参数的测试条件，同时留有余地。参数中既要注意静态限制参数，如输入偏置电流、输入失调电压等，也要注意动态限制参数，如各种暂态响应参数（上升时间、转换速率等）、开/闭环特性等。

由于器件参数的分散性，运放的实际参数与手册上给出的典型参数值一般是不一样的，所以在安装运放芯片之前，应对重要的参数进行测试。测试可以使用专门的集成运放测试仪，也可以参考有关资料自己搭接电路进行测试，以确定所用运放是否合适，并找出所选运放的外部接线图，最后对电路作必要的修改。

选好型号后，根据手册中查到的引脚图和设计的外部电路连线，包括电源、外接偏置电阻、消振电路及调零电路等的连接等。

2. 电源去耦处理

没有经过仔细处理的电源回路是一个信号耦合的通路。各级放大器的信号电流经过电源时，在电源内阻上产生的电压降互相影响，若耦合信号与某级输入信号的相位相同，则电路会产生寄生振荡。所以为防止供电电源对运放的干扰，每块运放都需要加去耦电容，如图 4-34 所示。

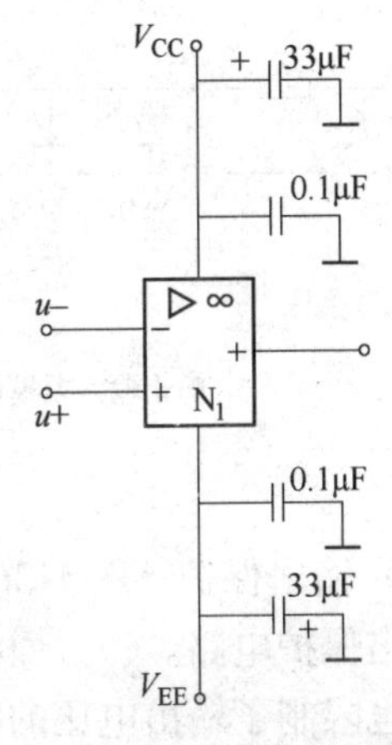

图 4-34 集成运放的电源去耦电路

所接电容的布放位置应尽可能靠近放大器的引脚，接线头要尽可能短，以减小分布电感。

3. 调零

由于集成运放的内部电路不可能做到完全对称，所以在两个输入端都接地（$u_{id}=0$）时，仍然会有电压输出（$u_o\neq0$），造成零点漂移。为此，对于内部无自动稳零措施的运放需外加调零电路，使之在零输入时输出为零。需要调零的运放通常有专门的引脚接调零电位器 RP，故在应用时，应按接线图上的要求接入调零电位器进行调零。

4. 外接电阻的选取

一般集成运放输出电流在 10mA 左右，输出电压一般为伏级。在空载的情况下，应使运放输出电流不超过 2mA，因此反馈电阻要取千欧数量级，若太小会增加信号源负载。外接电阻的阻值也不能过大。由于电阻值本身存在误差，阻值越大，误差值也越大，且随温度和时间的变化而产生的实效误差会影响运算精度；同时，运放的微小失调电流会在外接高阻上引起较大的误差信号。通常外接电阻不应该超过兆欧量级。

另外，还要注意单级运放构成的放大倍数一般不要超过 100。

5. 消振

由于运算放大器的放大倍数很高，内部晶体管存在级间电容和其他寄生参数的影响，所以很容易产生自激振荡，影响运放的正常工作。因此使用时应注意消振。通常按要求外接补偿电容或 *RC* 补偿网络（运放内部已经有了补偿网络的可不接）。为了使运放电路的工作更加稳定，有时在运放的正、负电源端与地之间分别并接几十微法的电解电容和 0.01 ~ 0.1μF 的无极性电容。

6. 保护措施

集成运放在实验、调试过程中容易出现电源极性接反、电源电压过高、输入电压过大、输出端短路或接电源等现象，这将造成运放的损坏。集成运放在使用中常因以下 3 种原因被损坏：输入信号过大，使 PN 结击穿；电源电压极性接反或过高；输出端直接接“地”或接电源，运放将因输出级功耗过大而损坏。因此，为使运放安全工作，要从 3 个方面进行保护。

（1）输入保护　一般情况下，运放工作在开环（即未引入反馈）时，易因差模电压过大而损坏。在闭环状态时，易因共模电压超出极限值而损坏。图 4-35a 是防止差模电压过大的保护电路，在正、负电源连接线上分别串接二极管 VD_1、VD_2。当电源极性接反时二极管反偏而截止，而电源极性连接正确时二极管因正偏而导通，起到保护作用。图 4-35b 是防止共模电压过大的保护电路。

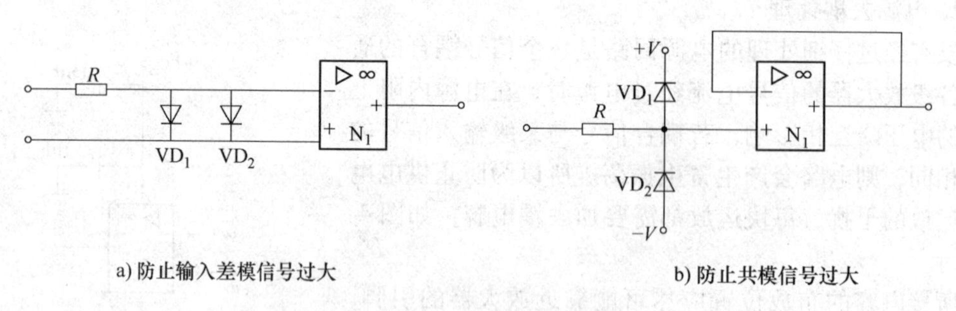

图 4-35　集成运放的输入保护措施

（2）输出保护　图 4-36a 所示带出入端和输出端保护的电路，限流电阻 R_2 和稳压管 VS 组成输出保护电路。一方面将负载与集成运放输出端隔离开来，限制了运放的输出电流；另一方面也限制了输出电压的幅值，可防止输出端接到外部过高电压或短路造成损坏。VS 为两个相同的背靠背稳压管串接而成，稳定电压为 $\pm U_Z$。

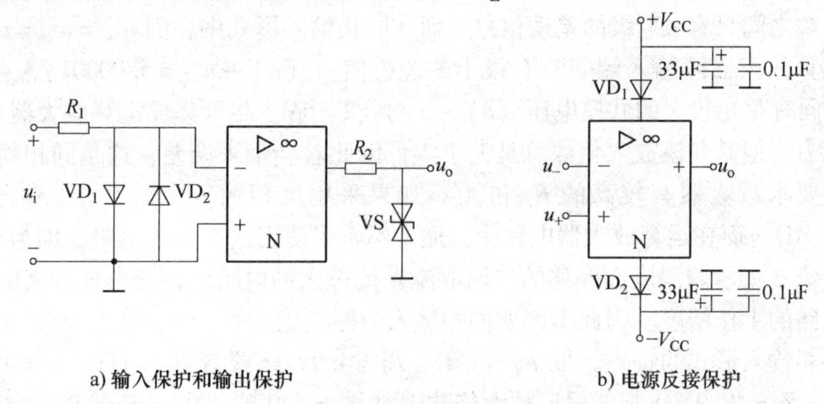

a) 输入保护和输出保护　　b) 电源反接保护

图 4-36　集成运放的输出和电源保护

（3）电源端反接保护　电源反接保护如图 4-36b 所示，其中限流电阻 R_1 和并联在两个输入端之间的一对反接二极管 VD_1、VD_2 组成输入保护电路，可将运放的输入电压限制在 ±0.7V范围内。

当然，任何保护措施都是有限度的，若将输出端直接接电源，则稳压管也会损坏，使输出电阻大大提高，影响电路的性能。

4.5.2　集成运算放大电路的设计举例

下面通过两个例子来说明运算放大器电路设计中的一些具体技巧问题。

例 4-16　假设需要设计一个交流放大器，要求放大倍数 $A_u = 500$，输入电阻 $R_i \geqslant 100k\Omega$。电路设计的第一步是选择方案，可以采用反相输入，也可采用同相输入。采用哪种更好呢？

解　若采用反相输入形式，电路如图 4-37a 所示。为保证 $r_i = R_1 \geqslant 100k\Omega$，则 R_1 至少取 100kΩ；为保证 $A_u = 500$，则需选取 $R_f = 500R_1 = 50M\Omega$，且有 $R_2 = R_1 // R_f = 100k\Omega // 50M\Omega \approx 100k\Omega$。

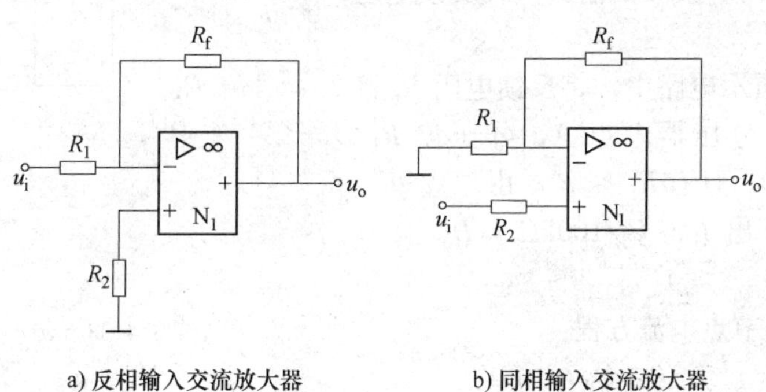

a) 反相输入交流放大器　　b) 同相输入交流放大器

图 4-37　例 4-16 图

若采用同相输入形式，如图 4-37b 所示。由于同相输入阻抗近似无穷大，因此选多大的 R_1 和 R_2 都可以。例如取 $R_1 = 1k\Omega$，$R_f = 499k\Omega$，即可满足 $A_u = 500$，R_2 也近似取 1kΩ 即可。

这两种方案有什么优缺点，各适用于什么场合呢？

采用反相输入形式的优点是：运算放大器不管有无输入信号，其两输入端电位始终为零。两输入端之间只有 μV 级的差动信号。而在同相输入形式中，因 $u_+ = u_- = u_i$，在 u_i 不为零时，运算放大器两输入端间除有极小的差模信号（$u_+ - u_- = 5.00001\text{V} - 4.99999\text{V} = 20\mu\text{V}$），还同时存在较大的共模电压（$u_+ + u_-$）/2 = 5V。尽管集成运算放大器具有较高的共模抑制能力，但其共模放大倍数总是大于零，因此总会带来误差，这是同相输入的缺点。但在本例中要求放大器有较高的 R_i 和 A_u，如果采用反相输入，则 R_1 和 R_f 至少要取到 100kΩ 和 50MΩ。而在运算放大器电路中，通常不希望使用这么大的电阻，因为哪怕是很微小的干扰电流（如随着温度而漂移的失调电流）流过大的电阻，也会形成较大的干扰电压，影响整个电路的工作精度。因此本例取同相输入为好。

针对同相输入形式的特点，取 $R_1 = 1\text{k}\Omega$，$R_f = 4.99\text{k}\Omega$ 或者 $R_1 = 1\Omega$，$R_f = 499\Omega$，或者 $R_1 = 100\text{k}\Omega$，$R_f = 49.9\text{M}\Omega$ 都能保证放大倍数满足 $A_u = 500$ 的要求，那么 R_1 和 R_f 取值多大合适呢？前面已经分析，如果 R_1 和 R_f 过大，可能带来较大的漂移干扰。从减小偏置电流、失调电流及其漂移所造成的误差来看，R_1 和 R_f 取小一些较好。但在电路中，R_1 和 R_f 同时又是放大器的负载，当输出电压不为零时，运算放大器除向负载提供电流外，也同时向 R_f 支路提供电流。例如若取 $R_1 = 1\Omega$，$R_f = 499\Omega$，则当输出电压 $u_o = 10\text{V}$ 时，就将有 20mA 的电流自运算放大器流入 R_1、R_f，而集成运算放大器的最大输出电流通常只有 ±10mA 左右。过重的负载可能使管耗增大，发热严重，造成器件损坏。因此 R_1 和 R_f 的取值既不宜过大，也不宜过小。在适当的取值范围内，R_1 和 R_f 取值大一些或小一些影响不大，只要其比例关系符合要求即可。例如 R_1、R_f 分别取 100Ω、49.9kΩ 或 1kΩ、499kΩ 等均可。

至于如何选取 R_1、R_f、R_2 的精度等级，在对放大倍数要求不严格的应用场合，如一般音响电路中的前置放大级，选取 1 级精度已足够。如果对放大倍数要求极严，则需要提高电阻的精度等级。

例 4-17　假设需要设计一个增益为 500，输入电阻 $r_i > 100\text{k}\Omega$ 的直流放大器，且要求输入、输出电压反相。如何解决反相输入方式反馈电阻高达 50MΩ 的问题。

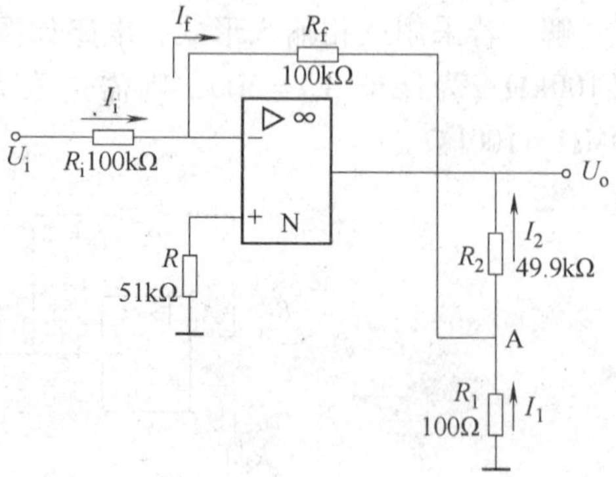

解　图 4-38 所示电路中，将反馈电阻 R_f 接至输出端 R_1、R_2 分压器中点 A，分压比 $R_1/(R_1 + R_2) = 1/500$，且有 $R_1 \ll R_f$。由"虚短"、"虚断"不难分析出 $I_i = U_i/100\text{k}\Omega = I_f$，且有 $U_A = -U_i$。

图 4-38　例 4-17 图

由 A 点可列出节点电流方程

$$I_1 + I_f = I_2 \text{ 及 } I_1 = \frac{0 - U_A}{R_1} = \frac{U_i}{100\Omega}$$

因此 $I_2 = \dfrac{U_i}{100\Omega} + \dfrac{U_i}{100\text{k}\Omega} \approx \dfrac{U_i}{100\Omega}$

$$U_o = U_A - I_2 R_2 = -U_i - \frac{U_i}{100}\Omega \times 49.9\text{k}\Omega = -500U_i$$

即图 4-38 所示电路的放大倍数在图示的参数下 $A_u \approx 500$。计算中略去 I_f 虽然会造成误差，

但因 $R_1 \ll R_f$，在本例中 I_f 仅为 I_1 的千分之一，故这种近似通常是容许的。也可以不略去 I_f，即可计算出精确的 R_1、R_2 分压值，并可通过可变电阻精确调出所需的增益。

此例中如需实现输出、输入电压同相，可采用同相输入方式电路如图 4-39 所示，请读者自行推导其电压放大倍数，并比较图 4-39a、b 电路的优缺点。

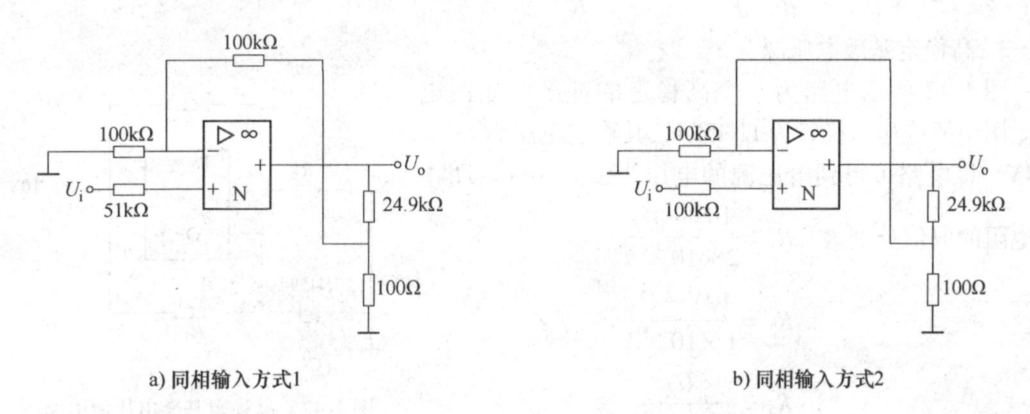

图 4-39　两种同相输入方式的直流放大器

4.5.3　模拟集成电路应用实例

介绍几个以集成运放为基础的实际应用的模拟集成电路，供读者在学习和应用时参考。

1. 传感器用放大器

图 4-40 所示电路为电压传感器用高输入阻抗交流放大电路。由图可知

电路的输入电阻为

$$r_i = R_1\left(1 + \frac{R_2}{R_3}\right)$$

电路的电压放大倍数为

$$A_{uf} = \frac{R_2 + R_3 + R_4}{R_2 + R_3}$$

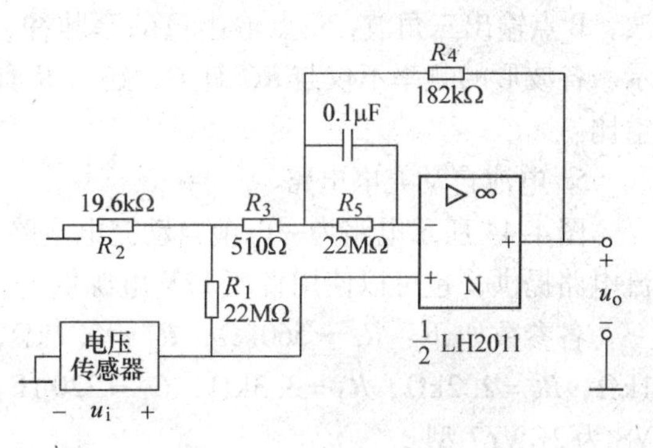

图 4-40　传感器用放大电路

图中的放大器若采用双运放 LH2011 时，输入阻抗可高达约 880MΩ，电压放大倍数约为 20dB，满足传感器对输入阻抗及放大倍数的要求。

2. 图 4-41 是运算放大器测量电路，R_1、R_2 和 R_3 的阻值固定，R_f 是检测电阻。由于某个非电量（压力、温度等）的变化使 R_f 发生变化，其相对变化为 $\delta = \Delta R_f / R_f$，而 δ 与非电量有一定的函数关系。如果能得出输出电压 u_o 与 δ 的关系，就可测得该非电量。设 $R_1 = R_2 = R$，$R_3 = R_f$，并且 $R \gg R_f$。求 u_o 与 δ 的关系。图中 E 是直流电源。

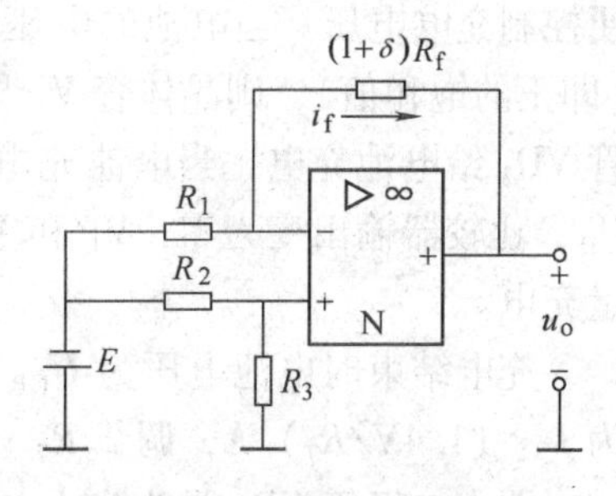

图 4-41　运算放大器测量电路

由前述可知，该运放为差分输入电路，输出与输入的关系［见式（4-9）］为

$$u_o = \left(\frac{R+R_f+\delta R_f}{R}\frac{R_f}{R+R_f} - \frac{R_f+\delta R_f}{R}\right)(-E)$$

由于 $R \gg R_f$，故

$$u_o \approx \left(\frac{R_f}{R} - \frac{R_f+\delta R_f}{R}\right)(-E) = \frac{R_f E}{R}\delta$$

3. 高稳定基准电压源

图 4-42 所示电路为一个高稳定的基准电压源电路。图中的稳压二极管为 1N4594，其稳定电压为 U_Z = 6.4V。该电路可得到电压源的电压为 U_s = 10V。图中各电阻的取值分别为 $R_1 = \frac{10V - U_Z}{2 \times 10^{-3} A}$

$$R_2 = \frac{10V - U_Z}{1 \times 10^{-3} A}$$

$$R_3 = \frac{U_Z}{1 \times 10^{-3} A}$$

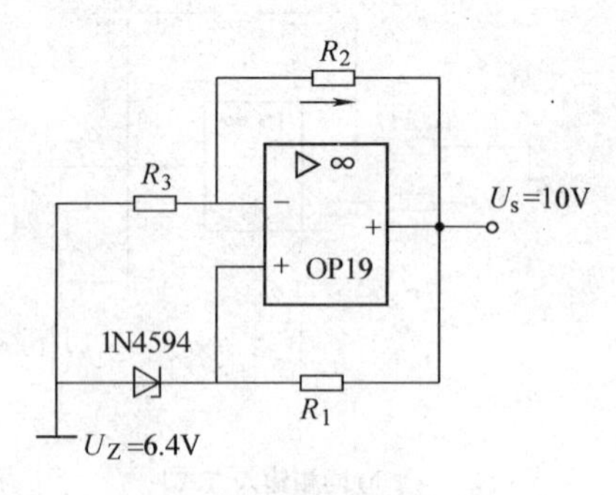

图 4-42　高稳定基准电压源电路图

4. 低成本的可调函数发生器

图 4-43a 是一个低成本的可调函数发生器电路。电路采用了 4 个单运放 μA741，其中 N_1、N_3 构成比较器，N_2、N_4 构成积分电路。该电路可产生 4 种不同的波形。A 点输出方波，B 点输出三角波，C 点输出负的窄脉冲，D 点输出锯齿波，各点波形如图 4-43b，c 所示。各波形的频率不仅与 RC 有关，还与 R 有关。而且，改变 R_1 会改变 C 点输出波形的占空比。

5. 电池自动充电电路

图 4-44 所示电路为一电池自动充电电路，12V 工作电源可由交流 220V 变压后经桥式整流电路提供，也可以使用直流 12V 电源供电。

各参数如下：R_1 = 560kΩ，R_2 = 2.2kΩ，R_3 = 3.3kΩ，R_4 = 5.6kΩ，R_5 = 1kΩ，R_6 = 1kΩ，R_8 = 2.2kΩ，R_9 = 3.3kΩ，C_1 = 220μF，C_2 = 10μF，V_1 为 3DK2 型，V_2 为 3AD6 型，VS 为 2CWZ7 型。

运算放大器接成比较器形式，同相端加基准电压 U_R，U_R 可通过调节 R_2 来改变大小；反相端取自与电池电压成比例的电压，这样运放就将电池的取样电压 u_- 与 U_R 相比较，以便控制充电电压。当电池的电压不足（低于额定值）时，即 $u_- < U_R$，运放输出为高电平（即正的饱和值），则晶体管 V_1 导通，VL 发光，继而使 V_2 也导通，产生恒定电流流经二极管 VD_2 给电池充电，当电池充电电压上升到预定值 U_{GB} 时，其取样电压 u_- 也相应增加到 U_R，比较器输出变为零，V_1 和 V_2 截止，充电停止，充电电流自动切断，防止了电池的过量充电。

充电结束时电池电压为 $U_{GB} = U_R(R_8 + R_9)/R_9 - 0.6V$，它可按需要调节。充电电流为 $I \approx (1.4V/R_7)$ A，调节 R_7 可改变充电电流。

图中二极管 VD_2 是为防止电源断开或整流电路出故障时电池对电路的放电而设的，VD_1 则用来隔离交直流电源的相互影响。

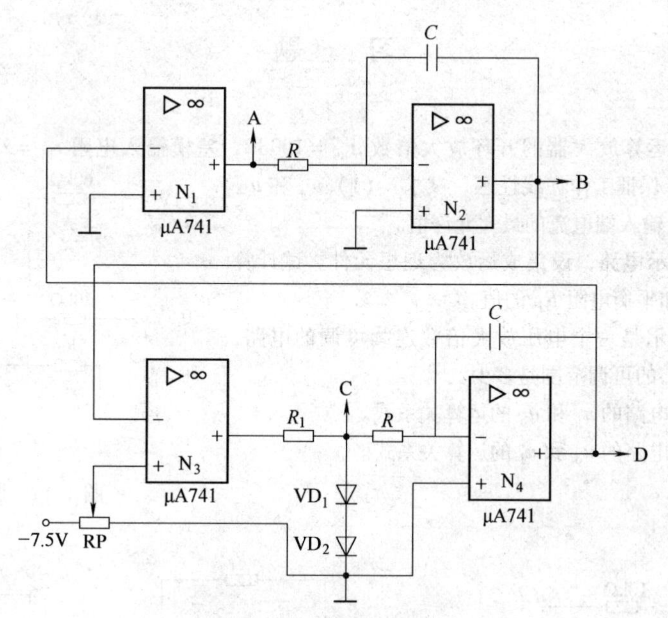

a) 低成本的可调整函数发生器电路

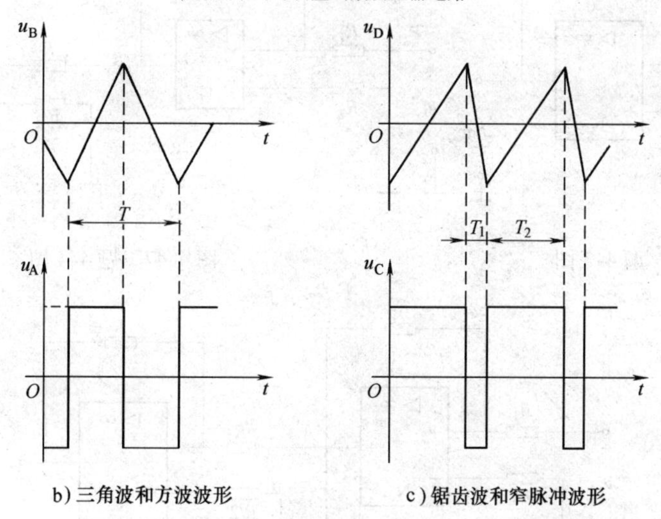

b) 三角波和方波波形　　c) 锯齿波和窄脉冲波形

图 4-43　低成本的可调函数发生器电路及输出波形

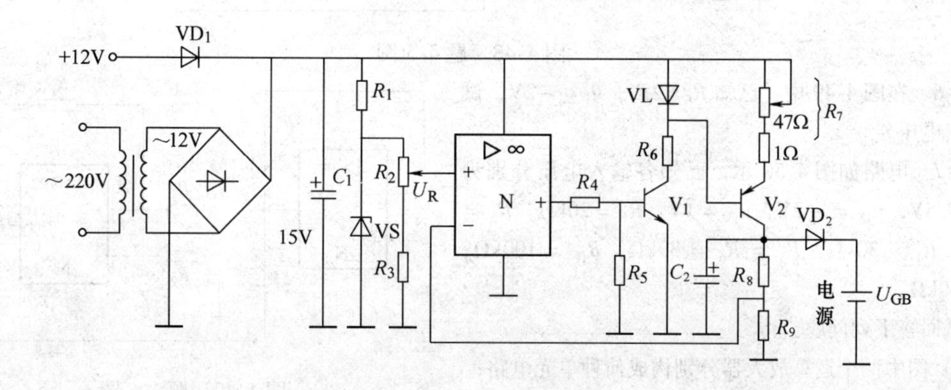

图 4-44　电池自动充电电路

习　题

4-1　已知F007运算放大器的开环放大倍数 $A_{uo}=100\text{dB}$，差模输入电阻 $r_{id}=2\text{M}\Omega$，最大输出电压 $U_{o(sat)}=\pm12\text{V}$。为了保证工作在线性区，试求：(1) u_+ 和 u_- 的最大允许值；(2) 输入端电流的最大允许值。

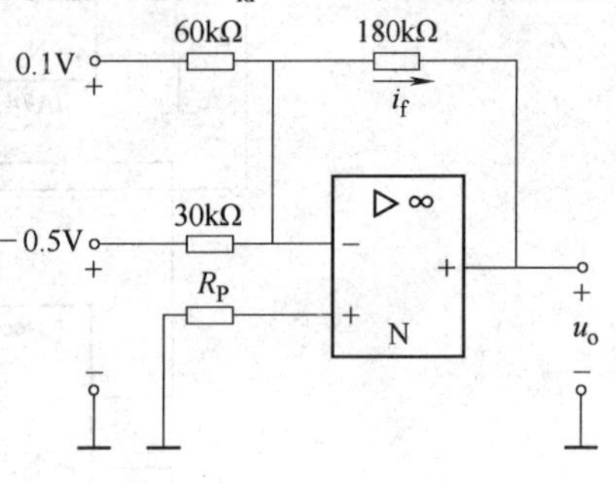

图4-45　题4-2图

4-2　图4-45所示电路，设集成运放为理想元件。试计算电路的输出电压 u_o 和平衡电阻 R_P 的值。

4-3　图4-46所示是一个电压放大倍数连续可调的电路，试问电压放大倍数 A_{uf} 的可调范围是多少？

4-4　求图4-47电路的 u_i 和 u_o 的运算关系式。

4-5　求图4-48电路的 u_o 和 u_i 的运算关系式。

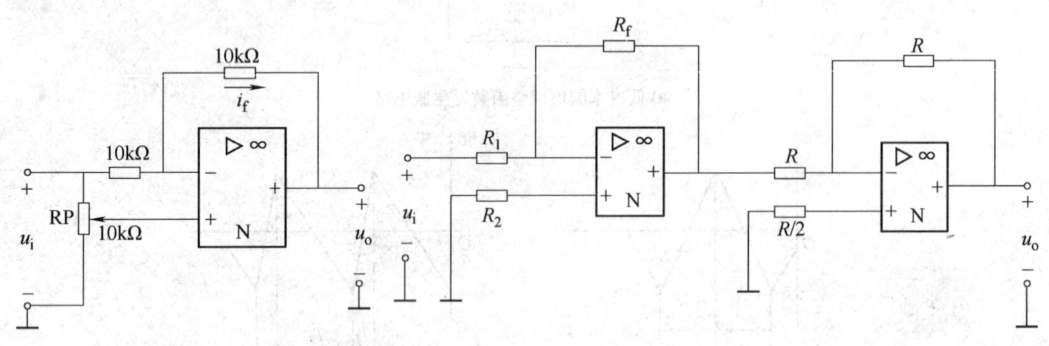

图4-46　题4-3图　　　图4-47　题4-4图

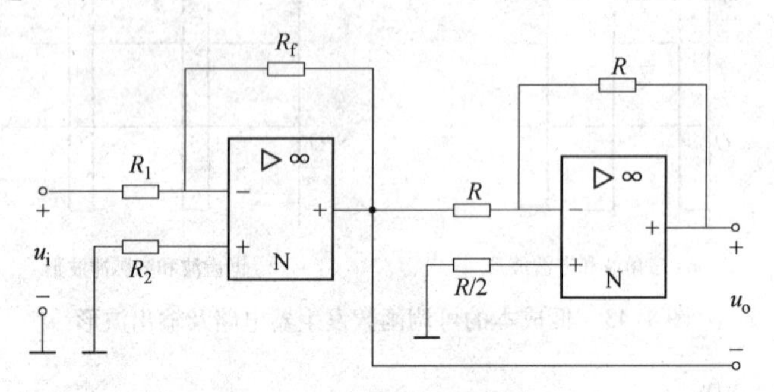

图4-48　题4-5图

4-6　在图4-49中，已知 $R_f=2R_1$，$u_i=-2\text{V}$，试求输出电压 u_o。

4-7　电路如图4-50示，已知各输入电压分别为 $u_{i1}=0.5\text{V}$，$u_{i2}=-2\text{V}$，$u_{i3}=1\text{V}$，$R_1=20\text{k}\Omega$，$R_2=50\text{k}\Omega$，$R_4=30\text{k}\Omega$，$R_5=R_6=39\text{k}\Omega$，$R_{f1}=100\text{k}\Omega$，$R_{f2}=60\text{k}\Omega$。

试回答下列问题：

1) 图中两个运算放大器分别构成何种单元电路；

2) 求电路的输出电压 u_o；

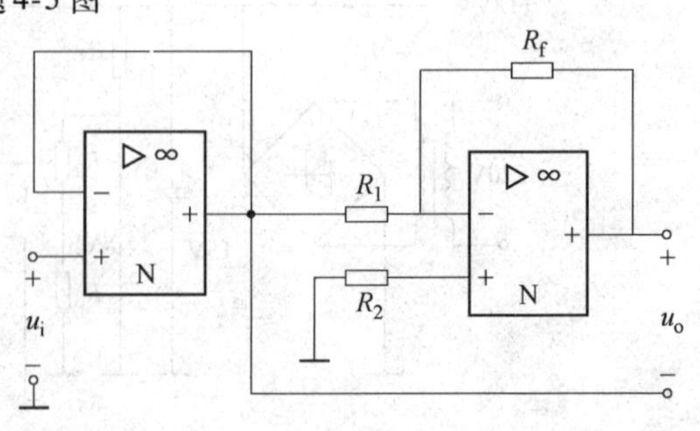

图4-49　题4-6图

3）试确定电阻 R_3 的值。

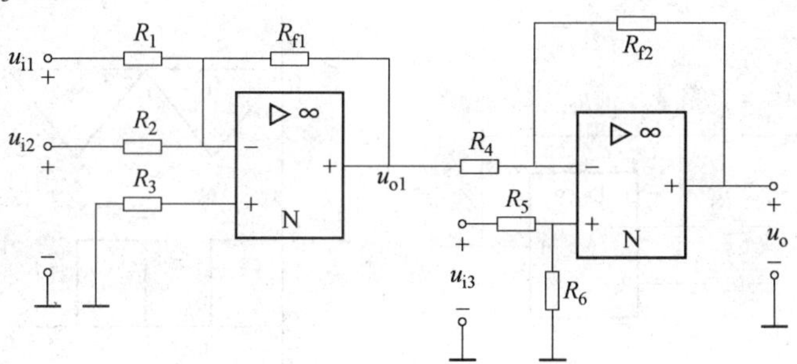

图4-50　题4-7图

4-8　求图4-51所示电路中 u_o 与三个输入电压的运算关系式。

4-9　图4-52所示电路是一种求和积分电路，设集成运放为理想元件，当取 $R_1=R_2=R$ 时，证明输出电压 u_o 与两个输入电压的关系为

$$u_o=-\frac{1}{RC_f}\int(u_{i1}+u_{i2})\mathrm{d}t$$

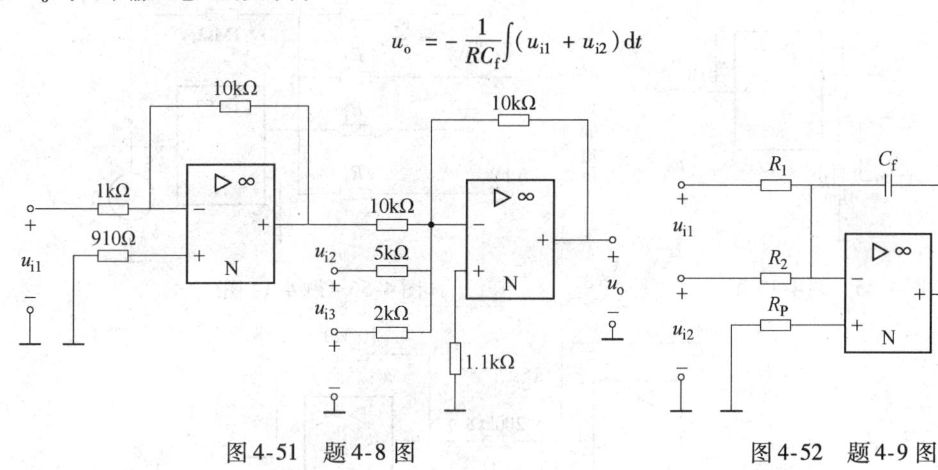

图4-51　题4-8图　　　　图4-52　题4-9图

4-10　设计出实现如下运算功能的运算电路图。

（1）$u_o=-3u_i$；

（2）$u_o=2u_{i1}-u_{i2}$；

（3）$u_o=-(u_{i1}+0.2u_{i2})$；

（4）$u_o=-10\int u_{i2}\mathrm{d}t-2\int u_{i2}\mathrm{d}t$。

4-11　电路如图4-53所示，设集成运放为理想元件，试推导 u_o 与 u_{i1} 及 u_{i2} 的关系。[设 $u_o(0)=0$]

4-12　设电路如图4-54a所示，已知 $R_1=R_2=R_f$，u_{i1} 和 u_{i2} 的波形如图4-54b所示，试画出输出电压的波形。

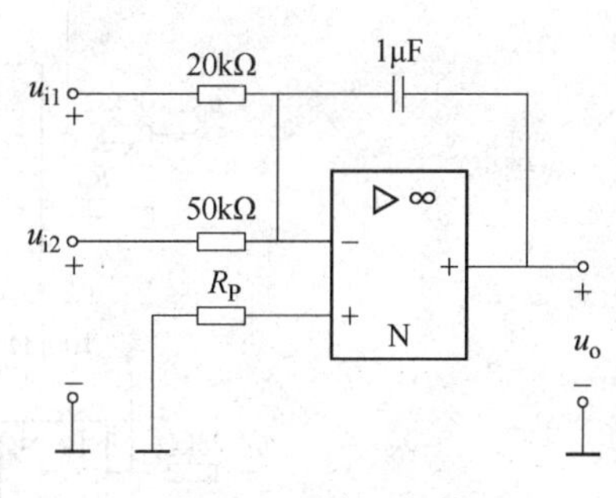

图4-53　题4-11图

4-13　图4-55所示电路为两输入电压的同相加法运算电路，试求输出电压和两个输入电压的关系。若 $R_1=R_2=R_3=6\text{k}\Omega$，$R_4=R_f=3\text{k}\Omega$，$u_{i1}=5\text{mV}$，$u_{i2}=10\text{mV}$，求输出电压 u_o。

4-14　图4-56是应用集成运放测量电压的原理电路，设图中集成运放为理想元件，输出端接有满量程为5V、500μA的电压表，欲得到50V、10V、5V、0.1V共4种量程，试计算各量程 $R_1\sim R_4$ 的阻值。

4-15　电路如图4-57所示，设电容的电压初始值为零，试写出输出电压 u_o 与输入电压 u_{i1} 及 u_{i2} 之间的关系式。

4-16　图4-58所示电路中 u_o 和 u_i 的关系式。

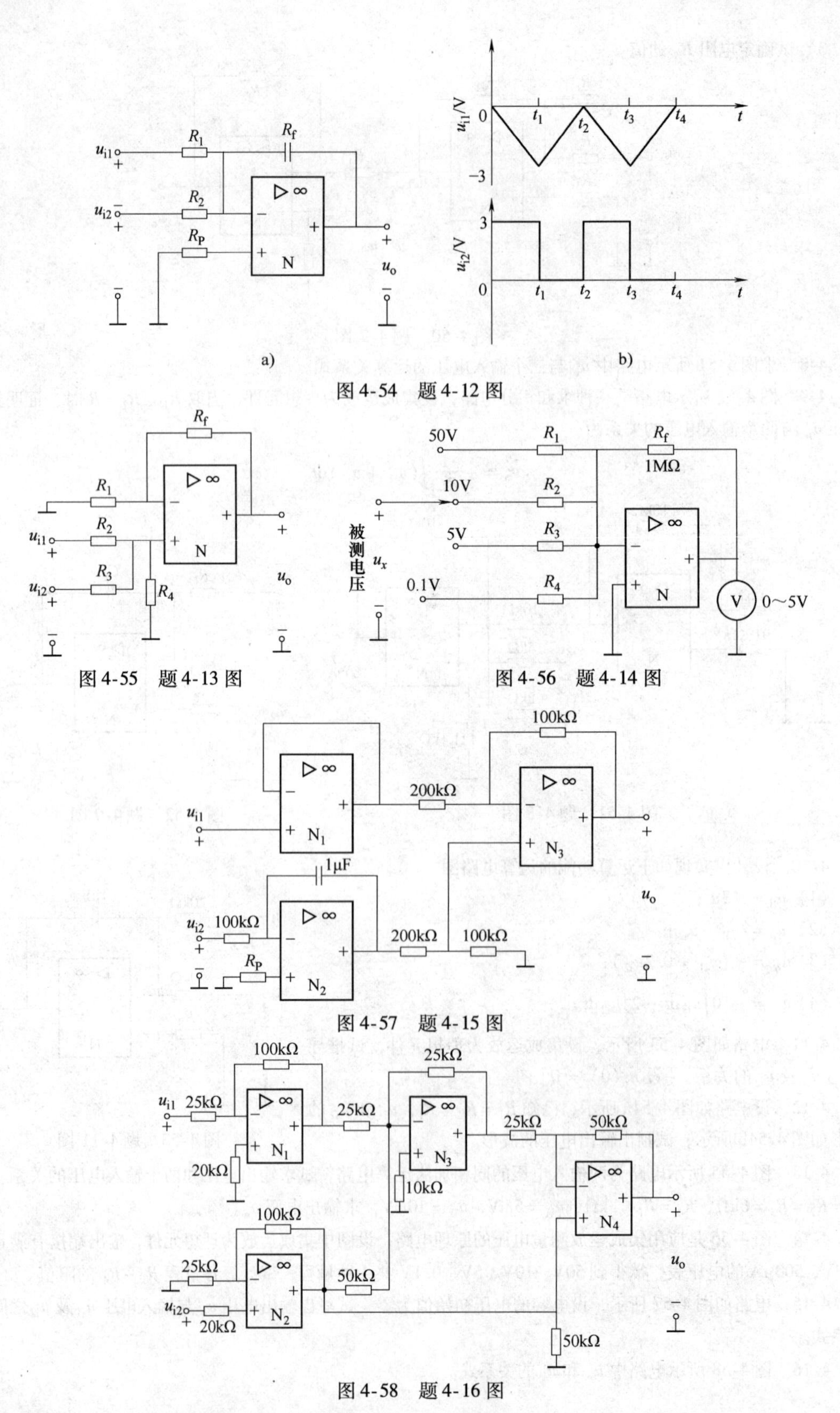

图 4-54　题 4-12 图

图 4-55　题 4-13 图

图 4-56　题 4-14 图

图 4-57　题 4-15 图

图 4-58　题 4-16 图

4-17　图 4-59 所示电路是应用集成运算放大器测量电阻的原理电路，设图中集成运放为理想元件。当输出电压为 5V 时，试计算被测电阻 R_x 的阻值。

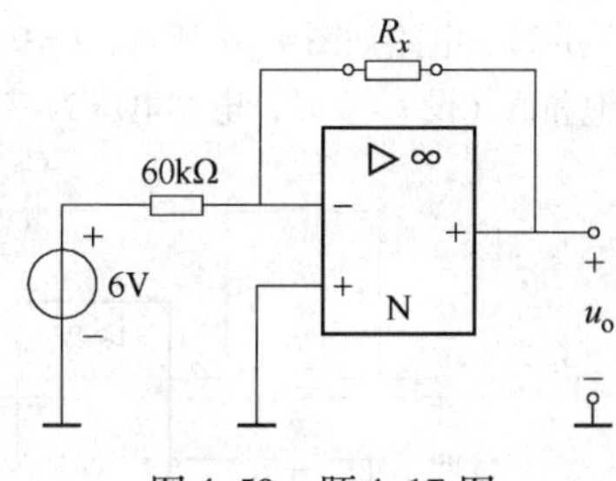

图 4-59　题 4-17 图

4-18　图 4-60 是测量小电流的原理电路，设图中的集成运放为理想元件，输出端接有满量程为 5V、500μA 的电压表。试计算各量程电阻 R_1、R_2、R_3 的阻值。

4-19　如图 4-61 所示，各元件参数图中已标出。试列写输出电压与输入电压的关系式。

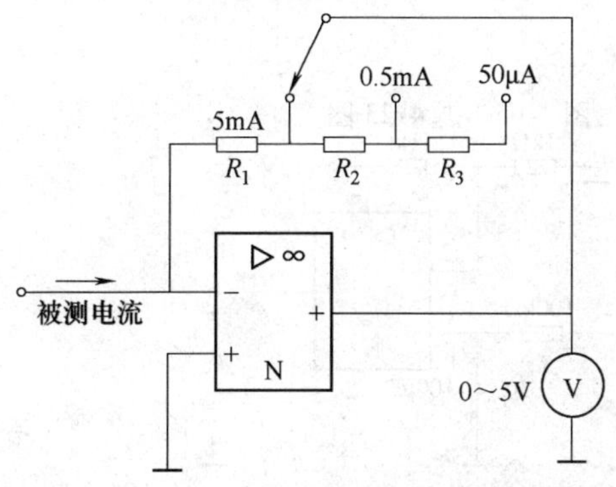

图 4-60　题 4-18 图

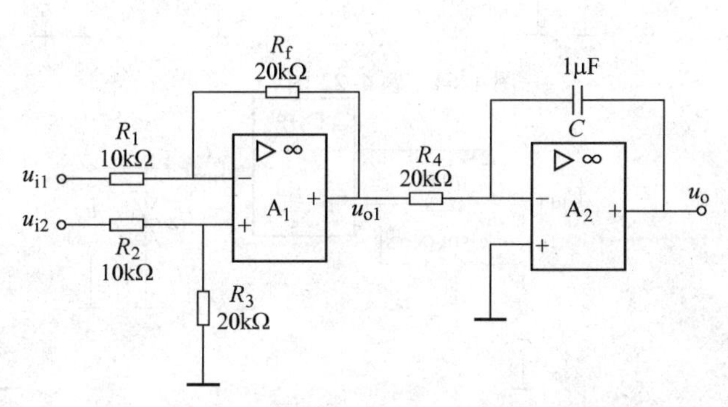

图 4-61　题 4-19 图

4-20　在自动控制系统中，经常用运放组成信号处理电路，实现滤波、采样保持及电压、电流转换等。图 4-62 为一集成运放组成的有源低通滤波电路，试分析输入和输出电压的关系，给出其幅频特性关系式。

4-21　一积分电路和输入电压波形如图 4-63 所示，若 $R = 50\text{k}\Omega$，$C_f = 1\mu\text{F}$，试画出输出电压 u_o 的波形。

4-22　图 4-64 是一个比例－积分－微分校正电路，又称比例－积分－微分调节器。该电路的原理广泛应用于控制系统中。试求该电路中输出电压和输入电压的基本关系式。

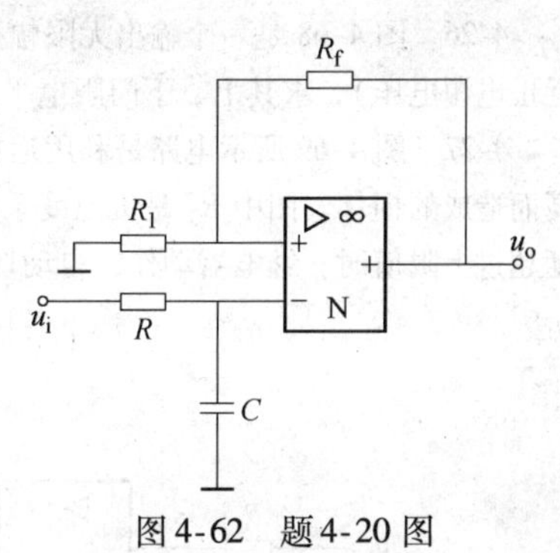

图 4-62　题 4-20 图

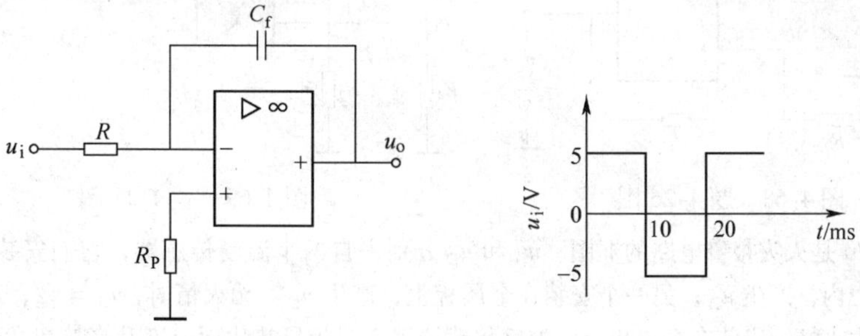

a)　　b)

图 4-63　题 4-21 图

4-23　图 4-65 中，运算放大器的最大输出电压 $U_{oM} = \pm 12\text{V}$，稳压管的稳定电压 $U_Z = 6\text{V}$，其正向压降 $U_D = 0.7\text{V}$，$u_i = 12\sin\omega t$ V。当参考电压 $U_{REF} = \pm 3\text{V}$ 两种情况下，试画出传输特性和输出电压 u_o 的波形。

4-24　电路如图 4-66 所示，已知 $U_{REF} = 1\text{V}$，$u_i = 10\sin\omega t$ V，$U_Z = 6.3\text{V}$，稳压管正向导通电压为 0.7V。试画出 u_o 对应于 u_i 的波形。

4-25　电路如图 4-67 所示，$t=0$ 时刻，u_i 从 0 跃变为 +5V，试求要经过多长时间 u_o 由负饱和值变为正饱和值（设 $t=0$ 时，电容电压为零）。

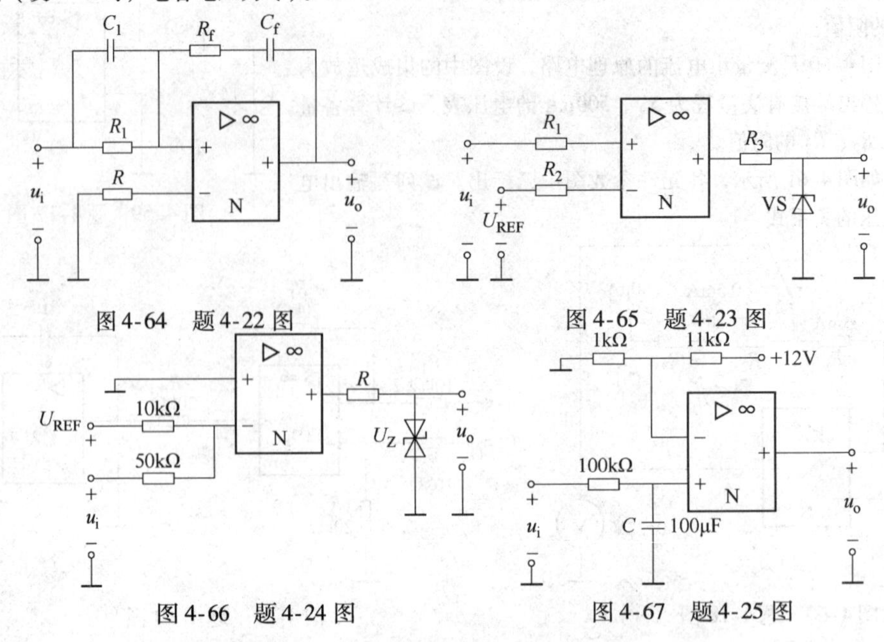

图 4-64　题 4-22 图　　图 4-65　题 4-23 图

图 4-66　题 4-24 图　　图 4-67　题 4-25 图

4-26　图 4-68 是一个输出无限幅措施的施密特触发电路。设电路从 $u_o=U_{o+}$ 的时候开始分析（U_{o+} 接近正电源电压），求其上、下门限电平，并画出电路的电压传输特性。

4-27　图 4-69 所示电路是利用运放组成的过温保护电路，在某些复印机中常利用它来防止热辊温度过高而造成的损坏。图中 R_3 是负温度系数热敏电阻，温度高时，阻值变小。KA 是继电器，要求该电路在温度超过上限值时，继电器动作，自动切断加热电源。试分析该电路的工作原理。

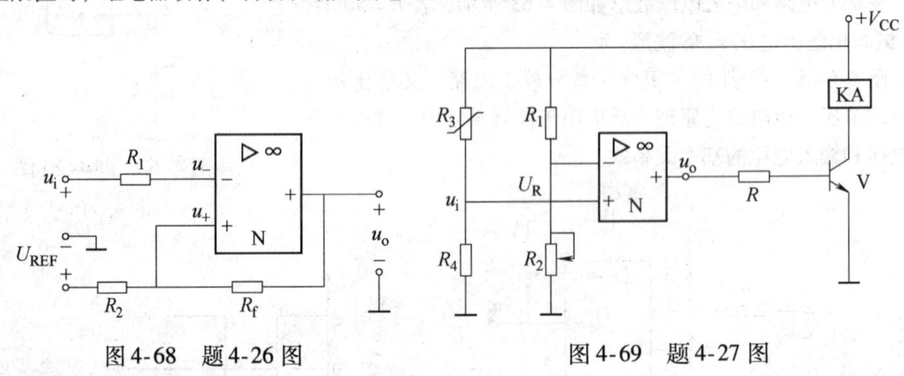

图 4-68　题 4-26 图　　图 4-69　题 4-27 图

4-28　图 4-70 是火灾报警电路的框图。u_{i1} 和 u_{i2} 分别来自两个温度传感器，它们安装在室内同一处：一个安装在塑料壳内，产生 u_{i1}；另一个安装在金属板上，产生 u_{i2}。无火情时，$u_{i1}=u_{i2}$，声光报警电路不响不亮；一旦发生火情，安装在金属板上的温度传感器因金属板导热快而温度升高较快，而另一个温度上升较慢，于是产生差值电压 $u_{i1}-u_{i2}$，当这个差值电压增高到一定数值时，发光二极管 LED 点亮，蜂鸣器 HA 鸣响，同时报警。请按图示框图设计电路。

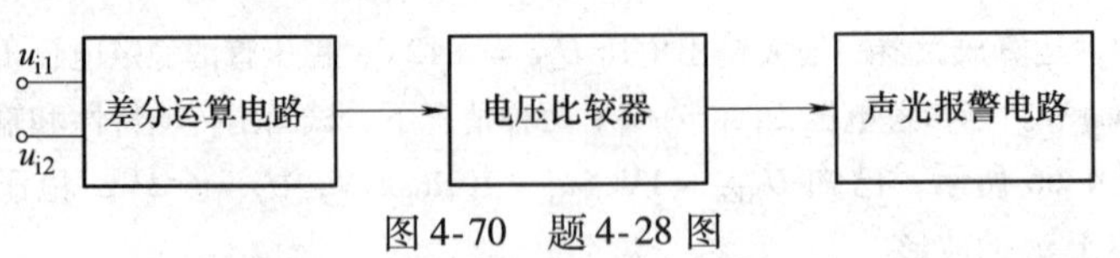

图 4-70　题 4-28 图

第 5 章　放大电路中的反馈

本章提要：反馈是电子技术和自动调节原理中的一个基本概念。在放大电路中引入负反馈可以改善放大电路的性能，在自动控制系统中引入负反馈可以稳定系统；如果在电子电路中引入适当的正反馈可以构成各种振荡电路。因此，反馈无论是在电子电路中还是在控制系统中都得到了广泛的应用。本章主要讨论以下内容：

1）反馈的基本概念，反馈的分类。

2）交流负反馈的 4 种组态及判断交流反馈类型的一般方法。

3）负反馈对放大电路性能的影响。

4）正弦波振荡电路的组成、振荡条件、选频原理及相位判别法。

其中，重点是反馈类型的判别和负反馈对放大电路性能的影响。难点也在于反馈类型的判别。

5.1　反馈的基本概念及判断方法

反馈在科学技术领域中的应用很多，在电子放大电路中反馈的应用也极为广泛。采用负反馈的目的主要是为了改善电路的性能，以达到某些预定的指标。在前面介绍的分压式偏置电路中就是利用直流负反馈来稳定放大电路的静态工作点；在集成运放组成的运算电路中，引入深度负反馈可以使集成运放工作在线性状态。

若将放大器的反馈网络接成正反馈电路就构成了各种振荡电路，产生一定幅度和频率的输出波形。振荡电路在测量、控制、通信等领域应用广泛。

5.1.1　放大电路中的反馈

1. 反馈的基本概念

在基本放大电路中，信号从输入端进入放大器，经放大后从输出端输出，信号为单方向的正向传送。若将放大电路的输出电量（电压或电流）的一部分或全部，通过某种电路引回（反馈）到放大电路的输入端或输入回路去影响输入电量（电压或电流），这种反向传递信号的过程就称为反馈。因此判断有无反馈的方法就是看放大电路的输入回路与输出回路之间是否有反馈电路相联系，若有联系就有反馈，反之则无反馈。

图 5-1a 为一集成运放电路，集成运放的输出端与同相输入端、反相输入端均无通路，只有从输入到输出的正向信号传输，这种情况称为开环，不存在反馈。而图 5-1b 为同相输入的比例运算电路，除了一条正向信号传输通道外，还有一条由 R_f 构成的反馈支路，存在从输出到输入的反向信号传输，因

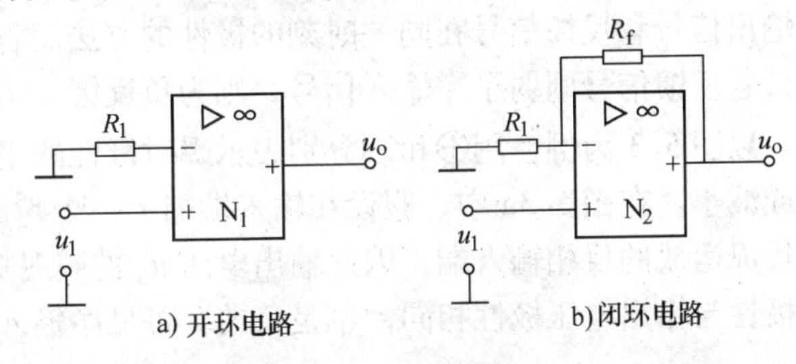

图 5-1　有无反馈的例子

此存在反馈，这种情况称为闭环。第 4 章中关于集成运放的各种运算电路都属于这种情况。

按照反馈放大电路各部分电路的主要功能可分为基本放大电路和反馈网络两部分，如图 5-2 所示。前者主要功能是放大信号，后者主要功能是传输反馈信号。基本放大电路的输入信号称为净输入量，它不但取决于输入量（输入信号），还与反馈量（反馈信号）有关。

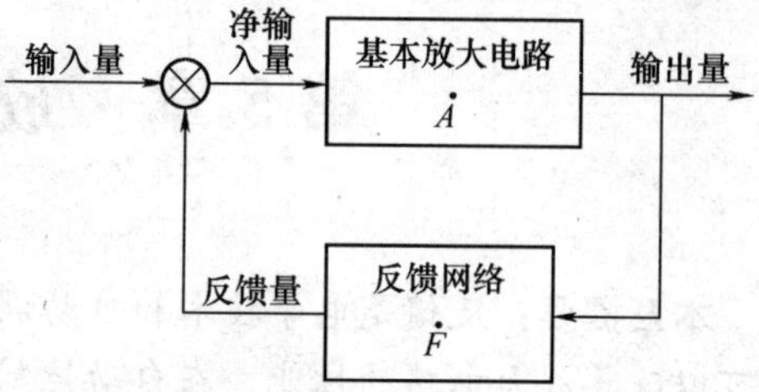

图 5-2　反馈放大电路一般框图

2. 反馈的分类

（1）正反馈和负反馈

根据反馈信号对净输入信号的影响不同，可以分为正反馈和负反馈。若引回的反馈信号增强了净输入信号，使放大电路的输出信号得到提高，则为正反馈。反之，若引回的反馈信号削弱了净输入信号而使放大电路的输出信号降低，则为负反馈。判断正、负反馈用所谓的“瞬时极性法”。

（2）直流反馈与交流反馈

根据反馈信号本身的交、直流性质，可分为直流反馈和交流反馈。如果反馈信号只有直流成分，称为直流反馈；只有交流成分，则称为交流反馈。多数情况下，交、直流两种成分兼而有之。直流负反馈在放大电路中主要是用来稳定静态工作点，而对放大电路的各种动态性能（如放大倍数、通频带、输入及输出电阻等）没有影响。各种交流负反馈将对放大电路的各项动态性能产生不同的影响，是改善电路技术指标的主要手段。

（3）电压反馈与电流反馈

根据反馈信号在放大电路输出端采样方式不同，可以分为电压反馈和电流反馈。在输出端，若反馈信号取自输出电压或输出电压的一部分，则称为电压反馈；若反馈信号取自输出电流或输出电流的一部分，则称为电流反馈。

（4）串联反馈与并联反馈

根据反馈信号与输入信号在放大电路输入回路中求和的形式不同，可以分为串联反馈和并联反馈。如果反馈信号与输入信号在输入端串联，称为串联反馈。此时反馈信号与输入信号均以电压叠加的形式出现。如果反馈信号与输入信号在放大电路的输入端并联，称为并联反馈。此时反馈信号与输入信号均以电流叠加形式出现。

5.1.2　反馈极性的判断

瞬时极性法是判断电路中反馈极性的基本方法。所谓瞬时极性法是指假设当前瞬时加入到输入端信号的极性为“+”（也可以假设为“-”），然后沿着信号的传递方向，判断各级输出信号和反馈信号在同一时刻的极性的方法。若反馈信号增强了净输入信号，则为正反馈；若反馈信号削弱了净输入信号，则为负反馈。

以图 5-3 为例，用⊕和⊖分别表示瞬时极性的正和负，代表该点的瞬时信号的变化为增大或减小。在图 5-3a 中，假设在输入端加上一个瞬时极性为正的电压 u_i，由于输入电压加在集成运放的反相输入端，因此输出电压 u_o 的瞬时极性为负，而反馈电压 u_f 取自 R_3 两端，其极性与输出电压极性相同，也是负的。可见净输入电压 u_d 为

$$u_d = u_i + u_f$$

即反馈电压 u_f 增强了输入电压 u_i 的作用，使输出电压提高，为正反馈。在图 5-3b 中，输入

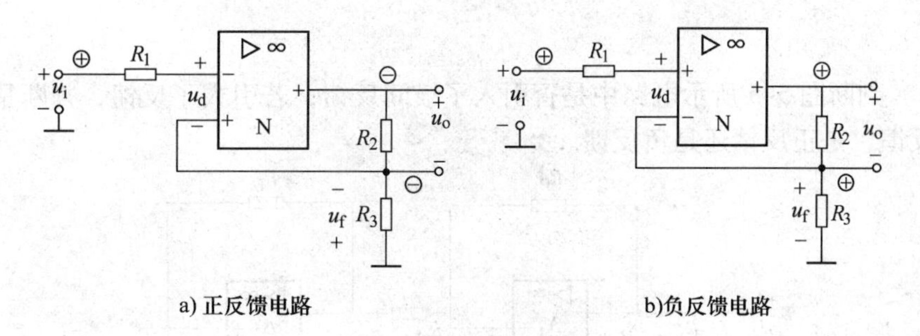

a) 正反馈电路　　b)负反馈电路

图 5-3　瞬时极性法举例

电压加在集成运放的同相输入端，反馈网络接在反相输入端。当 u_i 的瞬时极性为正时，u_o 的瞬时极性为正，输出端通过电阻 R_2、R_3 分压后将反馈电压引回到集成运放的反相输入端，则净输入电压 u_d 为

$$u_d = u_i - u_f$$

即反馈电压 u_f 削弱了输入电压 u_i 的作用，使输出电压降低，为负反馈。

应当特别指出，反馈量是仅仅决定于输出量的物理量，而与输入量无关。图 5-3 中，反馈电压 u_f 不表示电阻 R_3 的实际电压，只表示输出电压 u_o 作用的结果。因此，分析反馈极性时，可将输出量视为作用于反馈网络的独立源。

由于集成运放输出电压的变化总是与反相输入端电位的变化方向相反，因而从输出端通过电阻、电容等反馈通路引回到反相输入端的电路构成负反馈电路；同理，由于集成运放输出电压的变化总是与同相输入端电位的变化方向相同，因而从输出端通过电阻、电容等反馈通路引回到同相输入端的电路构成正反馈电路。此结论可用于单个集成运放中引入反馈极性的判断。

对于分立元件电路，可以通过判断输入级放大管的净输入电压（b－e 间或 e－b 间）或净输入电流（i_B 或 i_E）因反馈的引入被增大还是减小，来判断反馈的极性。

图 5-4 中，设输入电压 u_i 的瞬时极性对地为“＋”，即 V_1 管的基极电位为“＋”，因共射极电路输出电压与输入电压反相，故 V_1 的集电极电位对地为“－”，亦即 V_2 管的基极电位为“－”，第二级仍为共射极电路，V_2 管的集电极电位为“＋”，即输出电压 u_o 的极性上“＋”下“－”，u_o 作用于 R_f 和 R_{E1} 回路，从而在 R_{E1} 上得到反馈电压，其极性为上“＋”下“－”，结果使 V_1 管的 b－e 间电压减小，故电路引入了负反馈。

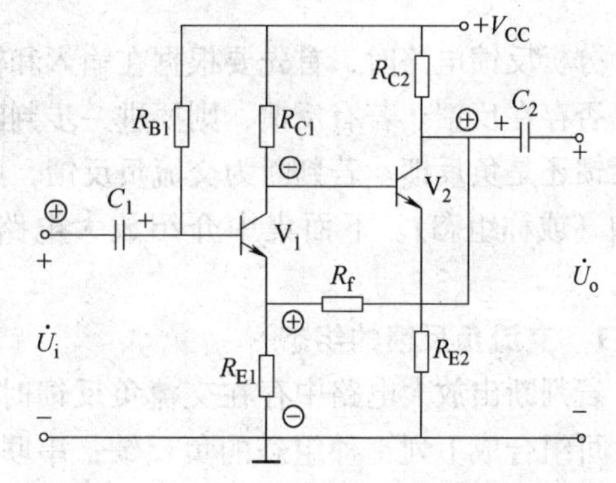

图 5-4　分立元件放大电路反馈极性的判断

5.1.3　直流反馈与交流反馈的判断

直流负反馈用来稳定静态工作点，交流负反馈用来改善放大电路的性能。通常利用电路的直流通路和交流通路来判断电路中存在的反馈是直流反馈还是交流反馈。如果在直流通路中存在负反馈网络，则为直流反馈；若在交流通路中存在反馈网络，则为交流反馈。如图 5-3 所示的两个电路中的反馈，既存在于直流通路中，也存在于交流通路中，故直流、交流

反馈共存。

例 5-1 判断图 5-5 所示电路中是否引入了级间反馈；若引入了反馈，判断是直流反馈还是交流反馈，是正反馈还是负反馈。

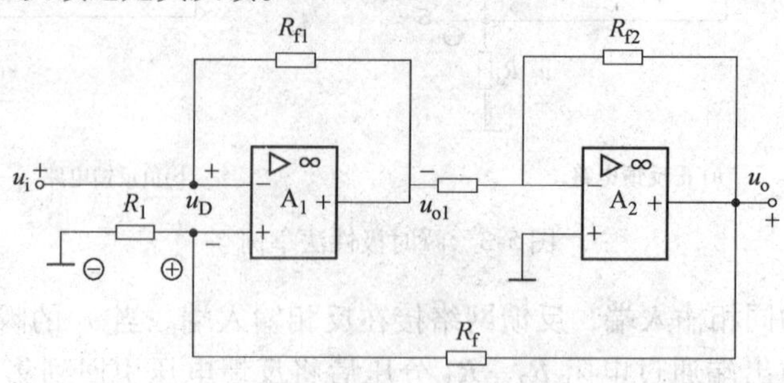

图 5-5 例 5-1 电路

解 电阻 R_f 将输出回路和输入回路连接，故电路中引入了反馈。因为无论在直流通路还是交流通路中，反馈通路均存在，所以电路中既引入了直流反馈又引入了交流反馈。

利用瞬时极性法可以判断反馈的极性。设输入电压 u_i 的极性对地为“+”，集成运放 A_1 的输出电位 u_{o1} 为“-”，即后级的输入电压为“-”，所以输出电压 u_o 极性为“+”，u_o 作用于 R_f 和 R_1 回路，在 R_1 上获得反馈电压，其极性为右“+”左“-”，用⊕、⊖表示，由于反馈电压使 A_1 的净输入电压 u_D 减小，故电路中引入了负反馈。

［思考题］

1. 为什么说“反馈量是仅仅决定于输出量的物理量”？在判断反馈极性时如何体现上述概念？
2. 试分别修改图 5-4 所示电路，使之只引入直流负反馈或只引入交流负反馈。

5.2 负反馈放大电路的组态

分析反馈电路时，首先要根据在输入和输出回路间是否有相互联系的元件，来判断电路中是否存在反馈。若有反馈，则要进一步判断电路中是交流反馈还是直流反馈；以及判断是正反馈还是负反馈。若判断为交流负反馈，则一般需进一步判断是属于哪一种具体的负反馈类型（或称组态）。下面集中介绍放大电路中交流负反馈的各种组态及具体的分析判断方法。

5.2.1 交流负反馈的组态

若判断出放大电路中存在交流负反馈时，根据反馈电路与输入、输出端连接方式的不同，可组合成下列 4 种组态的负反馈：串联电压负反馈、并联电压负反馈、串联电流负反馈、并联电流负反馈。

图 5-6 是 4 种负反馈基本组态的框图。

5.2.2 交流负反馈组态的判断

1. 判断电压反馈和电流反馈

根据反馈网络与基本放大电路在输出回路的连接方式不同，来判断是电压反馈还是电流反馈。从图 5-6 中 4 个框图的输出回路来看，图 5-6a 和 c 的连接方式相同，反馈网络跨接在输出电压的两端，即进入到反馈网络的是输出电压的一部分，也就是说，反馈信号的来源

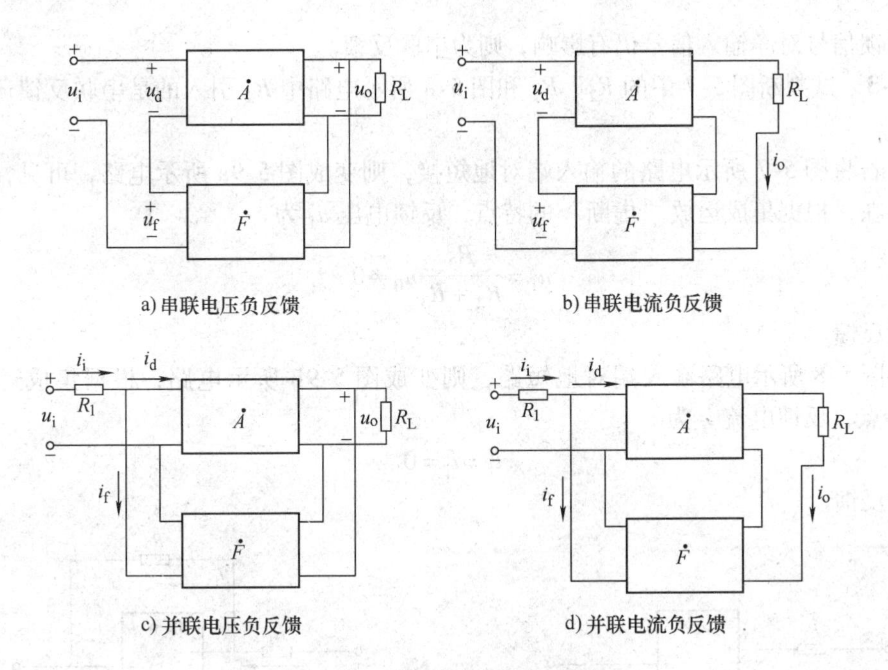

图 5-6　4 种交流负反馈电路框图

是输出电压，即为电压反馈；图 5-6b 和 d 的输出回路连接方式也相同，反馈网络串接在输出回路中，即进入到反馈网络的是输出电流，也就是说，反馈信号的来源是输出电流，即为电流反馈。

判断是电压反馈还是电流反馈的常用方法有两种：一是写出反馈信号的表达式，若反馈信号正比于电压，则为电压反馈；若正比于电流，则为电流反馈。另一个简便的方法是：将放大电路的输出端交流短路，即令输出电压等于零，观察是否有反馈信号。若反馈信号也为零，则为电压反馈；如果反馈信号不为零，则是电流反馈。或者将负载电阻开路，致使负载电流为零，若反馈信号消失了，可以确定为电流反馈，反之为电压反馈。

例 5-2　试判断图 5-3b 中的 R_3 和图 5-7 所示电路中的 R_2、R_3 引入的是电压反馈还是电流反馈。

解　若将图 5-3b 所示的电路输出端短路，这时输出电压 $u_o=0$，而集成运放的输出电流并不等于零，反馈电压 u_f 也不等于零，说明反馈信号与输出电压无关，故为电流反馈。

若将图 5-7 所示电路输出端短路，输出电压 $u_o=0$，这时的反馈电压也等于零，说明反馈信号依赖于输出电压，故为电压反馈。

2. 判断串联反馈和并联反馈

根据反馈网络与输入回路的连接情况，可判断串联反馈和并联反馈。图 5-6a、b 的输入回路中，反馈网络串联于输入回路中，使反馈信号与输入信号在输入回路中以电压的形式串联叠加，共同作用于基本放大电路的输入端，故为串联反馈。

图 5-6c、d 的输入回路中，反馈网络并联于输入回路中，使得反馈信号与输入信号以电流并联形式叠加，共同作用于基本放大电路的输入端，故为并联反馈。

判断是串联反馈还是并联反馈，可采用输入短路法。假设输入端短路，如果反馈信号消失了，即输出回路与输入回路之间的反馈网络被接地，则为并联反馈。如果反馈信号仍存在，即反馈信号对净输入信号仍有影响，则为串联反馈。

例 5-3 试判断图 5-7 中的 R_2、R_3 和图 5-8 所示电路中 R_2 引入的是串联反馈还是并联反馈。

解 若将图 5-7 所示电路的输入端对地短接，则变成图 5-9a 所示电路，可见，反馈网络仍然存在，根据集成运放“虚断”的特点，反馈电压 u_f 为

$$u_f = \frac{R_3}{R_2 + R_3} u_0 \neq 0$$

故为串联反馈。

若将图 5-8 所示电路输入端对地短路，则变成图 5-9b 所示电路，根据集成运放“虚断”的特点，反馈电流 i_f 为

$$i_f = i_i = 0$$

故为并联反馈。

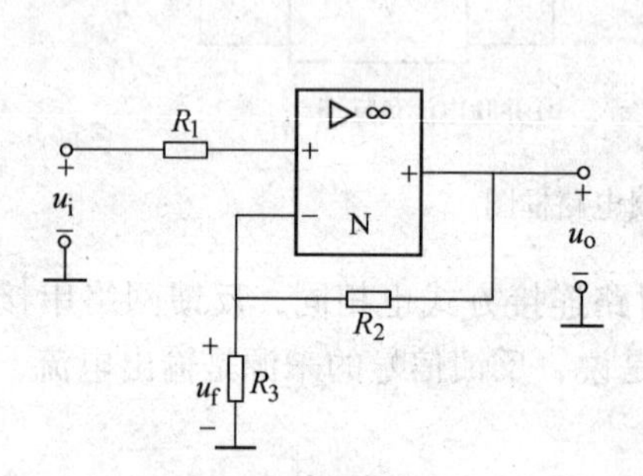

图 5-7 例 5-2、例 5-3 图

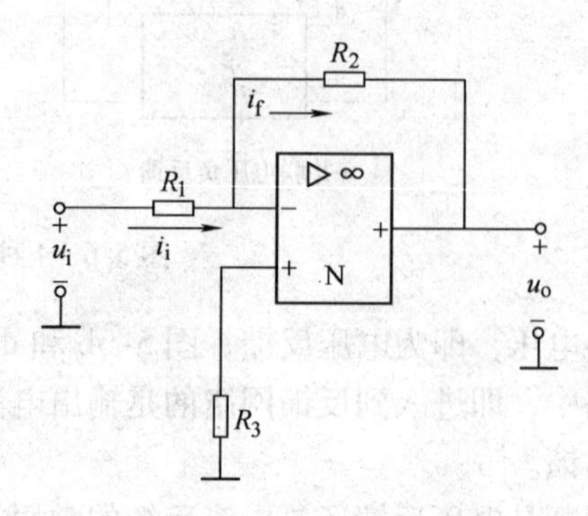

图 5-8 例 5-3 图

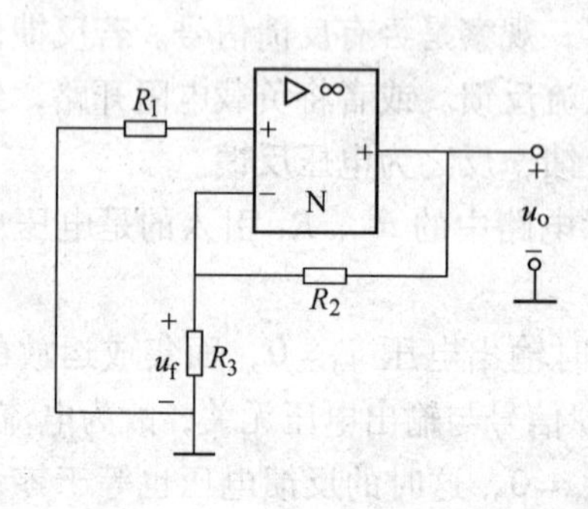

a)图5-7所示电路u_i=0时的等效电路

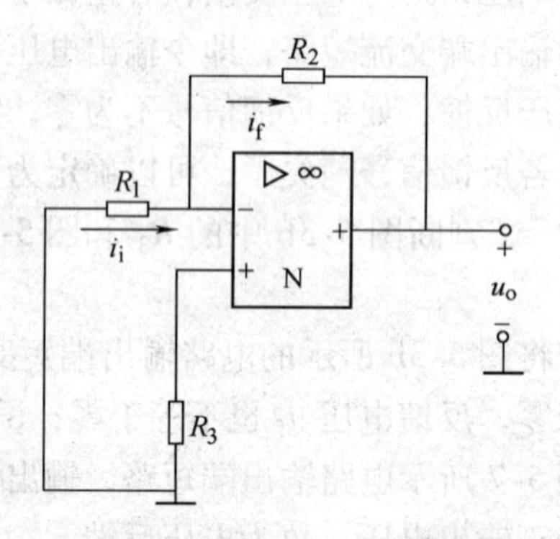

b)图5-8所示电路u_i=0时的等效电路

图 5-9 例 5-3 串、并联反馈分析电路

综合上述分析，便可得 4 种组态的交流负反馈类型的判别方法。例如，图 5-3b 所示电路的 R_3 引入的为串联电流负反馈；图 5-7 所示电路的 R_2、R_3 引入的为串联电压负反馈；图 5-8 所示电路 R_2 引入的为并联电压负反馈。

下面再通过几个具体放大电路来讨论负反馈的类型。

1. 串联电流负反馈

图 5-10 是具有分压式偏置的交流放大电路。R_E 的作用前面已讨论过，是自动稳定静态

工作点的（见第 2 章）。这个稳定过程，实际上也是个负反馈过程。R_E 就是反馈电阻，它联系了放大电路的输出回路和输入回路。当输出电流 I_C 增大时，它通过 R_E 而使发射极电位 V_E 升高，由于基极电位 V_B 被 R_{B1} 和 R_{B2} 分压而固定，于是净输入电压 U_{BE} 就减小，从而牵制 I_C 的变化，致使静态工作点趋于稳定。这是对直流而言的，是直流负反馈。直流负反馈的作用是稳定静态工作点。R_E 中除通过直流电流外，还通过电流的交流分量，对交流而言，也起负反馈作用，这是交流负反馈。在一个放大电路中，两种负反馈往往同时存在。

图 5-11 是图 5-10 所示放大电路的交流通路。为了简单起见，将原电路中的偏置电阻 R_{B1}、R_{B2} 略去。

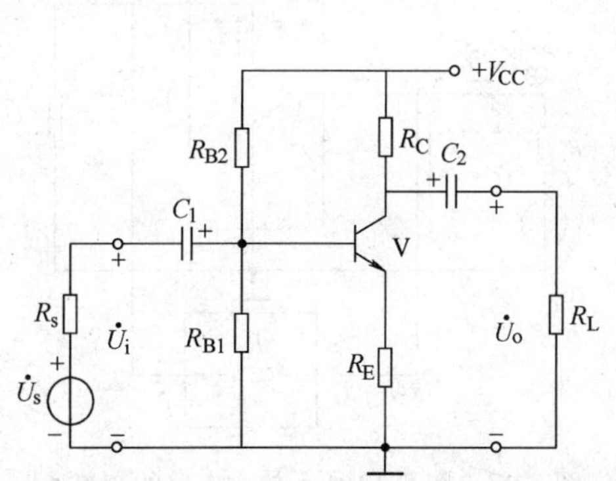

图 5-10　分压式偏置的交流放大电路

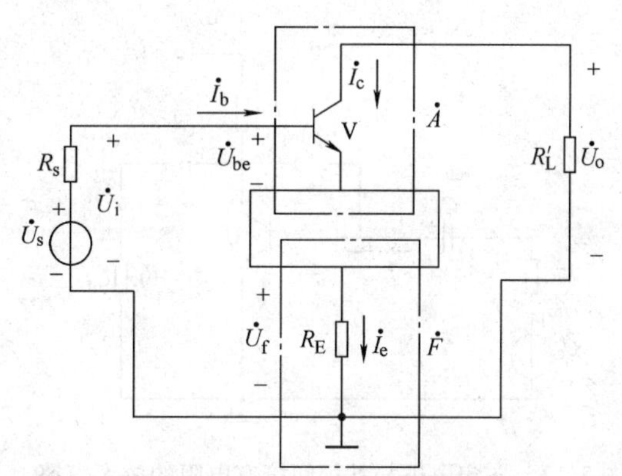

图 5-11　图 5-10 所示放大电路的交流通路

首先，为什么是负反馈。例如在 $\dot{U}_i$ 的正半周，它的瞬时极性如图所示；这时 $\dot{I}_b$ 和 $\dot{I}_c$ 也在正半周，其实际方向与图中的正方向一致。所以这时 $\dot{I}_e$（$\approx\dot{I}_c$）流过电阻 R_E 所产生的电压 $\dot{U}_e\approx\dot{I}_cR_E$ 的瞬时极性也如图 5-11 所示，$\dot{U}_e$ 即为反馈电压 $\dot{U}_f$。根据基尔霍夫电压定律列出

$$\dot{U}_{be}=\dot{U}_i-\dot{U}_f$$

由于它们的正方向与瞬时极性一致，故三者同相，即都在正半周，于是可写成

$$U_{be}=U_i-U_f$$

可见净输入电压 $U_{be}<U_i$，即 U_f 削弱了净输入信号，故为负反馈。

其次，从放大电路的输入端看，反馈电压与输入电压串联，故为串联反馈。从放大电路的输出端看，反馈电压

$$\dot{U}_f\approx\dot{I}_cR_E$$

与输出电流 $\dot{I}_c$（即流过 R'_L 的电流）成正比，故为电流反馈。

由此可知，图 5-10 是一种带有串联电流负反馈的放大电路，反馈元件为 R_E。

2. 并联电压负反馈

图 5-12 所示的放大电路中，在集电极与基极之间接有电阻 R_f，它是联系放大电路的输出电路和输入电路的一个反馈电阻。其交流通路如图 5-13 所示。

首先，为什么是负反馈。例如在 $\dot{U}_i$ 的正半周，$\dot{I}_i$ 和 $\dot{I}_b$ 也在正半周，其实际方向与图

中的方向一致。这时 $\dot{U}_{be}$ 也在正半周，它的瞬时极性应该是基极电位为正，而输出电压 $\dot{U}_o$ 与输入电压 $\dot{U}_{be}$ 是反相的，故 $\dot{U}_o$ 在负半周，其瞬时极性应该是集电极电位为负，如图 5-13 所示。这样，反馈电阻 R_f 两端的瞬时极性应该是基极为正，集电极为负。所以反馈电流 $\dot{I}_f$ 的实际方向是从基极经 R_f 流向集电极，与图中的正方向一致，即也在正半周。可见，$\dot{I}_i$、$\dot{I}_f$ 和 $\dot{I}_b$ 三者是同相的。根据基尔霍夫电流定律可列出

$$\dot{I}_b = \dot{I}_i - \dot{I}_f$$

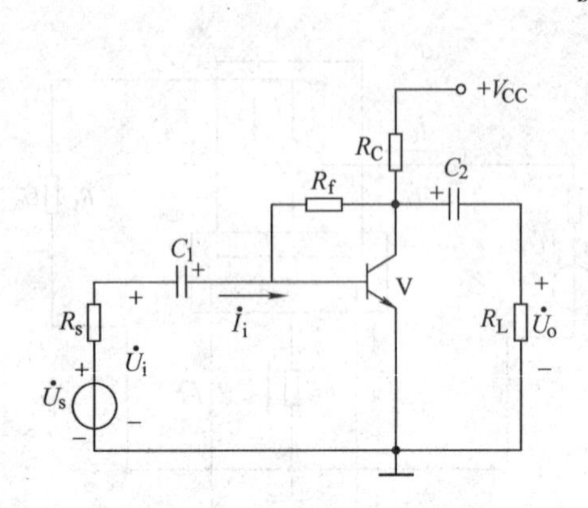

图 5-12　在集电极与基极间接有电阻的放大电路

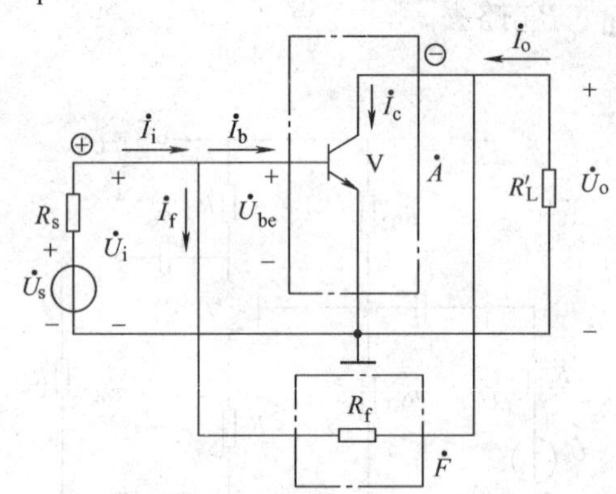

图 5-13　图 5-12 所示放大电路的交流通路

因为三者同相，于是可写成

$$I_b = I_i - I_f$$

可见净输入电流 $I_b < I_i$，反馈信号削弱了净输入信号，故为负反馈。

其次，从放大电路的输入端看，反馈信号以电流形式与输入信号并联，故为并联反馈。从放大电路的输出端看，反馈电流

$$\dot{I}_f = \frac{\dot{U}_{be} - \dot{U}_o}{R_f} \approx -\frac{\dot{U}_o}{R_f}$$

与输出电压 $\dot{U}_o$ 成正比，故为电压反馈。

由此可知，图 5-12 是一种带有并联电压负反馈的放大电路，反馈元件为 R_f。

例 5-4　图 5-14 所示电路为由集成运放构成的反馈电路，试判断图中各电路中反馈的极性和组态。

解　首先用瞬时极性法判断是正反馈还是负反馈。若是负反馈，再判断负反馈的具体类型。对于图 5-14a 所示电路，根据瞬时极性法，设输入电压的瞬时值升高，因其输出电压反相，即其瞬时值将降低，于是流过反馈电阻的反馈电流的方向如图所示，则

$$i_d = i_i - i_f$$

可见，反馈电流削弱了输入电流的作用，使净输入电流减小，因此为负反馈。再判断是电压反馈还是电流反馈。假设输出电压为零，则反馈信号不为零，因此电路中反馈信号不依赖于输出电压，因此为电流反馈。反馈网络是并联到集成运放的输入端，因此为并联反馈。综上所述，该电路存在并联电流负反馈，反馈元件为 R_4 和 R_f。

对于图 5-14b 电路，根据瞬时极性法，设输入电压的瞬时值升高，由于是同相输入，则

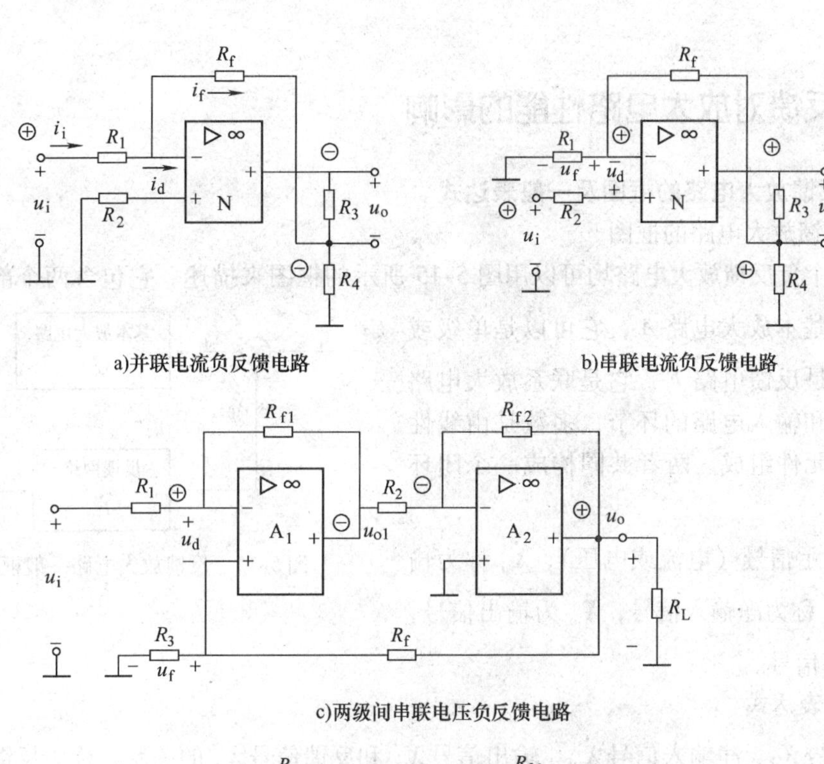

a)并联电流负反馈电路　　b)串联电流负反馈电路

c)两级间串联电压负反馈电路

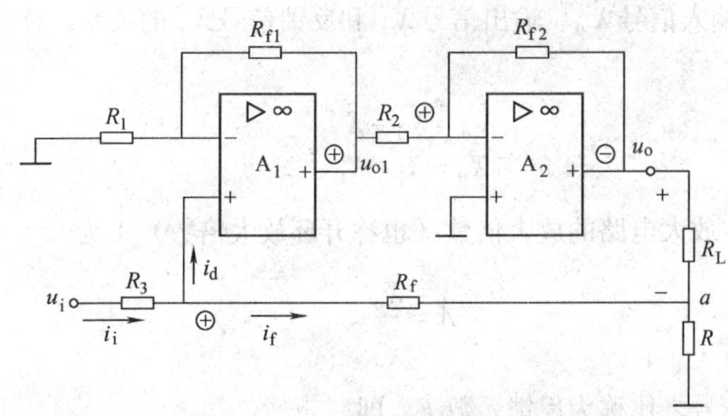

d)两级间并联电流负反馈电路

图 5-14　例 5-4 电路

输出电压的瞬时值将升高，经 R_f 引回到输入电阻 R_1 上的压降极性如图所示，则

$$u_d = u_i - u_f$$

可见，反馈电压将削弱输入电压的作用，使净输入电压减小，降低输出电压，因此是负反馈。假想输出端短路，而负反馈的作用仍然存在，因此属于电流反馈。再看输入端，反馈信号、输入信号和净输入信号是以电压的形式相叠加，因此属于串联反馈。综上所述，本电路存在串联电流负反馈，反馈网络由 R_4、R_f 和 R_1 构成。

同理，用瞬时极性法可知图 5-14c、d 中存在的两级间的反馈为负反馈。图 c 的 R_3 和 R_f 引入的为串联电压负反馈，图 d 的 R_3 和 R_f 引入的为并联电流负反馈。

[思考题]

1. 在图 5-14c 和 d 中，R_{f1} 和 R_1、R_{f2} 和 R_2 还引回了单级的负反馈，读者可分析其组态。

2. 在分析分立元件放大电路和集成运放电路中反馈的性质时，净输入电压和净输入电流分别指的是什么地方的电压和电流？举例说明。

5.3 负反馈对放大电路性能的影响

5.3.1 负反馈放大电路的框图及一般表达式

1. 负反馈放大电路的框图

任何一个负反馈放大电路均可以用图 5-15 所示的框图来描述。它包含两个部分：一是不带反馈的基本放大电路 $\dot{A}$，它可以是单级或多级的；一是反馈电路 $\dot{F}$，它是联系放大电路的输出电路和输入电路的环节，多数是由线性电阻、电容元件组成。两者共同构成一个闭环系统。

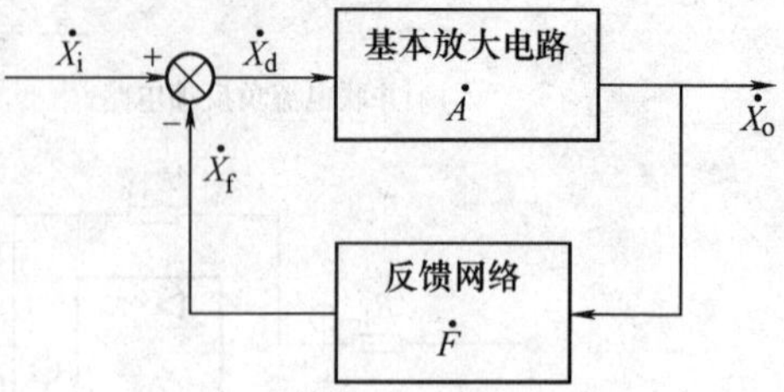

图 5-15 反馈放大电路一般框图

用 $\dot{X}$ 表示信号（电流或电压），$\dot{X}_{\mathrm{i}}$ 称为输入信号，$\dot{X}_{\mathrm{d}}$ 称为净输入信号，$\dot{X}_{\mathrm{o}}$ 为输出信号，$\dot{X}_{\mathrm{f}}$ 表示反馈信号。

2. 一般表达式

输入信号 $\dot{X}_{\mathrm{i}}$、净输入信号 $\dot{X}_{\mathrm{d}}$、输出信号 $\dot{X}_{\mathrm{o}}$ 和反馈信号 $\dot{X}_{\mathrm{f}}$ 的关系，称为反馈放大电路的一般表达式：

$$\dot{X}_{\mathrm{d}} = \dot{X}_{\mathrm{i}} - \dot{X}_{\mathrm{f}} \tag{5-1}$$

若三者同相，则

$$X_{\mathrm{d}} = X_{\mathrm{i}} - X_{\mathrm{f}} \tag{5-2}$$

在框图中定义基本放大电路的放大倍数（也称开环放大倍数）$\dot{A}$ 为

$$\dot{A} = \frac{\dot{X}_{\mathrm{o}}}{\dot{X}_{\mathrm{d}}} \tag{5-3}$$

反馈信号与输出信号之比称为反馈系数 $\dot{F}$，即

$$\dot{F} = \frac{\dot{X}_{\mathrm{f}}}{\dot{X}_{\mathrm{o}}} \tag{5-4}$$

根据式（5-3）、式（5-4）可得

$$\dot{A}\dot{F} = \frac{\dot{X}_{\mathrm{f}}}{\dot{X}_{\mathrm{d}}} \tag{5-5}$$

$\dot{A}\dot{F}$ 称为回路增益，表示在放大电路中，信号沿着放大网络和反馈网络组成的环路传递一周后得到的放大倍数。

包括反馈电路在内的整个放大电路的放大倍数，即引入负反馈时的放大倍数（也称闭环放大倍数）为 $\dot{A}_{\mathrm{f}}$，由图 5-15 可得

$$\dot{A}_{\mathrm{f}} = \frac{\dot{X}_{\mathrm{o}}}{\dot{X}_{\mathrm{i}}} = \frac{\dot{X}_{\mathrm{o}}}{\dot{X}_{\mathrm{d}} + \dot{X}_{\mathrm{f}}} = \frac{\dot{A}}{1 + \dot{A}\dot{F}} \tag{5-6}$$

$\dot{A}_f$ 表示引入反馈后，放大电路的输出信号与外加输入信号之间的总的放大倍数。

3. 反馈深度

$1+\dot{A}\dot{F}$ 称为反馈深度，由式（5-6）得：$\dot{A}/\dot{A}_f=1+\dot{A}\dot{F}$，表示引入反馈后，放大电路的放大倍数与无反馈时相比所变化的倍数，是一个表示反馈作用强弱的量。

由 $\dot{X}_d=\dot{X}_i-\dot{X}_f=\dot{X}_i-\dot{F}\dot{X}_o=\dot{X}_i-\dot{A}\dot{F}\dot{X}_d$

即
$$\dot{X}_i=(1+\dot{A}\dot{F})\dot{X}_d$$

因此，$\dot{X}_d=\dot{X}_i/(1+\dot{A}\dot{F})$ 表示引入反馈后，净输入信号是输入信号的 $\frac{1}{1+\dot{A}\dot{F}}$ 倍。可见当 $|1+\dot{A}\dot{F}|>1$，则 $|\dot{A}_f|<|\dot{A}|$，说明引入反馈后使原来的放大倍数减小，这种反馈就是负反馈；反之若 $|1+\dot{A}\dot{F}|<1$，则 $|\dot{A}_f|>|\dot{A}|$，说明引入反馈后放大倍数比原来大，这种反馈就称为正反馈。而若 $|1+\dot{A}\dot{F}|=0$，即 $|\dot{A}\dot{F}|=-1$，说明电路在输入量为零时就有输出，称电路产生了自激振荡。

反馈深度是一个十分重要的参数。若 $|1+\dot{A}\dot{F}|>>1$，或 $|\dot{A}\dot{F}|>>1$ 时，则称为深度负反馈。此时，式（5-6）可以简化为

$$\dot{A}_f=\frac{\dot{X}_o}{\dot{X}_i}=\frac{\dot{A}}{1+\dot{A}\dot{F}}\approx\frac{1}{\dot{F}} \tag{5-7}$$

式（5-7）说明，引入深度负反馈后，放大器的放大倍数 $\dot{A}_f$ 只决定于反馈网络的反馈系数，而与基本放大电路几乎无关。因此，若由于温度等原因导致放大网络的放大倍数发生变化，只要 $\dot{F}$ 的值一定，就能保持闭环放大倍数稳定。这是深度负反馈放大电路的一个突出优点。实际的反馈网络常常由一些性能比较稳定的无源线性元件（电阻、电容等）组成，基本上不受温度等因素的影响。在设计实际放大电路时，为了提高稳定性，往往选用开环电压放大倍数很高的集成运放，以便引入深度负反馈。

5.3.2 负反馈对放大电路性能的影响

放大电路中引入负反馈后，工作性能会得到多方面改善。比如稳定放大倍数，改变放大电路的输入电阻和输出电阻，展宽通频带，减小波形失真等。下面将一一加以说明。

1. 对放大倍数的影响

（1）降低放大倍数

由前述可知，$\dot{X}_f$ 与 $\dot{X}_d$ 同是电压或电流，并且是同相的，故 $\dot{A}\dot{F}$ 是正实数。因此，由式（5-6）可见，$|\dot{A}_f|<|\dot{A}|$。这是因为引入负反馈后削弱了净输入信号，故输出信号 $\dot{X}_o$ 比未引入负反馈时要小，也就是引入负反馈后放大倍数降低了。反馈深度 $|1+\dot{A}\dot{F}|$ 的值越大，负反馈越强，$\dot{A}_f$ 也就越小。射极输出器的输出信号全部反馈到输入端（$\dot{U}_f=\dot{U}_o=\dot{I}_eR'_L$），它的反馈系数 $\dot{F}=\dot{U}_f/\dot{U}_o=1$，反馈极深，故无电压放大作用。

例 5-5 图 5-16 是串联电流负反馈放大电路，R''_E 是反馈电阻。晶体管的 $\beta=40$，$r_{be}=1\text{k}\Omega$，根据图上给出的数据计算电压放大倍数 $\dot{A}_{uf}$，并计算未引入负反馈（将 C_E 的正极性端接到发射极）时的电压放大倍数 $\dot{A}_u$。设 $R_s=0$。

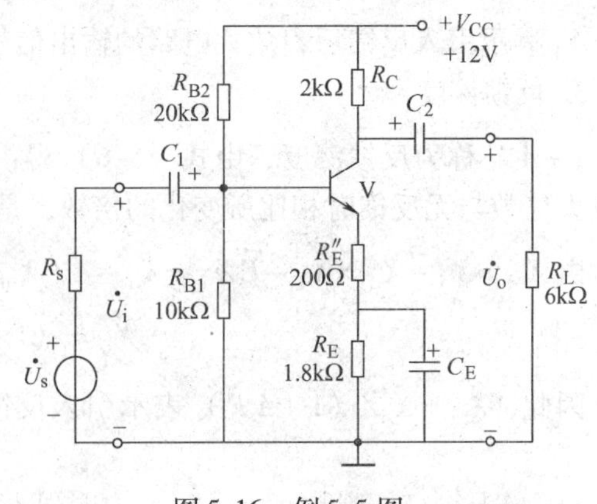

图 5-16 例 5-5 图

解 先画出图 5-16 所示放大电路的微变等效电路（见图 5-17）。由图 5-17 可写出

$$\dot{U}_i=\dot{I}_b r_{be}+\dot{I}_e R''_E=\dot{I}_b r_{be}+(1+\beta)\dot{I}_b R''_E=\dot{I}_b[r_{be}+(1+\beta)R''_E]$$

$$\dot{U}_o=-\dot{I}_c R'_L=-\beta\dot{I}_b R'_L \qquad R'_L=R_C /\!/ R_L$$

故电压放大倍数为

$$\dot{A}_{uf}=\frac{\dot{U}_o}{\dot{U}_i}=-\frac{\beta R'_L}{r_{be}+(1+\beta)\ R'_E}$$

将所给数据带入，可得

$$\dot{A}_{uf}=-\frac{40\times\frac{2\times6}{2+6}}{1+(1+40)\times0.2}=-6.5$$

而未引入负反馈时

$$\dot{A}_u=-\frac{\beta R'_L}{r_{be}}=-\frac{40\times1.5}{1}=-60$$

可见引入负反馈后，电压放大倍数降低很多。如将 C_E 除去，$R_E=2\text{k}\Omega$，其结果又如何？请读者自行分析。

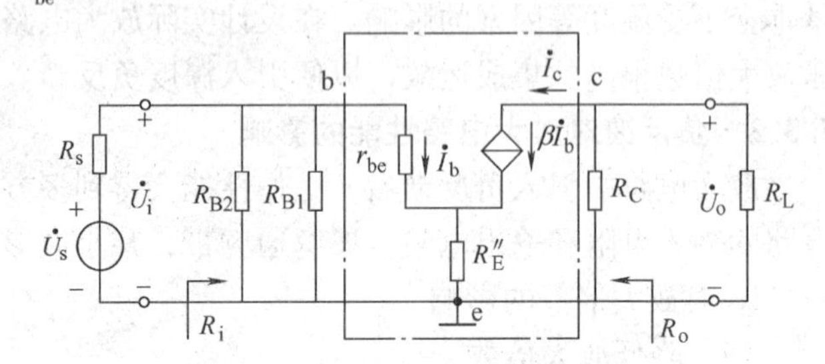

图 5-17 图 5-16 的微变等效电路

引入负反馈后，虽然放大倍数降低了，但是换来了很多好处，在很多方面改善了放大电路的工作性能。至于因负反馈而引起放大倍数的降低，则可通过增多放大电路的级数来提高。

（2）提高放大倍数的稳定性

当外界条件变化时（例如环境温度变化，管子老化，元器件参数变化，电源电压波动等），即使输入信号一定，仍将引起输出信号的变化，也就是引起放大倍数的变化。如果这种相对变化较小，则说明其稳定性较高。

设放大电路未引入负反馈时的放大倍数为 $|\dot{A}|$，由于外界条件变化引起放大倍数的变

化为 $d|\dot{A}|$，其相对变化为$d|\dot{A}|/|\dot{A}|$。引入负反馈后，放大倍数为$|\dot{A}_f|$，放大倍数的相对变化为$d|\dot{A}_f|/|\dot{A}_f|$。由于$\dot{A}$ 和$\dot{F}$ 均为实数，则式（5-6）可写成

$$A_f = \frac{A}{1+AF}$$

对上式求导数，得

$$\frac{dA_f}{dA} = \frac{1}{1+AF} - \frac{AF}{(1+AF)^2} = \frac{1}{(1+AF)^2} = \frac{A_f}{A}\frac{1}{1+AF}$$

或

$$\frac{dA_f}{A_f} = \frac{dA}{A}\frac{1}{1+AF} \tag{5-8}$$

上式表明，在引入负反馈之后，虽然放大倍数从 A 减小到 A_f，即减小为原来的 $1/(1+AF)$，但在外界条件有相同的变化时，放大倍数的相对变化 dA_f/A_f 却只有未引入负反馈时的 $1/(1+AF)$，可见负反馈放大电路的稳定性提高了。例如，当 $1+AF=100$ 时，A_f 的相对变化只有 A 的相对变化的百分之一。假若由于某种原因（如晶体管的参数因温度的变化而发生变化），使 A 变化了 10%，那么，A_f 的变化就减小到 0.1%。

负反馈能提高放大电路的稳定性是不难理解的。例如，如果由于某种原因使输出信号减小，则反馈信号也相应减小，于是净输入信号和输出信号也就相应增大，以牵制输出信号的减小，而使放大电路能比较稳定地工作。如前所述，电压负反馈能稳定输出电压，电流负反馈能稳定输出电流。

负反馈深度越深，放大电路越稳定。如果$|\dot{A}\dot{F}| \gg 1$，由式（5-7）知，在深度负反馈（$|1+\dot{A}\dot{F}| \geqslant 10$）的情况下，闭环放大倍数仅与反馈电路的参数有关，基本上不受外界因素变化的影响。这时放大电路的工作非常稳定。

2. 对放大电路输入电阻的影响

放大电路中引入负反馈后能使输入电阻增高还是降低，与串联反馈还是并联反馈有关。

（1）串联负反馈增大输入电阻

从图 5-11 的串联负反馈放大电路的输入端看，无负反馈时的输入电阻，即基本放大电路的输入电阻为

$$r_i = \frac{U_{be}}{I_b}$$

引入串联负反馈时的输入电阻为

$$r_{if} = \frac{U_i}{I_b} = \frac{U_{be}+U_f}{I_b} = \frac{U_{be}+AFU_{be}}{I_b} = (1+AF)r_i \tag{5-9}$$

表明引入串联负反馈后，输入电阻增大到基本放大电路的（$1+AF$）倍。

（2）并联负反馈减小输入电阻

从图 5-13 所示并联负反馈放大电路的输入端看，无负反馈时的输入电阻，即基本放大电路的输入电阻为 $r_i = U_{be}/I_b$，引入并联负反馈时的输入电阻为

$$r_{if} = \frac{U_{be}}{I_i} = \frac{U_{be}}{I_b+I_f} = \frac{U_{be}}{I_b+AFI_b} = \frac{1}{1+AF}r_i \tag{5-10}$$

表明引入并联负反馈后，输入电阻减小，仅为基本放大电路输入电阻的 $1/(1+AF)$。

例 5-6 计算例5-5（图5-16）的串联电流负反馈放大电路的输入电阻。

解 由图5-16的微变等效电路可计算得出

$$r_{if}=R_{B1}/\!/R_{B2}/\!/[r_{be}+(1+\beta)R''_E]=20k\Omega/\!/10k\Omega/\!/[1+(1+40)\times0.2]k\Omega=3.87k\Omega$$

若无 R''_E，即无负反馈时的输入电阻为

$$r_i=R_{B1}/\!/R_{B2}/\!/r_{be}\approx r_{be}=1k\Omega$$

可见，串联负反馈使输入电阻增大。

3. 对放大电路输出电阻的影响

放大电路中引入负反馈后能使输出电阻 r_{of} 降低还是提高，与电压反馈还是电流反馈有关。

(1) 电压负反馈减小输出电阻

电压反馈的放大电路具有稳定输出电压 U_o 的作用，即有恒压输出的特征，而恒压源的内阻很低，故放大电路的输出电阻很小。引入电压负反馈的输出电阻为

$$r_{of}=\frac{1}{1+AF}r_o \tag{5-11}$$

r_{of} 仅为基本放大电路输出电阻的 $1/(1+AF)$，当 $(1+AF)$ 趋于无穷大时，输出电阻趋于零，此时电路的输出具有恒压源特性。

(2) 电流负反馈增大输出电阻

电流反馈的放大电路具有稳定输出电流 I_o 的作用，即有恒流输出的特性，而恒流源的内阻很大，故放大电路（不含 R_C）的输出电阻较高，但与 R_C 并联后，近似等于 R_C。引入电流负反馈的输出电阻为

$$r_{of}=(1+AF)r_o \tag{5-12}$$

当 $(1+AF)$ 趋于无穷大时，输出电阻也趋于无穷大，此时电路的输出等效为恒流源。

4. 改善非线性失真

前文已述，由于工作点选择不合适，或者输入信号过大，都将引起信号波形的失真（见图5-18a）。引入负反馈后，由于反馈网络是线性的（如由电阻组成），不会引起失真，所以取自输出信号的反馈信号（见图5-18b中的 x_f 波形）也和图5-18a中的 x_o 相似，即将输出端的失真信号反送到输入端，由于 $x_d=x_i-x_f$，所以净输入信号波形（见图5-18b中 x_d）与无反馈时的输出波形（见图5-18a的 x_o）的失真情况相反，这样的净输入信号经过放大之后，即可使输出信号的失真得到一定的补偿。从本质上说，负反馈是利用失真了的波形来改善波形的失真。因此只能减小失真，不能完全消除失真（见图5-18b）。

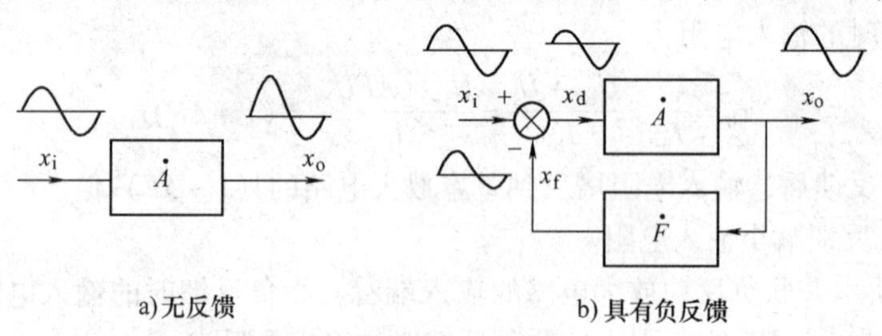

图5-18 负反馈减小非线性失真

5. 展宽通频带

由于在深度负反馈时，闭环增益 $\dot{A}_f$ 基本不随开环增益 $\dot{A}$ 而变化。在上限频率 f_H 和下限

频率 f_L 所处的区域，当频率升高和降低引起 $|\dot{A}|$ 减小时，只要满足 $|\dot{A}\dot{F}|>>1$，则 $|\dot{A}_f|=|\dot{A}/(1+\dot{A}\dot{F})|\approx 1/|\dot{F}|$ 就保持不变。因而，闭环增益的幅频特性 $A_f(f)$ 的水平部分向两侧延伸，如图 5-19 所示。当在高频区继续升高频率和在低频区继续降低频率时，$|\dot{A}|$ 将继续下降，使 $|\dot{A}\dot{F}|<<1$，此时有 $|\dot{A}_f|=|\dot{A}/(1+\dot{A}\dot{F})|\approx|\dot{A}|$，即 $\dot{A}$ 与 $\dot{A}_f$ 的幅频特性重合，如图 5-19 所示。由图可见，引入负反馈后，放大电路的通频带由原来的 $BW=f_H-f_L$ 扩展为 $BW_f=f_{Hf}-f_{Lf}$。其展宽频带的程度与反馈深度有关。

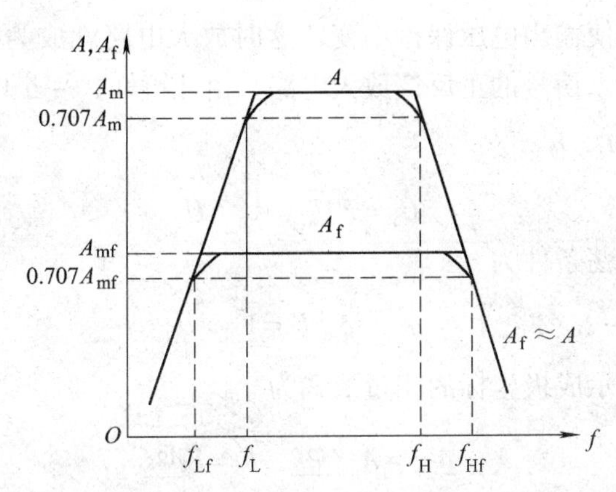

图 5-19　负反馈展宽通频带

[思考题]

1. 列表总结交流负反馈对放大电路各方面性能的影响。

2. 试利用集成运放分别构成 4 种组态的负反馈放大电路，并求出它们在深度负反馈条件下的放大倍数。

5.4　正弦波振荡电路

在放大电路中，需在其输入端加输入信号，输出端才有信号输出。在电子电路中，还有一类电路，不须外接输入信号，其输出端就有一定频率和一定幅度的信号输出，这种现象称为自激振荡，这种电路就称为振荡电路。

振荡电路以放大器为基础，加上正反馈网络等组成。根据输出波形的不同，振荡电路可以分为正弦波振荡电路和非正弦波振荡电路。方波、三角波产生电路就属于非正弦波振荡电路。本节主要介绍常用的正弦波振荡电路。

5.4.1　自激振荡的条件

不管是振荡电路还是放大电路，它们的输出信号总是由输入信号引起的。然而振荡电路并不须外接信号源，那么它的输入信号从何而来呢？下面讨论自激电路产生自激振荡的条件。

振荡电路一般是由基本放大电路 $\dot{A}_u$，反馈电路 $\dot{F}$ 两个主要部分组成的，框图如图 5-20 所示。图中参数 $\dot{A}_u$ 表示基本放大电路的电压放大倍数，参数 $\dot{F}$ 表示反馈电路的反馈系数。当开关 S 置于位置“1”时，反馈网络不起作用，此时的电路是基本的放大电路。该放大电路的输入电压为$\dot{U}_i$，经放大$\dot{A}_u$后，得到输出电压$\dot{U}_o$，$\dot{U}_o=\dot{A}_u\dot{U}_i$。如果将输出电压$\dot{U}_o$经反馈电路回送到输入端，并使反馈电压与输入电压相等，即$\dot{U}_i=\dot{U}_f$，也就是输入电压和反馈电压的大小相等、极性相同。那么当开关置于位置“2”时，反馈电压将代替输入电压作为电路的输入信号，就能使输出电压保持不变，这时放大电路就成为振荡电路。从框图可见，振荡电路是一个没有输入信号的正反馈放大电路。由此可知，一个电路要形成振荡，必须满足$\dot{U}_f=\dot{U}_i$，而反馈电压$\dot{U}_f$为

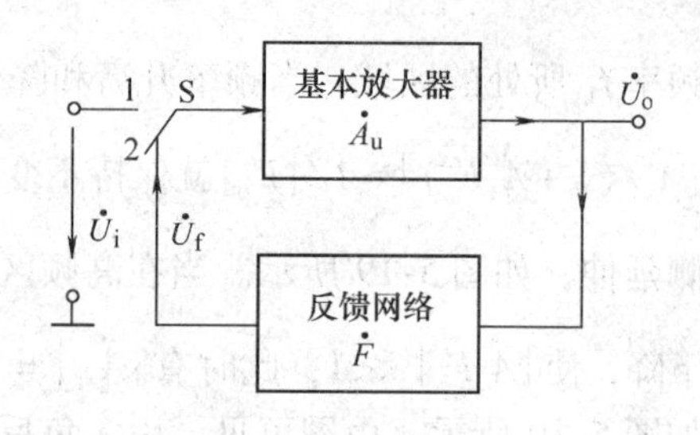

图 5-20　振荡电路框图

$$\dot{U}_f=\dot{F}\dot{U}_o=\dot{A}_u\dot{F}\dot{U}_i$$

由此可得电路的振荡条件为

$$\dot{A}_u\dot{F}=1 \tag{5-13}$$

将式中的$\dot{A}_u$和$\dot{F}$表示成极坐标的相量形式为

$$\dot{A}_u=A_u\angle\varphi_A,\ \dot{F}=F\angle\varphi_F$$

代入式（5-9）得到

$$\dot{A}_u\dot{F}=A_u\angle\varphi_A F\angle\varphi_F=A_uF\angle(\varphi_A+\varphi_F)=1$$

式中，φ_A 为基本放大电路输出和输入电压之间的相位差；φ_F 为反馈网络的输出与其输入的相位差。则可进一步得到如下的电路振荡条件：

1. 幅值条件

$$A_uF=1 \tag{5-14}$$

即反馈电压的大小与输入电压的大小相等。

2. 相位条件

$$\varphi_A+\varphi_F=\pm 2n\pi \tag{5-15}$$

式中，$n=0$，1，2，3，…。即反馈电压与输入电压的相位相同，也就是电路构成正反馈。因此反馈电路必须正确连接。

由上分析可知，一个电路要维持稳定的振荡，必须满足式（5-13），即同时满足幅值条件式（5-14）和相位条件式（5-15），二者缺一不可。

放大电路连成多级负反馈电路并构成闭环后，由于附加移相的影响，可使放大电路在无输入信号的情况下有输出信号，也即产生了自激振荡，影响放大器的正常工作，使用时应注意加以避免和消除。而在正弦波振荡电路中，也正是应用了电路的自激振荡来产生一定幅度、一定频率的正弦波输出信号。应注意的是，在正弦波振荡电路中是人为地在电路中引入正反馈使电路产生自激振荡，而不是由电路中负反馈产生的附加移相所引起的自激振荡，这是二者本质的不同。

实际的振荡电路不需将开关 S 首先置于输入信号端外接交流输入信号，之后再接反馈电

路。那么它最初的输入信号从何而来呢?

5.4.2 振荡的建立及其稳定

振荡电路最初的起振是靠电路本身的各种电压的变化，例如接通直流电源的瞬间，由于电流的突变、噪声等引起的扰动信号，都是振荡电路起振的信号源。这些信号源都会在放大电路的输入端造成一个小的输入电压信号，这些输入电压信号也会在放大器的输出端产生相应的较小的输出电压，该输出电压经反馈网络反馈后得到反馈电压，不断经过正反馈后，反馈电压逐渐增大，只要满足 $A_uF>1$ 和正反馈条件，电路即可起振。振荡电路通过放大→正反馈→再放大→再正反馈多次循环，输出电压幅度不断增大，使基本放大电路的晶体管进入非线性区，造成放大倍数下降，直到满足 $A_uF=1$ 时使振荡电路稳定地工作，输出电压达到并保持一定的稳定值。这就是振荡电路从 $A_uF>1$ 起振，过渡到 $A_uF=1$ 稳定工作的过程。

可见振荡电路的起振条件为

幅值条件：$A_uF>1$

相位条件：$\varphi_A+\varphi_F=\pm 2n\pi$

但是由于起振信号是一些不规则的非正弦干扰信号，包含许多谐波分量，即它们包含许多不同频率、不同幅值的正弦量，究竟哪一种频率可以最终形成输出信号就需要由选频电路来决定。选频电路将所需频率的信号经过逐级放大使之形成振荡，而将其他频率的信号加以抑制。因此振荡电路必须有选频电路，通过选频电路选频后才能输出一定频率和一定幅值的正弦信号。

除此之外，正弦波振荡电路一般还包括稳幅环节。当外界条件发生变化（如温度的变化等）引起输出信号的幅值发生变化时，通过调节稳幅环节，能够自动实现输出电压的幅值稳定不变。

综上所述，正弦波振荡电路一般由基本放大器、接成正反馈的选频网络、稳幅环节等组成。依据正弦波振荡电路中选频电路的形式不同可以分为 *RC* 振荡电路和 *LC* 振荡电路。本节只介绍 *RC* 振荡电路。

5.4.3 *RC* 正弦波振荡电路

RC 振荡电路是一种低频振荡电路，其振荡频率一般可从 1Hz 以下到几百千赫，频率范围很宽。图 5-21 是 *RC* 桥式振荡器的原理电路图。由电路可见，基本运算放大器为同相端输入方式，即输入电压 $\dot{U}_i$ 是从 R_2C_2 并联电路的两端取得，为输出电压 $\dot{U}_o$ 的一部分，与 $\dot{U}_o$ 同相位；正反馈网络由 *RC* 串并联电路构成，接在同相输入端，且反馈网络具有选频特性，将输出电压经过选频后的信号反馈回去；R_3、R_4 组成负反馈网络，用来控制同相输入运算放大电路的闭环电压放大倍数，使之满足 $A_uF>1$ 的起振条件和幅值条件。由于 R_3 具有负的温度系数，还可以起到自动稳定振荡幅度的作用，当任何原因使振荡幅度增大时，流过 R_3 的电流增大，它的阻值就相应减小。R_3 阻值减小，就会使负反馈的电压 U_f' 升高，其结果使振荡幅度回落。反之，当振荡幅度减小时，也可使之回升，因此可以起到稳定输出电压幅度的作用。

由于选频电路中的 R_1C_1、R_2C_2 和反馈网络中的 R_3、R_4 正好构成电桥的 4 臂，放大电路的输出端和输入端分别接在电桥的两对角上。故将这种振荡电路称为 *RC* 桥式振荡电路。

1. RC 串并联电路的选频特性

为分析方便，将 RC 串并联选频电路单独画在图 5-22 中。设该电路的输入电压是$\dot{U}_{o}$，输出电压$\dot{U}_{f}$，则反馈系数$\dot{F}$ 为

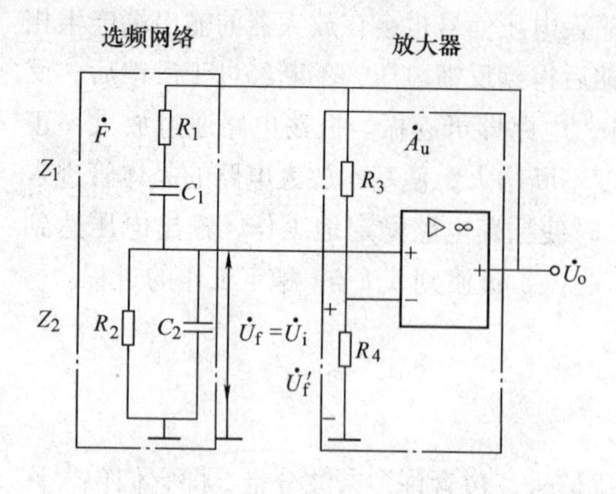

图 5-21　RC 桥式振荡电路

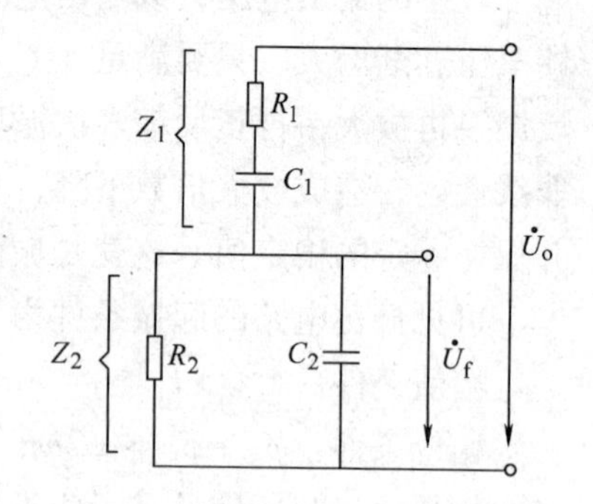

图 5-22　RC 串并联选频电路

$$\dot{F}=\frac{\dot{U}_{f}}{\dot{U}_{o}}=\frac{Z_2}{Z_2+Z_1}=\frac{\dfrac{R_2}{1+j\omega R_2C_2}}{R_1+\dfrac{1}{j\omega C_1}+\dfrac{R_2}{1+j\omega R_2C_2}}$$

$$=\frac{1}{\left(1+\dfrac{R_1}{R_2}+\dfrac{C_2}{C_1}\right)+j\left(\omega R_1C_2-\dfrac{1}{\omega R_2C_1}\right)}\tag{5-16}$$

为了方便调节频率，通常取 $R_1=R_2=R$，$C_1=C_2=C$，并令 $\omega_0=1/(RC)$，则式(5-16) 为

$$\dot{F}=\frac{1}{3+j\left(\dfrac{\omega}{\omega_0}-\dfrac{\omega_0}{\omega}\right)}\tag{5-17}$$

所以 RC 串并联选频电路的幅频特性为

$$F=\frac{1}{\sqrt{3^2+\left(\dfrac{\omega}{\omega_0}-\dfrac{\omega_0}{\omega}\right)^2}}\tag{5-18}$$

相频特性为

$$\varphi_F=-\arctan\frac{\dfrac{\omega}{\omega_0}-\dfrac{\omega_0}{\omega}}{3}\tag{5-19}$$

式（5-18）、式（5-19）所表示的 RC 串并联网络的幅频特性和相频特性，如图 5-23 所示。由图 5-23 可以看出，当 $\omega=\omega_0=1/(RC)$，即 RC 串并联电路的谐振频率 $f=f_0=1/(2\pi RC)$ 时，反馈系数达最大值为

$$F=F_{max}=\frac{1}{3}\tag{5-20}$$

且 $\varphi_F=0$。这时 RC 串并联选频电路的输出电压 $\dot{U}_f$ 的幅值最大，且是输入电压 U_o 的 1/3，同时由于正反馈，输出电压 $\dot{U}_f$ 和输入电压 $\dot{U}_o$ 同相位。

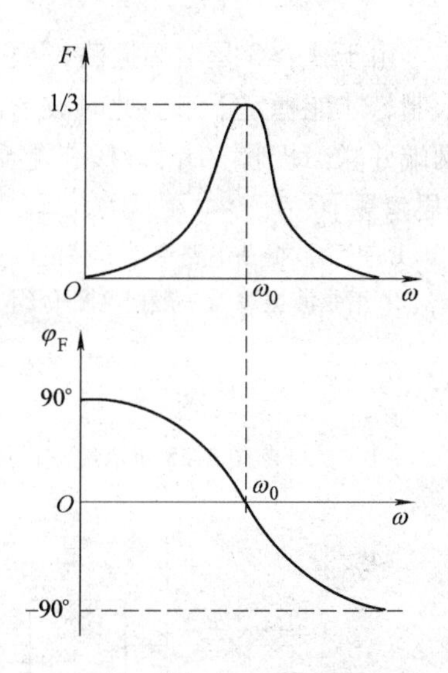

图 5-23 RC 串并联网络的频率特性

2. *RC* 桥式振荡电路

由前述的分析可知，振荡电路产生振荡的相位条件为 $\varphi_A+\varphi_F=\pm 2n\pi$，由于当 $f=f_0=1/(2\pi RC)$ 时，RC 串并联选频电路的 $\varphi_F=0$，即有 $\dot{U}_f$ 和 $\dot{U}_o$ 同相位，则必须有基本放大器的 $\varphi_A=\pm 2n\pi$ 时，即振荡电路中基本放大器部分的输入电压 $\dot{U}_i$ 与输出电压 $\dot{U}_o$ 必须是同相位时，才能使 RC 串并联选频振荡电路满足振荡的相位条件要求。对于其他 $\varphi_F\neq 0$ 的频率信号，由于不能满足相位关系而被抑制，所以该电路的振荡频率为 f_0。通过调整 R、C 的值，可以改变电路的振荡频率。振荡电路起振时除了要满足相位条件，还应满足幅值条件，即起振时必须使 $A_uF>1$。首先分析 RC 桥式振荡电路是否满足起振条件。

RC 桥式振荡电路在 $f=f_0$ 时，$F=F_{max}=1/3$，起振时要求 $A_uF>1$，得 $A_u>3$。即图 5-21 中，起振条件为放大电路部分的电压放大倍数 $A_u>3$。同相比例运算放大器的电压放大倍数为 $A_u=1+R_3/R_4$，因此只要选取 $R_3>2R_4$，就可以满足电路的起振条件。若振荡电路的基本放大器部分采用两级以上的阻容耦合放大电路，这样的起振条件是很容易满足的。

再分析 R_3、R_4 组成的负反馈网络的稳定输出电压的过程：假设由于温度升高而使输出电压幅值增大，则有

温度升高→$U_o\uparrow$→$R_3\downarrow$(负温度系数)→$U'_f\uparrow$→$U_o\downarrow$

同理可分析当温度下降时电阻 R_3、R_4 的自动稳幅过程，请读者自行分析。

例 5-7 图 5-24 是一个 RC 桥式振荡电路，各组成部分的值如图中标示。判断该电路是否满足起振条件。

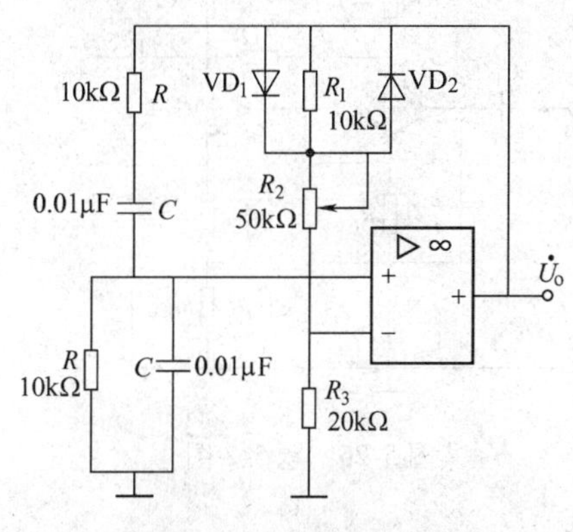

图 5-24 例 5-7 图

解 RC 串并联电路的振荡频率 f_0 为

$$f_0=\frac{1}{2\pi RC}=\frac{1}{2\pi\times 10\times 10^2\times 0.01\times 10^{-6}}\text{Hz}=1592\text{Hz}$$

当 $f=f_0$ 时，$\varphi_F=0$，又 $\varphi_A=0$，因此满足振荡的相位条件。此时，$F=1/3$，由图可知，同相输入运算放大器的电压放大倍数为

$$A_u=1+\frac{R_1+R_2}{R_3}=1+\frac{10+50}{20}=4$$

调节 R_2，使满足式 $R_1+R_2>2R_3$，就可满足 $A_u>3$ 的幅值要求，该电路就能起振。

由于 $A_u>3$ 是增幅振荡，振荡的幅值不断增加，只有受到运算放大器的最大输出幅值的限制，才能稳定下来。此时波形已有较大的失真。为了减小波形的失真程度，在电阻 R_1 的两端并联二极管 VD_1、VD_2，起到双向自动稳幅的作用。

[思考题]

1. 正弦波振荡电路产生震荡的临界条件是什么？
2. 正弦波振荡器一般由几部分组成？各部分的作用是什么？

习　　题

5-1　试判断图 5-25 所示集成运放电路的反馈类型。

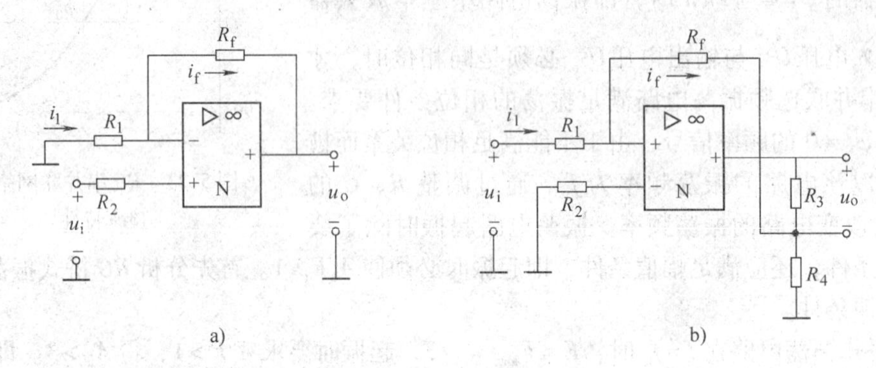

图 5-25　题 5-1 图

5-2　电路如图 5-26 所示，解答下列问题：

1）R_{f1}、R_{E3} 引入了何种反馈？其作用如何？

2）R_{f2}、R_{E1} 引入了何种反馈？其作用如何？

5-3　在图 5-27 所示的两级放大电路中，(1) 哪些是直流负反馈；(2) 哪些是交流负反馈，并说明其类型；(3) 如果 R_f 不接在 V_2 的集电极，而是接在 C_2 与 R_L 之间，两者有何不同？(4) 如果 R_f 的另一端不是接在 V_1 的发射极，而是接在它的基极，有何不同？是否会变为正反馈？

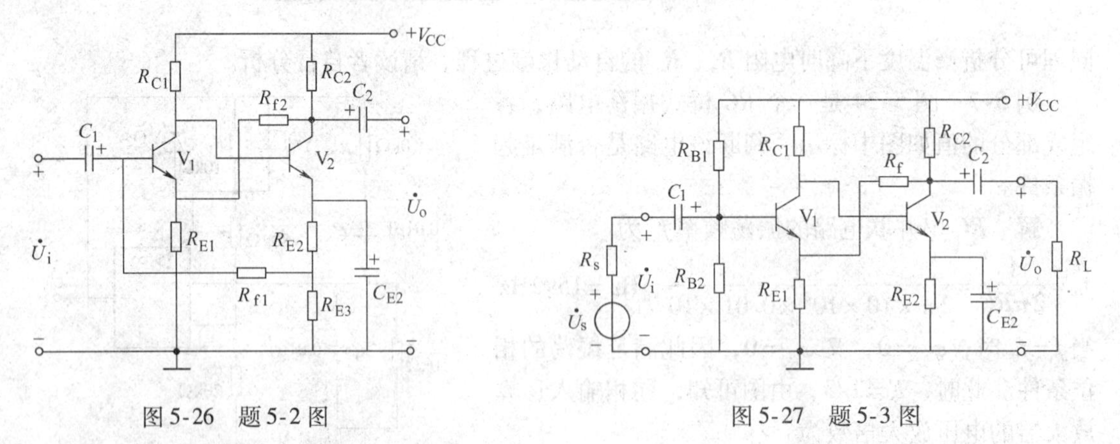

图 5-26　题 5-2 图　　　　图 5-27　题 5-3 图

5-4　对图 5-28 所示电路，该电路都引进了哪些级间反馈？判断其反馈类型。

5-5　放大电路如图 5-29 所示，试分别判断各电路反馈的极性和组态。

5-6　说明图 5-30 所示各电路的交流反馈类型，并说明哪些可以稳定输出电压；哪些可以稳定输出电流；

哪些可以提高输入电阻；哪些可以降低输出电阻。

5-7　图 5-31 所示的电路为两级放大电路构成，R_{f1} 构成第一级反馈，R_{f2} 构成第二级反馈，R_f 构成两级之间的反馈。试判断它们分别是正反馈还是负反馈？若是负反馈，判断其反馈组态。

5-8　如果需要实现下列要求，在交流放大电路中应引入哪种类型的负反馈？

1）要求输出电压 U_o 基本稳定，并能提高输入电阻。

2）要求输出电流 I_o 基本稳定，并能减小输入电阻。

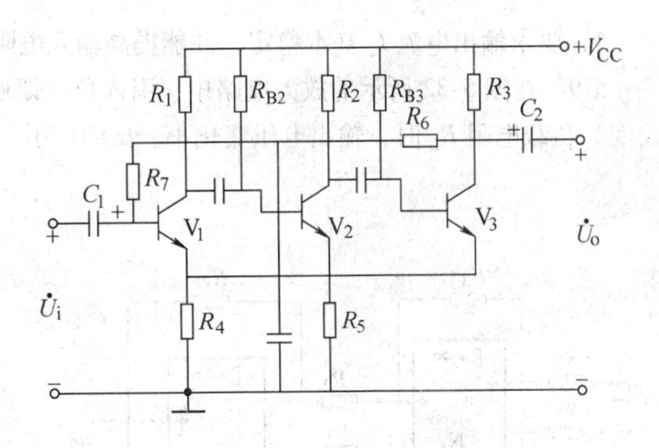

图 5-28　题 5-4 图

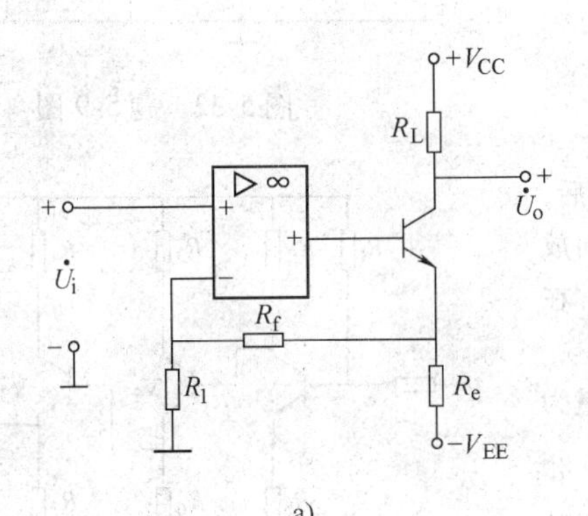

a)

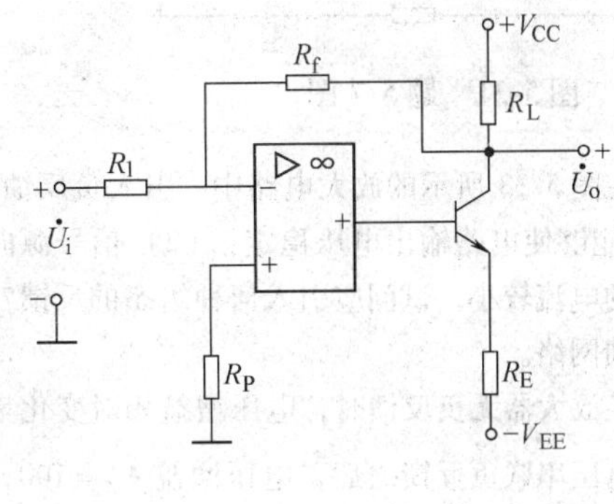

b)

图 5-29　题 5-5 图

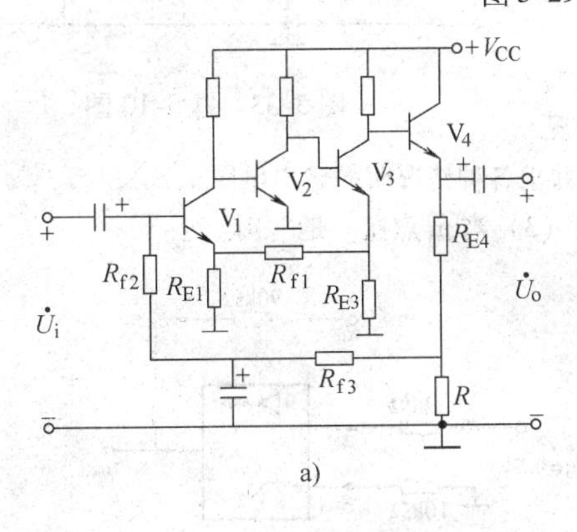

a)

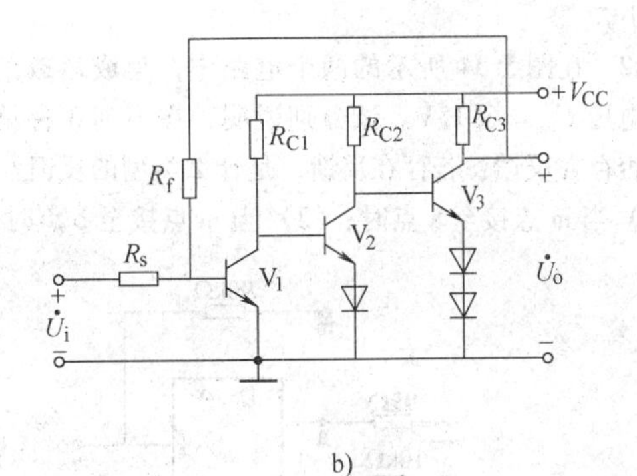

b)

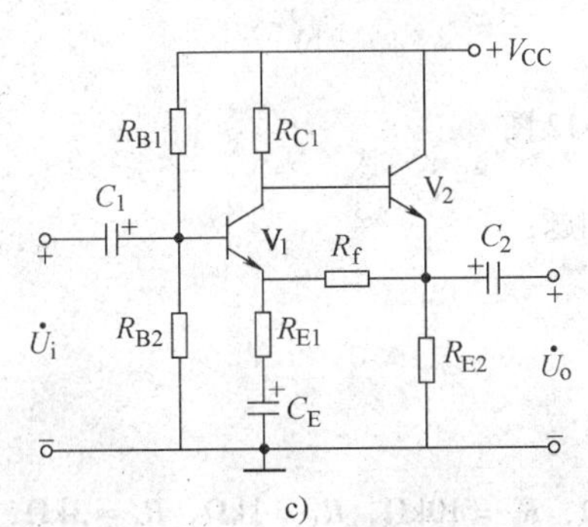

c)

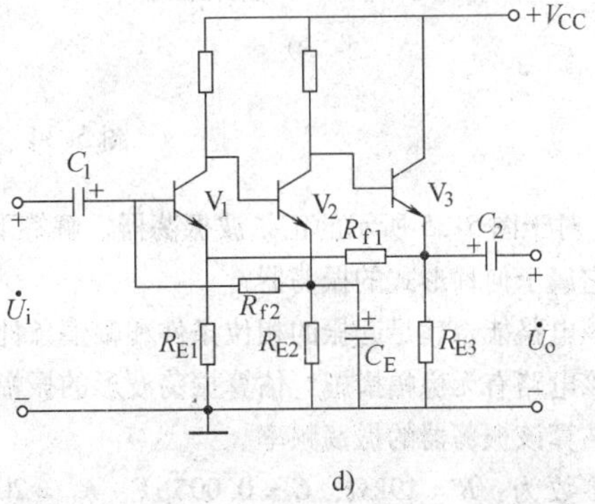

d)

图 5-30　题 5-6 图

3）要求输出电流 I_o 基本稳定，并能提高输入电阻。

5-9　在图 5-32 所示的放大电路中，引入负反馈后，希望：（1）降低输入电阻；（2）输出端接上（或改变）负载电阻 R_L 时，输出电压变化小。试问应引入何种组态的反馈？在图上接入反馈网络。

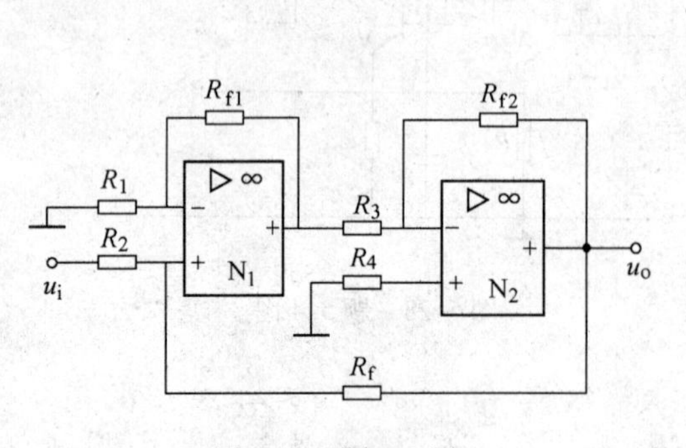

图 5-31　题 5-7 图

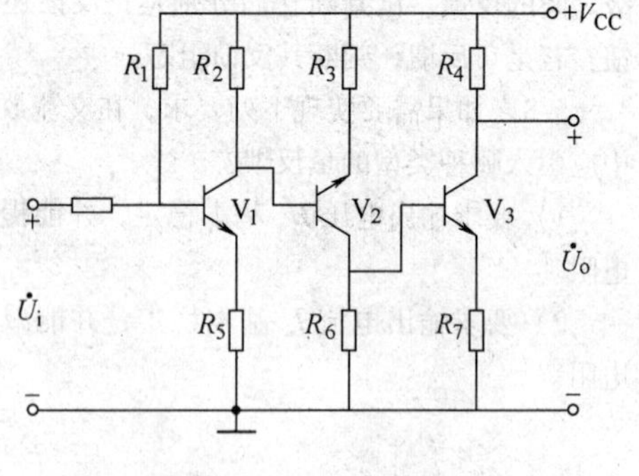

图 5-32　题 5-9 图

5-10　在图 5-33 所示的放大电路中，引入负反馈后，希望：（1）能够使电路输出电压稳定；（2）信号源向放大电路提供的电流较小。试问应引入何种组态的反馈？在图上接入反馈网络。

5-11　某放大器无负反馈时，电压增益相对变化量为 25%，引入电压串联负反馈之后，电压增益 $\dot{A}_{uf}=100$，相对变化量为 1%，试求无反馈时的电压增益 $\dot{A}_u$ 和反馈系数 $\dot{F}$ 的大小。

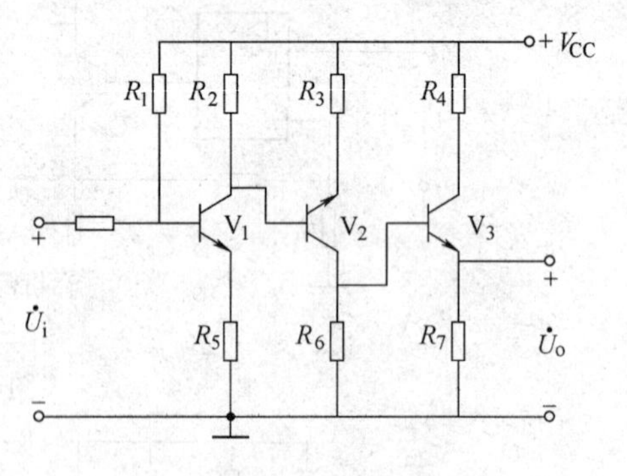

图 5-33　题 5-10 图

5-12　在图 5-34 所示的两个电路中，集成运放的最大输出电压 $U_{om}=\pm 13\mathrm{V}$。试分别说明，在下列 3 种情况下，是否存在反馈？若存在反馈，是什么类型的反馈？并求各种情况时的输出电压 u_o。

（1）当 m 点接至 a 点时；（2）当 m 点接至 b 点时；（3）当 m 点接“地”时。

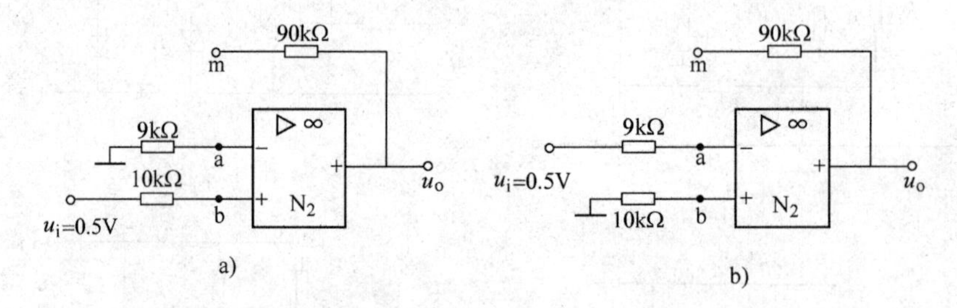

图 5-34　题 5-12 图

5-13　对于图 5-35 所示的正弦波振荡器，解答下列问题：

（1）它属于何种形式的振荡器？

（2）该电路能否满足起振的相位条件和幅值条件？

（3）该电路有无稳幅措施？估算振荡波形的振幅值。

（4）估算该振荡器的振荡频率。

电路参数为：$R=19\mathrm{k\Omega}$，$C=0.005\mu\mathrm{F}$，$R_1=20.3\mathrm{k\Omega}$，$R_2=10\mathrm{k\Omega}$，$R_3=1\mathrm{k\Omega}$，$R_4=3\mathrm{k\Omega}$，$R_5=1\mathrm{k\Omega}$，$R_6=3\mathrm{k\Omega}$。

5-14　图5-36是用运算放大器构成的音频信号发生器的简化电路。（1）R_1 大致调到多大才能起振？（2）RP为双联电位器，可从0调到14.4kΩ，试求振荡频率的调节范围。

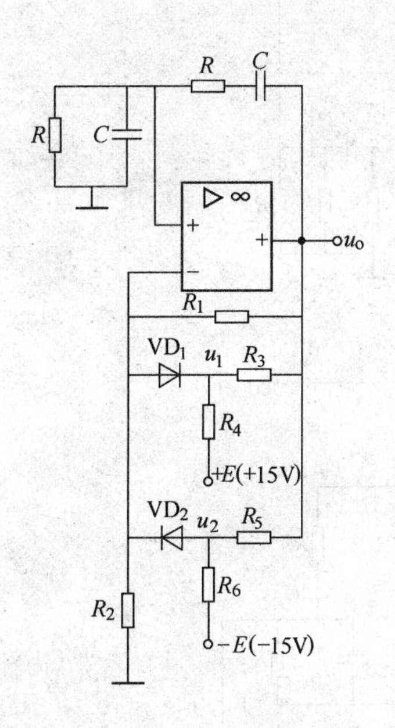

图5-35　题5-13图

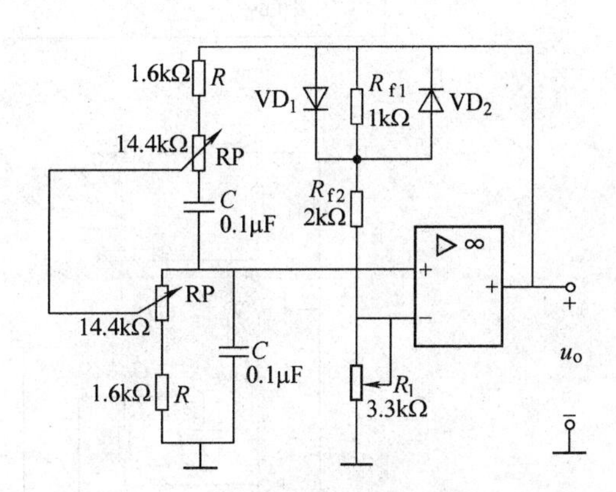

图5-36　题5-14图

5-15　某音频信号发生器的原理电路如图5-37所示。$R_1=10\text{k}\Omega$，$R_f=22\text{k}\Omega$，其他电路参数如图所示。求：（1）该电路能否满足振荡的相位条件和幅值条件。（2）若图中 R_1 换成热敏电阻 R_t，R_t 的温度系数取正还是取负？（3）若RP从1kΩ变到10kΩ，计算电路振荡频率的调节范围。

5-16　用相位平衡条件判断图5-38所示各电路能否振荡。

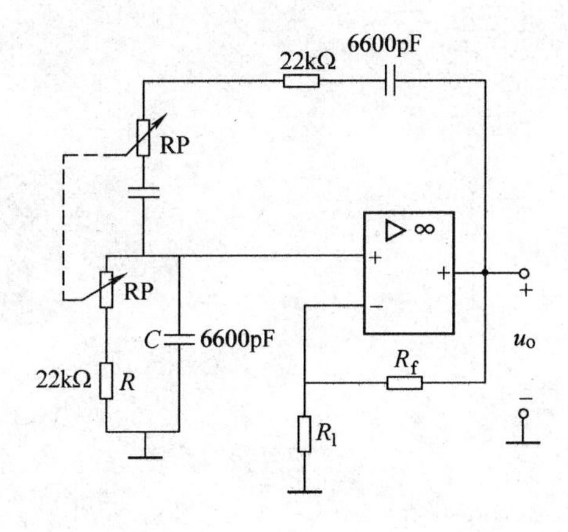

图5-37　题5-15图

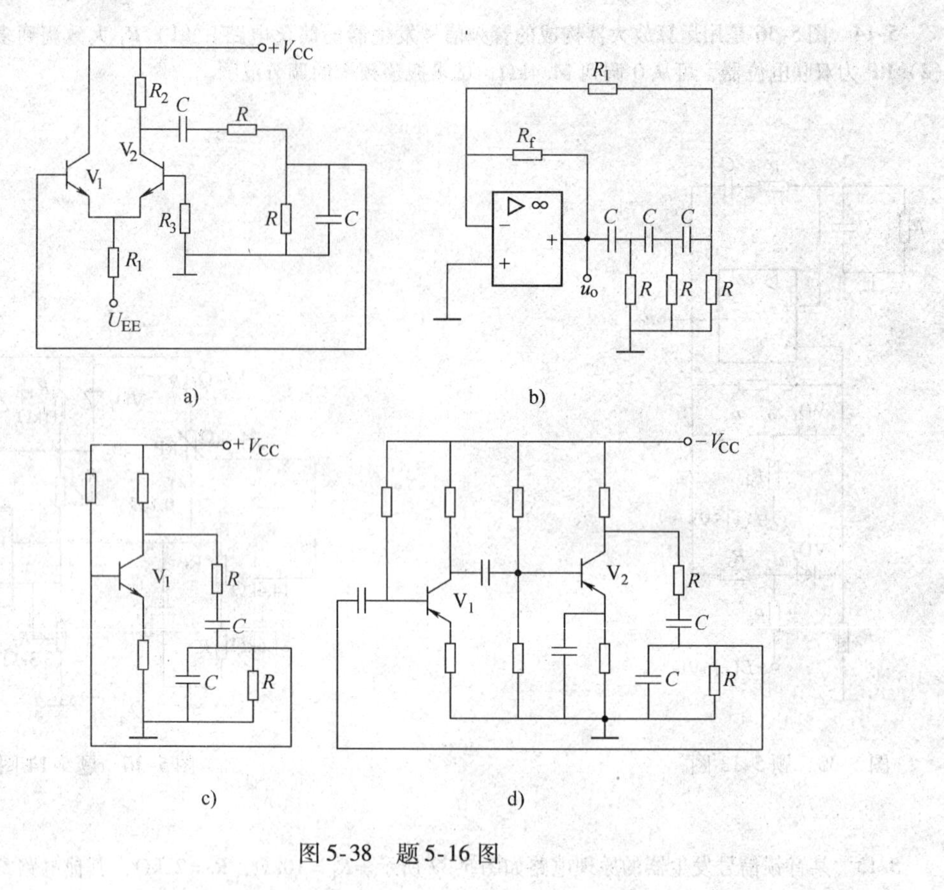
+V_{CC}
R_2
C
R
V_2
V_1
R_3
R
C
R_1
U_{EE}
a)
R_1
R_f
C
C
C
u_o
R
R
R
b)
+V_{CC}
V_1
R
C
C
R
c)
$-V_{CC}$
V_2
V_1
R
C
C
R
d)

图 5-38　题 5-16 图

第 6 章　直流稳压电源

本章提要：电子设备和自动控制装置中都需要稳定的直流电源。为了得到直流电，除了可采用直流发电机外，目前广泛采用由交流电变换为直流电的各种半导体直流电源。本章主要讨论半导体直流稳压电源的以下内容：

1）直流稳压电源的组成、各部分的作用及参数计算。

2）单相桥式不可控整流电路的工作原理。

3）单相可控整流电路的工作原理，包括单相可控半波和单相半控桥式整流电路。

4）简单的电容滤波电路。

5）稳压二极管稳压电路的工作原理，串联稳压电路的工作原理及三端固定集成稳压器介绍。

本章重点：单相桥式整流电路和单相半控桥式整流电路的工作原理，以及电容滤波电路的工作原理。

6.1　概述

图 6-1 是半导体直流稳压电源的原理框图，一般由 4 部分组成，它表示将交流电变换为直流电的过程。各部分的功能如下：

电源变压器：将高幅值的交流电源电压变换为较低幅值的、符合整流电路需要的交流电压。

整流电路：利用具有单向导电性的整流器件（半导体二极管、晶闸管等），将交流电压变换为单向脉动的直流电压。

滤波电路：滤去单向脉动电压中的交流成分，减小脉动程度，供给负载平滑的直流电压。

稳压电路：在交流电源电压波动或负载变化时，使直流输出电压稳定。

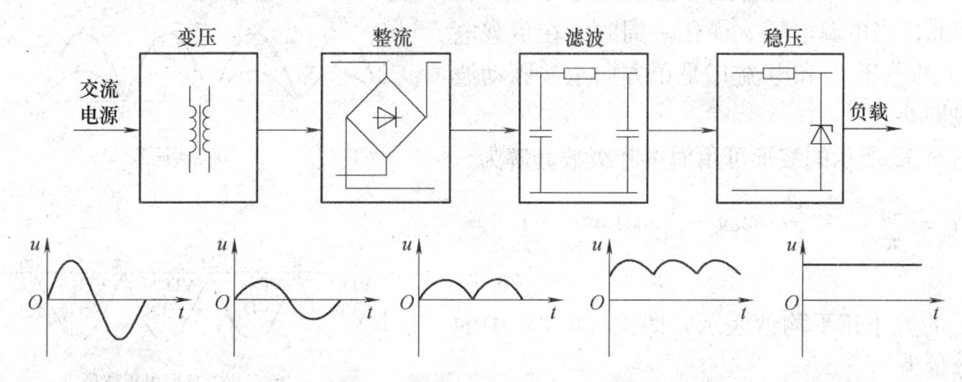

图 6-1　直流稳压电源原理框图

电路中各部分波形示于图 6-1 中。

6.2 单相桥式整流电路

单相桥式整流电路如图 6-2a 所示。它由单相电源变压器 T、4 只二极管 $VD_1 \sim VD_4$ 及负载电阻 R_L 组成。4 只二极管接成电桥的形式，故称桥式整流电路。图 6-2b 是桥式整流电路的简化表示法。目前，将组成电桥的 4 只二极管，制作在一个集成块内，称为“全桥”。

图 6-2a 中，设电源变压器二次电压

$$u = \sqrt{2}U\sin\omega t$$

波形如图 6-3a 所示。在 u 的正半周时，其极性为上正下负，即 a 点电位高于 b 点，二极管 VD_1、VD_3 因承受正向电压而导通，VD_2 和 VD_4 承受反向电压而截止，电流 i_1 的通路是 $a \to VD_1 \to R_L \to VD_3 \to b \to a$，如图 6-2a 中的实线箭头所示，这时负载电阻 R_L 上得到一个半波电压，如图 6-3b 中的 $0 \sim \pi$ 段所示。

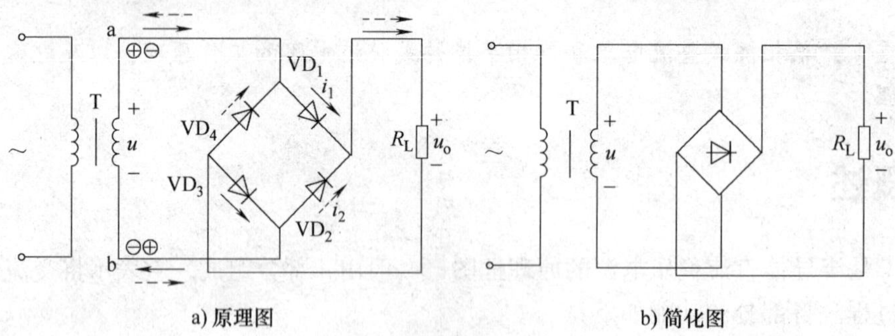

a) 原理图　　b) 简化图

图 6-2　单相桥式整流电路

在电压 u 负半周时，其极性为上负下正，即 b 点电位高于 a 点，因此 VD_1 和 VD_3 截止，VD_2 和 VD_4 导通，电流 i_2 的通路是 $b \to VD_2 \to R_L \to VD_4 \to a \to b$，如图 6-2a 中虚线箭头所示。同样在负载电阻上得到一个与 $0 \sim \pi$ 段相同的半波电压，如图 6-3b 中的 $\pi \sim 2\pi$ 段。

因此，当电源电压 u 变化一周时，在负载电阻 R_L 上的电压 u_o 和电流 i_o 是单方向全波脉动波形（见图 6-3b）。

图 6-3b 所示的波形可用傅里叶级数分解为

$$u_o = \frac{\sqrt{2}U}{\pi}\left(2 - \frac{4}{3}\cos 2\omega t - \frac{4}{15}\cos 4\omega t - \cdots\right) \tag{6-1}$$

u_o 的大小用平均值表示，即式（6-1）中的恒定分量为

$$U_o = \frac{2\sqrt{2}U}{\pi} = 0.9U \tag{6-2}$$

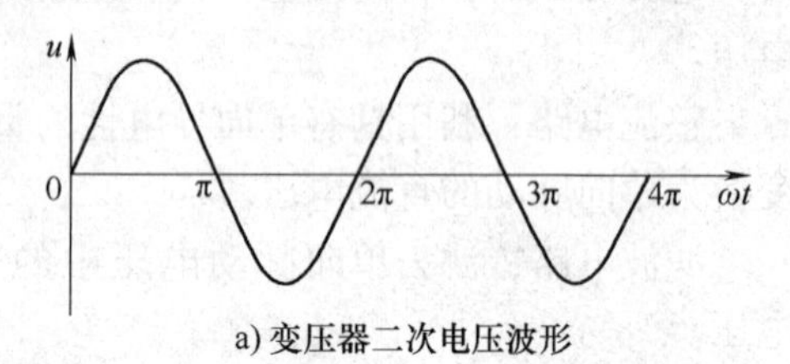

a) 变压器二次电压波形

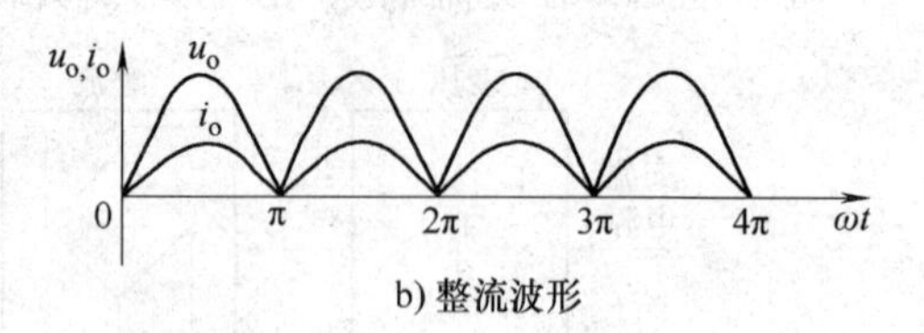

b) 整流波形

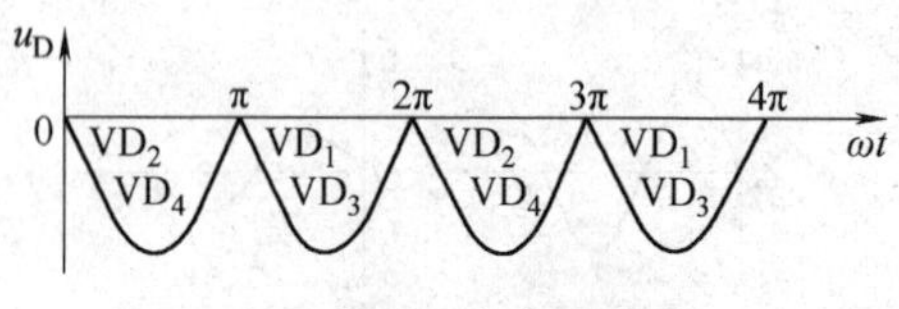

c) 二极管反向电压波形

图 6-3　单相桥式整流电路电压电流波形

流过负载电阻的电流 i_o 的平均值 I_o 为

$$I_o=\frac{U_o}{R_L}=0.9\frac{U}{R_L} \tag{6-3}$$

在单相桥式整流电路中，每两只二极管串联导电半个周期，负载电阻中一个周期内均有电流流过，所以每只二极管中流过的电流平均值 I_{DF} 是负载电流 I_o 的一半，即

$$I_{DF}=\frac{1}{2}I_o=0.45\frac{U}{R_L} \tag{6-4}$$

在变压器二次电压 u 的正半周时，VD_1、VD_3 导通，相当于短路，VD_2、VD_4 的阴极接于 a 点，而阳极接于 b 点，所以 VD_2、VD_4 所承受的最高反向电压就是 u 的幅值 $\sqrt{2}U$。同理，在 u 负半周时，VD_1、VD_3 所承受的最高反向电压也是 $\sqrt{2}U$，如图 6-3c 所示。所以单相桥式整流电路二极管承受的最高反向电压 U_{DRM} 为

$$U_{DRM}=\sqrt{2}U \tag{6-5}$$

变压器二次电流 i 仍为交流电流，其有效值 I 与整流电流平均值的关系为

$$I=\frac{U}{R_L}=\frac{U_o}{0.9R_L}=1.11I_o \tag{6-6}$$

例 6-1 单相桥式整流电路（见图 6-2），已知交流电网电压为 220V，负载电阻 $R_L=50\Omega$，负载电压 $U_o=100V$，试求变压器的电压比和容量，并选择二极管。

解 变压器二次电压的有效值为［见式（6-2）］

$$U=\frac{U_o}{0.9}=\frac{100}{0.9}V=111V$$

考虑到变压器二次绕组及二极管上的压降，变压器二次电压一般应高出计算值 5%~10%，即

$$U=111\times1.1V\approx122V$$

变压器电压比
$$K=\frac{220}{122}=1.8$$

整流电流平均值
$$I_o=\frac{U_o}{R_L}=\frac{100}{50}A=2A$$

变压器二次电流有效值

$$I=1.11I_o=1.11\times2A=2.22A$$

变压器容量
$$S=UI=122\times2.22V\cdot A=270.8V\cdot A$$

每只二极管承受的最高反向电压

$$U_{DRM}=\sqrt{2}U=\sqrt{2}\times122V=172V$$

流过每只二极管的平均电流值

$$I_{DF}=\frac{1}{2}I_o=\frac{1}{2}\times2A=1A$$

为使整流电路工作安全起见，在选择二极管时，二极管的最大整流电流 I_{FM} 应大于二极管中流过的电流平均值 I_{DF}，二极管的反向工作峰值电压 U_{RM} 应比二极管在电路中承受的最高反向电压 U_{DRM} 大一倍左右。

查附录 B，二极管选用 2CZ12D（3A，300V），或者 2CZ12E（3A，400V）。

例 6-2 电路如图 6-4 所示。设变压器和各二极管是理想的。$U_{21}=U_{22}=U=15V$。

(1) 判断这是哪一种整流电路?

(2) 标出 u_{o1}、u_{o2} 相对于“地”的实际极性。

(3) 求 U_{o1}、U_{o2} 的值。

解 (1) 虽然该电路有4只桥式接法的二极管，但变压器绕组带抽头，且电路有两路输出，输出电压分别为 u_{o1}、u_{o2}。所以该电路实际上是共用变压器二次绕组的两个全波整流电路，整流元件分别为 VD_1 和 VD_2、VD_3 和 VD_4。当电压正半周，即 a 点为“+” b 点为“-”时，二极管 VD_1 和 VD_3 导通，电流通路为：a→VD_1→R_{L1}→c→a 和 c→R_{L2}→VD_3→b→c；当电压负半周，即 b 点为“+” a 点为“-”时，二极管 VD_2 和 VD_4 导通，电流通路为：b→VD_2→R_{L1}→c→b 和 c→R_{L2}→VD_4→a→c。

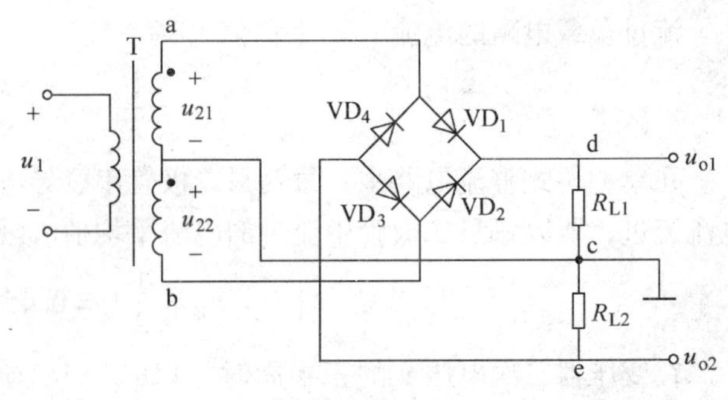

图6-4 例6-2图

(2) u_{o1} 相对于“地”为正，u_{o2} 相对于“地”为负。

(3) $U_{o1}=0.9U=0.9\times15V=13.5V$

$U_{o2}=-0.9U=-0.9\times15V=-13.5V$

[思考题]

1. 如果要求某一单相桥式整流电路输出直流电压 U_o 为36V，直流电流 I_o 为1.5A，试选择变压器电压比（电源电压为220V），并选择合适的二极管。

2. 图6-2a所示的单相桥式整流电路中，如果（1）VD_3 接反；（2）因过电压 VD_3 被击穿短路；（3）VD_3 断开，试分别说明上述三种情况下其后果如何?（4）若将4个二极管都反接，又将如何?

6.3 单相晶闸管可控整流电路

前述二极管整流电路在应用上存在很大的局限性，即在输入的交流电压一定时，输出的直流电压也是一个固定值，一般不能任意调节。但在很多场合，要求直流电压能够进行调节，如直流电动机的调压调速等。本节将讨论由可控元件——晶闸管组成的可控整流电路，其输出直流电压在一定范围内可以调节。

6.3.1 单相半波可控整流电路

图6-5是单相半波可控整流电路原理图，负载电阻为 R_L。设电源变压器二次电压 $u=\sqrt{2}U\sin\omega t$，波形如图6-6a所示。如果门极未加触发电压，晶闸管在电压 u 的正、负半周内均不导通。在输入交流电压 u 的正半周内某一时刻 t_1（$\omega t_1=\alpha$）给门极加上触发脉冲 u_G，如图6-6b所示，晶闸管导通，忽略管压降，电压 u 全部加在负载电阻 R_L 上。当交流电压下降到接近零时，晶闸管正向电流小于维持电流，晶闸管阻断。在电压 u 的负半周时，晶闸管承受反向电压不能导通，负载电压和电流均为零。在交流电压 u 的第二个正半周内，在 t_2 时刻（$\omega t_2=2\pi+\alpha$）加入触发脉冲，晶闸管又导通。如果触发脉冲周期性地重复加在门极上，那么，负载电阻 R_L 上就可以得到如图6-6c中所示的阴影部分波形，它

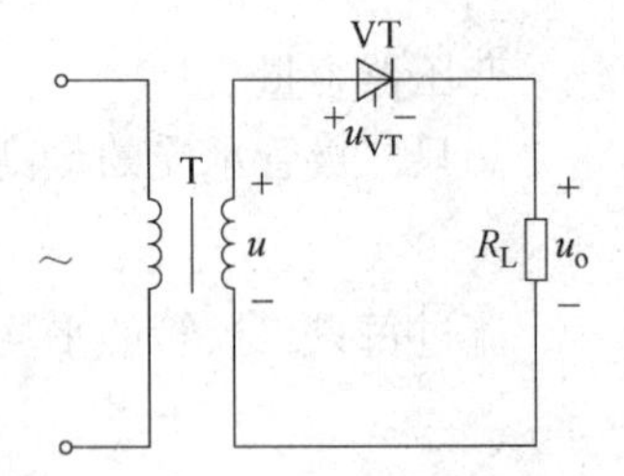

图6-5 单相半波可控整流电路（电阻性负载）

是单向脉动的电压 u_o 和电流 i_o。晶闸管阻断时承受的正向和反向电压波形如图 6-6d 阴影部分波形所示，其最高正向和反向电压均为输入交流电压的幅值$\sqrt{2}U$。

晶闸管承受正向电压时，不导通的范围（加入触发脉冲，使管子开始导通前的角度）称为控制角，也称移相角，用 α 表示。

在一个周期内晶闸管导通的范围称为导通角，用 θ 表示，且 $\theta=\pi-\alpha$。控制角的变化范围称为移相范围，其变化范围是 $0\sim\pi$。

显然，改变加入门极触发脉冲的时刻，即改变触发延迟角 α，负载电阻 R_L 上得到的电压波形就随着改变，这样就控制了负载上输出电压的大小，达到可控整流的目的。触发延迟角 α 越小、导通角 θ 越大，输出电压平均值越大。由图 6-6c 可知，经晶闸管整流后的输出电压平均值 U_o 与触发延迟角 α 的关系为

$$
\begin{aligned}
U_o &= \frac{1}{2\pi}\int_{\alpha}^{\pi}\sqrt{2}U\sin\omega t\mathrm{d}(\omega t) \\
&= \frac{\sqrt{2}}{2\pi}U(1+\cos\alpha) \\
&= 0.45U\frac{1+\cos\alpha}{2}
\end{aligned}
\tag{6-7}
$$

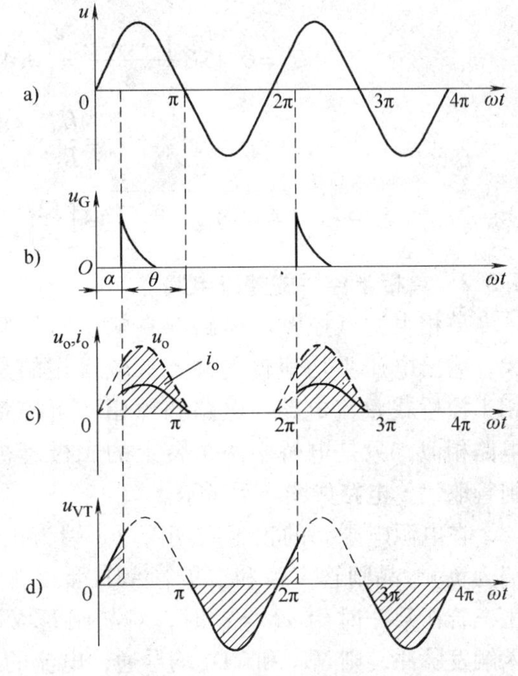

图 6-6　单相半波可控整流电路（电阻性负载）的电压、电流波形图

由式（6-7）可知，当 $\alpha=0$、$\theta=\pi$ 时，晶闸管在正半周全导通，输出电压最高 $U_o=0.45U$，相当于不可控单相半波整流电路（见相关资料）。当 $\alpha=\pi$、$\theta=0$ 时，$U_o=0$，晶闸管全阻断。

负载电阻 R_L 中整流电流平均值为

$$I_o=\frac{U_o}{R_L}=0.45\frac{U}{R_L}\frac{1+\cos\alpha}{2} \tag{6-8}$$

输出电压的有效值为

$$U_R=\sqrt{\frac{1}{2\pi}\int_{\alpha}^{\pi}(\sqrt{2}U\sin\omega t)^2\mathrm{d}(\omega t)}=U\sqrt{\frac{1}{4\pi}\sin2\alpha+\frac{\pi-\alpha}{2\pi}} \tag{6-9}$$

输出电流的有效值 I_R，也就是流过晶闸管电流的有效值 I_t 为

$$I_R=I_t=\frac{U_R}{R_L}=\frac{U}{R_L}\sqrt{\frac{1}{4\pi}\sin2\alpha+\frac{\pi-\alpha}{2\pi}} \tag{6-10}$$

例 6-3　单相半波可控整流电路如图 6-5 所示，已知变压器二次电压 $U=127\text{V}$，晶闸管的控制角 $\alpha=45°$，负载电阻 $R_L=10\Omega$。求晶闸管的导通角 θ，输出电压的平均值 U_o，输出电流的平均值 I_o 和有效值 I_R。

解

$$\theta = \pi - \alpha = \pi - \frac{\pi}{4} = \frac{3\pi}{4}$$

$$U_o = 0.45U\frac{1+\cos\alpha}{2} = \left(0.45 \times 127\frac{1+\cos45^\circ}{2}\right)\text{V} = 48.78\text{V}$$

$$I_o = \frac{U_o}{R_L} = \frac{48.78}{10}\text{A} = 4.88\text{A}$$

$$I_R = \frac{U}{R_L}\sqrt{\frac{1}{4\pi}\sin2\alpha + \frac{\pi-\alpha}{2\pi}} = \left[\frac{127}{10}\sqrt{\frac{1}{4\pi}\sin(2\times45^\circ) + \frac{\pi-\pi/4}{2\pi}}\right]\text{A} = 8.56\text{A}$$

6.3.2 单相半控桥式整流电路

单相半波可控整流电路存在输出电压脉动大，输出电压平均值低的缺点。较常用的是单相半控桥式整流电路，电路和单相不可控整流电路相似，只是电桥中两个臂上的二极管被晶闸管取代。电路如图6-7所示。

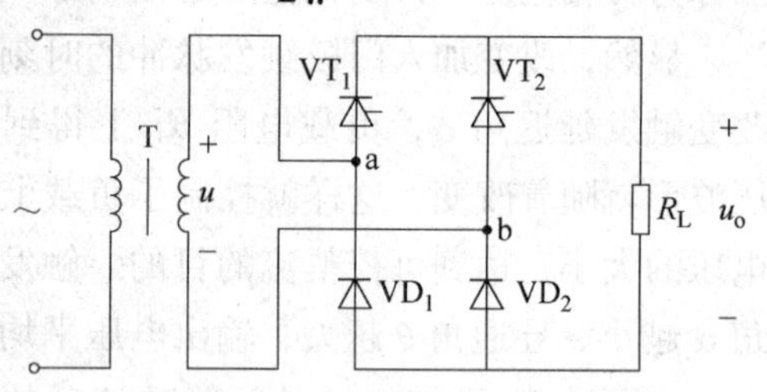

图6-7 单相半控桥式整流电路

在电源电压 u 的正半周期时（a 端为正，b 端为负），晶闸管 VT_1 和二极管 VD_2 承受正向电压，若在某一时刻 $\omega t_1 = \alpha$ 时，对晶闸管 VT_1 引入触发脉冲，则 VT_1 和 VD_2 均导通，电流的通路是 a→VT_1→R_L→VD_2→b。这时 VT_2 和 VD_1 都因承受反向电压而截止。晶闸管和二极管导通后，管压降很小，u 几乎全降落在负载电阻 R_L 上，即 $u_o = u$。当电压 u 接近零时，VT_1 阻断 VD_2 截止。同样，在 u 的负半周期（a 端为负，b 端为正），VT_2 和 VD_1 承受正向电压，若在某一时刻 $\omega t_2 = \pi + \alpha$，对晶闸管 VT_2 引入触发脉冲，则 VT_2 和 VD_1 导通，电流的通路为 b→VT_2→R_L→VD_1→a。这时 VT_1 和 VD_2 因承受反向电压而阻断。当 u 接近零时，VT_2 和 VD_1 阻断。因此在交流电压 u 的正、负半周内，流过负载电阻 R_L 的电流方向是相同的。改变触发延迟角 α 的大小，可以达到改变输出电压的目的，输出电压和电流的波形如图6-8c所示。

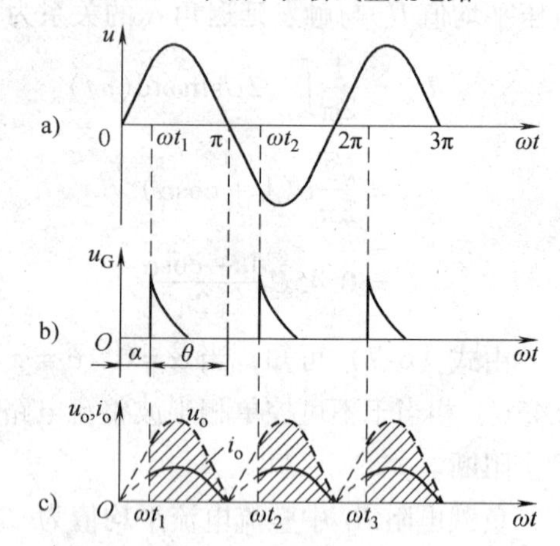

图6-8 单相半控桥式整流电路的电压电流波形

整流输出电压平均值 U_o 为

$$U_o = \frac{1}{\pi}\int_{\alpha}^{\pi}\sqrt{2}U\sin\omega t\,\mathrm{d}(\omega t) = 0.9U\frac{1+\cos\alpha}{2} \tag{6-11}$$

输出电流的平均值 I_o 为

$$I_o = \frac{U_o}{R_L} = 0.9\frac{U}{R_L}\frac{1+\cos\alpha}{2} \tag{6-12}$$

由以上两式可知，在相同的交流电压 u 和触发延迟角 α 条件下，单相半控桥式整流电路比单相半波可控整流电路的输出电压、电流的平均值大一倍。

输出电压有效值 U_R 为

$$U_R = \sqrt{\frac{1}{\pi}\int_0^\pi (\sqrt{2}U\sin\omega t)^2 d(\omega t)} = U\sqrt{\frac{1}{2\pi}\sin 2\alpha + \frac{\pi-\alpha}{\pi}} \tag{6-13}$$

输出电流有效值和变压器二次电流有效值为

$$I_R = \frac{U_R}{R_L} = \frac{U}{R_L}\sqrt{\frac{1}{2\pi}\sin 2\alpha + \frac{\pi-\alpha}{\pi}} \tag{6-14}$$

通过晶闸管和二极管的电流平均值相等，为

$$I_{oT} = \frac{1}{2}I_o \tag{6-15}$$

晶闸管所承受的最高正向电压 U_{FM}、最高反向电压 U_{RM} 和二极管所承受的最高反向电压都为 $\sqrt{2}U$。

例 6-4 有一纯电阻性负载，需要可调的直流电压 $U_o = 0 \sim 180V$，电流 $I_o = 0 \sim 6A$，采用单相半控桥式整流电路，试求交流电压的有效值，并选择整流元件；在触发延迟角 $\alpha = 60°$ 时，输出电压 U_o 为多少？

解 设晶闸管导通角 $\theta = 180°$（$\alpha = 0°$）时，$U_o = 180V$，$I_o = 6A$。

交流电压有效值为

$$U = \frac{U_o}{0.9} = \frac{180}{0.9}V = 200V$$

实际上还应考虑电网电压的波动，管压降以及导通角一般达不到 180°（一般只是 160° ~ 170°）等因素，交流电压要比计算值适当加大 10% 左右，实际选 $U = 220V$。因此，在本例中可以不用整流变压器，直接接到 220V 的交流电源上。

$\alpha = 60°$ 时

$$U_o = 0.9 \times 220 \times \frac{1 + \cos 60°}{2}V = 148.5V$$

晶闸管承受的最高正、反向电压和二极管承受的最高反向电压均为

$$U_{FM} = U_{RM} = \sqrt{2}U = 1.41 \times 220V \approx 310V$$

为了保证晶闸管在出现瞬时过电压时不致损坏，通常根据下式选取晶闸管的 U_{FRM} 和 U_{RRM}

$$U_{FRM} \geqslant (2 \sim 3)\ U_{FM}$$

$$U_{RRM} \geqslant (2 \sim 3)\ U_{RM}$$

本题 $U_{FRM} = U_{RRM} = (2 \sim 3) \times 310V = 620 \sim 930V$

流过晶闸管和二极管的平均电流为

$$I_{oT} = \frac{1}{2}I_o = \frac{6}{2}A = 3A$$

考虑留有充分余量应选晶闸管的正向平均电流

$$I_F = (1.5 \sim 2)\ I_{oT} = 4.5 \sim 6A$$

根据以上计算选用 5A、700V 的晶闸管 KP5-7 两只，5A、500V 的二极管 2CZ5/500 两只（因为二极管的反向工作峰值电压一般是反向击穿电压的一半，已有较大的余量，所以选 500V 即可）。

[思考题]

试比较图 6-5 和图 6-7 所示两种可控整流电路在交流电压有效值 U 和触发延迟角 α 相同的情况下，它们的直流输出电压 U_o 相差多少？

6.4 滤波电路

整流电路输出的电压都是单方向脉动电压，其中含有直流和交流分量，这样的直流电压作为电镀、蓄电池充电的电源还是允许的，但作为大多数电子设备的电源，将会产生不良影响，甚至不能正常工作。需要在整流电路之后，加接滤波电路，尽量减小输出电压中的交流分量，使之接近于理想的直流电压。下面介绍几种常用的滤波电路。

6.4.1 电容滤波电路

图 6-9 是电容滤波电路，它是在单相桥式整流电路的输出端和负载电阻 R_L 之间并联电容 C 而构成。电容滤波器是根据电容器的端电压在电路状态改变时不能跃变的原理制成的。电路的工作情况如下：

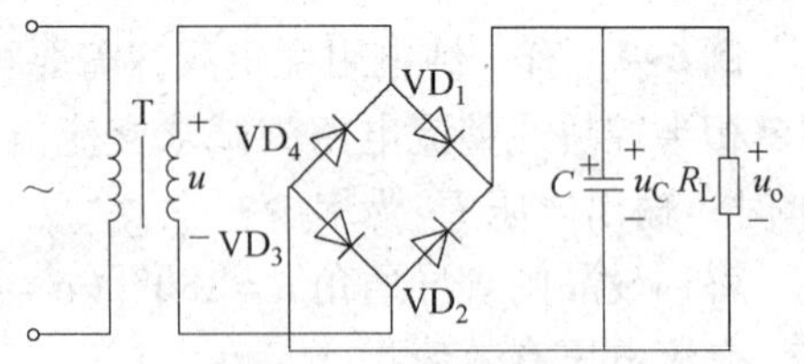

图 6-9 电容滤波电路

整流电路未接电容时输出电压 u_o 的波形重新画在图 6-10b 中。设变压器二次电压 $u=\sqrt{2}U\sin\omega t$，在 u 的正半周期内由零上升时，二极管 VD_1、VD_3 导通，加有电容 C 后，电源一方面经 VD_1、VD_3 向负载电阻供电，另一方面对电容 C 充电，如果忽略变压器二次绕组及二极管正向压降，电容充电时间常数很小，可近似认为电容充电电压 u_C 与正弦电压 u 一致，如图 6-10c 中的 Om 段波形所示，电源电压 u 在 m 点达到最大值，u_C 也达到最大值。过了 m 点以后，开始时 u 按正弦规律下降的速率不大，u_C 仍与 u 近似相同，随 u 的减小而减小，如图 6-10c 中的 mn 段所示。在过 n 点以后 u 按正弦规律下降的速率大于 u_C 按指数规律衰减的速率，这时 $u<u_C$，二极管 VD_1、VD_3 因承受反向电压而截止，电容 C 向负载电阻 R_L 放电，由于电容放电时间常数 R_LC 一般较大，电容电压 u_C 按指数规律衰减较慢，如图 6-10c 中 ng 段。在 g 点后，u 的负半周使 VD_2、VD_4 导通，$u>u_C$，电容 C 停止放电又被充电，以后重复上述过程。

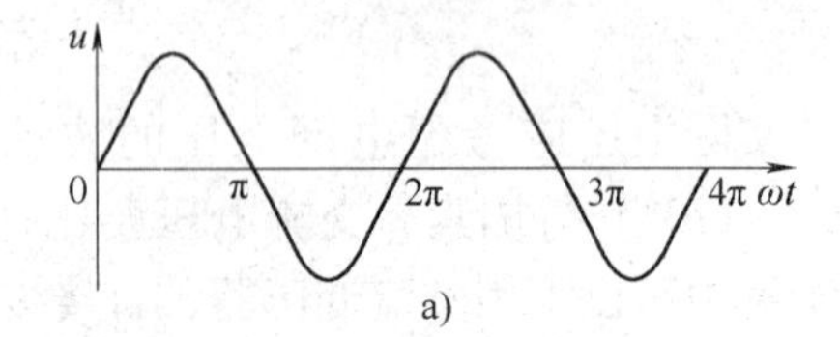

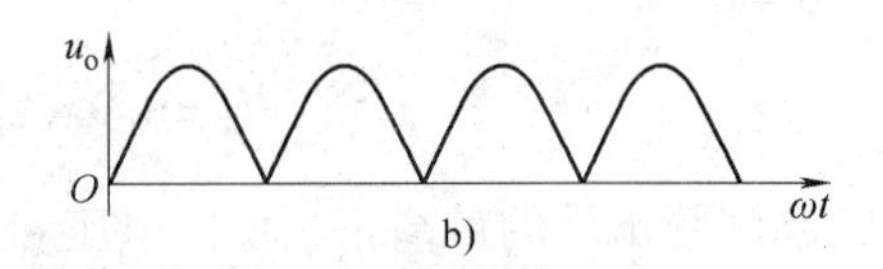

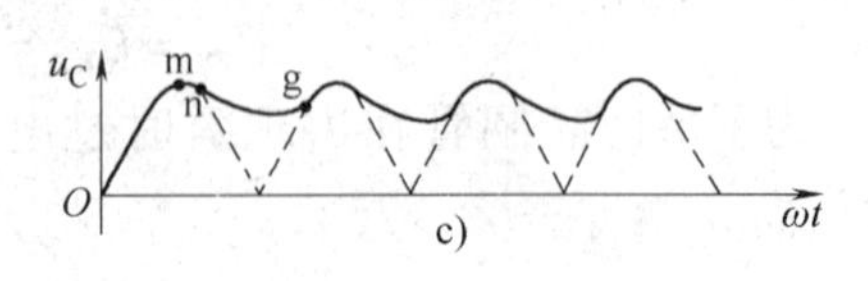

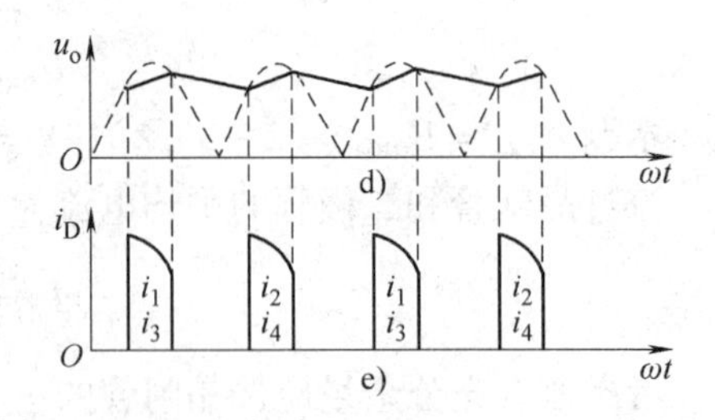

图 6-10 电容滤波电路波形

电容电压 u_C 的波形就是输出电压 u_o 的波形，如图 6-10c 实线所示。考虑整流电路内阻的影响后，输出电压 u_o 的实际波形如图 6-10d 实线所示。可见整流电路加电容滤波后，输出电压的脉动大为减小，负载电阻两端的电压比较平滑。

电容滤波电路输出电压的平均值 U_o 的大小与电容 C 和负载电阻 R_L 的大小，即与电容

放电的时间常数 R_LC 有关。空载（$R_L=\infty$）并忽略二极管正向压降的情况下，$U_o=\sqrt{2}U$。随着负载的增加（R_L 减小，输出电流平均值 I_o 增大），电容放电时间常数 R_LC 减小，按指数规律放电加快，输出电压平均值 U_o 减小。当输出电流很大（R_L 很小）时，输出电压平均值 U_o 与单相桥式整流无电容滤波电路输出电压平均值（$U_o=0.9U$）接近相等。整流电路的输出电压 U_o 与输出电流 I_o（即负载电流）的变化关系曲线称为整流电路的外特性曲线，如图 6-11 所示。与无电容滤波时比较，有电容滤波时输出电压 U_o 受负载电阻变化的影响较大，即外特性差，也就是电容滤波电路带负载的能力较差。

电容滤波电路输出电压平均值 U_o 可能是（$0.9\sim\sqrt{2}$）U 之间的不同数值，一般按下面的经验公式进行计算

单相半波 $$U_o=U \tag{6-16}$$

单相全波（桥式） $$U_o=1.2U \tag{6-17}$$

输出电压 u_o 的脉动程度与电容放电时间常数 R_LC 的大小关系，如图 6-12 所示。R_LC 大一些，脉动就小些，为了减小脉动程度，得到比较平直的输出电压，一般要求 $R_L\geqslant(10\sim15)/(\omega C)$，即

$$R_LC\geqslant(3\sim5)\frac{T}{2} \tag{6-18}$$

式中，T 为交流电源电压的周期。

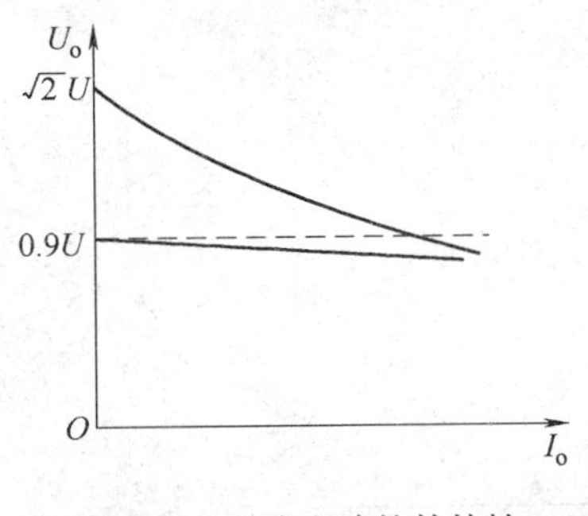

图 6-11　整流电路的外特性

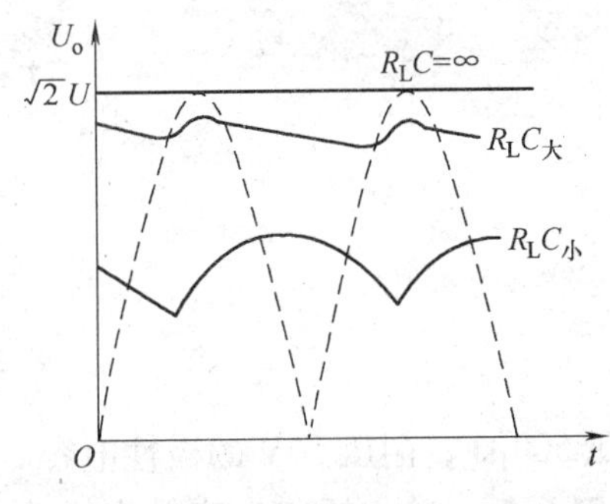

图 6-12　R_LC 对 u_o 的影响

滤波电容的数值一般在几十微法到几千微法，视负载电流的大小而定，其耐压应大于输出电压的最大值，通常都采用极性电容器。

此外，在电容滤波电路中，只有当 $u>u_C$ 时，二极管才能导通，故二极管的导通时间缩短，在一个周期内导通角小于 180°。但在一个周期内电容的充电电荷等于放电电荷，即通过电容的电流平均值为零，二极管导通期间其电流 i 的平均值近似等于负载电流平均值 I_o，因此 i 的峰值必然较大，产生冲击电流，容易损坏二极管，二极管电流的波形如图 6-10e 所示。因此，在选择二极管时，电流应选大一些，留有充分余量。在实际应用中，如果整流电路的内阻很小，滤波电容又很大，可在整流电路中串联一只阻值为$(1/50\sim1/20)R_L$ 的限流电阻，以限制接通瞬间的冲击电流。

电容滤波电路简单，输出电压平均值 U_o 较高，脉动较小；但是外特性较差，且有较大的冲击电流。因此，电容滤波电路一般适用于要求输出电压较高，负载电流较小并且变化也较小的场合。

例 6-5 有一单相桥式整流电容滤波电路（见图 6-9），交流电源频率 $f=50\text{Hz}$，负载电阻 $R_L=100\Omega$，输出电压平均值 $U_o=30\text{V}$。试确定变压器二次电压有效值 U，并选择整流二极管及滤波电容。

解 根据式（6-17） $U_o=1.2U$

变压器二次电压有效值为

$$U=\frac{U_o}{1.2}=\frac{30}{1.2}\text{V}=25\text{V}$$

输出电流平均值为

$$I_o=\frac{U_o}{R_L}=\frac{30}{100}\text{A}=0.3\text{A}$$

流过二极管电流平均值为

$$I_{DF}=\frac{1}{2}I_o=\frac{1}{2}\times0.3\text{A}=0.15\text{A}$$

二极管承受最高反向电压为

$$U_{DRM}=\sqrt{2}U=\sqrt{2}\times25\text{V}=35\text{V}$$

选用 4 只 2CP21 二极管（$I_{DM}=300\text{mA}$，$U_{RM}=100\text{V}$）

根据式（6-18） $R_LC\geqslant(3\sim5)\ \dfrac{T}{2}$

$$T=\frac{1}{f}=\frac{1}{50}\text{s}=0.02\text{s}$$

取 $R_LC=5\times\dfrac{T}{2}$

所以

$$C=\frac{5\times\dfrac{T}{2}}{R_L}=500\mu\text{F}$$

选容量 500μF，耐压 50V 的极性电容。

例 6-6 单相桥式整流电容滤波电路如图 6-13 所示。已知变压器二次电压 $u_2=25\sin\omega t$ V，$f=50\text{Hz}$，$R_LC\geqslant(3\sim5)\ T/2$。

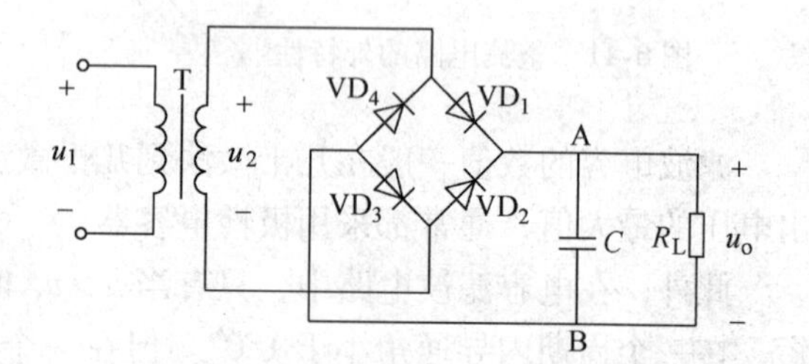

图 6-13 例 6-6 图

（1）估算输出电压 U_o，标出电容器 C 上的电压极性。

（2）当负载开路时，对 U_o 有什么影响?

（3）当滤波电容开路时，对 U_o 有什么影响?

（4）二极管 VD_1 若发生开路或短路，对 U_o 有什么影响?

（5）若 $VD_1\sim VD_4$ 中有一个二极管正、负极接反，将产生什么后果?

解 （1）$U_o=1.2U_2=1.2\times25/\sqrt{2}\text{V}=21.2\text{V}$

电容器上电压极性是上端为“正”、下端为“负”，若选用有极性的电解电容或钽电容作滤波电容 C 时，“正极”应接在该电路的 A 点。

（2）当 $R_L\to\infty$ 时，输出电压等于 u_2 的峰值，即

$$U_o = U_{2m} = 25\text{V}$$

（3）滤波电容 C 开路时，电路为一桥式整流电路，输出电压为单向脉动电压，其平均值

$$U_o = 0.9U_2 = 0.9 \times 25/\sqrt{2}\text{V} = 15.9\text{V}$$

（4）二极管 VD_1 开路时，电路为半波整流、电容滤波电路，虽然 R_L、C 及 U_2 均未改变，但只有在交流电压的半个周期内有二极管导通，而不是原电路在正、负半周均有二极管导通。这样，VD_1 开路后，在交流电压的一个周期中，C 充、放电时间缩短，使输出电压平均值减小。

二极管 VD_1 短路后，在 u_2 的负半周，VD_2 导通，且经短路的 VD_1 直接并接在变压器二次绕组两端，会导致 VD_2 或变压器烧坏。

（5）若在 $VD_1 \sim VD_4$ 共4只二极管中有一个极性接反，也会有上述情况发生。

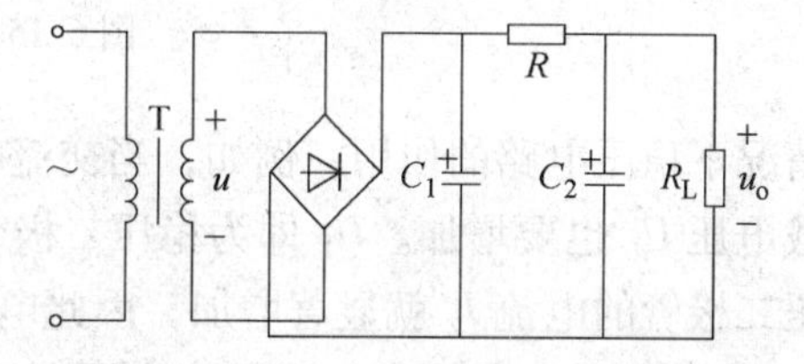

图6-14　Π形 RC 滤波电路

6.4.2　*RC*Π 形滤波电路

如果要求输出电压的脉动更小，可以在原电容滤波电路的后面再串联一个 RC 滤波电路，如图6-14所示，这样便构成Π形 RC 滤波电路。其滤波效果比单电容滤波电路更好。电阻对于交、直流电流都具有降压作用，但是当它和电容配合之后，就使脉动电压的交流分量较多地降落在电阻两端（这是因为电容 C_2 的交流阻抗很小），而较少地降落在负载电阻之上，从而起到了滤波作用。R 越大，C_2 越大，滤波效果越好。但是 R 太大，使直流压降增加，因此这种滤波电路主要适用于负载电流较小，且要求输出电压脉动很小的场合。

[思考题]

1. 单相桥式整流电容滤波电路中（如图6-9所示），(1) 如果 C 断路，负载直流电压有无变化？约变化了百分之几？(2) 如果 C 短路，后果如何？

2. 单相桥式整流电容滤波电路中，如果 R_L 断路，整流滤波电路的输出直流电压有无变化？约变化了百分之几？

6.5　直流稳压电源

经整流和滤波后的输出电压，虽然脉动的交流成分很小，但是会随交流电压的波动和负载的变化而变化。由于电源变压器的二次绕组、整流电路、滤波电路都具有一定的阻抗，负载电流变化时，阻抗上的压降也改变，故直流输出电压也随之改变。电压的不稳定会引起测量和计算的误差，使控制装置的工作不稳定，甚至根本无法工作。特别是一些精密测量仪器、计算机等自动控制设备都要求有很稳定的直流电源供电。

6.5.1　稳压二极管稳压电路

最简单的直流稳压电源是采用稳压二极管来稳定电压的。图6-15是一种稳压二极管稳压电路，经过桥式整流电路整流和电容滤波器滤波得到直流电压 U_I，再经过限流电阻 R 和稳压二极管 VS 组成的稳压电路接到负载电阻 R_L 上。这样，负载上得到的就是一个比较稳定的电压。

引起电压不稳定的原因是交流电源电压的波动和负载电流的变化。下面分析在这两种

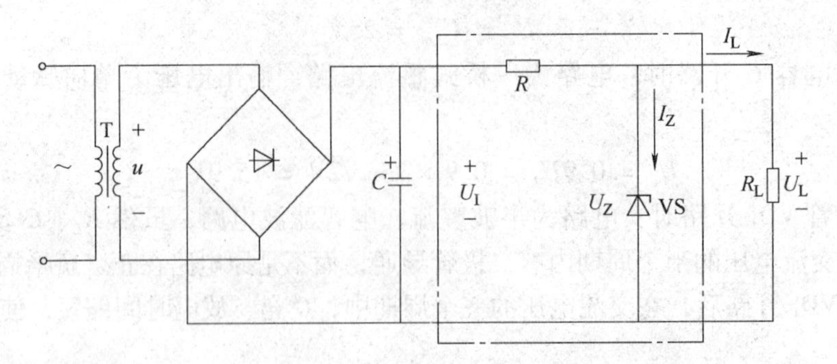

图 6-15　稳压二极管稳压电路

情况下稳压电路的作用。例如，当交流电源电压增加而使整流输出电压 U_I 随着增加时，负载电压 U_L 也要增加。U_L 即为稳压二极管两端的反向电压。当负载电压 U_L 稍有增加时，稳压二极管的电流 I_Z 就显著增加，因此电阻 R 上的压降增加，以抵偿 U_I 的增加，从而使负载电压 U_L 保持近似不变。当交流电源电压减小时，稳压过程相反。

同理，如果当电源电压保持不变而是负载电流变化引起负载电压 U_L 改变时，上述稳压电路仍能起到稳压的作用。例如，当负载电流增大时，电阻 R 上的压降增大，负载电压 U_L 因而下降。只要 U_L 下降一点，稳压二极管电流就显著减小，通过电阻 R 的电流和电阻上的压降保持近似不变，因此负载电压 U_L 也就近似稳定不变。当负载电流减小时，稳压过程相反。

选择稳压二极管时，一般取

$$\left.\begin{aligned} U_Z &= U_L \\ I_{ZM} &= (1.5 \sim 3) I_{FM} \\ U_I &= (2 \sim 3) U_L \end{aligned}\right\}$$

6.5.2　串联型集成稳压电路

稳压二极管稳压电路虽然简单，但受稳压管最大稳定电流的限制，输出电流不能太大，而且输出电压不可调，稳定性也不够理想。目前应用比较广泛的直流稳压电源多采用串联型集成稳压器来稳定电压。

串联型稳压电路的形式很多，其基本组成部分可用图 6-16a 所示的框图表示，图 6-16b 是一种典型的具有放大环节的串联型稳压电路，由以下 5 个部分组成：

1. 采样环节

是由电阻 R_1、R_2 及电位器 RP（电阻为 R_{RP}）组成的分压电路，用来反映负载电压的变化，它将 U_L 的一部分 $U_F = \dfrac{R_2 + R_2'}{R_1 + R_2 + R_{RP}} U_L$ 取出，与基准电压 U_Z 比较后送入放大环节。

2. 基准电压

由限流电阻 R_3 和稳压管 VS 组成的稳压管稳压电路取得，即稳压管的稳定电压 U_Z 用来作为比较的基准。

3. 比较放大环节

是由晶体管 V_2、电阻 R_4 等组成的直流放大电路。晶体管 V_2 的基－射极电压 U_{BE2} 是采样电压 U_F 与基准电压 U_Z 之差，即 $U_{BE2} = U_F - U_Z$。将这个电压差值放大后去控制调整管 V_1；

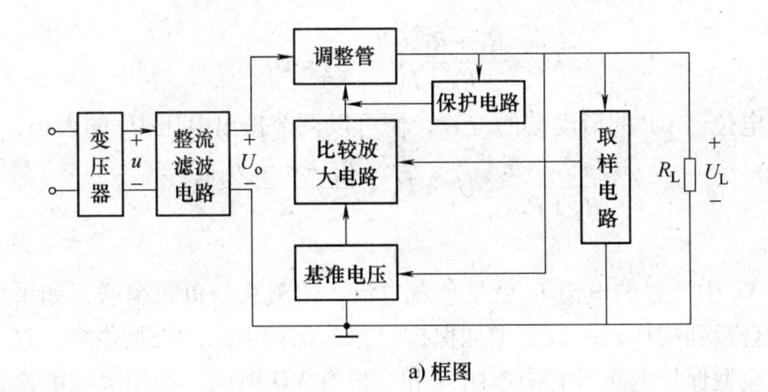

a) 框图

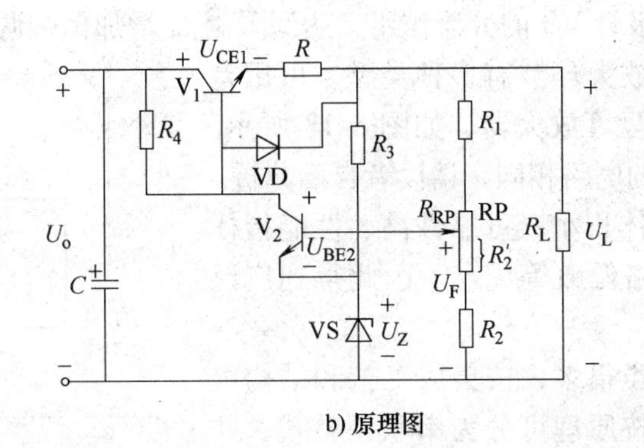

b) 原理图

图 6-16　具有放大环节的串联型稳压电路

R_4 是晶体管 V_2 的负载电阻，同时也是调整管 V_1 的基极偏置电阻。

4. 调整环节

它由工作于线性区的功率管 V_1 组成。图 6-16b 电路的工作情况为：当输出负载电压 U_L 升高时，采样电压 U_F 就增大，V_2 管的基—射极电压 U_{BE2} 增大，基极电流 I_{B2} 增大，集电极电流 I_{C2} 上升，集—射极电压 U_{CE2} 下降。因此 V_1 管的 U_{BE1} 减小，I_{C1} 减小，U_{CE1} 增大，输出电压 U_L 下降，使之保持稳定。该自动调整过程描述如下：

$$U_L\uparrow \rightarrow U_F\uparrow \rightarrow U_{BE2}\uparrow \rightarrow I_{B2}\uparrow \rightarrow I_{C2}\uparrow \rightarrow U_{CE2}\downarrow$$

$$U_L\downarrow \longleftarrow U_{CE1}\uparrow \leftarrow I_{C1}\downarrow \leftarrow I_{B1}\downarrow \leftarrow U_{BE1}\downarrow$$

当输出电压 U_L 降低时，调整过程相反。

从以上调整过程来看，串联型稳压电路是一种串联电压负反馈电路。

图 6-16b 稳压电路输出电压 U_L 的调节范围确定如下：设流过 R_2 的电流比 V_2 基极电流 I_{B2} 大得多，则 U_F 可用分压关系计算。如果 R_{RP} 的滑动端移到最下端时，$R'_2=0$，有

$$U_F=\frac{R_2}{R_1+R_2+R_{RP}}U_L$$

$$U_F=U_Z+U_{BE2}$$

忽略 U_{BE2}，则

$$U_F\approx U_Z$$

所以

$$U_L=\frac{R_1+R_2+R_{RP}}{R_2}U_Z=U_{Lmax}$$

当 RP 的滑动端移到最上端时，$R'_2=R_{RP}$，有

$$U_F=U_Z=\frac{R_2+R_{RP}}{R_1+R_2+R_{RP}}U_L$$

即
$$U_L = \frac{R_1 + R_2 + R_{RP}}{R_2 + R_{RP}} U_Z = U_{Lmin}$$

因此，改变电位器 RP 的滑动端的位置，便可以调节输出电压 U_L 的大小，即

$$\frac{R_1 + R_2 + R_{RP}}{R_2 + R_{RP}} U_Z < U_L < \frac{R_1 + R_2 + R_{RP}}{R_2} U_Z \qquad (6\text{-}19)$$

5. 保护电路

由于调整管 V_1 中流过的电流 I_{E1} 就是负载电流，调整管与负载串联，如果负载过载或短路时，调整管便会遭到损坏，一般应增加保护电路。保护电路的类型很多，这里仅介绍一种简单的二极管限流型保护电路。它由电阻 R 和二极管 VD 组成。利用负载电流在电阻 R 两端产生的压降，以控制二极管 VD 的分流作用，达到限制 I_{B1} 增加保护调整管 V_1 的目的。

串联型稳压电路的放大环节有多种类型，可用差动放大电路，也可采用运算放大器，如图 6-17 所示。其工作原理与图 6-16b 的电路相同，请读者自己分析。

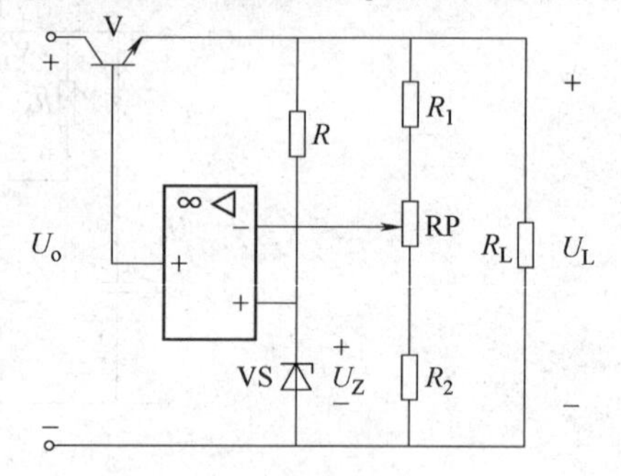

图 6-17　采用运算放大器的串联型稳压电路

集成稳压电路具有体积小、可靠性高、性能指标好、使用灵活简单、价格低廉等优点。因此得到广泛的应用。

集成稳压电路的种类很多，按集成工艺和结构可分为单片式和混合式；按原理可分为串联调整式、并联调整式和开关调整式；根据用途又可分为固定输出式和可调输出式等。本节主要介绍三端固定式集成稳压电路的原理及应用。

6.5.3　W78××系列三端固定式集成稳压电路

1. 简介

W78××系列三端固定式集成稳压器的外形，如图 6-18 所示。它只有输入端 1、输出端 2 和公共端 3 三个引出端，故称为三端稳压器。

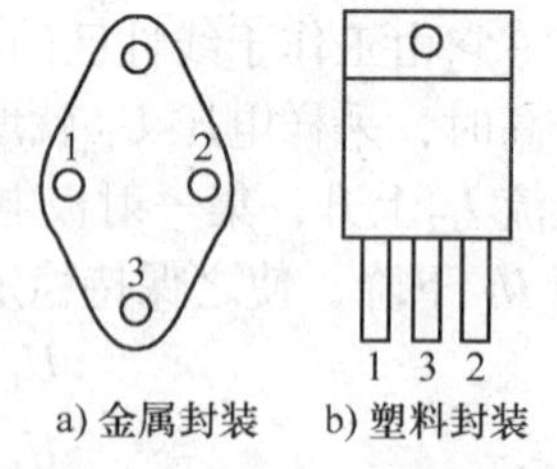

a) 金属封装　b) 塑料封装

图 6-18　W78××系列三端集成稳压器

W78××系列三端集成稳压器是一种串联调整型稳压电路。它的基本组成部分如图 6-16a 所示。

W78××系列集成稳压器输出固定的正电压，有 5V、8V、12V、15V、18V、24V 等多种，例如 W7815 的输出电压为 15V。使用时三端稳压器接在整流滤波电路之后，最高输入电压为 35V，为了具有良好的稳压效果，最小输入、输出电压差为 2～3V。

此外，还有 W79××系列三端集成稳压器，其组成部分、工作原理及外形与 W78××系列基本相同，只是输出固定负电压，它的引脚功能为：输入端 3、输出端 2、公共端 1。

2. W78××系列集成稳压器的应用电路

（1）输出固定电压的稳压电路

图 6-19a 是 W78××系列集成稳压器输出固定电压的稳压电路。输入电压接在 1、3 端，2、3 端输出固定的、且稳定的直流电压。输入端的 C_0 用以抵消输入端较长接线的电感效应，防止产生自激振荡，接线不长时可以不用，C_0 一般在 0.1～1μF 之间。输出端的电容

C_L 用来改善暂态响应，使瞬时增减负载电流时不致引起输出电压有较大的波动，削弱电路的高频噪声。C_L 可选 1μF。根据负载的需要选择不同型号的集成稳压器，如需要 12V 直流电压时，可选用型号 W7812 稳压器。

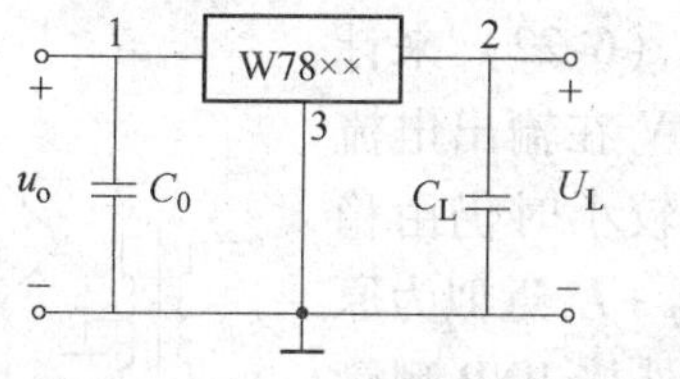

a) W7800系列输出固定正电压

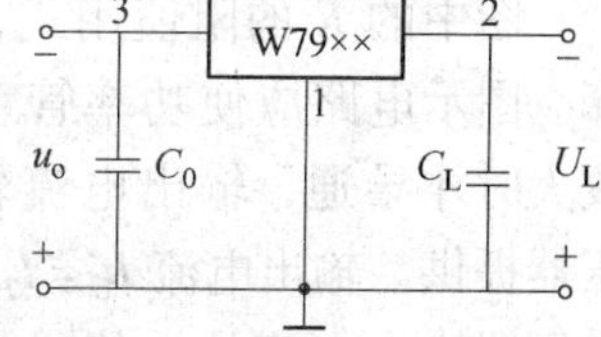

b) W7900系列输出固定负电压

图 6-19　输出固定电压的稳压电路

图 6-19b 为由 W79 × ×系列集成稳压器组成的输出固定负电压的稳压电路，其工作原理及电路的组成与 W78 × ×系列基本相同。

（2）提高输出电压电路

如图6-20所示，电路能使输出电压高于固定电压，图中的 $U_{××}$ 为 W78 × ×稳压器的固定输出电压数值，显然

$$U_L = U_{××} + U_Z \tag{6-20}$$

（3）输出电压可调的稳压电路

图 6-21 是由三端固定集成稳压器构成的输出电压可以调节的稳压电路。图中的运算放大器起电压跟随作用，采用单电源运算放大器，其电源就是稳压电路的输入电压。当电位器 RP（电阻为 R_{RP}）滑动端处于最下端时，$U_{23} = \dfrac{R_1 + R_{RP}}{R_1 + R_2 + R_{RP}} U_L$，而滑动端处于最上端时，$U_{23} = \dfrac{R_1}{R_1 + R_2 + R_{RP}} U_L$。

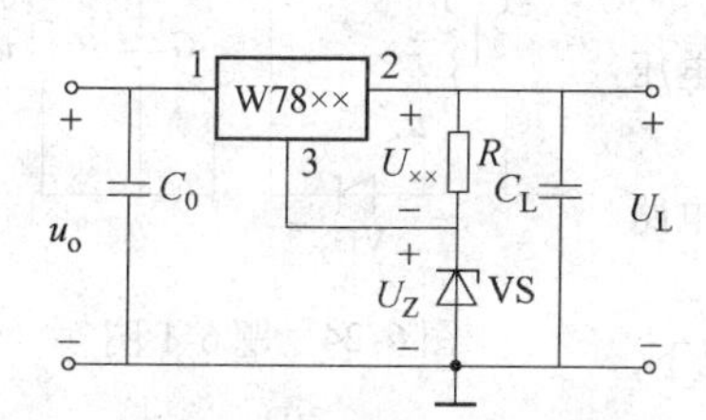

图 6-20　提高输出电压电路

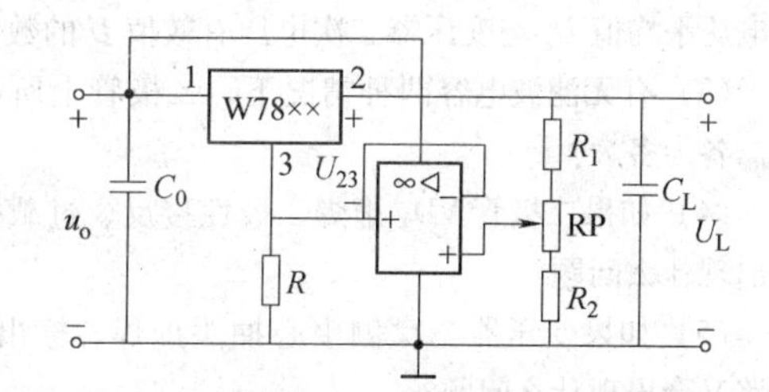

图 6-21　输出电压可调的稳压电路

因此稳压电路输出电压的范围是

$$\frac{R_1 + R_2 + R_{RP}}{R_1 + R_{RP}} U_{23} < U_L < \frac{R_1 + R_2 + R_{RP}}{R_1} U_{23} \tag{6-21}$$

（4）扩大输出电流电路

当负载所需电流大于集成稳压器输出电流时，可采用外接功率管 V 的方法扩大输出电流，如图 6-22 所示。图中 I_1 是稳压器输入电流，I_2 是稳压器输出电流，一般 I_3 很小可忽略，则可得出

$$I_2 \approx I_1 = I_R + I_B = -\frac{U_{BE}}{R} + \frac{I_C}{\beta}$$

$$R = \frac{-U_{BE}}{I_1 - I_C/\beta} \tag{6-22}$$

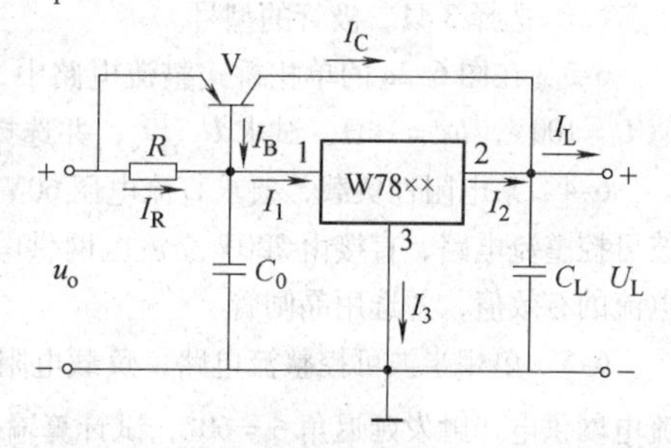

图 6-22　扩大输出电流电路

图中的 R 的阻值用式（6-22）来计算。图示电路应使功率管 V 在输出电流较大时才导通，输出电流较小时仍由稳压器提供。输出电流 $I_L=I_2+I_C$ 近似为原稳压器输出电流的 β 倍（外接 PNP 型管 V 和 W78××系列内部的 NPN 型调整管组成的复合管）。

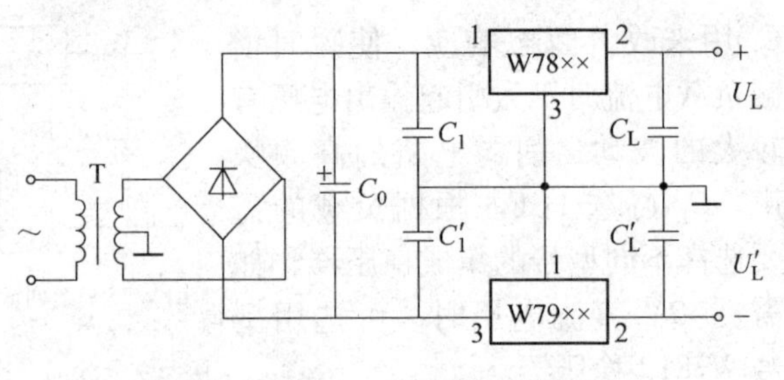

图 6-23　输出正、负电压的稳压电路

（5）输出正、负电压的稳压电路

在电子电路中，常需要同时输出正、负电压的双向直流电源。由集成稳压器组成的正、负双向输出电路形式很多，图 6-23 是由 W78××系列和 W79××系列集成稳压器组成的同时输出正、负电压的稳压电路。

［思考题］

1. 稳压管稳压电路中（如图 6-15 所示），若稳压管接反了，会产生什么后果？

2. 稳压管稳压电路中，若限流电阻 $R=0$，是否可以？会产生什么后果？

习　　题

6-1　图 6-24 为变压器二次绕组有中心抽头的单相整流电路，二次电压有效值为 U，试分析：

（1）标出负载电阻 R_L 上电压 u_o 和滤波电容 C 的极性；

（2）分别画出无滤波电容和有滤波电容两种情况下 u_o 的波形。整流电压平均值 U_o 与变压器二次电压有效值 U 的数值关系如何？

（3）有无滤波电容两种情况下，二极管上所承受的最高反向电压 U_{DRM} 各为多大？

（4）如果二极管 VD_2 虚焊、极性接反、过载损坏造成短路，电路会出现什么问题？

（5）如果变压器二次侧中心抽头虚焊、输出端短路两种情况下，电路又会出现什么问题？

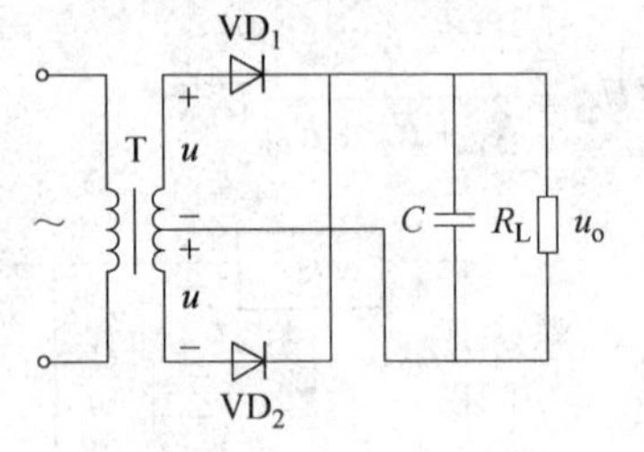

图 6-24　题 6-1 图

6-2　图 6-25 电路中，已知 $R_{L1}=5\text{k}\Omega$，$R_{L2}=0.3\text{k}\Omega$，其他参数已标在图中。试求：

（1）VD_1、VD_2、VD_3 各组成何种整流电路？

（2）计算 U_{o1}、U_{o2}，以及流过 3 只二极管电流的平均值各是多大？

（3）选择 3 只二极管的型号。

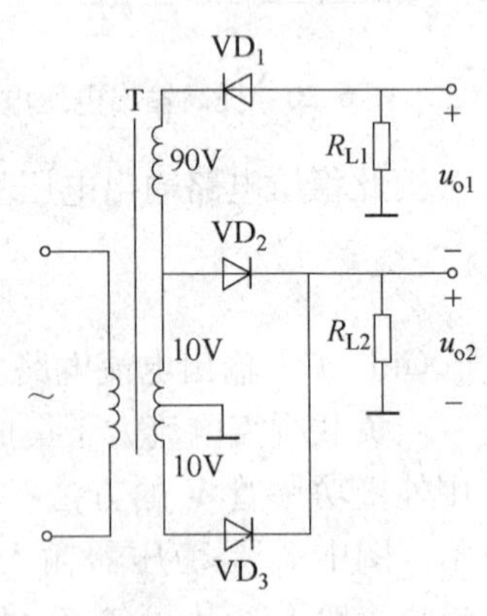

图 6-25　题 6-2 图

6-3　在图 6-2a 的单相桥式整流电路中，已知变压器二次电压有效值 $U=100\text{V}$，$R_L=1\text{k}\Omega$，试求 U_o、I_o，并选择整流二极管型号。

6-4　某电阻性负载，要求直流电压 60V，电流 20A，现采用单相半波可控整流电路，直接由 220V 交流电网供电，试计算晶闸管的导通角、电流的有效值，并选用晶闸管。

6-5　单相半波可控整流电路，负载电阻 $R_L=10\Omega$，直接由 220V 交

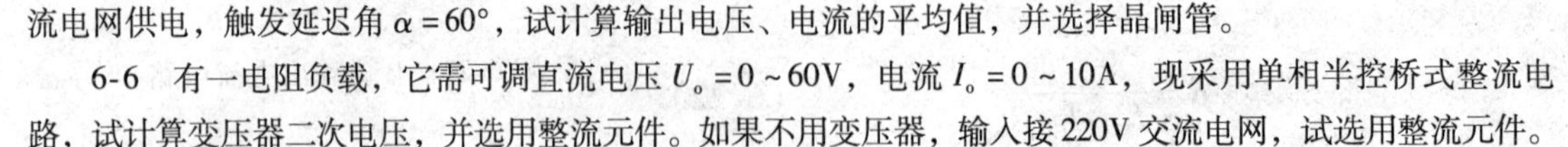

流电网供电，触发延迟角 $\alpha=60°$，试计算输出电压、电流的平均值，并选择晶闸管。

6-6　有一电阻负载，它需可调直流电压 $U_o=0\sim60\text{V}$，电流 $I_o=0\sim10\text{A}$，现采用单相半控桥式整流电路，试计算变压器二次电压，并选用整流元件。如果不用变压器，输入接 220V 交流电网，试选用整流元件。

6-7　试分析图 6-26 所示可控整流电路的工作情况、控制角 α 的变化范围、输出电压平均值的计算

公式。

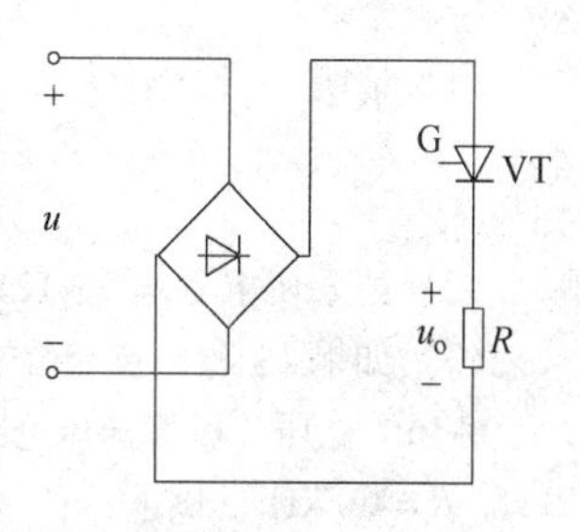

图 6-26　题 6-7 图

6-8　已知一单相桥式整流、电容滤波电路，$U=40V$，试分析判断以下几种情况，电路是否发生故障。若有故障应该是哪些元件损坏引起的?

（1）$U_o=48V$；（2）$U_o=36V$；（3）$U_o=56.6V$。

6-9　已知交流电源电压为220V，频率$f=50Hz$，负载要求输出电压平均值为20V，输出电流平均值为50mA，试设计单相桥式整流电容滤波电路，求变压器的电压比及容量，并选择整流、滤波元件。

6-10　在图6-9中，滤波电容$C=100\mu F$，交流电源频率$f=50Hz$，$R_L=1k\Omega$，要求输出电压平均值$U_o=10V$，问：

（1）变压器二次电压$U=$?

（2）该电路工作过程中，若R_L增大，U_o是增大还是减小? 二极管的导通角是增大还是减小?

6-11　整流滤波电路如图6-27所示，二极管是理想元件，电容$C=500\mu F$，负载电阻$R_L=5k\Omega$，开关S_1闭合、S_2断开时，直流电压表Ⓥ的读数为141.4V，求：

（1）开关S_1闭合、S_2断开时，直流电流表Ⓐ的读数。

（2）开关S_1断开、S_2闭合时，直流电流表Ⓐ的读数。(设电流表内阻为零，电压表内阻为无穷大)

（3）两个开关均闭合时，直流电流表Ⓐ的读数。

6-12　在图6-14所示的Π形RC滤波电路中，已知变压器二次电压$U=6V$，负载电压$U_L=6V$，负载电流$I_L=100mA$，试计算滤波电阻R。

6-13　图6-28是二倍压整流电路，试标出输出电压u_o的极性，试说明$U_o=2\sqrt{2}U$。

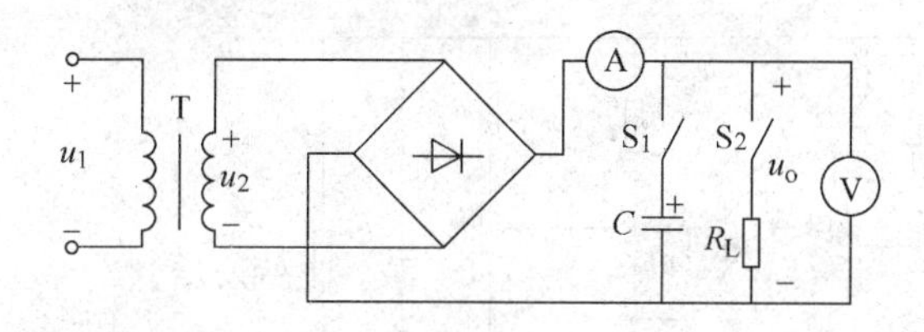

图 6-27　题 6-11 图

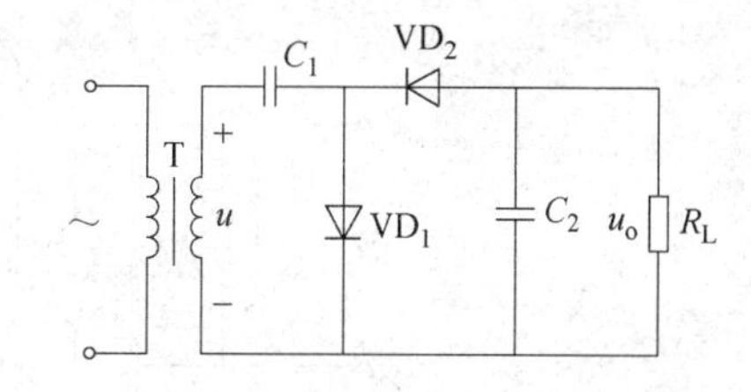

图 6-28　题 6-13 图

6-14　某稳压电路如图6-29所示，试问：

（1）输出电压U_L的大小及极性如何?

（2）电容C_1、C_2的极性如何? 它们耐压应选多高?

（3）稳压管接反，后果如何?

6-15　由运算放大器组成的稳压电路，如图6-30所示，稳压管的稳定电压$U_Z=4V$，$R_1=4k\Omega$。

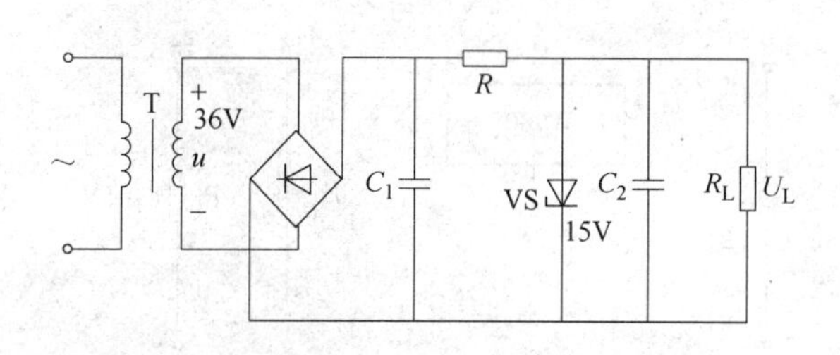

图 6-29　题 6-14 图

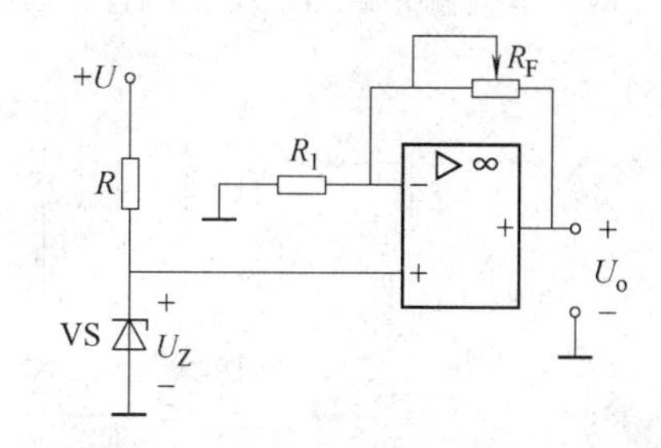

图 6-30　题 6-15 图

（1）证明

$$U_o = \frac{R_1 + R_F}{R_1} U_Z$$

（2）如果要求 $U_o = 5 \sim 12\text{V}$，计算电阻 R_F。

（3）如果 U_Z 改由反相端输入，试画出电路图，并写出输出电压 U_o 的计算公式。

6-16　稳压二极管稳压电路如图6-31所示，已知 $u = 28.2\sin\omega t$ V，稳压二极管的稳压值 $U_Z = 6\text{V}$，$R_L = 2\text{k}\Omega$，$R = 1.2\text{k}\Omega$ 。试求：

（1）S_1 和 S_2 均断开时的 U_I、I_L、I_R 和 I_Z。

（2）S_1 和 S_2 均合上时的 U_I，I_L、I_R 和 I_Z。

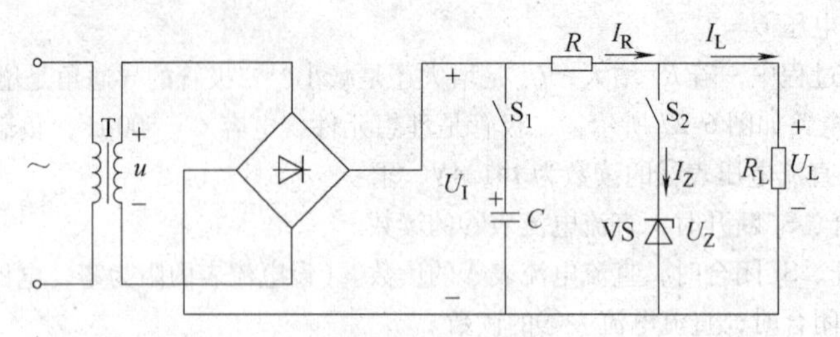

图6-31　题6-16图

6-17　图6-32是串联型稳压电路，其中VS型号为2CW13，$R_1 = R_2 = 50\Omega$，$R_L = 40\Omega$，$R_2 = 560\Omega$，晶体管均为PNP型管。

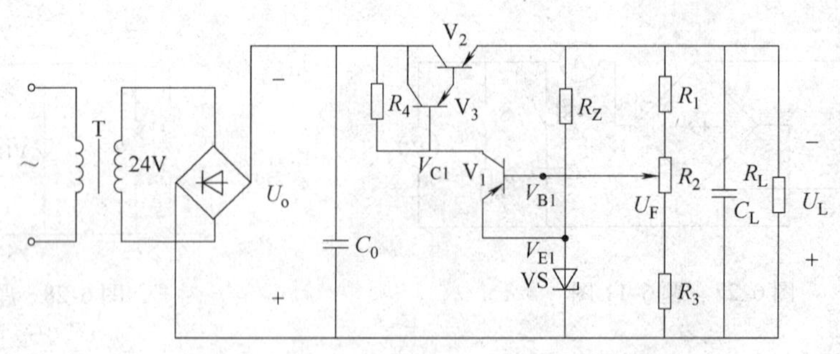

图6-32　题6-17图

（1）求该电路输出电压 U_L 的调节范围。

（2）当交流电源电压升高时，说明 U_o、U_L 如何变化？V_{B1}、V_{C1}、V_{E1} 各点电位是升高还是降低？

6-18　电路各元件如图6-33所示，合理连线，构成5V直流电源。W7805三端集成稳压器11为输入端，12为输出端，13为公共端。

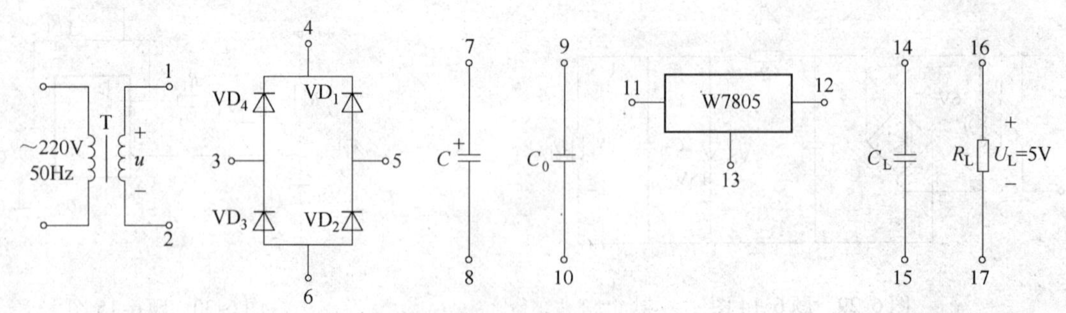

图6-33　题6-18图

6-19　图6-34是带保护的扩流电路，电阻R_1、R_2和晶体管V_2、V_3组成保护电路。试分析其工作原理。

6-20　图6-35是一固定和可调输出的稳压电路。其中，$R_1=R_3=3.3\text{k}\Omega$，$R_2=5.1\text{k}\Omega$。

（1）计算固定输出电压的大小。

（2）计算可调输出电压的范围。

6-21　图6-36是输出电压可调的直流稳压电路，设$R_1+R_2=R_3+R_4$。试写出U_L与U_L'的关系式。

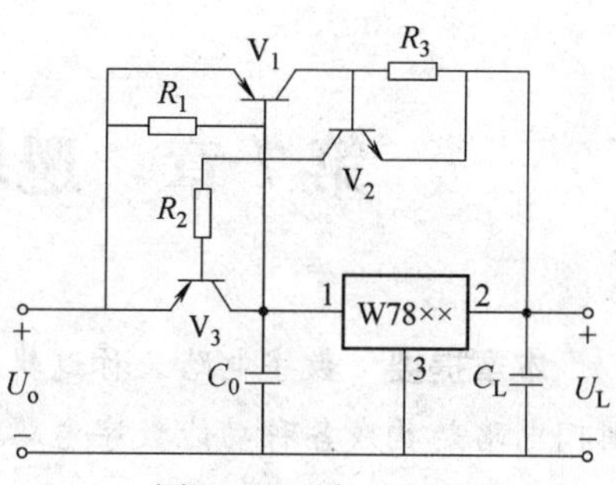

图6-34　题6-19图

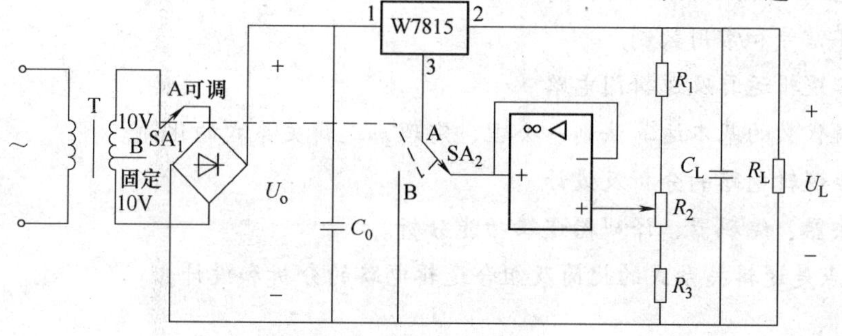

图6-35　题6-20图

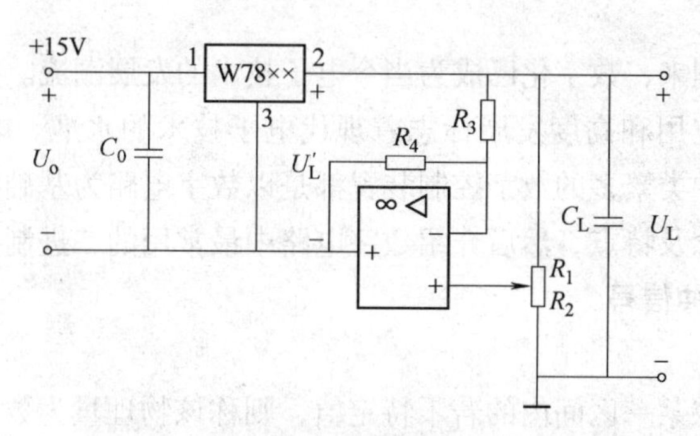

图6-36　题6-21图

6-22　设计一直流稳压电源，其输入为220V/50Hz交流电源，输出电压U_o为15V，最大输出电流为500mA，采用单相桥式整流电路（带电容滤波）和三端集成稳压器（输入输出电压差为5V）。

（1）画出电路图。

（2）确定电源变压器的变比。

（3）选择整流二极管，滤波电容和三端集成稳压器。

第 7 章　逻辑门电路及组合逻辑电路

本章提要　数字电路又称逻辑电路，可以分为组合逻辑电路和时序逻辑电路两大类。逻辑门电路是构成各种功能数字电路的基本单元，逻辑门的组合构成具有特定功能的组合逻辑电路。本章主要讨论以下几个问题：

1）数字信号和常用数制。

2）基本逻辑运算及逻辑门电路。

3）逻辑代数的基本运算法则、公理、定理，逻辑关系式的化简。

4）组合逻辑电路的分析及设计。

5）加法器、编码器、译码器逻辑功能分析。

其中重点是逻辑关系式的化简及组合逻辑电路的分析和设计。

7.1　数字信号和常用数制

随着信息时代的到来，数字化已成为当今电子技术的发展潮流。数字电路是数字电子技术的核心，它的广泛应用和高度发展标志着现代电子技术的水准。电子计算机、数字化仪表、数字化通信以及种类繁多的数字控制装置都是以数字电路为基础的。本节介绍数字信号和脉冲信号的基本概念及特点，然后介绍数字电路中最常用的二进制数制。

7.1.1　数字信号和脉冲信号

1. 数字信号

若某物理量仅能取某一区间内的若干特定值，则称该物理量为数字量。表示数字量的信号叫做数字信号（也称脉冲信号）。

数字电路中研究的信号在时间上和数量上都是离散的。即信号的变化在时间上不连续，总是发生在一系列离散的瞬间。同时数值大小和每次的增减变化都是某一个最小数量单位的整数倍，小于这个最小数量单位的数值没有任何意义。

自然界客观存在的物理量多数是模拟信号，分布于自然界的各个角落，如温度、湿度、速度、压力、应变、声音等，这些量通过传感器变换成模拟电信号。模拟信号还要经过采样、量化，编码，才能成为数字信号。

2. 脉冲信号

数字信号在电路中往往表现为突变的电压或电流，故又称为脉冲信号。脉冲信号是一种持续时间很短的跃变信号，持续时间可短至几微秒甚至几纳秒。常见的理想脉冲信号如矩形波和尖顶波如图 7-1 所示。

理想的矩形波，从一个状态变化到另一个状态可以认为不需要时间，这与实际矩形波有很大不同。图 7-2 所示为实际矩形脉冲波，主要特征参数如下：

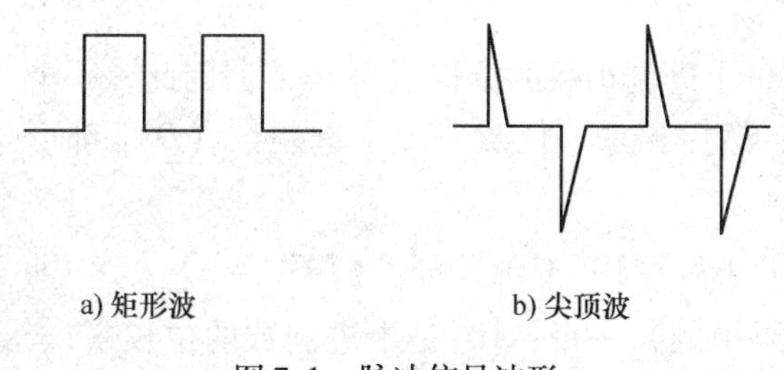

图 7-1 脉冲信号波形

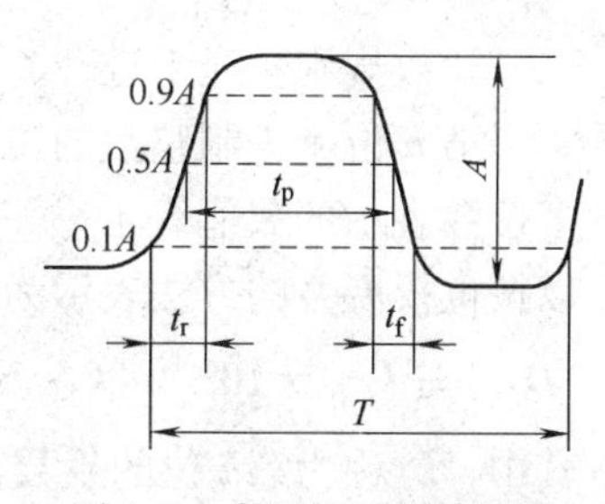

图 7-2 实际的矩形波波形

1）脉冲幅度 A 是指脉冲信号变化的最大幅度。

2）脉冲宽度 t_p 从上升沿（也称前沿）的脉冲幅度的 50% 到下降沿（后沿）的脉冲幅度的 50% 所需要的时间，也称脉冲持续时间。

3）脉冲上升时间 t_r 从前沿脉冲幅度的 10% 上升到 90% 所需要的时间。

4）脉冲下降时间 t_f 从后沿脉冲幅度的 90% 下降到 10% 所需要的时间。

5）脉冲周期 T 或频率 f 周期性脉冲信号相邻两个前沿（或后沿）的脉冲幅度的 10% 两点间的时间间隔。脉冲频率则表示单位时间内的脉冲数，$f=\frac{1}{T}$。

由于脉冲上升时间 t_r 和脉冲下降时间 t_f 是 μs 数量级的，故可将脉冲信号看成是理想的，理想脉冲信号有正、负脉冲之分，波形如图 7-3 所示。变化后比变化前的电平值高的脉冲信号称为正脉冲；变化后比变化前的电平值低的脉冲信号称为负脉冲。

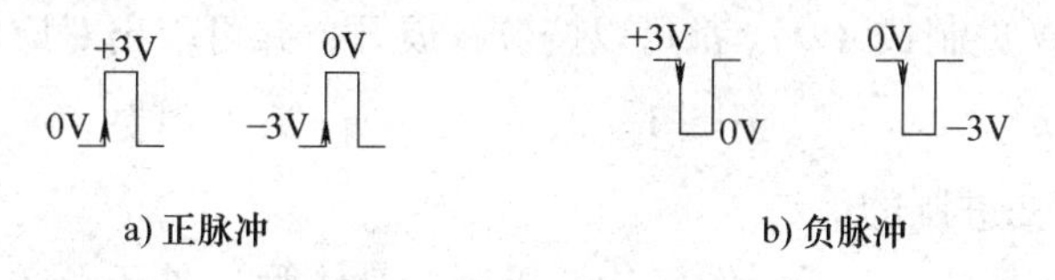

图 7-3 理想正、负脉冲波形

在数字电路中，通常是根据脉冲信号的有无、个数、宽度和频率来进行工作的，所以抗干扰能力较强（干扰往往只影响脉冲幅度），准确度较高。

7.1.2 常用数制

人们在长期的生产实践中发明了多种不同的计数方法，既可以用不同的数码表示不同数量的大小，又可以用不同的数码表示不同的事物或同一事物的不同状态。用数码表示数量的大小时，仅用一位数码往往不够用，因而常常采用多位数码来表示。

多位数码中每一位的构成及从低位向高位的进位规则称为计数进位制，简称数制，是用一组固定的符号和统一的规则来表示数值的方法。通常采用的数制有十进制、二进制、八进制和十六进制。在日常生活和生产中常使用的是十进制数，而在数字电路中采用的是二进制数。

基数是指在某种计数进位制中，每个数位上所能使用的数码的个数。

位权是指在某一进位制的数中，每一位的大小都对应着该位上的数码乘上一个固定的数，这个固定的数就是这一位的位权，位权是一个幂。

1. 十进制

数码为：0 ~ 9；基数为 10。

计数规则：逢十进一，借一当十。

第 n 位十进制整数的位权值是 10^{n-1}，第 m 位十进制小数的位权值为 10^{-m}。因此，一个多位数表示的数值等于每一位数乘以它的位权，然后相加。任意一个十进制数 $(D)_{10}$ 都可以按位权展开的方法表示为

$$(D)_{10}=k_{n-1}\times 10^{n-1}+k_{n-2}\times 10^{n-2}+\cdots+k_1\times 10^1+k_0\times 10^0+\cdots+k_{-m}\times 10^{-m}=\sum k_i\times 10^i$$

其中，k_i 称为第 i 位的系数，是十进制 10 个数码中的某一个：10^i 是十进制数的位权（$i=n-1,\ n-2,\ \cdots,\ 1,\ 0,\ \cdots,\ -m$），它表示系数 k_i 在十进制数中的地位，位数越高，权值越大。下角标 10 表示括号内的数是十进制数，有时也用下角标 D 表示。二进制数用 B 或 2，十六进制数用 H 或 16，八进制数用 O 或者 8 表示。例如

$$(256.8)_{10}=2\times 10^2+5\times 10^1+6\times 10^0+8\times 10^{-1}$$

2. 二进制

数码为：0、1；基数是 2。

计算规则：逢二进一，借一当二。如 1+1=10，10-01=01。

类似于十进制数，对于任何一个二进制数 $(D)_2$，按位权展开式可表示为

$$(D)_2=\sum k_i\times 2^i,\ 其中,\ i=n-1,n-2,\cdots,1,0,\cdots,-m。$$

将任意一个二进制数按位权展开，并按十进制数相加，即得到它所表示的十进制数的大小。例如

$$(1010.101)_2=1\times 2^3+0\times 2^2+1\times 2^1+0\times 2^0+1\times 2^{-1}+0\times 2^{-2}+1\times 2^{-3}=(10.625)_{10}$$

同理，任意一个 N 进制数 $(D)_N$ 都可以按位权展开，并可求出对应的十进制数，$(D)_N=\sum k_i\times N^i$，其中 $i=n-1,\ n-2,\ \cdots,\ 1,\ 0,\ \cdots,\ -m$；$N$ 是基数。

3. 数字电路采用二进制的优势

1）数字电路在稳态时，电子器件（如二极管、晶体管）处于开关状态，即晶体管工作在饱和区和截止区。由于饱和和截止两种状态的外部表现是电流的有、无或电压的高、低，这和二进制信号的要求是相对应的。用二进制的 0 和 1，对应开关元件的两种状态，便于开关元件实现，简单可靠，且数据的存储和传送也可用简单可靠的方式进行。如果采用十进制，用电路状态表示 10 个数码不易实现，所需元器件较多，运算时间较长。

2）数字电路的基本单元比较简单，对元件的精度要求不高，允许有较大的误差。由于数字信号的 1 和 0 没有任何数量的含义，只是表示两种相反的状态，因此采用二进制数码受噪声的影响小，电路工作时只要能可靠地区分 1 和 0 两种状态就可以了，便于数字电路的集成和生产。

3）二进制运算规则简单。以加法为例，二进制的加法规则只有 3 条：0+0=0，0+1=1 和 1+1=10；而十进制的加法规则却有 55 条。运算规则的繁简会影响到电路的繁简。结合设备用量比较可知，数字电路中采用二进制较十进制具有极大的优势。

二进制的优点是运算规律简单且实现二进制数的数字装置简单，缺点是人们对其使用时不习惯，且当二进制数较多时，书写起来很麻烦，特别是写错了以后不易查找错误。为此，书写时常用八进制数和十六进制数。不同数制之间可方便实现转换。

7.1.3 逻辑电平

数字电路实现逻辑运算时，它的输入输出信号常用电位（或称电平）的高低来反映，

称为逻辑电平。高电平和低电平都不是一个固定的数值，而是有一定的变化范围。电平的高低也用 1 和 0 两种状态来区别。如果高电平用 1 表示、低电平用 0 表示，则称为正逻辑，反之称为负逻辑。如无特殊说明，本书中所采用的逻辑均为正逻辑。

[思考题]

1. 什么是数字信号？
2. 试将十进制数 $(215.4)_{10}$ 转换为二进制数。
3. 说明正逻辑和负逻辑的区别。
4. 说明用二进制数进行逻辑运算和数值运算的区别。

7.2 逻辑代数及逻辑门电路

7.2.1 逻辑代数及逻辑函数

1. 逻辑代数

所谓逻辑就是一定的因果关系。这种因果关系，是渗透在日常生活和生产的各个领域的。早在 1849 年，英国数学家乔治·布尔（George Boole）就提出了描述客观事物逻辑关系的数学方法——布尔代数。到 20 世纪 30 年代，布尔代数在电气工程上用来解决继电器接触器电路设计的逻辑问题，为此又称布尔代数为开关代数或逻辑代数。它是以数学形式来研究逻辑问题，有一套完整的运算规则，已成为分析和设计逻辑电路的数学工具。数字系统是典型的二值系统，客观事物之间的逻辑关系可以用简单的代数式描述，从而方便地用数字电路实现各种复杂的逻辑功能。

2. 逻辑函数

逻辑代数和普通代数一样用字母代表变量，称为逻辑变量，用字母 A、B、C、$\overline{A}$、$\overline{B}$、$\overline{C}$、…表示，其中，A、B、C、…叫做原变量，$\overline{A}$、$\overline{B}$、$\overline{C}$、…叫做反变量。逻辑变量的各种组合，准确地描述着一定的逻辑关系。若将变量 A、B、C、$\overline{A}$、$\overline{B}$、$\overline{C}$、…作为逻辑电路的输入变量，用 F 表示该电路的输出变量，那么，如果输入逻辑变量 A、B、C、$\overline{A}$、$\overline{B}$、$\overline{C}$、…的取值确定以后，输出逻辑变量 F 的值也被唯一地确定了，就称 F 是 A、B、C、$\overline{A}$、$\overline{B}$、$\overline{C}$、…的逻辑函数，并写成

$$F = f(A, B, C, \overline{A}, \overline{B}, \overline{C}, \cdots)$$

也称其为逻辑表达式。逻辑函数常用逻辑真值表、逻辑表达式、逻辑图、波形图和卡诺图等几种方法表示，它们之间可以互相转换。

逻辑代数中的变量和函数的取值只有两种可能——0（逻辑零）或 1（逻辑壹），没有中间状态。若从事件发生的因果关系上看，逻辑函数中的变量相当于决定事件是否发生的多个条件，对于任何一个条件来说，都只有具备和不具备两种可能；函数相当于事件的结果，也只有发生和不发生两种情况。所以 0 和 1 就是表示这两种可能（两种情况）的符号，没有数量的意义。

7.2.2 逻辑运算及逻辑门

1. 基本逻辑运算及其逻辑门

逻辑代数中，最基本的逻辑运算有“与”、“或”、“非” 3 种。其他任何复杂的逻辑运算都是由这 3 种基本逻辑运算组合而成的。实现逻辑运算功能的电路为逻辑门电路。下面以

指示灯控制电路为例，说明逻辑运算的含义及相应的门电路。

（1）“与”逻辑及“与”门

如图7-4所示，如果将开关闭合作为条件，将灯亮作为结果，则只有开关A与B都闭合时灯F才会亮。由此可得出一种因果关系：只有当决定某一“结果”（灯亮）的“条件”（开关闭合）全都具备时，该“结果”才会发生。将这种因果关系称为“与”逻辑。如果用0表示开关A、B断开和灯F不亮，用1表示开关A、B闭合和灯F亮，则可列出表示“与”逻辑关系的表格，见表7-1。这种表格能完整地描述所有可能的逻辑关系，称之为真值表。

若用逻辑表达式来描述“与”逻辑，则可写成

$$F = A \cdot B \tag{7-1}$$

称为“与”运算，又叫做逻辑乘。由表7-1可以看出逻辑乘的运算规则为

$$0 \cdot 0 = 0$$
$$0 \cdot 1 = 0$$
$$1 \cdot 0 = 0$$
$$1 \cdot 1 = 1$$

表7-1 “与”逻辑真值表

A	B	F
0	0	0
0	1	0
1	0	0
1	1	1

实现基本逻辑关系的电路称为门电路，也称逻辑门。门电路可以由二极管组成，可以由晶体管组成，也可以由场效应晶体管组成。二极管门电路称为DTL（二极管-晶体管逻辑电路：Diode-Transistor Logic Circuit）门电路，晶体管集成门电路称为TTL（晶体管-晶体管逻辑电路：Transistor-Transistor Logic Circuit）门电路，互补对称式场效应管集成门电路称为CMOS（互补对称式金属-氧化物-半导体电路：Complementary-Symmetry Metal-Oxide-Semiconductor Circuit）门电路。从内部电路看，目前应用最多的主要是TTL和CMOS逻辑门。

实现“与”逻辑运算的门电路称为“与”门电路，“与”门在电路中的逻辑符号如图7-5所示。“与”门反映的逻辑关系是：只有输入都为高电平时，输出才是高电平，输入只要有低电平，输出即为低电平。

门电路的逻辑关系还可以用波形图来描述。图7-6为“与”门的波形图。门电路的输入端子不只两个，可以有3输入端和4输入端，也有更多输入端子的集成门电路。

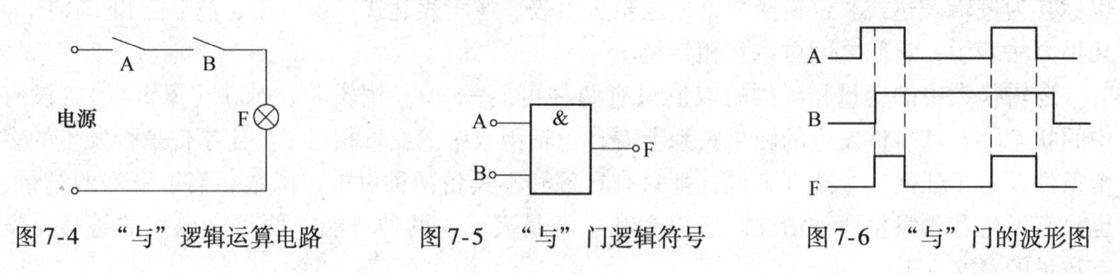

图7-4 “与”逻辑运算电路　　图7-5 “与”门逻辑符号　　图7-6 “与”门的波形图

常用的集成TTL“与”门如74LS08（见图7-7a），CMOS“与”门如CC4081（见图7-7b）。

这两种集成电路芯片内部含有相同的两输入端“与”门4个，因此，称为2输入4“与”门。在电路设计时，当需要少于4个“与”门时，可以只用一片这种集成“与”门。

例 7-1 有一条传输线，用来传输连续的方波信号。现需增设一个控制信号，使得只有在控制信号为 1 时，方波能够送出，如何解决?

解 可采用一个 2 输入端的“与”门，将传输线接至“与”门的一个输入端 A，控制信号接至另一端 B。当 B = 1 时，“与”门的输出端 F 有方波送出，相当于门被打开；当 B = 0 时，F = 0，相当于门被关闭，方波被禁止输出。输入、输出波形如图 7-8 所示。

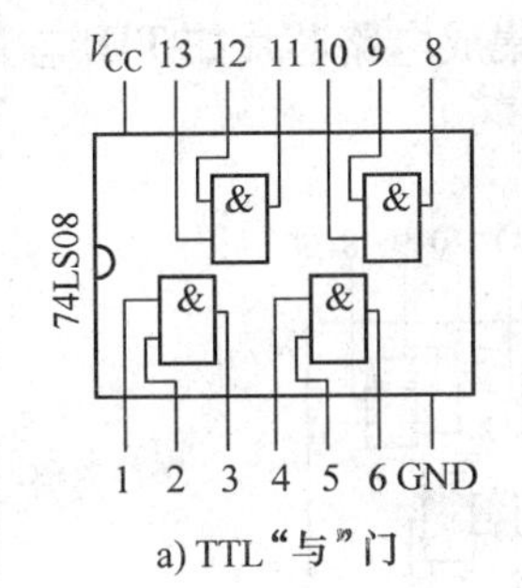

a) TTL“与”门

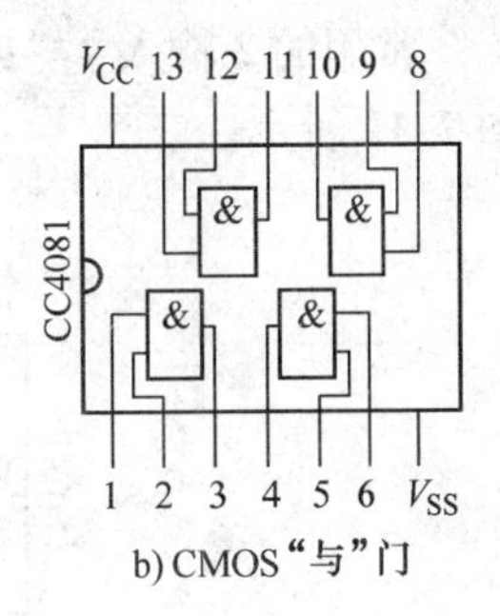

b) CMOS“与”门

图 7-7 集成“与”门引脚图

(2)“或”逻辑及“或”门

“或”逻辑运算的含义可以用图7-9说明。显然，开关 A 或 B 只要有一个闭合，灯就亮。只有开关全断开时，灯才不亮。说明在决定事物结果的诸条件中，只要有任意一个满足，结果就会发生。这样的因果关系称之为“或”逻辑。用真值表表示“或”逻辑如表 7-2 所示。也可以用逻辑表达式表示为

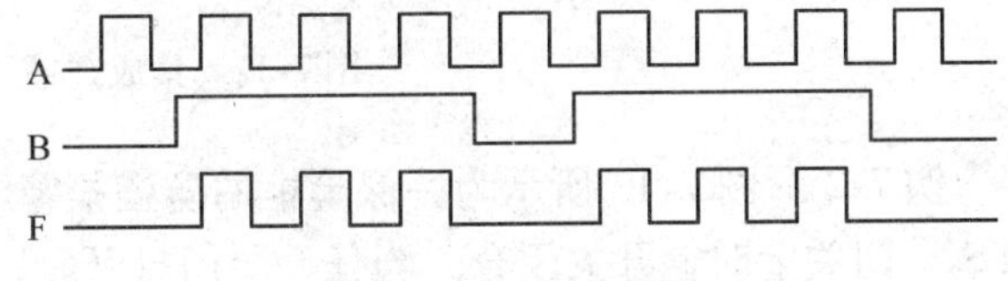

图 7-8 例 7-1 图

$$F = A + B \tag{7-2}$$

称为“或”运算，又叫做逻辑加。由表 7-2 可看出逻辑加的运算规则为

$$0 + 0 = 0$$
$$0 + 1 = 1$$
$$1 + 0 = 1$$
$$1 + 1 = 1$$

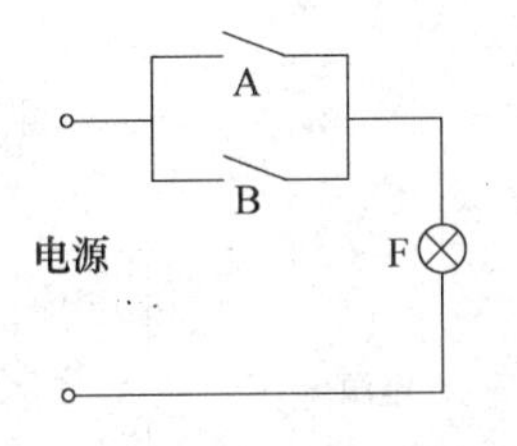

图 7-9 “或”逻辑运算电路

表 7-2 “或”逻辑真值表

A B	F
0 0	0
0 1	1
1 0	1
1 1	1

实现“或”逻辑运算的门电路称为“或”门电路，“或”门在电路中的逻辑符号如图 7-10所示。“或”门的波形图如图 7-11 所示。“或”门反映的逻辑关系是：只要输入中有一个或一个以上为高电平，输出便为高电平，输入全为低电平时，输出才是低电平。

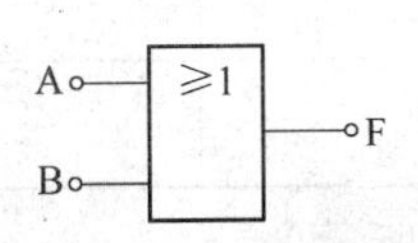

图 7-10 “或”门逻辑符号

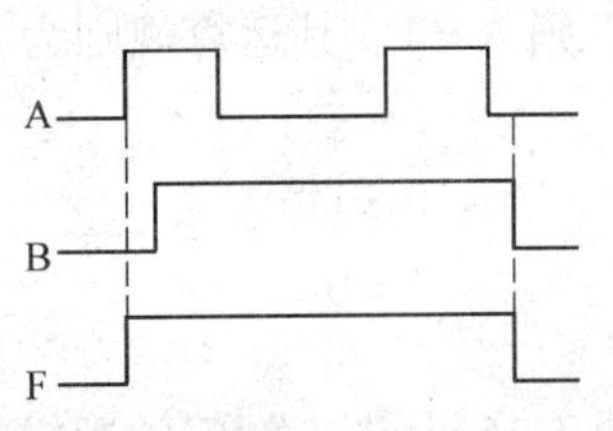

图 7-11 “或”门的波形图

常用的 2 输入 4 “或” 门集成电路芯片如 TTL 芯片 74LS32，CMOS 芯片 CC4071 等。如图 7-12 所示。

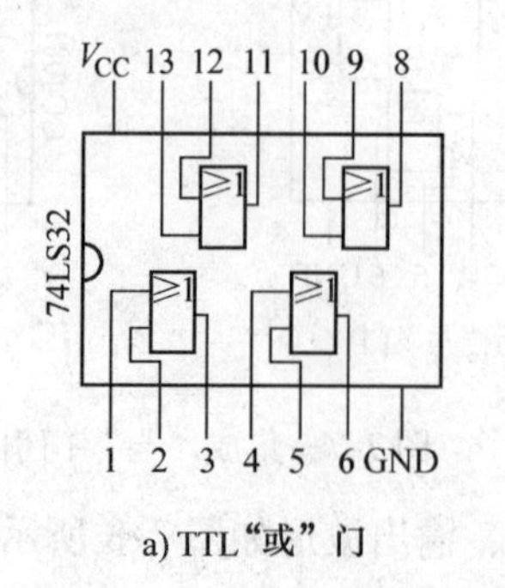

a) TTL“或”门

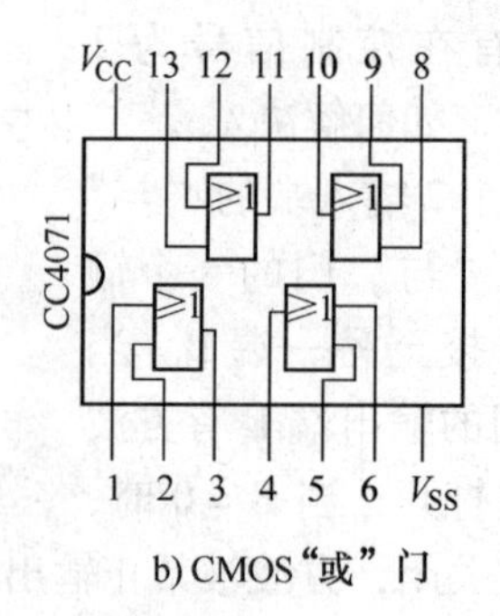

b) CMOS“或”门

图 7-12 集成“或”门引脚图

例 7-2 图 7-13 所示为一保险柜的防盗报警电路。保险柜的两层门上各装一个开关 S_1 和 S_2。门关上时，开关闭合。当任一层门打开时，报警灯亮，试说明该电路的工作原理。

解 该电路采用了一个 2 输入端的“或”门。两层门都关上时，开关 S_1 和 S_2 闭合，“或”门的两个输入端全部接地，$A=0$，$B=0$，因而输出 $F=0$，报警灯不亮。任何一个门打开时，相应的开关断开，该输入端经 1kΩ 电阻接至 5V 电源，为高电平，故输出也为高电平，报警灯亮。

(3) “非” 逻辑及 “非” 门

“非” 逻辑运算的含义可以用图 7-14 说明。显然，开关 A 断开则灯 F 亮；A 闭合则灯 F 不亮。说明只要某条件具备，结果一定不发生；而此条件不具备时，结果一定发生。这样的因果关系称之为 “非” 逻辑。用真值表表示 “非” 逻辑如表 7-3 所示。也可用逻辑表达式表示为

$$F=\overline{A} \tag{7-3}$$

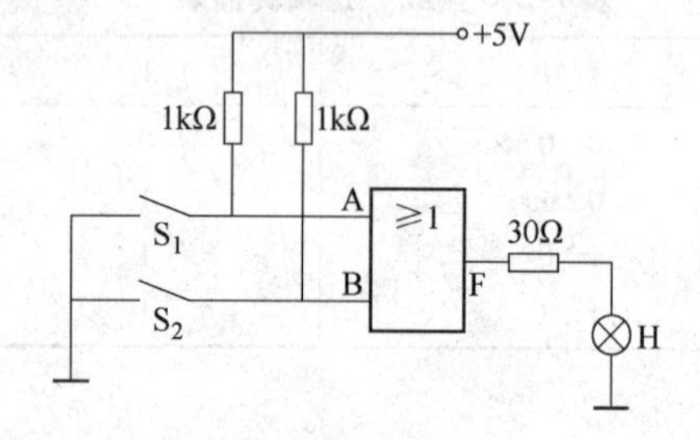

图 7-13 例 7-2 图

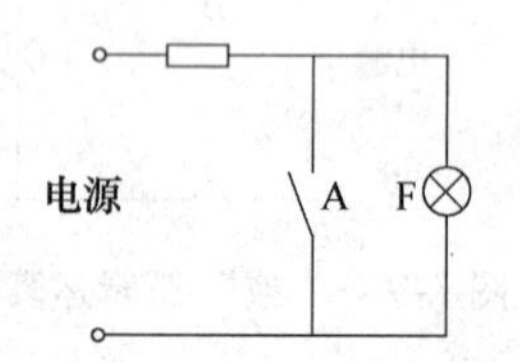

图 7-14 “非” 逻辑运算电路

称为 “非” 逻辑运算，又叫做逻辑求反。变量上方的 “—” 符号表示 “非” 的意思。若 $A=0$，则 $\overline{A}=1$。其运算规则为

$$\overline{0}=1$$
$$\overline{1}=0$$

表 7-3 “非” 逻辑真值表

A	F
0	1
1	0

图 7-15 为 “非” 门的逻辑符号。“非” 门的波形如图 7-16 所示。

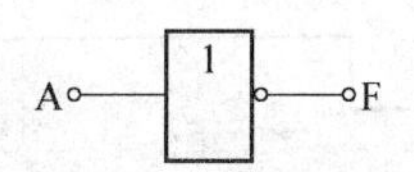

图 7-15 “非”门逻辑符号

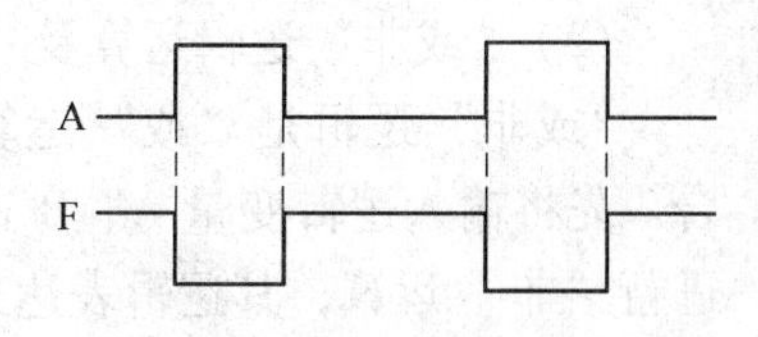

图 7-16 “非”门的波形图

常用的集成“非”门电路芯片 74LS04（TTL）、CC4069（CMOS）等，如图 7-17 所示。这种芯片中含有 6 个相同的“非”门，又称为 6“非”门。

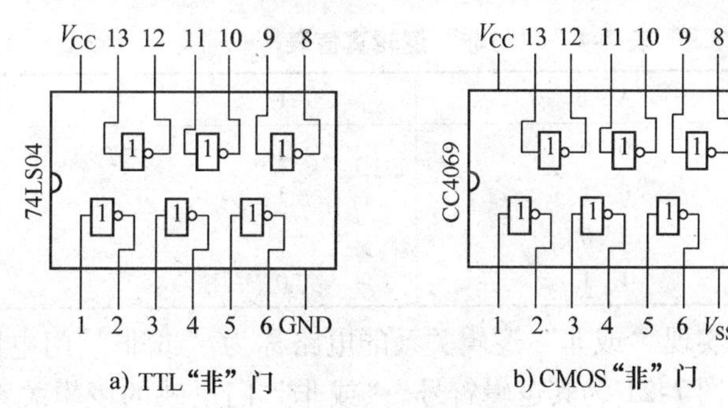

a) TTL“非”门　　b) CMOS“非”门

图 7-17 集成“非”门引脚图

2. 复合逻辑运算及其复合门

将基本“与”、“或”、“非”逻辑运算组合起来构成复合逻辑函数，相应的逻辑门电路称为复合门电路。常用的有“与非”门、“或非”门、“与或非”门、“异或”门和“同或”门等。

（1）“与非”逻辑运算及“与非”门

“与非”逻辑运算是“与”运算和“非”运算的复合。先将输入逻辑变量 A、B 进行“与”运算，再进行“非”运算，其逻辑表达式为

$$F = \overline{A \cdot B}$$

“与非”逻辑函数的真值表如表 7-4 所示。

实现“与非”逻辑关系的电路称为“与非”门电路，简称“与非”门。2 输入端（可以不只 2 输入端）“与非”门的逻辑符号如图 7-18 所示。“与非”门反映的逻辑关系是：只要输入有 0，输出就为 1，输入全 1 时，输出才为 0。其工作波形是将图 7-6 所示“与”门工作波形的输出 F 的波形取反。

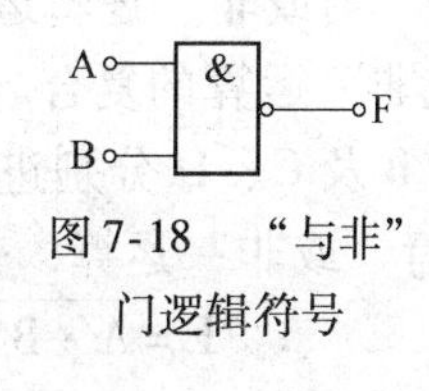

图 7-18 “与非”门逻辑符号

图 7-19 所示是常用的两输入集成“与非”门引脚图。图 a 为 TTL“与非”门 74LS00，图 b 为 CMOS“与非”门 CC4011。

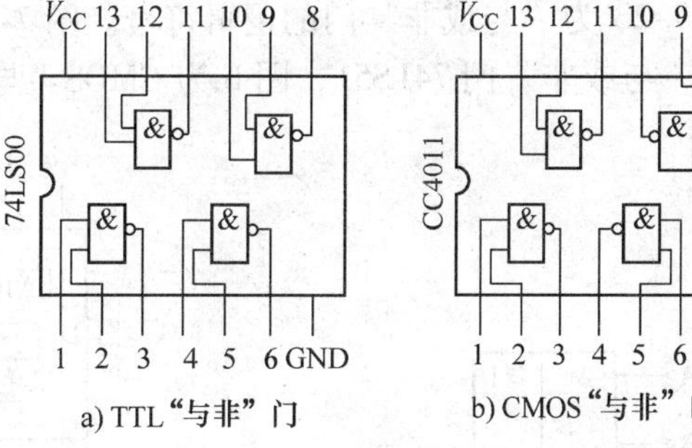

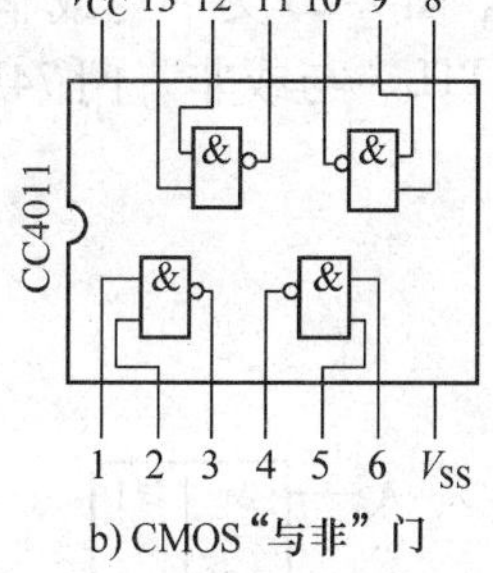

a) TTL“与非”门　　b) CMOS“与非”门

图 7-19 集成“与非”门引脚图

例 7-3 两输入端“与非”门的输入信号如图 7-20A、B 所示，试画出其输出波形，并说明 B 信号的作用。

解 根据“与非”门输出与输入的逻辑关系，可以画出如图 7-20 所示的输出波形 F。由波形图可见，若将 B 信号作为控制信号，则在控制信号为 0 时，输出总是 1，相当于“与非”门被关闭；当控制信号为 1 时，输出端 F 的信号取 A 信号的反，相当于“与非”门被打开。

(2)“或非”逻辑运算及“或非”门

“或非”逻辑是“或”运算和“非”运算的复合。先将输入逻辑变量 A、B 进行“或”运算，再进行“非”运算，其逻辑表达式为

$$F = \overline{A + B}$$

“或非”逻辑函数的真值表见表 7-5。

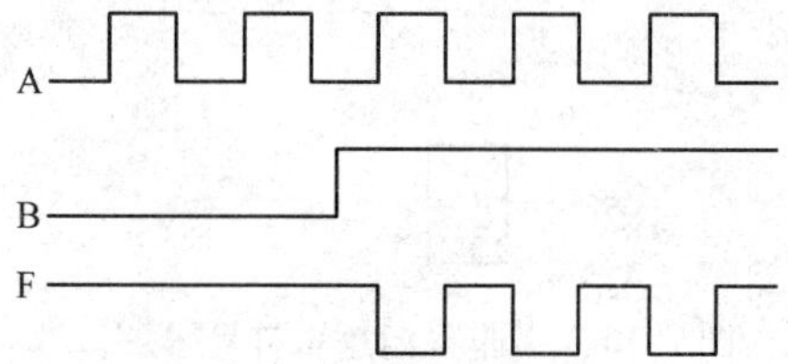

图 7-20　例 7-3 图

表 7-4　“与非”逻辑真值表

A B	F
0 0	1
0 1	1
1 0	1
1 1	0

表 7-5　“或非”逻辑真值表

A B	F
0 0	1
0 1	0
1 0	0
1 1	0

实现“或非”逻辑关系的电路称为“或非”门电路，简称“或非”门。图 7-21 为其逻辑符号。“或非”门反映的逻辑关系为：只要输入有 1 输出就为 0，输入全为 0 时，输出才为 1。“或非”门也可以不只两个输入端。

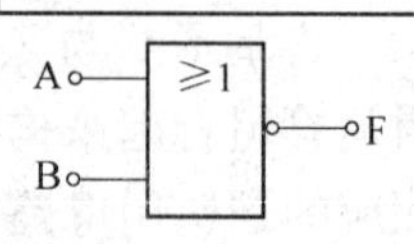

图 7-21　“或非”门逻辑符号

图 7-22 所示是常用的两输入集成“或非”门引脚图。图 a 为 TTL“或非”门 74LS28，图 b 为 CMOS“或非”门 CC4001。

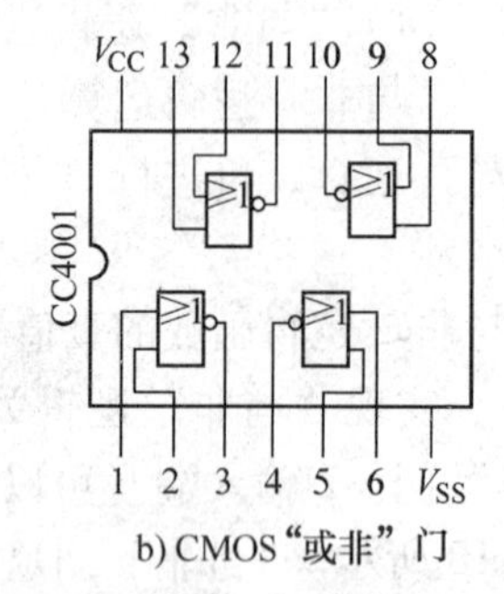

a) TTL“或非”门　　b) CMOS“或非”门

图 7-22　集成“或非”门引脚图

(3)“与或非”逻辑运算及“与或非”门

“与或非”逻辑运算是“与”运算和“或非”运算的复合。先将输入逻辑变量 A、B 及 C、D 分别进行“与”运算，再进行“或非”运算，其逻辑表达式为

$$F = \overline{A \cdot B + C \cdot D}$$

“与或非”逻辑函数的真值表如表 7-6 所示。图 7-23 为“与或非”门的逻辑符号。图 7-24 为常用的集成“与或非”门引脚图。图 a 为 TTL“与或非”门 74LS51，图 b 为 CMOS“与或非”门 CC4085。

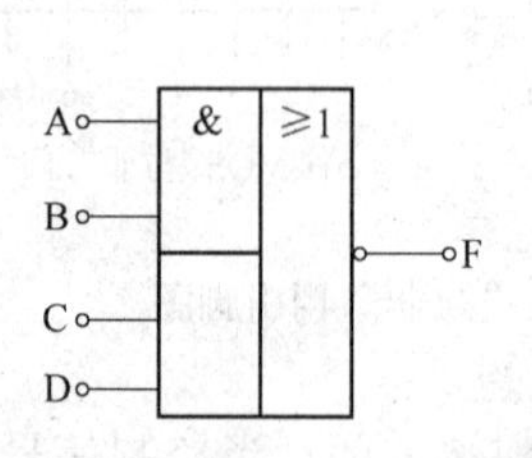

图 7-23　“与或非”门的逻辑符号

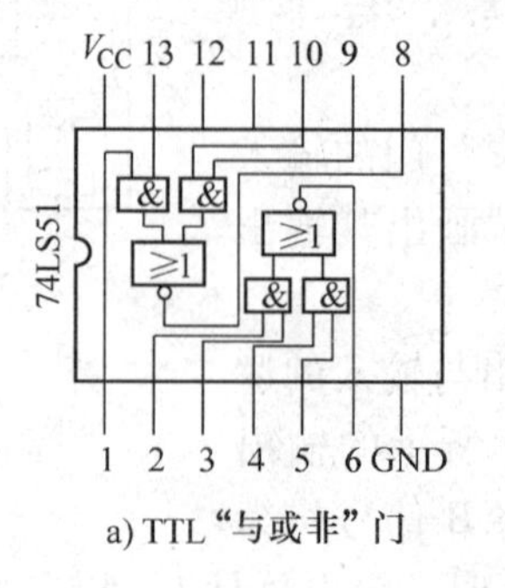

a) TTL“与或非”门

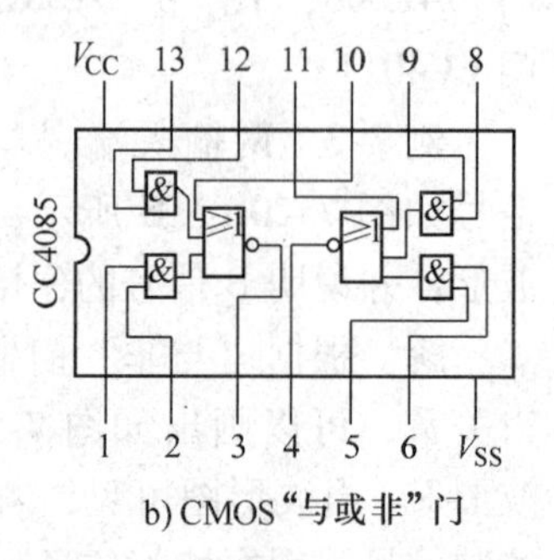

b) CMOS“与或非”门

图 7-24　集成“与或非”门引脚图

(4)“同或”逻辑函数和“异或”逻辑函数及其逻辑门

“同或”逻辑函数式为

$$F=\overline{A}\cdot\overline{B}+A\cdot B=A\odot B$$

“异或”逻辑函数式为

$$F=A\cdot\overline{B}+\overline{A}\cdot B=A\oplus B$$

它们的真值表见表7-7、表7-8。

表7-6 “与或非”逻辑真值表

A B	C D	F	A B	C D	F
0 0	0 0	1	1 0	0 0	1
0 0	0 1	1	1 0	0 1	1
0 0	1 0	1	1 0	1 0	1
0 0	1 1	0	1 0	1 1	0
0 1	0 0	1	1 1	0 0	0
0 1	0 1	1	1 1	0 1	0
0 1	1 0	1	1 1	1 0	0
0 1	1 1	0	1 1	1 1	0

由表7-7可见，当两个输入变量A、B取值相同时，输出变量F为1，否则为0。称这种逻辑关系为“同或”逻辑。

由表7-8可见，当两个输入变量A、B取值相异时，输出变量F为1，否则为0。称这种逻辑关系为“异或”逻辑。

表7-7 “同或”逻辑真值表

A B	F
0 0	1
0 1	0
1 0	0
1 1	1

表7-8 “异或”逻辑真值表

A B	F
0 0	0
0 1	1
1 0	1
1 1	0

从以上分析可见，“同或”与“异或”的逻辑关系正好相反，即

$$A\odot B=\overline{A\oplus B}\text{或}A\oplus B=\overline{A\odot B}$$

“异或”门的逻辑符号如图7-25所示。“异或”门输出加一个“非”门即为“同或”门，因此，一般采用“异或”门较多。图7-26为常用的集成“异或”门74LS86（TTL）和CC4030（CMOS）。

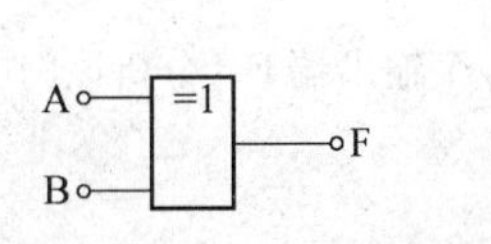

图7-25 “异或”门逻辑符号

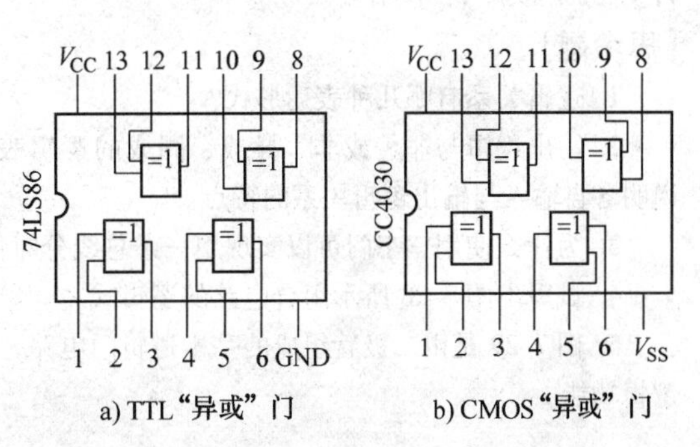

a) TTL“异或”门　b) CMOS“异或”门

图7-26 集成“异或”门引脚图

(5) 三态“与非”门

前述的“与非”门是不能将两个“与非”门的输出端直接接在公共的信号传输线上的，否则，因两输出端并联，若一个输出为高电平，另一个输出为低电平，两者之间将有很大的电流通过，会使元件损坏。但在实用中，为了减少信号传输线的数量，以适应各种数字电路的需要，有时需要将两个或多个“与非”门的输出端接在同一信号传输线上，这就需要一种输出端除了有低电平0和高电平1两种状态外，还要有第三种状态（即开路状态）Z的门电路。当输出端处于Z状态时，“与非”门与信号传输线是隔断的。这种具有0、1、Z共3种状态的“与非”门称为三态“与非”门。

与前面介绍的“与非”门相比，三态“与非”门多了一个控制端，又称使能端EN。其逻辑符号和逻辑真值表见表7-9。表7-9中，第一栏中的三态“与非”门，在控制端E=0时，不论A、B的状态如何，电路输出均为高阻状态，E=1时，电路为“与非”门状态，故称控制端为高电平有效；在第二栏中的三态“与非”门正好相反，控制端为低电平有效。在逻辑符号中，用EN端加小圆圈表示低电平有效，不加小圆圈表示高电平有效。

表7-9　三态“与非”门逻辑符号和逻辑功能

逻辑符号	逻辑功能	
A, B, E—EN, &, ▽, F	E=0	F=Z
	E=1	$F=\overline{A\cdot B}$
A, B, E—o$\overline{EN}$, &, ▽, F	E=0	$F=\overline{A\cdot B}$
	E=1	F=Z

三态门最重要的一个用途是可以实现用一根导线轮流传送几个不同的数据或信号，如图7-27所示。这根导线称为母线或总线。只要让各门的控制端轮流处于高电平，即任何时间只能有一个三态门处于工作状态，其余门均处于高阻态，这样，总线就会轮流接受各三态门的输出。这种用总线来传送数据或信号的方法，在计算机中被广泛采用。

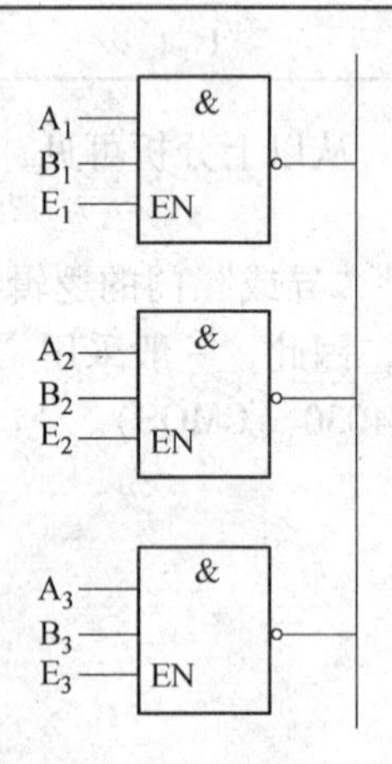

图7-27　三态门的应用

[思考题]

1. 逻辑关系有哪几种表达形式？

2. 写出逻辑与非、或非、异或、同或的逻辑表达式、逻辑图及真值表，说明各自输入与输出逻辑关系的特点。

3. 为什么使用三态门可以实现用一条总线分时传送多个信号？

4. 试写出图7-28所示组合电路的逻辑式。

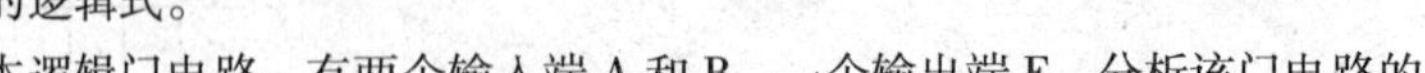

5. 图7-29是由二极管组成的基本逻辑门电路，有两个输入端A和B，一个输出端F，分析该门电路的逻辑功能。

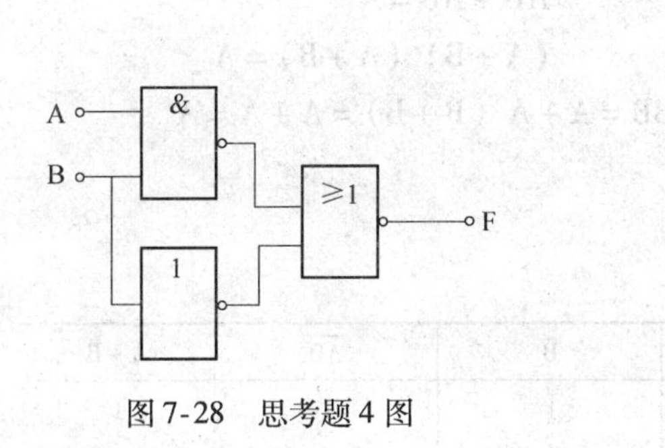

图 7-28　思考题 4 图

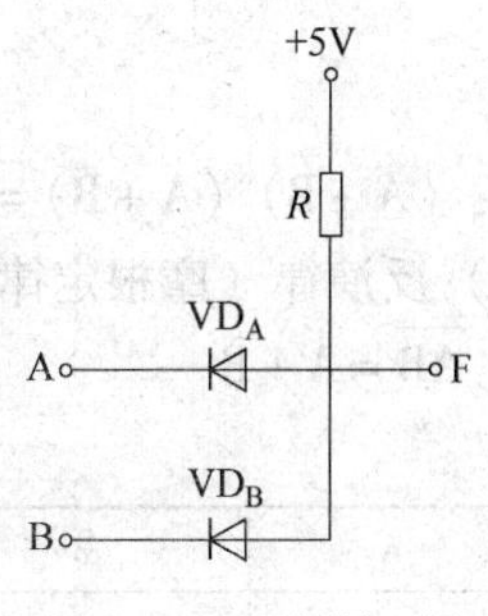

图 7-29　思考题 5 图

7.3　逻辑代数运算及逻辑函数化简

7.3.1　基本运算法则

$$0 \cdot A = 0 \qquad 1 \cdot A = A$$

$$A \cdot A = A \qquad A \cdot \overline{A} = 0$$

$$0 + A = A \qquad 1 + A = 1$$

$$A + A = A \qquad A + \overline{A} = 1$$

$$\overline{\overline{A}} = A$$

7.3.2　基本定律

（1）交换律

$$AB = BA$$

$$A + B = B + A$$

（2）结合律

$$ABC = (AB)C = A(BC)$$

$$A + B + C = A + (B + C) = (A + B) + C$$

（3）分配律

$$A(B + C) = AB + AC$$

$$A + BC = (A + B)(A + C)$$

证：$(A + B)(A + C) = AA + AB + AC + BC$

$= A + A(B + C) + BC$

$= A[1 + (B + C)] + BC$

$= A + BC$

（4）吸收律

$$A(A + B) = A$$

证：$A(A + B) = AA + AB = A + AB = A(1 + B) = A$

$$A(\overline{A} + B) = AB$$

$$A + AB = A$$

$$A + \overline{A}B = A + B$$

证：$A + \overline{A}B = (A + \overline{A})(A + B) = A + B$

$$AB + A\bar{B} = A$$

$$(A+B)(A+\bar{B}) = A$$

证：$(A+B)(A+\bar{B}) = AA + AB + A\bar{B} + B\bar{B} = A + A(B+\bar{B}) = A + A = A$

（5）反演律（摩根定律）

1）$\overline{AB} = \bar{A} + \bar{B}$

证：

A	B	$\bar{A}$	$\bar{B}$	$\overline{AB}$	$\bar{A}+\bar{B}$
0	0	1	1	1	1
1	0	0	1	1	1
0	1	1	0	1	1
1	1	0	0	0	0

2）$\overline{A+B} = \bar{A} \cdot \bar{B}$

证：

A	B	$\bar{A}$	$\bar{B}$	$\overline{A+B}$	$\bar{A}\bar{B}$
0	0	1	1	1	1
1	0	0	1	0	0
0	1	1	0	0	0
1	1	0	0	0	0

7.3.3 逻辑函数的化简

在逻辑电路的设计中，同一逻辑功能可以用不同的逻辑电路来实现，有的简单，有的复杂。逻辑函数的化简，不仅有利于简化电路结构，节省器材，同时还可以提高整个电路的可靠性。另外，对于现有逻辑电路的分析，用最简逻辑式便于分析电路的逻辑功能。因此，如何将逻辑函数式变换为最简式就显得非常重要。下面介绍两种逻辑函数的化简方法。

1. 应用逻辑代数运算法则化简

（1）并项法

利用公式 $A+\bar{A}=1$、$AB+A\bar{B}=A$ 可以将两项并为一项，并可消去 B 和 $\bar{B}$ 两个因子。如：

$$F = ABC + \bar{A}B + AB\bar{C} = AB(C+\bar{C}) + \bar{A}B$$

$$= AB + \bar{A}B = B$$

（2）吸收法

利用公式 $A+AB=A$，将 AB 项消去，即消去多余因子。如：

$$F = \bar{A}B + \bar{A}BCD(E+F) = \bar{A}B$$

利用公式 $A+\bar{A}B=A+B$，可消去多余因子。如：

$$F = AB + \bar{A}C + \bar{B}C = AB + (\bar{A}+\bar{B})C = AB + \overline{AB}C = AB + C$$

（3）拆项法

利用 $A+\bar{A}=1$，将式中某一项乘以 $(A+\bar{A})$，然后拆成两项，再分别与其他项合并，以得到更简单的结果。如：

$$F = AB + \bar{A}\bar{C} + B\bar{C} = AB + \bar{A}\bar{C} + B\bar{C}(A+\bar{A})$$

$$
\begin{aligned}
&= AB + \bar{A}\bar{C} + AB\bar{C} + \bar{A}B\bar{C} \\
&= (AB + AB\bar{C}) + (\bar{A}\bar{C} + \bar{A}B\bar{C}) \\
&= AB + \bar{A}\bar{C}
\end{aligned}
$$

(4) 添项法

利用公式 $A + A = A$，可以在函数式中重复或多次写入某一项，使总项数增多，再合并化简。如：

$$
\begin{aligned}
F &= ABC + \bar{A}B\bar{C} + AB\bar{C} \\
&= ABC + \bar{A}B\bar{C} + AB\bar{C} + AB\bar{C} \\
&= AB(C + \bar{C}) + B\bar{C}(A + \bar{A}) \\
&= AB + B\bar{C}
\end{aligned}
$$

在化简逻辑函数时，往往是上述几种方法的综合灵活运用，没有固定的步骤，有很大的技巧性。关键在于熟练掌握逻辑代数的基本定律和常用公式。

例 7-4 应用逻辑代数运算法则化简下列逻辑式：

$$F = AD + A\bar{D} + AB + \bar{A}C + E\,\overline{BD} + A\bar{B}ED + \overline{EBD}\bar{E}$$

解 利用公式 $D + \bar{D} = 1$，把 AD 和 $A\bar{D}$ 合并得 A。

$$F = A + AB + \bar{A}C + E\,\overline{BD} + A\bar{B}ED + \overline{EBD}\bar{E}$$

利用公式 $A + AB = A$，把含 A 这个因子的全部乘积项消去。

$$F = A + \bar{A}C + E\,\overline{BD} + \overline{EBD}\bar{E}$$

利用公式 $A + \bar{A}B = A + B$，可以消去上式 $\bar{A}C$ 中的因子 $\bar{A}$。

$$F = A + C + E\,\overline{BD} + \overline{EBD}\bar{E}$$

利用加零项的方法，加 $E\bar{E}$ 可以进一步化简。

$$F = A + C + E\,\overline{BD} + \overline{EBD}\bar{E} + E\bar{E} = A + C + E(\overline{BD} + \bar{E}) + \overline{EBD}\bar{E}$$

利用“非-非”律和摩根定律，$\overline{BD} + \bar{E} = \overline{\bar{\bar{E}} + \overline{\overline{BD}}} = \overline{\bar{\bar{E}} \cdot \overline{\overline{BD}}} = \overline{EBD}$，则可以进一步化简得

$$F = A + C + E\,\overline{EBD} + \overline{EBD}\bar{E} = A + C + \overline{EBD}(E + \bar{E}) = A + C + \overline{EBD}$$

例 7-5 化简逻辑函数 $F = ABC + ABD + \bar{A}B\bar{C} + CD + B\bar{D}$

解 $F = ABC + \bar{A}B\bar{C} + CD + B(AD + \bar{D})$

利用公式 $A + \bar{A}B = A + B$ 可以消去 AD 中的 D

$$
\begin{aligned}
F &= ABC + \bar{A}B\bar{C} + CD + B(A + \bar{D}) \\
&= ABC + \bar{A}B\bar{C} + CD + AB + B\bar{D} \\
&= AB(C + 1) + \bar{A}B\bar{C} + CD + B\bar{D} \quad (\text{利用 } C + 1 = 1) \\
&= AB + \bar{A}B\bar{C} + CD + B\bar{D} \\
&= B(A + \bar{A}\bar{C}) + CD + B\bar{D} \quad (\text{利用 } A + \bar{A}B = A + B) \\
&= B(A + \bar{C}) + CD + B\bar{D} \\
&= AB + B\bar{C} + CD + B\bar{D} \\
&= AB + B(\bar{C} + \bar{D}) + CD
\end{aligned}
$$

利用摩根定律 $\bar{C} + \bar{D} = \overline{CD}$ 可得

$$
\begin{aligned}
F &= AB + B\,\overline{CD} + CD \quad (\text{利用 } A + \bar{A}B = A + B) \\
&= AB + B + CD \\
&= B + CD
\end{aligned}
$$

2. 应用卡诺图化简逻辑函数

对于逻辑函数的化简，除了前面介绍的应用逻辑代数的公式进行化简以外，还有一种通过表格的形式表示逻辑函数进而化简逻辑函数的方法——卡诺图法。它是 1953 年由美国工程师卡诺（Karnaugh）首先提出的。用卡诺图法不仅可以把逻辑函数表示出来，更重要的是为化简逻辑函数提供了新的途径。

（1）最小项

最小项是满足下列条件的“与”项。

1）各项都含有所有输入变量，每个变量是它的一个因子。

2）各项中每个因子以原变量（A，B，C，…）的形式或以反变量（$\overline{A}$，$\overline{B}$，$\overline{C}$，…）的形式出现一次。

如三变量的全部最小项为 $\overline{A}\overline{B}\overline{C}$，$\overline{A}\overline{B}C$，$\overline{A}B\overline{C}$，$\overline{A}BC$，$A\overline{B}\overline{C}$，$A\overline{B}C$，$AB\overline{C}$，$ABC$。可见 n 个变量有 2^n 种组合，最小项就有 2^n 个。同一个逻辑函数能用多个不同的逻辑式来表达，但是由最小项组成的与或逻辑式则是唯一的。

（2）卡诺图

所谓卡诺图就是与变量的最小项对应的按一定规则排列的方格图，每一小方格填入一个最小项，因此，n 个变量的卡诺图相应有 2^n 个小方格。实际上卡诺图就是输入变量按行列排列的真值表。图 7-30 分别为二变量、三变量和四变量卡诺图。在卡诺图的行和列分别标出变量及其状态。变量状态的排列次序是 00，01，11，10，而不是二进制递增的次序 00，01，10，11。这样排列是为了使任意两个相邻最小项之间只有一个变量改变，称为按循环码排列。小方格也可用二进制数对应的十进制数编号，如图 7-30c 四变量卡诺图，变量的最小项用 m_0，m_1，m_2，…来编号。

（3）应用卡诺图化简逻辑函数

应用卡诺图化简逻辑函数时，先将逻辑式中的最小项（或逻辑真值表中取值为 1 的最小项）分别用 1 填入相应的小方格内。如果逻辑式中的最小项不全，则填写 0 或空着不填。如果逻辑式不是由最小项构成，一般应先化为最小项（或列其逻辑真值表），也可按例 7-10 的方法填写。

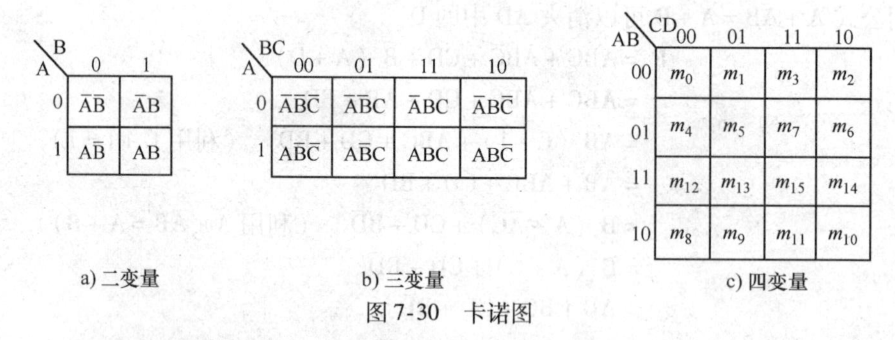

a) 二变量　　b) 三变量　　c) 四变量

图 7-30　卡诺图

应用卡诺图化简逻辑函数时，应了解下列几点：

1）将取值为 1 的相邻小方格圈在一起，相邻小方格包括最上行与最下行及最左列与最右列同列或同行两端的两个小方格，称为逻辑相邻。

所圈取值为 1 的相邻小方格的个数应为 2^n（$n=0$，1，2，3，…）个，即 1，2，4，8，…，不允许 3，6，10，12 等。

2）圈的个数应最少，圈内小方格个数应尽可能多。每圈一个新圈时，必须包含至少一个未被圈过的取值为1的小方格；每一个取值为1的小方格可被圈多次，但不能遗漏。

3）按着循环码排列变量取值时，相邻小方格中最小项之间只有一个变量取值不同，因此，相邻的两项可合并为一项，消去一个因子；相邻的4项可合并为一项，消去两个因子；依此类推，相邻的2^n项可合并为一项，消去n个因子。

4）将合并的结果相加，即为所求的最简“与或”式。

5）最小圈可只含一个小方格，不能化简。若卡诺图中取值为1的小方格都不相邻，则该逻辑表达式就已经是最简式。

由此可见，用卡诺图化简，就是保留一个圈内最小项的相同变量，除去不同的变量。

例7-6 化简 $F = A + \overline{A}\overline{B} + A\overline{B}$

解 先通过添项，将上式化成最小项和的形式

$$F = A\ (B + \overline{B}) + \overline{A}\overline{B} + A\overline{B} = AB + \overline{A}\overline{B} + A\overline{B}$$

然后填入卡诺图，将相邻的两个1圈在一起合并最小项，由图7-31卡诺图可得最简“与或”表达式为

$$F = A + \overline{B}$$

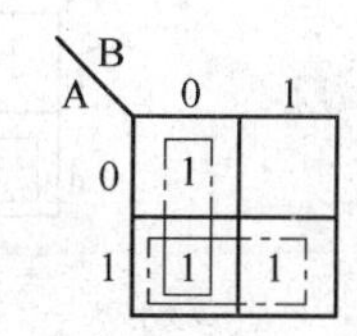

图7-31 例7-6图

例7-7 应用卡诺图化简 $F = ABC + AB\overline{C} + \overline{A}BC + A\overline{B}C$

解 将逻辑表达式填入卡诺图，如图7-32所示。将相邻的两个1圈在一起，合并最小项，可得最简的“与或”表达式为

$$F = AB + BC + CA$$

例7-8 应用卡诺图化简 $F = \overline{A}\overline{B}C + \overline{A}BC + A\overline{B}\overline{C} + AB\overline{C}$

解 将上式填入卡诺图，如图7-33所示，图中除1和3方格相邻外，4和6方格也是相邻的，因此可圈在一起，消去变量B，而保留$\overline{A}C$和$A\overline{C}$，最简的“与或”式为

$$F = \overline{A}C + A\overline{C}$$

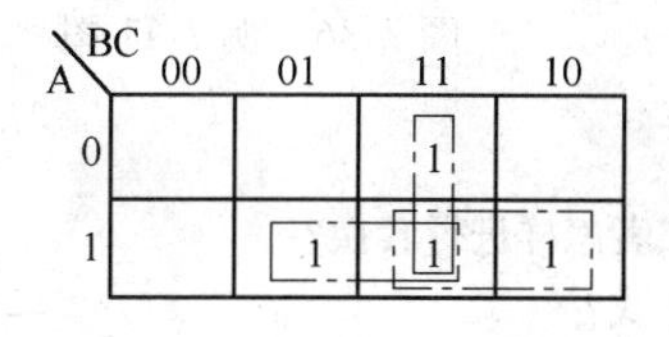

图7-32 例7-7图

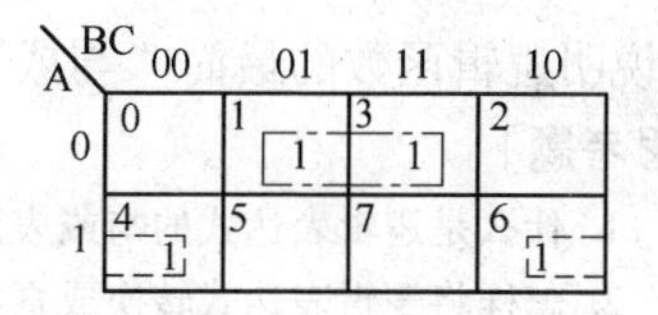

图7-33 例7-8图

例7-9 应用卡诺图化简 $F = \overline{A}\overline{B}C + \overline{A}BC + A\overline{B}\overline{C} + A\overline{B}C + ABC + AB\overline{C}$

解 （1）如图7-34所示，将取值为1的方格圈成两个圈，可得

$$F = A + C$$

（2）也可将取值为0的两个方格圈成一个圈，消去变量B，可得

$$\overline{F} = \overline{A}\ \overline{C}$$

$$F = \overline{\overline{F}} = \overline{\overline{A}\ \overline{C}} = A + C$$

可见，如果卡诺图中取值为0的方格数比取值为1的方格数少得多时，圈0更为简便。

例7-10 应用卡诺图化简

$$F = \overline{A} + \overline{A}\overline{B} + BC\overline{D} + B\overline{D}$$

解 首先画出4变量的卡诺图（见图7-35），在将逻辑式以1填入卡诺图时，可以像例

7-6 那样，先将原逻辑式通过添项写成最小项表达式，再填入卡诺图，也可以直接填入。在本例中，各项均不是最小项，因此每一项都不只对应一个方格。如 $\overline{A}$ 项，应在含有 $\overline{A}$ 的所有小方格内都填入 1（与其他变量取何值无关），即图中上面 8 个小方格。含有 $\overline{A}\overline{B}$ 的小方格有最上面 4 个，已含在 $\overline{A}$ 内。同理，可在含有 $BC\overline{D}$ 和 $B\overline{D}$ 所对应的方格内也填入 1。而后圈成两个圈，相邻项合并，得到最简的“与或”式为

$$F=\overline{A}+B\overline{D}$$

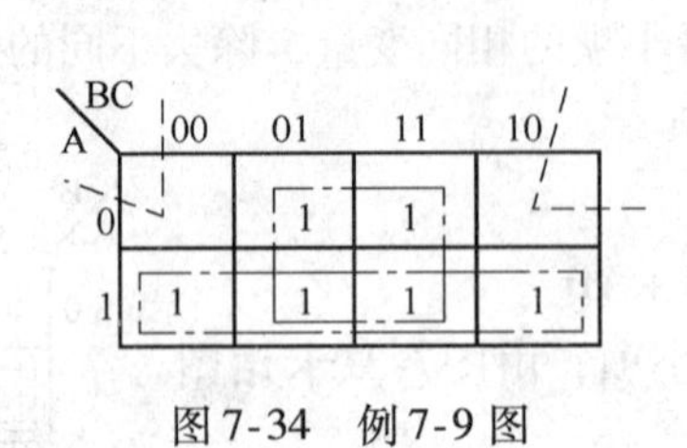

图 7-34　例 7-9 图

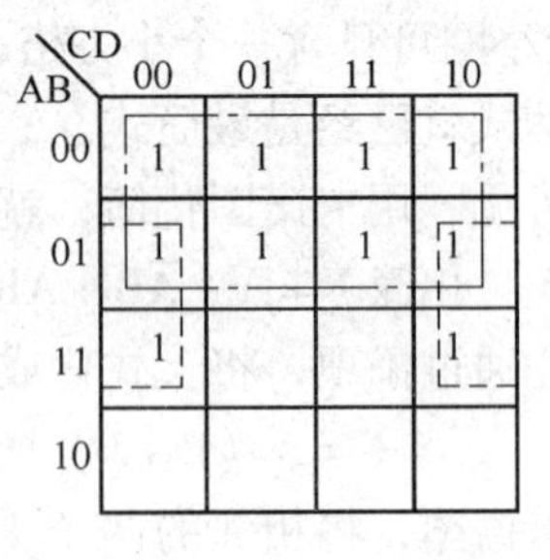

图 7-35　例 7-10 图

例 7-11　化简 $F=\overline{A}\overline{B}\overline{C}\overline{D}+\overline{A}B\overline{C}\overline{D}+AB\overline{C}D+A\overline{B}\overline{C}\overline{D}+\overline{A}BCD+ABCD+\overline{A}B\overline{C}D+\overline{A}\overline{B}C\overline{D}+A\overline{B}C\overline{D}=\sum(0,4,13,8,7,15,5,2,10)$

解　将上式填入图 7-36 卡诺图，0 号、2 号、8 号和 10 号方格相邻，可圈为一组，消去两个变量 A 和 C，保留 $\overline{B}\overline{D}$；5 号、7 号、13 号、15 号方格相邻圈为一组，消去 A 和 C 保留 BD；4 号和 5 号合并消去 D 保留 $\overline{A}B\overline{C}$。由此可得化简后的逻辑式为

$$F=\overline{A}B\overline{C}+BD+\overline{B}\overline{D}$$

还可以将 0 号和 4 号方格圈为一组，则可得出另一结果

$$F=\overline{A}\overline{C}\overline{D}+BD+\overline{B}\overline{D}$$

这说明逻辑函数的最简“与或”式不是唯一的。

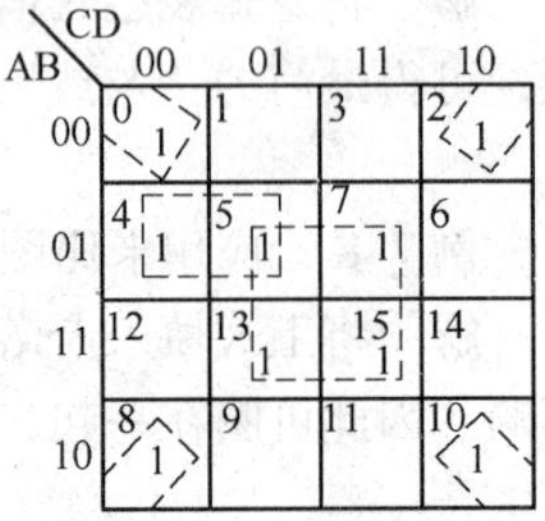

图 7-36　例 7-11 图

[思考题]

1. 什么是逻辑表达式的与或表达式？什么是与非 - 与非表达式？二者怎样进行转换？
2. 怎样将逻辑表达式转换成真值表？真值表又如何转换成逻辑表达式？
3. 什么是最小项？逻辑相邻的含义是什么？
4. 怎样理解逻辑真值表与卡诺图是唯一的。

*7.4　集成逻辑门电路的参数及使用

由分立元件组成的门电路体积大、可靠性差，而集成电路不仅可以微型化，而且可靠性高、耗电少、速度快，还便于实现多级连接，因此应用广泛。集成门电路的产品种类很多，内部电路各异。从内部电路来看，目前应用最多的主要是 TTL 电路和 CMOS 电路。从逻辑功能来看，除了或门、与门和非门外，还有将它们的逻辑功能组合起来的复合门电路，如集成或非门、与非门、同或门和异或门等，其中或非门和与非门，尤其是与非门是当前生产量最大、应用最多的集成门电路。对一般读者来说，只需要将门电路视为具有某一逻辑功能的器件，对其内部电路可不必深究。但要正确选择和使用 TTL 和 CMOS 集成门电路，不但要

掌握其逻辑功能，还要了解他们的主要特性参数及使用注意事项。本节以集成与非门为例介绍门电路的主要参数和使用注意事项。

7.4.1 TTL 门电路与 CMOS 门电路

1. TTL 门电路

TTL 集成电路是历史悠久和生产数量较多的一种集成电路，也是使用最为广泛、性价比较高的两类逻辑门电路之一。TTL 逻辑门电路制造工艺成熟、产量大、品种全、价格低、速度快，是中小规模集成电路的主流。TTL 电路主要有 74LS××和 74LH××系列，主要差别反映在速度和功耗两个参数上。随着各种类型数字集成电路的不断涌现，TTL 集成电路自身也经历着结构改进和性能提高的过程。

一个芯片可以集成多个与非门电路，各个门电路的输入和输出分别通过引脚与外部电路相连。TTL 与非门参数很多，此处仅列举几个反映其性能的主要参数，使读者对于这些参数有一个物理和数量概念，方便使用。

（1）输出高电平电压 U_{OH} 和输出低电平电压 U_{OL}

U_{OH} 是指与非门一个（或几个）输入端为低电平时的输出电平值，对于通用的 TTL 与非门，$U_{OH} \geq 2.4V$，其典型值为 3.6V，最小值为 2.4V。

U_{OL} 是指与非门输入全部为高电平时的输出低电平值，$U_{OL} \leq 0.4V$，其典型值为 0.3V，最大值为 0.4V。

在室温下，一般输出高电平是 3.5V，输出低电平是 0.2V。

在实际使用时，由于存在各种干扰电压，将影响到输入低电平或高电平的数值，当输入端干扰电压超过一定限度时，就可能会破坏与非门输出的逻辑状态。

（2）扇出系数 N_O

N_O 是指一个与非门能带同类门的最大数目，它表示带负载能力。对于 TTL 与非门，$N_O \geq 8$。

（3）平均传输延迟时间 t_{pd}

在与非门输入端加上一个脉冲电压，得到输出电压将有一定的时间延迟。从输入脉冲上升沿的 50% 处到输出脉冲下降沿的 50% 处的时间称为上升延迟时间 t_{pd1}；从输入脉冲下降沿的 50% 处到输出脉冲上升沿的 50% 处的时间称为下降延迟时间 t_{pd2}。二者的平均值称为平均延迟时间。此值越小越好。产品型号不同，t_{pd} 差异很大，一般在几至几十纳秒量级。

（4）输入高电平电流 I_{IH} 和输入低电平电流 I_{IL}

当某一输入端接高电平、其余输入端接低电平时，流入该输入端的电流称为输入高电平电流，典型值 10μA。某一输入端接低电平，其余输入端接高电平时，从该输入端流出的电流称为输入低电平电流，典型值为 1.4mA。

（5）开门电平 U_{ON} 和关门电平 U_{OFF}

开门电平 U_{ON} 是保证与非门输出为低电平的最小输入高电平。关门电平 U_{OFF} 是保证与非门输出为高电平的最大输入低电平。一般 TTL 与非门的 $U_{ON}=1.8V$，$U_{OFF}=0.8V$。

（6）输入信号噪声容限电压

噪声容限就是容许叠加在信号电平上的噪声幅值裕度，在噪声容限之内的噪声信号时可以容限的，不影响正常识别。这是衡量门电路抗干扰能力的参数，分为输入低电平时的噪声容限 U_{NL} 和输入高电平时的噪声容限 U_{NH}。

输入低电平时的噪声容限为 $U_{NL}=U_{OFF}-U_{IL}$。

输入高电平时的噪声容限为 $U_{NH}=U_{IH}-U_{ON}$。

TTL 电路的噪声容限是 0.4V，说明叠加在信号电平上的容许的噪声摆幅/抖动小于 0.4V 时，对逻辑识别没有影响。

此外，TTL 门电路最小输入高电平和低电平分别满足 $U_{IH}\geqslant 2.0V$ 和 $U_{IL}\leqslant 0.8V$，最小可识别电平（即临界可识别电平）是 2V 和 0.4V。

（7）空载导通功耗 P_0

空载导通功耗 P_0 是输出为低电平且不加负载时的功耗。

其余参数请参照相关书籍，在此不再赘述。

2. CMOS 门电路

CMOS 电路是由 PMOS 管和 CMOS 管组成的一种互补型 MOS 集成电路。这种电路制造方便，具有输入电阻高、功耗低、带负载和抗干扰能力强、电源电压范围宽、集成度高等优点。在大规模和超大规模集成电路中大多采用这种电路。CMOS 门电路的主要缺点是工作速度低于 TTL 门电路，但是经过改进的 CMOS 门电路 HCMOS 门电路，其工作速度已经与 TTL 门电路差不多。国产的 CMOS 电路主要有 CC0000 ~ CC4000 等几个系列。国产的 CMOS 电路与国外的产品能够完全互换。

CMOS 中，逻辑电平 1 的电压接近于电源电压，0 逻辑电平接近于 0V，而且具有很宽的噪声容限。同一集成电路内的各个集成门可以独立使用，但公用一根电源线和一根地线，电源电压在 3 ~ 18V 范围内都能正常工作。当电源电压为 +5V 时，可与 TTL 集成电路兼容。

3. TTL 门电路与 COMS 门电路主要性能比较

1）TTL 门电路是电流控制器件，而 CMOS 门电路是电压控制器件。

2）TTL 门电路的速度快，传输延迟时间短（5 ~ 10ns），但是输入电流大，因此功耗大。COMS 电路的速度慢，传输延迟时间长（25 ~ 50ns），但功耗低，所需输入电流几乎可以忽略。

随着制造工艺不断改进，CMOS 电路的工作速度已非常接近 TTL 电路。此外，COMS 电路本身的功耗与输入信号的脉冲频率有关，频率越高，芯片越热，这是正常现象。

7.4.2 集成门电路的使用

在使用各种逻辑门电路时，由于 TTL 与 CMOS 两种电路的存在，经常会遇到诸如门电路多余端的处理和不同门电路之间接口匹配等问题，这在集成门电路使用中必须加以注意。

（1）TTL 逻辑电路的使用

TTL 逻辑门电路的使用比较简单、方便，但应注意以下几点：

1）TTL 逻辑门对电源电压要求比较严格，在配备电源电压时，一定要精确，选用 5V ± 0.25V，但不能超过 5.25V，以防止损坏集成电路。严禁颠倒电源极性。

2）TTL 逻辑门由于功耗比较大，在需要扇出系数较大的情况下，一定要考虑它的带负载能力和总的功耗，以防驱动能力下降。

（2）CMOS 门电路的使用

CMOS 电路的输入端是绝缘栅极，具有很高的输入阻抗，很容易因静电感应而被击穿。虽然在器件的输入端上设计了保护网络，但是由于常用的塑料、普通的织物、不接地的人体表面等都会产生和储存静电荷，因此在操作 CMOS 电路时难免会遇遇较强的静电感应。为此，应遵守下列保护措施：

1）组装调测时，所用仪器仪表、电路箱、板都必须可靠接地。

2）焊接时，采用内热式电烙铁，功率不宜过大，烙铁必须要有外接地线，以屏蔽交流电场，最好是烧热后断电再焊接。

3）CMOS 电路应在防静电材料中储存或运输。

4）虽然 CMOS 电路对电源电压的适应范围比较宽，但也不能过高，不能超出电源电压的极限，更不能将极性接反，以免烧坏器件。

（3）对集成门电路多余输入和输出端的处理

在使用集成门电路时，对不用的输入端可按以下方法进行处理：

1）依据逻辑门的功能将闲置端接固定电平。例如，将与门、与非门的闲置端接高电平，经电阻（1～3kΩ）或者直接接正电源；而将或门、或非门的闲置端接“地”，为低电平。

2）如果前级（驱动级）有足够的驱动能力，也可将多余不用的输入端和与信号输入端接在一起。

3）对 TTL 与非门电路，可将不用的输入端悬空，悬空相当于接高电平（但有时悬空端会引入干扰从而造成电路的逻辑错误）。

4）CMOS 与非门电路不用的输入端不能悬空，应以不影响逻辑功能为原则分别接电源、地或与使用的输入端并联。

5）当与非门只用其一个输入端，或者两端连在一起时，可以作为非门使用，请注意这种用法。

6）此外，除了三态门，OC 门（一种 TTL 集电极开路门）之外，门电路的输出端不允许并联，而且输出端不允许直接接电源或地，否则将可能造成器件的损坏。

（4）电平转换电路

在电路中常遇到 TTL 电路和 CMOS 电路混合使用的情况，由于这些电路的电源电压和输入、输出高低电平及负载能力等参数不同，因此它们之间的连接必须通过电平转换电路，使前级器件的输出逻辑电平满足后级器件的输入电平的要求，并不得对器件造成损坏。逻辑器件的接口电路主要应注意电平匹配和输出能力两个问题，并与器件的电源电压结合来考虑。

1）TTL 电路到 CMOS 的连接需要进行电压匹配。用 TTL 电路去驱动 CMOS 电路时，由于 CMOS 电路是电压驱动器件，所需电流小，因此电流驱动不会有问题，主要是电压驱动能力的问题。TTL 电路输出高电平的最小值为 2.4V，而 CMOS 电路的输入高电平一般为 3.5V，也就是二者的逻辑电平不能兼容。为此，在 TTL 的输出端与电源之间接一个上拉电阻 R（取值一般为 2～14kΩ），如图 7-37a 所示，可将 TTL 的电平提高到 3.5V 以上。但是如果 CMOS 的电源电压较高，则 TTL 电路需要采用 OC 门，在其输出端接一上拉电阻，如图 7-37b 所示，上拉电阻的大小将影响其工作速度。

另一种方法是采用专用的接口电路，如在 TTL 输出端和 54/74HC 输入端之间接一个 54/74HCT 电平转换器，如图 7-37c 所示。

2）CMOS 到 TTL 的连接需要进行电流匹配。CMOS 电路的输出逻辑电平与 TTL 电路的输入电平可以兼容，但 CMOS 电路的驱动电流较小，不能直接驱动 TTL 电路。为此可以采用 CMOS/TTL 专用接口电路，如 CMOS 缓冲器 CC4049 等，经缓冲器之后的高电平输出电流能满足 TTL 电路的要求，低电平输出电流可达 4mA，实现 CMOS 电路与 TTL 电路的连接。

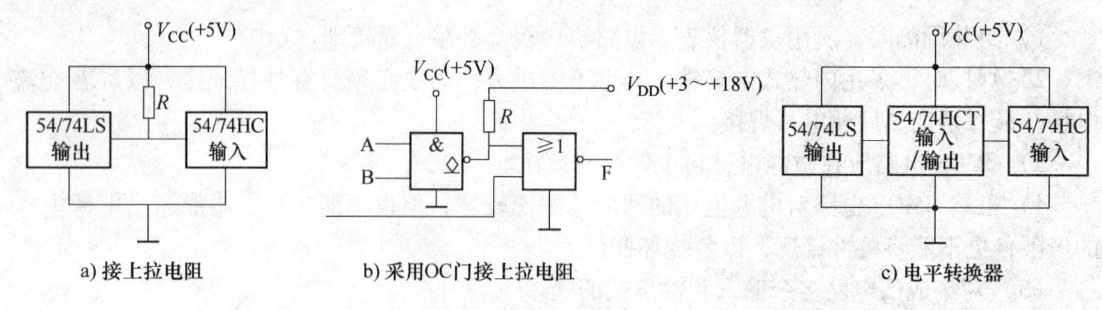

图 7-37　TTL 驱动 CMOS 接口电路

若电源电压为 +5V 时，二者可以直接相连，如图 7-38a 所示；当 CMOS 电源电压较高时，可采用专用的电平转换电路，或者利用晶体管反相器作为接口电路，如图 7-38b 所示。

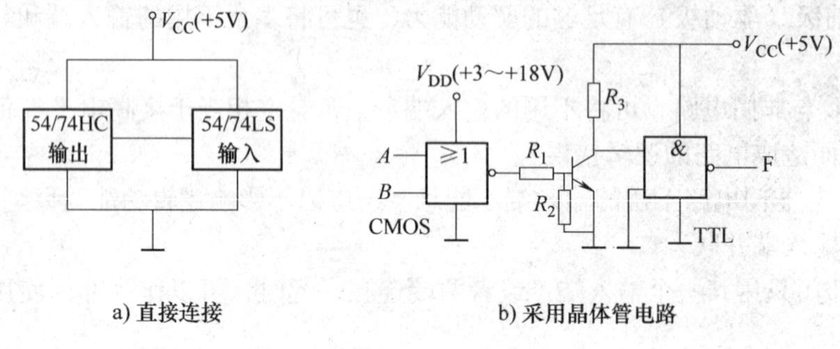

图 7-38　CMOS 驱动 TTL 接口电路

7.5　组合逻辑电路

由门电路组成的逻辑电路称为组合逻辑电路，简称组合电路。由于门电路输出电平的高低仅取决于当时的输入，与以前的输出状态无关，是一种无记忆功能的逻辑部件。因此组合电路也是一种无记忆功能的逻辑电路。即在任意时刻，电路的输出状态仅取决于该时刻各输入状态的组合，而与电路的原状态无关。

7.5.1　组合电路的分析

组合电路的分析是根据给出的逻辑电路，从输入端开始逐级推导出输出端的逻辑函数表达式，并依据该表达式，列出真值表，从而确定该组合电路的逻辑功能。其分析步骤如下：

1）由逻辑图写出各门电路输出端的逻辑表达式。

2）化简和变换各逻辑表达式。

3）列写逻辑真值表。

4）根据真值表和逻辑表达式，确定该电路的功能。

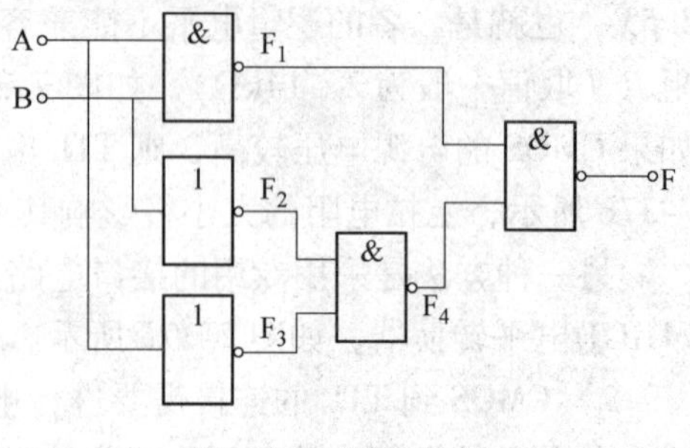

图 7-39　例 7-12 图

下面通过具体实例说明组合电路的分析方法。

例 7-12　分析图 7-39 所示电路的逻辑功能。

解　通常为分析简便，可将上述步骤 1）和 2）同时进行。

（1）写出逻辑表达式并化简：

$F1=\overline{AB}$

$F2=\overline{B}$

$F3=\overline{A}$

$F4=\overline{F_2F_3}=\overline{\overline{A}\ \overline{B}}$

$F=\overline{F_1F_4}=\overline{\overline{AB}\ \overline{\overline{A}\ \overline{B}}}=AB+\overline{A}\ \overline{B}$

（2）列写逻辑真值表见表7-10。

表7-10　例7-12真值表

A	B	F
0	0	1
0	1	0
1	0	0
1	1	1

（3）逻辑功能分析

由真值表可知，该电路的逻辑功能为：当输入A、B相同时，输出F为1；当输入A、B相异时，输出F为0。可见该电路具有“同或”逻辑功能。

例7-13　分析图7-40所示电路的逻辑功能。

解　（1）由逻辑图写出逻辑表达式并化简

$$
\begin{aligned}
F&=\overline{\overline{ABC}\cdot A+\overline{ABC}\cdot B+\overline{ABC}\cdot C}\\
&=\overline{\overline{ABC}\ (A+B+C)}\\
&=ABC+\overline{A+B+C}\\
&=ABC+\overline{A}\ \overline{B}\ \overline{C}
\end{aligned}
$$

（2）由逻辑表达式列出逻辑真值表见表7-11。

（3）分析逻辑功能

只有A、B、C全为0或全为1时，输出F才为1。故该电路称为“判一致电路”，可用于判断三个输入端的状态是否一致。

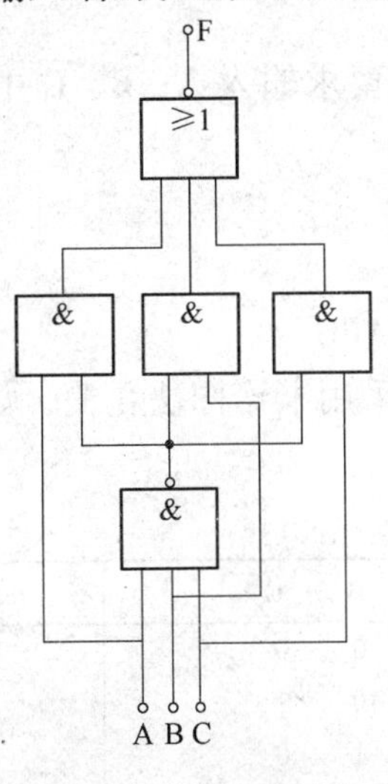

图7-40　例7-13图

表7-11　例7-13真值表

A	B	C	F
0	0	0	1
0	0	1	0
0	1	0	0
0	1	1	0
1	0	0	0
1	0	1	0
1	1	0	0
1	1	1	1

7.5.2 组合电路的设计

组合电路设计与组合电路分析过程相反，它是根据给定的逻辑功能要求，设计能实现该功能的最简单的电路。

这里所说的“最简”，是指电路所用的器件最少，器件的种类最少，而且器件之间的连线也最少。通常组合逻辑电路的设计步骤如下：

1. 根据给定设计问题的逻辑关系或逻辑要求，列出真值表

很多情况下，所提出的设计要求通常是用文字描述的一个具有一定因果关系的事件。这就需要用逻辑抽象的方法进行如下工作。

1）分析事件的因果关系，确定输入变量和输出变量。一般总是把引起事件的原因定为输入变量，而把事件的结果作为输出变量；

2）定义逻辑变量的含义。以二值逻辑的 0、1 两种状态分别代表输入变量和输出变量的两种不同状态。

2. 根据真值表写出逻辑表达式

为便于对逻辑函数进行化简和变换，需要把真值表转换为对应的逻辑表达式，方法如下：

1）取 F=1（或 F=0）的组合列逻辑式；

2）对一种组合而言，输入变量之间是与逻辑关系，对于 F=1 的组合，如果输入变量为 1，取其原变量；如果输入变量为 0，则取其反变量。将真值表中使输出为 1 的每一组变量写成一个乘积项；

3）各种组合之间，是或逻辑关系，故将以上所有乘积项相或，则可以得到逻辑函数的与或表达式。

如果真值表中输出为 1 的乘积项多于半数，可以考虑将真值表中输出为 0 的项按上述方法写成与或表达式，然后取反即可。

3. 化简或变换逻辑表达式。

4. 根据最简的逻辑表达式画出相应的逻辑电路图。

下面通过具体实例说明组合电路的设计方法。

例 7-14 试设计一个 3 输入的 3 位奇数校验电路。要求输入 A、B、C 中有奇数个 1 时，输出为 1，否则输出为 0。

解 （1）根据题意列出逻辑真值表见表 7-12。

（2）由真值表写出逻辑表达式

$$F=\overline{A}\,\overline{B}C+\overline{A}B\overline{C}+A\overline{B}\,\overline{C}+ABC$$

（3）化简该逻辑表达式。化简的方法可任选。这里采用卡诺图法化简，如图 7-41 所示。可见上述逻辑表达式已经是最简的。

表 7-12 例 7-14 真值表

A B C	F	A B C	F
0 0 0	0	1 0 0	1
0 0 1	1	1 0 1	0
0 1 0	1	1 1 0	0
0 1 1	0	1 1 1	1

（4）画出逻辑电路图。如果输入只给出原变量，对所用器件没有要求，则可画出如图7-42所示的逻辑电路。

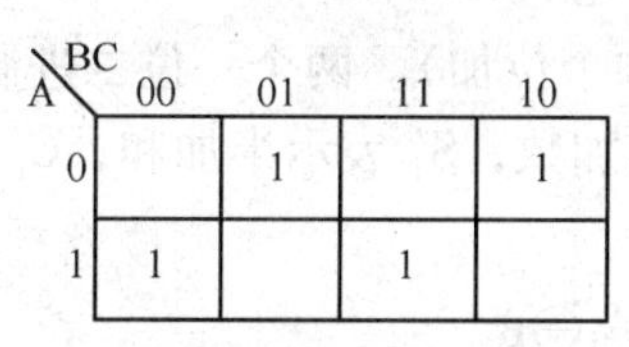

图 7-41　例 7-14 卡诺图

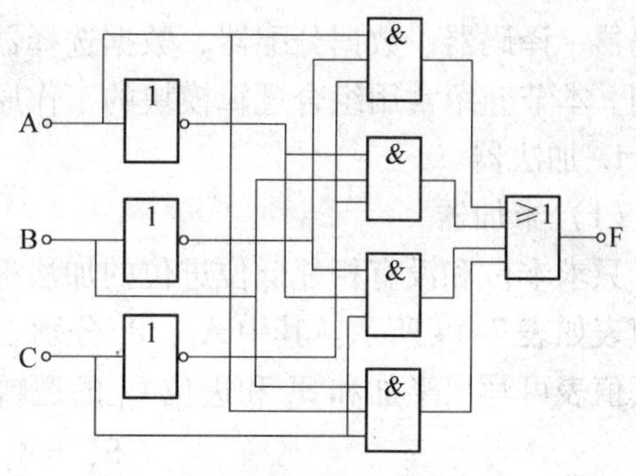

图 7-42　例 7-14 图

如果输入只给出原变量，要求只用“与非”门实现，则应对上述逻辑表达式用摩根律进行变换

$$F=\bar{A}\bar{B}C+\bar{A}B\bar{C}+A\bar{B}\bar{C}+ABC=\overline{\overline{\bar{A}\bar{B}C}\ \overline{\bar{A}B\bar{C}}\ \overline{A\bar{B}\bar{C}}\ \overline{ABC}}$$

相应的电路如图 7-43 所示。

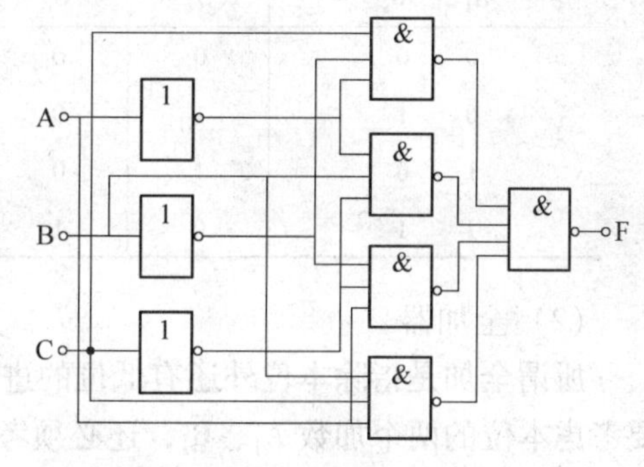

图 7-43　例 7-14 只用“与非门”实现

例 7-15　某工厂有 A、B、C 三个车间和一个自备电站，站内有两台发电机 G_1 和 G_2。G_1 的容量是 G_2 的两倍。如果一个车间开工，只需 G_2 运行即可满足要求；如果两个车间开工，只需 G_1 运行；若 3 个车间同时开工，则 G_1 和 G_2 均需运行。试画出控制 G_1 和 G_2 运行的逻辑图。

解　用 A、B、C 分别表示 3 个车间的开工状态：开工为 1，不开工为 0；G_1 和 G_2 运行为 1，停机为 0。

（1）根据题意列出逻辑真值表如表 7-13 所示。

（2）由逻辑真值表写出逻辑表达式并化简

$$G_1=\bar{A}BC+A\bar{B}C+AB\bar{C}+ABC=AB+BC+CA=\overline{\overline{AB+BC+CA}}=\overline{\overline{AB}\ \overline{BC}\ \overline{CA}}$$

$$G_2=\bar{A}\bar{B}C+\bar{A}B\bar{C}+A\bar{B}\bar{C}+ABC=\overline{\overline{\bar{A}\bar{B}C}\ \overline{\bar{A}B\bar{C}}\ \overline{A\bar{B}\bar{C}}\ \overline{ABC}}$$

（3）由逻辑表达式画出逻辑电路图如图 7-44 所示。

表 7-13　例 7-15 真值表

A	B	C	G_1	G_2
0	0	0	0	0
0	0	1	0	1
0	1	0	0	1
0	1	1	1	0
1	0	0	0	1
1	0	1	1	0
1	1	0	1	0
1	1	1	1	1

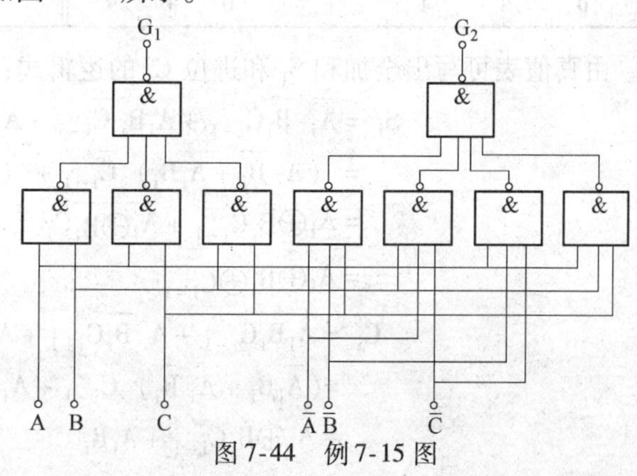

图 7-44　例 7-15 图

7.5.3 常用的组合电路

在实用的数字系统中，经常会大量应用一些具有特定功能的组合逻辑模块，如加法器、编码器、译码器、数据分配器、数据选择器等。这些功能模块被制成中规模集成电路，方便使用。本节介绍常用组合逻辑模块的工作原理和使用方法。

1. 加法器

（1）半加器

只求本位和没有相邻低位进位的加法称为半加（如个位加）。两个一位二进制数相加的真值表如表 7-14 所示。其中 A_i、B_i 分别表示被加数和加数，S'_i 表示半加和，C_i 表示进位。由真值表可写出半加和 S'_i 和进位 C_i 的逻辑表达式为

$$S'_i = \overline{A_i}B_i + A_i\overline{B_i} = A_i \oplus B_i$$

$$C_i = A_iB_i$$

图 7-45 是半加器的逻辑图及逻辑符号。

表 7-14 半加器真值表

A_i	B_i	S'_i	C_i
0	0	0	0
0	1	1	0
1	0	1	0
1	1	0	1

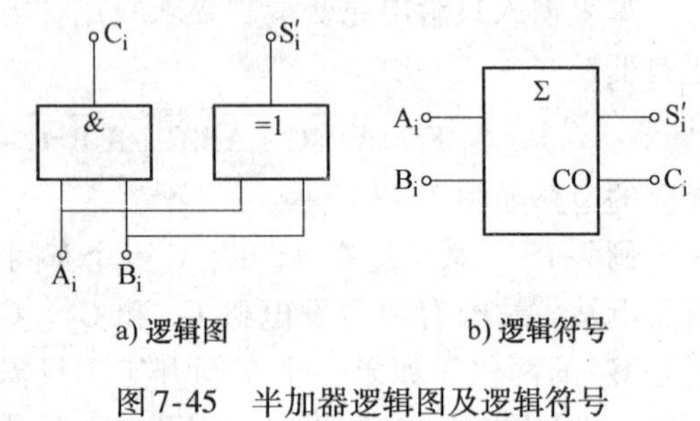

图 7-45 半加器逻辑图及逻辑符号

（2）全加器

所谓全加是指除本位外还有低位的进位参与相加的加法。因此，在设计全加器时，不仅要考虑本位的两个加数 A_i、B_i，还必须考虑来自相邻低位的进位 C_{i-1}。表 7-15 是全加器的真值表。

表 7-15 全加器真值表

A_i	B_i	C_{i-1}	S_i	C_i	A_i	B_i	C_{i-1}	S_i	C_i
0	0	0	0	0	1	0	0	1	0
0	0	1	1	0	1	0	1	0	1
0	1	0	1	0	1	1	0	0	1
0	1	1	0	1	1	1	1	1	1

由真值表可写出全加和 S_i 和进位 C_i 的逻辑式：

$$\begin{aligned} S_i &= \overline{A_i}\,\overline{B_i}C_{i-1} + \overline{A_i}B_i\overline{C_{i-1}} + A_i\overline{B_i}\,\overline{C_{i-1}} + A_iB_iC_{i-1} \\ &= (A_i\overline{B_i} + \overline{A_i}B_i)\overline{C_{i-1}} + (\overline{A_i}\,\overline{B_i} + A_iB_i)C_{i-1} \\ &= A_i \oplus B_i\overline{C_{i-1}} + \overline{A_i \oplus B_i}C_{i-1} \\ &= A_i \oplus B_i \oplus C_{i-1} \end{aligned}$$

$$\begin{aligned} C_i &= \overline{A_i}B_iC_{i-1} + A_i\overline{B_i}C_{i-1} + A_iB_i\overline{C_{i-1}} + A_iB_iC_{i-1} \\ &= (\overline{A_i}B_i + A_i\overline{B_i})C_{i-1} + A_iB_i(\overline{C_{i-1}} + C_{i-1}) \\ &= A_i \oplus B_iC_{i-1} + A_iB_i \end{aligned}$$

令 $$S'_i = A_i \oplus B_i$$

所以 $$S_i = S'_i\overline{C}_{i-1} + \overline{S'_i}C_{i-1} = S'_i \oplus C_{i-1}$$

$$C_i = S'_iC_{i-1} + A_iB_i$$

由此可得全加器的逻辑图和逻辑符号，如图7-46所示。

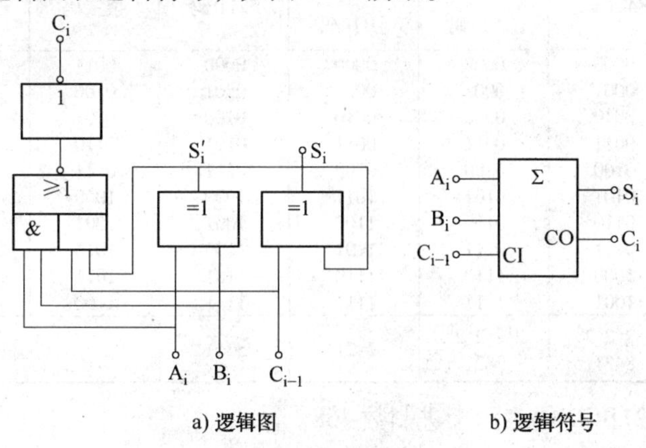

a) 逻辑图 b) 逻辑符号

图7-46 全加器

2. 编码器

（1）编码

不同的数码不仅可以表示数量的不同大小，而且还能用来表示不同的事物或一些文字符号信息，此时该数码称为代码。例如，在举行长跑比赛时，为便于识别运动员，给每个运动员编一个数码，显然，这些不同的数码，仅代表不同的运动员，而失去了数量大小的含义。

把若干个二进制数码0和1按一定规律编排在一起，组成不同的代码，并且赋予每组代码以特定的含义，叫做编码。为了便于记忆和查找，在编制代码时，要遵循一定的规则，这些规则称为码制。

1）二进制编码 用二进制代码表示有关对象（文字符号信息）的过程叫做二进制编码。在数字电路中大量使用的是二进制编码，因为二进制代码只有0、1两个数符，电路上实现起来最容易。1位二进制代码有0、1两种状态，可以表示两个不同的信息；两位二进制代码有00、01、10、11共4种组合，可以表示4个不同的信息。一般地说，n位二进制代码有2^n种组合，可以表示2^n个不同的信息。所以，对N个信息进行编码时，可用公式$2^n \geqslant N$来确定需要使用的二进制代码的位数n。

2）二-十进制编码 用二进制数的形式表示十进制数的编码称为十进制数的二进制编码，简称二-十进制编码，也称BCD码。

二-十进制编码是用4位二进制数表示1位十进制数符的编码方式。由于4位二进制数有16种（$2^4=16$）不同的组合，而十进制数的10个数符只需要其中的10种组合。根据代码排列的规律，共有$N = A_{16}^{10} = 16(16-1)(16-2)\cdots[16-(10-1)] \approx 2.9\times10^{10}$种方案可供选择。不同的选择方案就形成不同的BCD码。常用的BCD代码如表7-16所示。

二-十进制码种类繁多，大致可分为有权码和无权码两大类。表7-16中的前4种为有权码，即每位都对应着一个固定的位权值。如8421BCD码，自高位到低位，各位的位权值为$2^32^22^12^0$，即8421。如果将每个代码看作一个4位二进制数，那么这二进制数的值恰好对应着它所代表的十进制数的大小。因此这种代码命名为 8421BCD 码。这是一种最基本的 BCD 码，使用起来简便自然，应用较为广泛。

表 7-16　常用 BCD 码

编码种类 十进制数	8421 码	2421 （A）码	2421 （B）码	5211 码	余三码	格雷码	右移码
0	0000	0000	0000	0000	0011	0000	00000
1	0001	0001	0001	0001	0100	0001	10000
2	0010	0010	0010	0100	0101	0011	11000
3	0011	0011	0011	0101	0110	0010	11100
4	0100	0100	0100	0111	0111	0110	11110
5	0101	0101	1011	1000	1000	0111	11111
6	0110	0110	1100	1001	1001	0101	01111
7	0111	0111	1101	1100	1010	0100	00111
8	1000	1110	1110	1101	1011	1100	00011
9	1001	1111	1111	1111	1100	1101	00001
权	$2^3 2^2 2^1 2^0$ 8421	$2^1 2^2 2^1 2^0$ 2421	2421	5211	无权码（单步码）		

例 7-16　用 8421BCD 码表示十进制数 468。

解

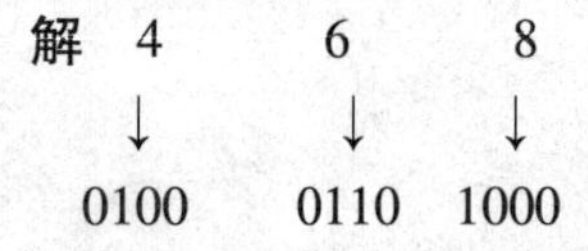

所以，$(468)_{10} = (010001101000)_{8421BCD}$

值得注意的是，每 4 位 BCD 码表示一位十进制数，因此，BCD 码前面的“0”不可以省略。

（2）编码器

用以完成编码的数字电路，称之为编码器。

1）二进制编码器　用 n 位二进制代码对 $N = 2^n$ 个一般信号进行编码的逻辑装置，叫做二进制编码器。图 7-47 所示是 3 位二进制编码器。分析编码器的逻辑功能，可以用组合电路的分析方法。即先根据逻辑图写出输出的逻辑表达式，再写出真值表，进而得出其逻辑功能。

根据图 7-47 可列出各输出的逻辑表达式：

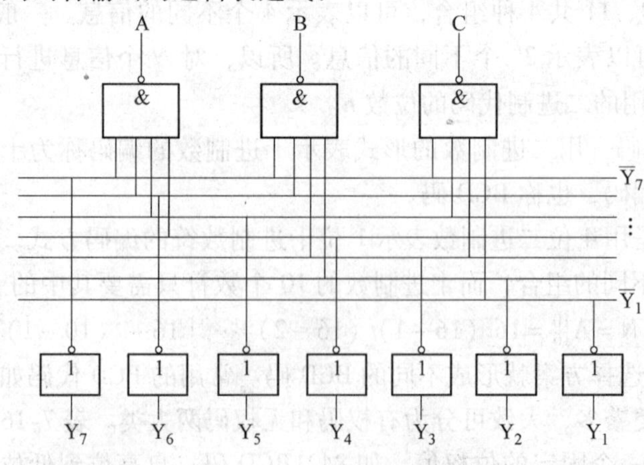

图 7-47　3 位二进制编码器

$$A = \overline{\overline{Y_4}\ \overline{Y_5}\ \overline{Y_6}\ \overline{Y_7}} = Y_4 + Y_5 + Y_6 + Y_7$$

$$B = \overline{\overline{Y_2}\ \overline{Y_3}\ \overline{Y_6}\ \overline{Y_7}} = Y_2 + Y_3 + Y_6 + Y_7$$

$$C = \overline{\overline{Y_1}\ \overline{Y_3}\ \overline{Y_5}\ \overline{Y_7}} = Y_1 + Y_3 + Y_5 + Y_7$$

编码器某一时刻只能对一个输入信号进行编码，即在输入端不允许两个或两个以上信号为1的情况。由此可写出如表7-17所示的真值表（也叫编码表）。

要设计一个二进制编码器，首先应分析设计要求，然后列出真值表（编码表），根据真值表写出简化的输出函数表达式，最后画出逻辑图。应该指出的是，二进制编码的方式不是唯一的，因此，实现二进制编码的电路也不是唯一的。

表7-17　3位二进制编码器的真值表

输入								输出		
Y_7	Y_6	Y_5	Y_4	Y_3	Y_2	Y_1	Y_0	A	B	C
0	0	0	0	0	0	0	1	0	0	0
0	0	0	0	0	0	1	0	0	0	1
0	0	0	0	0	1	0	0	0	1	0
0	0	0	0	1	0	0	0	0	1	1
0	0	0	1	0	0	0	0	1	0	0
0	0	1	0	0	0	0	0	1	0	1
0	1	0	0	0	0	0	0	1	1	0
1	0	0	0	0	0	0	0	1	1	1

2）键控8421BCD码编码器　因为计算机只能识别二进制代码，而人们习惯于十进制数，因此，在向计算机输入数据时，需要进行十进制数向二进制数的转换，键控8421BCD码编码器就可完成此任务。计算机的键盘输入逻辑电路就是根据这种编码原理构成的。

图7-48是由10个按键和门电路组成的8421码编码器。

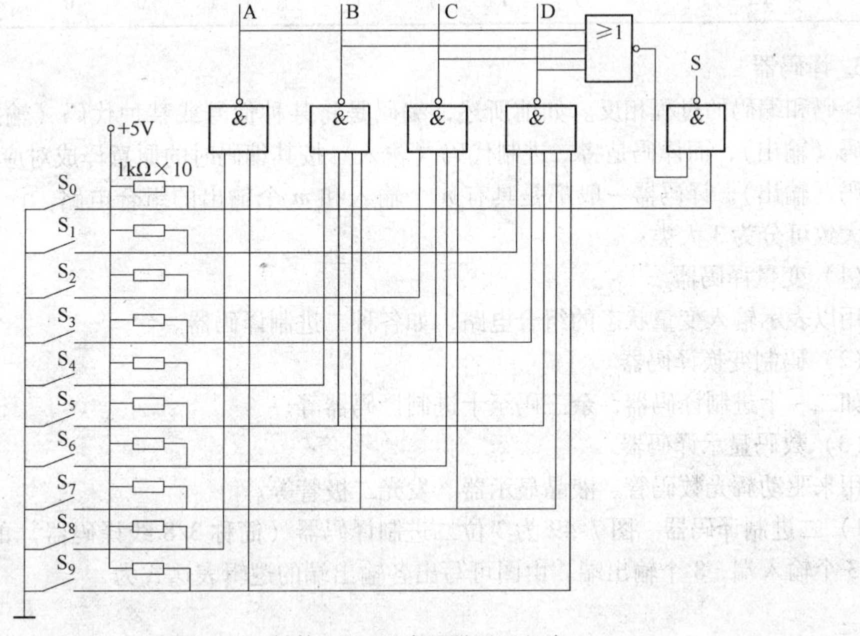

图7-48　键控8421码编码器原理电路

其中 $S_0 \sim S_9$ 代表 10 个按键，同时作为输入逻辑变量，ABCD 为代码输出（A 为最高位）。

当按下某一按键，如按下 S_3 时，则 $S_3=0$，其余均为 1，这时 ABCD = 0011。同理，当按下不同按键时，便得到相应的输出代码。由此可列出键控 8421 码编码器的真值表，见表 7-18。

由表 7-18 可见，不论是否按下 S_0 键，ABCD 都为 0000，为了区分 S_0 键是否被按下，设置了 S 输出端，称为控制使用标志。当按下 $S_0 \sim S_9$ 中任一键时，S 均为 1，不按键时，S 为 0。这样，可以利用控制使用标志 S 的高、低电平来判断 S_0 键是否被按下。

表 7-18　8421 码编码器真值表

输入										输出				
S_9	S_8	S_7	S_6	S_5	S_4	S_3	S_2	S_1	S_0	A	B	C	D	S
1	1	1	1	1	1	1	1	1	1	0	0	0	0	0
1	1	1	1	1	1	1	1	1	0	0	0	0	0	1
1	1	1	1	1	1	1	1	0	1	0	0	0	1	1
1	1	1	1	1	1	1	0	1	1	0	0	1	0	1
1	1	1	1	1	1	0	1	1	1	0	0	1	1	1
1	1	1	1	1	0	1	1	1	1	0	1	0	0	1
1	1	1	1	0	1	1	1	1	1	0	1	0	1	1
1	1	1	0	1	1	1	1	1	1	0	1	1	0	1
1	1	0	1	1	1	1	1	1	1	0	1	1	1	1
1	0	1	1	1	1	1	1	1	1	1	0	0	0	1
0	1	1	1	1	1	1	1	1	1	1	0	0	1	1

3. 译码器

译码和编码的过程相反。如前所述，编码是将某种信号或某种代码（输入）编成二进制代码（输出），而译码是将二进制代码（输入）按其编码时的原意译成对应的信号或另一种代码（输出）。译码器一般都是具有 n 个输入和 m 个输出的组合电路。译码器按用途不同，大致可分为 3 大类：

（1）变量译码器

用以表示输入变量状态的组合电路，如各种二进制译码器。

（2）码制变换译码器

如二 - 十进制译码器，余三码至十进制译码器等。

（3）数码显示译码器

用来驱动辉光数码管、液晶显示器、发光二极管等。

1）二进制译码器　图 7-49 为 3 位二进制译码器（简称 3/8 线译码器）的逻辑电路图。它有 3 个输入端，8 个输出端。由图可写出各输出端的逻辑表达式为

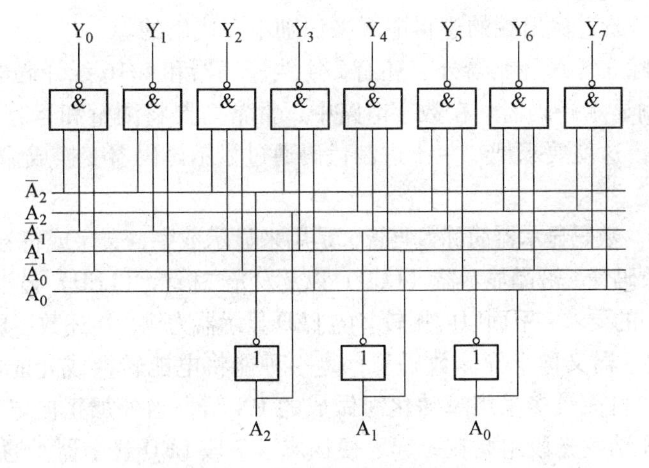

图 7-49　3/8 线译码器逻辑图

$$\left.\begin{aligned}
Y_0 &= \overline{\overline{A_2}\ \overline{A_1}\ \overline{A_0}} \\
Y_1 &= \overline{\overline{A_2}\ \overline{A_1} A_0} \\
Y_2 &= \overline{\overline{A_2} A_1\ \overline{A_0}} \\
Y_3 &= \overline{\overline{A_2} A_1 A_0} \\
Y_4 &= \overline{A_2\ \overline{A_1}\ \overline{A_0}} \\
Y_5 &= \overline{A_2\ \overline{A_1} A_0} \\
Y_6 &= \overline{A_2 A_1\ \overline{A_0}} \\
Y_7 &= \overline{A_2 A_1 A_0}
\end{aligned}\right\}$$

由逻辑表达式可列出真值表，见表 7-19。

表 7-19　3 位二进制译码器的真值表

输入			输出							
A_2	A_1	A_0	Y_0	Y_1	Y_2	Y_3	Y_4	Y_5	Y_6	Y_7
0	0	0	0	1	1	1	1	1	1	1
0	0	1	1	0	1	1	1	1	1	1
0	1	0	1	1	0	1	1	1	1	1
0	1	1	1	1	1	0	1	1	1	1
1	0	0	1	1	1	1	0	1	1	1
1	0	1	1	1	1	1	1	0	1	1
1	1	0	1	1	1	1	1	1	0	1
1	1	1	1	1	1	1	1	1	1	0

由真值表可见，对应输入的任一种组合，8 个输出端中只有一个为 0（有效电平），其余均为 1。例如，当 $A_2A_1A_0=011$ 时，只有 Y_3 为 0，其余均为 1。这种译码器也称为“8 中

取1”译码器。它是通过输出端的逻辑电平来识别不同代码的。

二进制译码器除3/8线译码器外，还有2/4线译码器和4/16线译码器等。

2）二－十进制显示译码器　在数字电路中，常常需要将测量和运算的结果直接用十进制的形式显示出来，这就要求把二－十进制代码通过显示译码器变换成输出信号再去驱动数码显示器。

3）数码显示器。数码显示器简称数码管，是用来显示数字、文字或符号的器件。常用的有辉光数码管、荧光数码管、液晶显示器（LCD）以及发光二极管（LED）显示器等。不同的显示器对译码器各有不同的要求。下面以应用较多的LED显示器为例，简述数字显示的原理。

半导体LED显示器又称半导体数码管，是一种能将电能转换成光能的发光器件。它的基本单元是PN结，目前较多采用磷砷化镓做成的PN结，当外加正向电压时，能发出清晰的光亮。将7个PN结发光段组装在一起，便构成了7段LED显示器。通过不同发光段的组合便可显示0～9共10个十进制数码。

LED显示器的结构及外引线排列如图7-50所示。其内部电路有共阴极和共阳极两种接法，如图7-51所示。图7-51a中的7个发光二极管阴极联在一起接地，阳极加高电平时发光；图7-51b中的7个发光二极管阳极联在一起接正电源，阴极加低电平时发光。

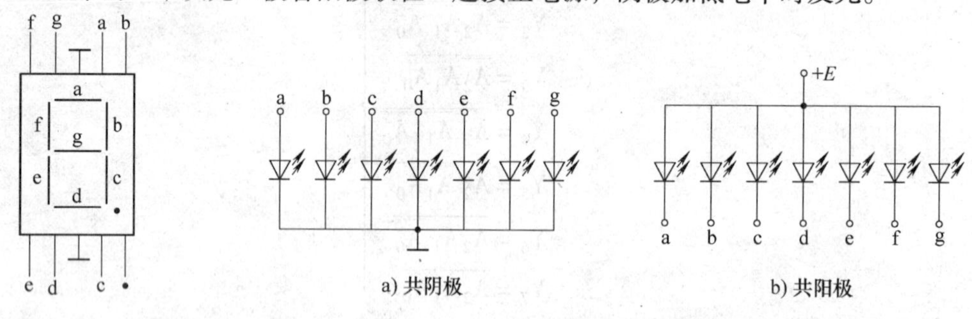

图7-50　LED显示器　　图7-51　LED显示器的两种接法

4）7段显示译码器。显示译码器有4个输入端，7个输出端，它将8421BCD码译成7个输出信号以驱动7段LED显示器。图7-52是显示译码器和LED显示器的连接示意图。图7-53给出了集成译码器CT74LS247的引脚功能。其中A_0、A_1、A_2、A_3是8421码的4个输入端，$\overline{a}$～$\overline{g}$是7个输出端（低电平有效），接LED显示器。此外，还有3个输入控制端，其功能如下：

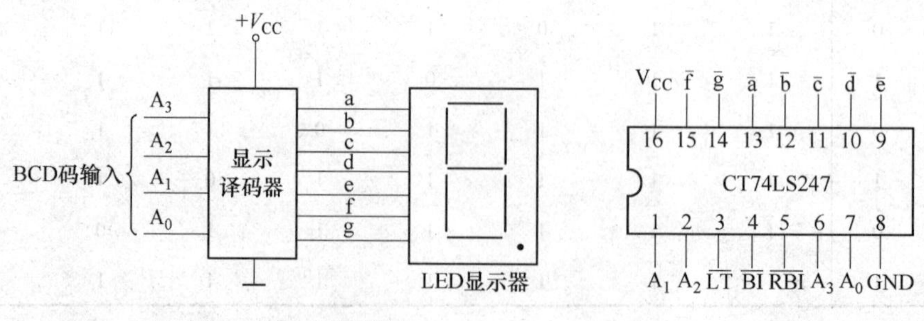

图7-52　7段显示译码器　　图7-53　CT74LS247引脚图

① 试灯输入端$\overline{LT}$　用来检验数码管的7段是否正常工作。当$\overline{BI}$=1，$\overline{LT}$=0时，无论

A_0、A_1、A_2、A_3 为何状态，输出 $\overline{a}\sim\overline{g}$ 均为0，数码管7段全亮，显示“8”字。

② 灭灯输入端$\overline{BI}$　当$\overline{BI}=0$时，无论其他输入信号为何状态，输出 $\overline{a}\sim\overline{g}$ 均为1，7段全灭，无显示。

③ 灭0输入端$\overline{RBI}$　当$\overline{LT}=1$，$\overline{BI}=1$，$\overline{RBI}=0$，只有当 $A_3A_2A_1A_0=0000$ 时，输出 $\overline{a}\sim\overline{g}$ 均为1，不显示“0”字；这时，如果 $\overline{RBI}=1$，则译码器正常输出，显示“0”。当 $A_3A_2A_1A_0$ 为其他组合时，不论$\overline{RBI}$为0或1，译码器均可正常输出。此输入控制信号常用来消除无效0。例如可消除000.001中的前两个0，显示出0.001。

上述3个输入控制信号均为低电平有效，在正常工作时均接高电平。表7-20为集成译码器CT74LS247的真值表。“×”表示既可取零也可取1。

表7-20　CT74LS247型7段译码器的真值表

功能和十进制数	输入							输出							显示
	$\overline{LT}$	$\overline{RBI}$	$\overline{BI}$	A_3	A_2	A_1	A_0	$\overline{a}$	$\overline{b}$	$\overline{c}$	$\overline{d}$	$\overline{e}$	$\overline{f}$	$\overline{g}$	
试灯	0	×	1	×	×	×	×	0	0	0	0	0	0	0	8
灭灯	×	×	0	×	×	×	×	1	1	1	1	1	1	1	全灭
灭0	1	0	1	0	0	0	0	1	1	1	1	1	1	1	灭0
0	1	1	1	0	0	0	0	0	0	0	0	0	0	1	0
1	1	×	1	0	0	0	1	1	0	0	1	1	1	1	1
2	1	×	1	0	0	1	0	0	0	1	0	0	1	0	2
3	1	×	1	0	0	1	1	0	0	0	0	1	1	0	3
4	1	×	1	0	1	0	0	1	0	0	1	1	0	0	4
5	1	×	1	0	1	0	1	0	1	0	0	1	0	0	5
6	1	×	1	0	1	1	0	0	1	0	0	0	0	0	6
7	1	×	1	0	1	1	1	0	0	0	1	1	1	1	7
8	1	×	1	1	0	0	0	0	0	0	0	0	0	0	8
9	1	×	1	1	0	0	1	0	0	0	0	1	0	0	9

[思考题]

1. 组合逻辑电路分析的任务是什么？简述其步骤。
2. 组合逻辑电路设计的任务是什么？简述其步骤。
3. 什么是半加运算？什么是全加运算？
4. 两个4位的二进制数相加，需要几个加法器来完成？画出该加法器的逻辑电路图。
5. 什么是编码？什么是译码？
6. 二进制译码（编码）和二–十进制译码（编码）有何不同？

习　题

7-1　对应图7-54所示的各种情况，分别画出F的波形。

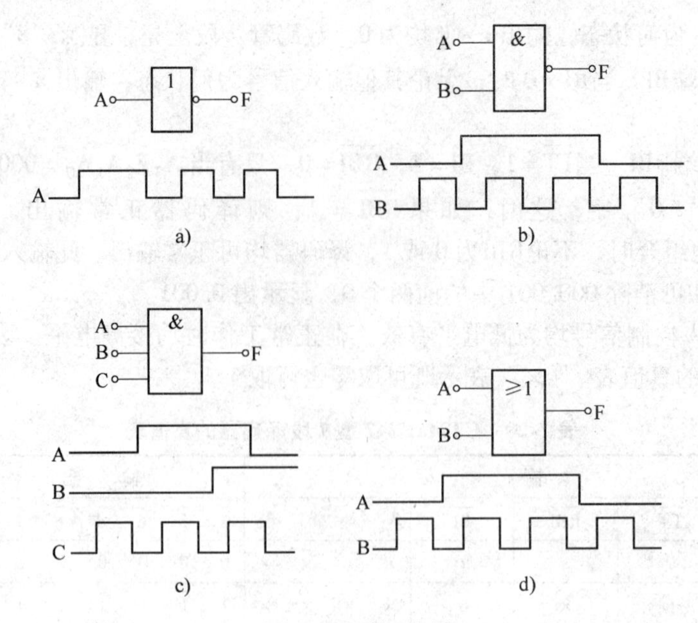

图 7-54　题 7-1 图

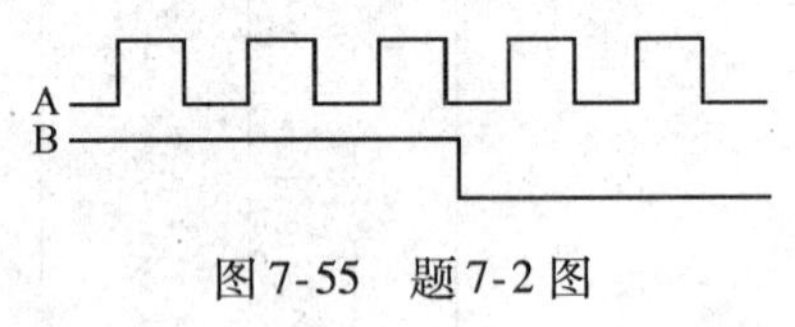

图 7-55　题 7-2 图

7-2　如果“与”门的两个输入端中，A 为信号输入端，B 为控制端。设 A 的信号波形如图 7-55 所示，当控制端 B = 1 和 B = 0 两种状态时，试画出输出波形。如果是“与非”门、“或”门、“或非”门则又如何？分别画出输出波形，最后总结上述 4 种门电路的控制作用。

7-3　对应图 7-56 所示的电路及输入信号波形，分别画出 F_1、F_2、F_3、F_4 的波形。

7-4　化简下列逻辑函数（方法不限）。

（1）$F = A\bar{B} + \bar{A}C + \bar{C}\bar{D} + D$

（2）$F = \bar{A}（C\bar{D} + \bar{C}D）+ B\bar{C}D + A\bar{C}D + \bar{A}C\bar{D}$

（3）$F = \overline{(\bar{A} + \bar{B})\ D} +（\bar{A}\bar{B} + BD）\bar{C} + \bar{A}\bar{C}BD + \bar{D}$

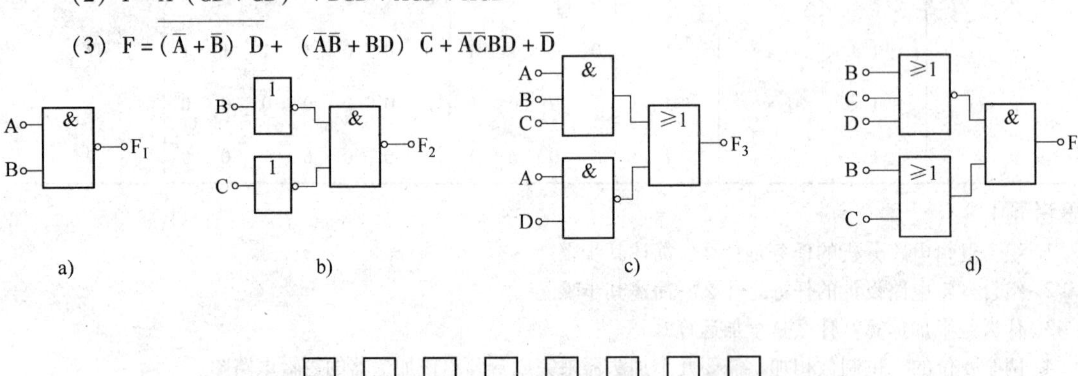

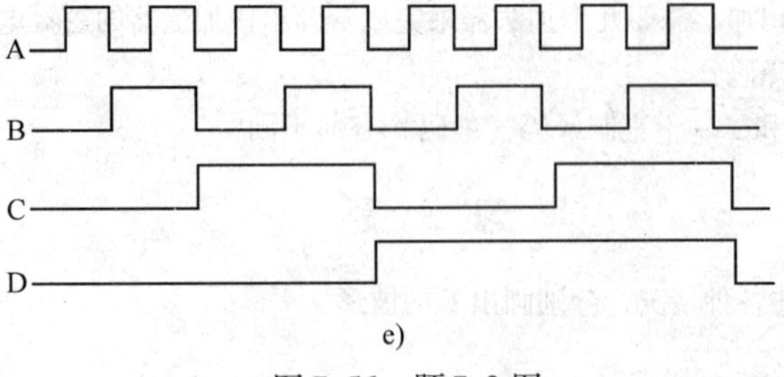

图 7-56　题 7-3 图

7-5　证明下列逻辑恒等式（方法不限）：

（1）$A\bar{B}+B+\bar{A}B=A+B$

（2）$(A+\bar{C})(B+D)(B+\bar{D})=AB+B\bar{C}$

（3）$\overline{(A+B+\bar{C})}\bar{C}D+(B+\bar{C})(A\bar{B}D+\bar{B}\ \bar{C})=1$

（4）$\bar{A}\bar{B}\bar{C}\bar{D}+\bar{A}B\bar{C}D+ABCD+A\bar{B}C\bar{D}=\overline{A\bar{C}+\bar{A}C+B\bar{D}+\bar{B}D}$

（5）$\bar{A}(C\oplus D)+B\bar{C}D+AC\bar{D}+A\bar{B}\bar{C}D=C\oplus D$

7-6　用卡诺图化简法将下列函数化为最简“与或”形式。

（1）$F=ABC+ABD+\bar{C}\bar{D}+A\bar{B}C+\bar{A}C\bar{D}+A\bar{C}D$

（2）$F=A\bar{B}+\bar{A}C+BC+\bar{C}D$

（3）$F=\bar{A}\bar{B}+B\bar{C}+\bar{A}+\bar{B}+ABC$

（4）$F=\bar{A}\bar{B}+AC+\bar{B}C$

（5）$F=A\bar{B}\bar{C}+\bar{A}\bar{B}+\bar{A}D+C+BD$

（6）$F(A,B,C)=\sum(0,1,2,5,6,7)$

（7）$F(A,B,C)=\sum(1,3,5,7)$

（8）$F(A,B,C,D)=\sum(0,1,2,5,8,9,10,12,14)$

7-7　写出图7-57所示电路的最简逻辑函数表达式。

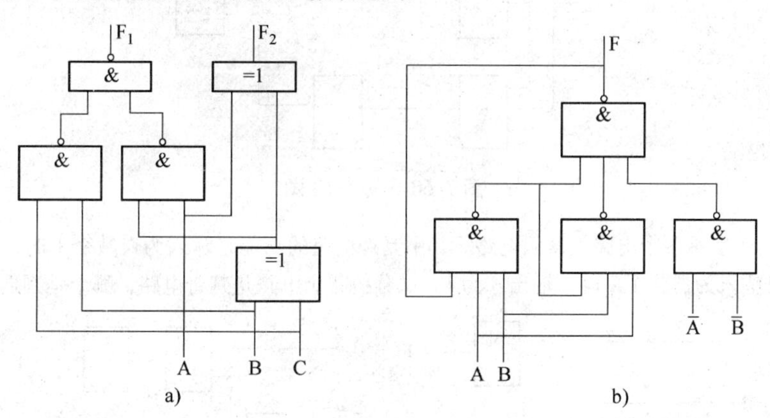

图7-57　题7-7图

7-8　写出图7-58所示各电路的最简“与-或”表达式，列出真值表并说明各电路的逻辑功能。

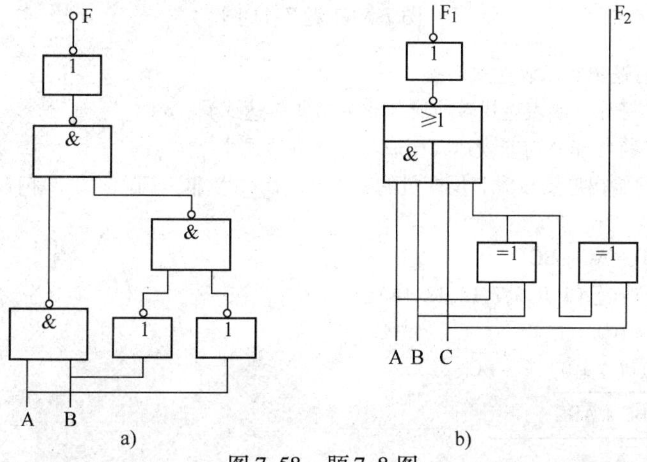

图7-58　题7-8图

7-9　试分析图 7-59 所示电路的逻辑功能。

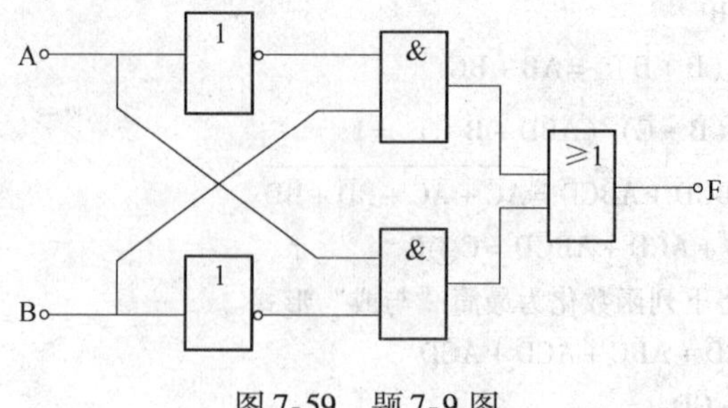

图 7-59　题 7-9 图

7-10　试分析图 7-60 所示电路的 F 的逻辑表达式，化简成最简与或式，列出真值表，分析其逻辑功能。

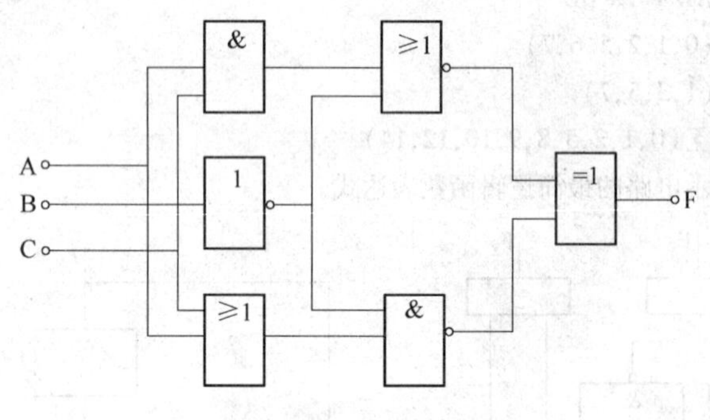

图 7-60　题 7-10 图

7-11　图 7-61 所示两个电路为奇偶电路。其中判奇电路的功能是输入为奇数个 1 时，输出才为 1；判偶电路的功能是输入为偶数个 1 时，输出才为 1。试分析哪个电路是判奇电路，哪个是判偶电路。

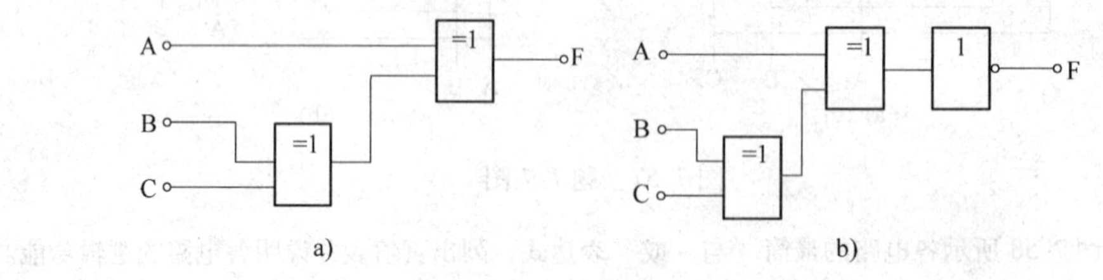

图 7-61　题 7-11 图

7-12　按要求进行逻辑状态表达式转换。

1）$F = AB + CD$（将与 - 或表达式转换成与非 - 与非表达式）

2）$F = \overline{\overline{AB} \cdot \overline{BC}}$（将与非 - 与非表达式变成与 - 或表达式 ）

7-13　在输入端只给出原变量没有反变量的条件下，用“与非”门和“非”门设计实现下列函数的组合电路。

（1）$F = A\bar{B} + A\bar{C}D + \bar{A}C + B\bar{C}$

（2）$F(A、B、C、D) = \sum(1,5,6,7,12,13,14)$

（3）$F = AB + BC + AC$

（4）$F = (\bar{A} + B)(A + \bar{B})C + \overline{BC}$

（5）$F = \overline{AB\bar{C} + A\bar{B}C + \bar{A}BC}$

（6）$F = A\overline{BC} + \overline{(\overline{A\bar{B}} + \bar{A}\bar{B}) + BC}$

7-14　有3台炼钢炉，它们的工作信号为A、B、C。必须有两台，也只允许有两台炉炼钢，且B与C不能同时炼钢，否则发出中断信号。试用“与非”门组成逻辑电路，反映上述要求。

7-15　某产品有A、B、C、D共4项指标。规定A是必须满足的要求，其他3项中只有满足任意两项要求，产品就算合格。试用“与非”门构成产品合格的逻辑电路。

7-16　用“与非”门分别设计如下逻辑电路：

(1) 3变量的多数表决电路（3个变量中有多数个1时，输出为1）。

(2) 3变量的判奇电路（3个变量中有奇数个1时，输出为1）。

(3) 4变量的判偶电路（4个变量中有偶数个1时，输出为1）。

7-17　某同学参加4门课程考试，规定如下：

(1) 课程A及格得1分，不及格得0分；

(2) 课程B及格得2分，不及格得0分；

(3) 课程C及格得4分，不及格得0分；

(4) 课程D及格得5分，不及格得0分。

若总得分大于8分（含8分），就可结业。试用“与非”门构成实现上述逻辑要求的电路。

7-18　图7-62是一密码锁控制电路。开锁条件是：拨对密码；钥匙插入锁眼将开关S闭合。当两个条件同时满足时，开锁信号为1，将锁打开；否则报警信号为1，接通警铃。试分析密码ABCD是多少？

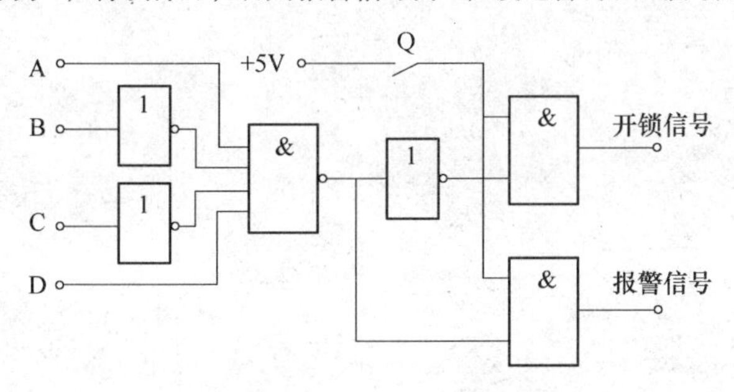

图7-62　题7-18图

7-19　设计一个监视交通信号灯工作状态的逻辑电路。每一组信号灯由红、黄、绿三盏灯组成。正常工作情况下，任何时刻必有一盏灯点亮，而且只允许有一盏灯点亮。而当出现其他五种点亮状态时，电路发生故障，这时要求发出故障信号，以提醒维护人员前去维修。试设计满足上述逻辑功能的电路。

7-20　两地控制一灯电路。图7-63所示为开关A、B在两地控制一个照明灯的电路。当Y=1时，灯亮；反之，灯灭，试写出Y的逻辑表达式，分析电路的工作原理。

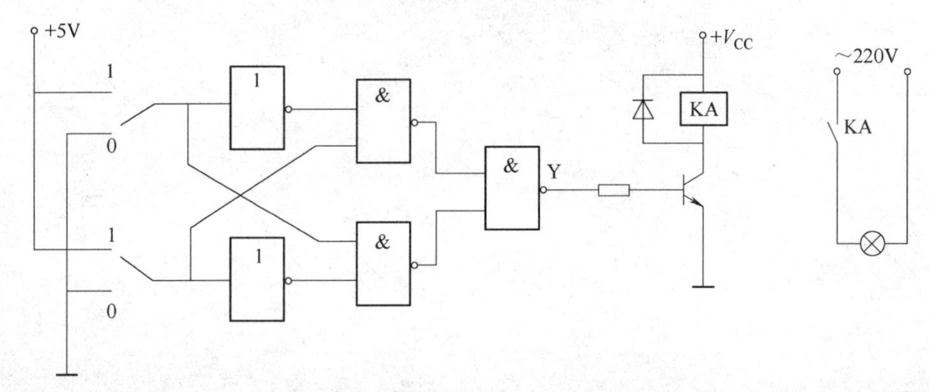

图7-63　题7-20图

7-21　旅客列车有动车、特快和普快三种，在同一时间，只允许有一列客车从车站发出，即只能给出一种开车信号，上述三种客车的优先级别是动车最高，其次是特快、普快，试画出实现上述逻辑要求的电路。

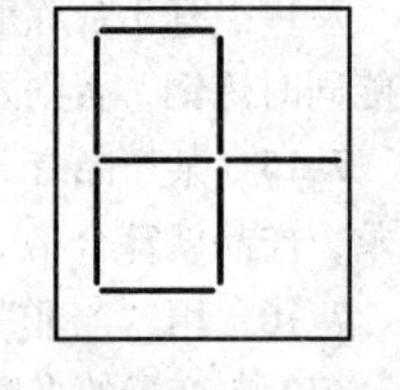

图 7-64　题 7-23 图

7-22　试设计一个能将十进制数编为余 3 代码的编码器。

7-23　设计一个 8 段译码器，其功能是将 8421BCD 码译成 8 段输出信号，供如图7-64所示 8 段数码管作译码。

1）写出该译码器的各段逻辑表达式；

2）画出用“与非”门实现的逻辑电路。

7-24　设计一个半减器和全减器。

第8章　触发器和时序逻辑电路

本章提要：在数字系统中，常常需要存储各种数字信息，而触发器是具有记忆功能、能存储数字信息的最常用的一种基本单元电路。其特点是：电路在某一时刻的输出状态，不仅取决于当时输入信号的状态，而且与电路的原始状态有关。当输入信号消失后，输入信号对电路的影响将以新的输出状态保持在输出端。时序逻辑电路是由触发器和相应逻辑门组成的具有复杂逻辑功能的逻辑电路。本章主要讨论以下几个问题：

1）RS、JK、D、T、T′等双稳态触发器的逻辑功能及各种逻辑功能触发器的相互转换。

2）寄存器、计数器等时序逻辑电路的工作原理。

3）555时基电路的组成、工作原理及应用。

其中重点讨论各种触发器的逻辑功能及其应用。

8.1　RS触发器

8.1.1　基本RS触发器

基本RS触发器可以由两个TTL“与非”门G_1、G_2交叉耦合构成，如图8-1a所示。图8-1b为其逻辑符号。

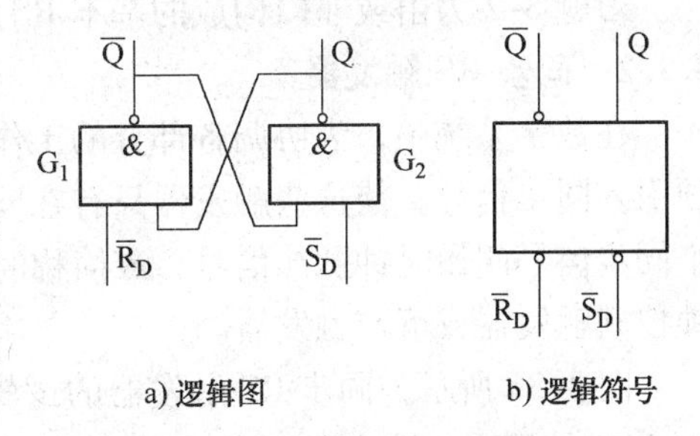

a) 逻辑图　　b) 逻辑符号

$\overline{R}_D$	$\overline{S}_D$	Q
1	0	1
0	1	0
1	1	不变
0	0	禁止

c) 真值表

图8-1　基本RS触发器

图中Q和$\overline{Q}$是触发器的输出端，它们的逻辑状态，在正常情况下总是相反的。在实际应用中，将Q端的状态作为触发器的输出状态。$\overline{R}_D$、$\overline{S}_D$为触发器的输入端，其中$\overline{R}_D$称为直接置0端或复位端，$\overline{S}_D$称为直接置1端或置位端。由于这种基本RS触发器是采用低电平（或负脉冲）触发而引出Q端状态的翻转，所以在R_D和S_D上加一个非号或者在图形符号中用“○”符号表示，$\overline{Q}$端的“○”符号则表示$\overline{Q}$与Q状态相反。

由图8-1a可写出基本RS触发器的输出与输入的逻辑关系式（称为状态方程）

$$\left.\begin{aligned} Q &= \overline{\overline{S}_D \overline{Q}} \\ \overline{Q} &= \overline{\overline{R}_D Q} \end{aligned}\right\} \tag{8-1}$$

下面按输入的不同组合，分析基本RS触发器的逻辑功能。

(1) $\overline{R}_D=1$、$\overline{S}_D=0$　若触发器原状态为0，由式（8-1）可得$Q=1$、$\overline{Q}=0$；若触发器原状态为1，由式（8-1）同样可得$Q=1$、$\overline{Q}=0$。即不论触发器原状态如何，只要$\overline{R}_D=1$、$\overline{S}_D=0$，触发器将置成1态。且在$\overline{S}_D=0$信号变为1后，由于有$\overline{Q}$端的低电平接回到G_2的另

一个输入端，因而触发器的 1 状态也可以保持。

（2）$\overline{R}_D=0$、$\overline{S}_D=1$　用同样分析可得知，无论触发器原状态是什么，新状态总为：$Q=0$、$\overline{Q}=1$，即触发器被置成 0 态。

（3）$\overline{R}_D=\overline{S}_D=1$　按类似分析可知，触发器将保持原状态不变。

（4）$\overline{R}_D=\overline{S}_D=0$　两个“与非”门的输出端 Q 和 $\overline{Q}$ 全为 1，这破坏了触发器的逻辑关系，在两个输入信号同时消失后，由于“与非”门延迟时间不可能完全相等，故不能确定触发器处于何种状态。因此这种情况是不允许出现的。

综上所述，基本 RS 触发器的输出与输入的逻辑关系可列成真值表，如图 8-1c 所示。

为了更形象地反映基本 RS 触发器的逻辑功能，通常还用图 8-2 所示的波形图来描述。

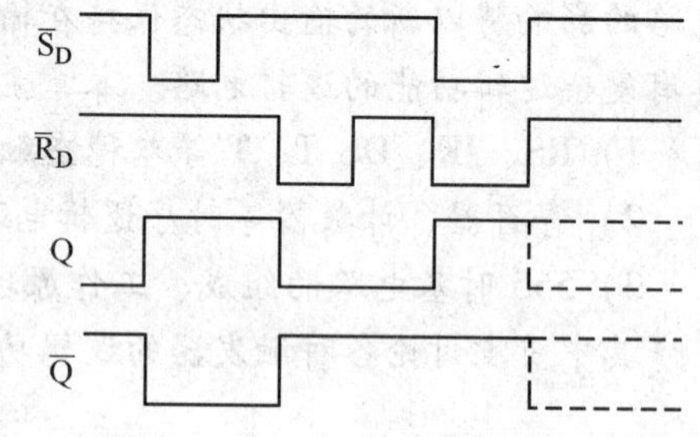

图 8-2　基本 RS 触发器波形图

在图 8-1a 的基本 RS 触发器电路中，由于 $\overline{R}_D$ 和 $\overline{S}_D$ 的输入信号直接作用于 G_1、G_2 门上，所以输入信号在全部作用时间（即 $\overline{R}_D$ 或 $\overline{S}_D$ 为低电平的持续时间）内，都能直接改变输出端 Q 和 $\overline{Q}$ 的状态，故又将基本 RS 触发器称作直接置位、复位触发器。若将触发器的两个输入端同时置高电平 1，则触发器的输出将稳定于某一个状态（1 态或者 0 态），这就是触发器的记忆和存储信息的功能。

习题 8-2 为由或非门构成的基本 RS 触发器，读者可自行分析其逻辑功能。

8.1.2　同步 RS 触发器

在数字系统中，为协调各部分的工作，常常要求某些触发器于同一时刻动作。为此，必须引入同步信号，使这些触发器只有在同步信号到达时，才按输入信号改变状态。通常将这个同步信号叫做时钟脉冲信号，或简称时钟信号，用 CP 表示。受时钟控制的触发器称为时钟控制触发器或可控触发器。

图 8-3a 所示为同步 RS 触发器的逻辑图，它由 G_1、G_2 组成的基本 RS 触发器和由 G_3、G_4 组成的导引电路串联而成。图 8-3b 是同步 RS 触发器的逻辑符号。

图中 R 端称为置 0 输入端，S 端称为置 1 输入端，CP 端为时钟脉冲输入端，通过导引电路实现时钟脉冲对触发器工作的协调控制。$\overline{R}_D$ 和 $\overline{S}_D$ 是直接复位和直接置位端，它不受时钟脉冲控制，只要 $\overline{R}_D$、$\overline{S}_D$ 端分别施加负脉冲（或置低电平），就可以将该触发器直接置 0 或置 1。一般在工作之初，预先使触发器置于某一给定状态，工作过程中将 $\overline{R}_D$、$\overline{S}_D$ 端接至高电平或悬空（TTL 电路）。

时钟脉冲到来之前，即 $CP=0$ 时，不论 R、S 端的电平如何变化，G_3、G_4 门的输出均为 1，触发器保持原状态不变。只有当时钟脉冲到来后 $CP=1$ 时，触发器才按 S、R 端的输入状态来决定其输出状态，这种触发方式可称为电平触发。时钟脉冲过去后，输出状态不变。

当 $CP=1$ 时按输入端的不同组合，分析同步 RS 触发器的逻辑功能。

（1）$S=1$、$R=0$，则 G_4 门输出将变为 0，向 G_2 门发一个置 1 负脉冲，触发器的输出端 Q 将处于 1 态。

（2）$S=0$、$R=1$，则 G_3 门输出将变为 0，向 G_1 门发一个置 0 负脉冲，触发器的输出端

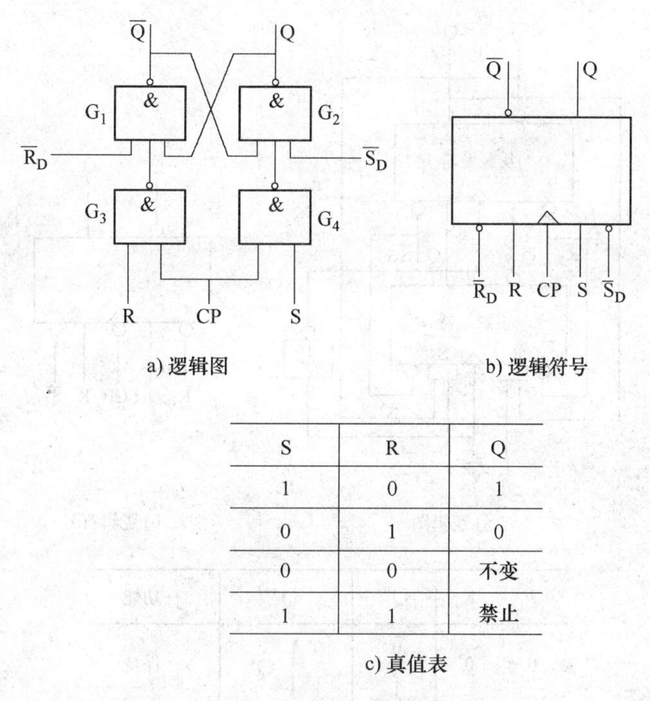

a) 逻辑图　　b) 逻辑符号

S	R	Q
1	0	1
0	1	0
0	0	不变
1	1	禁止

c) 真值表

图 8-3　同步 RS 触发器

Q 将处于 0 态。

（3）$S=R=0$，则 G_3、G_4门输出均为 1，触发器将保持原状态。

（4）$S=R=1$，则 G_3、G_4门输出均为 0，使 G_1、G_2门输出均为 1，这违背了 Q 和 $\overline{Q}$ 状态应该相反的逻辑要求。当时钟脉冲过去或 S、R 端同时变为 0 后，G_1门和 G_2门的输出状态是不确定的。因此，这种不正常情况应禁止出现。

因为在 $CP=1$ 的全部时间里 S 和 R 信号都能通过门 G_3和 G_4加到基本 RS 触发器部分上，所以在 $CP=1$ 的全部时间里 S 和 R 的变化都将引起触发器状态的相应改变。这就是同步 RS 触发器电平触发的动作特点。

[思考题]

1. 为什么说门电路没有记忆功能，而触发器有记忆功能？
2. 基本 RS 触发器在置 1 或置 0 脉冲消失后，为什么触发器的状态保持不变？
3. 同步 RS 触发器有什么缺点？
4. 为什么基本 RS 触发器和同步 RS 触发器都有一种禁止出现的输入状态？

8.2 JK 触发器

JK 触发器的结构有多种，国内生产的主要是主从型 JK 触发器，如图 8-4a 所示，图 8-4b 为其逻辑符号。图中的主触发器和从触发器都是同步 RS 触发器，通过一个“非”门将两个触发器联系起来，使得两个触发器得到相反的时钟信号。时钟脉冲先使主触发器翻转，而后使从触发器翻转，因此称其为主从型触发器。

当时钟脉冲到来后，即 $CP=1$ 时，“非”门的输出为 0，故从触发器的状态不变。主触发器则根据其原状态以及 J、K 输入端的状态翻转为新状态或保持不变（在图中 $S=J\overline{Q}$，

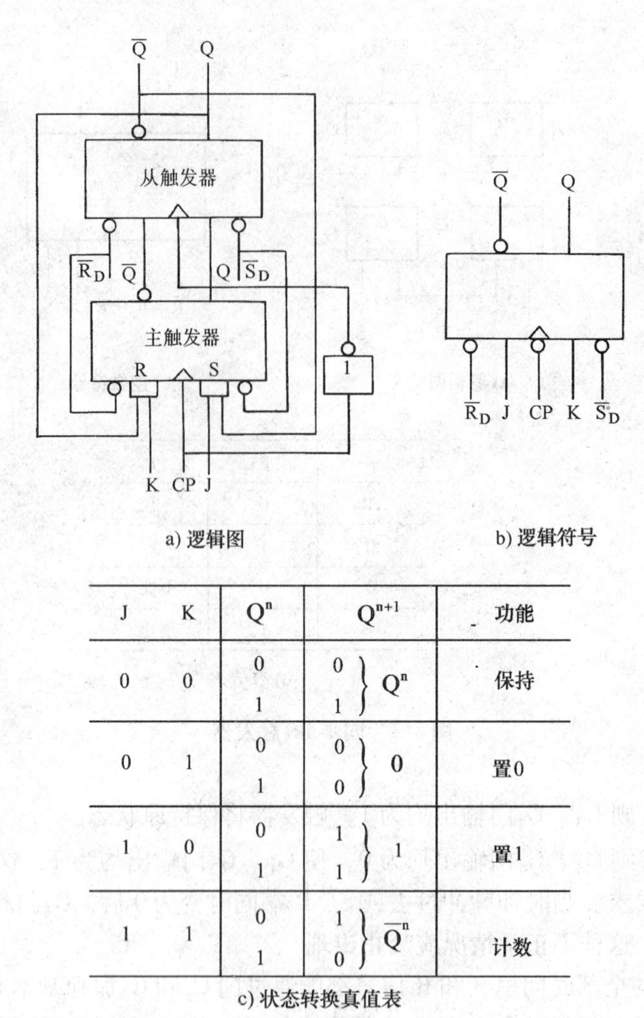

a) 逻辑图

b) 逻辑符号

J	K	Q^n	Q^{n+1}	功能
0	0	0 1	0 1 } Q^n	保持
0	1	0 1	0 0 } 0	置0
1	0	0 1	1 1 } 1	置1
1	1	0 1	1 0 } $\overline{Q}^n$	计数

c) 状态转换真值表

图 8-4　主从型 JK 触发器

R = KQ)。当 CP 从 1 下跳变为 0 时，主触发器的状态不变。这时“非”门的输出为 1，主触发器的信号送到从触发器，使两者状态一致。例如主触发器为 1 态，当“非”门的输出上跳变为 1 时，由于从触发器的 S = 1 和 R = 0，故使它也处于 1 态。

可见，在时钟脉冲的下降沿到来时，从触发器的状态跟随着主触发器的状态翻转。这种触发器在 CP = 1 期间，如果 J、K 端的状态发生变化，只有主触发器的状态跟着变化，从触发器的状态不变。这就产生了信号的丢失或误翻转，称为“一次翻转”。因此在使用时，应严格控制 CP 脉冲的宽度，在 CP = 1 期间，J、K 端的信号不能变化，并要求 J、K 端的信号一定要先于 CP 脉冲（下降沿）的到来。

下面分 4 种情况来分析主从型 JK 触发器的逻辑功能。

（1）J = 1，K = 1　设时钟脉冲来到之前，即 CP = 0 时，触发器的初始状态为 0 态，这时主触发器的 $S = J\overline{Q} = 1$，R = KQ = 0，当时钟脉冲来到后，即 CP = 1 时，主触发器翻转为 1 态。当 CP 从 1 下跳为 0 时，由于这时从触发器的 S = 1，R = 0，它也随着翻转为 1 态。如果初始状态为 1 态，这时主触发器的 S = 0，R = 1，当 CP = 1 时，它翻转为 0 态；在 CP 下跳为 0 时，从触发器也翻转为 0 态。

可见 JK 触发器在 $J=K=1$ 的情况下，每来一个时钟脉冲，就使它翻转一次，即 $Q^{n+1}=\overline{Q^n}$（Q^{n+1}表示新状态，Q^n 表示原状态）。这表明，在 $J=K=1$ 时，触发器具有计数功能，成为 T′触发器。

（2）$J=0$，$K=0$　设触发器的初始状态为 0 态。当 $CP=1$ 时，由于主触发器的 $S=0$，$R=0$，它保持原态不变。在 CP 下跳为 0 时，由于从触发器的 $S=0$，$R=1$，则它被置 0，即保持原态不变。如果初始状态为 1 态，通过同样的分析可知，触发器仍保持原态不变。

可见在 $J=K=0$ 的情况下，触发器将保持原状态不变，即 $Q^{n+1}=Q^n$。

（3）$J=1$，$K=0$　设触发器的初始状态为 0 态。当 $CP=1$ 时，由于主触发器的 $S=1$ 和 $R=0$，故翻转为 1 态。当 CP 下跳为 0 时，由于从触发器的 $S=1$ 和 $R=0$，故也翻转为 1 态。如果初始状态为 1 态，主触发器由于 $S=0$ 和 $R=0$，当 $CP=1$ 时保持原态不变；从触发器由于 $S=1$ 和 $R=0$，当 CP 下跳时也保持 1 态不变。

（4）$J=0$，$K=1$　不论触发器原状态是什么，通过类似的分析可知，触发器的下一个状态一定是 0 态。

可见，在 J、K 状态不相同时，触发器的新状态总是与 J 端的状态相同。JK 触发器的状态转换真值表如图 8-4c 所示。根据真值表和上述分析，可得出 JK 触发器的状态方程

$$Q^{n+1}=J\overline{Q^n}+\overline{K}Q^n \tag{8-2}$$

图 8-5 是 JK 触发器的工作波形。

由上述可知，主从型触发器在 $CP=1$ 时，把输入信号暂时存储在主触发器中，为从触发器翻转或保持原态做好准备，到 CP 下跳为 0 时，存储的信号起作用，使从触发器翻转，或保持原态不变。在图形符号中，CP 输入端靠近方框处用一小圆圈表示（见图 8-4b）下降沿触发。

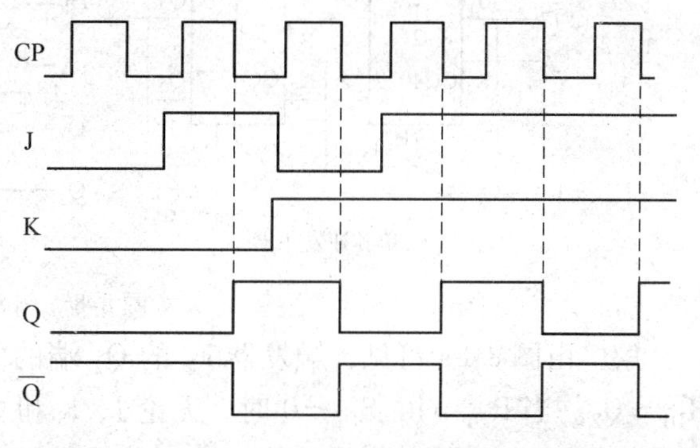

图 8-5　JK 触发器的工作波形

前面所介绍主从 JK 触发器存在“一次翻转”问题。而边沿型 JK 触发器很好地解决了这个问题，是性能优良的触发器。边沿触发器的持点是：只有当 CP 处于某个边沿（下降沿或上升沿）的瞬间，触发器才采样输入信号，并且同时进行状态转换。触发器的状态仅仅取决于此时刻输入信号的状态，而其他时刻输入信号的状态对触发器的状态没有影响，这就避免了其他时间干扰信号对触发器的影响，因此触发器的抗干扰能力较强。目前集成 JK 触发器大多采用边沿触发型。

主从型和边沿触发型 JK 触发器的逻辑符号相同（使用说明书上注明类型），常用的 JK 触发器例如 T078 是 TTL 型集成边沿触发器，如图 8-6 所示。其中图 8-6a 是 T078 的逻辑符号，CP 输入端的小圆圈表示触发器改变状态的时间是在 CP 的下降沿（负跳变）；多输入端 J_1、J_2、J_3 之间和 K_1、K_2、K_3 之间分别为“与”关系，即 $J=J_1J_2J_3$，$K=K_1K_2K_3$；异步输入端 $\overline{S}_D$、$\overline{R}_D$（亦称直接置位、复位端），为低电平有效，即不用时悬空或接电源，使用时接低电平或接地。

CC4027 是国产 CMOS 型集成边沿双 JK 触发器，如图 8-7 所示。图 8-7a 中 CP 输入端没有小圆圈表示触发器改变状态的时刻是在 CP 的上升沿（正跳变）；异步输入端 S_D、R_D 为

高电平有效。而 CMOS 触发器的输入端不能悬空，必须通过电阻接电源置为 1。

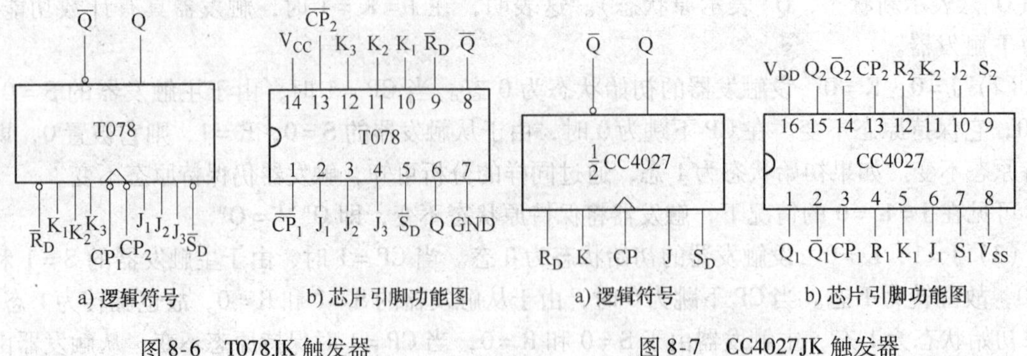

a) 逻辑符号　　b) 芯片引脚功能图　　　　a) 逻辑符号　　b) 芯片引脚功能图

图 8-6　T078JK 触发器　　　　　　图 8-7　CC4027JK 触发器

CC4027 芯片内包含两个相同的 JK 触发器，可单独使用，其供电电源具有较宽的取值范围（3 ~ 18V）。在数字系统中，考虑到与 TTL 集成芯片的兼容，一般可选 $V_{DD}=5V$，$V_{SS}=0$。

例 8-1　图8-8a 是由一片 CC4027 构成的单脉冲发生器。已知控制信号 A 和时钟脉冲的波形如图 8-8b 所示，设各触发器的初态为 $Q_1=Q_2=0$。试画出 Q_1 和 Q_2 端的波形。

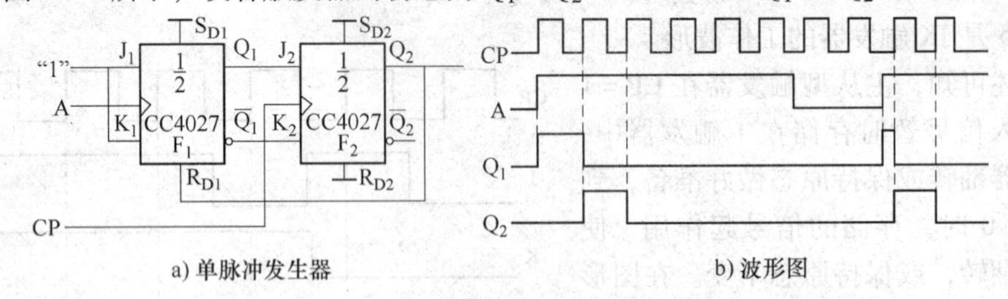

a) 单脉冲发生器　　　　　　b) 波形图

图 8-8　例 8-1 图

解　由图 8-8a 可见，触发器 F_2 的 Q_2 端的信号，反馈到触发器 F_1 的直接置 0 端，即 $R_{D1}=Q_2$。当 $R_{D1}=1$，$S_{D1}=0$ 时，无论 J、K 和 CP 的状态如何，触发器 F_1 将被置 0。

根据 JK 触发器的逻辑功能，当 A 的上升沿到来时，Q_1 由 0 翻转为 1，使 $J_2=1$，$K_2=0$，当 CP 脉冲的上升沿到来时，Q_2 由 0 翻转为 1，同时 $R_{D1}=Q_2=1$，使 Q_1 翻转为 0，而此时 $J_2=0$，$K_2=1$，下一个 CP 脉冲到来时，Q_2 也翻转为 0。当下一个 A 的上升沿到来时，分析过程相同，Q_1、Q_2 的波形如图 8-8b 所示。该电路的功能为：每当控制信号 A 的上升沿到来时，Q_2 端就输出一个持续时间等于 CP 周期的单个脉冲。

[思考题]

1. 比较电平触发、主从触发和边沿触发的特点。
2. 试由 JK 触发器的真值表推导出其状态方程。

8.3　D 触发器

D 触发器的逻辑符号如图 8-9a 所示。它有一个信号输入端 D 和一个时钟脉冲输入端 CP，上升沿触发，$\overline{R}_D$、$\overline{S}_D$ 为直接置 0、置 1 端，负脉冲有效（CMOS 型 D 触发器为正脉冲有效）。

D 触发器的状态方程为

$$Q^{n+1}=D \tag{8-3}$$

即在 CP 脉冲的作用下，D 触发器的新状态，总是与 D 端的状态相同。其真值表和波形图示于图 8-9b、c 中。

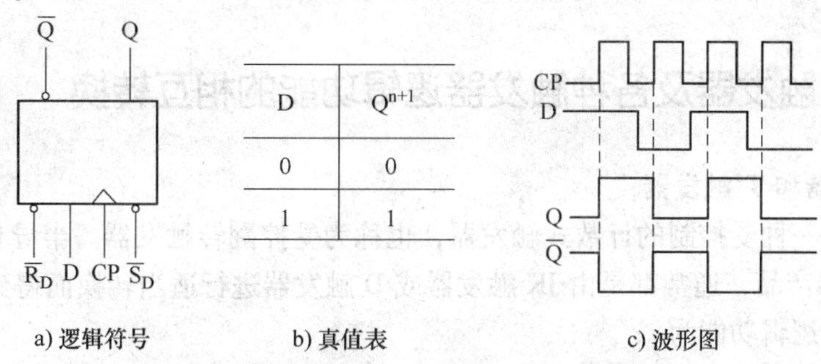

D	Q^{n+1}
0	0
1	1

a) 逻辑符号　　b) 真值表　　c) 波形图

图 8-9　D 触发器

图 8-10 为国产 TTL 型双 D 触发器 T4074 和 CMOS 型 CC4013 的芯片引脚功能图。每片含两个相同的 D 触发器，可以单独使用。它们都是 CP 脉冲的上升沿触发，所不同的是 CMOS 芯片的直接置位、复位端信号为正脉冲有效。

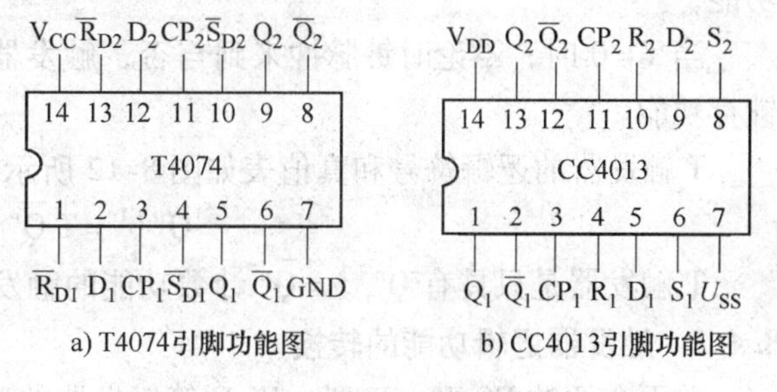

a) T4074引脚功能图　　b) CC4013引脚功能图

图 8-10　国产 D 触发器管脚功能图

例 8-2　图8-11a 所示为由一片双 D 触发器 CC4013 组成的移相电路，可输出两个频率相同，相位差 90°的脉冲信号，已知 CP 波形，试画出 Q_1 和 Q_2 端的波形，设 F_1 和 F_2 的初态为 0。

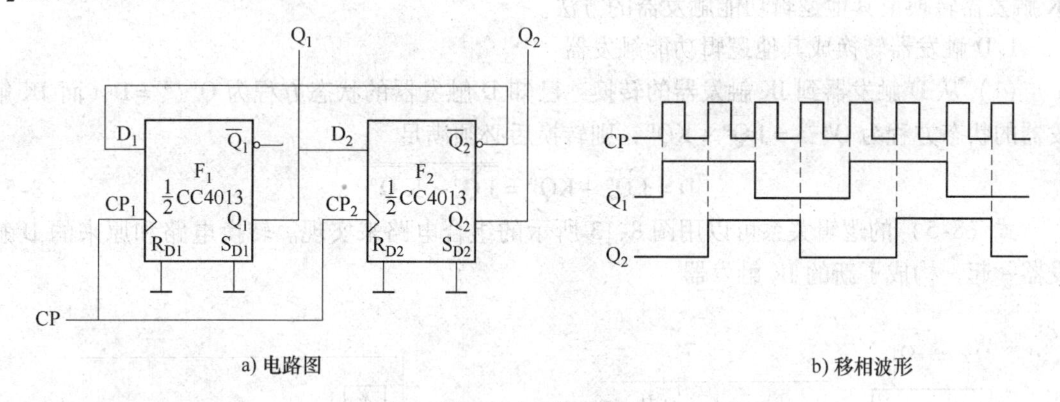

a) 电路图　　b) 移相波形

图 8-11　例 8-2 图

解　电路中，两个 D 触发器共用一个 CP 脉冲，F_1 的 Q_1 接 F_2 的 D_2，F_2 的 $\overline{Q}_2$ 接 F_1 的 D_1。可写出两个触发器的状态方程为

$$Q_1^{n+1}=D_1=\overline{Q}_2^n$$

$$Q_2^{n+1}=D_2=Q_1^n$$

在 CP 脉冲的作用下，可得图 8-11b 所示的 Q_1、Q_2 端的波形。可见 Q_1 超前 Q_2 90°。

[思考题]

1. 钟控触发器的电路结构形式、逻辑功能和触发方式三者之间有什么关系？逻辑功能相同的触发器，触发方式是否都相同？

2. 触发器的 $\overline{S}_D$、$\overline{R}_D$ 端有什么作用？使用时如何处理？

8.4 T、T′触发器及各种触发器逻辑功能的相互转换

8.4.1 T 触发器和 T′触发器

T 触发器是一种受控制的计数式触发器，也称为受控翻转触发器。半导体器件厂不单独生产这种触发器产品，通常都是由 JK 触发器或 D 触发器进行适当转换而得到。

T 触发器的逻辑功能为

当 T = 1 时，每来一个时钟脉冲，触发器就翻转一次，即具有 $Q^{n+1}=\overline{Q}^n$ 的计数逻辑功能；

当 T = 0 时，不论时钟脉冲来到与否，触发器均保持原状态不变，即具有 $Q^{n+1}=Q^n$ 的锁存功能。

T 触发器的逻辑符号和真值表如图 8-12 所示。由真值表可写出 T 触发器的状态方程为

$$Q^{n+1}=T\overline{Q}^n+\overline{T}Q^n \tag{8-4}$$

T′触发器是只具有 $Q^{n+1}=\overline{Q}^n$ 计数功能的触发器。

8.4.2 触发器逻辑功能的转换

前面介绍的 RS 型、D 型、JK 型等触发器的逻辑功能，在满足一定条件时，它们之间可以互换。所谓触发器逻辑功能的转换，是用一个已知的触发器经改造实现另一类触发器的功能。这对于从实际出发合理利用触发器的逻辑功能是十分必要的。这里介绍用 D 触发器和 JK 触发器转换成其他逻辑功能触发器的方法。

1. D 触发器转换成其他逻辑功能触发器

(1) 从 D 触发器到 JK 触发器的转换　已知 D 触发器的状态方程为 $Q^{n+1}=D$，而 JK 触发器的状态方程为 $Q^{n+1}=J\overline{Q}^n+\overline{K}Q^n$，则转换后必须满足

$$D=J\overline{Q}^n+\overline{K}Q^n=\overline{\overline{J\overline{Q}^n}\cdot\overline{\overline{K}Q^n}} \tag{8-5}$$

式 (8-5) 的逻辑关系可以用图 8-13 所示的组合电路来实现。转换电路和原来的 D 触发器一起，构成了新的 JK 触发器。

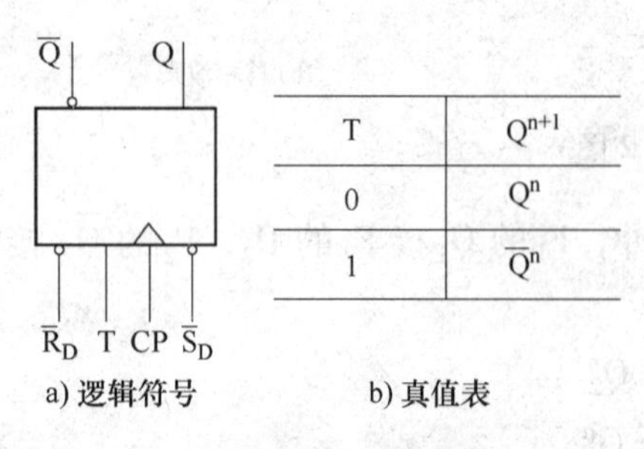

T	Q^{n+1}
0	Q^n
1	$\overline{Q}^n$

b) 真值表

图 8-12　T 触发器

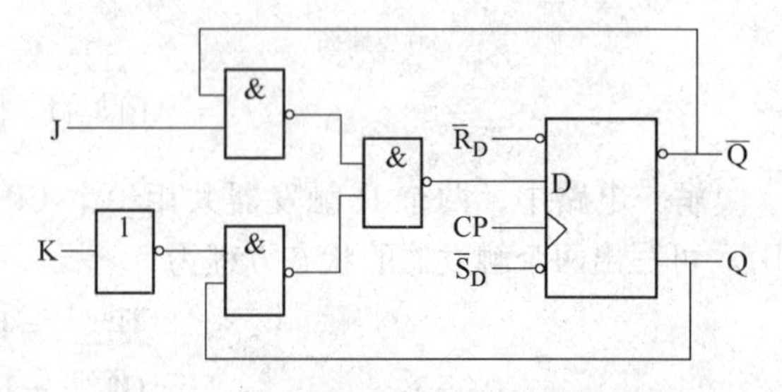

图 8-13　D 触发器转换为 JK 触发器的电路

（2）从 D 触发器到 T′、T 触发器的转换　T′触发器的状态方程为 $Q^{n+1}=\overline{Q}^n$，只要令 D 触发器的 $D=\overline{Q}^n$，即转换成了 T′触发器，如图 8-14a 所示。

由式（8-4）知，T 触发器的状态方程为

$$Q^{n+1}=T\overline{Q}^n+\overline{T}Q^n$$

故转换电路的逻辑函数式应为

$$D=T\overline{Q}^n+\overline{T}Q^n=\overline{\overline{T\overline{Q}^n}\cdot\overline{\overline{T}Q^n}}$$

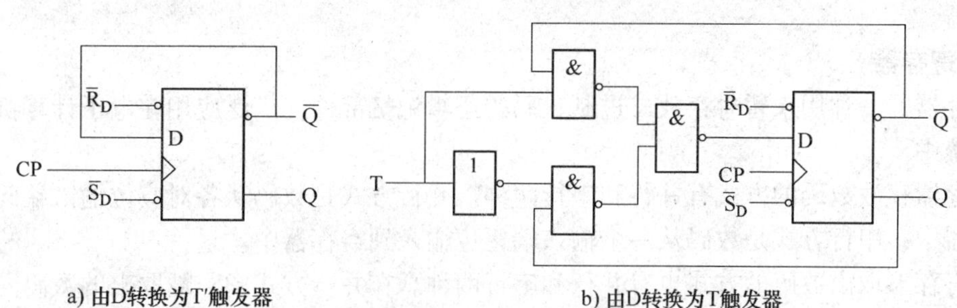

图 8-14　D 触发器转换为 T′、T 触发器的电路

转换电路逻辑图如图 8-14b 所示，为 T 触发器。

2. JK 触发器转换成其他逻辑功能触发器

（1）由 JK 触发器向 D 触发器的转换　已知 JK 触发器的状态方程为

$$Q^{n+1}=J\overline{Q}^n+\overline{K}Q^n$$

D 触发器的状态方程为

$$Q^{n+1}=D\,(Q^n+\overline{Q}^n)\;=D\overline{Q}^n+DQ^n$$

将上式和 JK 触发器的状态方程对比后可知，若令 $J=D$、$K=\overline{D}$，即可实现 JK 向 D 触发器的转换，其逻辑图如图 8-15 所示。

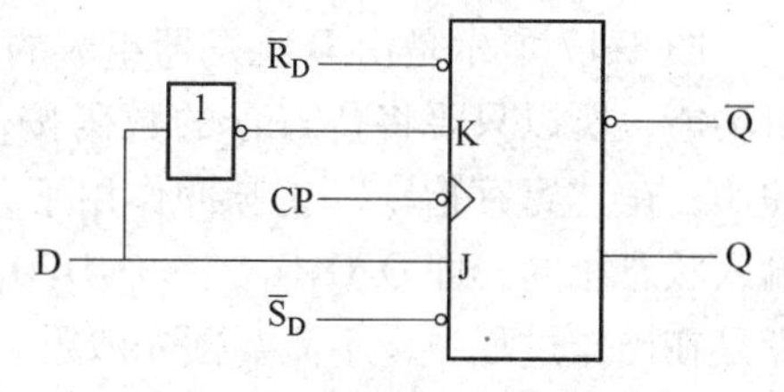

图 8-15　JK 触发器转换为 D 触发器

（2）由 JK 触发器向 T、T′触发器的转换　由式（8-4）和式（8-2）可知，只要使 $J=K=T$，即可得到 T 触发器。若令 $J=K=T=1$，即得到 T′触发器。实现电路如图 8-16 所示。

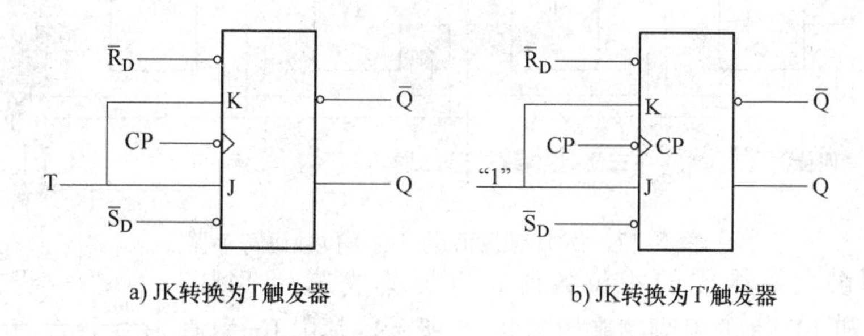

图 8-16　JK 触发器转换为 T、T′触发器的电路

[思考题]

1. 双稳态触发器按逻辑功能可分为哪些类型？试分别写出其真值表和状态方程。

2. 如何将 D、JK 触发器分别转换为 RS 触发器？

8.5 时序逻辑电路

时序逻辑电路是由触发器和相应逻辑门组成的具有复杂逻辑功能的逻辑电路。

时序逻辑电路的特点是任一时刻的稳定输出不仅决定于该时刻的输入，而且还与电路原来的状态有关。时序逻辑电路简称时序电路。本节主要介绍常用的两种时序电路——寄存器和计数器。

8.5.1 寄存器

寄存器是一种用来暂时存放二进制数码的逻辑记忆部件，广泛应用在电子计算机和其他数字系统中。

寄存器存放数码的方式有并行和串行两种。并行方式是数码从各对应位输入端同时输入到寄存器中；串行方式是数码从一个输入端逐位输入到寄存器中。

从寄存器取出数码的方式也有并行和串行两种。在并行方式中，被取出的数码同时出现在各位的输出端上；而在串行方式中，被取出的数码在一个输出端逐位出现。

寄存器分为数码寄存器和移位寄存器两种。

1. 数码寄存器

寄存器具有接收、存放和传送数码的功能，故称为数码寄存器，它由触发器和相应控制逻辑门组成。因为一个触发器可以存放1位二进制数码（1或0），所以数码寄存器存放数码的位数和所采用的触发器个数相同。

图8-17所示是由D触发器组成的4位数码寄存器逻辑图。D触发器具有$Q^{n+1}=D$的逻辑功能，所以只要将待寄存的数码按位分别加到各位触发器的输入端，例如$D_3D_2D_1D_0=1010$，在“寄存指令”正脉冲作用下，数码送入寄存器，各位触发器的输出状态与相应的输入状态相同，即$Q_3Q_2Q_1Q_0=D_3D_2D_1D_0=1010$，待存数码便被寄存下来。这种寄存器的特点是在操作过程中，不需要预先清零。当有新数据需要寄存时，只要将其加到各相应输入端并发“寄存指令”即可。当然也可以预先在$\overline{R}_D$端加清零负脉冲。

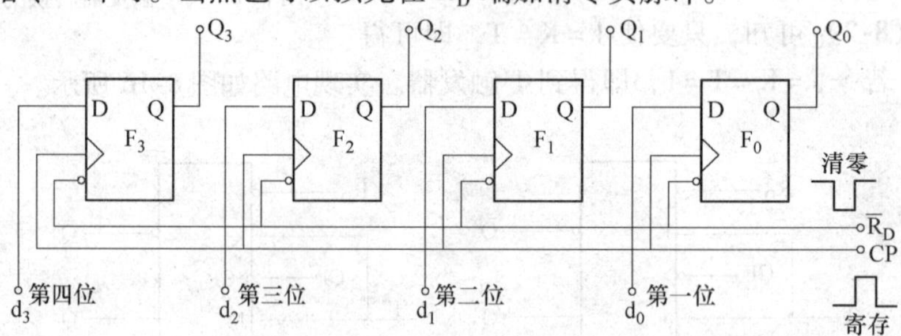

图8-17　由D触发器组成的4位数码寄存器

常用D型触发器构成的4位数码寄存器集成芯片T451、T1175、T3175和T4175的引脚功能如图8-18所示。其中$\overline{Cr}$为清除脉冲输入端。当需寄存多位数码时，可将这种寄存器级联使用。

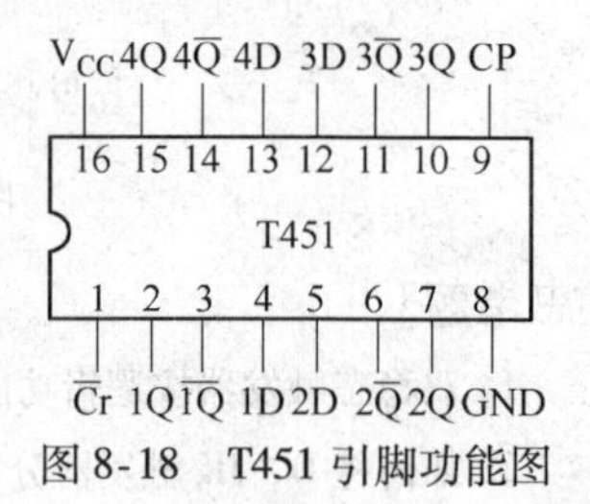

图8-18　T451引脚功能图

图8-19为具有三态门输出的三态寄存器。它是在并行输出寄存器的输出端各增设一级三态门。图中，$X_3X_2X_1X_0$为4位数码输入线，$Y_3Y_2Y_1Y_0$为数码输出线，LD为存数控制端，CP为寄

存指令输入端，EN 为输出三态门控制端。当 EN = 0 时，寄存器的输出端与各位数码输出线 Y 断开，即各位三态门输出呈高阻状态，数码存于寄存器中。其特点是寄存器数码的存放、传递及输出等，均是分时进行的。其工作过程如下：

1）在 $\overline{R}_D$ 端发清零信号，使所有触发器均置为 0 态，即 $Q_3Q_2Q_1Q_0=0000$。

2）将待存数码加在寄存器输入端，例如 $X_3X_2X_1X_0=1010$，在 LD 端发存数正脉冲信号，各位“与或”门输出 $D_i=LD\cdot X_i+\overline{LD}\cdot Q_i=1\cdot X_i+0\cdot 0=X_i$，即各位待存数码装入相应 D 触发器的 D 输入端，此时 $D_3D_2D_1D_0=X_3X_2X_1X_0=1010$。

3）在 CP 端发“寄存指令”正脉冲，各位触发器的输出状态与相应的输入状态相同，即 $Q_3Q_2Q_1Q_0=D_3D_2D_1D_0=1010$，数码便存入寄存器中。

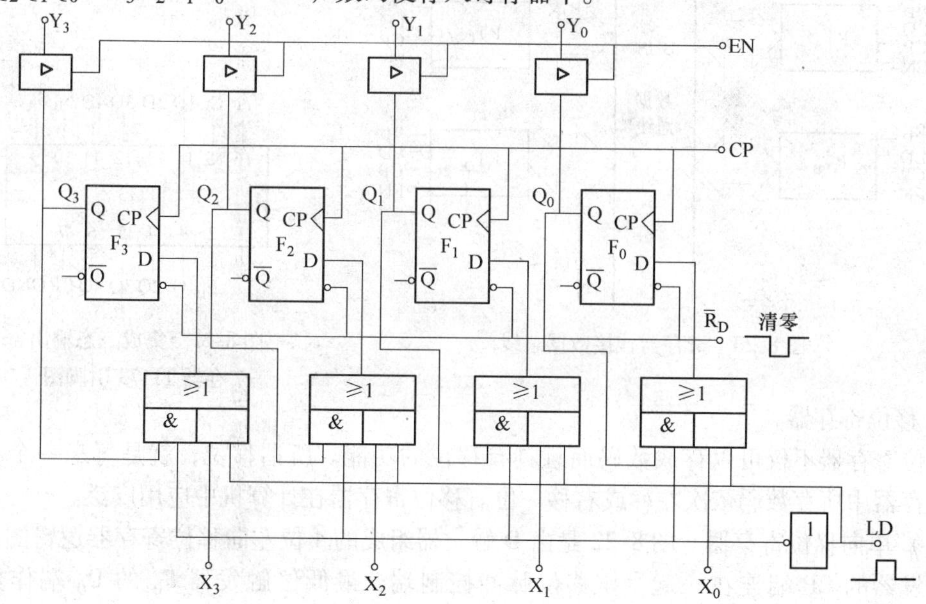

图 8-19　三态门输出寄存器

4）若要取出已寄存的数码，还必须在各位触发器输出三态门的控制端发 EN = 1 信号，将全部三态门打开，寄存器中已寄存的数码并行传送至输出数据线上，即 $Y_3Y_2Y_1Y_0=Q_3Q_2Q_1Q_0=1010$。

这种采用三态门输出的寄存器，由于其输出线上出现的数据和输入线上传来的数据不是同时存在的，所以可以共用数据总线。这样既可大大减少寄存器数据线的数目，又可以使许多同功能的寄存器并联接在数据总线上，各寄存器利用系统中的数据总线，分时相互传送数据信息。

图 8-20 所示为微型计算机 CPU 中的各寄存器示意框图。图中 RT_A、RT_B、RT_C、RT_D 为三态输出寄存器，它们全部挂在数据总线 BUS 上，其中数据线双箭头表示传输的数据是双向的。LD 为寄存控制端，CP 为寄存指令输入端。如果要将寄存器 RT_A 中所存的数据传送到寄存器 RT_C 中去，只要分时实现 $EN_A=1$，$LD_C=1$，CP 来一个正脉冲就可完成。但此时必须关闭 RT_B、RT_D 寄存器，即令 $LD_B=0$、$LD_D=0$、$EN_B=0$、$EN_D=0$。否则就会出现其余寄存器“争夺”数据总线的错误。

典型的 TTL 集成电路三态输出寄存器 T1173 的引脚功能如图 8-21 所示。它有两个使能

端 $\overline{E}_A$、$\overline{E}_B$ 和两个允许控制端 $\overline{S}_A$、$\overline{S}_B$。其工作过程如下：

当使能端 $\overline{E}_A$ 或 $\overline{E}_B$ 为0时，寄存器按待寄存数码输出1或0；当 $\overline{E}_A$ 或 $\overline{E}_B$ 为1时，其输出为高阻状态，但此时并不影响电路内部各触发器的工作。

（1）清除　若在Cr端加一从0到1的正跳变，则输出1Q~4Q全部清零。

（2）送数　若Cr、$\overline{S}_A$、$\overline{S}_B$ 均为0态，则当时钟脉冲的上升沿到来时，1D~4D端输入数码被同步并行送到寄存器的1Q~4Q端，从而实现数码的寄存。

（3）保持　当Cr端的清除脉冲消失且 $\overline{S}_A$ 或 $\overline{S}_B$ 为1时，若时钟脉冲上升沿到来，则寄存器寄存功能被禁止；若CP为0态，则寄存器保持原状态不变。

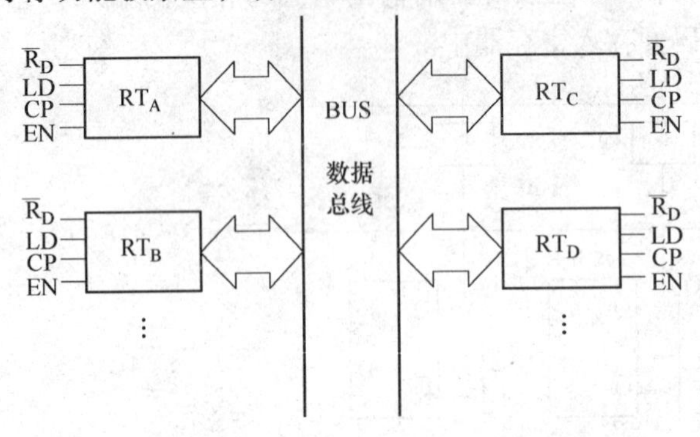

图8-20　寄存器挂接数据总线

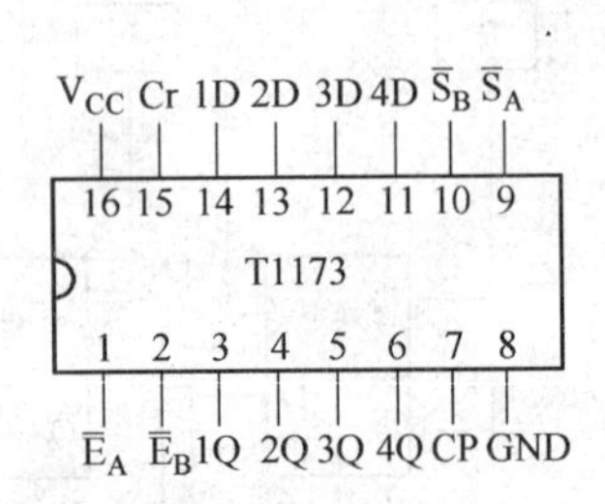

图8-21　集成三态输出寄存器T1173引脚图

2. 移位寄存器

移位寄存器不仅可以存放数码而且具有移位的功能。所谓移位，就是每来一个移位脉冲，寄存器中所存数码依次左移或右移一位。移位寄存器在计算机中应用广泛。

（1）单向移位寄存器　图8-22是由D触发器组成的4位左向移位寄存器逻辑图。图中各位触发器的CP端连在一起，作移位脉冲控制端，最低位触发器 F_0 的 D_0 端作数码输入端。

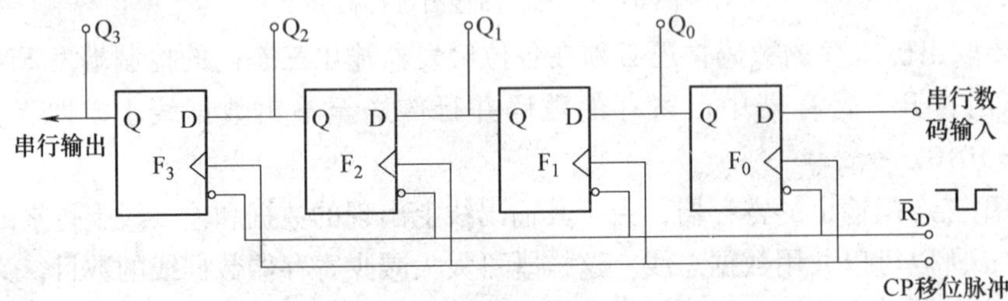

图8-22　4位左向移位寄存器逻辑图

设4位二进制数码 $d_3d_2d_1d_0=1101$，按移位脉冲的工作节拍，从高位到低位逐位送到 D_0 端，经过第1个时钟脉冲后，$Q_0=d_3$，经过第2个时钟脉冲后，F_0 的状态移入 F_1，F_0 又移入新数码 d_2，即 $Q_1=d_3$，$Q_0=d_2$，依次类推，经过4个时钟脉冲后，$Q_3=d_3$、$Q_2=d_2$、$Q_1=d_1$、$Q_0=d_0$，4位数码依次全部存入寄存器中。图8-23为这种移位寄存器的状态表和左向移位工作波形。可见，输入数码依次从低位触发器移入高位触发器，经过4个时钟脉冲后，触发器的输出状态与输入数码一一对应，即 $Q_3Q_2Q_1Q_0=d_3d_2d_1d_0=1101$。

由上述分析可知，这种移位寄存器寄存的数码是按移位脉冲的工作节拍从高位到低位逐

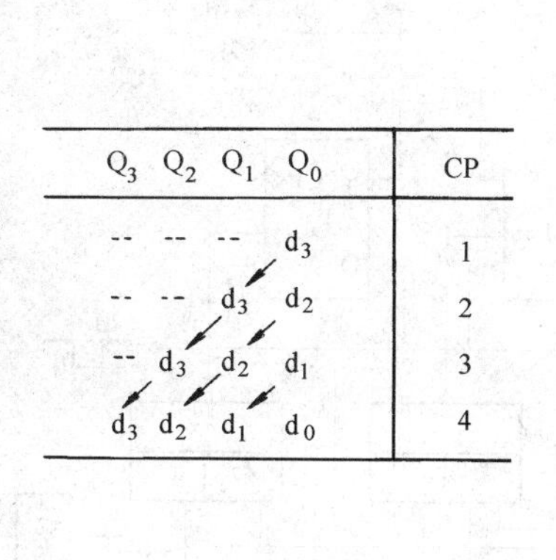

Q_3	Q_2	Q_1	Q_0	CP
--	--	--	d_3	1
--	--	d_3	d_2	2
--	d_3	d_2	d_1	3
d_3	d_2	d_1	d_0	4

a) 状态表

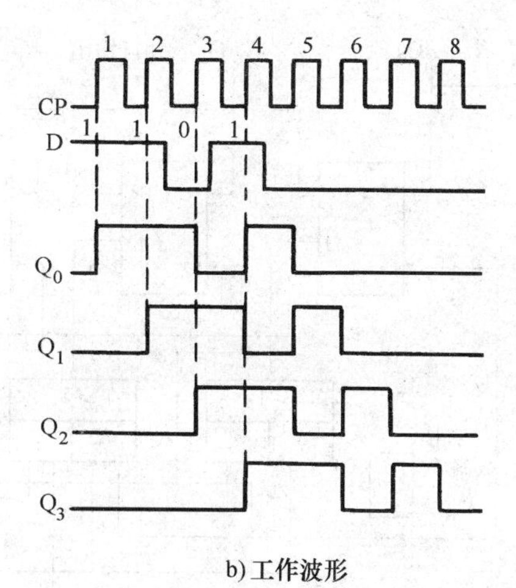

b) 工作波形

图 8-23　左向移位寄存器状态表和工作波形

位输入到寄存器中，属串行输入方式。从寄存器中取数有两种方式：一是从 4 个触发器的 Q 端同时取数的并行输出方式，二是数码从最高位触发器的 Q_3 端逐位取出，即串行输出方式。显然，采用串行方式取数时，还必须再送 4 个移位脉冲（见图 8-23b 中 5CP-8CP)，才能取出存入的 4 位数码。

右向移位寄存器的工作原理与左向移位寄存器的相同，不同之处在于它的待存数码是从低位到高位逐位传送的。图 8-24 是用 4 个 CMOS 主从型 JK 触发器组成的右向移位寄存器逻辑图。

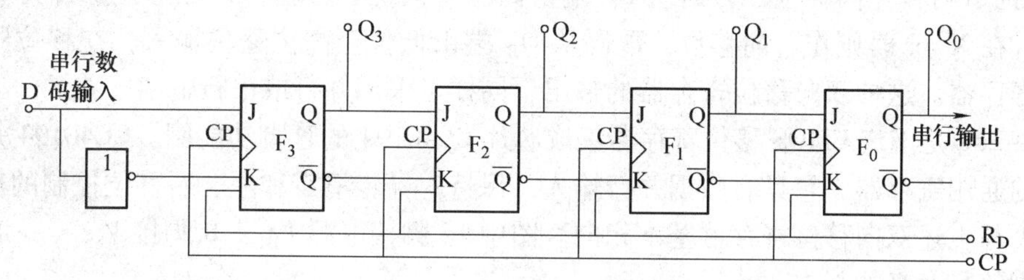

图 8-24　4 位右向移位寄存器逻辑图

图中，各触发器 CP 端连在一起作移位脉冲输入端，R_D 为高电平清零端，最高位触发器 F_3 接成 D 触发器，D 作串行数据输入端。其工作过程读者可仿照上述左移寄存器自行分析。

（2）双向移位寄存器　图 8-25 所示是由 4 个 CMOS D 触发器和相应门控电路构成的 4 位双向移位寄存器的逻辑图。图中 D_L 为左向移位数码输入端，D_R 为右向移位数码输入端，CP 为移位脉冲输入端，X 是左/右移位控制端。

由图 8-25 可写出各位触发器输入端 D 的逻辑函数式

$$D_0 = \overline{X\,\overline{D_L} + \overline{X}\,\overline{Q_1}}$$

$$D_1 = \overline{X\,\overline{Q_0} + \overline{X}\,\overline{Q_2}}$$

$$D_2 = \overline{X\,\overline{Q_1} + \overline{X}\,\overline{Q_3}}$$

$$D_3 = \overline{X\,\overline{Q_2} + \overline{X}\,\overline{D_R}}$$

现仅以第二位触发器为例，讨论该触发器如何实现左移和右移功能。

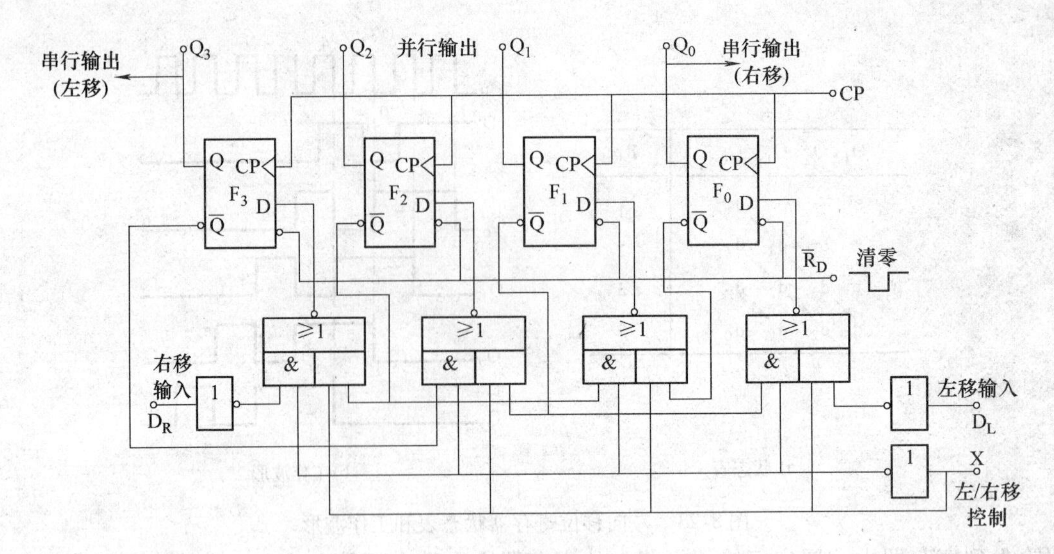

图 8-25　双向移位寄存器逻辑图

当 X = 1 时，$D_1 = X\overline{Q_0} + \overline{X}\overline{Q_2} = 1 \cdot \overline{Q_0} + 0 \cdot \overline{Q_2} = Q_0$，相当于 D_1 与 Q_0 相接，在移位脉冲作用下，触发器 F_0 的状态左移到 F_1 中，使 $Q_1^{n+1} = Q_0^n$；当 X = 0 时，$D_1 = 0 \cdot \overline{Q_0} + 1 \cdot \overline{Q_2} = Q_2$，相当于 D_1 与 Q_2 相接，在移位脉冲作用下，触发器 F_2 的状态右移到 F_1 中，使 $Q_1^{n+1} = Q_2^n$。

同理可以分析出其他任意两位触发器之间的移位情况。可见图 8-25 所示的移位寄存器，在 X = 1 时，可作左向移位，数码从 D_L 端由高位至低位逐位输入，在移位脉冲控制下移入寄存器；在 X = 0 时则作右向移位，数码从 D_R 端由低位至高位逐位输入，在移位脉冲控制下移入寄存器。这种双向移位寄存器的输出，同样可采用并行或串行输出方式。

图 8-26a 是国产 CMOS 移位寄存器集成芯片 CC40194 的管脚功能图。CC40194 是一种功能很强的通用寄存器。它具有数据并行输入、保持、异步清零和左、右移位控制的功能，其工作原理与上述双向移位寄存器基本相向。图中 16 脚接电源 V_{DD}，8 脚接 V_{SS}（一般接地），其余引脚符号意义如下：

V_{DD} Q_0 Q_1 Q_2 Q_3 CP S_1 S_2
16 15 14 13 12 11 10 9
CC40194
1 2 3 4 5 6 7 8
$\overline{Cr}$ D_{SR} P_0 P_1 P_2 P_3 D_{SL} V_{SS}

a) 引脚功能图

$\overline{Cr}$	S_1	S_2	工作状态
0	Φ	Φ	清零
1	0	0	保持
1	0	1	右移
1	1	0	左移
1	1	1	并行输入

b) 真值表

图 8-26　CC40194 集成芯片

$\overline{Cr}$——清零端。$\overline{Cr}$ 低电平时寄存器清零。

CP——时钟脉冲输入端。

$P_0 \sim P_3$——数码并行输入端。

$Q_0 \sim Q_3$——数码输出端。

D_{SL}——左移数码输入端。

D_{SR}——右移数码输入端。

S_1、S_2——状态控制端。

当 $S_1=S_2=0$ 时，寄存器执行保持功能，这时寄存器内的数码保持不变；当 $S_1=0$、$S_2=1$ 时，寄存器执行右移功能，数码从 D_{SR} 端输入；当 $S_1=1$、$S_2=0$ 时，寄存器执行左移功能，数码从 D_{SL} 端输入；当 $S_1=S_2=1$ 时，寄存器执行并行输入数码功能，加在 $P_0\sim P_3$ 端的数码在时钟脉冲作用下，同时存入寄存器中，其逻辑功能真值表如图 8-26b 所示。

例 8-3 用双向移位寄存器CC40194组成一个 8 位双向移位寄存器。

解 CC40194 为 4 位双向移位寄存器，欲构成一个 8 位双向移位寄存器，需两片 CC40194，接线如图 8-27 所示。

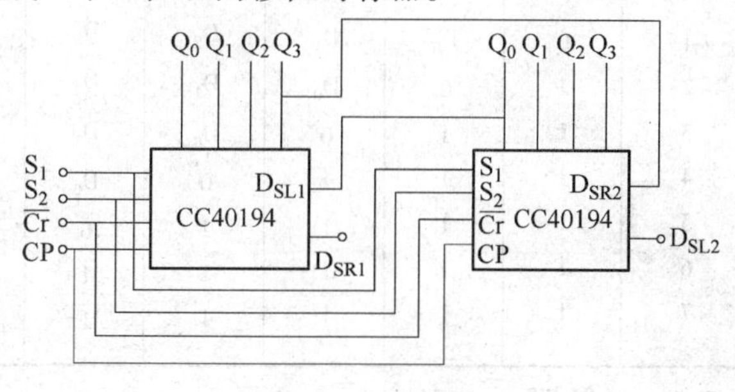

图 8-27 例 8-3 逻辑图

当需要左移时，数码从第二片的 D_{SL2} 输入，且 $S_1=1$、$S_2=0$、$\overline{Cr}=1$，在 CP 脉冲作用下，数码逐位左移，从第一片 CC40194 的 Q_0 串行输出；当需要右移时，令 $S_1=0$、$S_2=1$、$\overline{Cr}=1$，数码从第一片的 D_{SR1} 输入，在移位脉冲作用下，数码逐位右移，从第二片 CC40194 的 Q_3 端串行输出。

例 8-4 设计7位并行输入-串行输出的并-串转换电路，要求 7 位数据并行输入至寄存器，从最高位逐拍串行输出。

解 根据题意，7 位寄存器需两片 CC40194，数据并行输入时，需使 $S_1=S_2=1$，右移串行输出时，则需使 $S_1=0$，$S_2=1$。因此可以使 S_2 总接高电平 1，而使 S_1 改变。接线如图 8-28 所示。其工作过程如下：

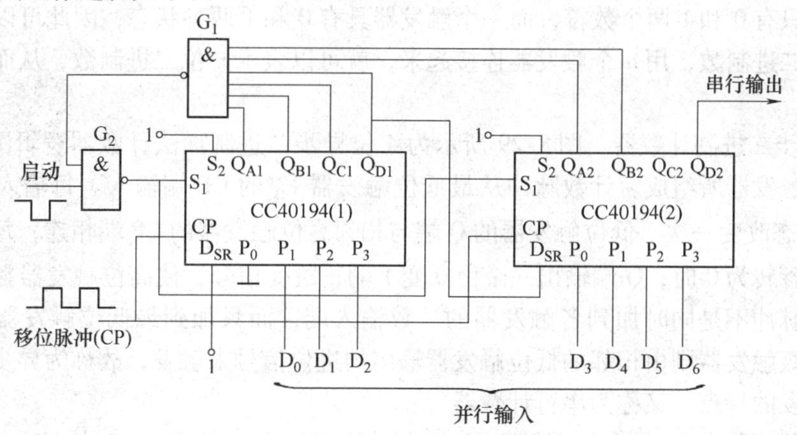

图 8-28 例 8-4 图

启动时，在 G_2 门输入端加一启动负脉冲，使两个寄存器处于并行输入状态（$S_1=S_2=1$），由 CP 脉冲将数据并行地送入寄存器。于是 $Q_{A1}Q_{B1}Q_{C1}Q_{D1}=0D_0D_1D_2$、$Q_{A2}Q_{B2}Q_{C2}Q_{D2}=D_3D_4D_5D_6$。此时由于 $Q_{A1}=0$，所以“与非”门 G_1 的输出为 1，因而 $S_1=0$、$S_2=1$，寄存器自动转换成右移工作方式。在以后的 5 拍中，由于 G_1 的输入端总有一个为 0，所以 $S_1=$

0、$S_2=1$ 的状态不变。因此所有数据在移位脉冲作用下逐拍右移，并由 Q_{D2}端依次输出，直到第 7 拍到达时，G_1 门全部输入均等于 1，使 G_1 输出为 0，$S_1=S_2=1$，寄存器又自动转变成并行输入的工作方式，输入新数据，开始下一移位循环。移位过程详见表 8-1。由表 8-1 可知，并行输入的 7 位数据经 7 拍后，全部由 Q_{D2}端输出，完成一次并—串行变换。

表 8-1　数据并—串行变换过程表

CP	寄存器各输出端状态								寄存器工作方式
	Q_{A1}	Q_{B1}	Q_{C1}	Q_{D1}	Q_{A2}	Q_{B2}	Q_{C2}	Q_{D2}	
1	0	D_0	D_1	D_2	D_3	D_4	D_5	D_6	并行输入（$S_2S_1=11$）
2	1	0	D_0	D_1	D_2	D_3	D_4	D_5	右移（$S_2S_1=10$）
3	1	1	0	D_0	D_1	D_2	D_3	D_4	右移（$S_2S_1=10$）
4	1	1	1	0	D_0	D_1	D_2	D_3	右移（$S_2S_1=10$）
5	1	1	1	1	0	D_0	D_1	D_2	右移（$S_2S_1=10$）
6	1	1	1	1	1	0	D_0	D_1	右移（$S_2S_1=10$）
7	1	1	1	1	1	1	0	D_0	并行输入（$S_2S_1=11$）

8.5.2　计数器

在电子计算机和数字系统中，使用最多的时序电路是计数器。计数器的用途非常广泛，它不仅能用于对时钟脉冲计数，还可以用作分频、定时、产生节拍脉冲和进行数字运算等。计数器的种类繁多，按计数器中的各个触发器翻转的先后次序分类，可以把计数器分为同步计数器和异步计数器；按计数过程中数字的增减分类，可分为加法计数器、减法计数器和可逆计数器；按计数器循环模数（进制数）不同，又可分为二进制计数器、十进制计数器和任意进制计数器。

1. 二进制计数器

二进制只有 0 和 1 两个数符，而一个触发器具有 0 和 1 两种状态，因此可以用一个触发器表示 1 位二进制数，用 n 个触发器连接起来，就可以表示 n 位二进制数，从而构成 n 位二进制计数器。

（1）异步二进制计数器　图 8-29 所示为 4 位异步二进制加法计数器逻辑图，它是由 4 个 CMOS T′触发器所组成。计数脉冲从最低位触发器 F_0 的 CP 端输入。每输入一个计数脉冲，F_0 的状态改变一次。低位触发器的 $\overline{Q}$ 端与相邻高位触发器的 CP 端相连，每当低位触发器状态由 1 翻转为 0 时，$\overline{Q}$ 端输出一个由 0 变 1 的正跳变信号，使高位触发器翻转。这种计数器的计数脉冲不是同时加到各触发器的计数输入端，而只加到最低位触发器的计数输入端，其他各级触发器则由相邻的低位触发器输出的进位信号来触发，故称为异步计数器，它具有串行触发的特点，又称为串行计数器。

设计数器原状态为 0000，当第 1 个计数脉冲输入后，F_0 的 Q_0 由 0 变为 1，$\overline{Q}_0$ 未产生进位信号，故 F_3、F_2、F_1 保持 0 状态，计数器的状态为 0001；当第 2 个计数脉冲输入后，F_0 的 Q_0 由 1 变为 0，$\overline{Q}_0$ 产生一个正阶跃信号作用至 F_1 的 CP 端，使 F_1 的 Q_1 由 0 变 1，而此时 F_3、F_2 仍保持 0 状态，计数器的状态为 0010；依此类推。当第 15 个计数脉冲输入后，计数器的状态为 1111，第 16 个计数脉冲输入，计数器的状态返回到 0000。

由上述分析可知，一个 4 位二进制加法计数器有 $2^4=16$ 种状态，每输入 16 个计数脉

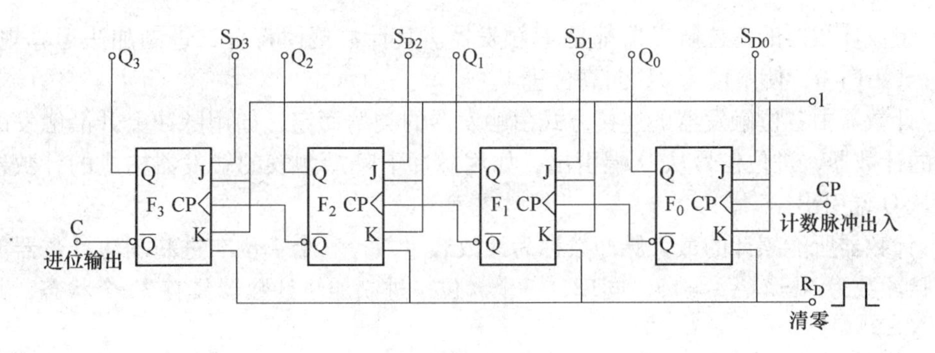

图 8-29　4 位异步二进制加法计数器逻辑图

冲，计数器的状态就循环一次，故又称其为 1 位十六进制加法计数器。

图 8-30 是 4 位二进制加法计数器的工作波形图。根据分析还可列出 4 位二进制加法计数器的状态转换表，见表 8-2。

表 8-2　4 位二进制加法计数器状态转换表

计数脉冲序号	触发器状态 $Q_3Q_2Q_1Q_0$	对应十进制数	计数脉冲序号	触发器状态 $Q_3Q_2Q_1Q_0$	对应十进制数
0	0 0 0 0	0	9	1 0 0 1	9
1	0 0 0 1	1	10	1 0 1 0	10
2	0 0 1 0	2	11	1 0 1 1	11
3	0 0 1 1	3	12	1 1 0 0	12
4	0 1 0 0	4	13	1 1 0 1	13
5	0 1 0 1	5	14	1 1 1 0	14
6	0 1 1 0	6	15	1 1 1 1	15
7	0 1 1 1	7	16	0 0 0 0	0（进位）
8	1 0 0 0	8			

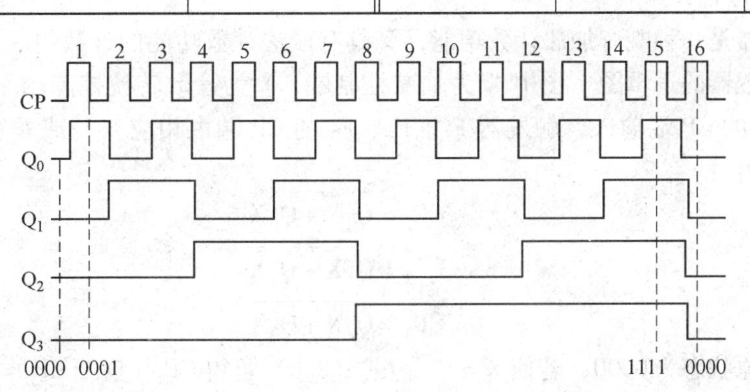

图 8-30　4 位二进制加法计数器的工作波形

由图 8-30 的波形图还可以看出，每经过一级触发器，脉冲周期增加 1 倍，即频率降为原来的 1/2。于是从 Q_0 端引出的波形为 CP 脉冲频率的二分频，从 Q_1 端引出的波形为四分频，依此类推。从 Q_{n+1} 端引出的波形为 2^{n+1} 分频，因此计数器可以用来作分频电路。

综上所述，异步二进制加法计数器有如下特点：

1）组成计数器的每位触发器都是 T′触发器。其计数规律符合二进制加法运算规则：0 +1 =1；1 +1 =0，使本位为 0，向高位进 1。

2）计数器中各位触发器的连接方式由触发器的类型而定，如用脉冲上升沿触发的触发器构成的计数器，进位信号从 $\overline{Q}$ 端引出；如用脉冲下降沿触发的触发器构成的计数器，进位信号从 Q 端引出。

3）计数器所能累计的最大脉冲数称为计数容量 N，一个 4 位二进制加法计数器能累计的最大脉冲数为 $N=2^4-1=15$。同理，一个 n 位二进制加法计数器具有 2^n 个状态，其计数容量为 $N=2^n-1$。

4）计数器可以通过 $S_{D0}\sim S_{D3}$ 预置被加数，若计数从 0000 开始时，它们应接地。

图 8-31 所示为 4 位异步二进制减法计数器逻辑图。它由 4 个 CMOS T′触发器按二进制减法规则连接。根据二进制减法规则，若低位触发器原状态为 0，则输入一个减法计数脉冲，应翻转为 1，同时向高位发出借位信号，使高位触发器翻转。即计数规律应符合二进制减法运算法则，1 -1 =0；0 -1 =1，使本位为 1，向高位借 1。

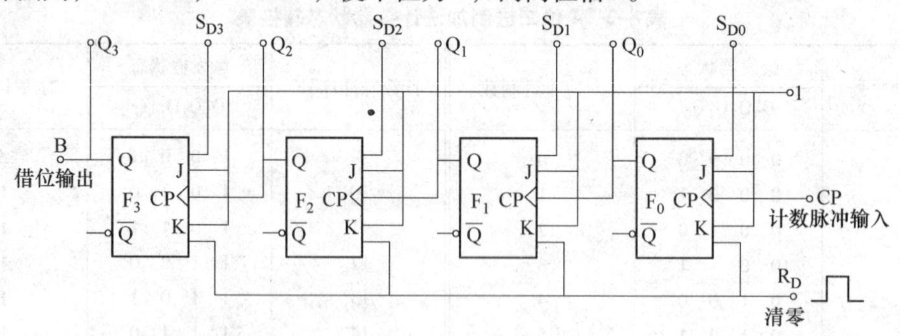

图 8-31　4 位异步二进制减法计数器

仿照前述加法计数器的分析方法，读者可自行分析该减法计数器的逻辑功能和状态转换表（见习题 8-19）。

可逆计数器是一种既有加法计数功能，又具有减法计数功能的计数器。图 8-32 是异步二进制可逆计数器的逻辑图。图中 X 为加减控制端，Y 为计数转换控制端。计数脉冲从最低位触发器 F_0 的 CP 端输入，触发器 F_1、F_2、F_3 的 CP 端由相应“与或非”控制门控制，其逻辑函数式为

$$
\begin{aligned}
CP_1 &= \overline{Q_0\overline{X}+\overline{Q}_0X}\\
CP_2 &= \overline{Q_1\overline{X}+\overline{Q}_1X}\\
CP_3 &= \overline{Q_2\overline{X}+\overline{Q}_2X}
\end{aligned}
\tag{8-6}
$$

设计数器原状态为0000，若使 X =1，由式（8-6）可得 $CP_1=Q_0$、$CP_2=Q_1$、$CP_3=Q_2$，相当于低位触发器的 Q 端与相邻高位触发器的 CP 端相连，由于此计数器采用的是下降沿动作的 T′触发器，故执行的是加法计数功能，只要在最低位触发器 CP 端送计数脉冲，即可按加法计数规律工作；若使 X =0，由式（8-6）可得 $CP_1=\overline{Q}_0$、$CP_2=\overline{Q}_1$、$CP_3=\overline{Q}_2$，相当于低位触发器的 $\overline{Q}$ 端与相邻高位触发器的 CP 端相连，显然电路处于减法计数状态，只要在最低位触发器的 CP 端送计数脉冲，电路即按减法计数规律工作。

在执行加、减转换操作时，由于 X 从 1 变为 0 或由 0 变为 1 时，在“与或非”门输出

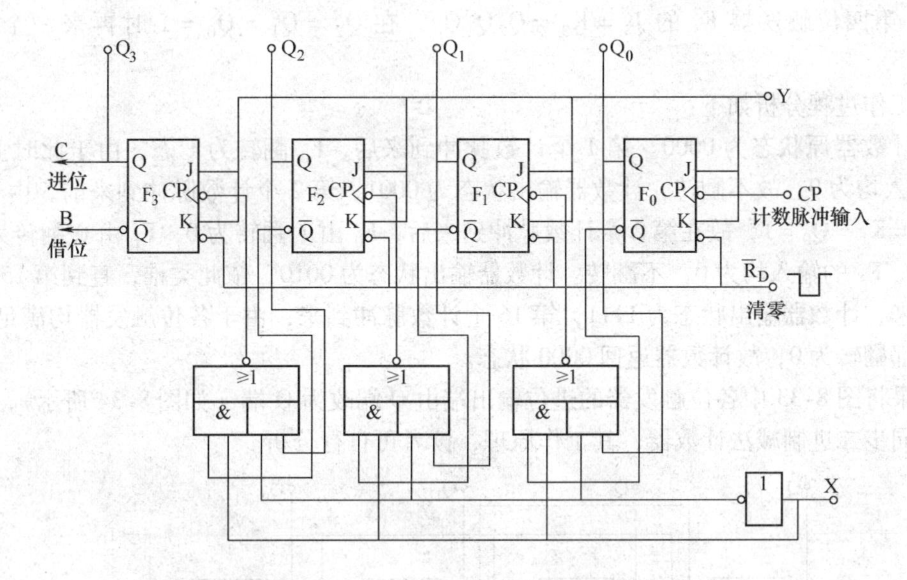

图 8-32　异步二进制可逆计数器

端可能产生一负阶跃电压，使触发器产生误动作。为此必须执行 Y = 0 的操作，将计数器锁存而停止计数，当 X 的状态改变以后，再使 Y = 1，计数器按新的工作方式进行计数。

（2）同步二进制计数器　同步二进制计数器和异步二进制计数器的主要区别是利用计数脉冲同时触发计数器中各位触发器的 CP 端（至于触发器翻转成什么状态，则由该位触发器当时的输入状态而定），各位触发器的状态转换与计数脉冲同步，这种工作方式不存在各触发器之间进位信号（或借位信号）传输延迟时间积累问题，因此计数速度高。

同步二进制计数器和异步二进制计数器一样，也有加法计数器、减法计数器和可逆计数器。两者的计数状态转换表、计数工作波形都相同，只是进位电路不同。

图 8-33 是由 4 个 CMOS JK 触发器组成的 4 位同步二进制加法计数器的逻辑图，各位触发器受同一个计数脉冲触发，按各自不同的输入条件翻转。

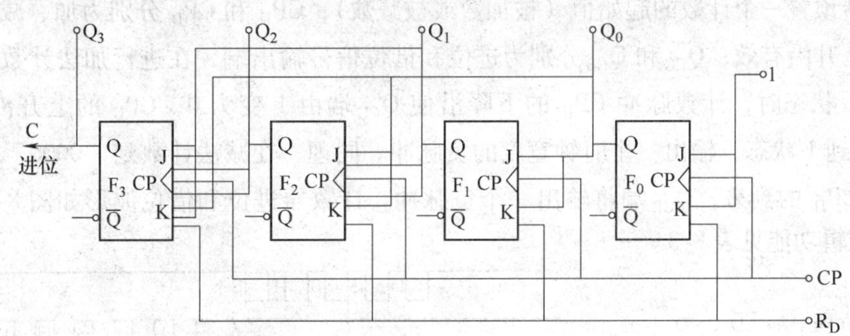

图 8-33　4 位同步二进制加法计数器

由图 8-33 可得出各位触发器 J、K 端的逻辑关系式：

1）第一位触发器 F_0 接成 T′触发器形式，$J_0 = K_0 = 1$，每来一个计数脉冲就翻转一次；

2）第二位触发器 F_1 的 $J_1 = K_1 = Q_0$，在 $Q_0 = 1$ 时再来一个脉冲才翻转；

3）第三位触发器 F_2 的 $J_2 = K_2 = Q_1Q_0$，在 $Q_1 = Q_0 = 1$ 时再来一个脉冲才翻转；

4）第四位触发器 F_3 的 $J_3=K_3=Q_2Q_1Q_0$，在 $Q_2=Q_1=Q_0=1$ 时再来一个脉冲才翻转。

其工作过程分析如下：

设计数器原状态为0000。第1个计数脉冲到来后，F_0 翻转为1态，由于此时 F_1、F_2、F_3 的输入均为0，故不翻转，计数器输出状态为0001；第2个计数脉冲到来前，由于 F_1 的输入 $J_1=K_1=Q_0=1$，故在第2个计数脉冲到来后，F_0 由1翻转为0，F_1 由0翻转为1，而此时 F_2、F_3 的输入均为0，不翻转。计数器输出状态为0010；依此类推，直到第15个计数脉冲到来，计数器输出状态为1111，第16个计数脉冲到来，由于各位触发器均满足翻转条件，全部翻转为0，故计数器返回0000状态。

如果将图8-33中各位触发器的进位输出端由Q端改为 $\overline{Q}$ 端（如图8-34所示），则可构成4位同步二进制减法计数器，其工作原理，读者可自行分析。

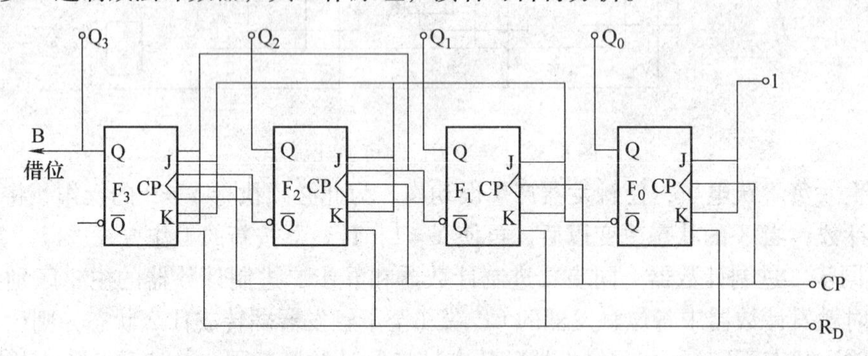

图8-34　4位同步二进制减法计数器

图8-35为TTL可预置数的4位二进制可逆计数器T4193的引脚功能图。其特点为：双时钟脉冲输入；具有加、减可逆计数功能且加、减计数时的预置是单独的；具有进位、借位信号输出，可 n 位串接计数；有独立的清除输入端。图中Cr是清除端，当Cr=1时，无论其他端的状态如何，计数器均呈现“0000”状态；$\overline{LD}=0$ 时，执行并行预置数功能，也就是给计数器预置一个计数的起始值（被加数或被减数）；CP_U 和 CP_D 分别为加、减计数控制端，均为上升沿有效；$\overline{Q}_{CC}$ 和 $\overline{Q}_{CB}$ 分别为进位和借位信号输出端，在进行加法计数并当计数到“1111”状态时，计数脉冲 CP_U 的下降沿使 $\overline{Q}_{CC}$ 端由1变为0，CP_U 的上升沿到来时，$\overline{Q}_{CC}$ 又回复到1状态，输出一个时钟宽度的负脉冲。同理，在减法计数到“0000”时，随着计数脉冲 CP_D 的到来，$\overline{Q}_{CB}$ 端将输出一个负脉冲。计数器进位和借位波形如图8-36所示。T4193的逻辑功能见表8-3。

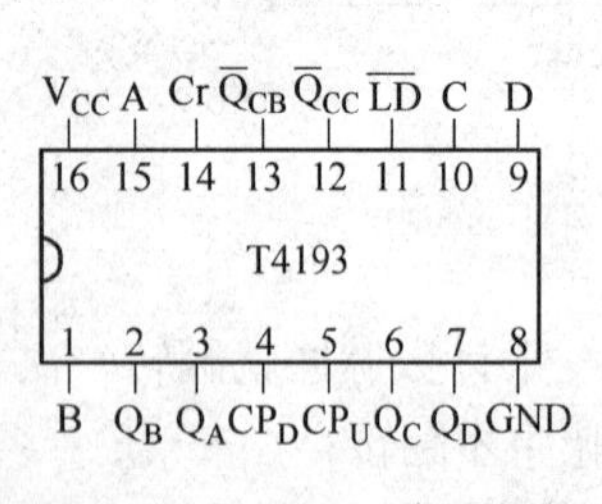

图8-35　T4193引脚功能图

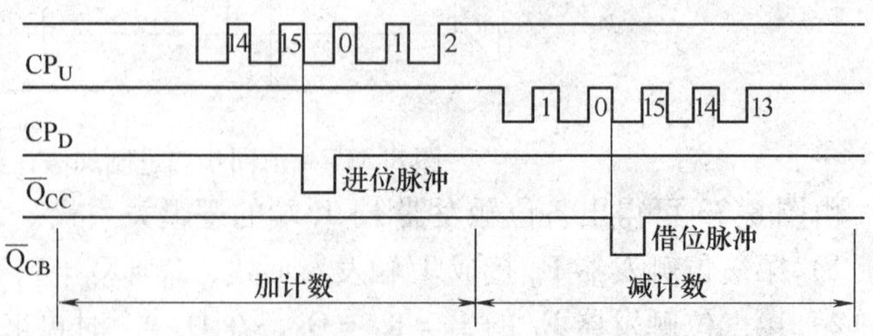

图8-36　T4193的进位和借位波形

表 8-3　T4193 逻辑功能表

工作模式	输入								输出			
	Cr	$\overline{LD}$	CP_U	CP_D	A	B	C	D	Q_A	Q_B	Q_C	Q_D
初始化	1	ϕ	ϕ	ϕ	ϕ	ϕ	ϕ	ϕ	0	0	0	0
	0	1	1	1	ϕ	ϕ	ϕ	ϕ	保持			
并行置数	0	0	ϕ	ϕ	A	B	C	D	A	B	C	D
加计数	0	1	↑	1	ϕ	ϕ	ϕ	ϕ	加法计数			
减计数	0	1	1	↑	ϕ	ϕ	ϕ	ϕ	减法计数			

2. 十进制计数器

二进制计数器结构简单，分析设计都较容易，但人们对二进制数毕竟不如常用的十进制数那样熟悉，特别是当二进制的位数较多时，要很快读出数来就比较困难，尤其是输出具有数码显示功能的场合，常采用十进制计数器。

在十进制数中，每一位数都可能是0~9 十个数码中的任意一个，从0 开始计数，遇到9+1 时，本位回0，同时向高位进1，即所谓“逢十进一”。根据该进位原则制成的十进制计数器种类繁多，目前应用最多的是8421 编码的十进制计数器，又称为二-十进制计数器。

十进制计数器也有同步和异步之分，同样也有十进制加法计数器、减法计数器和可逆计数器3 种。

（1）异步十进制计数器　图8-37 所示为异步十进制加法计数器逻辑图，由4 位 TTL JK 触发器组成。计数脉冲只加在最低位触发器 F_0 的 CP 端，F_0 接成 T′触发器：$J_0=K_0=1$，即每来一个计数脉冲，它就翻转一次；F_1 的 $J_1=\overline{Q}_3$，$K_1=1$，它的计数脉冲来自 F_0 的输出 Q_0，即当 $Q_3=0$（$\overline{Q}_3=1$），Q_0 由1 下跳为0 时，F_1 翻转；F_2 的 $J_2=K_2=1$，为 T′触发器，它的计数脉冲来自 F_1 的输出 Q_1，即每当 Q_1 由1 变0 时，F_2 就翻转；F_3 的 $J_3=Q_1Q_2$，$K_3=1$，它的计数脉冲由 Q_0 提供，即当 Q_1 与 Q_2 同时为1，Q_0 由1 下跳为0 时，F_3 翻转；另外如果 $J_3=Q_1Q_2=0$，$Q_3=1$，当 Q_0 由1 下跳为0 时，F_3 的输出 Q_3 也会由1 翻转为0。计数器计数到 $Q_3Q_2Q_1Q_0=1001$ 时，再来一个计数脉冲，F_0 和 F_3 由1 翻转为0，F_1 和 F_2 保持0 不变，计数器状态为0000，完成1 位十进制计数。同时进位输出端 $C=Q_3Q_0=1$，实现本位归0 向高位进1 的进位规则。

设计数器原状态为0000，图8-38 为该计数器的工作波形，表8-4 为其状态转换表。

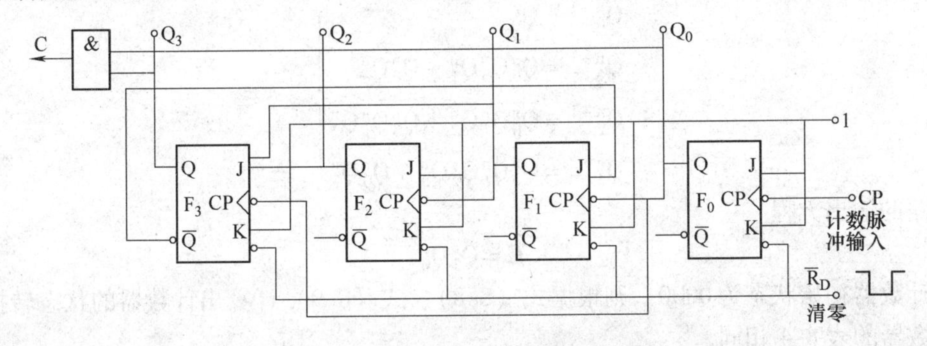

图8-37　异步十进制加法计数器

表 8-4　异步十进制加法计数器状态转换表

计数脉冲序号	计数器状态				等值十进制数	输出状态
	Q_3	Q_2	Q_1	Q_0		
0	0	0	0	0	0	0
1	0	0	0	1	1	0
2	0	0	1	0	2	0
3	0	0	1	1	3	0
4	0	1	0	0	4	0
5	0	1	0	1	5	0
6	0	1	1	0	6	0
7	0	1	1	1	7	0
8	1	0	0	0	8	0
9	1	0	0	1	9	1
10	0	0	0	0	0	0（进位）

（2）同步十进制加法计数器　图 8-39 所示为由 4 位 CMOS JK 触发器组成的同步十进制加法计数器逻辑图。

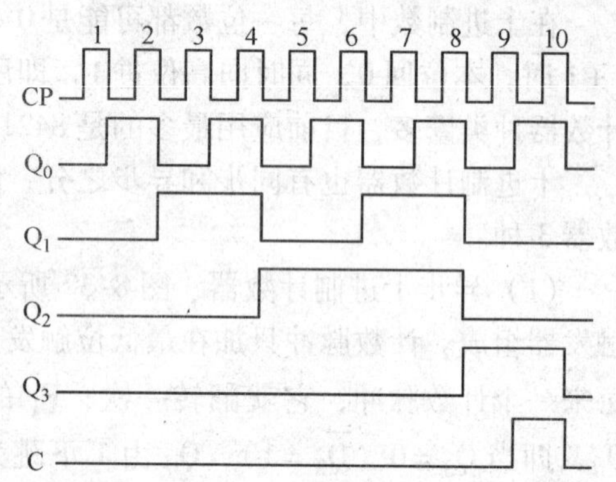

图 8-38　异步十进制加法计数器工作波形

同步十进制计数器的计数脉冲同时加到各位触发器的 CP 端，各位触发器是否翻转，要看触发器的输入状态是否满足翻转条件，通常采用时序电路的一般分析方法，即通过状态方程分析其逻辑功能。

由图 8-39 可写出各位触发器输入端的激励方程为

$$\left.\begin{aligned} &J_0 = K_0 = 1 \\ &J_1 = Q_0\overline{Q}_3,\ K_1 = Q_0 \\ &J_2 = K_2 = Q_0Q_1 \\ &J_3 = Q_0Q_1Q_2,\ K_3 = Q_0 \end{aligned}\right\} \tag{8-7}$$

将式（8-7）代入 JK 触发器的状态方程即得计数器状态方程为

$$\left.\begin{aligned} &Q_0^{n+1} = \overline{Q_0^n} \\ &Q_1^{n+1} = Q_0^n\overline{Q_3^n}\,\overline{Q_1^n} + \overline{Q_0^n}Q_1^n \\ &Q_2^{n+1} = Q_0^nQ_1^n\overline{Q_2^n} + \overline{Q_0^nQ_1^n}Q_2^n \\ &Q_3^{n+1} = Q_0^nQ_1^nQ_2^n\overline{Q_3^n} + \overline{Q_0^n}Q_3^n \end{aligned}\right\} \tag{8-8}$$

电路的输出方程

$$C = Q_3^nQ_0^n \tag{8-9}$$

设计数器初始状态为0000，则根据式（8-8）、式（8-9）计算出计数器的状态转换表与异步计数器的表 8-4 相同。

该计数器的各位触发器是由 CP 脉冲的上升沿触发的，其工作波形与异步计数器略有不

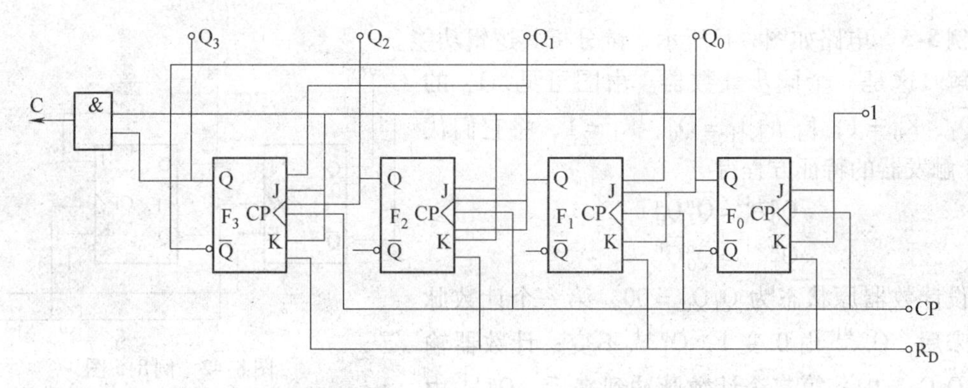

图 8-39　同步十进制加法计数器逻辑图

同，如图 8-40 所示。

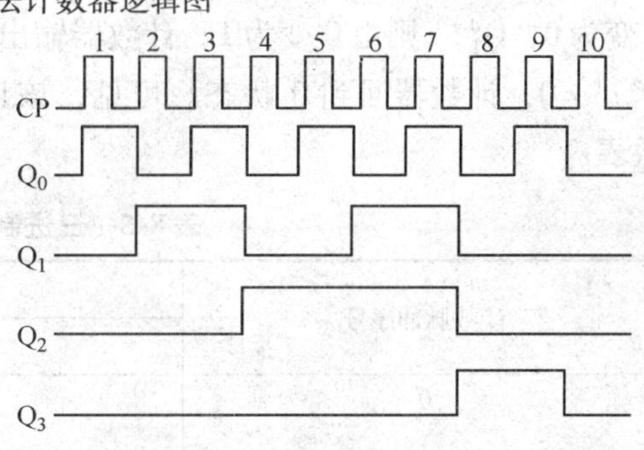

图 8-40　同步十进制加法计数器工作波形

图 8-41a 为国产集成电路可预置数的二-十进制加法计数器 CC40160 的引脚和功能图。CC40160 除了具有加计数的功能外，还具有同步预置数的功能，从而使计数器可由任一初始值开始计数。当$\overline{LD}$端加低电平时，计数器处于预置数功能，数据同时加在 $D_1 \sim D_4$ 端，在 CP 脉冲上升沿的作用下，$Q_1 \sim Q_4$ 端输出为 $D_1 \sim D_4$ 端对应的预置数据。

E_P 和 E_T 是计数控制端，$\overline{Cr}$ 为清除端，低电平有效。CC40160 的功能表列于图 8-41b 中。E_T 还具有对进位输出 Q_{CO}进行控制的功能。当 E_T 为高电平或正脉冲时，只要 $Q_1 = Q_4 = 1$，就有进位脉冲溢出，产生一个正脉冲，其脉冲宽度等于 Q_1 的脉宽。这种功能称为超前进位。利用这个功能，在进行级联时，可提高进位速度，即只要 Q_{CO}输出一个正脉冲，即可启动下一级联级。

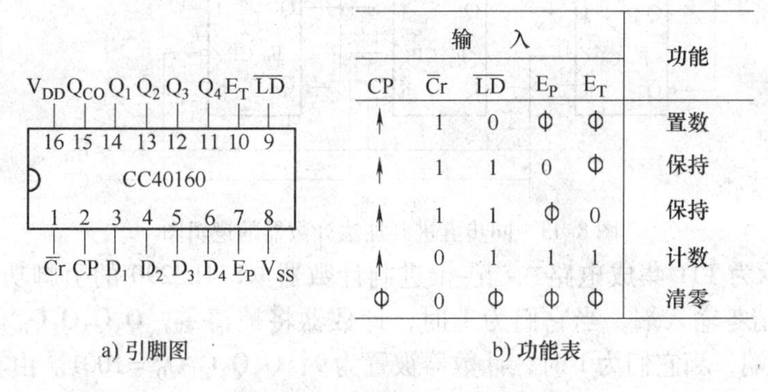

a) 引脚图

输入					功能
CP	$\overline{Cr}$	$\overline{LD}$	E_P	E_T	
↑	1	0	Φ	Φ	置数
↑	1	1	0	Φ	保持
↑	1	1	Φ	0	保持
↑	0	1	1	1	计数
Φ	0	Φ	Φ	Φ	清零

b) 功能表

图 8-41　CC40160 引脚和功能图

3. 任意进制计数器

除二-十进制计数器外，还有三、五、六、七、…等其他进制的计数器。如前所述，1 位触发器即构成 1 位二进制计数器；2 位触发器可构成 2 位二进制计数器，也是 1 位四进制计数器，在其中引入适当的反馈线可构成 1 位三进制计数器；3 位触发器可构成 3 位二进制计数器，也是 1 位八进制计数器，在其中引入适当反馈线可构成 1 位五、六、七进制计数器……。

例 8-5 电路如图8-42所示，试分析其逻辑功能。

解 这是一个同步计数器。由图可见，F_0 的 $J_0=\overline{Q}_1$，$K_0=1$，F_1 的 $J_1=Q_0$，$K_1=1$，将它们代入 JK 触发器的特征方程得

$$Q_0^{n+1}=\overline{Q}_1^n\overline{Q}_0^n$$

$$Q_1^{n+1}=Q_0^n\overline{Q}_1^n$$

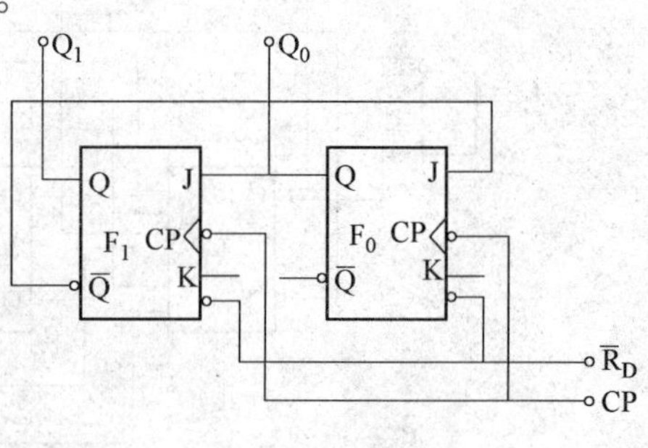

图 8-42 例 8-5 图

设计数器原状态为 $Q_1Q_0=00$，第一个计数脉冲到来后，Q_0^{n+1} 由 0 变 1，Q_1^{n+1} 不变；计数器输出为 $Q_1Q_0=01$；第二个计数脉冲到来后，Q_0^{n+1} 由 1 变为 0，Q_1^{n+1} 则由 0 变为 1，计数器输出为 $Q_1Q_0=10$；第三个计数脉冲到来后，$Q_0^{n+1}=0$，$Q_1^{n+1}=0$，计数器回到 0 状态。可见，该计数器为三进制加法计数器。表 8-5 为其状态转换表。

表 8-5 三进制加法计数器状态转换表

计数脉冲序号	输出状态		对应十进制数
	Q_1	Q_0	
0	0	0	0
1	0	1	1
2	1	0	2
3	0	0	0（进位）

图 8-43 为同步五进制加法计数器的逻辑图，读者可自行分析其逻辑功能。

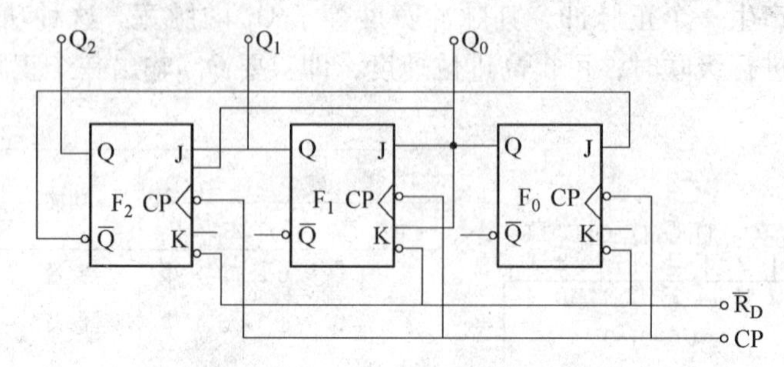

图 8-43 同步五进制加法计数器的逻辑图

图 8-44 所示为 TTL 集成电路二-五-十进制计数器 CT74LS290 的引脚功能图和功能表。$R_{0(1)}$ 和 $R_{0(2)}$ 是清零输入端，当它们为 1 时，计数器将被清零，$Q_3Q_2Q_1Q_0=0000$；$S_{9(1)}$ 和 $S_{9(2)}$ 是置 9 输入端，当它们为 1 时，计数器被置为 9，$Q_3Q_2Q_1Q_0=1001$。由功能表可见，清零时 $S_{9(1)}$ 和 $S_{9(2)}$ 中至少有一端为 0，以保证清零可靠进行。它有两个时钟脉冲输入端，用来控制进位制的转换。

1）只输入计数脉冲 CP_0，由 Q_0 端输出，$Q_1 \sim Q_3$ 不用，为二进制计数器。

2）只输入计数脉冲 CP_1，由 Q_3，Q_2，Q_1 端输出，为五进制计数器。

3）将 Q_0 端与 CP_1 端相联，在 CP_0 端加计数脉冲，则可得到 8421 码的十进制计数器。

如将计数器适当改接，利用其清零端进行反馈置 0，可得到小于原进制的多种进制计数器。例如将图 8-44a 中的 8421 码十进制计数器改接成图 8-45 所示的两个电路，就分别成为

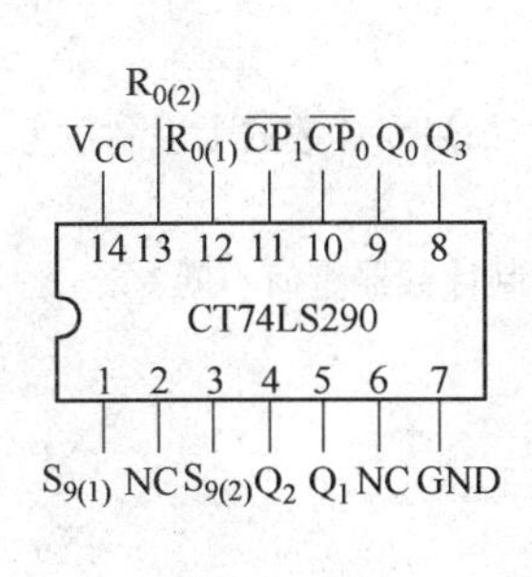

a) 引脚功能图

$R_{0(1)}$ $R_{0(2)}$	$S_{9(1)}$ $S_{9(2)}$	Q_3 Q_2 Q_1 Q_0
1 1	0 Φ Φ 0	0 0 0 0
Φ Φ	1 1	1 0 0 1
Φ 0	Φ 0	计数
0 Φ	0 Φ	计数
0 Φ	Φ 0	计数
Φ 0	0 Φ	计数

b) 功能表

图 8-44 CT74LS290 型计数器

六进制和九进制计数器。

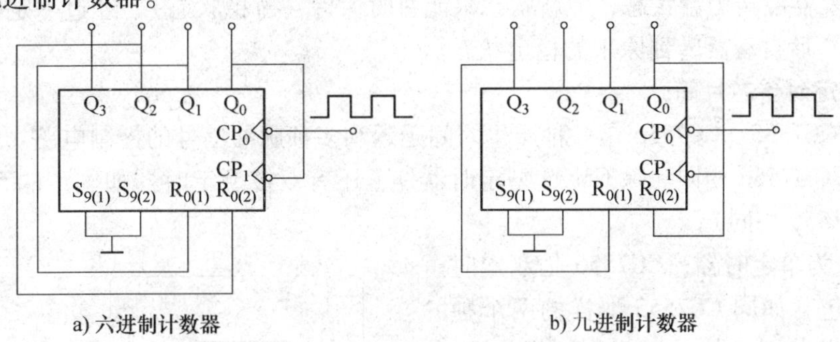

a) 六进制计数器　　b) 九进制计数器

图 8-45 CT74LS290 改接为六、九进制计数器

例 8-6 数字钟表中的分、秒计数都是六十进制，试用两片CT74LS290型二-五-十进制计数器联成六十进制电路。

解 六十进制计数器由两位组成，个位 F_1 为十进制，十位 F_2 为六进制，电路联接如图 8-46 所示。个位的最高位 Q_3 连到十位的 CP_0 端。

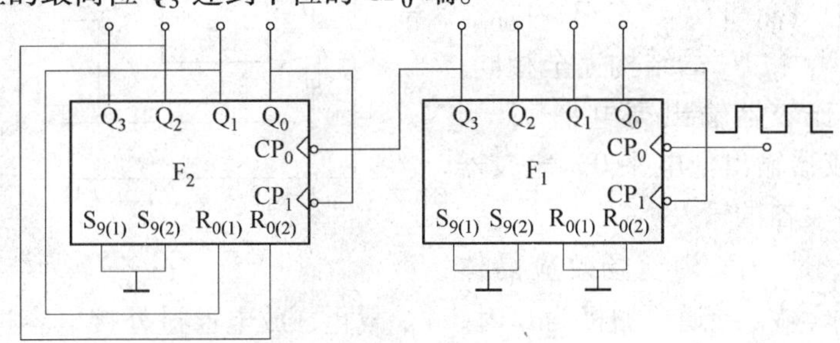

图 8-46 例 8-6 图

个位十进制计数器经过 10 个脉冲循环一次，每当第 10 个脉冲来到后，Q_3 由 1 变为 0（见表 8-4），相当于一个下降沿，使十位的六进制计数器计数。个位计数器经过第一次 10 个脉冲，十位计数器计数为“0001”；经过 20 个脉冲，计数为“0010”；依次类推，经过 60 个脉冲，计数为“0110”。接着，立即清零，个位和十位计数器均恢复为“0000”。这就是六十进制计数器。

［思考题］

1. 说明时序逻辑电路和组合逻辑电路在逻辑功能上和电路结构上有何不同。

2. 数码寄存器和移位寄存器有什么区别？

3. n 位的二进制加法计数器，能计数的最大十进制数是多少？如果要计数的十进制数为 100，需要几位的二进制加法计数器？

4. 异步计数器和同步计数器有何不同？二进制计数器和十进制计数器有何不同？

5. 试用两片 CT74LS290 构成百进制计数器。

8.6 555 时基电路及其应用

上述的触发器都有两个稳定状态，称为双稳态触发器，从一个稳定状态翻转为另一个稳定状态必须靠信号脉冲触发，信号脉冲消失后，稳定状态能一直保持下去。所谓单稳态触发器是指只有一个稳定状态，在没有外加触发脉冲作用时，触发器处于稳定状态。当外加触发脉冲后，触发器翻转为新状态，但新状态只能暂时保持（暂稳状态），经过一定时间（由电路参数决定）后自动翻转到原来的稳定状态。

8.6.1 555 定时器芯片简介

定时器 CC7555、CC7556 是一种产生时间延迟和多种脉冲信号的控制电路。与国外产品 ICM7555 和 ICM7556 相同。除 CMOS 型定时器外，还有双极型定时器如国产的 5G1555（与国外产品 NE555 相同）。

CC7555 为单定时器，CC7556 是双定时器，其内部包含如同 CC7555 那样的两个独立单元，它们共用一组电源 V_{DD} 和 V_{SS}。以下分析电路以 CC7555 为例。

如图 8-47 所示为 CC7555 的逻辑图。它由电阻分压器、比较器、RS 触发器、放电开关和输出反相器等部分组成。电阻分压器将 V_{DD} 分压成 U_1 = （2/3） V_{DD} 和 U_2 = （1/3） V_{DD}。

两个比较器 N_1 和 N_2 的结构完全相同。当 $U_+ > U_-$ 时，比较器输出高电平 1；当 $U_+ < U_-$ 时，比较器输出低电平 0。比较器的输出作为 RS 触发器的输入。

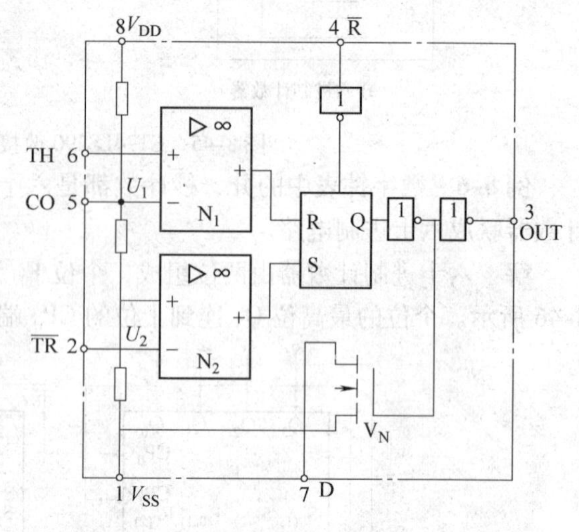

图 8-47 CC7555 定时器逻辑图

放电开关 V_N 是一 N 沟道场效应晶体管，当栅极为 1 时，V_N 导通；栅极为 0 时，V_N 截止，放电通过外接电容进行。CC7555 的逻辑功能如表 8-6 所示。

表 8-6 CC7555 真值表

输入			输出	
TH	$\overline{TR}$	$\overline{R}$	OUT	D（V_N）
φ	φ	0	0	接 通
$>2/3V_{DD}$	$>1/3V_{DD}$	1	0	接 通
$<2/3V_{DD}$	$>1/3V_{DD}$	1	原状态	原状态
$<2/3V_{DD}$	$<1/3V_{DD}$	1	1	关 断

由表可知，当 $\overline{R}=0$ 时，不论 TH 和$\overline{TR}$端的输入电平如何，电路输出为 0。故称 $\overline{R}$ 为复位端，正常工作时 $\overline{R}=1$。

当 TH 端输入电压大于 $2/3V_{DD}$，$\overline{TR}$端输入电压大于 $1/3V_{DD}$时，比较器 N_1 输出为 1，比较器 N_2 输出为 0，则电路输出为 0。

当 TH 端输入电压小于 $2/3V_{DD}$，$\overline{TR}$输入电压大于 $1/3V_{DD}$时，比较器 N_1 和 N_2 输出均为 0，电路保持原状态不变。

当 TH 端输入电压小于 $2/3V_{DD}$，$\overline{TR}$端输入电压小于 $1/3V_{DD}$时，比较器 N_1 输出为 0，比较器 N_2 输出为 1，则电路输出为 1。

图 8-48 为 CC7555 和 CC7556 的引脚功能图。图中 CO 端为电压控制端，如外接电压则可改变触发电平和阈值电压。不用时可将其悬空或经 0.01μF 的电容接地。

CMOS 定时器电路具有如下特点：

1）静态电流较小，每个单元为 80μA 左右。

2）输入阻抗极高，输入电流为 1μA 左右。

3）电源电压范围较宽，在 3～18V 内均可正常工作。

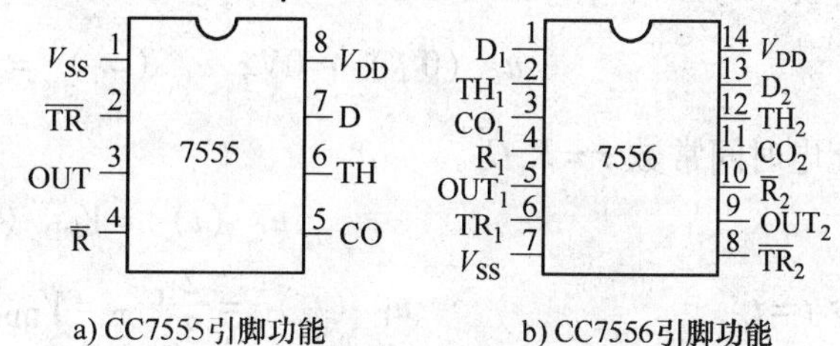

a) CC7555引脚功能　　b) CC7556引脚功能

图 8-48　引脚功能

4）由于输入阻抗高，作单稳态触发器等使用时，比用双极型定时器定时时间长且稳定。

8.6.2　CC7555 组成的单稳态触发器

单稳态触发器在数字电路中一般用于定时（产生一定宽度的矩形波）、整形（把不规则的波形变为幅度和宽度都相等的脉冲）及延时（将输入信号延迟一定时间后输出）等。

图 8-49a 是由 CC7555 构成的单稳态触发器。

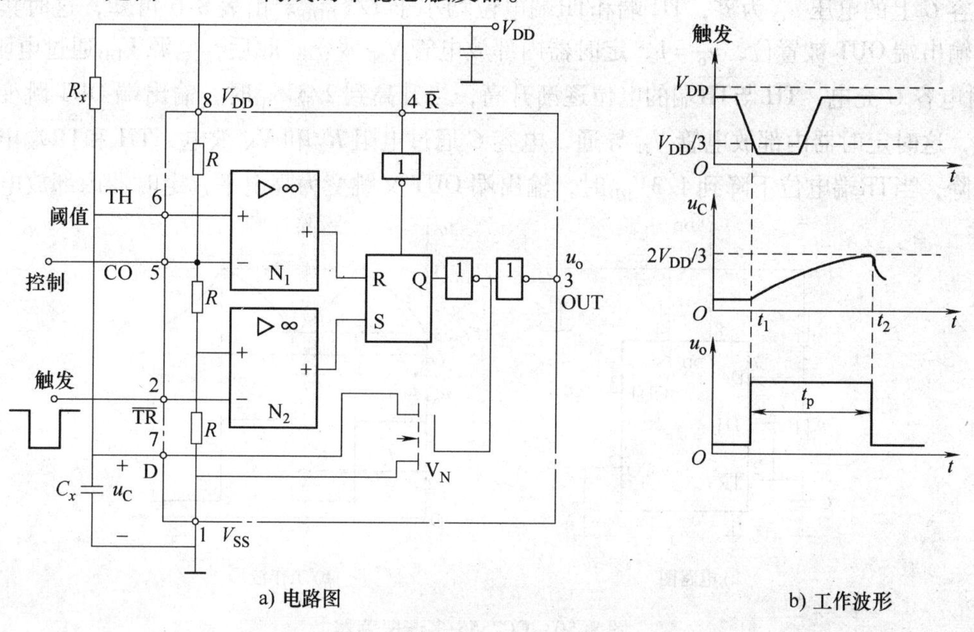

a) 电路图　　b) 工作波形

图 8-49　CC7555 构成的单稳态触发器

该电路的触发信号从$\overline{TR}$端输入。TH 端和放电端 D 连在一起。接通电源瞬间，电源通过电阻 R_x 向电容 C_x 充电，充电到 $u_C > 2/3V_{DD}$时，输出复位，$u_o = 0$，放电管 V_N 导通，电容 C_x 放电，电路进入稳态。当触发端$\overline{TR}$加一负脉冲且幅值低于 $1/3V_{DD}$时，比较器 N_2 输出为 1，使触发器置位，$u_o = 1$，V_N 管截止，电路进入暂稳态。电源通过电阻 R_x 对电容 C_x 充电，当 $u_C > 2/3V_{DD}$（此时触发负脉冲已结束）时，电路又发生翻转，$u_o = 0$，V_N 导通，电容 C_x 通过 V_N 管放电，电路恢复至稳态，完成了单稳态触发器的一个工作过程。图 8-49b 为该电路的工作波形。

若忽略 V_N 的饱和压降，则 u_C 从零电平上升到 $2/3V_{DD}$所需的时间，即为 u_o 的输出脉冲宽度 t_p，其值可从图 8-49b 的 u_C 波形中求出。为分析方便，以输入负触发脉冲 u_i 下降到 $1/3V_{DD}$的时间 t_1 作为计时起点，则有：

$$u_C(0_+) \approx 0\text{V};\ u_C(\infty) = V_{DD};\ u_C(t_p) = \frac{2}{3}V_{DD}$$

充电时间常数 $\tau = R_x C_x$。

$$u_C(t) = V_{DD}(1 - e^{-t/\tau})$$

令 $t = t_p$

$$u_C(t_p) = \frac{2}{3}V_{DD} = V_{DD}\left[1 - e^{-t_p/(R_x C_x)}\right]$$

解得：

$$t_p = R_x C_x \ln 3 \approx 1.1 R_x C_x \tag{8-10}$$

在 t_p 时间内，不能再输入触发脉冲，因此要求输入脉冲宽度要小于输出脉冲宽度 t_p。

8.6.3 CC7555 组成的多谐振荡器

主要用于产生方波或矩形波的电路称为多谐振荡器。在数字系统和计算机中，方波或矩形波被用作时钟信号、计数脉冲或其他同步信号。多谐振荡器没有稳定状态，故又称为无稳态电路。

图 8-50a 是由 CC7555 构成的多谐振荡器。R_1、R_2、C 是定时元件。接通电源瞬间，定时电容 C 上的电压 u_C 为零，TH 端和$\overline{TR}$端电位均小于 $1/3V_{DD}$。由表 8-6 可知，这时集成定时器输出端 OUT 被置位，$u_o = 1$，定时器内部放电管 V_N 截止。此后，电源 V_{DD}通过电阻 R_1、R_2 对电容 C 充电，TH 与$\overline{TR}$端的电位逐渐升高，当升高到 $2/3V_{DD}$时，输出端 OUT 跳变成低电平，这时定时器内部放电管 V_N 导通，电容 C 通过电阻 R_2 和 V_N 放电，TH 和$\overline{TR}$端电位逐渐下降，当$\overline{TR}$端电位下降到 $1/3V_{DD}$时，输出端 OUT 又跳变为高电平，定时器内部放电管截

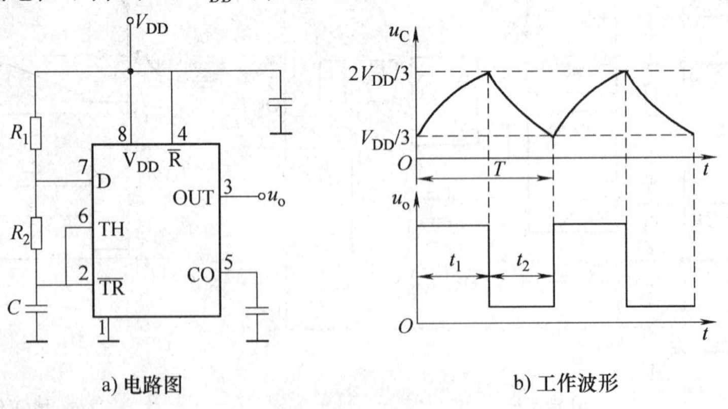

a) 电路图　　b) 工作波形

图 8-50　CC7555 多谐振荡器

止。依此周而复始形成振荡，在输出端得到如图 8-50b 所示的矩形脉冲信号。

振荡周期 T 和振荡频率 f 可如下近似估算：

$$
\begin{aligned}
t_1 &= (R_1 + R_2)C\ln 2 \approx 0.7(R_1 + R_2)C \\
t_2 &= R_2 C\ln 2 \approx 0.7R_2 C \\
T &= t_1 + t_2 \approx 0.7(R_1 + 2R_2)C \\
f &= \frac{1}{T} \approx \frac{1.43}{(R_1 + 2R_2)C}
\end{aligned}
\tag{8-11}
$$

可见，由集成定时器构成的多谐振荡器的振荡频率只取决于外接元件。图 8-51 是由 CC7555 集成定时器构成的占空比可调的多谐振荡器。该电路用两个二极管隔离充、放电电流，可以分别控制振荡器的高低电平持续时间。这样，用电位器 RP 就可以调节占空比。选择不同值的电容 C_1，可改变频率，频率的调节范围可以从 200kHz ~ 0.01Hz 或更低。

该电路电源工作范围较宽，为 3 ~ 15V，输出端吸收电流为 200mA。如工作于 5V 电压，能与 TTL 相容。最小脉宽为 2.5μs。

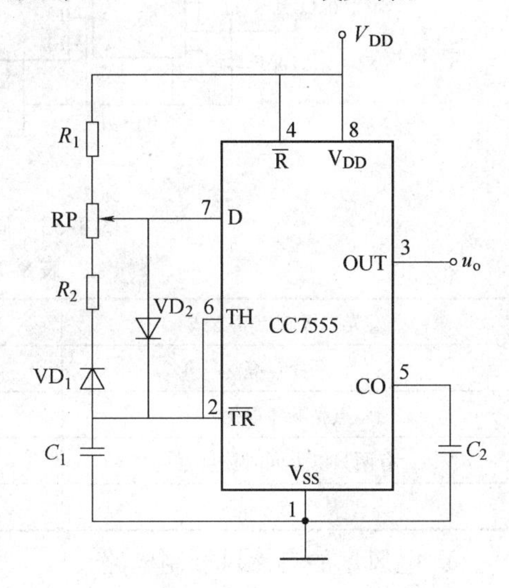

图 8-51　占空比可调的多谐振荡器

8.6.4　应用举例

1. 模拟声响发生器

模拟声响发生器电路如图 8-52a 所示。

图中 IC_1 和 IC_2 是两片 555 时基电路，模拟声响发生器是由两个多谐振荡器构成，两个振荡器电路结构相似但参数不同，尤其应引起注意的是 IC_1 的输出 u_{o1} 接到 IC_2 的复位端。适当选择参数使 IC_1 的振荡频率 $f_1 = 1\text{Hz}$，IC_2 的振荡频率 $f_2 = 2\text{kHz}$。很明显，u_{o1} 为高电平时，IC_2 工作，扬声器发声；u_{o1} 为低电平时，使 IC_2 复位，振荡器停振，电路的工作波形如图 8-52b 所示。这种波形将使扬声器发生间隙式声响。

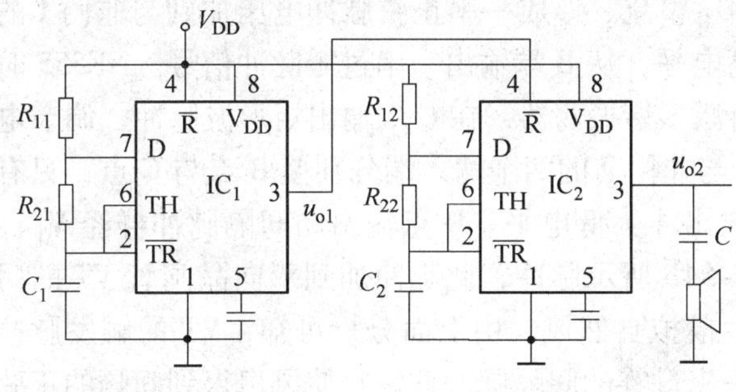

a) 电路图

u_{o1}

u_{o2}

b) 工作波形

图 8-52　模拟声响发生器电路

2. 多芯电缆测试仪电路

图 8-53 是一个简易多芯电缆测试仪电路。该电路可以对 10 芯以内电缆的短路、断芯及编号错乱等故障进行判断。

IC_1 为 NE555 时基电路，它与外围元件构成多谐振荡器，调节 RP 可改变振荡器的频率，IC_1 输出的脉冲作为 IC_2 的时钟信号使用。IC_2 为十进制计数/分配器 CC4017，当从 CP 端输入时钟信号时，它的输出端 Q_0 ~ Q_9 便会依次出现高电平。检测时，将电缆线的两端分别接在插座 X_1 和 X_2 上，并分别给以编号。当接通电源后，在 IC_2 的 Q_0 ~ Q_9 端输出高电平的作用下，插座 X_2 后接的发光二极管 LED_1 ~ LED_{10} 以不同的点亮方式反映出电缆的测试结果，详见表 8-7。简易多芯电缆测试仪电路如图 8-53 所示。

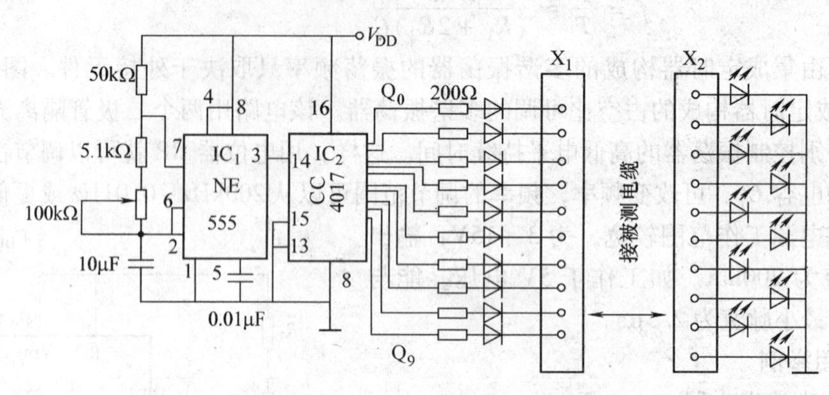

图 8-53　简易多芯电缆测试仪电路

表 8-7　电缆的测试结果

发光二极管点亮方式	测 试 结 果
顺序点亮	电缆无短路、断路现象，线芯编号正确
点亮顺序颠倒	线号编错或接错
有两只以上同时被点亮	电缆芯线间有短路
某个灯不亮	电缆芯线有断路

3. 电风扇的自然风控制电路

电风扇的自然风控制器能使电风扇产生大自然的天然阵风效果，风量时大时小，给人以舒适的感觉。无干扰的自然风电风扇控制电路如图 8-54 所示。

交流电压经变压器 T 降压，VD_1 ~ VD_4 整流、形成一串正弦脉冲电压加到与非门 I 的输入端，电压每过零时，与非门 I 输出为高电平，从 B 端输出一串过零脉冲信号。NE555 时基集成电路与 RP、R_1、C_2 等组成无稳态自激多谐振荡器，在 C 端输出矩形波脉冲，调节电位器 RP 的阻值可以改变输出脉冲的周期。与非门Ⅱ的两个输入端分别接 B 点与 C 点，只有当 B 点与 C 点都为高电平时，与非门Ⅱ的输出才为低电平。D 点输出的间隔脉冲群经 V_1、V_2 组成的放大与倒相电路，E 点输出如图 8-54b 所示脉冲，此脉冲加到双向晶闸管 VT 的门极去控制它的导通或关断，从而使风扇产生模拟自然风。由上面分析可知，VT 的触发脉冲是由过零脉冲和矩形脉冲共同产生的，是一串过零的间隔脉冲群。它使风扇得到间隔的正弦波群，没有阶跃跳变，不会产生干扰脉冲。调节电位器 RP，可以改变风扇的通断时间间隔，即模拟自然风的大小。

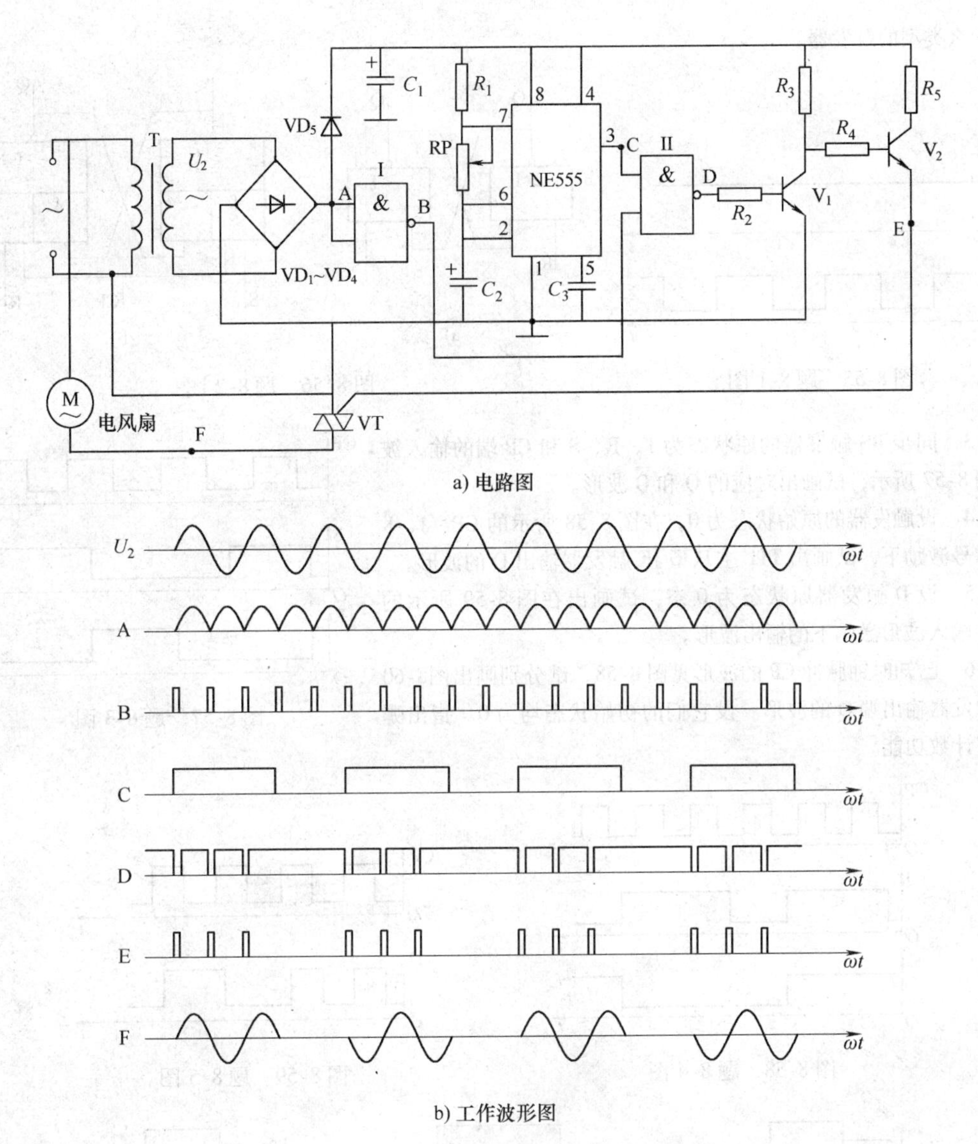

图 8-54 无干扰的自然风电风扇控制电路

[思考题]

1. 证明式(8-11)。

2. CC7555 定时器能否在 $TH > \frac{2}{3}V_{DD}$，$\overline{TR} < \frac{1}{3}V_{DD}$的情况下工作？

3. 单稳态触发器和无稳态触发器各有什么特点？它们产生的方波有何不同？

4. 单稳态触发器为什么能用于定时控制和脉冲整形？

5. 在图 8-50a 多谐振荡器电路中，若 $R_1 = 15\text{k}\Omega$，$R_2 = 68\text{k}\Omega$，$C = 10\mu\text{F}$，则其输出信号的周期为多少？

习 题

8-1 对应于图 8-1a 逻辑图，若输入波形如图 8-55 所示，试分别画出原态为 0 和原态为 1 对应时刻的 Q 和 $\overline{\text{Q}}$ 波形。

8-2 逻辑图如图 8-56 所示，试分析它们的逻辑功能，分别画出逻辑符号，列出逻辑真值表，说明它们是什么类型的触发器。

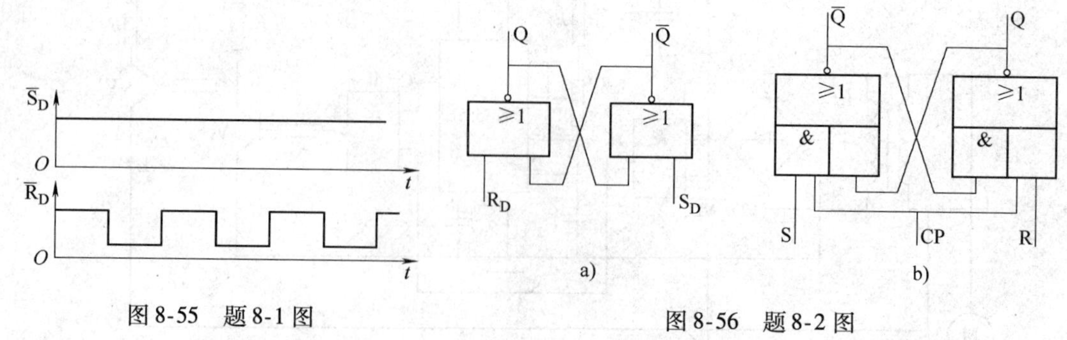

图 8-55　题 8-1 图

图 8-56　题 8-2 图

8-3　同步 RS 触发器的原状态为 1，R、S 和 CP 端的输入波形如图 8-57 所示，试画出对应的 Q 和 $\overline{Q}$ 波形。

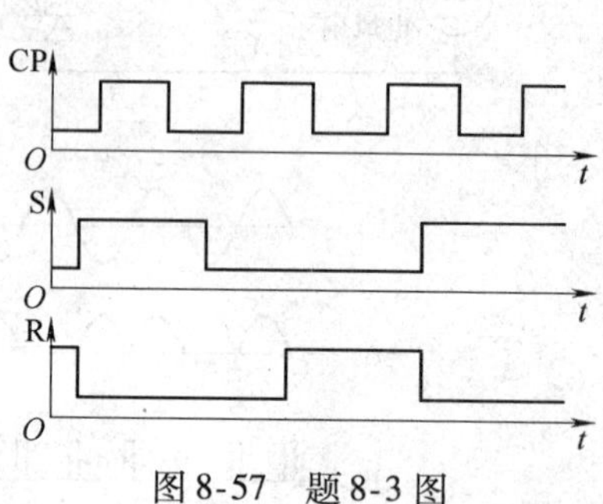

图 8-57　题 8-3 图

8-4　设触发器的原始状态为 0，在图 8-58 所示的 CP、J、K 输入信号激励下，试画出 TTL 主从型 JK 触发器输出 Q 的波形。

8-5　设 D 触发器原状态为 0 态，试画出在图 8-59 所示的 CP、D 输入波形激励下的输出波形。

8-6　已知时钟脉冲 CP 的波形见图 8-58，试分别画出图8-60 中各触发器输出端 Q 的波形。设它们的初始状态均为 0。指出哪个具有计数功能。

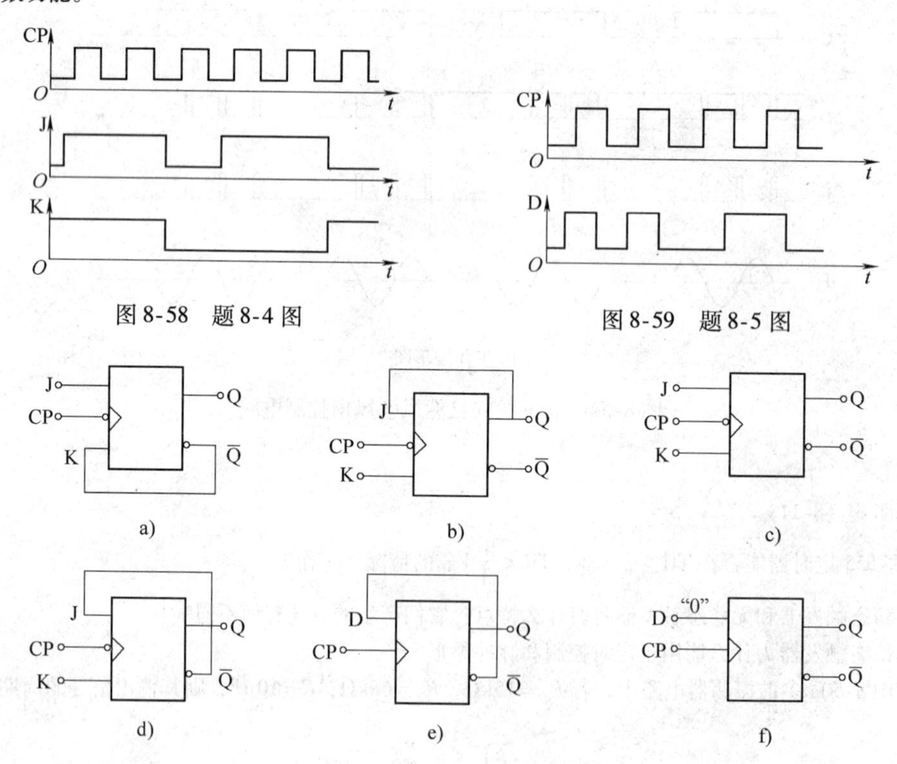

图 8-58　题 8-4 图

图 8-59　题 8-5 图

图 8-60　题 8-6 图

8-7　分别说明图 8-61 所示的 D→JK、D→T′触发器的转换逻辑是否正确。

8-8　分别说明图 8-62 所示的 JK→D、JK→RS 触发器的转换逻辑是否正确。

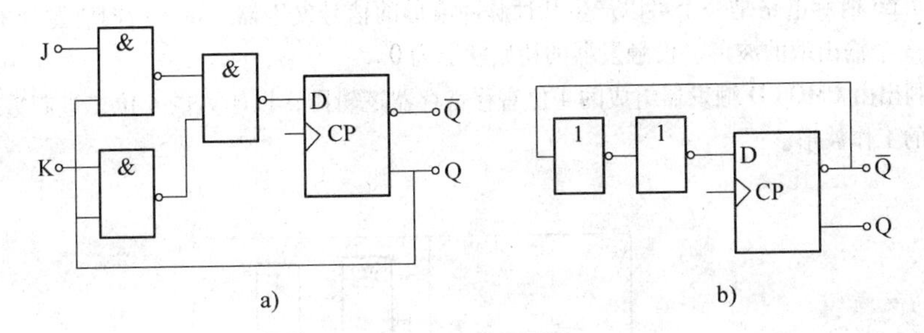

图 8-61　题 8-7 图

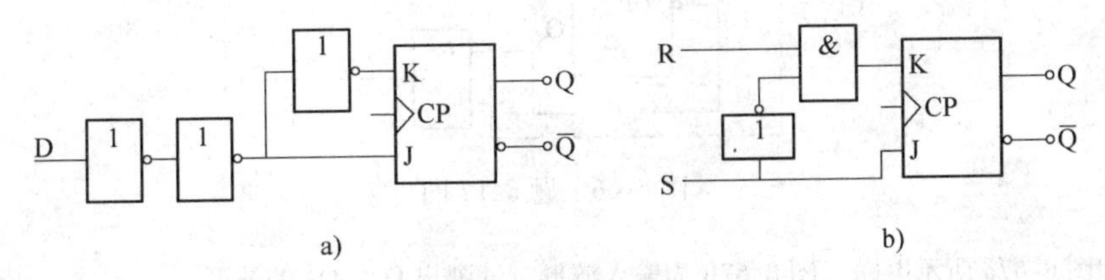

图 8-62　题 8-8 图

8-9　在图 8-63 所示的逻辑电路中，试画出 Q_1 和 Q_2 端的波形，时钟脉冲的波形 CP 见图 8-58。如果时钟脉冲的频率是 4000Hz，那么 Q_1 和 Q_2 波形的频率各为多少？设初始状态 $Q_1=Q_2=0$。

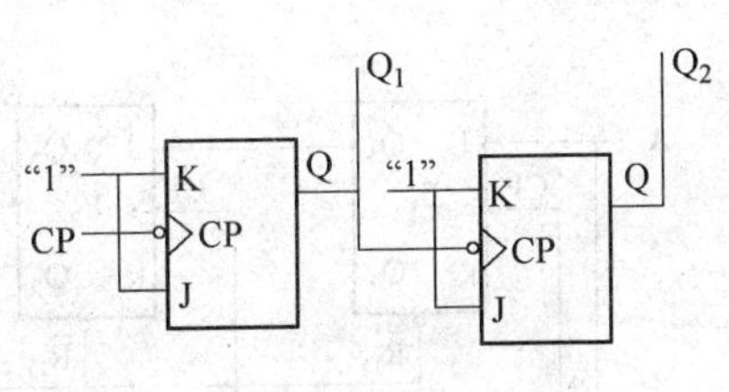

图 8-63　题 8-9 图

8-10　根据图 8-64 所示的逻辑图及相应的 CP、R_D 和 D 的波形，试画出 Q_1 端和 Q_2 端的输出波形，设初始状态 $Q_1=Q_2=0$。

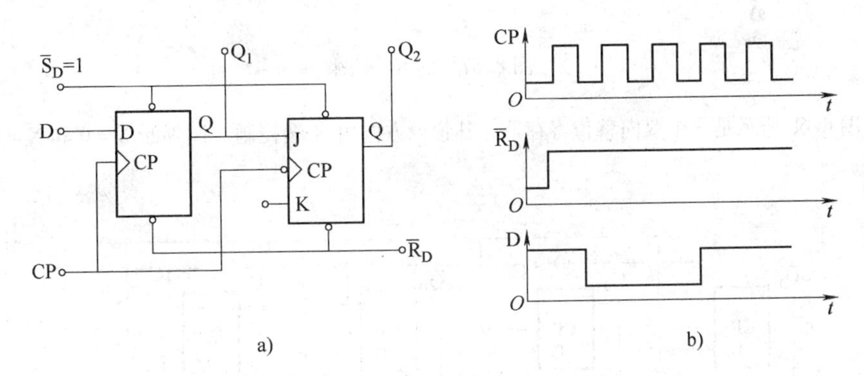

图 8-64　题 8-10 图

8-11　电路如图 8-65 所示，试画出 Q_1 和 Q_2 的波形。设两个触发器的初始状态均为 0。

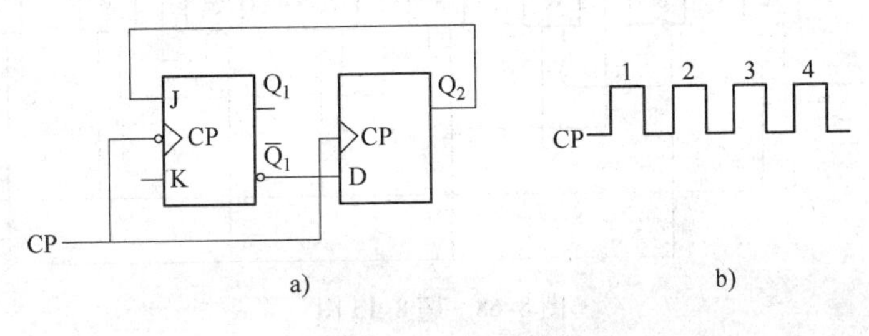

图 8-65　题 8-11 图

8-12　图 8-66 所示电路是一个可以产生几种脉冲波形的信号发生器。试对应时钟脉冲 CP 的波形，画出 F_1、F_2、F_3 3 个输出端的波形。设触发器的初始状态为 0。

8-13　试画出由 CMOS D 触发器组成的 4 位右移寄存器逻辑图，设输入的 4 位二进制数码为 1101，画出移位寄存器的工作波形。

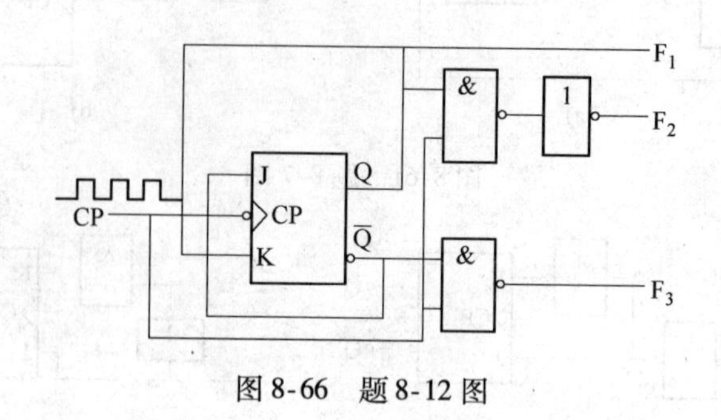

图 8-66　题 8-12 图

8-14　如图 8-67a 所示电路，图 8-67b 为输入波形。试画出 Q_1、Q_2 的波形。

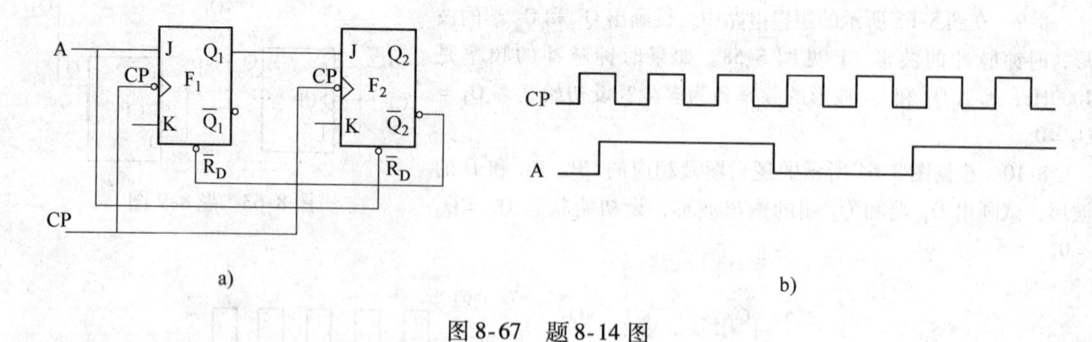

图 8-67　题 8-14 图

8-15　图 8-68 所示是一个双向移位寄存器，其移位方向由 X 端控制。试判断 X = 0 和 X = 1 时寄存器的移位方向。

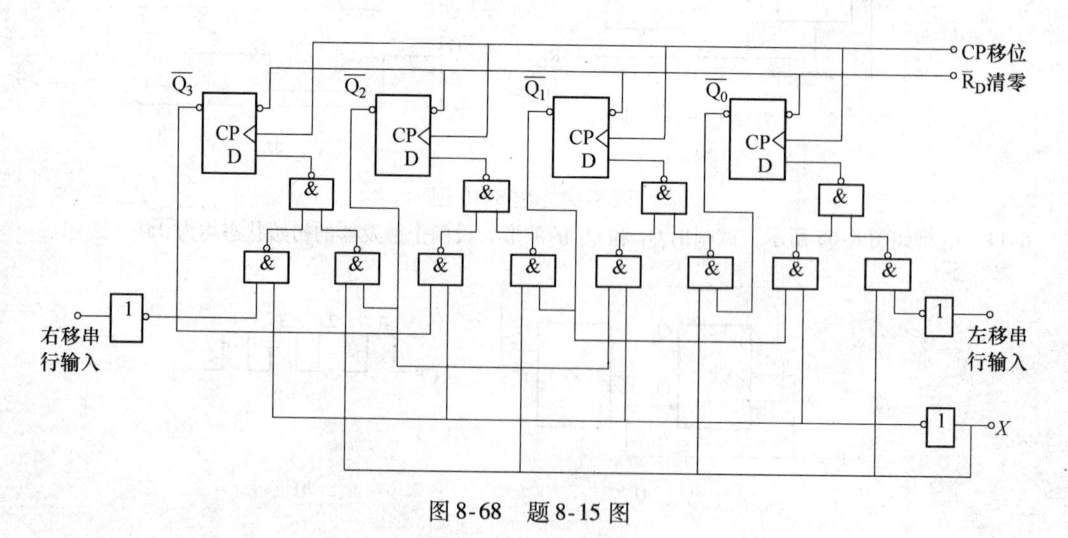

图 8-68　题 8-15 图

8-16　图 8-43 为同步五进制计数器的逻辑图，在 CP 端输入计数脉冲后，列出它的状态转换表，并画出工作波形图。

8-17　图 8-69 是由 4 个 TTL 主从型 JK 触发器组成的一种计数器，通过分析说明该计数器的类型，并画出工作波形图。

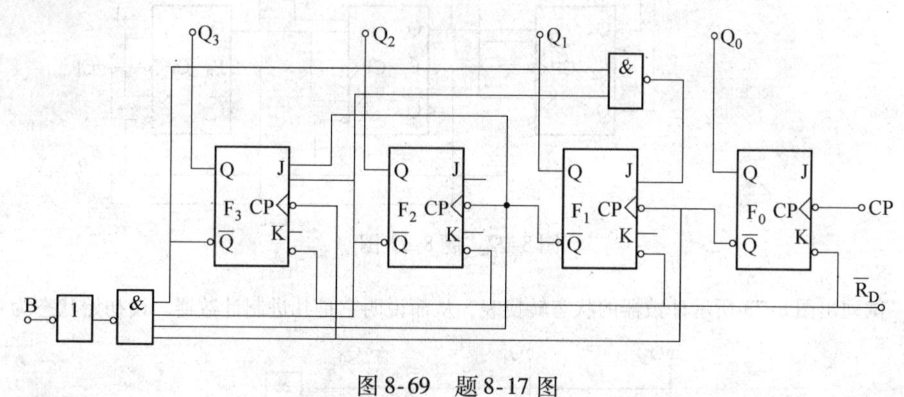

图 8-69　题 8-17 图

8-18　图 8-70 是由 3 个 TTL 主从型 JK 触发器组成的一种计数器，通过分析说明该计数器的类型，并画出工作波形图。

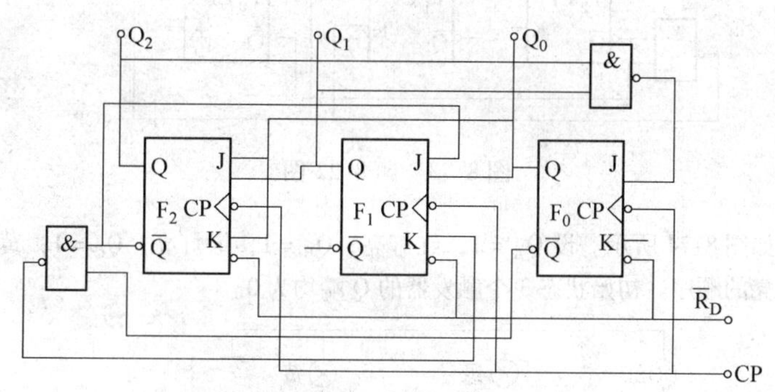

图 8-70　题 8-18 图

8-19　计数器电路见图 8-31，试分析其逻辑功能。

8-20　如图 8-71 所示电路，试画出在图中时钟脉冲 CP 作用下，Q_0、$\overline{Q_0}$、Q_1、$\overline{Q_1}$和输出 ϕ_1、ϕ_2 的波形图，并说明 ϕ_1 和 ϕ_2 波形的相位差（时间关系）。

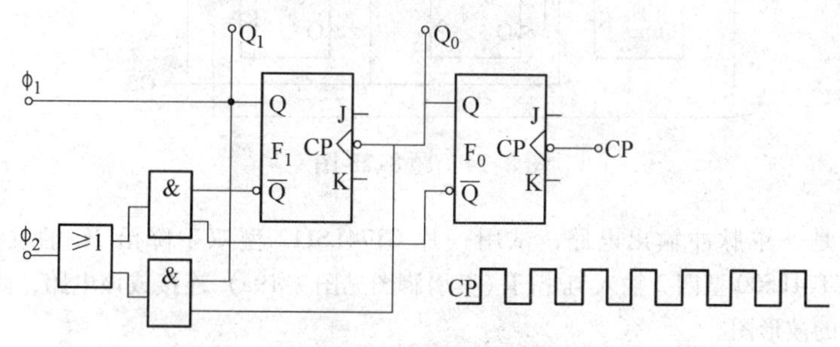

图 8-71　题 8-20 图

8-21　图 8-72 是由 3 个 TTL 主从型 JK 触发器组成的一种计数器，写出计数器的状态方程，说明该计数器的类型。

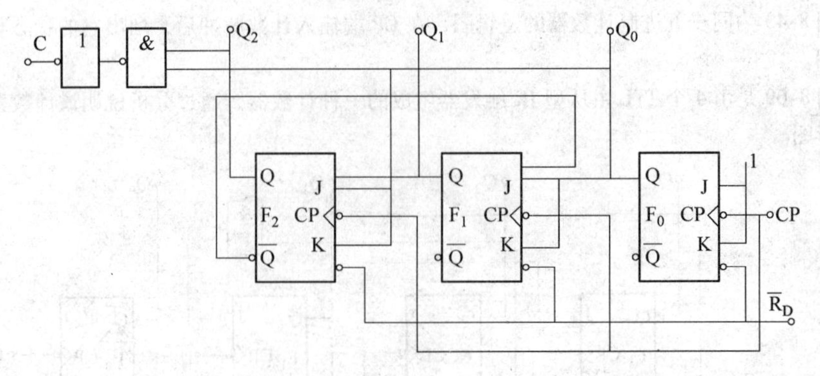

图 8-72　题 8-21 图

8-22　试列出图 8-73 所示计数器的状态转换表，从而说明它是几进制计数器。设初始状态为 000。

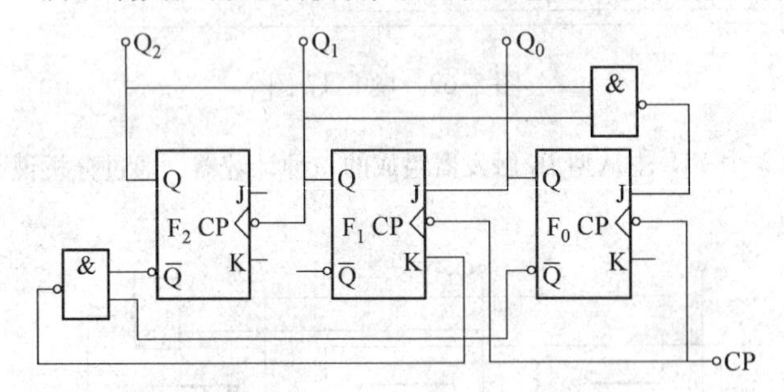

图 8-73　题 8-22 图

8-23　彩灯电路如图 8-74 所示。设 $Q_A=1$，红灯亮；$Q_B=1$，绿灯亮；$Q_C=1$，黄灯亮。试分析该电路，说明 3 组彩灯点亮的顺序。初始状态 3 个触发器的 Q 端均为 0。

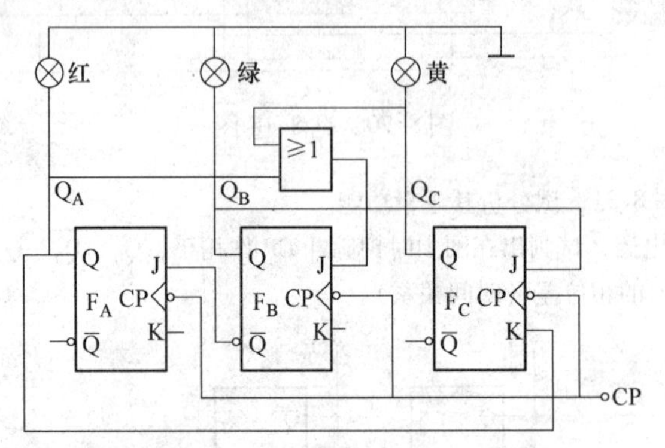

图 8-74　题 8-23 图

8-24　图 8-75 是一单脉冲输出电路，试用一片 CT74LS112 型双下降沿 JK 触发器（其引脚图见图 8-75b）和一片 CT74LS00 型四 2 输入与非门（其引脚图见图 7-19a）连接成该电路，画出接线图，并画出 CP、Q_1、Q_2、F 的波形图。

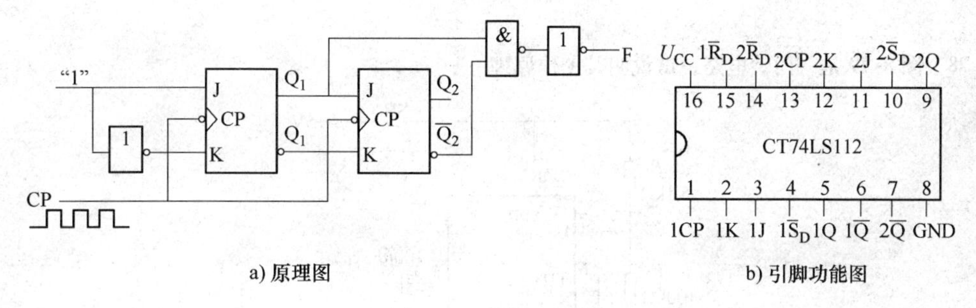

a) 原理图　　b) 引脚功能图

图 8-75　题 8-24 图

8-25　分析图 8-76 所示时序电路的功能，列出状态转换表。

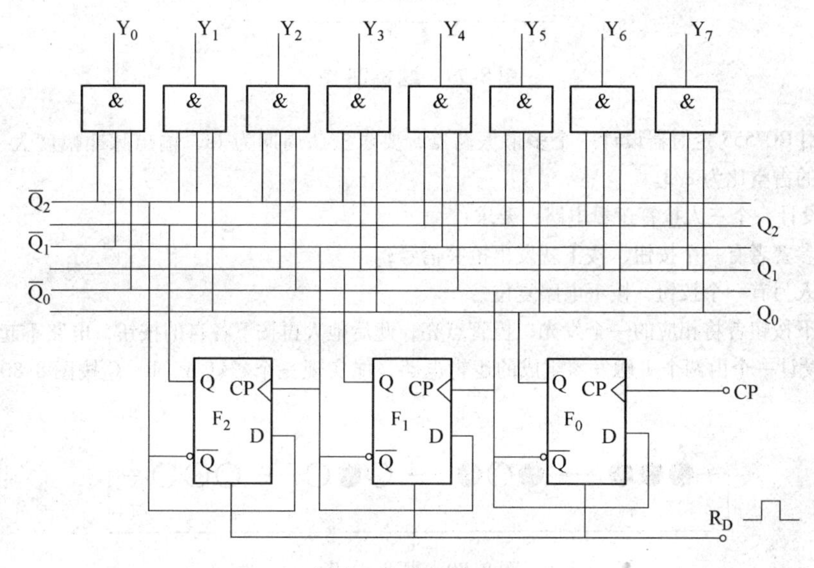

图 8-76　题 8-25 图

8-26　图 8-77 是一个防盗报警电路。a、b 两端被一细铜丝接通，此铜丝置于认为盗窃者必经之处。当盗窃者闯入室内将铜丝碰断后，扬声器即发出报警声（扬声器电压为 1.2V，通过电流 40mA）。(1) 试问 555 定时器接成何种电路？(2) 说明本电路的工作原理。

8-27　图 8-78 是一简易触摸开关电路，当手摸金属片时，发光二极管亮，经过一定时间，发光二极管熄灭。试说明其工作原理，并问发光二极管能亮多长时间？（输出端电路稍加改变也可接门铃、短时用照明灯、厨房排烟风扇等。）

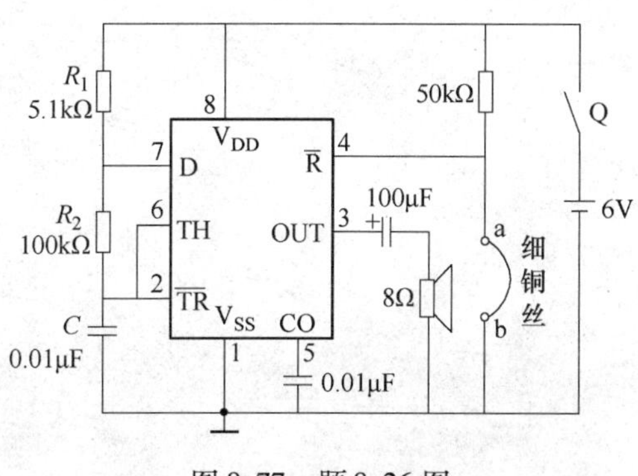

图 8-77　题 8-26 图

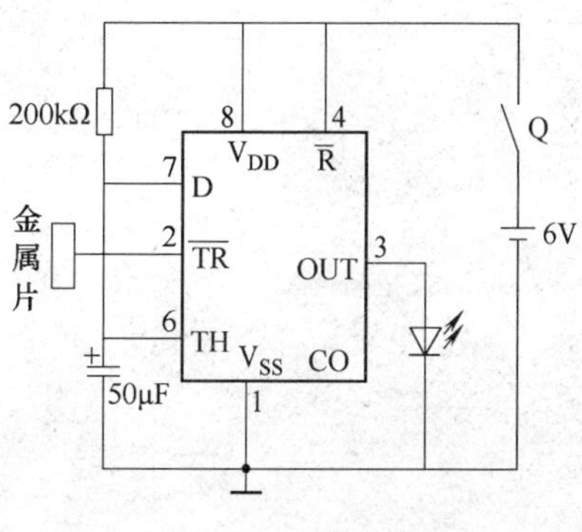

图 8-78　题 8-27 图

8-28　图 8-79 是一门铃电路，试说明其工作原理。

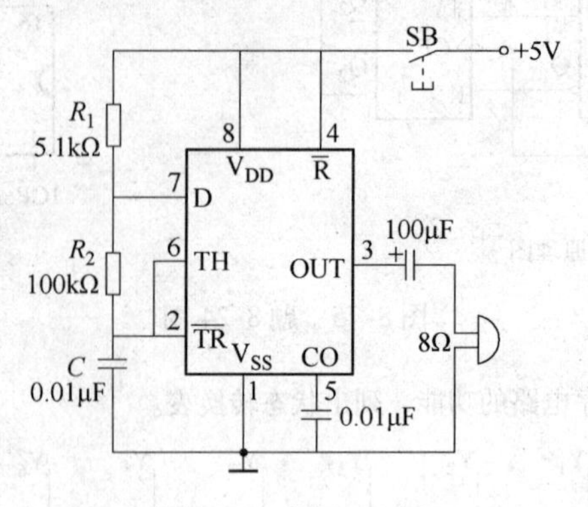

图 8-79　题 8-28 图

8-29　试用 CC7555 定时器设计一个多谐振荡器，要求振荡周期为 1s，输出脉冲幅度大于 3V 且小于 5V，输出脉冲的占空比为 2/3。

8-30　试设计一个三人抢答逻辑电路，要求：

（1）每位参赛者有一个按钮，按下就发出抢答信号；

（2）主持人另有一个按钮，按下电路复位；

（3）先按下按钮者将相应的一个发光二极管点亮，此后他人再按下各自的按钮，电路不起作用。

8-31　试设计一个由两个 T 触发器组成的逻辑电路，能实现三个彩灯 A、B、C 按图 8-80 所示的顺序亮暗。

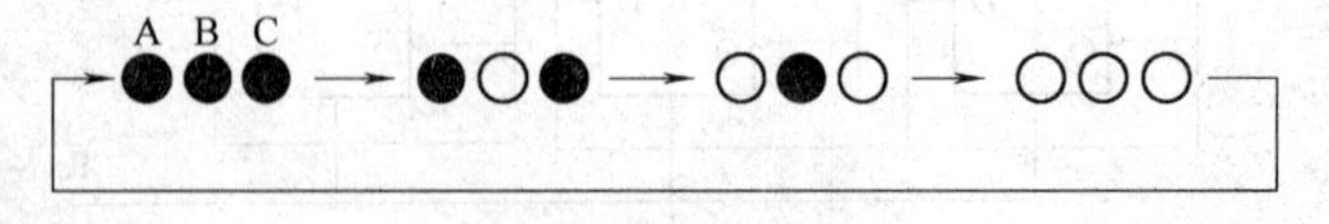

图 8-80　题 8-31 图

* 第9章 电子技术仿真软件EWB及其应用

9.1 EWB概述

Electronics Workbench（简称EWB）是专门用于电子电路仿真和设计的“虚拟电子工作平台”。它是一种在计算机上运行的电路仿真软件，用来模拟硬件实验的工作平台。EWB是加拿大Interactive Image Technologies公司于20世纪90年代推出的。它成功地把原理图设计、系统模拟与仿真及虚拟仪器等融于一体，可将不同类型的电路组合成混合电路进行仿真。这样一方面克服了实验室条件的限制，另一方面又可以针对不同的实验目的（验证、设计、创新、纠错等）进行训练，培养学生的分析、应用和创新能力。与传统的实践性教学不同，采用EWB来进行电子电路的分析和设计，突出了实践教学以学生为中心的开放式教育模式。不仅大大提高了效率，还能训练学生熟练使用电子仪器的能力和正确的测量方法。本章以EWB5.0版本为例介绍它的基本功能和用法。与其他的电子电路CAD软件相比，EWB5.0有以下特点：

1. 提供了简单、直观、快捷的操作界面

具有一般电子技术基础知识的技术人员，只要几个小时就能学会EWB5.0的基本操作。绝大部分操作通过鼠标即可完成，导线的走向及排列由系统自动完成，十分方便。设计完成以后打开电源开关，电路马上会“通电运行”，设计人员马上可以从虚拟仪器上得到所设计电路各方面的性能指标。

在EWB5.0中，元器件和虚拟仪器都能以直观的电路符号或仪器的面板来表示。使用时只需从元器件库和仪器库中，用鼠标以拖动的方式“取出”所需的元器件和虚拟仪器，进行适当排列，连线后就能得到所需电路。连线时用鼠标点中连线的起点，拉到连线终点放开即可，导线的走向及排列由系统自动完成，如对自动排列的导线不满意，可用鼠标拖动进行调整；删除时只需选中某条导线，再删除即可。

2. 提供了丰富的元器件和先进的虚拟仪器

EWB5.0的元器件库提供了种类丰富的元器件，有四千多种，模型元件1万多个。并且还可以新建或扩充已有的元器件库，所需元器件参数可以从生产商的产品使用手册中查到。

EWB5.0提供了各种具有很高技术指标的先进的仪器仪表。其外观、面板布置及操作方法和实际仪器十分接近，非常便于掌握。

使用EWB5.0提供的“仪器”和“元器件”的优点：它们没有被损坏和烧毁的后顾之忧，这对于经费紧张的学校来说有着巨大的现实意义。对于开放式的电子电路实践教学特别有益；老师可以让学生随心所欲地设计电路，使用电子元器件和仪器仪表，而不用担心“仪器”和“元器件”的损坏。

3. 提供了强大的分析功能

EWB5.0 提供包括电路的瞬态和稳态分析、时域和频域分析、器件的线性和非线性分析、电路的噪声和失真分析等常规分析。还提供了离散傅里叶分析、电路零极点分析、电路容差分析等 14 种分析方法，还能设置人为故障，以观察电路的不同状态，加深对基本概念的理解。通过系统仿真再用硬件来实现，可以大大的节约资金，缩短研制周期。

4. EWB5.0 提供了与其他软件的接口

EWB5.0 与 Spice 软件兼容，可以互相转换。可以输入标准 Spice 网表并由系统自动转换为电路图，也可以将在 EWB5.0 中设计好的电路图转换成其他 Spice 仿真器所要求的格式，也可以直接输出至 PROTEL、ORCAD、PAD、TANGO 等 PCB 绘图软件中自动排出 PCB（印制电路板）图。还能使用剪切－粘贴功能把电路和分析图放到文字处理软件中来完成高质量的报告或实现分组设计。

9.2 EWB5.0 的基本界面

9.2.1 EWB5.0 的主要窗口

启动 EWB5.0 以后，可以看到如图 9-1 所示的主窗口，它由菜单栏、工具按钮、元器件库和仪器仪表库按钮、状态栏、电路设计区和仿真电源开关等部分组成。

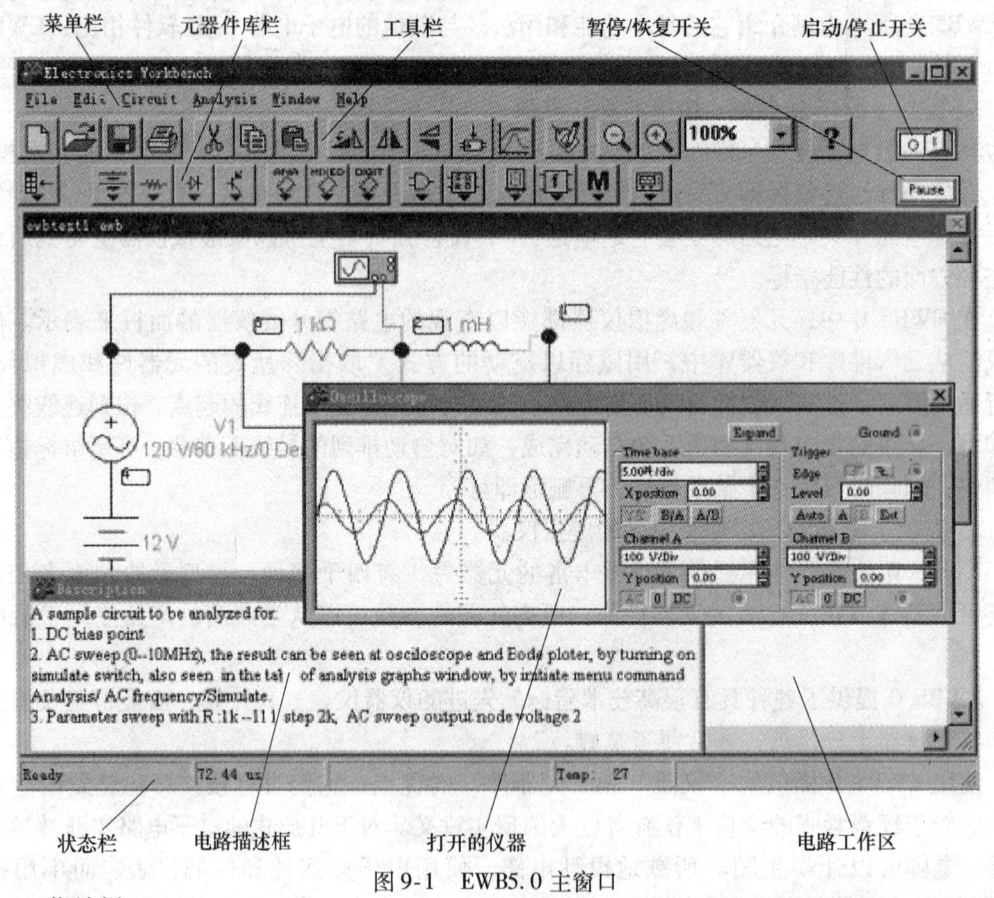

图 9-1　EWB5.0 主窗口

1. 菜单栏

菜单栏位于电路窗口的上方，为下拉式菜单。主要有以下几个：File（文件）、Editl 编辑)、Circuit（电路)、Analysis（分析)、Windows（窗口)、Help（帮助)。从各个莱单中可以选择电路连接和实验所需的各种命令，各个菜单的详细内容在第四节详细叙述。

2. 工具按钮

EWB5.0 把常用的操作用图标的形式排列成一条工具栏，以便于使用。

3. 元器件库和仪器仪表库按钮

EWB5.0 在工具按钮的下方以图标的形式给出了各种元器件库和仪器仪表库按钮。元器件库和仪器仪表库的图标的含义在第三节介绍。

4. 电源开关

打开电源可进行电路的“通电”仿真，关闭电源可进行电路的修改。

5. 电路设计区

该区域为 EWB5.0 的主要工作区域，所有元器件及仪器的输入、电路的连接和测试仿真均在该区域内完成。

6. 状态栏

状态栏显示了电路现在的工作状态。

9.2.2 EWB5.0 的工具条

EWB5.0 的工具条如图 9-2 所示，各个按钮的名称及功能如下：

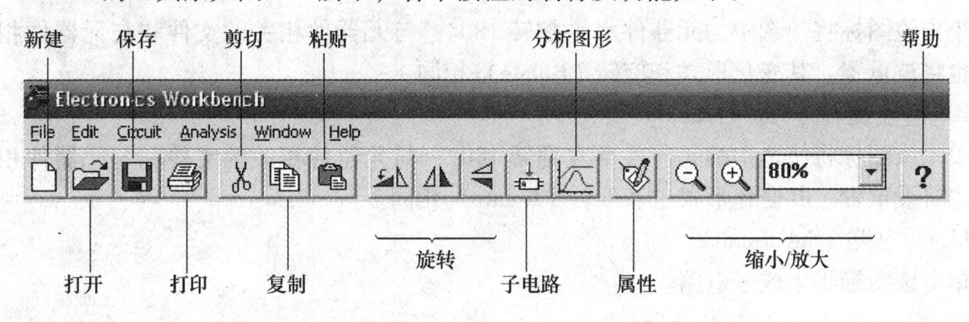

图 9-2 EWB5.0 的工具条

1. 新文件（New）快捷键 Ctrl + N

用于打开一个没有标题的窗口，创建一个新电路。如果当前电路作了改动，则在单击图标以后，将会出现窗口提示是否保存当前电路。

2. 打开（Open）快捷键 Ctrl + O

用于打开一个已有的电路文件。单击图标后将显示一个标准的打开文件对话框，可以通过改变驱动器或路径，并改变所打开文件的类型来找到所需文件。在 Windows 中只能打开扩展名为 . ca、. ca3、. ca4、. cd3 或 ewb 文件。

3. 保存（Save）快捷键 Ctrl + S

用于保存当前编辑的电路文件。单击后显示一个标准的保存文件对话框，可根据需要选择所需驱动器或路径，并根据需要起文件名，扩展名 Windows 默认为 . ewb。若已保存过，则会以已有的文件名保存当前的电路。但是原文件将被履盖。

4. 打印（Print）快捷键 Ctrl + P

用于打印当前的电路文件，单击后将弹出一个对话框，根据需要选择要打印的部分即可。

5. 剪切（Cut）快捷键 Ctrl + X

将所选区域的电路或文本剪切至剪贴板，同时除去所选区域的电路。可根据需要粘贴在其他地方，但需注意的是剪切的内容中不能含有仪器图标。注意剪贴板中的内容永远是最后一次剪切或复制的内容，前一次的内容会被最后一次的内容覆盖。

6. 复制（Copy）快捷键 Ctrl + C

将所选区域的电路或文本复制至剪贴板。复制的内容被放在剪贴板上可以根据需要粘贴到其他地方。同样，复制的内容也不能有仪器图标。

7. 粘贴（Paste）快捷键 Ctrl + V

将剪贴板中的内容粘贴在当前工作窗口的工作区（剪贴板中的内容依然存在），剪贴板中的内容只能粘贴在具有相似类型的地方。例如元器件只能粘贴到电路设计区，而不能粘贴到电路描述区。

8. 旋转（Rotate）快捷键 Ctrl + R

单击一次将所选中的元器件逆时针旋转 90°。与元器件有关的文件，例如标号、数值和模型信息等将不会被旋转，但将被重新放置。与元器件相连的导线也会自动重新排列并变换走向。

9. 水平旋转（Flip Horizontal）

单击该图标将使选中的元器件水平翻转 180°，与元器件相关的文件和与元器件相连的导线也将被重置。其变化形式和旋转（Rotate）相同。

10. 垂直旋转（Flip Vertical）

单击该图标将使选中的元器件垂直翻转 180°，与元器件相关的文件和与元器件相连的导线也将被重置。其变化形式也和旋转（Rotate）相同。

11. 子电路（Subcircuit）

单击该图标将生成子电路。

12. 分析图（Analysis Graphs）

单击该图标将调出分析图。

13. 元器件特性（Component Properties）

单击该图标查看所选元器件的特性，双击该图标得到元器件特性对话框。如果在选中该元器件后右击快捷菜单中的 Component Properties（元器件属性）命令，则在同一电路以后所用到的所有同类元器件的特性都将会赋以默认值，但以前存在的同类元器件不变。

14. 缩小（Zoom out）快捷键 Ctrl + -

单击该图标，则电路图将缩小一定比例。

15. 放大（Zoom in）快捷键 Ctrl + +

单击该图标，则电路图将放大一定比例。

16. 显示比例（Display Scale）

可以从下拉式的比例选择框中选择电路图的显示比例。

17. 帮助（Help）

调出与选中对象有关的帮助内容。

9.3 EWB5.0 的元器件库和仪器仪表库

9.3.1 EWB5.0 的元器件库

EWB5.0 提供了丰富的元器件及常用测试仪器。下面给出各个元器件库和仪器仪表库的图标和该库所包括的元器件和仪器的含义。图 9-3 为元器件库和仪器仪表库的图标。

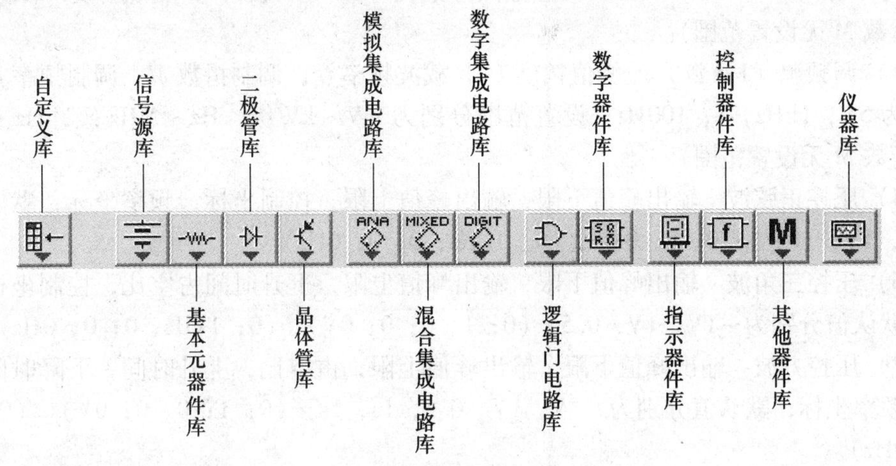

图 9-3 元器件库图标

1. 自定义库

自定义库包括元器件库和仪器仪表库。

2. 信号源库

信号源库的图标如图 9-4 所示。

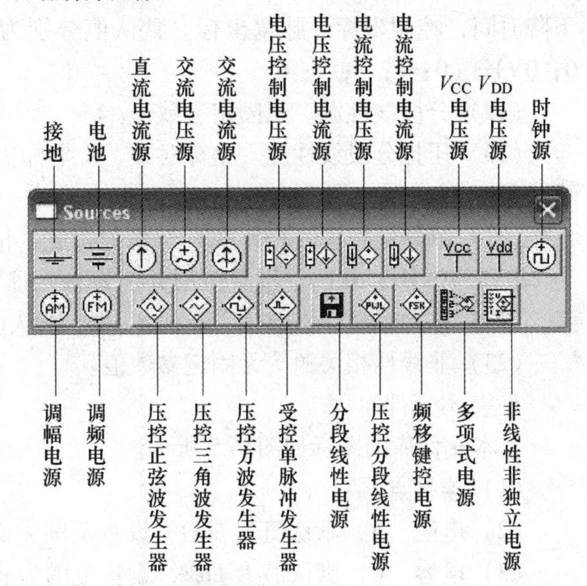

图 9-4 信号源库图标

（1）接地　可为数字地或模拟地。

（2）直流电压源　电压 U，默认值为 12V。可设置范围为 μV ~ kV 级。

（3）直流电流源　电流 I，默认值为 1A。可设置范围为 μA ~ kA 级。

（4）交流电压源　电压 U，频率 f，相位 φ。默认值分别为 120V，60Hz，0°。设置范围分别为 μV ~ kV 级，Hz ~ MHz 级。

（5）交流电流源　电流 I，频率 f，相位 φ。默认值分别为 1A，1Hz，0°。设置范围分别为 μA ~ kA 级，Hz ~ MHz 级。

（6）电压控制电压源　电压增益 E，默认值为 1V/V。设置范围为 mV/V ~ kV/V 级。

（7）电压控制电流源　互导 G，默认值为 1mS。设置范围为 mS ~ kS 级。

（8）电流控制电压源　互阻 R，默认值为 1Ω。设置范围为 mΩ ~ kΩ 级。

（9）电流控制电流源　电流增益 F，默认值为 1A/A。设置范围为 mA/A ~ kA/A 级。

（10）V_{CC}电压源。

（11）V_{DD}电压源。

（12）时钟源　频率f，占空比D，电压U，默认值分别为1kHz，50%，5V。设置范围分别为Hz~MHz级，0%~100%级，mV~kV级。

（13）调幅源（AM源）　载波幅度U_C，载波频率f_C，调制指数M，调制频率f_m，默认值分别为1V，1kHz，1，100Hz。设置范围分别为mV~kV级，Hz~MHz级，Hz~MHz级（调制指数M无设置范围）。

（14）调频源（FM源）　峰值幅度U_a，载波频率f_C，调制指数M，调制频率f_m，默认值分别为5V，1kHz，1，100Hz。设置范围分别为mV~kV级，Hz~MHz级，Hz~MHz级（调制指数M无设置范围）。

（15）压控正弦波　输出峰值下限，输出峰值上限，控制坐标，频率坐标，默认值分别为-1V，1V，(0；1；0；0；0V)，(0；1kHz；0；0；0Hz)。

（16）压控三角波　输出峰值下限，输出峰值上限，上升时间占空比，控制坐标，频率坐标，默认值分别为-1V，1V，0.5，(0；1；0；0；0V)，(0；1kHz；0；0；0Hz)。

（17）压控方波　输出峰值下限，输出峰值上限，占空比，上升时间，下降时间，控制坐标，频率坐标，默认值分别为-1V，1V，0.5，1s，1s，(0；1；0；0；0V)，(0；1kHz；0；0；0Hz)。

（18）受控单脉冲　时钟触发，输出低电平，输出高电平，输出延迟，输出上升时间，下降时间，控制坐标，脉宽坐标。默认值分别为0.5V，0V，1V，1s，1s，1s，(0；1；0；0；0V)，(0；1；0；0；0s)。

（19）分段线性源　无固定参数值。

（20）压控分段线性源　坐标对数，X坐标，Y坐标，输入平滑区域。默认值分别为5，0V，0V，1%。

（21）频移键控源（FSK源）　峰值幅度，信号传输频率，空号传输频率。默认值分别为120V，10kHz，5kHz。设置范围分别为mV~kV级，Hz~MHz级，Hz~MHz级。

（22）多项式源　常数A，系数$B \sim K$，默认值为1。

（23）非线性相关源　无固定参数值。

3. 基本元件库

基本元件库的图标如图9-5所示。

（1）连接点。

（2）电阻　R，默认值为1kΩ，设置范围为Ω~MΩ级。

（3）电容　C，默认值为1μF，设置范围为pF~F级。

（4）电感　L，默认值为1mH，设置范围为μH~H级。

（5）变压器　匝数比n，漏感L，磁感L，一次绕组电阻R_1，二次绕组电阻R_2，默认值分别为2，0.001H，5H，0Ω，0Ω。

（6）继电器　线圈电感L，导通电流I，保持电流I。默认值分别为0.001H，0.05A，0.025A。设置范围分别为nH~H级，nA~A级。

（7）开关　默认键为SPACE。设置范围为A~Z，0~9，ENTER，SPACE。

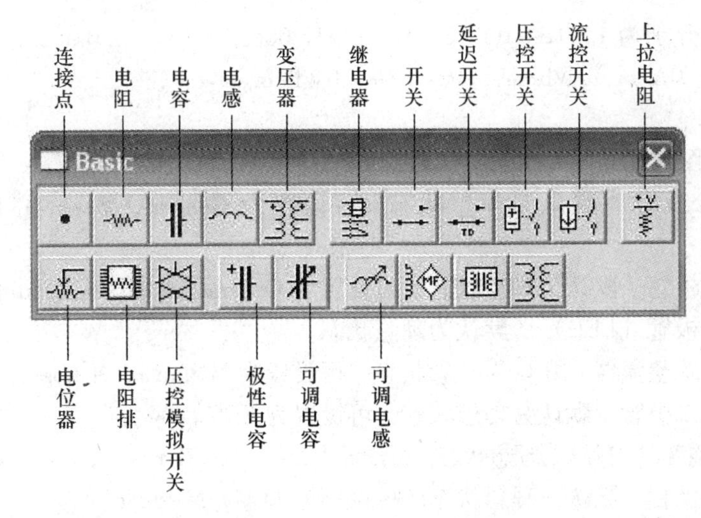

图 9-5 基本元件库图标

(8) 延迟开关　导通时间 t_1，断开时间 t_2。默认值分别为 0.5s，0s。设置范围分别为 ps ~ s 级，ps ~ s 级。

(9) 压控开关　导通电压 U_1，断开电压 U_2。默认值分别为 1V，0V。设置范围分别为 mV ~ kV 级，mV ~ kV 级。

(10) 流控开关　导通电流 I_1，断开电流 I_2。默认值分别为 1A，0A。设置范围分别为 mA ~ kA 级，mA ~ kA 级。

(11) 上拉电阻　电阻 R，上拉电压 U。默认值分别为 1kΩ，5V。设置范围分别为 Ω ~ MΩ 级，V ~ kV 级。

(12) 电位器　电阻，比例设定，增量，默认值分别为 R，1kΩ，50%，5%。设置范围分别为 A ~ Z，0 ~ 9；Ω ~ MΩ 级，0% ~ 100%，0% ~ 100%。

(13) 电阻排　电阻 R，默认值为 1kΩ，设置范围为 Ω ~ MΩ 级。

(14) 压控模拟开关　"断开"控制电平值 U_1，"导通"控制电平值 U_2，"断开"电阻 R_1，"导通"电阻 R_2。默认值分别为 0V，1V，1TΩ，1Ω。设置范围分别为 mV ~ kV 级，mV ~ kV级，Ω ~ TΩ 级，Ω ~ TΩ 级。

(15) 极性电容　C，默认值为 1μF。设置范围为 μF ~ F 级。

(16) 可调电容　电容 C，比例设定，增量，默认值分别为 C，10μF，50%；5%。设置范围分别为 A ~ Z，0 ~ 9，ENTER，SPACE；pF ~ F，0% ~ 100%；0% ~ 100%。

(17) 可调电感　电感 L，比例设定，增量，默认值分别为 L，10mH，50%，5%。设置范围分别为 A ~ Z，0 ~ 9，ENTER，SPACE；μH ~ H，0% ~ 100%；0% ~ 100%。

(18) 空心线圈　匝数默认值为 1。

(19) 磁心　截面积 A，磁心长度 l，输入平滑范围 ISD，坐标对数 N，磁场坐标 1H1，磁场坐标 2H2，磁场坐标 H3-H15，磁通量坐标 1B1，磁通量坐标 2B2，磁通量坐标 B3-B15。默认值分别为 $1m^2$，1m，1%，2，0A/m，1.0A/m，0A/m，0Wb/m，1.0Wb/m，0Wb/m。

(20) 非线性变压器　一次绕组 N_1，一次电阻 R_1，一次侧漏感 L_1，二次绕组 N_2，二次电阻 R_2，二次漏感 L_2，截面积 A，磁心长度 L，输入平滑范围 1SD，坐标对数 N，磁场坐标 1H1，磁场坐标 2H2，磁场坐标 H3-H15，磁通量坐标 1B1，磁通量坐标 2B2，磁通量坐标

B3-B15。默认值分别为 1，1e-06Ω，0.0H，1，1e-06Ω，0.0H，1.0m²，1.0m²，1.0%，2，0A/m，1.0A/m，0A/m，0Wb/m，1.0Wb/m，0Wb/m。

4. 二极管库

二极管库的图标如图 9-6 所示。

（1）普通二极管　默认为理想状态。可设置为 General，Motorola，National，Zetex，Philips。

（2）稳压二极管　默认为理想状态。可设置为 General，Motorola，Philips。

（3）发光二极管（LED）　默认为理想状态。

（4）全波桥式整流器　默认为理想状态。可设置为 Motorola，National，Zetex，Philips。

（5）肖特基二极管　默认为理想状态，可设置为 ECG。

（6）晶闸管整流器　默认为理想状态，可设置为 2N * *，BT * *，C * *，MCR * *，S * *。

（7）双向二极管　默认为理想状态，可设置为 ECG，Motorola。

（8）双向晶闸管　默认为理想状态，可设置为 2N * *，MAC * *，BT * *。

5. 晶体管库

晶体管库的图标如图 9-7 所示。

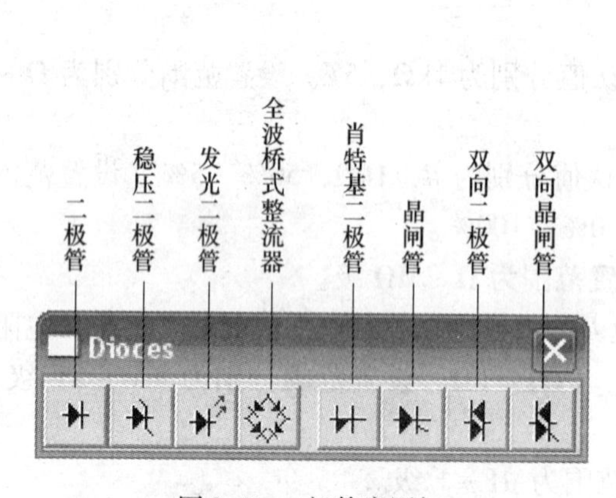

图 9-6　二极管库图标

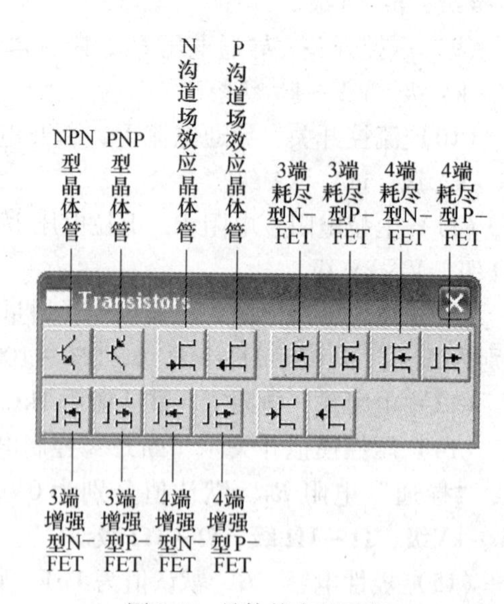

图 9-7　晶体管库的图标

（1）NPN 型晶体管　默认为理想状态，可设置为 Motorola，National，Zetex。

（2）PNP 型晶体管　默认为理想状态。可设置为 Motorola。

（3）N 沟道结型场效应晶体管　默认为理想状态。可设置为 National。

（4）P 沟道结型场效应晶体管　默认为理想状态，可设置为 National，Philips。

（5）3 端耗尽型 N 沟道 MOS 场效应晶体管　默认为理想状态，可设置为 Philips。

（6）3 端耗尽型 P 沟道 MOS 场效应晶体管　默认为理想状态。

（7）4 端耗尽型 N 沟道 MOS 场效应晶体管　默认为理想状态。

（8）4 端耗尽型 P 沟道 MOS 场效应晶体管　默认为理想状态。

（9）3 端增强型 N 沟道 MOS 场效应晶体管　默认为理想状态。可设置为 Motorola，Zetex。

（10）3 端增强型 P 沟道 MOS 场效应晶体管　默认为理想状态。可设置为 Motorola，Zetex，Philips。

（11）4 端增强型 N 沟道 MOS 场效应晶体管　默认为理想状态。

（12）4 端增强型 P 沟道 MOS 场效应晶体管　默认为理想状态。

（13）N 沟道砷化镓 MOS 场效应晶体管　默认为理想状态。

（14）P 沟道砷化镓 MOS 场效应晶体管　默认为理想状态。

6. 模拟集成电路库

模拟集成电路库的图标如图 9-8 所示。

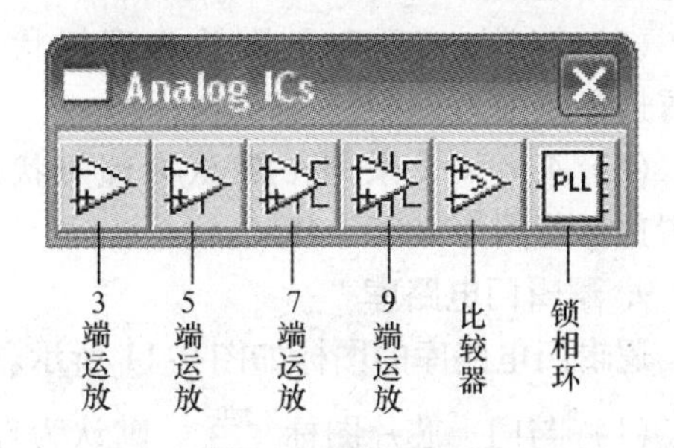

图 9-8　模拟集成电路库

（1）3 端运算放大器　默认为理想状态。可设置为 HA ＊＊，LF ＊＊，LH ＊＊，LM ＊＊，LP ＊＊，LT ＊＊，MC ＊＊，MISC ＊＊，OPA ＊＊，OP ＊＊ANALOG，BUR ＊＊，COMLNEAR，ELANTEC，HARRIS，MAXIM，MOTOROLA，NATTIONAL，TXAS ＊＊。

（2）5 端运算放大器　默认为理想状态。可设置的型号同上。

（3）7 端运算放大器　默认为理想状态。可设置为 ANALOG，BURR，COMLNEAR，ELANTEC，LINEAR，TEXAS。

（4）9 端运算放大器　默认为理想状态。可设置的型号同上。

（5）电压比较器　默认为理想状态。

（6）锁相环电路　默认为理想状态。

7. 混合集成电路库

混合集成电路库的图标如图 9-9 所示。

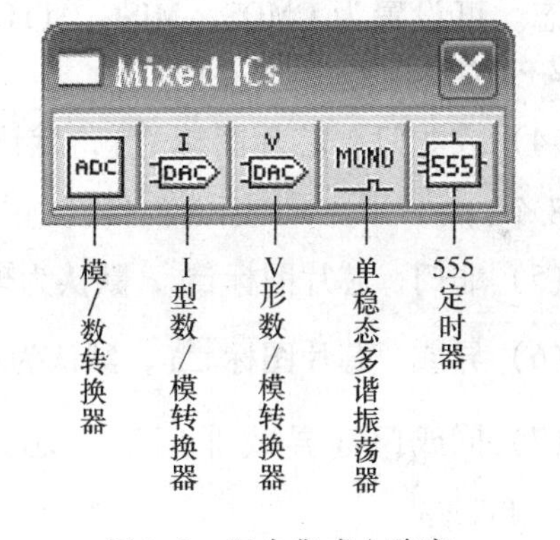

图 9-9　混合集成电路库

（1）A/D 转换器　输入电压；输出 8 位二进制数。默认为理想状态。可设置为 CMOS，MISC，TTL。

（2）D/A（I）转换器　输入 8 位二进制数；输出电流。默认为理想状态。可设置为 CMOS，MISC，TTL。

（3）D/A（V）转换器　输入 8 位二进制数；输出电压。默认为理想状态。可设置为 CMOS，MISC，TTL。

（4）单稳态触发器　默认为理想状态。可设置为 CMOS，MISC，TTL。

（5）555 电路　默认为理想状态。

8. 数字集成电路库

数字集成电路库的图标如图 9-10 所示。

（1）74XX 系列　默认为理想状态。设置选择范围为 7400 ~ 7493。

（2）741××系列　默认为理想状态。设置选择范围为74107～74199。

（3）742××系列　默认为理想状态。设置选择范围为74238～74298。

（4）743××系列　默认为理想状态。设置选择范围为74350～74395。

（5）744××系列　默认为理想状态。设置选择范围为74445～74466。

（6）4×××系列　默认为理想状态。设置选择范围为4000～4556。

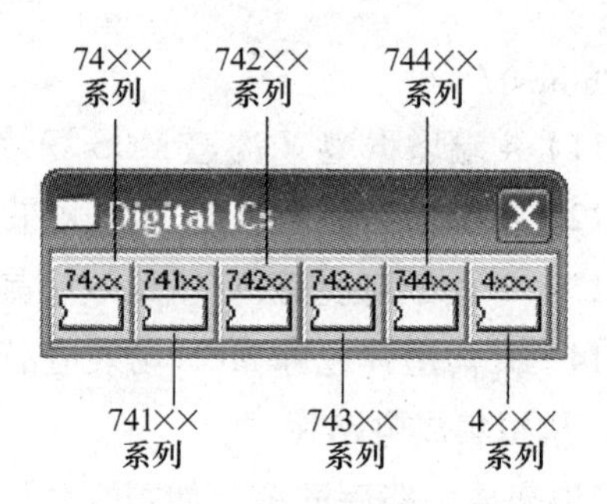

图9-10　数字集成电路库

9. 逻辑门电路库

逻辑门电路库的图标如图9-11所示。

（1）与门　芯片图标，默认为理想状态。可设置为CMOS，MISC，TTL输入端（2～8个）。

（2）或门　芯片图标，默认为理想状态。可设置为CMOS，MISC，TTL输入端（2～8个）。

（3）与非门　芯片图标，默认为理想状态。可设置为CMOS，MISC，TTL输入端（2～8个）。

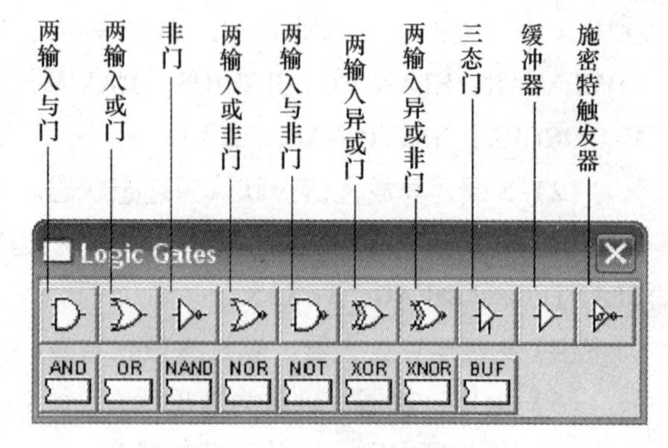

图9-11　逻辑门电路库

（4）或非门　芯片图标，默认为理想状态。可设置为CMOS，MISC，TTL输入端（2～8个）。

（5）非门　芯片图标，默认为理想状态。可设置为CMOS，MISC，TTL。

（6）异或　芯片图标，默认为理想状态。可设置为CMOS，MISC，TTL。

（7）同或门（异或非门）　芯片图标，默认为理想状态。可设置为CMOS，MISC，TTL。

（8）三态门　默认为理想状态。可设置为CMOS，MISC，TTL。

（9）缓冲器　芯片图标，默认为理想状态。可设置为CMOS，MISC，TTL。

（10）施密特触发器　默认为理想状态。可设置为CMOS，MISC，TTL。

10. 数字器件库

数字器件库的图标如图9-12所示。

（1）半加器　默认为理想状态。

（2）全加器　默认为理想状态。

（3）RS触发器　默认为理想状态。

（4）JK触发器（正向异步置零）　默认为理想状态。

（5）JK 触发器（反向异步置零） 默认为理想状态。

（6）D 触发器 默认为理想状态。

（7）D 触发器（反向异步置零） 默认为理想状态。

以上器件均可设置为 CMOS，MISC，TTL。

（8）多路选择器 默认为理想状态。

（9）多路分配器 默认为理想状态。

（10）编码器 默认为理想状态。

（11）算术运算电路 默认为理想状态。

（12）计数器 默认为理想状态。

（13）移位寄存器 默认为理想状态。

（14）触发器 默认为理想状态。

以上器件均可设置为 74××，4×××。

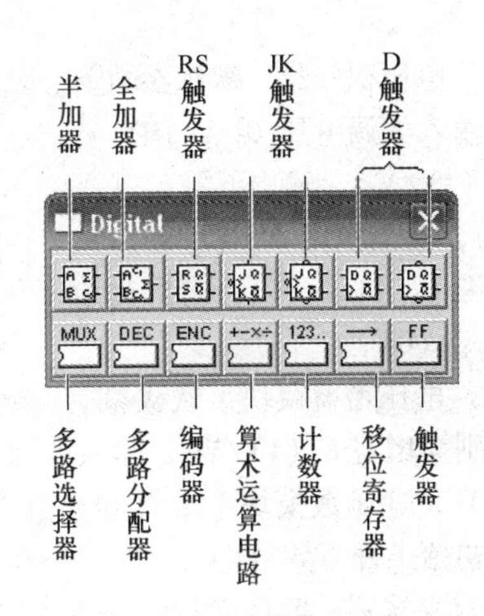

图 9-12 数字器件库

11. 指示器件库

指示器件库的图标如图 9-13 所示。

（1）电压表 默认参数值为内阻（1MΩ）、测试（直流）。设置选择范围 1Ω～999.99TΩ，交流、直流。

（2）电流表 默认参数值为内阻（1nΩ）、测试（直流）。设置选择范围 1pΩ～999.99TΩ，交流、直流。

（3）灯泡 默认参数值 P_{max} = 10W，U_{max} = 12V。设置选择范围为 W～kW。V～kV 级。

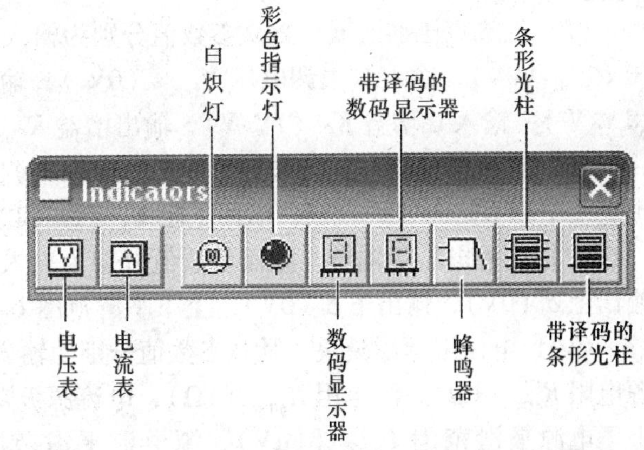

图 9-13 指示器件库图标

（4）彩色指示器 默认为红色。可设置为红色、蓝色、绿色。

（5）数码显示器 默认为理想状态。可设置为 CMOS，MISC，TTL。

（6）带译码的数码显示器 默认为理想状态。可设置为 CMOS，MISC，TTL。

（7）蜂鸣器 默认参数值为频率（200Hz），电压（9V），电流（0.05A）。

（8）条形光柱 默认参数值为正向电压 U_f（2V），U_f 处电流（0.03A），正向电流（0.01A）。

（9）带译码的条形光柱 默认参数值为最低段最小导通电压（1V），最高段最小导通电压（10V）。

12. 控制器件库

控制器件库的图标如图 9-14 所示。

（1）电压微分器 默认参数值分别为增益 K（1V/V），输出失调电压 $U_{o,off}$（0V），输出下限 U_l（−1e+12），输出上限 U_u（1e+12），上下范围 U_s（1e−06）。

（2）电压积分器　默认参数值分别为输入失调电压 $U_{i,off}$（0V），增益 K（1V/V），输出下限 U_l（-1e+12），输出上限 U_u（1e+12），上下范围 U_s（1e-06），输出初始条件 $U_{o,ic}$（0V）。

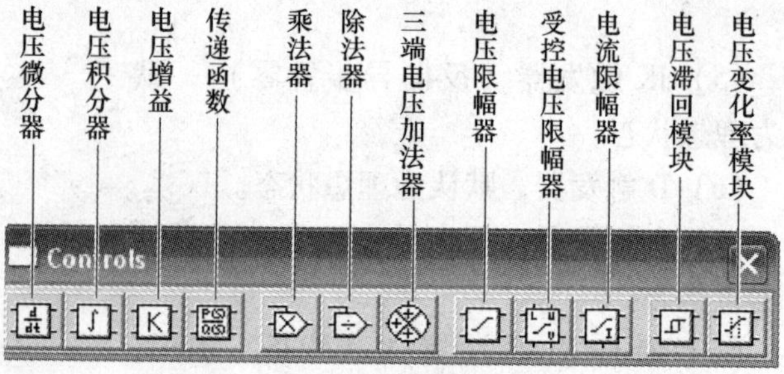

图 9-14　控制器件库图标

（3）电压增益模块　默认参数值分别为增益 K（1V/V），输入失调电压 $U_{i,off}$（0V），输出失调电压 $U_{o,off}$（0V）。

（4）传递函数模块　默认参数值分别为输入失调电压 $U_{i,pff}$（0V），增益 K（1V/V），积分器初始条件 U_{INT}（0V），非归一化角频率 ω（1）。

（5）乘法器　默认参数值分别为输出增益 K（1V/V），输出失调电压 $U_{i,off}$（0），Y 偏移量 Y_{off}（0），Y 增益 K_Y（1V/V），X 偏移 X_{off}（0），X 增益 K_X（1V/V）。

（6）除法器　默认参数值分别为输出增益 K（1V/V），输出失调电压 $U_{i,off}$（0），Y 偏移量 Y_{off}（0），Y 增益 K_Y（1V/V），X 偏移 X_{off}（0），X 增益 K_X（1V/V）（0V），X 下限 X_{lowlin}（100pV），平滑范围 X_{SD}（100pV）。

（7）三端电压加法器　默认参数值分别为输入 A 失调电压 $U_{A,off}$（0V），输入 B 失调电压 $U_{B,off}$（0V），输入 C 失调电压 $U_{C,off}$（0V），输入 A 增益 K_A（1V/V），输入 B 增益 K_B（1V/V），输入 C 增益 K_C（1V/V），输出增益 K_{Cut}（1V/V），输出失调电压 $U_{o,off}$（0V）。

（8）电压限幅器　默认参数值分别为输入失调电压 $U_{i,off}$（0V），增益 K（1V/V），输出电压下限 U_l（-1e+12），输出上限 U_u（1e+12），上下范围 U_s（1e-06）。

（9）受控电压限幅器　默认参数值分别为输入失调电压 $U_{i,off}$（0V），增益 K（1V/V），输出上 δ（0V），输出下 δ（0V），上下平滑范围 U_{LSR}（1μV）。

（10）电流限幅器模块　默认参数值分别为输入失调电压 $U_{i,off}$（0V），增益 A（1V/V），源电阻 R_{src}（1Ω），灌电阻 R_{sink}（1Ω），电流源极限 I_{srcl}（10mA），电流沉降极限（10mA），上下电源平滑范围 U_{LSR}（1μV），源电流平滑范围 I_{srcsr}（1nA），灌电流平滑范围 I_{sinksr}（1nA），内/外电压平滑范围（1μV）。

（11）电压滞回模块　默认参数值分别为输入低电平 U_{IL}（0V），输入高电平 U_{IH}（1V），迟滞值 H（0.1），输出下极限 U_{OL}（0V），输出上极限 U_{OH}（1V），输入平滑范围% ISD（1）。

（12）电压变化率模块　默认参数值分别为最大上升区域值 RS_{max}（1GV/S），最大下降区域值 FS_{max}（1GV/S）。

13. 其他器件库

其他器件库的图标如图 9-15 所示。

（1）熔断器　默认参数值为最大电流 I_{max}（1A）。

（2）数据写入器　无具体参数值。

（3）SPICE 子电路（网表元件）　可设置为 ANALOG，ELANTEC，LINEAR。

（4）有损耗传输线　默认参数值分别为传输线长度 L（100m），单位长度电阻 R_t（0.1Ω），单位长度电感 L_t（1e-06H），单位长度电容 C_t（1e-12F），单位长度电导

G_t（1e－12s），断点控制 REL（1），断点控制 ABS（1）。可设置为 BELDEN。

（5）无损耗传输线　默认参数值分别为标称阻抗 Z_0（100Ω），传输时间延迟 T_d（1e－09s）。可设置为：BELDEN。

（6）晶体　默认参数值分别为动态电感 L_s（0.00254648H），动态电容 C_s（9.94718e－14F），串联电阻 R_s（6.4Ω），并联电容 C_o（2.4868e－11F）。可设置为 RALTRON，ECLIPTEK。

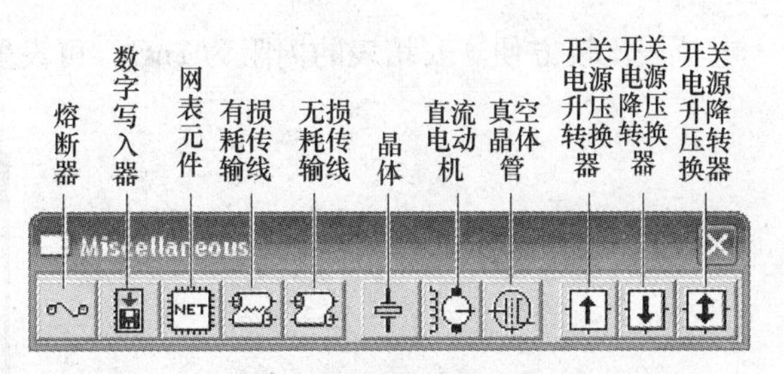

图 9-15　其他器件库图标

（7）直流电动机　默认参数值分别为电枢电阻 R_a（1.1Ω），电枢电感 L_a（0.001H），励磁电阻 R_f（128Ω），励磁电感 L_f（0.001H），轴摩擦系数 B_f（0.01Nm · s/rad），机械旋转惯性 J（0.01Nm · s^2/rad），额定旋转速度 n_n（1800r/min），额定电枢电压 U_{an}（115V），额定电枢电流 I_{an}（8.8A），额定场电压 U_{fn}（115V），负载转矩 T_1（0Nm）。

（8）真空三极管　默认参数值分别为阳极-阴极电压 U_{pk}（250V），栅极-阴极电压 U_{gk}（－20V），阳极电流 I_p（0.01A），放大因子 μ（10），栅极-阴极电容 C_{gk}（2e－12F），阳极-阴极电容 C_{pk}（2e－12F），栅极-阳极电容 C_{gp}（2e－12F）。可设置为 MISC，VACMTUB。

（9）开关电源升压转换器　默认参数值分别为滤波器电感 L（500μH），滤波器电感的 ESRR（10mΩ），开关频率 f_s（50kHz）。

（10）开关电源降压转换器　默认参数值分别为滤波器电感 L（500μH），滤波器电感的 ESR R（10mΩ），开关频率 f_s（50kHz）。

（11）开关电源升降压转换器　默认参数值分别为滤波器电感 L（500μH），滤波器电感的 ESR R（10mΩ），开关频率 f_s（50kHz）。

9.3.2　EWB5.0 的仪器仪表库

仪器库栏图标为 。仪器库的图标如图 9-16 所示。EWB5.0 提供了常用的模拟仪器和数字仪器。这些仪器在电路中以图标的形式存在，需要观测数据和波形或设置参数时，要双击仪器图标以打开仪器面板。除了电压表和电流表以外，其他每种仪器在电路中只能有一个。

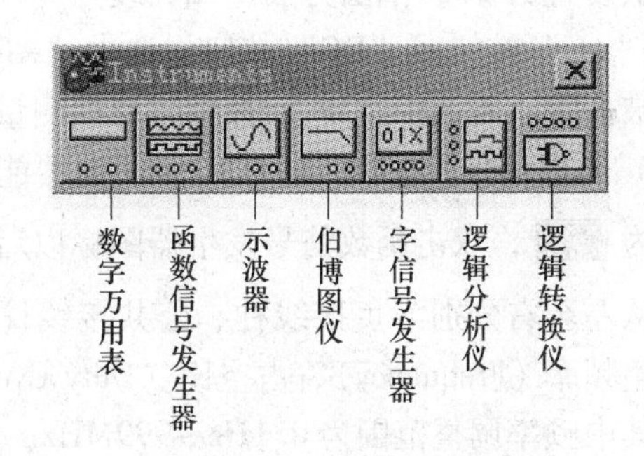

图 9-16　仪器库图标

1. 模拟仪器

（1）数字万用表　数字万用表是一种能自动调整量程的测量仪器。电路描述区图标为 ，其面板如图 9-17 所示。数字万用表可用于测量交直流电压、电流、电阻及电平。它的内阻和表头电流接近理想值。单击 Settings 按钮，弹出如图 9-18 所示的对话框，在其中可以设置电压挡和电流挡的内阻、电阻挡的电流值和电平挡的标准电压值等参数。

1）“A”按钮（安培表）。用于测量某支路的电流，必须串联在电路中。如果要测量其他支路，需要重新连接电路，并激活。所以如果要测量多条支路的电流，用显示器件库中的电流表比较方便。安培表的内阻为1nΩ，可设置范围为pΩ~Ω级。

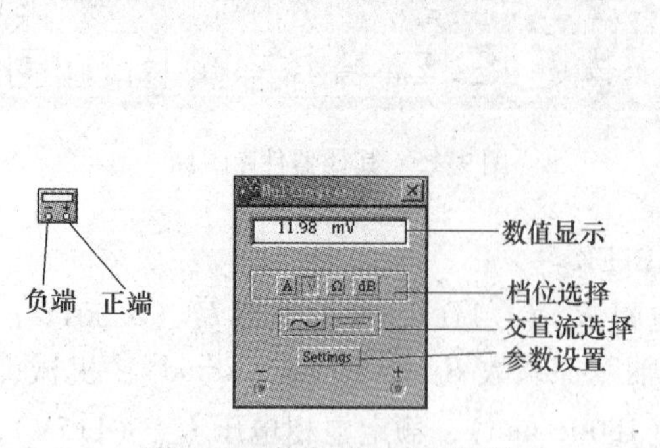

图9-17　数字万用表面板图

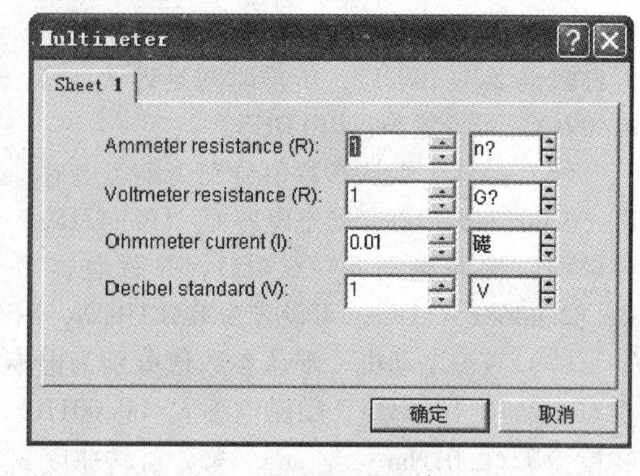

图9-18　数字万用表设置对话框

2）“V”按钮（伏特表）。用于测量电路中两个节点之间的电压，必须并联在待测元件的两端。电路激活以后，其显示值会不断变化，直到一固定值即为最终测量值。同样如果要测量多个电压值，使用显示器件库中的电压表比较方便。伏特表默认内阻为1GΩ，可设置范围为Ω~TΩ级。

3）“Ω”按钮（欧姆表）。用于测量两点之间的电阻，为了保证测量的准确性，必须注意两个测量点之间不能包含有电源或信号源，如元件已接地，数字万用表必须设置为DC，要断开与被测元件的并联回路。如要测量其他测量点之间的电阻，要重新连接电路，并重新激活。

4）“dB”按钮。用于测量电路中两点之间的电平损失。使用方法与伏特表相同，电平挡的默认设置为1V，范围为μV~kV级。

5）“AC”按钮或“DC”按钮。选中“AC”按钮时，测量的是交流有效值，所有直流分量都被去除；若选中“DC”按钮，那么测量的是直流信号的电压或电流值。

（2）函数信号发生器　函数信号发生器能产生正弦波、三角波和方波信号。电路描述区图标为 ，双击函数信号发生器图标以后出现如图9-19所示面板，图标中底部的3个接线柱从左至右分别为负接线柱、公共接线柱和正接线柱。在面板上用户可以选择波形类型，调整频率（Frequency）、占空比（Duty Cycle）、幅度（Amplitude）、偏移量（Offset）等参数，其中频率调整范围为0.1Hz~999MHz；占空比调整范围为1%~99%，用于改变三角波和方波正负半波的比率，对正弦波不起作用；幅度调整范围为0.001μV~999V，用于改变波形的峰值。偏移量调整范围为-999V~999V，用于给输出波形加上一个直流偏置电平。

（3）示波器　示波器电路描述区图标为 ，图标中底部的两个接线柱从左至右分别为A通道输入端和B通道输入端，图标中右侧的两个接线端从上至下分别为公共接地端和触发端。同样双击示波器图标弹出如图9-20所示示波器面板图。可以按下示波器面板上的扩展（Expand）按钮用以扩展示波器屏幕，以便用户能更仔细地观察波形。当电路通电激活以后，如将示波器的接入端移动到别的测试点时，不需要重新激活电路，屏幕上会自动刷新为新测试点的波形。一般来说，为了便于清楚地观察波形的变化，需要将连接到A通道输入端和 B 通道输入端的导线设置为不同的颜色。这样在示波器屏幕上波形的颜色与导线的颜色相同。在电路被激活以后，如果示波器的设置或分析项目改变以后，波形有可能出现突变或不均匀现象，这时需要重新激活电路，或通过增加仿真时间来提高波形的精度。

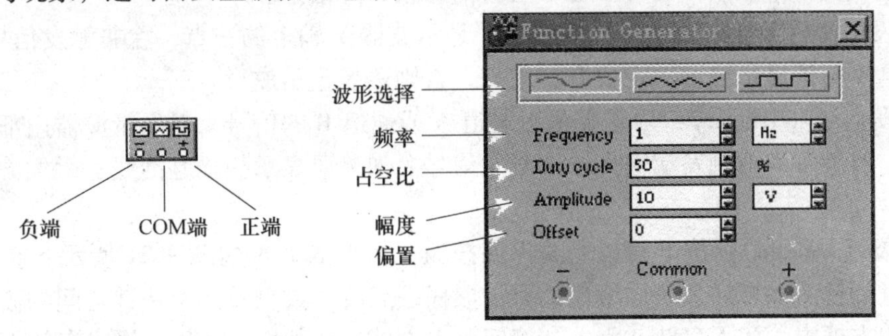

图 9-19　函数信号发生器面板图

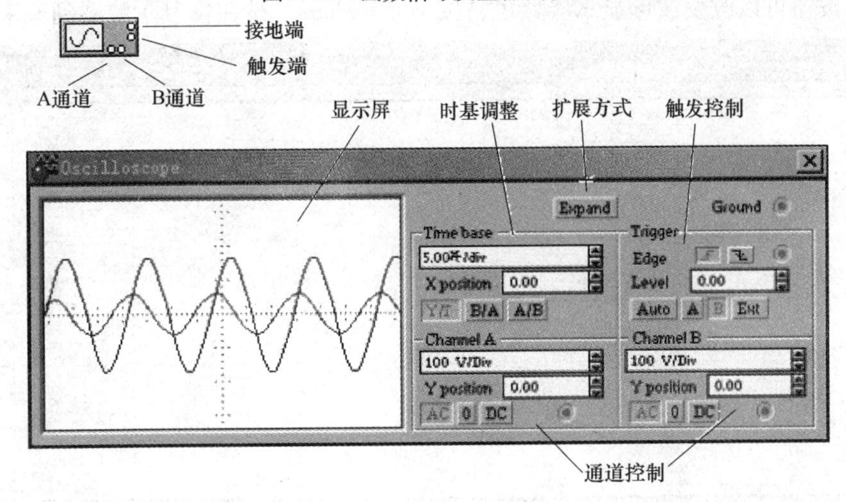

图 9-20　示波器面板图

示波器面板上可设置的参数主要有下列几项：

1）时基（Timebase）：用于调整示波器扫描周期。时基的设置范围为 0.1ns/DIV ~ 1s/DIV。

2）X 轴起始位置（X-Position）：水平位移。

3）工作方式（Axes Y/T，A/B B/A）：Y/T 工作方式用于显示以时间为横坐标的波形，A/B 工作方式用于显示频率差，B/A 工作方式用于显示相位差。相当于实际使用的示波器上的 X-Y 或 Y 工作方式，例如用于显示李沙育图形或磁滞环。当在 A/B 工作方式时，波形在 X 轴的读数取决于通道 B 的电压灵敏度（V/DIV）的设置（B/A 工作方式反之）。

4）电压灵敏度（Volts per Division）：垂直电压灵敏度调节。

5）Y 轴起始位置（Y-Position）：垂直位移。

6）输入耦合方式（Input Coupling）：输入耦合方式可设置为 AC、0、DC 共 3 种，当耦合方式为 AC 时，仅显示信号中的交流分量；当耦合方式为 DC 时，显示信号中交流分量和直流分量之和；当耦合方式为 0 时，相当于接地，屏幕上将显示一条基准线（触发方式须为 Auto）。

7）触发（Trigger）

a. 触发边沿（Trigger Edge）：触发边沿可选择上升沿触发或下降沿触发，分别用于显示正斜率波形或负斜率波形，也可以显示上升信号或下降信号。

b. 触发电平（Trigger Level）：触发电平是示波器 Y 轴上的一点，除非触发信号为 Auto，否则触发电平与被显示波形一定要有交叉点，否则不能显示波形。

c. 触发信号（Trigger）：内触发为由通道 A 或通道 B 的信号来触发示波器内部的锯齿波扫描电路；外触发为由触发端输入一个触发信号。如果要显示扫描基准线，触发方式应选择 Auto。

d. 扩展（Expand）：按下面板上的扩展按钮，扩大的屏幕如图 9-21 所示，在扩展屏幕中可以通过指针 1 和指针 2 来详细地读取波形任一点的读数以及两个指针之间的读数差，读数在下方的方框中，按下存储“Save”按钮可以把波形读数以 ASCII 码格式存储下来，按下“Reverse”按钮可以改变波形显示屏颜色，按下“Reduce”按钮恢复示波器到原来大小。

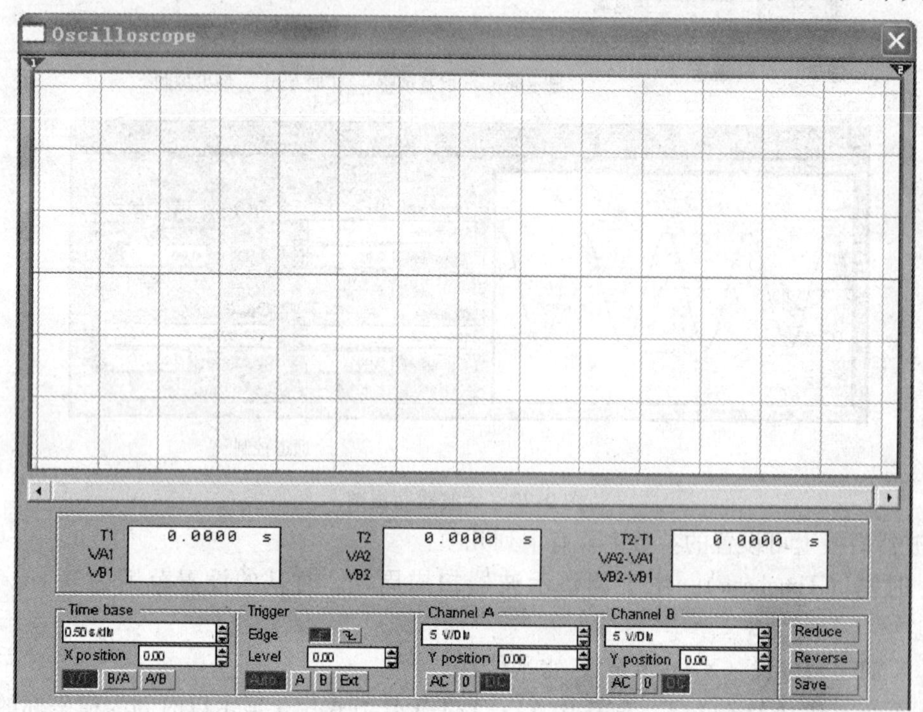

图 9-21　示波器扩展面板图

e. 接地（Grouding）：接地按钮在被测电路已接地的情况下可以用来再接地。

（4）博德图仪　博德图仪用来测量和显示电路的幅频特性和相频特性。电路描述区图标为，用鼠标双击图标后所得的面板如图 9-22 所示。它有两对端口，其中 In 端口从左至右为 V + 和 V - 接线端，分别接电路输入端的正端和负端；Out 端从左至右为 V + 和V - 接线端，分别接电路输出端的正端和负端。博德图仪在使用时需要在电路中接入一个交流信号源（对信号源频率无特殊要求），才能正常使用。频率测试范围由博德图仪的参数决定。

博德图仪的面板上可设置的参数有以下几项：

1）幅频特性和相频特性（Magnitude Phase）。

2）X 轴坐标和 Y 轴坐标的设置。

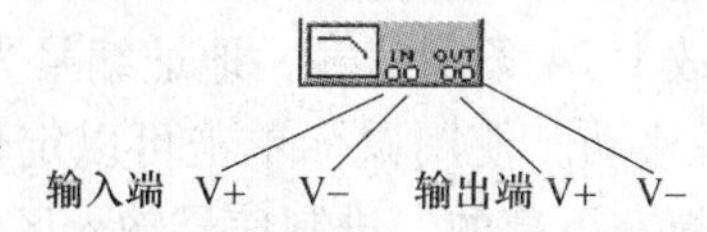

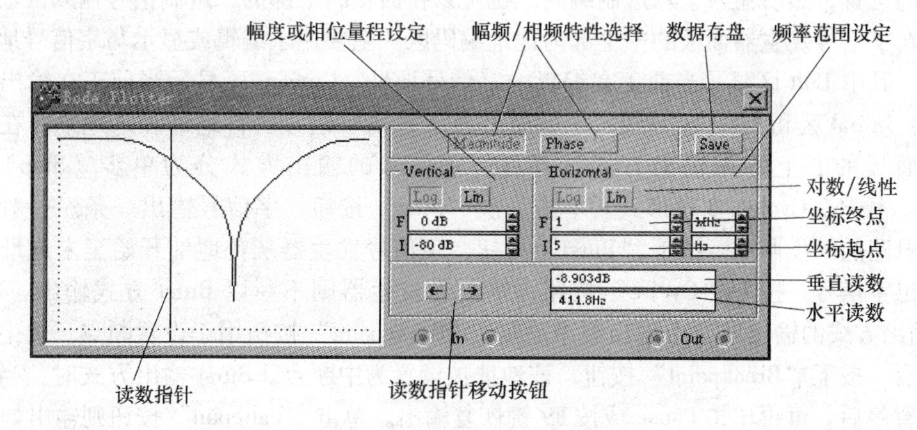

图 9-22 博德图仪面板图

① 参考坐标：参考坐标有对数（Log）和线性（Lin），如要在一个很大的范围内对电路进行分析时，一般 Y 轴坐标采用对数坐标。如分析电路的频率响应时在对数坐标系和线性坐标系之间进行切换时，不必重新激活电路，显示的特性曲线会自动刷新。

② X 轴坐标：X 轴通常表示频率，其比例尺取决于初值 I 和终值 F。因为频率响应分析的范围很大，所以 X 轴坐标一般用对数形式表示。X 轴坐标设置范围为 1.0MHz ~ 10.0GHz。

③ Y 轴坐标：在测量幅频特性时，Y 轴坐标表示电路的输出电压和输入电压之比。在对数坐标系中单位为分贝（dB），在线性坐标系中只是表示一个比值，没有单位。当测量相频特性时，纵坐标表示电路的相位差，不管是在对数坐标系还是在线性坐标系，单位都是度。当测量幅频特性时，Y 轴坐标设置范围为 −200 ~ 200dB（Log），0 ~ 10e + 09（Lin）。测量相频特性时，Y 轴坐标设置范围为 −720° ~ 720°（Log 或 Lin）。

3）读数。拖曳博德图仪屏幕垂直方向上的指针可读取特性曲线上各点的频率、电压增益和移相角，也可以通过单击面板上的左右箭头来读取，箭头右方上面窗口显示垂直坐标处的读数，下面窗口显示水平坐标处读数（“Save” 按钮为保存按钮）。使用博德图仪时，有些数据可能读不到，一般有以下几种解决方法：读相邻两点的数据，用插值法求解；缩短 X 轴坐标范围，把特性曲线展开；提高博德图仪的采样点数（会增加仿真时间）。在博德图仪的参数设置改变后要对电路重新进行仿真，以保证特性曲线的精确显示。

2. 数字仪器

数字仪器包括信号发生器、逻辑分析器、逻辑转换仪。其使用方法同模拟仪器相似。

（1）字信号发生器　字信号发生器是一个多路逻辑信号源，它能够产生 16 位（路）同步逻辑信号，用于对数字逻辑电路进行测试。字信号发生器电路描述区图标为 0000 XXXX，右侧的两个接线端从上至下分别为外触发输入端和数据准备好输出端。底部为 16 位（路）逻辑信号输出端。在电路编辑区双击字信号发生器图标即弹出如图 9-23 所示面板。在字信号发生器面板的左边是字信号编辑区，用于编辑和存放以 4 位十六进制数表示的字信号。4 位十六进制数的变化范围是 0000 ~ FFFF（0 ~ 65535，十进制），每一位代表一个字信号。当电路被激活以后，一行字信号就平行地输入到相应的输出端，面板底部的几个小圆圈对应地显示各位的值。在字信号编辑区可以存放1024条字信号，地址编号为0～3FF（十六进制数）。编辑区内的内容可以通过滚动条前后移动。使用鼠标单击可以定位和插入需编辑的位置，然后输入十六进制编码。也可以在面板右下部的二进制信号输入区输入二进制码。在字信号发生器面板的中上部为地址编码区。主要用于编辑或显示与字信号地址有关的信息。其中Edit区显示当前正在编辑的字信号地址；Current区显示当前正在输出的字信号地址：Initial区和Final区分别用于编辑和显示输出字信号的首地址和末地址。在字信号发生器面板的右上方为输出方式选择区。字信号的输出方式分为单步（Step）、单帧（Burst）、循环（Cycle）3种形式。单击一次“Step”按钮，字信号输出一条。一般这种方式用于电路的单步调试。按下“Burst”按钮，字信号发生器从首地址开始至末地址连续逐条地输出字信号。按下“Cyclre”按钮，字信号发生器则不断以Burst方式输出。Burst和Cycle输出方式的输出节奏由输出频率决定。“Breakpoint”按钮用于设置断点。选中某地址的信号后，按下“Breakpoint”按钮，该地址被设置为中断点。Burst输出方式时，当输出至该地址暂停后，可再单击Pause或按F9键恢复输出。单击“Pattenan”按钮则输出如图9-24所示对话框，前3个选项分别用于清除、打开和存储，用于对字信号编辑区的字信号进行相应的操作，产生有效的字信号；后4个选项用于在编辑区生成按一定规律排列的字信号。例如：如选择递增编码，则按000～3FF排列，如选择右移编码，则按8000、4000、2000…，逐步右移一位的规律排列，其余类推。并且可以打开以前保存的字信号文件或保存字信号发生器的字信号。面板中部可以设置触发方式，分为内部（Internal）、外部（External）触发，并定义为“上升沿触发”和“下降沿触发”。字信号发生器如果选取了内部触发源，其内部的时钟电路给电路提供一个触发信号。时钟频率单位为Hz、kHz或MHz。

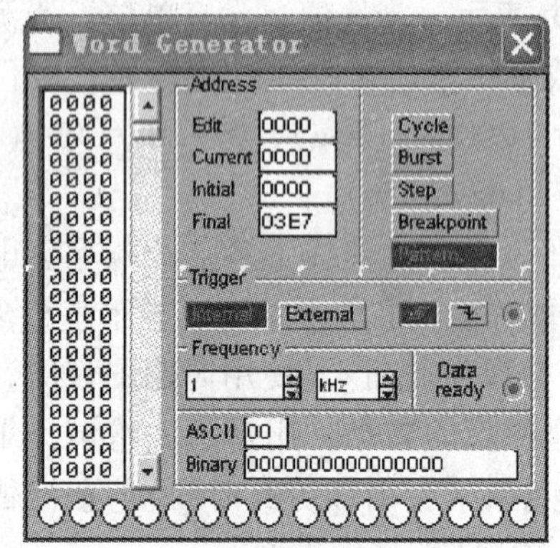

图9-23　字信号发生器面板图

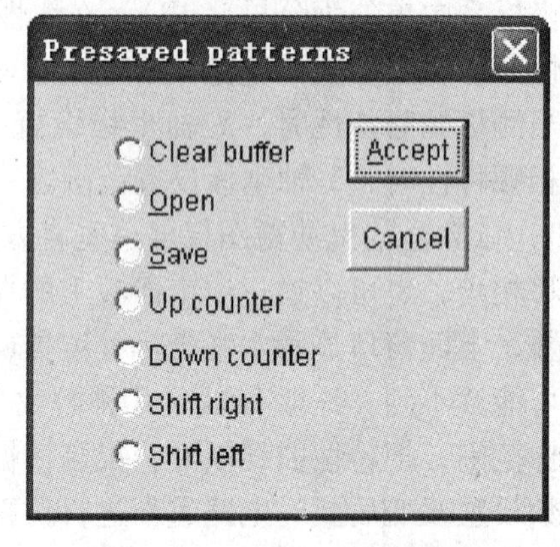

图9-24　字信号发生器设置

（2）逻辑分析仪　逻辑分析仪用于对数字信号的高速采集和时序分析，可以同步记录16位（路）逻辑信号。面板如图9-25，图标左侧的16个输入端对应面板16个小圆圈，小圆圈实时显示各路输入信号的当前值。从上到下依次为最低位至最高位。图标右边的3个接线端从上到下对应的触发控制输入端、时钟控制输入端和外时钟输入端。在面板中，逻辑信号波形显示的是输入信号的波形（为方波）。当输入波形太多时，可以通过设置输入连线的颜色来改变其相应波形的显示颜色，便于结果的观察。最上面一个波形显示通道1的值，其后的一个波形显示通道2的值，依次类推。波形显示的时间轴刻度可以通过面板下部的

Clocks per Division 予以设置。拖曳读数指针可以读取波形的数据，在面板下部的两个框内显示指针所处位置的时间读数和逻辑读数（4 位十六进制数）。

逻辑分析仪的使用方法如下：

1）逻辑分析仪的停止和复位。在逻辑分析仪被触发之前要清空已储存的数据，则需单击面板左下角的“Stop”按钮。如果逻辑分析仪已经被触发且正在显示波形时，“Stop”按钮将不起作用，单击 Reset 按钮可清除显示过的和正在显示的波形。

2）逻辑分析仪的时钟。逻辑分析仪的时钟对波形采样起作用，可以选择内时钟或外时钟。为了方便同步，一般选择外时钟触发方式。可选择的触发方式有多种，单击逻辑分析仪中 Clock 区的“Set”按钮，弹出如图 9-26 所示对话框。对话框上方可以选择上升沿有效或下降沿有效，选择内触发还是外触发有效。单击“Accept”按钮即可，图 9-26 中时钟限定（Clock qualifier）是用于输入信号对时钟信号控制，当设置为 X 时，时钟限定不起作用，时钟信号决定采样点的读入，表示只要有信号到达，逻辑分析仪就开始波形采集。若设为 1 或 0 时，仅当时钟信号与设定相等时，采样点才能被读入。Internal Clock Rate 为内时钟频率。对话框下方可设定触发前后采样点数。触发信号到来之前，逻辑分析仪保持所设定的采样点的值，并在触发信号到来前实行更新。触发信号到来之后，分析仪记录下触发后各采样点的值（同时显示触发前后的各采样点的值）。另外，在对话框中还可以设定触发门限。

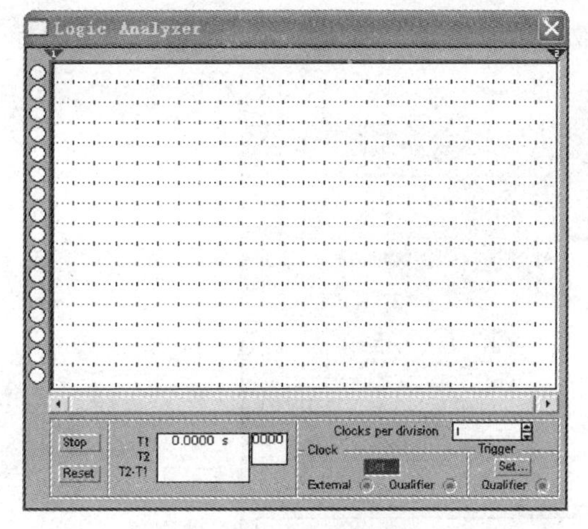

图 9-25　逻辑分析仪面板图

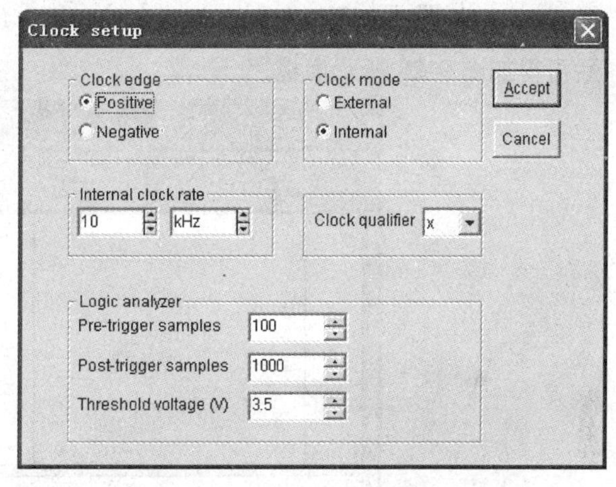

图 9-26　逻辑分析仪时钟设置对话框

3）逻辑分析仪的触发模式设置。触发模式有多种选择，单击 Trigger 区的设置“Set”按钮，将弹出如图 9-27 所示的对话框，在对话框中的 A、B、C 输入触发字，输入为一个二进制数。X 表示该位为任意（0、1 均可）。3 个触发字的识别方式可通过 Trigger Combinations（触发组合框）进行选择，分为如下 8 种情况组合：

A

A or B

A or B or C

A then B

(A or B) then C

A then (B or C)

A then B then C

A then B (no C)

3 个触发字的默认值均为××××××××××××××××。表示只要第一个输出逻辑信号到达，无论是什么逻辑值，逻辑分析仪都被触发而开始波形采集。否则必须满足触发字的组合条件才被触发。Trigger qualifier（触发限定）有 3 种状态：X，0 和 1，该位为 X 时，触发控制不起作用，触发完全由触发字决定；该位为 1（或 0）时，则仅当触发控制输出信号为 1（或 0）时，触发字才起作用，否则即使触发字组合条件满足也不能引起触发。

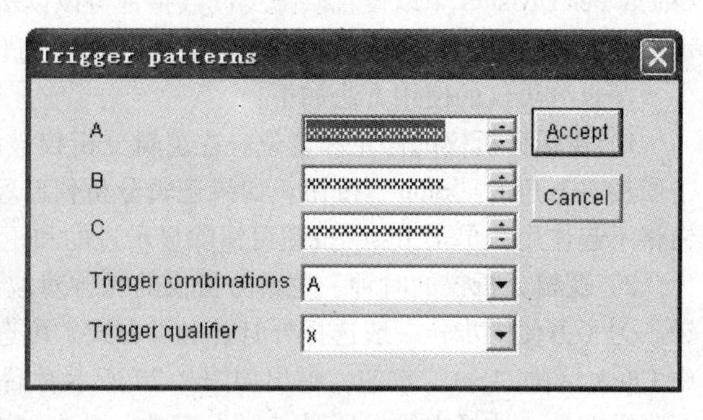

图 9-27　逻辑分析仪触发模式设置

（3）逻辑转换仪　逻辑转换仪能够完成真值表、逻辑表达式和逻辑电路三者之间的相互转换。它是 EWB5.0 特有的仪器，实际工作中并不存在与之对应的设备。逻辑转换仪的存在给数字逻辑电路的设计和仿真带来了很大的方便。逻辑转换仪在电路描述区的图标，其图标上方从左至右为 8 个输入端，最右边的第 9 个接线柱为输出端。双击图标后可得如图 9-28 所示面板。

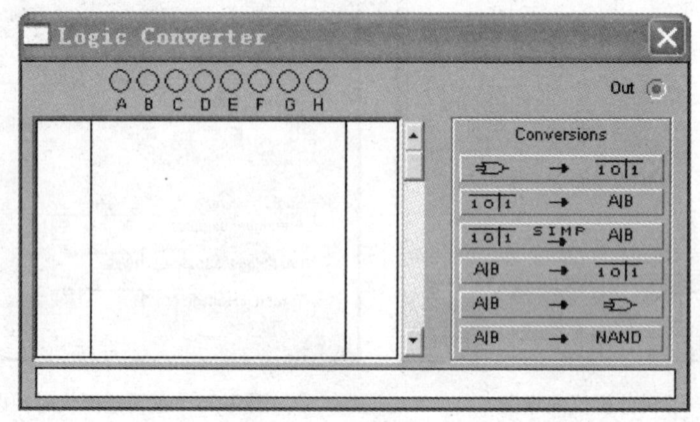

图 9-28　逻辑转换仪面板图

1）由电路导出真值表的步骤如下：

a. 将电路的输入端与逻辑转换仪的输入端相连，输出端与逻辑转换仪的输出端相连。

b. 按下“电路→真值表”按钮，在真值表区中出现该电路的真值表。

2）由真值表导出逻辑表达式的步骤：

a. 在面板的顶端选择你想用的输入端（A ~ H）。此时在真值表区全自动出现输入信号的所有组合，右边的输出区初始值全为 0。

b. 根据逻辑关系改变输出区的输出值。

c. 按下“真值表→表达式”按钮，相应的逻辑表达式会出现在面板底部的逻辑表达式栏。

d. 按下“真值表→简化表达式”按钮，可得到简化表达式，可见，直接由真值表能够得到简化表达式。

3）由逻辑表达式导出电路的步骤：

a. 在面板底部的逻辑表达式栏中输入逻辑表达式（“与或”或“或与”形式）。

b. 按下“表达式→真值表”按钮，得到相应的真值表。

c. 按下“表达式→电路”按钮，得到相应的逻辑电路图。

d. 按下“表达式+与非电路”按钮，得到相应的由“与非门”构成的逻辑电路图。

9.4 EWB5.0的菜单

EWB5.0有6组菜单：文件（File）、编辑（Edit）、电路（Circuit）、分析（Analysis）、窗口（Window）及帮助（Help）。菜单都有一个带下划的字母，称为热键。用鼠标可以打开菜单，还能用热键打开菜单，具体做法为Alt加带下划线的字母。EWB菜单主要提供电路文件的存取、Spice文件的导入和导出、电路图的编辑、电路的仿真分析以及在线帮助。其中，文件（File）和编辑（Edit）菜单与其他常用软件相同，这里不再介绍。下面对EWB5.0的特殊菜单的功能进行具体的介绍：

1. 电路（Circuit）菜单

电路菜单主要用于电路图的创建和仿真，包括旋转、翻转、创建子电路等命令。打开电路菜单后如图9-29所示。

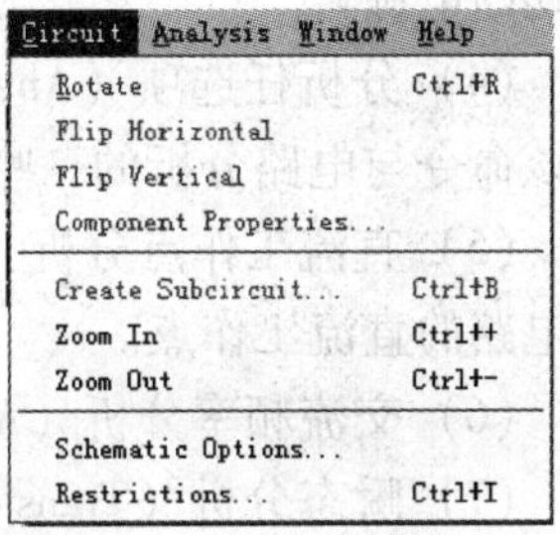

Circuit Analysis Window Help
Rotate Ctrl+R
Flip Horizontal
Flip Vertical
Component Properties...
Create Subcircuit... Ctrl+B
Zoom In Ctrl++
Zoom Out Ctrl+-
Schematic Options...
Restrictions... Ctrl+I

图9-29 电路菜单

（1）旋转（Rotate），快捷键Ctrl+R 与工具条中的旋转90°按钮功能相同。

（2）水平翻转（Flip Horizontal） 与工具条中的水平翻转按钮功能相同。

（3）垂直翻转（Flip Vertical） 与工具条中的垂直翻转按钮功能相同。

（4）元件特性（Component Properties），快捷键Ctrl+B 与工具条中的元件特性按钮功能相同。

（5）创建子电路（Create Subcircuit） 与工具条中的子电路按钮功能相同。创建子电路即将一部分常用电路定义为子电路。子电路相当于用户自己定义的小型集成电路，可以存放在自定义的元件库中供以后反复调用。子电路仅在本电路中有效。要用到其他电路中，可以使用剪切板进行复制或粘贴操作。

（6）图像放大（Zoom In）快捷键Ctrl++ 与工具条中的放大按钮功能相同。

（7）图像缩小（Zoom Out）快捷键 Ctrl - -　与工具条中的缩小按钮 功能相同。

（8）电路图设置选项（Schematic Options）　用于设置与电路图显示方式有关的一些选项。

（9）限制（Restrictions）　用于对电路和分析的一些限制，具体选项有以下几个：

1）总体（General）　用于设置打开电路文件的口令和电路文件是否为只读。

2）元件（Components）　用于选择是否隐藏故障，是否给电路加锁，是否隐藏元件数值，以及是否隐藏部件库。

3）分析（Analysis）　用于选择哪些分析功能可以被使用。

2. 分析（Analysis）菜单

分析菜单用于对电路的分析选项和过程进行控制，打开分析菜单后如图 9-30 所示。

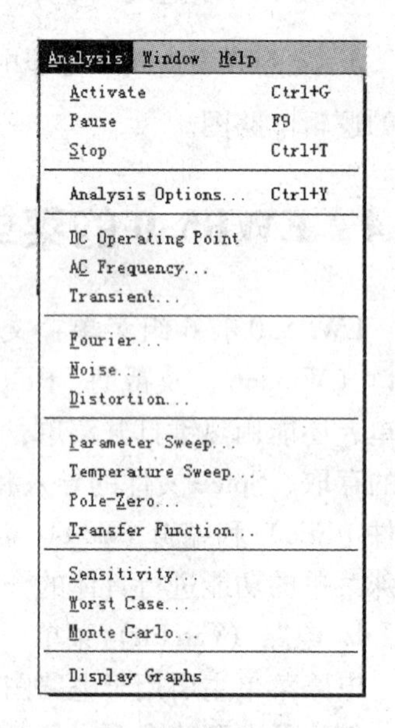

图 9-30　分析菜单

（1）激活（Activate），快捷键 Ctrl + G　激活，即开始仿真，相当于工作区右上角的电源开关 。激活的同时对电路中测试点进行数值计算。也可以激活来自字信号发生器的数字电路。

（2）暂停/恢复（Pause/Resume），快捷键 F9　用于仿真过程的暂停和恢复。一般利用此命令根据仿真结果来改变电路参数和仪器设置。与工作区右上角的按钮 Pause 的功能相同。

（3）停止（Stop），快捷键 Ctrl + T　停止仿真（相当于切断电源）。

（4）分析任选项（Analysis Options），快捷键 CtrI + Y　该命令与电路分析的一些选项有关。

（5）直流工作点分析（DC Operating point）　用于分析电路的直流工作点。

（6）交流频率分析（AC Frequency Analysis）　用于分析电路的频率特性。

（7）瞬态分析（Transient Analysis）　执行瞬态分析是求出所选节点的时域响应。即在给定的起始与终止时间内计算电路中该节点上电压随时间的变化关系。

（8）傅里叶分析（Fourier Analysis）　用于分析估计时域信号的直流、基频和谐波分量。

（9）噪声分析（Noise Analysis）　用于检测电路输出信号的噪声功率、分析电阻或晶体管的噪声对电路的影响。

（10）失真度分析（Distortion Analysis）　用于分析电路中的谐波失真和内部调制失真。

（11）参数扫描分析（Parameter Sweep Analysis）　即分析某个元件的参数在一定范围内变化时对电路的影响。

（12）温度扫描分析（Temperature Sweep Analysis）　执行温度扫描分析就是观察在不同温度条件下的电路特性，相当于该元件每次取不同的温度值进行多次仿真。

（13）零极点分析（Pole Zero Analysis）　是对给定的输入与输出节点，以及分析类型，计算交流小信号传递函数的零极点。

(14) 传递函数分析 (Transfer Function Analysis)　可以分析一个输入源和两个输出节点的输出电压或一个输入源与一个电流输出变量之间的 DC 小信号传递函数，以及输入、输出阻抗和 DC 增益。

(15) 直流和交流灵敏度分析 (Sensitivity Analysis)　即对指定元件的某个参数的变化而引起电路中的电压和电流变化的灵敏度。

(16) 最坏情况分析 (Worst Last)　最坏情况分析是一种统计分析方法，适用于模拟电路、直流和小信号电路的分析。利用它可以观察到元件参数变化时，电路特性变化的最坏可能性。

(17) 蒙特卡罗分析 (Monte Carlo Analysis)　即采用统计方法来观察电路中的元件参数按选定的误差分析类型在一定范围内的变化对电路特性的影响。

3. 窗口 (Windows) 菜单

窗口菜单主要用于对 EWB5.0 工作界面的显示窗口的设置和管理。打开窗口 (Windows) 菜单后如图 9-31 所示。

(1) 排列 (Arrange)，快捷键 Ctrl + W　主要用于排列工作区和描述窗口，可以使操作界面内的工作区、说明窗口和分类器件库排列有序，不产生重选。

(2) 电路 (Circuit)　将工作区的电路窗口置于前台。

(3) 说明 (Description)，快捷键 Ctrl + D　用于打开电路描述窗口，如电路描述窗口已经打开，则将其置于前台。可以在该描述窗口内添加有关电路的特点和操作方法等的文本，或者以粘贴的方式把其他电路描述窗口或应用程序的文本内容粘贴到该窗口。

4. 帮助 (Help) 菜单

帮助菜单包括了帮助信息，主要介绍了 EWB5.0 的程序、仪器使用以及元器件的选取等方面的相关内容，打开帮助菜单如图 9-32 所示。

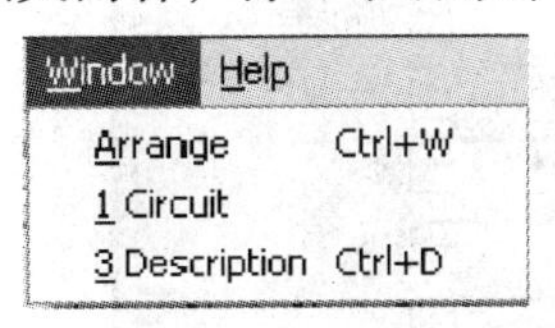

图 9-31　窗口菜单

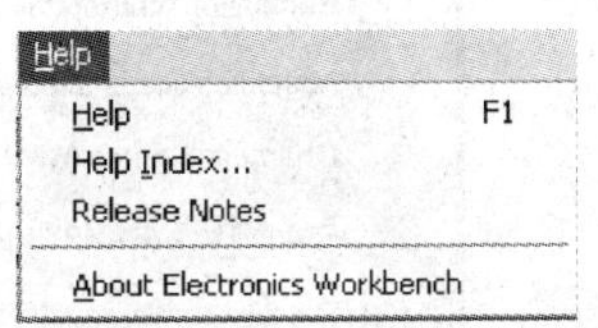

图 9-32　帮助菜单

(1) 帮助 (Help)，快捷键 F1　如用户没有选定任何内容，选择 Help (或按 F1 键) 以后，屏幕以目录方式显示“帮助”主题。如用户已选定工作界面内的元件或仪器以后，再选择 Help (或按 F1 键)，屏幕将显示该元件或仪器的相关帮助信息。

(2) 帮助主题词索引 (Help Index)　按主题词索引方式显示主题，让用户根据关键字查找主题。

(3) 注释 (Release Notes)　显示有关发行版本说明。

(4) 程序版本说明 (About Electronics Woorkbench)　说明程序的版本、序列号、许可等信息。

9.5 EWB5.0 的电路分析方法

EWB5.0 可以对模拟、数字或混合电路进行电路性能仿真和分析，其分析方法和元件库的模型均建立在 Spice 程序的基础上，当用户创建一个电路图后，则电路中每个元器件都有其特定的数学模型，其数学模型的精度决定了电路仿真结果的精度。当按下电源开关后，就可以从各测试仪器上读到电路中的被测参数。

9.5.1 分析参数的设置

由于用户对分析内容、分析精度的不同要求，以及使用的虚拟仪器和设置场效应晶体管构造模型不同，对分析菜单中的分析任选项（Analysis Options）的参数可根据需要进行设置。选择 Analysis/Analysis Options，打开如图所示对话框，对话框有 5 个选项卡：总体分析选项（Global）、直流分析选项（DC）、瞬态分析选项（Transient）、元件分析选项（Device）、仪器分析选项（Instruments），下面对其进行一一说明。

1. 总体分析选项（Global）

总体分析选项如图 9-33 所示。

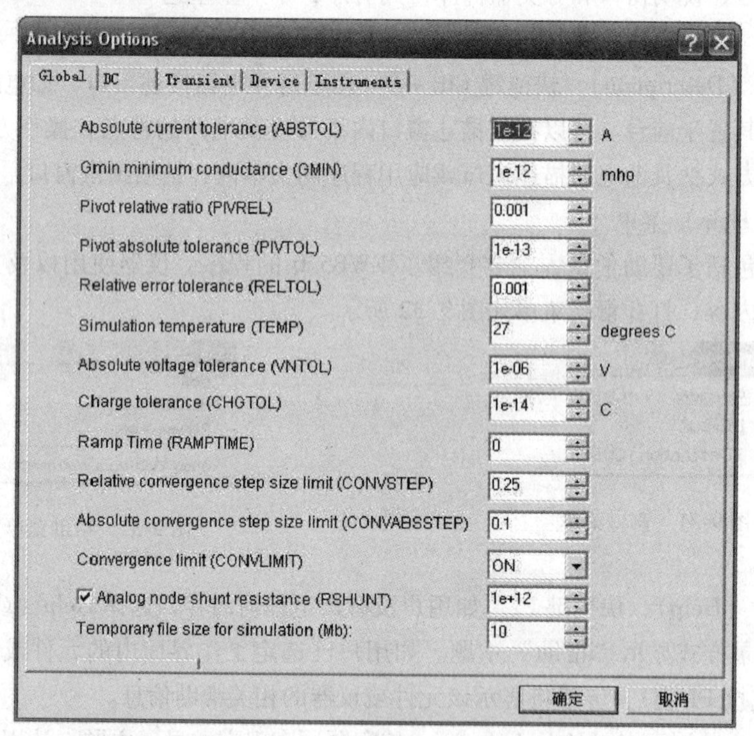

图 9-33 总体分析选项对话框

（1）电流的绝对精度（ABSTOL） 单位 A，一般取值比此电路中最大电流信号小 6 ~ 8 个数量级，适用于普通双极型晶体管及超大规模集成电路。选取默认值为“1.0e－12”。

（2）最小电导（GMIN） 单位 mho，不能设为 0，一般不用变更其默认值。增大最小电导可以改善仿真过程的收敛性，但同时会降低仿真的精度，选取默认值为“1.0e－12”。

（3）最大矩阵项与主元值的相对比率（PIVREL）　一般不用改变其默认值，取值范围为0～1之间，默认值0.001。

（4）主要矩阵项绝对最小值（PIVTOL）　一般不用改变其默认值，默认值为“1.0e－12”。

（5）相对误差精度（RELTOL）　改变相对误差精度会影响仿真精度和收敛性。默认值为0.001。

（6）仿真温度（TEMP）　用于设置仿真时的环境温度，默认为27℃。

（7）电压绝对精度（VNTOL）　一般取值为比电路中最大电压信号小6～8个数量级。默认值为“1.0e－6”。

（8）电荷绝对精度（CHGTOL）　一般不用改变其默认值，默认为“1.0e－14”。

（9）相对收敛步长极限（CONVSTEP）　在计算直流工作点时设置，用来自动控制收敛过程，默认值为0.25。

（10）绝对收敛步长极限（CONVABSSTEP）　在计算直流工作点时设置，用来自动控制收敛过程，默认值为0.1。

（11）收敛极限（CONVLIMIT）　用于某些元件模型内部的收敛算法。默认值为ON。

（12）模拟节点分流电阻（RSHUNT）　相当于在节点和地之间接入一个大电阻，不使用默认值，若使用，则选取电阻阻值为“1.0e＋12”。在出现没有“直流通路到地”等情况时，可降低该值。

（13）仿真时临时文件容量（MB）　当储存仿真结果的文件达到设定的最大容量时，会出现一个对话框：有停止仿真、使用剩余的磁盘空间继续仿真和删除已有数据继续仿真3种方法可供选择。默认值为10MB。

2. 直流分析选项（DC）

直流分析选项对话框如图9-34所示。

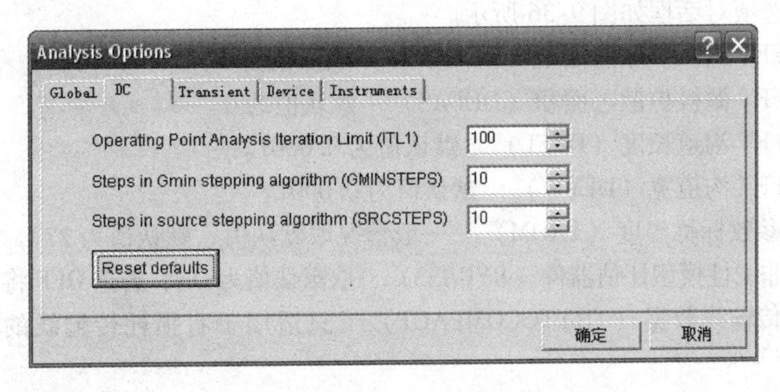

图9-34　直流分析选项对话框

（1）工作点分析迭代极限（ITL1）　限制牛顿－拉普拉斯算法的迭代次数。默认值为100。如果出现直流分析时不收敛等情况，可将其设置为500～1000。

（2）GMIN步进算法步长（GMINSTEPS）　如适当选择该值可提高迭代收敛的速度。默认值为10。

（3）SOURCE步进算法步长（SRCSTEPS）　如适当选择该值，可以加速直流解的收敛过程，默认值为10。

3. 瞬态分析选项（Transient）

瞬态分析选项对话框如图 9-35 所示。

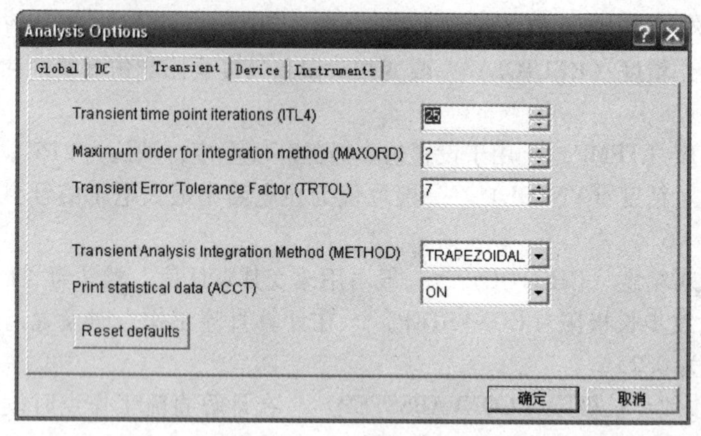

图 9-35　瞬态分析选项对话框

(1) 瞬态分析时间点迭代极限（ITL4）　用于设置瞬态分析时间点迭代次数的上限。增大该值则瞬态分析时间缩小，但该值过小则会引起不稳定。默认值为 10，若出现“时间步长太小”或“瞬态分析不收敛”可增大此值到 15 ~ 20。

(2) 积分方法的最大阶数（MAXORD）　一般取默认值，默认值为 2，取值范围为 2 ~ 6。

(3) 瞬态误差精度因数（TRTOL）　一般取默认值，默认值为 7。

(4) 瞬态分析数字积分方法（METHOD）　有梯形法（TRAPEZOIDAL）和变阶积分法（GEAR）两种，前者为默认值，适于振荡电路，后者用于理想开关电路等。

(5) 打印数据（ACCT）　打印仿真过程的有关信息，默认值为 ON。

4. 器件分析选项（Device）

器件分析选项对话框如图 9-36 所示。

(1) MOSFET 漏极扩散区面积（DEFAD）　默认值为 0。

(2) MOSFET 源极扩散区面积（DEFAS）　默认值为 0。

(3) MOSFET 沟道长度（DEFL）　默认值为 0.0001。

(4) MOSFET 沟道宽（DEFW）　默认值为 0.0001。

(5) 模型参数标称温度（TNOM）　一般情况取默认值，默认值为 27℃。

(6) 旁路非线性模型评估器件（BYPASS）　取默认值为 ON，若选 OFF 将增加仿真时间。

(7) 小型传输线数据（TRYTOCOMPACT）　只适用于有损耗传输线的仿真，默认值为 OFF。

5. 仪器分析选项（Instruments）

仪器分析选项对话框如图 9-37 所示。

(1) 示波器（Oscilloscope）

1) 每屏显示后暂停（Pause After Each Screen）　默认为 OFF。

2) 波形产生时间步长自动设置（Generate Time Steps Automatically）　默认为 ON。

每时间步长内采样点的最小值（Minimum Number Of Time Points）　默认值为100，设

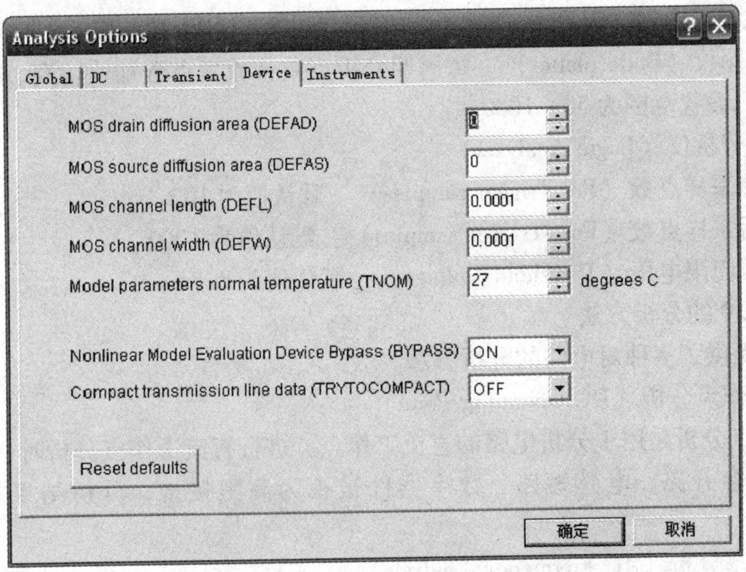

图 9-36　器件分析选项对话框

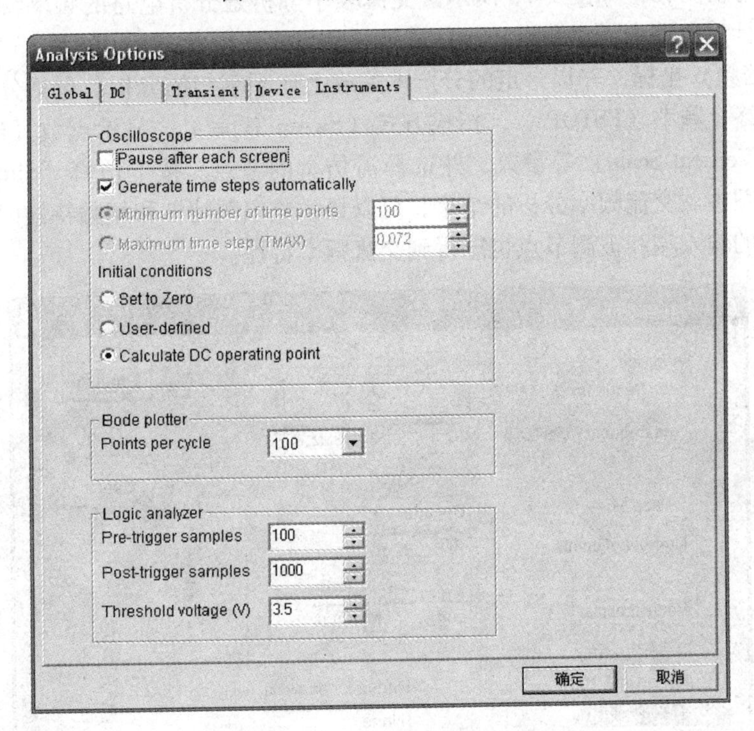

图 9-37　仪器分析选项对话框

置范围为 1 ~ 1e + 05。增大该值会降低仿真速度，但精度会增加。时间步长的最大值（TMAX）默认为 0. 072，设置范围为 7. 2 ~ 7. 2e − 0. 5。

3）初始条件（Initial Conditions）

a. 置零（Set To Zero）　设置为零（瞬态分析的初始条件）。

b. 用户自定义（User Defined）　采用用户定义的初始条件。

c. 计算直流工作点（Calculate DC Operating Point） 此为默认值。

（2）博德图仪（Bode plotter） 每周期分析点数：减少点数加快仿真，但精度会降低。默认值为100，设置范围为50～1000。

（3）逻辑分析仪（Logic Analyzer）

1）触发前采样点数（Pre-Trigger samples） 默认值为100。

2）触发后采样点数（Post-Trigger samples） 默认值为1000。

3）高、低门限电压（Threshold Voltage） 默认值为3.5V。

9.5.2 EWB5.0 的分析方法

EWB5.0 提供了多种对电路的分析方法。

1. 直流工作点分析（DC Operating Point）

直流工作点分析是用于分析电路的直流工作点。进行直流工作点分析时，电路中的交流电流置零、电容开路、电感短路、数字器件被视为高阻接地，分析结果显示在 Display Graphs 中。

2. 交流频率分析（AC Frequency Analysis）

交流频率分析对话框如图9-38所示。交流频率分析是分析电路的频率特性，是在给定的频率范围内计算电路中任意节点的小信号增益及相位随频率的变化关系。可用线性或对数（十倍频或二倍频）坐标，并以一定的分辨率完成上述频率扫描分析。包括分析的起始频率（FSTART），终止频率（FSTOP），扫描方式（Sweep Type），显示点数（Number Points）和纵向尺度（Vertical Scale）等参数，并选择需仿真的节点。按下仿真（Simulate）键，结果显示在显示图中。交流频率分析的结果，可以显示成幅频特性和相频特性两个图。用博德图仪连至电路的输入端和被测节点也能得到交流频率特性。

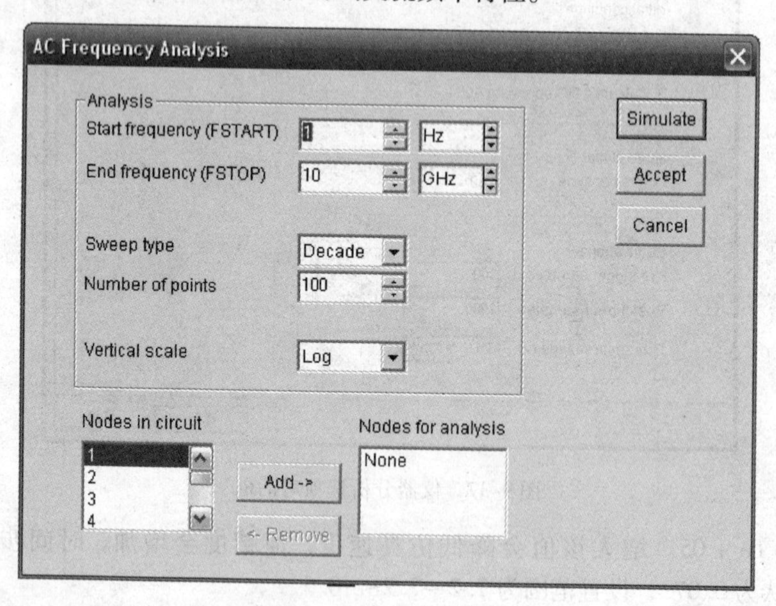

图9-38 交流频率分析对话框

3. 瞬态分析（Transient Analysis）

瞬态分析对话框如图9-39所示。瞬态分析是求出所选节点的时域响应。即在给定的起始与终止时间内，计算电路中该节点上电压随时间的变化关系。在进行瞬态分析时，直流电源保持常数。交流信号源随时间而改变，是一个时间函数。电容和电感都是能量储存模式元件，是暂态函数。程序把电路响应作为时间函数计算。节点的电压波形是由整个周期上各个时间点的电压值所决定。

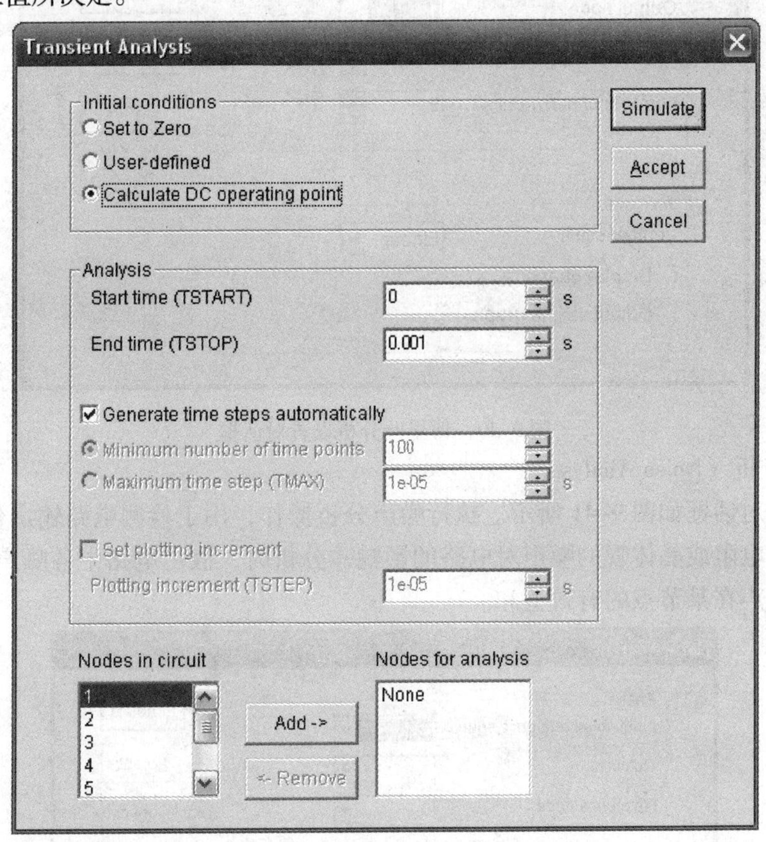

图 9-39 瞬态分析对话框

电路进行瞬态分析时，也需指定需分析的节点。用户接着可以选择先对该节点作直流分析（Calculate DC Operating Point），这样直流结果就可以作为瞬态的初始条件。当然，用户可以直接定义初始条件（User defined），或把初始条件设为零（Set to Zero）。另外，用户必须设置分析的起始时间（TSTART），终止时间（TSTOP），分析和显示步长等参数。瞬态分析的结果（该节点的电压波形），用示波器连在需分析的节点上也可以观察得到同样的结果。但用瞬态分析方法能得到波形起始时的详细的变化情况。

4. 傅里叶分析（Fourier Analysis）

傅里叶分析设置对话框如图 9-40 所示。傅里叶分析方法用于分析估计时域信号的直流、基频和谐波分量。执行傅里叶分析，即把被测节点的时域信号作离散傅里叶变换，求出它们的频域变化规律（即将电压波形从时域转换为频域）。同样，进行傅里叶分析时需设定欲分析的节点——输出变量（Output Node），分析该节点的电压波形。还需设定谐波基频（Fundamental Frequency）（通常为激励信号的频率，当有多个激励源时，取所有频率的最小公倍数）、计算和显示的基频点数（Number of Harmonics）、纵向尺度（Vertical Scale）、是否显示相频特性曲线（Display Phase）、幅频特性曲线（Output as Line Graph）等参数。

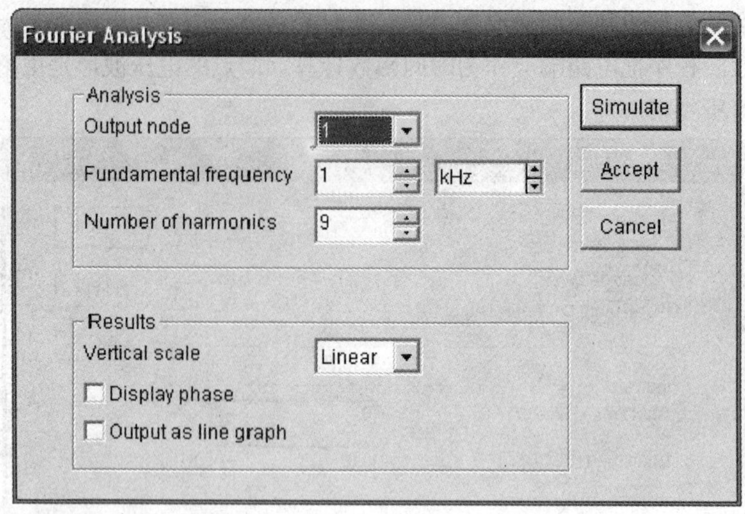

图9-40　傅里叶分析设置对话框

5. 噪声分析（Noise Analysis）

噪声分析对话框如图9-41所示。执行噪声分析操作，用于检测电路输出信号的噪声功率、计算分析电阻或晶体管的噪声对电路的影响。分析时，假定电路中各噪声源互不相关，总噪声为各噪声在某节点的有效值和。

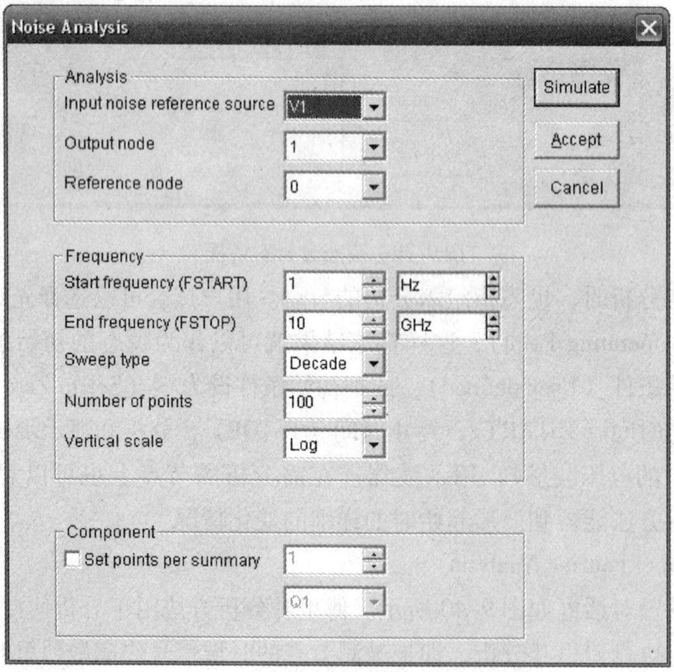

图9-41　噪声分析对话框

进行噪声分析时，需设定输入作噪声分析的节点、输出节点、参考节点电压、扫描起始频率（FSTART）、扫描终止频率（FSTOP）、扫描形式（Sweep Type）、扫描点数（Number of Points)、纵向尺度（Vertical Scale）等参数。

噪声分析方法主要用于小信号电路的噪声分析，元器件模型采用 Spice 模型。噪声分析完成后，在显示图中显示输出噪声功率谱和输入噪声功率谱，单位是 V/Hz 。

6. 失真度分析（Distortion Analysis）

失真度分析对话框如图 9-42 所示。失真度分析用于分析电路中的谐波失真和内部调制失真。若电路中只有一个激励源，该分析能够确定电路中每个节点的 2 次谐波和 3 次谐波的复变值，若有两个激励源，该分析能够确定电路变量在 3 个不同频率处的复变值；两频率和的值以及二倍频与另一频率的差值。该分析方法主要用于瞬态分析中无法看到的比较小的失真。设定方法与交流频率分析基本相同。该分析方法主要用于小信号模拟电路的失真分析，元器件噪声模型均采用 Spice 模型。

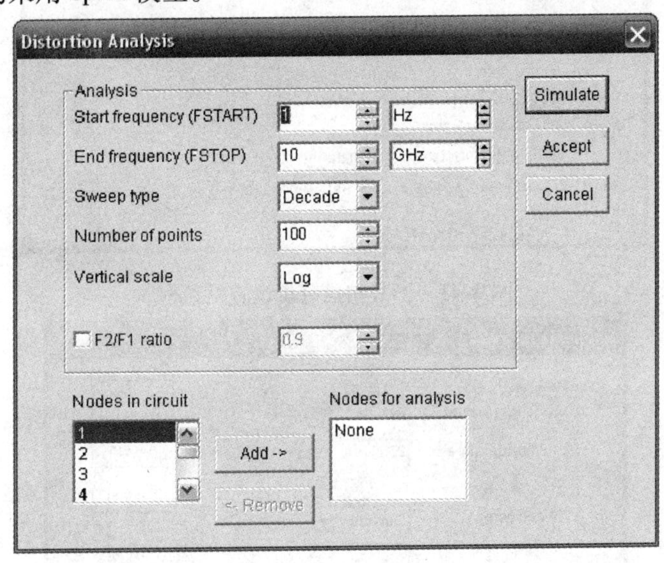

图 9-42　失真度分析对话框

7. 参数扫描分析（Parameter Sweep Analysis）

参数扫描分析设置如图 9-43 所示。参数扫描分析即分析某个元件的某个参数在一定范围内变化时对电路的影响，相当于该元件的某个参数每次取不同的值，进行多次仿真。计算电路的 DC 、AC 或瞬态响应，执行参数扫描分析时需选择扫描元件（Component)、扫描分析参数（Parameter)、设置扫描起始值（Start Value)、扫描终止值（End value)、扫描类型（共有 3 种：十进制（Decade)、线性（Linear)、倍频（Octave)）和扫描形式（Sweep type）等参数，在参数扫描选择对话框中，若选择瞬态分析或交流分析，可以按“Set transient options ”键或“Set AC Options”键，以设置这些参数。参数扫描分析的输出是一组曲线，根据扫描类型的不同而不同。

8. 温度扫描分析（Temperature Sweep Analysis）

温度扫描分析对话框如图 9-44 所示。温度扫描分析就是观察在不同温度条件下的电路特性，相当于该电路每次取不同的温度值进行多次仿真。计算电路的 DC、AC 或瞬态响应，从而可以看出温度对这些性能的影响程度。

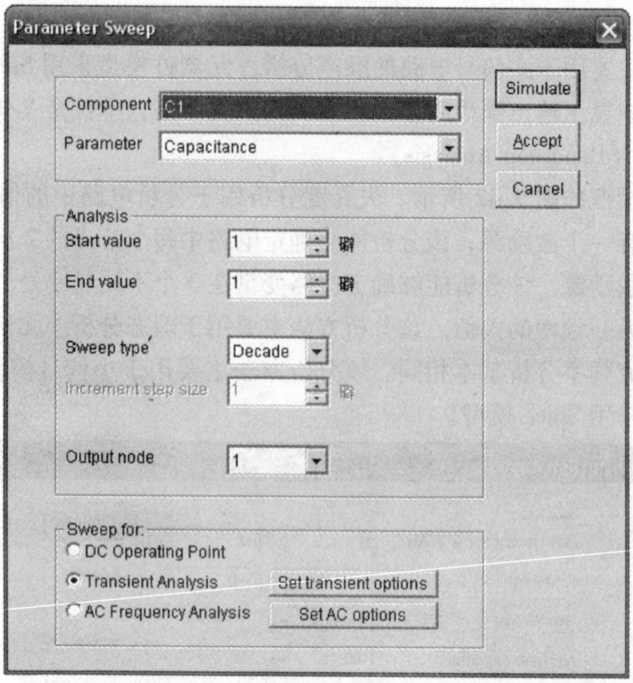

图 9-43　参数扫描分析设置对话框

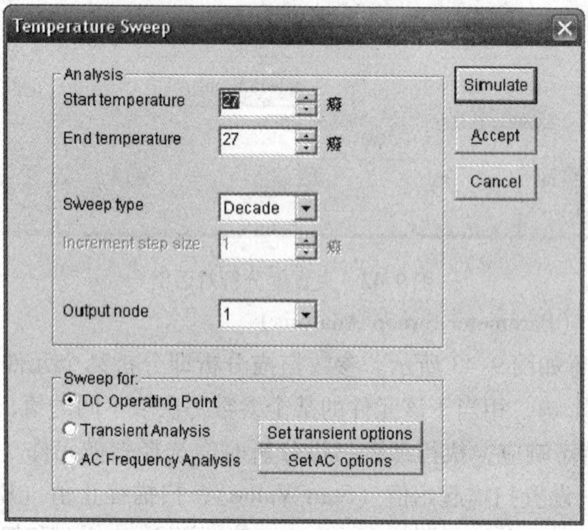

图 9-44　温度扫描分析对话框

9. 零极点分析（Pole Zero Analysis）

零极点分析对话框如图 9-45 所示。零极点分析是对给定的输入与输出节点，计算交流小信号传递函数的零极点，从而可以获得有关电路稳定性的信息。分析通常从直流工作点分析开始，对非线性器件求得线性化的小信号模型。在此基础上再分析传递函数的零极点。采用 Spice 算法，在分析时，数字器件将被视为高阻接地，在零极点分析设置对话框中需设置分析类型（Analysis Type），从上到下依次为增益分析（Gain Analysis）、阻抗分析（Impedance Analysis）、输入阻抗（Input Impedance）、输出阻抗（Output Impedance）、输入输出节点和进行零点分析（Pole Analysis）和极点分析（Zero Analysis ）的选择。

10. 传递函数分析（Transfer Function Analysis）

传递函数分析设置对话框如图9-46所示。传递函数分析一个输入源和两个输出节点的输出电压，或一个输入源与一个电流输出变量之间的DC小信号传递函数，以及输入、输出阻抗和DC增益。在传递函数分析设置对话框中需设置为电压（Voltage ）或电流（ Current）。电压为默认选择，若选择电压则还要设置输出节点（Output Node）和参考节点（Output Reference），若选择电流则必须是电路中的源电流。输入源（Input Source）为电压源或电流源。

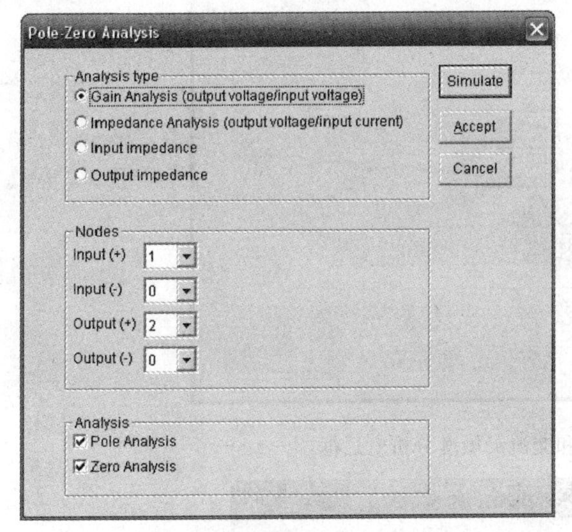

图9-45　零极点分析对话框

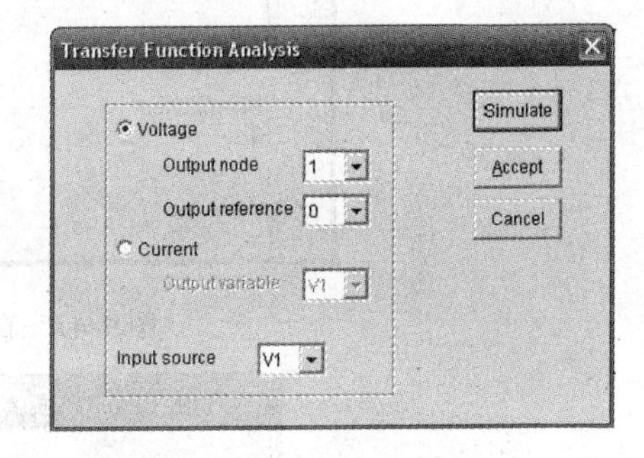

图9-46　传递函数分析设置对话框

11. 直流和交流灵敏度分析（Sensitivity Analysis）

直流和交流灵敏度分析对话框如图9-47所示。直流和交流灵敏度是指定元件的某个参数的变化而引起电路中的电压和电流的变化灵敏度。交流灵敏度分析只能分析一个元件的参数变化对电路的影响。灵敏度分析只适合模拟小信号电路模型。直流和交流灵敏度分析设置对话框上半部分设置方法与传递函数分析相同。另外还需设置分析方式（交流、直流）和元件，默认为直流分析方式。以及若执行交流分析方式可以修改扫描起始频率，扫描终止频率，扫描点数以及扫描方式等。

12. 最坏情况分析（Worst Case）

最坏情况分析设置对话框如图9-48所示。最坏情况分析是一种统计分析方法。适用于模拟电路、直流和小信号电路的分析。利用它可以观察到元件参数变化时，电路特性变化的最坏可能性。经最坏情况分析的数据，由选择函数进行收集。每进行一次运行该选择函数只能收集一个数据。其6个选择函数为最大电压（Max Voltage）、最小电压（Min Voltage）、在最大处的频率（Frequency at Max）、在最小处的频率（Frequency at Min）、上升边沿频率（Rise Edge Frequency）和下降边沿频率（Fall Edge Frequency）。其中，直流分析时只能选择最大或最小电压。

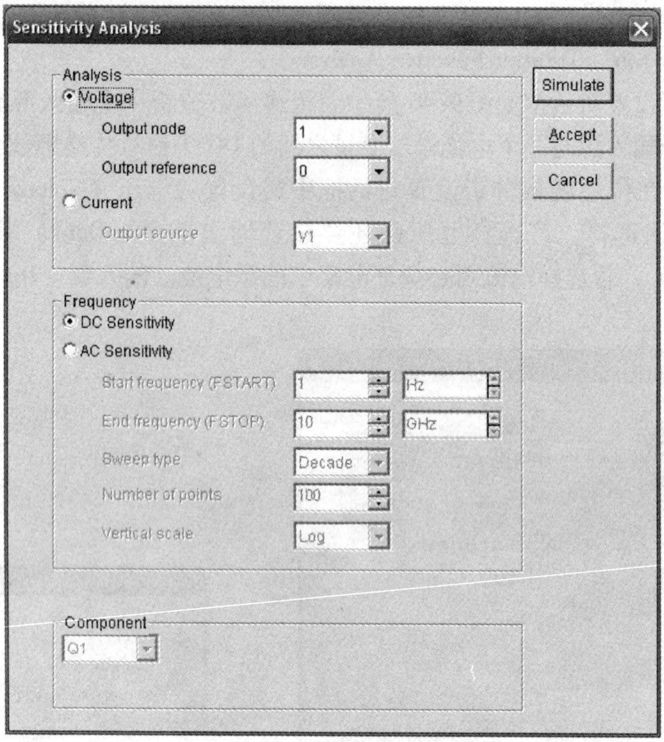

图 9-47 直流和交流灵敏度分析对话框

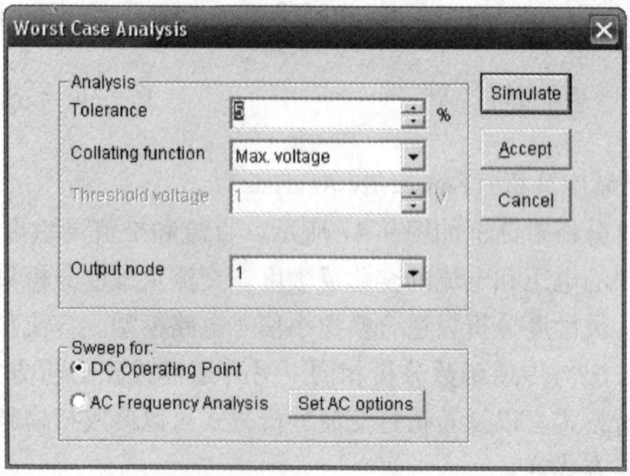

图 9-48 最坏情况分析设置对话框

最坏情况分析对话框需设置容差（被分析参数的变化值，默认为 5%）、选择函数（Collating Function）、输出节点（Output Node）、扫描形式（Sweep For）（直流工作点（DC Operating Point）/交流频率分析（AC Frequency Analysis）。

13. 蒙特卡罗分析（Monte Carlo Analysis）

蒙特卡罗分析设置对话框如图 9-49 所示。蒙特卡罗分析时采用统计方法来观察电路中的元件参数按选定的误差分析类型在一定范围内的变化对电路特性的影响。通过该分析可以预计由于制造过程中元件的误差而导致所设计的电路不合格的概率。蒙特卡罗分析中数字器件被视为高阻接地。

蒙特卡罗分析设置对话框中需设置分析数（Number of Runs）（必须大于等于2）、容差（Tolerance）（默认为5%）、种子（Seed）、分布类型（Distribution Type）、输出节点（Output Node）、扫描形式（Sweep for）（直流工作点、瞬态分析、交流频率分析）。

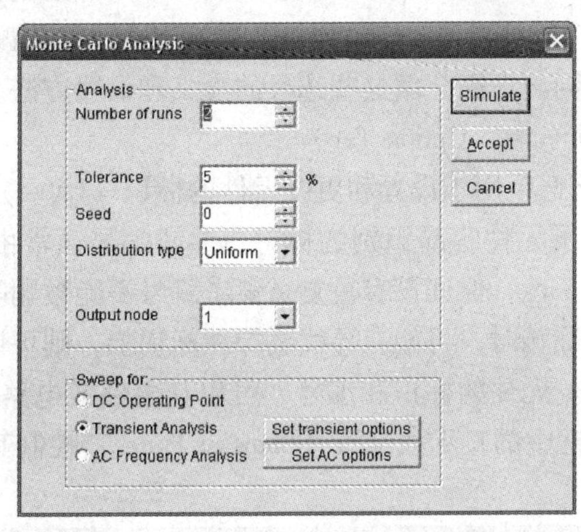

图9-49　蒙特卡罗分析设置对话框

9.6　EWB 5.0 电路图的绘制

1. 元器件的选用及位置的调整

要选用某一元器件时，先在元器件库栏中打开该元器件库的下拉图标，然后拖动所需的元器件到电路工作区。并且可以拖动它到需要的位置。如果想调整多个元器件的位置，则可以先用鼠标拖动画出一个矩形框选定这些元器件（选定后如要去掉某一元件，则可使用 Ctrl + 单击元件），然后用鼠标左键拖动其中任一元器件，那么所有选中的元器件就会一起移动到指定的位置，但和它们相连接的导线也会自动重新排列。如果只是想对某个（或某些）元器件的位置作细小的调整，可以先选定元件，然后再使用键盘的箭头键。

2. 元器件的调整

连接电路时，为了让电路图的布局更加合理，常常需要对元器件进行必要的调整，包括旋转、翻转等命令。如果想要执行这些命令，应先选中该元器件（元器件以红色显示），然后使用工具栏的“旋转”“垂直翻转”“水平翻转” 等按钮，或者选择电路菜单中的相应命令来实现。如要对一组元件进行调整，也可以使用拖动鼠标的方法选定后进行调整。

3. 元器件的复制及删除

先选中元器件，然后使用编辑菜单中的相应命令来实现。在删除时可选定元器件后按下 Delete 键。

4. 元器件的插入

在电路连接以后，如要在某两个元件之间放入元件，可以将元件直接拖动放置在导线上，如导线有足够的空间，则会自动插入。否则将停留在导线上无法插入。

5. 元器件参数的调整

在建立电路图的过程中，如果对元器件参数调整，首先选定该器件，然后按鼠标的右键，选定快捷菜单（或电路菜单）里的“Component Properties（属性）”项（也可双击元器件），将出现可改变器件参数的对话框。通过改变对话框的各项内容，可以达到改变元器件参数的目的。对话框中一般包括有：Label（标识）、Value（数值）、Model（模型）、Fault（故障）、Display（显示）、Analysis setup（分析设置）、Number（数值）等项，不同元器件属性对话框的内容各不相同。下面介绍这些选项的含义和设置方法。

（1）电路图选项（Schematic Option Tab）

1）标号（Label）。该选项用于设置和更改元件的标识（Label）和参考编号（Reference ID）标识，由用户自己赋予元件容易识别的标记。参考编号通常由系统自动分配，必要时可以修改，但必须具有惟一性，保证没有重复。参考编号不能被删除。有些元件可能没有标识和编号。当元件旋转或翻转时，可能有导线叠加在标识上，则可以用在标识中输入空格来解决标识无法辨认的问题。元件的标识和编号，可以从电路或电路图选项（Circuit or Schematic Options）命令对话框中的显示或隐藏（Show or Hide）控制其显示或隐藏。电阻标号设置对话框如图9-50所示。

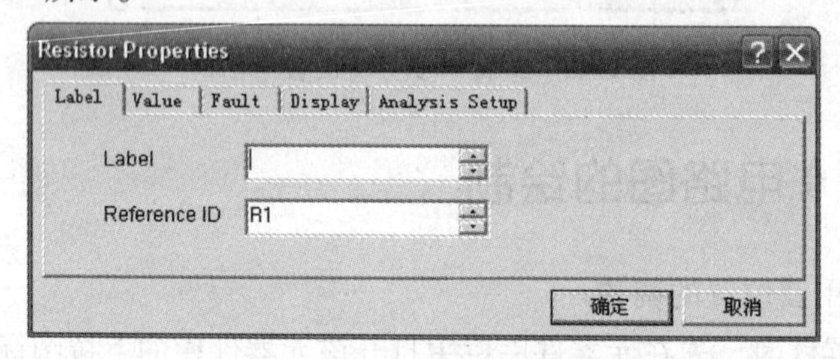

图9-50　电阻标号设置对话框

2）数值（Value）。当元件比较简单时，一般出现数值选项卡，数值选项卡主要用于设置元件的数值。包括元器件的器件值（Resistance），以及器件其他的重要参数，例如对于电阻（Resistor），除了需设置阻值以外，还需设置其一阶温度系数（TC1）和二阶温度系数（TC2）。图中出现异常字符，这是因为中文Windows操作系统不兼容西文字符的原因。电阻数值设置对话框如图9-51所示。

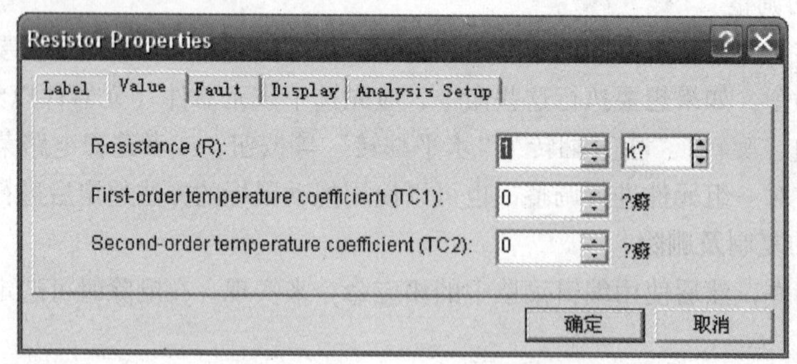

图9-51　电阻数值设置对话框

3）模型（Models）。当元件比较复杂时，一般出现模型选项卡。模型选项卡主要用于设置元件的模型型号，用户还可以创建自己所需的新元器件库，并对元件模型进行编辑（Edie）、复制（Copy）、粘贴（Paste）、删除（Delete）和重命名（Rename）等操作。元件模型的缺省设置（Default）通常为理想（Ideal），这有利于加快仿真分析的速度，并且能够满足大多数情况下的仿真要求。但如果对实验结果有较高的精度要求，则可以选择某一个具体的真实型号。晶体管模型设置对话框如图 9-52 所示。

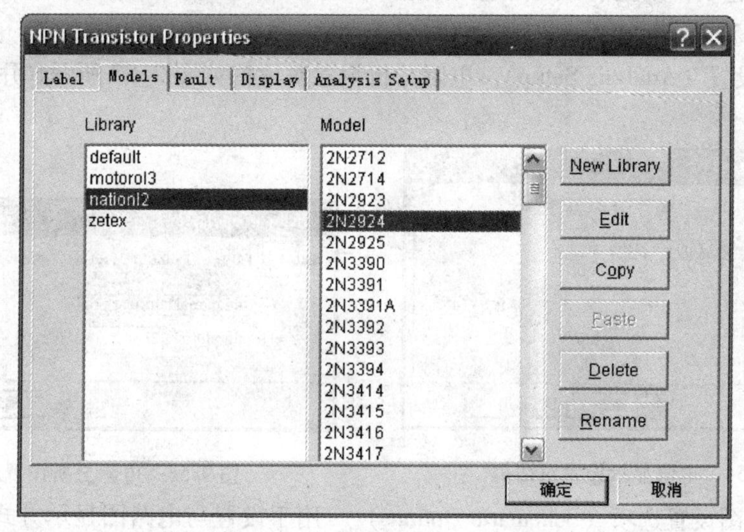

图 9-52　晶体管模型设置对话框

4）故障（Fault）。该选项可以设置元件的隐含故障。它除了标出元件的各个端点之外，还可以设置元件不同的故障类型如下：

漏电（Leakage）：在所选元件的两端并联一个固定数值电阻，使通过该元件的电流减少，产生漏电流；

短路（Short）：在所选元件的两端并联一个小电阻，使该元件失效；

开路（Open）：在所选元件的某一端串联一个大电阻，连接到该端的导线产生断开的效果；

无故障（None）。

电阻故障设置对话框如图 9-53 所示。

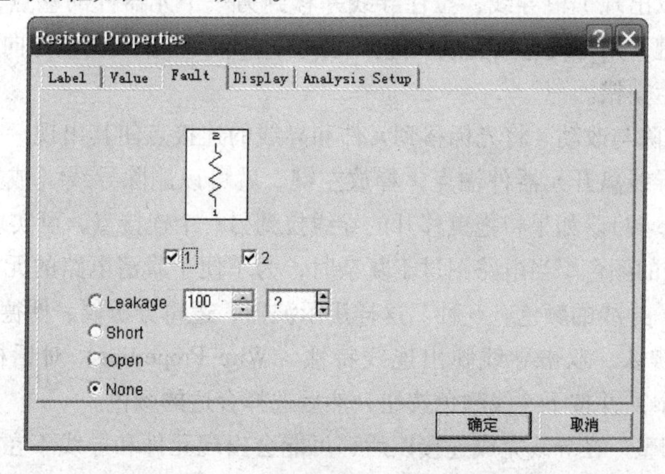

图 9-53　电阻故障设置对话框

5）显示（Display）。显示选项设置可用于设置标识、模型、编号等器件的各项参数显示与否。该对话框与电路/电路图选项（Circuit/Schematic Options）对话框的设置有关。如已设置电路图选项，则显示方式由电路图选项决定，否则由图示对话框决定。电阻显示设置对话框如图9-54所示。

6）分析设置（Analysis Setup）。电阻分析设置对话框如图9-55所示，用于设定元器件的工作温度。

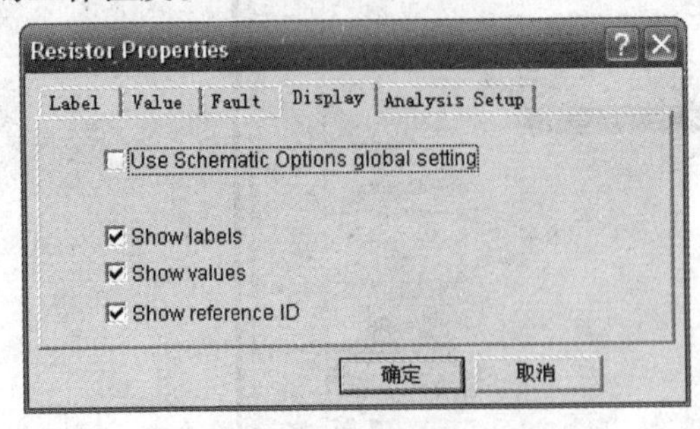

图9-54　电阻显示设置对话框

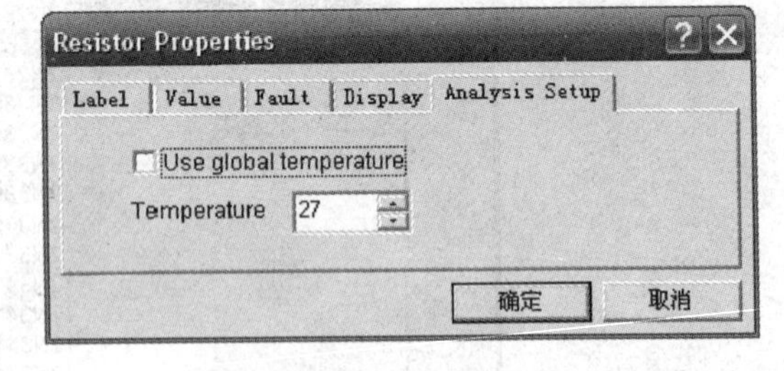

图9-55　电阻分析设置对话框

（2）电路图设置选项（Schematic Options）　用于设置与电路图显示方式有关的一些选项。这些选项变化仅适用于当前电路。该窗口有3个选项卡。

1）网格（Grid）　用于设置电路窗口是否有网格，使用网格的优点是便于元器件的排列和定位。

2）显示或隐藏（Show/Hide）　用于控制电路中元件的标识、参考编号、模型、数值、节点编号以及元件库的显示，被选择项将在整个电路中显示，除非某个元件在元件属性窗口中已设置此选项不显示。

3）字体（Fonts）　用于设置电路中元件的标识、数值和模型的字体。

（3）导线的操作。

1）元器件的连接　首先将光标移到元器件的端点，然后它会出现一个黑点，按下鼠标左键并拖曳就可以出现1根导线，拉住导线并移到另一个元器件的端点，使其出现一个黑点，松开鼠标左键，则导线连接完成，连接完成后，导线将自动调整走向，会尽可能少的与元器件或导线发生交错。

2）导线的删除与改动　将光标移到元件和导线的连接点使其出现一个黑点，按住左键并拖曳该黑点使导线离开元器件端点，释放左键，就可以删除导线（或选定导线，使其变粗显示后按Delete键）。如果将拖曳移开的导线拉到另一个连接点，可实现导线的改动。

3）改变连线的颜色　当电路图过于复杂时，为了便于看清电路的元件连接关系，可以改变导线的颜色，导线的颜色有6种。这样用示波器、逻辑分析仪、博德图仪等仪器观察仿真结果时也容易辨认。双击导线弹出连线特性（Wire Properties）对话框，选择电路选项（Schematic Options）并按下连线颜色按钮，然后选择合适的颜色。

4）导线的调整　在导线完成连接以后，可能会出现元件和导线不在一条直线上，导线会出现弯曲，可以选中该元件后用键盘的方向键微调元件的位置。当导线接入节点的方向不对时，会造成导线不必要的弯曲，这时要对接入的方向做出调整。

9.7 EWB5.0 电路仿真设计实例

当对 EWB5.0 基本了解以后，能否灵活应用 EWB5.0 进行电路特性的仿真设计，关键在于应用。这取决于两个方面：①了解 EWB5.0 软件功能，熟练掌握其使用方法；②熟悉电路原理以及电路设计过程。下面通过两个实际电路的仿真分析，介绍应用 EWB5.0 进行电路仿真设计的过程方法。

9.7.1 模拟电路的仿真

采用具有分压式串联负反馈稳定偏置的共射电路。按 EWB 5.0 电路绘制方法画出如图 9-56 所示电路，其中晶体管模型选用 2N3390 。

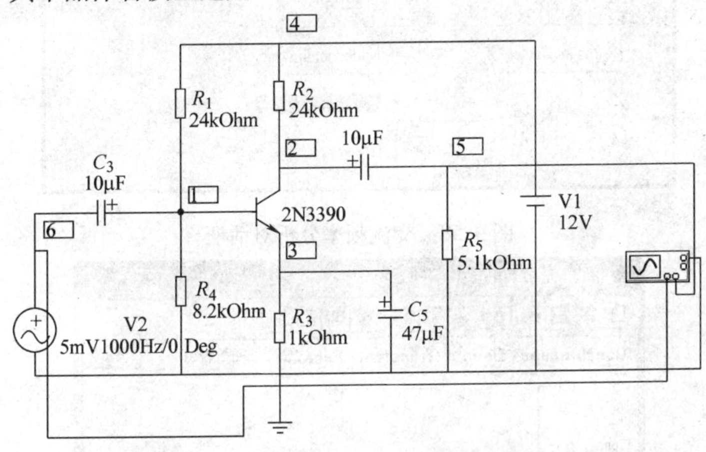

图 9-56 分压式串联负反馈稳定偏置的共射电路

1. 直流工作点分析

直流分析是为以后的分析做准备。例如：直流分析所得的直流工作点给出了交流频率分析时的一些非线性小信号器件，如晶体管的线性工作区，直流工作点是动态的初始条件。选择“Analysis ”菜单中的“DC Operating Point ”功能选项分析直流工作点。结果如图 9-57 所示。

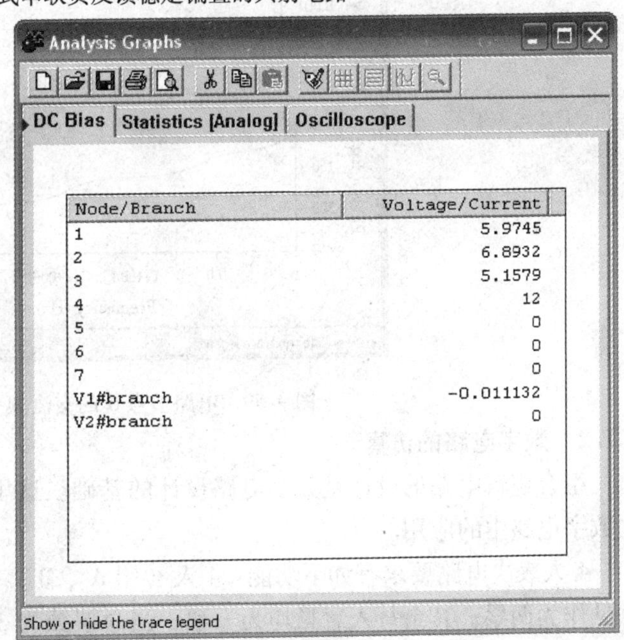

图 9-57 直流工作点分析结果

2. 交流频率分析

对电路进行交流频率分析。选择 Analysis/AC Frequency，出现如图 9-58 所示对话框。在出现的对话框中选择节点 6 ，其余选项可选用默认值，按下仿真（Simulate）

按钮，即可在显示图上获得节点 6 的频率特性。交流频率分析的结果显示出幅频特性和相频特性两个图。当然如果使用波特图仪也可得到相同的结果。按 Esc/Pause 键将停止仿真运行，其分析结果如图 9-59 所示。

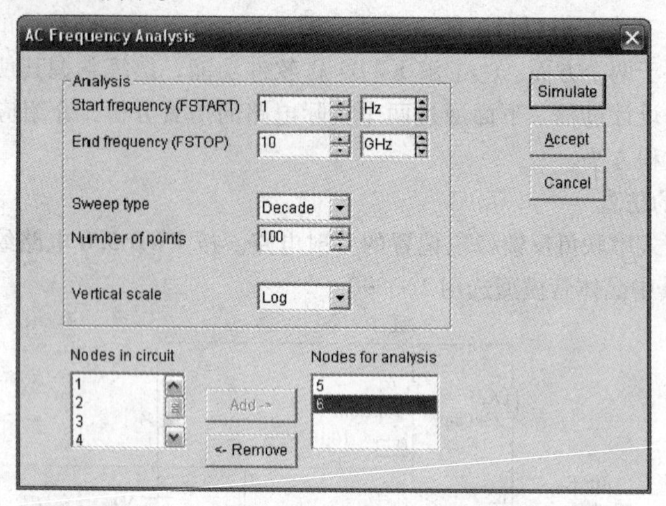

图 9-58　交流频率分析对话框

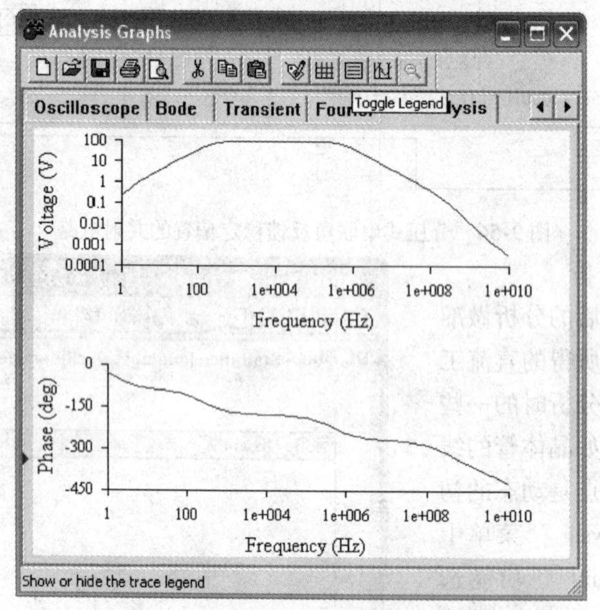

图 9-59　电路节点 6 的交流频率分析结果

9.7.2　数字电路的仿真

组合逻辑电路的设计是数字电路设计的基础。这里用 4 人表决电路的设计来说明 EWB 在数字电路中的应用。

4 人表决电路要求有如下功能：4 人（用 A 、B 、C 、D 表示），A 为权威人士，其一人意见作为两票，其余每人意见均为一票，当总票数为 3 票，或 3 票以上时，结果（用 Y 表示）为通过，否则为不通过，要求电路用“与非门”实现。可通过 EWB 软件的逻辑转换仪完成整个设计过程。首先，在逻辑转换仪的顶部选择所采用的输入端（A 、B 、C 、D ）。

此时真值表区会自动出现输入信号的所有组合，而右边输出列的初始值全部为零。根据设计的要求，改变真值表的输出值（1、0或X），可得真值表如图9-60所示。按下“真值→简化表达式”按钮，相应的逻辑表达式会出现在逻辑转换仪的底部逻辑表达式栏，然后，按下“表达式→与非电路”钮得到“与非门”构成的电路。最后，分别在各输入端接上转换开关，输出端接一只指示灯，电路设计的工作就完成了，以下是电路的实现及仿真结果。

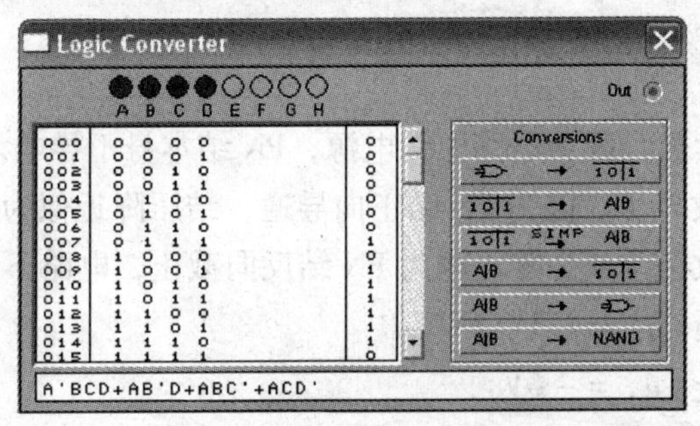

图9-60　逻辑转换仪工作过程

表决器仿真电路如图9-61所示，在各输入端均接一个转换开关，开关旁边的括号中显示为控制开关的按钮，按钮可通过开关的属性自由设定。图9-61中已将开关控制按钮设为A、B、C、D共4个键，以便更形象方便地仿真。当4人按自己的意思按下按钮，合计有3票以上时，指示灯亮以示表决通过，当A、D两人按下开关控制按钮时，如图共有3票赞成，即表示表决通过，指示灯亮，电路的仿真结果与电路的设计要求相符合。

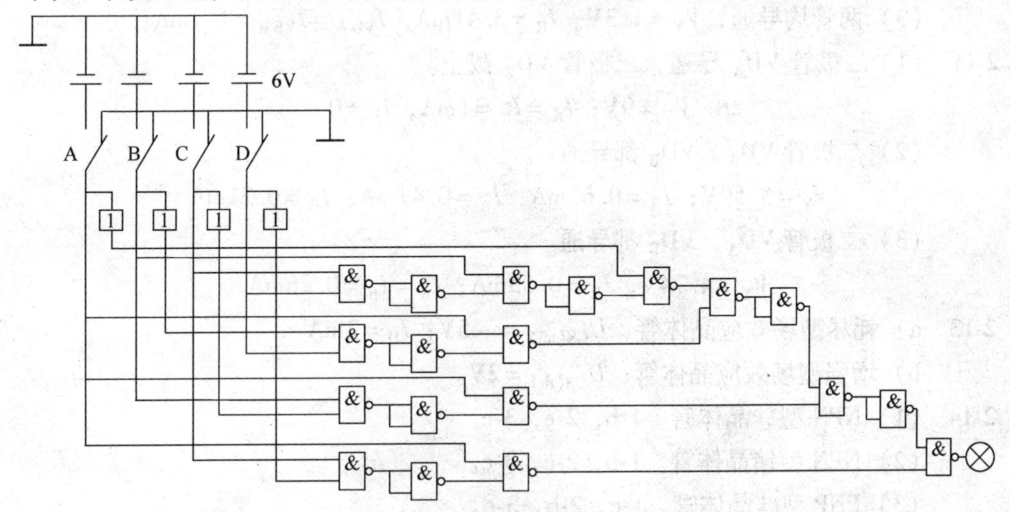

图9-61　表决器电路

部分习题参考答案

第2章

2-1 a）电流表无读数，因为电路中无电源，PN结本身不导电。

b）电流表读数E/R。因为PN结正向导通，结压降近似为零。

c）电流表读数很小或为零。因为PN结反向截止，电路不通。

2-6 a）二极管导通。$u_o = -3V$

b）二极管截止。$u_o = -6V$

c）二极管VD_1导通，二极管VD_2截止。$u_o = 0$

d）二极管VD_1截止，二极管VD_2导通。$u_o = -3V$

2-7 a）15V b）10.7V c）5V d）0.7V

2-9 $I_Z = 2mA$；减小R_2

2-10 （1）两管均导通，$V_Y = -1.36V$；$I_R = 2.7mA$，$I_{VDA} = I_{VDB} = 1.36mA$

（2）VD_A导通，VD_B截止，$V_Y = -0.06V$；$I_R = I_{VDA} = 3.06mA$，$I_{VDB} = 0$；

（3）两管均导通，$V_Y = 1.3V$；$I_R = 3.41mA$，$I_{VDA} = I_{VBB} = 1.7mA$；

2-11 （1）二极管VD_A导通，二极管VD_B截止。

$V_Y = 9V$；$I_A = I_R = 1mA$，$I_B = 0$

（2）二极管VD_A，VD_B都导通。

$V_Y = 5.59V$；$I_R = 0.62mA$；$I_A = 0.41mA$；$I_B = 0.21mA$

（3）二极管VD_A，VD_B都导通。

$V_Y = 4.74V$；$I_R = 0.53mA$；$I_A = I_B = 0.26mA$

2-13 a）耗尽型场效应晶体管；$U_{GS(off)} = -5V$；$I_D = 2mA$

b）增强型场效应晶体管；$U_{GS(th)} = 2V$

2-14 （1）NPN型硅晶体管。1-b，2-e，3-c。

（2）NPN型锗晶体管。1-b，2-e，3-c。

（3）PNP型硅晶体管。1-c，2-b，3-e。

（4）PNP型锗晶体管。1-c，2-b，3-e。

2-15 （1）放大；（2）放大；（3）饱和；（4）截止；（5）饱和

2-16 $R_{AB} = 5\Omega$

第3章

3-1 a）放大 $I_{BQ} = 0.072mA$；$I_{CQ} = 2.86mA$；$U_{CEQ} = 12.14V$

b）放大 $I_{BQ} = 0.08mA$；$I_{CQ} = 3.2mA$；$U_{CEQ} = 10.4V$

c）饱和

d）截止

3-3 （2）$R_B=565k\Omega$

（3）晶体管饱和；在 R_B 支路上串联一固定电阻。

（4）温度升高 $\left.\begin{array}{c}\beta\uparrow \\ |U_{BE}|\downarrow \\ I_{CBO}\uparrow\end{array}\right\}\rightarrow I_C\uparrow\rightarrow U_{CE}\downarrow$，该电路不能稳定静态工作点。

3-4 图 c 是饱和失真。解决方法是增大 R_B。

图 d 是截止失真。解决方法是减小 R_B。

3-5 （1）$I_{CQ}=I_{EQ}=2mA$；$I_{BQ}=0.04mA$；$U_{CEQ}=6.3V$

（2）$\dot{A}_u\approx-78$；$r_i\approx0.52k\Omega$；$r_o=2k\Omega$；$\dot{A}_{us}\approx-52$

（3）$\dot{A}_u=-18$；$r_i=1.08k\Omega$；$\dot{A}_{us}\approx-12$

3-6 （1）$r_i=6.23k\Omega$；$r_o=3.9k\Omega$；$\dot{A}_u=-14.8$

（2）不带负载时 $\dot{U}_{o0}=-444mV$；带负载时 $\dot{U}_o=-222mV$；

（3）$\dot{U}_o=-195mV$

3-7 $r_o=1.3k\Omega$

3-8 $U_o=0.5V$

3-9 （1）$\dot{A}_u=-71.6$

（2）$r_i=1k\Omega$；$r_o=2.12k\Omega$

3-10 （1）$I_{BQ}=0.026mA$；$I_{CQ}=2.08mA$；$U_{CEQ}=6.384V$

（3）$\dot{A}_u=0.98$；$r_i=66.18k\Omega$；$r_o=0.024k\Omega$；$\dot{A}_{us}=0.97$

3-11 （1）$I_{BQ}=17.95\mu A$；$I_{CQ}=1.795mA$；$U_{CEQ}=2.82V$

（2）$r_i=8.22k\Omega$

（3）$\dot{A}_{u1}=-0.98$；$\dot{A}_{u2}\approx1$

（4）$r_{o1}=2k\Omega$；$r_{o2}=0.032k\Omega$

3-12 （1）$I_{CQ}=1.6mA$；$I_{BQ}=0.04mA$；$U_{CEQ}=4V$

（2）$\dot{A}_u=-17.3$

（3）$\dot{r}_i=4.75k\Omega$；$r_o=2.19k\Omega$

3-13 $r_i=3.67k\Omega$；$r_o=7.5k\Omega$；$\dot{A}_u=4263.65$

3-14 （1）$\dot{A}_u=-66$

（2）$r_i=33.52k\Omega$；$r_o=6k\Omega$

（3）$\dot{A}_u=-117.6$；$r_i=1.79k\Omega$；$r_o=0.14k\Omega$

3-15 （1）$I_{C1Q}=I_{E1Q}=0.97mA$；$I_{B1Q}=0.024mA$；$U_{CE1Q}=7V$

$I_{C2Q}=1.88mA$；$I_{B2Q}=0.047mA$；$U_{CE2Q}=10.412V$

（3）$\dot{A}_{u1}=-21.5$；$\dot{A}_{u2}=0.99$；$\dot{A}_u=-20.84$

3-16　$\Delta U_o=40\mu F/℃$

3-17　（1）$I_{BQ}=0.018mA$；$I_{CQ}=1.08mA$；$U_{CEQ}=2.13V$

（2）$A_{d0}=-50$

（3）$r_i=12.1k\Omega$；$r_o=20k\Omega$

3-18　$A_d=45.4$；$A_c=-0.34$；$K_{CMR}=133.5$

3-21　$f_L=10Hz$；$f_H=10^4Hz$；$A_{um}=100\sqrt{10}$

第4章

4-1　$u_+=u_-=1.2\times10^{-4}V$；$I=6\times10^{-11}A$

4-2　$u_o=2.7V$；$R=18k\Omega$

4-3　$-1\sim1$

4-4　$u_o=\dfrac{R_f}{R_1}u_i$

4-5　$u_o=\dfrac{2R_f}{R_1}u_i$

4-6　$u_o=6V$

4-7　$u_o=-1.5V$；$R_3=12.5k\Omega$

4-8　$u_o=10u_{i1}-2u_{i2}-5u_{i3}$

4-11　$u_o=-50\int u_{i1}dt-20\int u_{i2}dt$

4-13　$u_o=5.625mV$

4-14　$R_1=10M\Omega$；$R_2=2M\Omega$；$R_3=1M\Omega$；$R_4=20k\Omega$

4-15　$u_o=-5\int u_{i2}dt-\dfrac{1}{2}u_{i1}$

4-16　$u_o=20u_{i2}-8u_{i1}$

4-17　$R_x=50k\Omega$

4-18　$R_1=1k\Omega$；$R_2=9k\Omega$；$R_3=90k\Omega$

4-19　$u_o=-100\int(u_{i2}-u_{i1})dt$

4-20　$\dot{u}_o=\left(1+\dfrac{R_f}{R_1}\right)\dfrac{1}{1+j\omega RC}\dot{u}_i$

$\dfrac{u_o}{u_i}=\left(1+\dfrac{R_f}{R_1}\right)\dfrac{1}{\sqrt{1+\left(\dfrac{w}{w_0}\right)^2}}$，其中 $w_0=\dfrac{1}{RC}$

4-22　$u_o=-R_fC_1\dfrac{du_i}{dt}-\left(\dfrac{R_f}{R_1}+\dfrac{C_1}{C_f}\right)u_i-\dfrac{1}{C_fR_1}\int u_idt$

4-25　$t\approx2.2s$

4-26 $U_{T1}=\frac{R_2}{R_2+R_f}U_{o+}+\frac{R_f}{R_2+R_f}U_{REF}$；$U_{T2}=\frac{R_2}{R_2+R_f}-(U_{o+})+\frac{R_f}{R_2+R_f}U_{REF}$

第5章

5-1 a）R_1、R_{f1}：串联电压负反馈

b）R_f：正反馈。

5-2 （1）R_{f1}、R_{E3}引入的是直流负反馈，作用是稳定静态工作点

（2）R_{f2}、R_{E1}引入的是交、直流电压串联负反馈，稳定输出电压，增大输入电阻

5-3 （1）R_{E1}、R_{E2}、R_f直流负反馈

（2）R_f、R_{E1}交流电压串联负反馈；R_{E1}第1级的交流电流串联负反馈

5-4 R_6、R_7引入直流电压并联负反馈；R_4引入交、直流电流串联负反馈。

5-5 a）R_1、R_f、R_e 电流串联负反馈；

b）R_f 正反馈。

5-6 a）R_{f1}、R_{E1}、R_{E3}：1～3级间的电流串联负反馈，可稳定电流，提高输入电阻；

b）R_f电压并联负反馈，可稳定电压、降低输出电阻；

c）R_f、R_{E1}、R_{E2}、C_E：正反馈；

d）R_{f1}、R_{E1}、R_{E3}：电压串联负反馈，可稳定电压、降低输出电阻、提高输入电阻；R_{f2}、R_{E2}：直流电流并联负反馈，可稳定电流。

5-7 R_{f1}、R_1 为电压串联负反馈；R_{f2}为电压并联负反馈；R_f电压并联负反馈

5-8 （1）应引入电压串联负反馈；

（2）应引入电流并联负反馈；

（3）应引入电流串联负反馈。

5-9 电压并联负反馈

5-10 电压串联负反馈

5-11 $A=2500$；$F=0.0096$

5-12 （1）a）电压串联负反馈，$u_o=5.5V$；b）电压并联负反馈，$u_o=-5V$；

（2）a）、b）均为正反馈；
（3）a）、b）均无反馈。 } a）$u_o=+13V$，b）$u_o=-13V$

5-13 （1）集成运算放大器组成的同相输入比例运算放大器和 RC 串并联选频网络构成的文氏电桥振荡器。

（2）满足

（3）有。$U_{om}=\pm10.12V$

（4）$f_0=3.18kHz$

5-14 （1）$R_1<1.5k\Omega$

（2）99.5～995.2Hz

5-15 （1）满足。

（2）R_t 的温度系数应取正

(3) 753 ~ 1048Hz

5-16 (1) 正反馈，若满足振幅条件可以振荡。

(2) 正反馈，若满足振幅条件可以振荡。

(3) 负反馈，不能振荡。

(4) 正反馈，若满足振幅条件可以振荡。

第6章

6-1 (2) 无滤波电容时 $U_o = 0.9U$；有滤波电容时 $U_o = 1.2U$。

(3) 两种情况下 $U_{DRM} = 2\sqrt{2}U$。

6-2 (1) VD_1 组成单相半波整流电路，VD_2、VD_3 组成单相全波整流电路

(2) $U_{o1} = -45V$；$U_{o2} = 9V$；$I_{V1} = 9mA$；$I_{V2} = I_{V3} = 15mA$

6-3 $U_o = 90V$；$I_o = 90mA$

6-4 $\theta = 102°$；$I = 58.7A$

6-5 $U_o = 74.25V$；$I_o = 7.425A$

6-7 $U_o = 0.9\dfrac{1+\cos\alpha}{2}U$

6-8 (1) 电路正常；(2) 滤波电容断开；(3) 负载断路

6-10 (1) $U = 8.3V$

(2) 若 R_L 增大，二极管的导通角减小，U_o 增大

6-11 (1) 0

(2) 18mA

(3) 24mA

6-12 $R = 12k\Omega$

6-15 (2) R_f 在 1 ~ 8kΩ 之间

(3) $U_o = -\dfrac{R_f}{R_1}U_Z$

6-16 (1) $U_I = 18V$，$I_L = 5.6mA$，$I_R = 5.6mA$，$I_Z = 0$

(2) $U_I = 24V$，$I_L = 3mA$，$I_R = 15mA$，$I_Z = 12mA$

6-17 (1) $10V < U_L < 132V$

(2) 交流电源电压升高时，U_o、U_L 增大，V_{B1} 升高，V_{C1} 降低，V_{E1} 不变

6-18 1 接 3，2 接 5，4 接 7、9、11，6 接 8、10、13、15、17，12 接 14、16

6-20 (1) $U_L = U_{23}$ 2) $\dfrac{R_1+R_2+R_3}{R_2+R_3}U_{23} < U_L < \dfrac{R_1+R_2+R_3}{R_3}U_{23}$

第7章

7-4 (1) $F = \overline{A} + \overline{B} + \overline{C} + D$

(2) $F = \overline{A}C\overline{D} + \overline{C}D$

(3) $F = AB + \overline{\overline{A}\,\overline{C}} + \overline{D}$

7-6 （1）$F = A + \overline{D}$

（2）$F = A\overline{B} + C + D$

（3）$F = 1$

（4）$F = \overline{A}\overline{B} + AC$

（5）$F = \overline{B} + C + D$

（6）$F = \overline{A}\overline{B} + B\overline{C} + AC$

（7）$F = C$

（8）$F = A\overline{D} + \overline{B}\overline{D} + \overline{B}\overline{C} + \overline{A}\overline{C}D$

7-7 a）$F_1 = AB + BC + CA$；$F_2 = A \oplus B \oplus C$

b）$F = \overline{A}\overline{B} + AB$

7-8 a）$F = A \oplus B$；逻辑功能为“异或”

b）$F_1 = AB + (A \oplus B)C = AB + BC + AC$；

$F_2 = A \oplus B \oplus C = \overline{A}\overline{B}C + \overline{A}B\overline{C} + \overline{A}\overline{B}C + ABC$；

逻辑功能为“全加器”；

7-9 异或门

7-10 同或门

7-11 a）判奇电路

b）判偶电路

7-14 $F = AB\overline{C} + A\overline{B}C$

7-15 $F = ABD + ABC + ACD$

7-16 （1）$F = AB + BC + CA$

（2）$F = \overline{A}\overline{B}C + \overline{A}B\overline{C} + A\overline{B}\overline{C} + ABC$

（3）$F = \overline{A}\overline{B}\overline{C}\overline{D} + \overline{A}\overline{B}CD + \overline{A}B\overline{C}D + \overline{A}BC\overline{D} + A\overline{B}\overline{C}D + A\overline{B}C\overline{D} + AB\overline{C}\overline{D} + ABCD$

7-17 $F = ABD + CD$

7-18 $ABCD = 1001$

第 8 章

8-7 a）不正确； b）正确。

8-8 a）正确； b）正确。

8-9 Q_1的频率为 2000Hz，Q_2 的频率为 1000Hz。

8-15 X = 0 右移；X = 1 左移

8-17 异步十进制减法计数器。

8-18 同步六进制加法计数器。

8-20 ϕ_1 和 ϕ_2 的相位差为 1/4 个周期。

8-21 同步六进制加法计数器。

8-22 异步七进制加法计数器。

8-25 节拍脉冲计数器。

8-27 11s

附　录

附录 A　半导体分立器件型号命名方法

（GB/T 249—1989）

1　主题内容和适用范围

本标准规定了半导体分立器件型号的命名方法。

本标准适用于各种半导体分立器件。

2　型号组成原则

半导体分立器件的型号五个组成部分的基本意义如下：

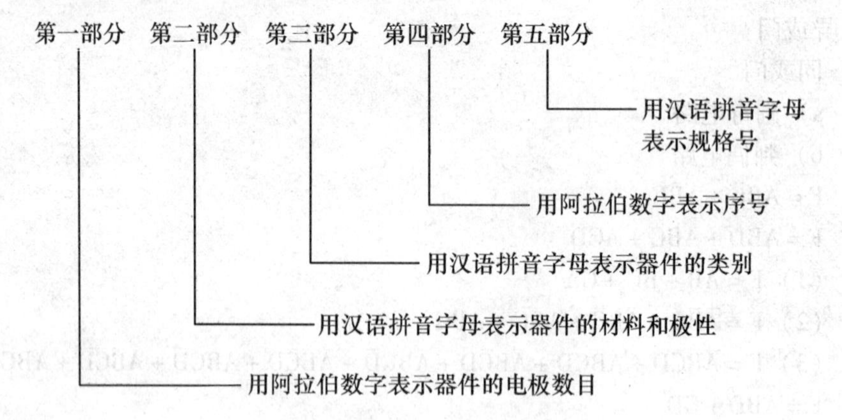

一些半导体分立器件的型号由一～五部分组成，另一些半导体分立器件的型号仅由三～五部分组成。

3　型号组成部分的符号及其意义

3.1　由一～五部分组成的器件型号符号及其意义

表　1

第一部分		第二部分		第三部分		第四部分	第五部分
用阿拉伯数字表示器件的电极数目		用汉语拼音字母表示器件的材料和极性		用汉语拼音字母表示器件的类别		用阿拉伯数字表示序号	用汉语拼音字母表示规格号
符　号	意　义	符　号	意　义	符　号	意　义		
2	二极管	A	N 型，锗材料	P	小信号管		
		B	P 型，锗材料	V	混频检波管		
		C	N 型，硅材料	W	电压调整管和电压基准管		
		D	P 型，硅材料	C	变容管		
3	三极管	A	PNP 型，锗材料	Z	整流管		

（续）

第一部分		第二部分		第三部分		第四部分	第五部分
用阿拉伯数字表示器件的电极数目		用汉语拼音字母表示器件的材料和极性		用汉语拼音字母表示器件的类别		用阿拉伯数字表示序号	用汉语拼音字母表示规格号
符　号	意　义	符　号	意　义	符　号	意　义		
3	三极管	B	NPN 型，锗材料	L	整流堆		
		C	PNP 型，硅材料	S	隧道管		
		D	NPN 型，硅材料	K	开关管		
		E	化合物材料	X	低频小功率晶体管（f_a < 3MHz，P_e < 1W）		
				G	高频小功率晶体管（$f_a \geq$ 3MHz，P_e < 1W）		
				D	低频大功率晶体管（f_a < 3MHz，$P_e \geq$ 1W）		
				A	高频大功率晶体管（$f_a \geq$ 3MHz，$P_e \geq$ 1W）		
				T	闸流管		
				Y	体效应管		
				B	雪崩管		
				J	阶跃恢复管		

示例 1　锗 PNP 型高频小功率晶体管

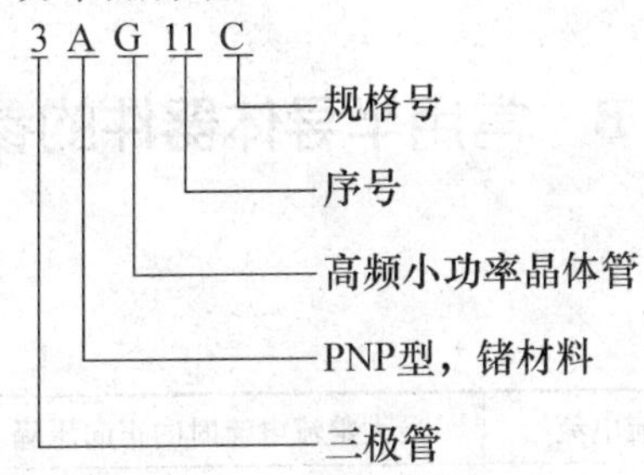

3.2　由三～五部分组成的器件型号的符号及其意义

表　2

第三部分		第四部分	第五部分
用汉语拼音字母表示器件的类别		用阿拉伯数字表示序号	用汉语拼音字母表示规格号
符　号	意　义		
CS①	场效应晶体管		
BT	特殊晶体管		
FH	复合管		
PIN	PIN 管		

（续）

第三部分		第四部分	第五部分
用汉语拼音字母表示器件的类别		用阿拉伯数字表示序号	用汉语拼音字母表示规格号
符　号	意　义		
ZL	整流管阵列		
QL	硅桥式整流器		
SX	双向三极管		
DH	电流调整管		
SY	瞬态抑制二极管		
GS	光电子显示器		
GF	发光二极管		
GR	红外发射二极管		
GJ	激光二极管		
GD	光敏二极管		
GT	光敏晶体管		
GH	光耦合器		
GK	光开关管		
GL	摄像线阵器件		
GM	摄像面阵器件		

① 4CS 表示双绝缘栅场效应晶体管。

示例 2　场效应晶体管

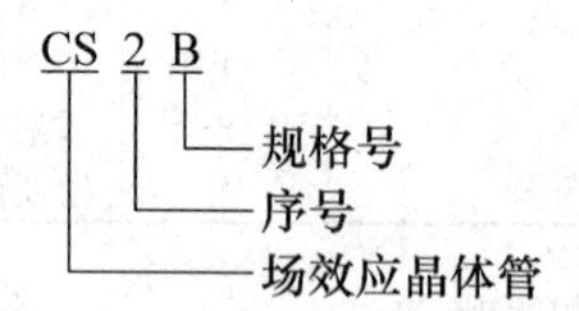

附录 B　常用半导体器件的参数

一、半导体二极管

（1）检波与整流二极管

参　数		最大整流电流	最大整流电流时的正向压降	最高反向工作电压
符　号		I_{OM}	U_F	U_{RM}
单　位		mA	V	V
型号	2 AP 1	16		20
	2 AP 2	16		30
	2 AP 3	25		30
	2 AP 4	16	≤1.2	50
	2 AP 5	16		75
	2 AP 6	12		100
	2 AP 7	12		100
	2 CP 10			25
	2 CP 11			50
	2 CP 12			100
	2 CP 13			150

（续）

参　数		最大整流电流	最大整流电流时的正向压降	最高反向工作电压
符　号		I_{OM}	U_F	U_{RM}
单　位		mA	V	V
型号	2 CP 14	100	≤1.5	200
	2 CP 15			250
	2 CP 16			300
	2 CP 17			350
	2 CP 18			400
	2 CP 19			500
	2 CP 20			600
	2 CP 21	300		100
	2 CP 21A	300		50
	2 CP 22	300		200
	2 CP 31	250		25
	2 CP 31A	250		50
	2 CP 31B	250		100
	2 CP 31C	250		150
	2 CP 31D	250		250
	2 CZ 11A	1,000	≤1	100
	2 CZ 11B			200
	2 CZ 11C			300
	2 CZ 11D			400
	2 CZ 11E			500
	2 CZ 11F			600
	2 CZ 11G			700
	2 CZ 11H			800
	2 CZ 12A	3,000	≤0.8	50
	2 CZ 12B			100
	2 CZ 12C			200
	2 CZ 12D			300
	2 CZ 12E			400
	2 CZ 12F			500
	2 CZ 12G			600

（2）稳压管

参　数		稳定电压	稳定电流	耗散功率	最大稳定电流	动态电阻
符　号		U_Z	I_Z	P_Z	I_{Zmax}	r_Z
单　位		V	mA	mW	mA	Ω
测试条件		工作电流等于稳定电流	工作电压等于稳定电压	-60～-50℃	-60～+50℃	工作电流等于稳定电流
型号	2 CW 11	3.2～4.5	10	250	55	≤70
	2 CW 12	4～5.5	10	250	45	≤50
	2 CW 13	5～6.5	10	250	38	≤30
	2 CW 14	6～7.5	10	250	33	≤15
	2 CW 15	7～8.5	5	250	29	≤15
	2 CW 16	8～9.5	5	250	26	≤20

（续）

参数		稳定电压	稳定电流	耗散功率	最大稳定电流	动态电阻
符号		U_Z	I_Z	P_Z	I_{Zmax}	r_Z
单位		V	mA	mW	mA	Ω
测试条件		工作电流等于稳定电流	工作电压等于稳定电压	-60～-50℃	-60～+50℃	工作电流等于稳定电流
型号	2 CW 17	9～10.5	5	250	23	≤25
	2 CW 18	10～12	5	250	20	≤30
	2 CW 19	11.5～14	5	250	18	≤40
	2 CW 20	13.5～17		250	15	≤50
	2 DW 7A	5.8～6.6	10	200	30	≤25
	2 DW 7B	5.8～6.6	10	200	30	≤15
	2 DW 7C	6.1～6.5	10	200	30	≤10

（3）开关二极管

参数		反向击穿电压	最高反向工作电压	反向压降	反向恢复时间	零偏压电容	反向漏电流	最大正向电流	正向压降
单位		V	V	V	ns	pF	μA	mA	V
型号	2 AK 1	30	10	≥10	≤200	≤1		≥100	
	2 AK 2	40	20	≥20	≤200	≤1		≥150	
	2 AK 3	50	30	≥30	≤150	≤1		≥200	
	2 AK 4	55	35	≥35	≤150	≤1		≥200	
	2 AK 5	60	40	≥40	≤150	≤1		≥200	
	2 AK 6	75	50	≥50	≤150	≤1		≥200	
	2 CK 1	≥40	30	30	≤150	≤30	≤1	100	≤1
	2 CK 2	≥80	60	60	≤150	≤30	≤1	100	≤1
	2 CK 3	≥120	90	90	≤150	≤30	≤1	100	≤1
	2 CK 4	≥150	120	120	≤150	≤30	≤1	100	≤1
	2 CK 5	≥180	180	150	≤150	≤30	≤1	100	≤1
	2 CK 6	≥210	210	180	≤150	≤30	≤1	100	≤1

二、半导体三极管

（1）3DG6 三极管

参数符号		单位	测试条件	型号			
				3 DG6 A	3 DG6 B	3 DG6 C	3 DG6 D
直流参数	I_{CBO}	μA	$U_{CB}=10V$	≤0.1	≤0.1	≤0.1	≤0.1
	I_{EBO}	μA	$U_{EB}=1.5V$	≤0.1	≤0.1	≤0.1	≤0.1
	I_{CEO}	μA	$U_{CE}=10V$	≤0.1	≤0.1	≤0.1	≤0.1
	U_{BES}	V	$I_B=1mA$ $I_C=10mA$	≤1.1	≤1.1	≤1.1	≤1.1
	h_{FE}（β）		$U_{CB}=10V$ $I_C=3mA$	10～200	20～200	20～200	20～200
交流参数	f_T	MHz	$U_{CE}=10V$ $I_C=3mA$ $f=30MHz$	≥100	≥150	≥250	≥150

（续）

参数符号		单位	测试条件	型号			
				3 DG6 A	3 DG6 B	3 DG6 C	3 DG6 D
交流参数	G_p	dB	$U_{CB}=10V$ $I_C=3mA$ $f=100MHz$	≥7	≥7	≥7	≥7
	C_{Od}	pF	$U_{CB}=10V$ $I_C=3mA$ $f=5MHz$	≤4	≤3	≤3	≤3
极限参数	BU_{CBO}	V	$I_C=100\mu A$	30	45	45	45
	BU_{CEO}	V	$I_C=200\mu A$	15	20	20	30
	BU_{EBO}	V	$I_E=-100\mu A$	4	4	4	4
	I_{CM}	mA		20	20	20	20
	P_{CM}	mW		100	100	100	100
	T_{iM}	℃		150	150	150	150

（2）3DK4 开关三极管

参数符号		单位	测试条件	型号			
				3 DK 4	3 DK 4A	3 DK 4B	3 DK 4C
直流参数	I_{CBO}	μA	$U_{CB}=10V$	≤1	≤1	≤1	≤1
	I_{CEO}	μA	$U_{CE}=10V$	≤10	≤10	≤10	≤10
	U_{CES}	V	$I_B=50mA$ $I_C=500mA$	≤1	≤1	≤1	≤1
	U_{BES}	V	$I_B=50mA$ $I_C=500mA$	≤1.5	≤1.5	≤1.5	≤1.5
	h_{FE}（β）		$U_{CE}=1V$ $I_C=500mA$	20～200	20～200	20～200	20～200
交流参数	f_T	MHz	$U_{CE}=10V$， $I_C=50mA$ $f=30MHz$，$R=5\Omega$	≥100	≥100	≥100	≥100
	C_{ob}	pF	$U_{CB}=10V$， $I_E=0$ $f=5MHz$	≤15	≤15	≤15	≤15
开关参数	t_{on}	ns	$U_{CE}=26V$ $U_{EB}=1.5V$ 脉冲幅度7.5V 脉冲宽度1.5μs 脉冲重复频率1.5kHz	50	50	50	50
	t_{off}	ns		100	100	100	50
极限参数	BU_{CBO}	V	$I_C=100\mu A$	20	40	60	40
	BU_{CEO}	V	$I_C=200\mu A$	15	30	45	30
	BU_{EBO}	V	$I_E=-100\mu A$	4	4	4	4
	I_{CM}	mA		800	800	800	800
	P_{CM}	mW	不加散热板	700	700	700	700
	T_{iM}	℃		175	175	175	175

三、场效应晶体管

（1）结型场效应晶体管（N 沟道）

参　　数	符　　号	单　　位	测 试 条 件	型　　号		
				3 DJ 2	3 DJ 3[①]	3 DJ 7
饱和漏极电流	I_{DSS}	mA	$U_{DS}=10V$　$U_{GS}=0V$	0.3 ~ 10	≥35	1 ~ 35
栅源夹断电压	U_{P}	V	$U_{DS}=10V$　$I_{D}=50\mu A$	≤|-9|	|-2.5| ~ |-5|	≤|-9|
栅源绝缘电阻	R_{GS}	Ω	$U_{DS}=0V$　$U_{GS}=10V$	$\geq 10^7$	$\geq 10^7$	$\geq 10^7$
共源小信号低频跨导	gm	μA/V	$U_{DS}=10V$　$I_{D}=3mA$　$f=10^3Hz$	≥2000	≥3000	≥3000
最高振荡频率	f_{M}	MHz	$U_{DS}=10V$	≥300	1	≥90
最高漏源电压	BU_{DS}	V		20	20	20
最高栅源电压	BU_{GS}	V		20	20	20
最大耗散功率	P_{DM}	mW		100	100	100

① 3 DJ 3 是开关管。

（2）绝缘栅场效应晶体管

参　　数	符　　号	单　　位	型　　号			
			3DO4	3DO2（高频管）	3DO6（开关管）	3CO1（开关管）
饱和漏极电流	I_{DSS}	μA	$0.5\times10^3 \sim 15\times10^3$		≤1	≤1
栅源夹断电压	U_{P}	V	≤| -9 |			
开启电压	U_{T}	V			≤5	-2 ~ -8
栅源绝缘电阻	R_{GS}	Ω	$\geq 10^9$	$\geq 10^9$	$\geq 10^9$	$\geq 10^9$
共源小信号低频跨导	gm	μA/V	≥2000	≥4000	≥2000	≥500
最高振荡频率	f_{M}	MHz	≥300	≥1，000		
最高漏源电压	BU_{DS}	V	20	12	20	
最高栅源电压	BU_{GS}	V	≥20	≥20	≥20	≥20
最大耗散功率	P_{DM}	mN	1 000	1 000	1 000	1 000

注：1. 3CO1 为 P 沟道增强型，其他为 N 沟道管（增强型：U_T 为正值，耗尽型；U_P 为负值）。
　　2. 测试条件与结型场效应管同。

四、单结晶体管

参数名称		基极间电阻	分压系数	峰点电流	谷点电流	谷点电压	反向电流	反向电压	饱和压降	耗散功率
符号		R_{BB}	η	I_P	I_V	U_V	I_E	U_{EB1}	U_E	P_{BB}最大
单位		kΩ		μA	mA	V	μA	V	V	mW
测试条件		$U_{BB}=20V$ $I_B=0$	$U_{BB}=20V$	$U_{BB}=20V$	$U_{BB}=20V$	$U_{BB}=20V$		$I_{EO}=1\mu A$	$U_{BB}=20V$ $I_E=50mA$	
BT31	A	3 ~ 6	0.3 ~ 0.55	≤2			≤1	≥60	≤5	
	B	5 ~ 10	0.3 ~ 0.55	≤2			≤1	≥60	≤5	300
	C	3 ~ 6	0.45 ~ 0.75	≤2			≤1	≥60	≤5	(BT31
BT32	D	5 ~ 10	0.45 ~ 0.75	≤2			≤1	≥60	≤5	BT32)
	E	3 ~ 6	0.65 ~ 0.85	≤2	>1		≤1	≥60	≤5	500
BT33	F	5 ~ 10	0.65 ~ 0.85	≤2	(BT32 BT33)		≤1	≥60	≤5	(BT33)

（续）

参数名称		基极间电阻	分压系数	峰点电流	谷点电流	谷点电压	反向电流	反向电压	饱和压降	耗散功率
符号		R_{BB}	η	I_P	I_V	U_V	I_E	U_{EB1}	U_E	P_{BB}最大
单位		kΩ		μA	mA	V	μA	V	V	mW
测试条件		$U_{BB}=20V$ $I_B=0$	$U_{BB}=20V$	$U_{BB}=20V$	$U_{BB}=20V$	$U_{BB}=20V$		$I_{EO}=1\mu A$	$U_{BB}=20V$ $I_E=50mA$	
BT35	A	2~4.5	0.45~0.9	<4.0	>1.5	<3.5	≤2	≥30	<4.0	500
	B	2~4.5	0.45~0.9	<4.0	>1.5	<3.5	≤2	≥60	<4.0	500
	C	4.5~12	0.3~0.9	<4.0	>1.5	<4	≤2	≥30	<4.5	500
	D	4.5~12	0.3~0.9	<4.0	>1.5	<4	≤2	≥60	<4.5	500

五、KP型晶闸管

参数 / 单位 / 系列 KP	断态重复峰值电压 U_{DRM} 反向重复峰值电压 U_{RRM}	通态平均电压 U_F	额定通态平均电流 I_F	维持电流 I_H	浪涌电流 I_{FSM}	控制极触发电压 U_G	控制极触发电流 I_G	电压上升率 du/dt	电流上升率 di/dt	结温 T_j
	V	V	A	mA	A	V	mA	V/ns	A/ns	℃
1	100~3000	1.2	1	20	20	≤2.5	3~30	30	—	100
5	100~3000	1.2	5	40	90	≤3.5	5~70	30	—	100
10	100~3000	1.2	10	60	190	≤3.5	5~100	30	—	100
20	100~3000	1.2	20	60	380	≤3.5	5~100	30	—	100
30	100~3000	1.2	30	60	560	≤3.5	8~150	30		100
50	100~3000	1.2	50	60	940	≤3.5	8~150	30	30	100
100	100~3000	1.2	100	80	1880	≤3.5	10~250	100	80	100
200	100~3000	1.0	200	100	3770	≤4	10~250	100	80	115
300	100~3000	0.8	300	100	5650	≤4	20~300	100	80	115
400	100~3000	0.8	400	100	7540	≤5	20~300	100	80	115
500	100~3000	0.8	500	100	9420	≤5	20~300	100	80	115
800	100~3000	0.8	800	100	14920	≤5	30~250	100	100	115
1000	100~3000	0.8	100	100	18600	≤5	40~400	100	100	115

注：下角字表：F—正向，D—断态，R—反向（第一位）或重复（第二），S—不重复，G—控制极，M—最大值，H—维持。

附录C　集成电路型号命名

集成电路的型号由四部分组成，其符号及意义如下表所列：

第一部分		第二部分		第三部分		第四部分	
电路的类型，用汉语拼音字母表示		电路的系列及品种序号，用三位阿拉伯数字表示		电路的规格号，用汉语拼音字母表示		电路的封装，用汉语拼音字母表示	
符号	意　义	符号	意　义	符号	意　义	符号	意　义
T H E I P	TTL HTL ECL IIL PMOS	001 ⋮ 999	由有关工业部门制定的“电路系列和品种”中所规定的电路品种	A B C ⋮	每个电路品种的主要参数分档	A B C D Y	陶瓷扁平 塑料扁平 陶瓷双列 塑料双列 金属圆壳

（续）

第一部分		第二部分		第三部分		第四部分	
电路的类型，用汉语拼音字母表示		电路的系列及品种序号，用三位阿拉伯数字表示		电路的规格号，用汉语拼音字母表示		电路的封装，用汉语拼音字母表示	
符号	意　义	符号	意　义	符号	意　义	符号	意　义
N	NMOS		由有关工业部门制定的“电路系列和品种”中所规定的电路品种		每个电路品种的主要参数分档	F	F型
C	CMOS						
F	线性放大器						
W	集成稳压器						
J	接口电路						
⋮	⋮						

例 1

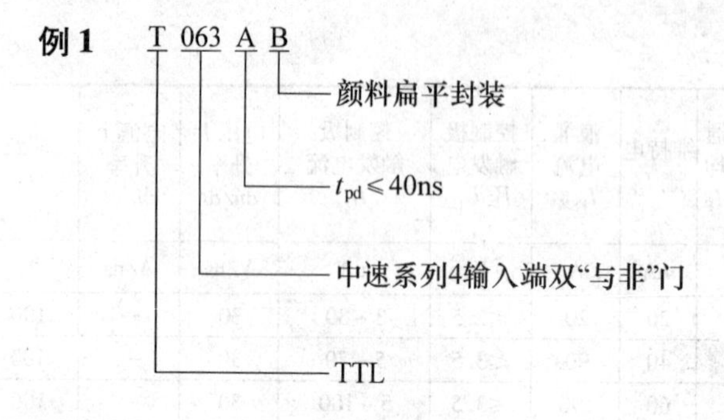

例 2

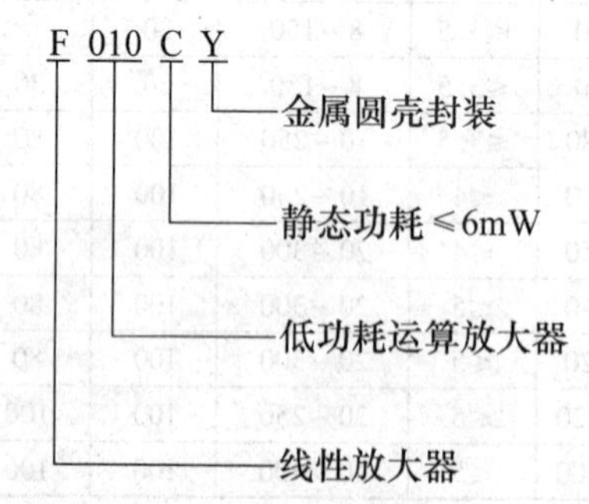

附录 D　国内外部分集成运算放大器同类产品型号对照表

部标准型号	厂标型号（旧型号）	国外同类产品型号
F 001	8 FC 1 XT 50 FC 1FC 31 BG 301 7 XC 15 G 922	μA 702 μPC 51 TA 7501 HA 1301 MC 1430 CA 3008 SN 72702 LM 702 TAA 243 M 51702 RC 702
F 003（有调零端） F 005	FC 3 4 E 304 X 51	μA 709 LM 709 RC 709 μPC 55 TA 7502 MC 1709 SFC 2709 SN 72709 M 51709 MIC 709 RC 709
F 004	5 G 23	BE 809
F 006（外补偿） F 007（内补偿）	8 FC 4 FC 4 5 G 24 7XC 3 4 E 322 NG 04 XFC 5 BG 308 DL 741	μA 741 TA 7504 ICB 8741 ICB 8741 CA 741 LM 741 SFC 741 AD 741 MC 1741 RC 1741 SN 72741

（续）

部标准型号	厂标型号（旧型号）	国外同类产品型号
F 010	X 54 FC 54 XFC 4 7 XC 4	μPC 253
F 011	XPC 75	
F 012	5G 26	
F 013	KD 203 FC6	
F 030	4 E 325 FC 72	AD 508
F 031	XFC 10	
F 033	8 FC 5	μA 725 RC 725 LM 725
F 050	XF 7-1 4 E 501	
F 052	X 55 XFC 76 XFC 55	LM 318
F 054	4 E 321 FC 92 XFC 7-2	
F 055	8 FC 6 5 G 27	μA 715 HA 17715
F 072		CA 3140
F 073	5 G 28	

附录 E　几种国产集成运算放大器参数规范表

参数名称	符　号	单　位	F 001			F 003	F 005		F 005		
			A	B	C	A	B	C	A	B	C
输入失调电压	U_{as}	mV	≤10	≤5	≤2	≤8	≤5	≤2	≤8	≤5	≤2
输入失调电流	I_{as}	μA	≤5	≤2	≤1	≤0.4	≤0.2	≤0.1	≤1	≤0.5	≤0.2
输入偏置电流	I_B	μA	≤10	≤7	≤5	≤2	≤1.2	≤0.7	≤3	≤3	≤2
开环电压增益	A_d	dB	≥60	≥66	≥66	≥80	≥80	≤86	≥86	≥86	≥90
最大输出幅度	U_{oPP}	V	≥±4	≥±4.5	≥±4.5	≥±10	≥±10	≥±12	≥±10	≥±10	≥±10

参数名称	符　号	单　位	F 001			F 003	F 005		F 004		
			A	B	C	A	B	C	A	B	C
静态功耗	P_{co}	mW	≤150	≤150	≤150	≤150	≤150	≥150	≤200	≤200	≤200
共模抑制比	CMRR	dB	≥70	≥70	≥80	≥65	≥70	≥80	≥80	≥80	≥80
输入电阻	r_i	kΩ		≥3			100			100	
输出电阻	r_o	Ω		500			200			2k	
开环带宽	f_{BW}	Hz		100k			10k			3k	
失调电压温漂	$\Delta U_{os}/\Delta T$	μV/℃		<20			10			10	
失调电流温漂	$\Delta I_{os}/\Delta T$	nA/℃		<16			3			3	
最大输入差模电压	U_{idM}	V		±6			±6			±6	
最大输入共模电压	V_{icM}	V		±0.5	−2		±10			±60	
电源电压范围	$+E_o$ $-E_o$	V		±12	−6		±6～±18			±6～±16	

（续）

参数名称	符　号	单　位	F 006　　F 007			F 010　　F 011			F 013		
			A	B	C	A	B	C	A	B	C
输入失调电压	U_{os}	mV	≤10	≤5	≤2	≤8	≤5	≤2	≤6	≤4	≤2
输入失调电流	I_{os}	μA	≤0.3	≤0.2	≤0.1	≤0.3	≤0.1	≤0.05	≤0.2	≤0.1	≤0.05
输入偏置电流	I_B	μA	≤1	≤0.5	≤0.3	≤0.5	≤0.3	≤0.3	≤0.75	≤0.4	≤0.2
开环电压增益	A_d	dB	≥86	≤94	≥94	≥80	≥94	≥160	≥80	≥90	≥94
最大输出幅度	U_{opp}	V	≥±10	≥±10	≥±12	≥±10	≥±10	≥±10	≥±10	≥±10	≥±10
静态功耗	P_{oo}	mW	≤120	≤120	≤120	≤15	≤9	≤6	≤6	≤6	≤6
共模抑制比	CMRR	dB	≥70	≥80	≥80	≥70	≥80	≥80	≥70	≥80	≥80
输入电阻	r_i	kΩ		500			500			500	
输出电阻	r_o	Ω		200			200			200	
开环带宽	f_{BW}	H		7			7			80	
失调电压温漂	$\Delta U_{o3}/\Delta T$	μV/℃		20			10			5	
失调电流温漂	$\Delta I_{o3}\,\vert\,\Delta T$	nA/℃		1			1			1	
最大输入差模电压	U_{idM}	V		±30			±30			±6	
最大输入共模电压	U_{icM}	V		±12			±12			±12	
电源电压范围	$-E_o$ $+E_o$	V		±9 ~ ±18			±3 ~ ±18			±3 ~ ±18	

附录 F　音频功率器件 D810 电路主要技术指标的典型值

项　　目	条　　件		典　型　值
静态电流	$U_- = 14.4V$		12mA
输出功率	T. H. D = 10%， $f = 1kHz$ $R_L = 4\Omega$	$U_+ = 14.4V$	6.0W
		$U_+ = 12V$	4.2W
		$U_+ = 9V$	2.6W
		$U_+ = 6V$	1.0W
频率响应	$(-3dB), C_3 = 820pF$		40Hz ~ 20kHz
总谐波失真	$P_0 = 50mW \sim 3W, f = 1kHz$		0.3%
输入噪声	$R_g = 0, BW_{(-3dB)} = 20Hz \sim 20kHz$		2μV
输入灵敏度	$P_o = 6W, R_N = 56\Omega$		80mV
输入电阻			5MΩ

附录 G　三端式集成稳压器性能参数

	XWY 005 系列	WB 824 系列	W 7800 系列
输出电压 U_L	12V、15V、18V、20V、24V	5V、12V、15V、18V、24V	5V、8V、12V、15V、18V、24V
最大输入电压 U_{max}	26 ~ 36V（分档）	20 ~ 36V（分档）	35V

（续）

	XWY 005 系列	WB 824 系列	W 7800 系列
最大输出电流 I_{max}	0.5~1.0A(分档)	0.2~2A(分档)	2.2A
最小输入输出电压差	≤4.5V	4.5V	2~3V
输出阻抗 r_o		0.05~0.5Ω(分档)	0.03~0.15Ω(分档)
电压调整率 S_U	(0.04~0.16)%	(0.04~0.16)%	(0.1~0.2)%
最大功耗	无散热片 1W 有 散热片 6~12W(分档)	无散热片 1.5W 有 散热片 3~25W(分档)	

附录 H　功率场控器件的主要参数

型　号 / 参　数	VDMOS 60－100	VDMOS 200－450
最大耗散功率 P_{DM}/W	20	50
最大漏源电流 I_{DSM}/A	10	10
夹断电压—U_p/V	2.5	2.5
栅源绝缘电阻 R_{GS}/Ω	2	1.5
漏源击穿电压 $U_{(BR)DSO}$/V	60~100	200~450
栅源击穿电压 $U_{(BR)GSO}$/V		20
正向跨导 g_m/S	1.5	1.5
栅源电容 C_{gs}/pF	650	650
栅漏电容 C_{gd}/pF	180	180
漏源电容 C_{ds}/pF	200	200
结构	VDMOS	VDMOS
外形	F-2	F-2

参考文献

[1] 秦曾煌．电工学（下册）：电子技术［M］．7版．北京：高等教育出版社，2009.

[2] 徐淑华．电工电子技术．［M］．北京：电子工业出版社，2011.

[3] 刘润华，任旭虎．模拟电子技术［M］．青岛：中国石油大学出版社，2012.

[4] 郭永贞，许其清，龚克西．数字电子技术［M］．南京：东南大学出版社，2013.

[5] 汤光华，刘国联．模拟电子技术应用［M］．长沙：中南大学出版社，2012.

[6] 王晓华，马丽萍，袁洪林．模拟电子技术基础学习指导与习题全解［M］．北京：清华大学出版社，2011.

[7] 郭业才，黄友锐．模拟电子技术基础学习指导与习题全解［M］．北京：清华大学出版社，2011.

[8] 唐介．电工学（少学时）［M］．3版．北京：高等教育出版社，2009.

[9] 康华光．电子技术基础 模拟部分［M］．4版．北京：高等教育出版社，2005.

[10] 阎石．数子电子技术［M］．4版．北京：高等教育出版社，1998.

[11] 赵保经．中国集成电路大全——TTL集成电路［M］．北京：国防工业出版社，1985.

[12] 赵保经．中国集成电路大全——CMOS集成电路［M］．北京：国防工业出版社，1985.

[13] 龚淑秋．电子技术试题题型精选汇编［M］．北京：机械工业出版社，1998.

[14] 谷井琢也．基礎電氣電子工學［M］．東京：養賢堂株式會社，2000.

[15] 童诗白，华成英．模拟电子技术基础［M］．4版．北京：高等教育出版社，2006.